河合塾
SERIES

2025 大学入学

共通テスト
過去問レビュー
化学基礎・化学

河合出版

はじめに

　大学入学共通テスト（以下、共通テスト）が、2024年1月13日・14日に実施されました。

　その出題内容は、大学入試センターから提示されていた、問題作成の基本的な考え方、各教科・科目の出題方針に概ね則したもので、昨年からの大きな変化はありませんでした。

　共通テストでは、大学入試センター試験（以下、センター試験）に比べて、身につけた知識や解法を様々な場面で活用できるか —— 思考力や判断力を用いて解けるか —— を問われる傾向が強くなっています。また、読み取る資料の分量は多く、試験時間をより意識して取り組む必要もあります。

　こうした出題方針は、新課程になっても引き継がれていくことでしょう。

　一方で、センター試験での出題形式を踏襲した問題も見られました。

　センター試験自体、年々「思考力・判断力・表現力」を求める問題が少しずつ増えていき、それが共通テストに引き継がれたのは、とても自然なことでした。

　センター試験の過去問を練習することは、共通テスト対策にもつながります。

　本書に収録された問題とその解説を十分に活用してください。みなさんの共通テスト対策が充実したものになることを願っています。

　2024年度以前で、「化学」で出題対象の範囲外となる問題には⊖をつけ、「出題傾向と学習対策」にその問題と解説を新課程に対応させて掲載しました。

本書の構成・もくじ

2025年度実施日程、教科等　4

2024～2020年度結果概要　6

出題分野一覧　8

出題予想と学習対策　12

オリジナル問題

化学基礎　47

化学　67

▶解答・解説編◀

化学基礎

2024年度	本試験	109		
2023年度	本試験	117	追試験	125
2022年度	本試験	135	追試験	145
2021年度	第1日程	153		
	第2日程	161		
2020年度	本試験	169		
2019年度	本試験	177		

化学

2024年度	本試験	185		
2023年度	本試験	203	追試験	223
2022年度	本試験	241	追試験	259
2021年度	第1日程	275		
	第2日程	291		
2020年度	本試験	309		
2019年度	本試験	327		
2018年度	本試験	341		
2017年度	本試験	357		
2016年度	本試験	375		
2015年度	本試験	391		

2025年度　実施日程、教科等

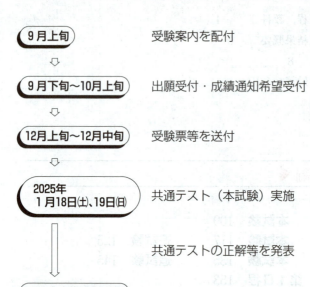

9月上旬	受験案内を配付
9月下旬～10月上旬	出願受付・成績通知希望受付
12月上旬～12月中旬	受験票等を送付
2025年1月18日(土)、19日(日)	共通テスト（本試験）実施
	共通テストの正解等を発表
国公立大学出願受付	

「実施日程」は、本書発行時には未発表であるため2024年度の日程に基づいて作成してあります。また、「2025年度出題教科・科目等」の内容についても2024年3月1日現在大学入試センターが発表している内容に基づいて作成してあります。2025年度の詳しい内容は大学入試センターホームページや2025年度「受験案内」で確認してください。

2025年度出題教科・科目等

　大学入学共通テストを利用する大学は、大学入学共通テストの出題教科・科目の中から、入学志願者に解答させる教科・科目及びその利用方法を定めています。入学志願者は、各大学の学生募集要項等により、出題教科・科目を確認の上、大学入学共通テストを受験することになります。

　2025年度大学入学共通テストにおいては、次表にあるように7教科21科目が出題されます。教科・科目によっては、旧教育課程履修者等に対する経過措置があります。

教科	グループ・科目	時間・配点	出 題 方 法 等
国語	『国語』	90分 200点	「現代の国語」及び「言語文化」を出題範囲とし、近代以降の文章及び古典(古文、漢文)を出題する。 『国語』の分野別の大問数及び配点は、近代以降の文章が3問110点、古典が2問90点(古文・漢文各45点)とする。
地理歴史 公民	『地理総合，地理探究』 『歴史総合，日本史探究』 『歴史総合，世界史探究』→(b) 『公共，倫理』 『公共，政治・経済』 『地理総合/歴史総合/公共』→(a) (a)：必履修科目を組み合わせた出題科目 (b)：必履修科目と選択科目を組み合わせた出題科目 6科目のうちから最大2科目を選択・解答。 受験する科目数は出願時に申し出ること。	1科目選択 60分 100点 2科目選択 130分 (うち解答時間120分) 200点	『地理総合/歴史総合/公共』は、「地理総合」、「歴史総合」及び「公共」の3つを出題範囲とし、そのうち2つを選択解答(配点は各50点)。 　2科目を選択する場合、以下の組合せを選択することはできない。 (b)のうちから2科目を選択する場合は、『公共，倫理』と『公共，政治・経済』の組合せを選択することはできない。 (b)のうちから1科目及び(a)を選択する場合は、(b)については、(a)で選択解答するものと同一名称を含む科目を選択することはできない。 　地理歴史及び公民で2科目を選択する受験者が、(b)のうちから1科目及び(a)を選択する場合において、選択可能な組合せは以下のとおり。 ・『地理探究』を選択する場合、(a)では「歴史総合」及び「公共」の組合せ ・『歴史総合，日本史探究』又は『歴史総合，世界史探究』を選択する場合、(a)では「地理総合」及び「公共」の組合せ ・『公共，倫理』又は『公共，政治・経済』を選択する場合、(a)では「地理総合」及び「歴史総合」の組合せ
数学	数学① 『数学Ⅰ，数学A』 『数学Ⅰ』 2科目のうちから1科目を選択・解答。	70分 100点	「数学A」については、図形の性質、場合の数と確率の2項目に対応した出題とし、全てを解答する。
数学	数学② 『数学Ⅱ，数学B，数学C』	70分 100点	「数学B」及び「数学C」については、数列(数学B)、統計的な推測(数学B)、ベクトル(数学C)及び平面上の曲線と複素数平面(数学C)の4項目に対応した出題とし、4項目のうち3項目の内容の問題を選択解答する。
理科	『物理基礎/ 化学基礎/ 生物基礎/ 地学基礎』 『物理』 『化学』 『生物』 『地学』 5科目のうちから最大2科目を選択・解答。 受験する科目数は出願時に申し出ること。	1科目選択 60分 100点 2科目選択 130分(うち解答時間120分) 200点	『物理基礎/化学基礎/生物基礎/地学基礎』は、「物理基礎」、「化学基礎」、「生物基礎」及び「地学基礎」の4つを出題範囲とし、そのうち2つを選択解答する(配点は各50点)。
外国語	『英語』『ドイツ語』 『フランス語』『中国語』 『韓国語』 5科目のうちから1科目を選択・解答。 科目選択に当たり、『ドイツ語』、『フランス語』、『中国語』及び『韓国語』の問題冊子の配付を希望する場合は、出願時に申し出ること。	『英語』 【リーディング】 80分 100点 【リスニング】 60分(うち解答時間30分) 100点 『ドイツ語』 『フランス語』 『中国語』 『韓国語』 【筆記】 80分 200点	『英語』は、「英語コミュニケーションⅠ」、「英語コミュニケーションⅡ」及び「論理・表現Ⅰ」を出題範囲とし、【リーディング】及び【リスニング】を出題する。受験者は、原則としてその両方を受験する。その他の科目については、『英語』に準じる出題範囲とし、【筆記】を出題する。 【リスニング】は、音声問題を用い30分間で解答を行うが、解答開始前に受験者に配付したICプレーヤーの作動確認・音量調節を受験者本人が行うために必要な時間を加えた時間を試験時間とする。なお、『英語』以外の外国語を受験した場合、【リスニング】を受験することはできない。
情報	『情報Ⅰ』	60分 100点	

1. 『 』は大学入学共通テストにおける出題科目を表し、「 」は高等学校学習指導要領上設定されている科目を表す。
　また、『地理総合/歴史総合/公共』や『物理基礎/化学基礎/生物基礎/地学基礎』にある"/"は、一つの出題科目の中で複数の出題範囲を選択解答することを表す。
2. 地理歴史及び公民並びに理科の試験時間において2科目を選択する場合は、解答順に第1解答科目及び第2解答科目に区分し各60分間で解答を行うが、第1解答科目及び第2解答科目の間に答案回収等を行うために必要な時間を加えた時間を試験時間とする。

2024〜2020年度結果概要

本試験科目別平均点の推移 （注）2021年度は第1日程のデータを掲載

科目名（配点）	2024年度	2023年度	2022年度	2021年度	2020年度
国語(200)	116.50	105.74	110.26	117.51	119.33
世界史A(100)	42.16	36.32	48.10	46.14	51.16
世界史B(100)	60.28	58.43	65.83	63.49	62.97
日本史A(100)	42.04	45.38	40.97	49.57	44.59
日本史B(100)	56.27	59.75	52.81	64.26	65.45
地理A(100)	55.75	55.19	51.62	59.98	54.51
地理B(100)	65.74	60.46	58.99	60.06	66.35
現代社会(100)	55.94	59.46	60.84	58.40	57.30
倫理(100)	56.44	59.02	63.29	71.96	65.37
政治・経済(100)	44.35	50.96	56.77	57.03	53.75
倫理，政治・経済(100)	61.26	60.59	69.73	69.26	66.51
数学Ⅰ(100)	34.62	37.84	21.89	39.11	35.93
数学Ⅰ・数学A(100)	51.38	55.65	37.96	57.68	51.88
数学Ⅱ(100)	35.43	37.65	34.41	39.51	28.38
数学Ⅱ・数学B(100)	57.74	61.48	43.06	59.93	49.03
物理基礎(50)	28.72	28.19	30.40	37.55	33.29
化学基礎(50)	27.31	29.42	27.73	24.65	28.20
生物基礎(50)	31.57	24.66	23.90	29.17	32.10
地学基礎(50)	35.56	35.03	35.47	33.52	27.03
物理(100)	62.97	63.39	60.72	62.36	60.68
化学(100)	54.77	54.01	47.63	57.59	54.79
生物(100)	54.82	48.46	48.81	72.64	57.56
地学(100)	56.62	49.85	52.72	46.65	39.51
英語[リーディング](100)	51.54	53.81	61.80	58.80	–
英語[筆記](200)	–	–	–	–	116.31
英語[リスニング](100)	67.24	62.35	59.45	56.16	–
英語[リスニング](50)	–	–	–	–	28.78

※2023年度及び2021年度は得点調整後の数値

本試験科目別受験者数の推移

(注) 2021年度は第1日程のデータを掲載

科目名	2024年度	2023年度	2022年度	2021年度	2020年度
国語	433,173	445,358	460,966	457,304	498,200
世界史A	1,214	1,271	1,408	1,544	1,765
世界史B	75,866	78,185	82,985	85,689	91,609
日本史A	2,452	2,411	2,173	2,363	2,429
日本史B	131,309	137,017	147,300	143,363	160,425
地理A	2,070	2,062	2,187	1,952	2,240
地理B	136,948	139,012	141,375	138,615	143,036
現代社会	71,988	64,676	63,604	68,983	73,276
倫理	18,199	19,878	21,843	19,954	21,202
政治・経済	39,482	44,707	45,722	45,324	50,398
倫理, 政治・経済	43,839	45,578	43,831	42,948	48,341
数学Ⅰ	5,346	5,153	5,258	5,750	5,584
数学Ⅰ・数学A	339,152	346,628	357,357	356,492	382,151
数学Ⅱ	4,499	4,845	4,960	5,198	5,094
数学Ⅱ・数学B	312,255	316,728	321,691	319,696	339,925
物理基礎	17,949	17,978	19,395	19,094	20,437
化学基礎	92,894	95,515	100,461	103,073	110,955
生物基礎	115,318	119,730	125,498	127,924	137,469
地学基礎	43,372	43,070	43,943	44,319	48,758
物理	142,525	144,914	148,585	146,041	153,140
化学	180,779	182,224	184,028	182,359	193,476
生物	56,596	57,895	58,676	57,878	64,623
地学	1,792	1,659	1,350	1,356	1,684
英語[リーディング]	449,328	463,985	480,762	476,173	518,401
英語[リスニング]	447,519	461,993	479,039	474,483	512,007

志願者・受験者の推移

区分		2024年度	2023年度	2022年度	2021年度	2020年度
志願者数		491,914	512,581	530,367	535,245	557,699
内訳	高等学校等卒業見込者	419,534	436,873	449,369	449,795	452,235
	高等学校卒業者	68,220	71,642	76,785	81,007	100,376
	その他	4,160	4,066	4,213	4,443	5,088
受験者数		457,608	474,051	488,383	484,113	527,072
内訳	本試験のみ	456,173	470,580	486,847	(注1)482,623	526,833
	追試験のみ	1,085	2,737	915	(注2)1,021	171
	本試験＋追試験	344	707	438	(注2)407	59
欠席者数		34,306	38,530	41,984	51,132	30,627

（注1）2021年度の本試験は、第1日程及び第2日程の合計人数を掲載

（注2）2021年度の追試験は、第2日程の人数を掲載

出題分野一覧

＜化学基礎＞

	'17 本試	'17 追試	'18 本試	'18 追試	'19 本試	'19 追試	'20 本試	'20 追試	'21 第1日程	'21 第2日程	'22 本試	'22 追試	'23 本試	'23 追試	'24 本試
〔物質の構成〕															
化学と人間生活	●	●	●	●	●	●	●			●	●		●	●	
純物質と混合物, 分離		●		●	●	●	●×	●	●	●	●○			●	
元素, 単体と化合物	●	●	●		●×						●	●		●	
物質の三態	●		●				●			●×	●		●	●	
原子の構造	●		●		●	●			●×		●	●	●	●	
電子配置		●	●	●			●			●	●		●	●	
周期表, 周期律					●×	●					●	●		●	
化学結合の種類							●				●	●	●	●	
電子式					●	●				●	●		●		
分子の形, 極性, 分子間力	●×								●		●		●	●	
結晶の分類, 性質	●	●				●	●				●		●	●	
〔物質の変化〕															
原子量, 物質量	●○	●○	●○	●	●○	●○	●○	●○	●○		●○				●○
溶液の濃度	●×	●	●		●	●	●		●×	●×	●×				
化学変化と量的関係	●×				●○	●	●○		●		●○	●○	●○	●○	
酸と塩基の定義, 分類, 反応			●				●				●		●		
水の電離と pH						●									
塩の水溶液の性質					●		●								
滴定曲線, 指示薬	●		●×			●×	●×								
中和反応と量の関係	●	●○			●○				●○		●○		●○	●○	
酸化還元の定義, 酸化数				●	●		●				●			●	
酸化剤・還元剤, 酸化還元反応	●		●	●					●		●	●		●	
酸化還元反応と量的関係		●○			●○				●○					●	
金属のイオン化傾向			●		●		●				●		●	●	
電池, 電気分解			●	●			●				●○		●	●	

●印の右肩の○は計算問題, ×はグラフや図の出題を示す。

＜化学＞

〔化学の基礎〕	'17		'18		'19		'20		'21		'22		'23		'24
	本試	追試	本試	追試	本試	追試	本試	追試	第1日程	第2日程	本試	追試	本試	追試	本試
化学の基礎法則															
化学と人間生活	●														
単体・化合物・混合物										●×					
粒子の熱運動と物質の三態	●		●					●×							
原子の構造, 同位体		●	●	●			●		●		●				●×
電子配置と周期表			●		●		●								
元素の性質と周期律			●	●					●						
化学結合	●		●		●	●			●	●		●	●	●	
結晶の分類と性質					●	●			●○						
分子の構造と極性		●							●						

〔物質の変化・状態〕	'17		'18		'19		'20		'21		'22		'23		'24
	本試	追試	本試	追試	本試	追試	本試	追試	第1日程	第2日程	本試	追試	本試	追試	本試
原子量・分子量と物質量											●○				●○
溶液の濃度			●○										●○		
化学式の決定											●○×				
化学反応式と量的関係	●○	●○	●○	●○	●○	●○	●○	●○	●○	●○	●○×	●○	●○	●○	
酸と塩基の定義															
水溶液の水素イオン濃度とpH															
中和反応, 中和滴定			●○							●○×					
塩の分類と塩の水溶液の性質															
酸化還元の定義と酸化数															●
酸化剤・還元剤と酸化還元反応	●○								●○						
酸化還元滴定													●○		
金属のイオン化傾向	●									●×					
状態変化とエネルギー	●×				●○×				●○				●		●○×
分子間力と沸点	●	●			●		●	●							
化学結合と融点・沸点			●								●				
気液平衡と蒸気圧	●	●	●×			●○	●×					●			
気体の法則									●	●○	●○				●
混合気体			●○			●○	●			●○					
混合気体(蒸気圧を含む)	●○								●○	●×			●○		
理想気体と実在気体					●×	●○						●○×			
結晶の構造	●				●		●					●○×			
溶解のしくみ					●				●						
固体の溶解度						●○	●○						●○×		
気体の溶解度					●	●○					●○×				
蒸気圧降下															

●印の右肩の○は計算問題, ×はグラフや図の出題を示す。

	'17		'18		'19		'20		'21		'22		'23		'24
	本試	追試	本試	追試	本試	追試	本試	追試	第1日程	第2日程	本試	追試	本試	追試	本試
沸点上昇		●	●												
凝固点降下	●○		●					●○				●○			
浸透圧				●			●×							●×	
コロイド				●		●				●			●		●
反応エンタルピー		●○	●○	●○	●○		●○	●○			●		●	●○	
結合エネルギー	●○				●○						●○				
エネルギー図					●○						●○				●×
化学反応と光		●		●					●						
電池	●	●		●			●	●○			●	●○	●		●○
水溶液の電気分解	●	●		●			●	●			●		●		
電解精錬・溶融塩電解					●○										
反応の速さ	●		●○							●			●		●
反応速度と反応速度式	●○		●		●○			●×				●×			
化学平衡と平衡移動	●○	●○			●			●×			●				●
電離平衡	●○	●		●×			●×	●○			●○				
溶解平衡と溶解度積					●○	●○				●×			●○		

〔無機物質〕

	本試	追試	本試	追試	本試	追試	本試	追試	第1日程	第2日程	本試	追試	本試	追試	本試
水素とその化合物															
18族元素(He, Ne, Ar など)					●										
17族元素(F, Cl, Br, I など)	●	●	●				●	●							
16族元素(O, S など)	●		●		●					●					
15族元素(N, P など)	●		●		●							●		●	
14族元素(C, Si など)	●		●		●		●	●							
気体の製法と性質			●	●			●							●	
アルカリ金属		●		●		●			●		●○				
2族元素	●			●		●									
アルミニウム	●						●○								
その他の典型金属元素			●	●								●			
11族元素(Cu, Ag, Au)	●						●							●	
その他の遷移金属元素	●	●		●			●								●○
錯イオン					●	●			●○						
金属イオンの反応, 分離, 確認					●		●	●			●×	●	●	●×	●○

●印の右肩の○は計算問題, ×はグラフや図の出題を示す。

	'17 本試	'17 追試	'18 本試	'18 追試	'19 本試	'19 追試	'20 本試	'20 追試	'21 第1日程	'21 第2日程	'22 本試	'22 追試	'23 本試	'23 追試	'24 本試

〔有機化合物〕

	'17本試	'17追試	'18本試	'18追試	'19本試	'19追試	'20本試	'20追試	'21第1日程	'21第2日程	'22本試	'22追試	'23本試	'23追試	'24本試
有機化合物の特徴と分類															
元素分析	●○						●○				●○				
異性体		●	●	●	●		●	●		●	●	●	●		
炭化水素	●	●	●	●	●	●×	●	●	●		●		●	●	
アルコール，エーテル		●○	●	●	●○			●	●	●		●	●	●	
アルデヒド，ケトン			●	●							●				●
カルボン酸	●	●		●		●					●×				
エステル	●	●					●						●○		
油脂・セッケン・合成洗剤	●			●				●	●				●○		
芳香族炭化水素		●			●				●						
フェノールとその誘導体	●				●	●				●×	●	●			●
芳香族カルボン酸とその誘導体			●		●	●									
窒素を含む芳香族化合物	●			●	●	●					●	●	●		
有機化合物の分離		●					●				●				

〔天然有機化合物〕

	'17本試	'17追試	'18本試	'18追試	'19本試	'19追試	'20本試	'20追試	'21第1日程	'21第2日程	'22本試	'22追試	'23本試	'23追試	'24本試
単糖類と二糖類	●○		●○	●○	●		●		●	●○×			●		●
多糖類		●○	●	●			●	●					●		
その他の糖類											●				
アミノ酸	●		●		●	●	●		●						
タンパク質		●		●			●	●○	●		●			●	
核酸					●×	●									●

〔合成高分子化合物〕

	'17本試	'17追試	'18本試	'18追試	'19本試	'19追試	'20本試	'20追試	'21第1日程	'21第2日程	'22本試	'22追試	'23本試	'23追試	'24本試
高分子化合物の性質と分類	●	●	●				●				●				
ビニル系の高分子化合物	●	●	●	●	●	●	●	●	●	●○	●		●	●○	
ビニロン			●		●				●						
ポリエステル，ポリアミド	●	●	●○	●	●	●○	●	●			●	●○			
熱硬化性樹脂	●	●	●	●			●		●					●	
ゴム	●	●			●	●	●		●		●				●
機能性高分子化合物	●		●	●○		●	●						●		
高分子化合物と人間生活		●			●										

〔実験，取り扱い，用途〕

	'17本試	'17追試	'18本試	'18追試	'19本試	'19追試	'20本試	'20追試	'21第1日程	'21第2日程	'22本試	'22追試	'23本試	'23追試	'24本試
実験操作・実験器具の取り扱い				●			●		●×		●×				
物質の取り扱い，保存					●										●
物質の用途			●			●						●			

出題傾向と学習対策

＜化学基礎＞

出題傾向

　共通テストの出題は，高校の履修内容から逸脱することはほとんどない。よって，『化学基礎』の教科書に記載されている内容がそのまま出題範囲となる。しかし，教科書に記載されている内容がそのまま問われる問題もある一方で，初見の化学的な内容を読解させる問題や，実験考察に関する問題など，思考力・判断力を要する応用問題も出題される。

　センター試験ではすべての問題が小問形式であった。一方，共通テストは第1問がセンター試験と同様の小問形式だが，第2問が大問形式となり，各問どうしが関連した内容になっている。配点はセンター試験と変わらず50点，設問数も2021年度本試は15，2022年度本試は15，2023年度本試は16，2024年度は17で，センター試験とほぼ変わらない。

学習対策

教科書をベースに理解を深める

　一見難しい問題でも，問われているのは教科書に記載されている内容であることがほとんどである。まずは教科書レベルの基本事項を確認した上で，『化学基礎』に対応した問題集などで演習をしてみよう。問題を解いていてわからないことがあれば，再び教科書の内容を見直すようにするなど，繰り返し教科書の内容を頭に入れていってほしい。単純な知識で答えられる問題だけでなく，思考力を要する問題も出題される。ただ覚えるだけでなく，なぜそうなるのかをしっかり追及して考えていけば，高得点につながるだろう。

過去問演習が重要！

　共通テストでは，過去の共通テストやセンター試験で出題された問題の類題が多く出題されている。『化学基礎』の範囲は狭く，出題できる問題が限られるので，今後もその傾向は続くと予想される。よって，共通テストやセンター試験の過去問を使ってしっかり演習してほしい。模擬試験も積極的に活用して，演習を積み重ねよう。

文章や図から情報を読み取る練習を

　共通テストでは，化学に関する文章や図を，限られた時間で読解する必要がある。共通テストの過去問や模擬試験，化学基礎を出題範囲とする国公立大や私立大の入試問題を使って化学に関する文章や図から情報を読み取る練習をしてほしい。教科書に記載されていない知識は必ずヒントが与えられるので，それを見逃さないようにしよう。

＜化学＞

出題傾向

　共通テストは大問5題で構成され，第1・2問が理論分野，第3問が無機分野（一部，理論分野），第4問が有機分野，第5問が総合問題である。基本的な問題も出題されるが，初見の内容も含む記述やグラフなどから必要な情報を読み取り，既習の知識を活用しながら解答する思考力を要する問題も出題される。また，与えられたデータを方眼紙に作図し，その結果を用いて考える問題も出題されている。

学習対策

基礎力を固めよう！

　共通テストでは，教科書に記載されている基本事項を確認する問題や，基本的な計算問題も多く出題される。また，思考力を要する問題であっても，基本的な知識を組み合わせて解答することになる。したがって，基礎力を着実につみあげ，定着させることが大切である。以下に分野ごとの学習対策を示す。

〈理論分野〉

　「物質の構成」は知識を整理しておこう。「気体，蒸気圧」は苦手になりやすい分野である。定義をおさえ，計算問題に慣れておきたい。「溶液」では，まず希薄溶液の性質を確認しておこう。「化学反応とエネルギー」では定義をおさえ，エンタルピー変化を表す図（エネルギー図）の読みとり，計算問題を練習しておこう。「電池・電気分解」ではそれぞれの電極での反応を整理しよう。「化学反応の速さ」では，反応条件と反応速度の関係を整理しておこう。「化学平衡」も苦手になりやすい分野である。平衡に関する計算問題に慣れ，平衡移動の原理を確認しよう。

〈無機分野〉

　正確な知識が要求される。物質の性質，反応を整理しておくことが得点に繋がる。また，化学反応式を用いた量計算の問題も出題されるので，十分に練習しておこう。

〈有機分野〉

　無機分野同様，正確な知識が要求される。物質の性質・反応を整理しておこう。この分野では実験に関する事項を，教科書などで確認しておきたい。また，天然有機化合物および合成高分子化合物についても全範囲まんべんなく学習しておこう。

文章や図表を読み取り，知識を組み立てて考える練習をしよう！

　共通テストでは，問題で与えられた記述，図表などの資料を読み取り，教科書で学んだ原理・法則を活用して考える能力が要求される。共通テストの過去問や模擬試験などを用いて，どの情報を抽出し，どの知識を活用すれば正答に辿りつくかを意識しながら問題演習を進めよう。

— 13 —

以下は，■をつけた問題と解説の新課程対応になります。

2024 本試験 第2問

問1　市販の冷却剤には，硝酸アンモニウム NH₄NO₃(固)が水に溶解するときの吸熱反応を利用しているものがある。この反応のエンタルピー変化を表した図として最も適当なものを，次の①〜④のうちから一つ選べ。ただし，太矢印は反応の進行方向を示す。　7

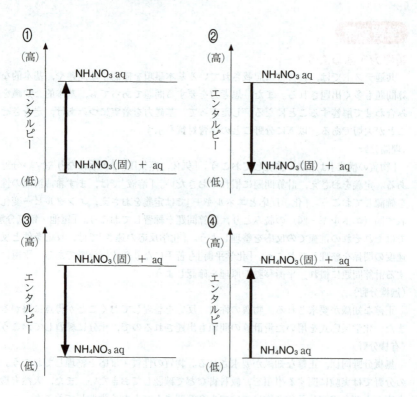

2023 本試験 第2問

問1 二酸化炭素 CO_2 とアンモニア NH_3 を高温・高圧で反応させると，尿素 $(NH_2)_2CO$ が生成する。このときのエンタルピー変化を付した反応式(1)の反応エンタルピー Q は何 kJ か。最も適当な数値を，後の①～⑧のうちから一つ選べ。ただし，CO_2(気)，NH_3(気)，$(NH_2)_2CO$(固)，水 H_2O(液) の生成エンタルピーは，それぞれ -394 kJ/mol，-46 kJ/mol，-333 kJ/mol，-286 kJ/mol とする。 9 kJ

$$CO_2(気) + 2\,NH_3(気) \longrightarrow (NH_2)_2CO(固) + H_2O(液) \quad \Delta H = Q\text{ kJ} \quad (1)$$

① 179 ② 153 ③ 133 ④ 107
⑤ -107 ⑥ -133 ⑦ -153 ⑧ -179

2023 追試験 第2問

問4 白金触媒式カイロは，図2に示すように，液体のアルカンを燃料とし，蒸発したアルカンが白金触媒表面上で酸素により酸化される反応(酸化反応)の発熱を利用して暖をとる器具である。この反応の反応エンタルピー(燃焼エンタルピー)を Q (kJ/mol) とし，直鎖状のアルカンであるヘプタン C_7H_{16}(分子量100)を例にとると，エンタルピー変化を付した反応式は次の式(5)で表される。

$$C_7H_{16}(気) + 11\,O_2(気) \longrightarrow 7\,CO_2(気) + 8\,H_2O(気) \quad \Delta H = Q\text{ kJ} \quad (5)$$

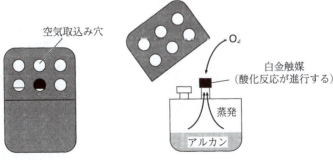

図2 白金触媒式カイロの模式図

アルカンの酸化反応に関する次の問い（**a**・**b**）に答えよ。

a 白金触媒式カイロを使用して暖をとるために利用できる熱量を，式(5)や状態変化で出入りする熱量から求めたい。実際のカイロでは白金触媒は約200℃になっているが，その温度での反応を考えなくてよい。

気温5℃でカイロを使用し始め，生成物の温度が最終的に25℃になるとすると，暖をとるために利用できる熱量は5℃のC_7H_{16}(液)とO_2を25℃まで温めるための熱量，25℃におけるC_7H_{16}の蒸発エンタルピー，25℃における反応エンタルピーから計算できる。

5℃のC_7H_{16}(液) 10.0 g (0.100 mol)と5℃のO_2から出発し，すべてのC_7H_{16}が反応して25℃のCO_2とH_2O(気)が生成するとき，利用できる熱量は何 kJ か。最も適当な数値を，次の①〜⑤のうちから一つ選べ。ただし，C_7H_{16}(液)とO_2を5℃から25℃まで温めるために必要な熱量は，1 mol あたりそれぞれ4.44 kJ，0.600 kJ とし，25℃におけるC_7H_{16}の蒸発エンタルピーは36.6 kJ/mol とする。また，式(5)で表されるC_7H_{16}(気)の燃焼エンタルピー Q は，25℃において $-4.50×10^3$ kJ/mol とする。 <u>　10　</u> kJ

① $4.41×10^2$ ② $4.45×10^2$ ③ $4.50×10^2$

④ $4.41×10^3$ ⑤ $4.45×10^3$

b 炭素数 n が 4 以上の直鎖状のアルカンでは，図 3 に示すように，炭素数 n が 1 増えると CH_2 どうしによる $C-C$ 単結合も一つ増える。そのため，気体のアルカンの生成エンタルピーや燃焼エンタルピーを炭素数 n に対してグラフにすると，n が大きくなると直線になることが知られている。いくつかの直鎖状のアルカンおよび CO_2（気）と H_2O（気）の 25 ℃ における生成エンタルピーを表 1 に示す。この温度における直鎖状のアルカン C_8H_{18}（気）の燃焼エンタルピーは何 kJ/mol か。最も適当な数値を，後の ①～⑤ のうちから一つ選べ。ただし，生成する H_2O は気体である。必要があれば方眼紙を使うこと。 | 11 | kJ/mol

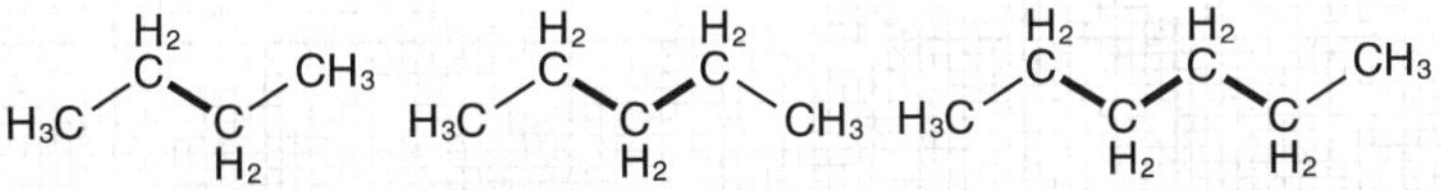

図 3 直鎖状のアルカンの構造式（太線は CH_2 どうしの $C-C$ 単結合）

表 1 直鎖状のアルカン，CO_2，H_2O の生成エンタルピー（25 ℃）

化合物	生成エンタルピー（kJ/mol）
C_4H_{10}（気）	-126
C_5H_{12}（気）	-147
C_6H_{14}（気）	-167
C_7H_{16}（気）	-188
CO_2（気）	-394
H_2O（気）	-242

① -2.09×10^2　　② -4.69×10^3　　③ -5.12×10^3

④ -5.15×10^3　　⑤ -5.27×10^3

2022 本試験 第5問

b　式(1)の反応における反応エンタルピーを求めたい。式(1)の反応，SO_2 から SO_3 への酸化反応，および O_2 から O_3 が生成する反応のエンタルピー変化を付した反応式は，それぞれ式(2)，(3)，(4)で表される。

$$\underset{H}{\overset{R^1}{}}C{=}C\underset{R^3}{\overset{R^2}{}}（気）＋ O_3（気）＋ SO_2（気）\longrightarrow$$

$$\underset{H}{\overset{R^1}{}}C{=}O（気）＋ O{=}C\underset{R^3}{\overset{R^2}{}}（気）＋ SO_3（気）\quad \Delta H = Q\,\text{kJ} \quad (2)$$

$$SO_2（気）＋ \frac{1}{2}O_2（気）\longrightarrow SO_3（気）\qquad \Delta H = -99\,\text{kJ} \quad (3)$$

$$\frac{3}{2}O_2（気）\longrightarrow O_3（気）\qquad\qquad \Delta H = 143\,\text{kJ} \quad (4)$$

各化合物の気体の生成エンタルピーが表1の値であるとき，式(2)の反応エンタルピー Q は何 kJ か。最も適当な数値を，後の①〜⑥のうちから一つ選べ。　27　kJ

表1　各化合物の気体の生成エンタルピー

化合物	生成エンタルピー(kJ/mol)
$\underset{H}{\overset{R^1}{}}C{=}C\underset{R^3}{\overset{R^2}{}}$	-67
$\underset{H}{\overset{R^1}{}}C{=}O$	-186
$O{=}C\underset{R^3}{\overset{R^2}{}}$	-217

① -221 　　　② -229 　　　③ -578

④ -799 　　　⑤ -1020 　　　⑥ -1306

— 19 —

2022 追試験 第2問

問4 次の化学平衡が，温度によってどのように変化するかを考える。

$$2NO_2 \rightleftharpoons N_2O_4 \tag{1}$$

c 式(1)の正反応の反応エンタルピーを計算により求めるために必要な量をすべて含むものを，次の①～⑤のうちから二つ選べ。ただし，解答の順序は問わない。 $\boxed{13}$ ・ $\boxed{14}$

① NO_2 の生成エンタルピーおよび式(1)の正反応の活性化エネルギー

② N_2O_4 の生成エンタルピーおよび式(1)の逆反応の活性化エネルギー

③ 式(1)の正反応および逆反応の活性化エネルギー

④ NO_2 と NO の生成エンタルピーおよび反応 $2NO + O_2 \longrightarrow 2NO_2$ の反応エンタルピー

⑤ N_2O_2 と NO の生成エンタルピーおよび反応 $2NO + O_2 \longrightarrow 2NO_2$ の反応エンタルピー

— 20 —

2021 第2日程 第2問

問3 N_2 と H_2 から NH_3 が生成する反応

$$N_2(気) + 3H_2(気) \rightleftarrows 2NH_3(気) \qquad (1)$$

について，次の問い（ a ～ c ）に答えよ。

a 式(1)の反応における反応エンタルピー，および結合エネルギー（結合エンタルピー）の関係を図2に示す。NH_3 分子の N−H 結合 1 mol あたりの結合エネルギーは何 kJ か。最も適当な数値を，下の①～⑤のうちから一つ選べ。
| 10 | kJ

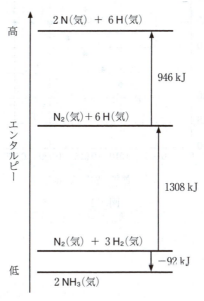

図2　NH_3 の生成における反応エンタルピー，および結合エネルギーの関係

① 46　　② 391　　③ 782　　④ 1173　　⑤ 2346

2020 本試験 第2問

問1　スチールウール（細い鉄線）1.68 g および酸素と窒素の混合気体を反応容器に入れて密閉した。これを水の入った水槽に入れて，反応容器内でスチールウールを燃焼させ，水槽の水の温度上昇を測定して燃焼に伴う熱量を求めた。反応容器に入れる酸素の物質量を変化させて燃焼させたところ，酸素の物質量と水槽の水の温度上昇の関係は，図1のようになった。このとき，反応容器中のスチールウールと酸素のいずれかがなくなるまでこの燃焼反応が進行し，1種類の物質Aだけが生じたものとする。この実験に関する次ページの問い（**a・b**）に答えよ。

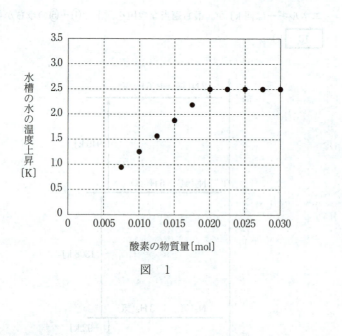

図　1

b A の生成エンタルピーは何 kJ/mol か。最も適当な数値を，次の①～⑦のうちから一つ選べ。ただし，水槽と外部との熱の出入りはなく，燃焼により発生した熱はすべて水槽の水の温度上昇に使われたものとする。また，水槽の水の温度を 1 K 上昇させるには 4.48 kJ の熱量が必要であるものとする。

$\boxed{2}$ kJ/mol

①   0   ② -280 ③ -373

④ -560 ⑤ -747 ⑥ -840

⑦ -1120

問2 酸化銅（Ⅱ）CuO の粉末とアルミニウム Al の粉末の混合物に点火すると激しい反応が起こり，銅 Cu と酸化アルミニウム Al_2O_3 が生成する。この反応のエンタルピー変化を付した反応式は，次式のように表される。

$$3\,CuO（固） + 2\,Al（固） \longrightarrow 3\,Cu（固） + Al_2O_3（固） \qquad \Delta H = Q\,kJ$$

このエンタルピー変化を付した反応式の Q (kJ) を表す式として最も適当なものを，次の①～⑥のうちから一つ選べ。なお，CuO（固）の生成エンタルピーを Q_1 (kJ/mol)，Al_2O_3（固）の生成エンタルピーを Q_2 (kJ/mol) とする。

$\boxed{3}$ kJ

① $-Q_1+Q_2$ ② Q_1-Q_2 ③ $-Q_1+3Q_2$

④ Q_1-3Q_2 ⑤ $-3Q_1+Q_2$ ⑥ $3Q_1-Q_2$

問4 気体Aと気体Bから気体Cが生成する反応は可逆反応であり，そのエンタルピー変化を付した反応式は次式のように表される。

$$A(気) + B(気) \longrightarrow C(気) \quad \Delta H = Q \text{ kJ}, \quad Q < 0$$

一定の温度と圧力において，AとBを物質比1：1で混合したとき，Cの生成量の時間変化は，図4の破線のようであった。

この実験の反応条件を**条件Ⅰ・Ⅱ**のように変えて同様の実験を行い，Cの生成量の時間変化を測定した。その結果を図4に重ねて実線で示したものとして最も適当なものを，次ページの①～⑥のうちから，それぞれ一つずつ選べ。

条件Ⅰ 温度を下げる。 5
条件Ⅱ 触媒を加える。 6

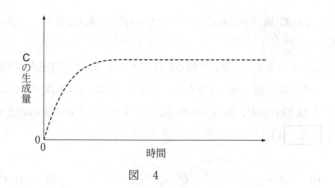

図 4

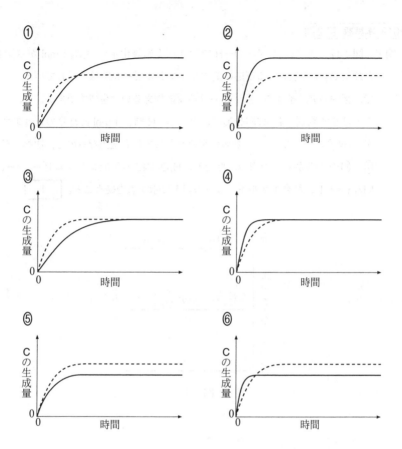

2019 本試験 第2問

問1 図1は、構造式 H−O−O−H で示される過酸化水素 H_2O_2 1 mol が水素 H_2 と酸素 O_2 から生成する反応に関するエンタルピーの関係を示している。ここで、図中の**ア**、**イ**はこの反応における反応物あるいは生成物である。**ア**、**イ**に当てはまる物質、および H_2O_2(気)中の O−H 結合 1 mol あたりの結合エネルギー(結合エンタルピー)の数値の組合せとして最も適当なものを、次ページの①〜⑥のうちから一つ選べ。ただし、H_2O_2(気)の生成エンタルピーを −136 kJ/mol とし、結合エネルギーは下の表1に示す値を使うこと。 | 1 |

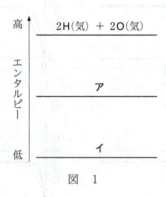

図 1

表 1

H_2(気)の結合エネルギー	436 kJ/mol
O_2(気)の結合エネルギー	498 kJ/mol
H_2O_2(気)中の O−O の結合エネルギー	144 kJ/mol

	ア	イ	H_2O_2(気)中の $O-H$ の結合エネルギー [kJ/mol]
①	H_2O_2(気)	H_2(気)$+O_2$(気)	327
②	H_2O_2(気)	H_2(気)$+O_2$(気)	463
③	H_2O_2(気)	H_2(気)$+O_2$(気)	926
④	H_2(気)$+O_2$(気)	H_2O_2(気)	327
⑤	H_2(気)$+O_2$(気)	H_2O_2(気)	463
⑥	H_2(気)$+O_2$(気)	H_2O_2(気)	926

問5 硝酸アンモニウム NH_4NO_3 の水への溶解のエンタルピー変化を付した反応式は，次式のように表される。

$$NH_4NO_3(固) + aq \longrightarrow NH_4NO_3\,aq \qquad \Delta H = 26\ \text{kJ}$$

熱の出入りのない容器(断熱容器)に 25℃ の水 V (mL) を入れ，同温度の NH_4NO_3 を m (g) 溶解して均一な水溶液とした。このときの水溶液の温度(℃)を表す式として正しいものを，次の①〜⑥のうちから一つ選べ。ただし，水の密度を d (g/cm^3)，この水溶液の比熱を c (J/(g・K))，NH_4NO_3 のモル質量を M (g/mol)とする。また，溶解エンタルピーはすべて水溶液の温度変化に使われたものとする。 $\boxed{6}$ ℃

① $25 + \dfrac{2.6 \times 10^4 m}{c(Vd+m)M}$

② $25 - \dfrac{2.6 \times 10^4 m}{c(Vd+m)M}$

③ $25 + \dfrac{2.6 \times 10^4 m}{cVdM}$

④ $25 - \dfrac{2.6 \times 10^4 m}{cVdM}$

⑤ $25 + \dfrac{2.6 \times 10^4 M}{c(Vd+m)m}$

⑥ $25 - \dfrac{2.6 \times 10^4 M}{c(Vd+m)m}$

2018 本試験 第2問

問1 C（黒鉛）がC（気）に変化するときのエンタルピー変化を付した反応式を次に示す。

C（黒鉛） $\longrightarrow$ C（気）　　$\Delta H = Q$ kJ

次の三つのエンタルピー変化を付した反応式を用いて Q を求めると，何 kJ になるか。最も適当な数値を，下の①〜⑥のうちから一つ選べ。　| 1 | kJ

C（黒鉛） ＋ O_2（気） $\longrightarrow$ CO_2（気）　　$\Delta H = -394$ kJ

O_2（気） $\longrightarrow$ 2 O（気）　　　　　　　$\Delta H = 498$ kJ

CO_2（気） $\longrightarrow$ C（気） ＋ 2 O（気）　$\Delta H = 1608$ kJ

① 1712　　　　② 716　　　　③ 218

④ −218　　　⑤ −716　　　⑥ −1712

— 28 —

2017 本試験 第2問

問1　NH_3(気) 1 mol 中の N−H 結合をすべて切断するのに必要なエネルギーは何 kJ か。最も適当な数値を，下の①〜⑥のうちから一つ選べ。ただし，H−H および N≡N の結合エネルギー（結合エンタルピー）はそれぞれ 436 kJ/mol，945 kJ/mol であり，NH_3(気)の生成エンタルピーは次のエンタルピー変化を付した反応式で表されるものとする。　$\boxed{\ 1\ }$ kJ

$$\frac{3}{2}\,H_2\text{(気)} + \frac{1}{2}\,N_2\text{(気)} \longrightarrow NH_3\text{(気)} \qquad \Delta H = -46\ \text{kJ}$$

①　360　　　　　②　391　　　　　③　1080

④　1170　　　　⑤　2160　　　　⑥　2350

問2　次のエンタルピー変化を付した反応式で表される可逆反応が，ピストン付きの密閉容器中で平衡状態にある。

$$2\,NO_2\text{(気)} \rightleftharpoons N_2O_4\text{(気)} \qquad \Delta H = -57\ \text{kJ}$$

この反応に関する記述として**誤りを含むもの**を，次の①〜⑤のうちから一つ選べ。　$\boxed{\ 2\ }$

①　正反応は発熱反応である。

②　圧力一定で加熱すると，NO_2 の分子数が増加する。

③　温度一定で体積を半分にすると，NO_2 の分子数が増加する。

④　温度，体積一定で NO_2 を加えて NO_2 の濃度を増加させると，N_2O_4 の濃度も増加する。

⑤　平衡状態では，正反応と逆反応の反応速度は等しい。

— 29 —

2016 本試験 第2問

問1 アセチレンからベンゼンができる次の反応式のエンタルピー変化 Q は何 kJ か。最も適当な数値を，下の①〜⑥のうちから一つ選べ。ただし，アセチレン（気）の燃焼エンタルピーは -1300 kJ/mol，ベンゼン（液）の燃焼エンタルピーは -3268 kJ/mol である。 $\boxed{1}$ kJ

$$3\,C_2H_2(気) \longrightarrow C_6H_6(液) \qquad \Delta H = Q\ \text{kJ}$$

① 1968　　　　② 668　　　　③ 632

④ -632　　　⑤ -668　　　⑥ -1968

問2 物質の変化とエネルギーに関する記述として**誤りを含むもの**を，次の①〜⑤のうちから一つ選べ。 $\boxed{2}$ 。

① 光合成では，光エネルギーを利用して二酸化炭素と水からグルコースが合成される。

② 化学電池では，化学エネルギーを電気エネルギーに変えるものである。

③ 発熱反応では，正反応の活性化エネルギーより，逆反応の活性化エネルギーが小さい。

④ 吸熱反応では，反応物がもつエンタルピーの総和は生成物がもつエンタルピーの総和より小さい。

⑤ 化学反応によって発生するエネルギーの一部が，光として放出されることがある。

— 30 —

問3 次に示す4種類の気体**ア**～**エ**をそれぞれ完全燃焼させ，同じ熱量を発生させた。このとき，発生した二酸化炭素の物質量が多い順に気体を並べたものはどれか。最も適当なものを，下の**①**～**⑧**のうちから一つ選べ。ただし，メタン，エタン，エチレン（エテン），プロパンの燃焼エンタルピーは，それぞれ -890 kJ/mol，-1560 kJ/mol，-1410 kJ/mol，-2220 kJ/mol である。　3

ア メタン
イ エタン
ウ エチレン（エテン）
エ プロパン

① ア＞イ＞ウ＞エ　　**②** ア＞イ＞エ＞ウ　　**③** ア＞ウ＞イ＞エ

④ ア＞エ＞イ＞ウ　　**⑤** ウ＞イ＞エ＞ア　　**⑥** ウ＞エ＞イ＞ア

⑦ エ＞イ＞ウ＞ア　　**⑧** エ＞ウ＞イ＞ア

— 31 —

問5 気体 X, Y, Z の平衡反応は次のエンタルピー変化を付した反応式で表される。

$$a\text{X} \rightleftarrows b\text{Y} + b\text{Z} \quad \Delta H = Q \text{ kJ}$$

密閉容器に X のみを 1.0 mol 入れて温度を一定に保ったときの物質量の変化を調べた。気体の温度を T_1 と T_2 に保った場合の X と Y (または Z) の物質量の変化を，図1の**結果 I** と**結果 II** にそれぞれ示す。ここで $T_1 < T_2$ である。反応式中の係数 a と b の比 ($a:b$) および Q の正負の組合せとして最も適当なものを，下の①〜⑧のうちから一つ選べ。 5

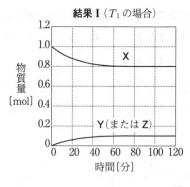 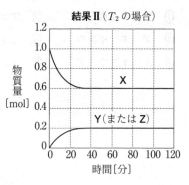

図 1

	$a:b$	Q の正負
①	1 : 1	負
②	1 : 1	正
③	2 : 1	負
④	2 : 1	正
⑤	1 : 2	負
⑥	1 : 2	正
⑦	3 : 1	負
⑧	3 : 1	正

2015 本試験 第2問

問1 HCl の生成エンタルピーは $-92.5\ \text{kJ/mol}$ である。H−H の結合エネルギー（結合エンタルピー）が $436\ \text{kJ/mol}$，Cl−Cl の結合エネルギーが $243\ \text{kJ/mol}$ であるとき，H−Cl の結合エネルギーとして最も適当な数値を，次の①〜⑤のうちから一つ選べ。 $\boxed{\ 1\ }$ kJ/mol

① 247　　　　　② 386　　　　　③ 432

④ 772　　　　　⑤ 864

2024 本試験 第2問

問1　化学反応とエネルギー

　　硝酸アンモニウム NH_4NO_3(固)の水への溶解は吸熱反応，つまりエンタルピー増加の反応なので，反応物である「NH_4NO_3(固)＋aq」がもつエンタルピーより，生成物である「NH_4NO_3 aq」がもつエンタルピーの方が大きい。また，太矢印は反応の進行方向を示しているので，①が適当である。

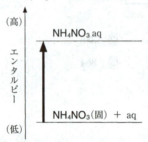

　　　　　　　　　　　　　　　　　　　　　　　　　　　7 …①

2023 本試験 第2問

問1　化学反応とエネルギー

　　二酸化炭素 CO_2(気)，アンモニア NH_3(気)，尿素 $(NH_2)_2CO$(固)，水 H_2O(液)の生成エンタルピーを表すエンタルピー変化を付した反応式は，

$$C(黒鉛) + O_2(気) \longrightarrow CO_2(気) \quad \Delta H = -394 \text{ kJ} \quad (a)$$

$$\frac{1}{2}N_2(気) + \frac{3}{2}H_2(気) \longrightarrow NH_3(気) \quad \Delta H = -46 \text{ kJ} \quad (b)$$

$$C(黒鉛) + N_2(気) + 2H_2(気) + \frac{1}{2}O_2(気)$$
$$\longrightarrow (NH_2)_2CO(固) \quad \Delta H = -333 \text{ kJ} \quad (c)$$

$$H_2(気) + \frac{1}{2}O_2(気) \longrightarrow H_2O(液) \quad \Delta H = -286 \text{ kJ} \quad (d)$$

式(1) ＝ 式(a)×(−1)＋式(b)×(−2)＋式(c)＋式(d)より，

$$CO_2(気) + 2NH_3(気)$$
$$\longrightarrow (NH_2)_2CO(固) + H_2O(液) \quad \Delta H = -133 \text{ kJ} \quad (1)$$

よって，$Q = -133$ kJ である。

〔別解〕

$$CO_2(気) + 2NH_3(気)$$
$$\longrightarrow (NH_2)_2CO(固) + H_2O(液) \quad \Delta H = Q \text{ kJ} \quad (1)$$

式(1)について，(反応エンタルピー)＝(生成物の生成エンタルピーの総和)−(反応物の生成エンタルピーの総和)より，

$$Q = (-333 \text{ kJ/mol} \times 1 \text{ mol} - 286 \text{ kJ/mol} \times 1 \text{ mol})$$
$$- (-394 \text{ kJ/mol} \times 1 \text{ mol} - 46 \text{ kJ/mol} \times 2 \text{ mol})$$

＝－133 kJ

なお，エンタルピー変化を表した図は次のようになる。

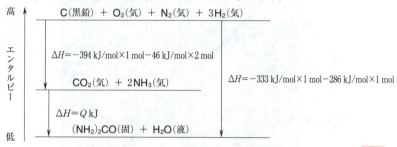

9 …⑥

2023 追試験 第2問

問4　アルカンの燃焼エンタルピー

　a　ヘプタン C_7H_{16} の燃焼エンタルピーは，次のエンタルピー変化を付した反応式(5)で表される。

$$C_7H_{16}(気) + 11O_2(気) \longrightarrow 7CO_2(気) + 8H_2O(気) \quad \Delta H = Q \text{ kJ} \quad (5)$$

0.100 mol の C_7H_{16} を完全燃焼させるために必要な酸素 O_2 の物質量は，0.100 mol×11＝1.10 mol である。

5 ℃ の C_7H_{16}(液)0.100 mol と 5 ℃ の O_2(気)1.10 mol がすべて反応し，生成物の温度が 25 ℃ になるときの熱量を，問題文中の誘導にしたがって，次の順で計算する。

　　　5 ℃ の C_7H_{16}(液)0.100 mol ＋ 5 ℃ の O_2(気)1.10 mol
　　　↓　　4.44 kJ/mol×0.100 mol＋0.600 kJ/mol×1.10 mol＝1.104 kJ 吸熱
　　25 ℃ の C_7H_{16}(液)0.100 mol ＋ 25 ℃ の O_2(気)1.10 mol
　　　↓　　36.6 kJ/mol×0.100 mol＝3.66 kJ 吸熱
　　25 ℃ の C_7H_{16}(気)0.100 mol ＋ 25 ℃ の O_2(気)1.10 mol
　　　↓　　$4.50×10^3$ kJ/mol×0.100 mol＝450 kJ 発熱
　　25 ℃ の CO_2(気) ＋ 25 ℃ の H_2O(気)

したがって，利用できる熱量（＝発熱量）は，
　　－1.1 kJ－3.7 kJ＋450 kJ＝445.2 kJ≒$4.45×10^2$ kJ

10 …②

　b　問題文中の「気体のアルカンの生成エンタルピーや燃焼エンタルピーを炭素数 n に対してグラフにすると，n が大きくなると直線になることが知られている。」から，表1の n＝4～7 のアルカンの生成エンタルピーを方眼紙に記入すると次図のようになり，n＝8 のときの生成エンタルピーは－208 kJ/mol と判断できる。

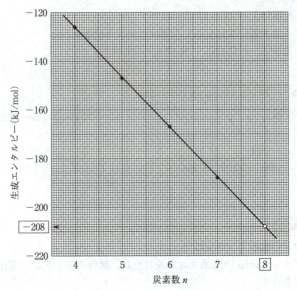

オクタン C_8H_{18}(気)の燃焼エンタルピーを q kJ/mol とすると，

$$C_8H_{18}(気) + \frac{25}{2} O_2(気) \longrightarrow 8CO_2(気) + 9H_2O(気) \quad \Delta H = q \text{ kJ} \quad \text{(a)}$$

C_8H_{18}(気)，CO_2(気)，H_2O(気)の生成エンタルピーを表すエンタルピー変化を付した反応式は，

$$8C(黒鉛) + 9H_2(気) \longrightarrow C_8H_{18}(気) \quad \Delta H = -208 \text{ kJ} \quad \text{(b)}$$
$$C(黒鉛) + O_2(気) \longrightarrow CO_2(気) \quad \Delta H = -394 \text{ kJ} \quad \text{(c)}$$
$$H_2(気) + \frac{1}{2} O_2(気) \longrightarrow H_2O(気) \quad \Delta H = -242 \text{ kJ} \quad \text{(d)}$$

式(a) = 式(b)×(-1)+式(c)×8+式(d)×9 より，

$q = 208$ kJ $- 394$ kJ $\times 8 + -242$ kJ $\times 9 = -5122$ kJ

よって，C_8H_{18}(気)の燃焼エンタルピーは，

-5122 kJ/mol ≒ -5.12×10^3 kJ/mol

〔別解〕

式(a)について，（反応エンタルピー）＝（生成物の生成エンタルピーの総和）－（反応物の生成エンタルピーの総和）より，

$q = (-394$ kJ/mol $\times 8$ mol $- 242$ kJ/mol $\times 9$ mol$) - 208$ kJ/mol $\times 1$ mol
 $= -5122$ kJ ≒ -5.12×10^3 kJ

よって，C_8H_{18}(気)の燃焼エンタルピーは，5.12×10^3 kJ/mol である。

11 …③

2022 本試験 第5問

問2　アルケンのオゾンによる酸化反応（構造決定，反応エンタルピー，反応速度）

　b　与えられたエンタルピー変化を付した反応式，および **A, B, C** の生成エンタルピーを表すエンタルピー変化を付した反応式は次のとおりである。

$$\begin{matrix} R^1 & & R^2 \\ & C{=}C & \\ H & & R^3 \end{matrix} \text{(気)} + O_3 \text{(気)} + SO_2 \text{(気)}$$

$$\longrightarrow \begin{matrix} R^1 & \\ & C{=}O \text{(気)} \\ H & \end{matrix} + \begin{matrix} & R^2 \\ O{=}C & \\ & R^3 \end{matrix} \text{(気)} + SO_3 \text{(気)} \quad \Delta H = Q \text{ kJ} \quad (2)$$

$$SO_2 \text{(気)} + \frac{1}{2} O_2 \text{(気)} \longrightarrow SO_3 \text{(気)} \qquad\qquad \Delta H = -99 \text{ kJ} \quad (3)$$

$$\frac{3}{2} O_2 \text{(気)} \longrightarrow O_3 \text{(気)} \qquad\qquad\qquad \Delta H = 143 \text{ kJ} \quad (4)$$

$$6C \text{(黒鉛)} + 6H_2 \text{(気)} \longrightarrow \begin{matrix} R^1 & & R^2 \\ & C{=}C & \\ H & & R^3 \end{matrix} \text{(気)} \quad \Delta H = -67 \text{ kJ} \quad (5)$$

$$3C \text{(黒鉛)} + 3H_2 \text{(気)} + \frac{1}{2} O_2 \text{(気)}$$

$$\longrightarrow \begin{matrix} R^1 & \\ & C{=}O \text{(気)} \\ H & \end{matrix} \quad \Delta H = -186 \text{ kJ} \quad (6)$$

$$3C \text{(黒鉛)} + 3H_2 \text{(気)} + \frac{1}{2} O_2 \text{(気)}$$

$$\longrightarrow \begin{matrix} & R^2 \\ O{=}C & \\ & R^3 \end{matrix} \text{(気)} \quad \Delta H = -217 \text{ kJ} \quad (7)$$

$$(R^1 = CH_3CH_2, \ R^2 = CH_3, \ R^3 = CH_3)$$

式(2) = 式(3)＋式(4)×（−1）＋式(5)×（−1）＋式(6)＋式(7)より，

　　$Q = -99 \text{ kJ} - 143 \text{ kJ} + 67 \text{ kJ} - 186 \text{ kJ} - 217 \text{ kJ} = -578 \text{ kJ}$

なお，エンタルピー変化を表した図は，次のようになる。

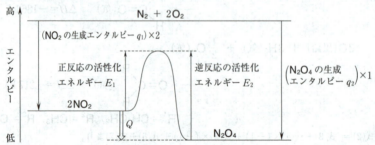

27 …③

2022 追試験 第2問

問4 化学平衡，化学反応とエネルギー

c 式(1)の正反応の反応エンタルピーを Q とすると，

$2NO_2 \longrightarrow N_2O_4 \quad \Delta H = Q$

①～③ NO_2，N_2O_4 の生成エンタルピーをそれぞれ q_1，q_2，式(1)の正反応および逆反応の活性化エネルギーをそれぞれ E_1，E_2 とすると，次のエンタルピー変化を表した図を考えることができる。

① (q_1 と E_1) または ② (q_2 と E_2) がわかっていても，Q を求めることはできない。
③ (E_1 と E_2) がわかっていると，$Q(=E_1-E_2)$ を求めることができる。

④，⑤ NO_2，N_2O_4，NO の生成エンタルピーをそれぞれ q_1，q_2，q_3，反応 $2NO + O_2 \longrightarrow 2NO_2$ の反応エンタルピーを q_4 とすると，次のエンタルピー変化を表した図を考えることができる。

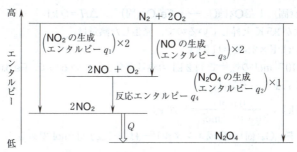

④ (q_1, q_3, q_4) がわかっていても，Q を求めることはできない。

⑤ (q_2, q_3, q_4) がわかっていると，$Q (= -q_4 - q_3 \times 2 + q_2)$ を求めることができる。

以上より，Q を求めるために必要な量をすべて含むものは，③，⑤である。

〔補足〕 NO, NO₂, N₂O₄ の生成エンタルピーは実際には正の値であり，上記のエンタルピー変化を表した図は，実際の図とは異なる。しかし，この問題では，式(1)の正反応の反応エンタルピーを求めるために必要なエネルギーが問われているだけであり，具体的な数値が与えられていないので，上記のような図を示した。

13 , 14 …③，⑤（順不同）

2021 第2日程 第2問

問3 化学反応とエネルギー，反応速度，化学平衡

a N−H 結合 1 mol あたりの結合エネルギーを Q (kJ) とすると，1 mol の NH_3 には 3 mol の N−H 結合が含まれるので，

NH_3(気) $\longrightarrow$ N(気) + 3H(気)　　$\Delta H = 3Q$ kJ

図2より，

$2 \times 3Q$ (kJ) $= 946$ kJ $+ 1308$ kJ $- (-92$ kJ$)$

$Q = 391$ kJ

なお，図2中の 946 kJ は N≡N 結合 1 mol あたりの結合エネルギーを，1308 kJ は H−H 結合 3 mol あたりの結合エネルギーを表しており，H−H 結合 1 mol あたりの結合エネルギーは，$\dfrac{1308 \text{ kJ}}{3} = 436$ kJ である。また，92 kJ は 2 mol の NH_3(気) がその構成元素の単体から生成するときの反応エンタルピーであり，NH_3(気) の生成エンタルピーは $\dfrac{-92 \text{ kJ}}{2 \text{ mol}} = -46$ kJ/mol である。

10 …②

2020 本試験 第2問

問1 化学反応の量的関係，化学反応とエネルギー

b Fe_3O_4 の生成エンタルピーを Q (kJ/mol) とすると，それを表すエンタルピー変化を付した反応式は，

— 39 —

$$3Fe(固) + 2O_2(気) \longrightarrow Fe_3O_4(固) \qquad \Delta H = Q \text{ kJ}$$

水の温度が 2.5 K 上昇しているので，発生した熱量は，

$$4.48 \text{ kJ/K} \times 2.5 \text{ K} = 11.2 \text{ kJ}$$

Fe 3.0×10^{-2} mol の燃焼で 11.2 kJ の熱量が発生しているので，Fe 3.0 mol が燃焼したときに発生する熱量は，

$$11.2 \text{ kJ} \times \frac{3.0 \text{ mol}}{3.0 \times 10^{-2} \text{ mol}} = 1120 \text{ kJ}$$

よって，Fe_3O_4(固)の生成エンタルピーは，-1120 kJ/mol である。

$$\boxed{2} \cdots ⑦$$

問2 化学反応とエネルギー

本文で与えられたエンタルピー変化を付した反応式を(1)式とする。

$$3CuO(固) + 2Al(固) \longrightarrow 3Cu(固) + Al_2O_3(固) \qquad \Delta H = Q \text{ kJ} \quad \cdots(1)$$

CuO(固)の生成エンタルピーを Q_1 (kJ/mol)とすると，それを表すエンタルピー変化を付した反応式は，

$$Cu(固) + \frac{1}{2} O_2(気) \longrightarrow CuO(固) \qquad \Delta H = Q_1 \text{ kJ} \qquad \cdots(2)$$

Al_2O_3(固)の生成エンタルピーを Q_2 (kJ/mol)とすると，それを表すエンタルピー変化を付した反応式は，

$$2Al(固) + \frac{3}{2} O_2(気) \longrightarrow Al_2O_3(固) \qquad \Delta H = Q_2 \text{ kJ} \qquad \cdots(3)$$

(3)式＋(2)式×(−3) より，

$$3CuO(固) + 2Al(固)$$
$$\longrightarrow 3Cu(固) + Al_2O_3(固) \qquad \Delta H = (-3Q_1 + Q_2) \text{ kJ}$$

これと(1)式を比較して，

$$Q \text{ kJ} = (-3Q_1 + Q_2) \text{ kJ}$$

〔別解〕

(反応エンタルピー)＝(生成物の生成エンタルピーの総和)
$$- (反応物の生成エンタルピーの総和)$$

これを，(1)式に適用すると，

$$Q \text{ kJ} = Q_2 \text{ (kJ/mol)} \times 1 \text{ mol} - Q_1 \text{ (kJ/mol)} \times 3 \text{ mol}$$
$$= (-3Q_1 + Q_2) \text{ kJ}$$

$$\boxed{3} \cdots ⑤$$

問4 化学平衡

気体 A と気体 B から気体 C が生成する反応は可逆反応であり，本文で与えられたエンタルピー変化を付した反応式を(1)式とすると，

$$A(気) + B(気) \longrightarrow C(気) \qquad \Delta H = Q \text{ kJ}, \; Q < 0 \qquad \cdots(1)$$

条件Ⅰ 温度を下げると，発熱の方向，すなわちエンタルピーが減少する右向きに平衡が移動するので，平衡時の C の生成量は増える。また，温度を下げると反応

— 40 —

速度が小さくなるので，平衡に達するまでの時間が長くなる。よって，①が適当である。

条件Ⅱ 触媒を加えても平衡は移動しないので，平衡時の C の生成量は変わらない。また，触媒を加えると，反応速度は大きくなり，平衡に達するまでの時間は短くなる。よって，④が適当である。

$\boxed{5}\cdots$①，$\boxed{6}\cdots$④

2019 本試験 第2問

問1 化学反応とエネルギー

H_2O_2(気)の生成エンタルピーが$-136\ kJ/mol$であることを表すエンタルピー変化を付した反応式は，

$$H_2(気)\ +\ O_2(気)\ \longrightarrow\ H_2O_2(気)\quad \Delta H=-136\ kJ \qquad\cdots(1)$$

よって，アは H_2(気)＋O_2(気)，イは H_2O_2(気)である。

1 mol の H_2O_2(気)は O－H 結合を 2 mol と O－O 結合を 1 mol もつので，O－H の結合エネルギーを $q\ (kJ/mol)$とし，

$$(反応エンタルピー)=\begin{pmatrix}反応物の\\結合エネルギーの総和\end{pmatrix}-\begin{pmatrix}生成物の\\結合エネルギーの総和\end{pmatrix}$$

を(1)式に適用すると，

$$-136\ kJ=(436\ kJ/mol\times1\ mol+498\ kJ/mol\times1\ mol)$$
$$-(q\ (kJ/mol)\times2\ mol+144\ kJ/mol\times1\ mol)$$

$$q=463\ kJ/mol$$

$\boxed{1}\cdots$⑤

問5 溶解エンタルピー

エンタルピー変化を付した反応式より，NH_4NO_3 の水への溶解はエンタルピー増加，つまり吸熱反応なので，温度は 25 ℃ より下がることがわかる。

水の密度が $d\ (g/cm^3)$であることから，$V\ (mL)$の水の質量は $Vd\ (g)$となる。これに NH_4NO_3 を $m\ (g)$加えたので，水溶液の質量は$(Vd+m)\ (g)$である。

また，NH_4NO_3 が $\dfrac{m\ (g)}{M\ (g/mol)}=\dfrac{m}{M}\ (mol)$溶解したときに吸収した熱量は，

$$26\times10^3\ J/mol\times\frac{m}{M}\ (mol)$$

である。低下した温度を $t\ (K)$とすると，

$$c\ (J/(g\cdot K))\times(Vd+m)\ (g)\times t\ (K)=26\times10^3\ J/mol\times\frac{m}{M}\ (mol)$$

$$t=\frac{2.6\times10^4 m}{c(Vd+m)M}\ (K)$$

求める温度は $25-t\ (℃)$と表すことができるので，正解は②となる。

$\boxed{6}\cdots$②

— 41 —

2018 本試験 第2問

問1　化学反応とエネルギー

与えられたエンタルピー変化を付した反応式を上から(1)～(3)式とする。

$$C(黒鉛) + O_2(気) \longrightarrow CO_2(気) \quad \Delta H = -394 \text{ kJ} \quad \cdots(1)$$
$$O_2(気) \longrightarrow 2O(気) \quad \Delta H = 498 \text{ kJ} \quad \cdots(2)$$
$$CO_2(気) \longrightarrow C(気) + 2O(気) \quad \Delta H = 1608 \text{ kJ} \quad \cdots(3)$$

(1)式+(2)式×(−1)+(3)式より，

$$C(黒鉛) \longrightarrow C(気) \quad \Delta H = 716 \text{ kJ}$$

よって，$Q = 716$ kJ である。なお，これらをエンタルピー変化を表した図で表すと，次のようになる。

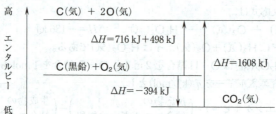

$\boxed{1}$ …②

2017 本試験 第2問

問1　結合エネルギー

NH_3(気) 1 mol 中の N−H 結合をすべて切断するのに必要なエネルギーを Q (kJ) とする。エンタルピー変化を表した図は次のようになる。

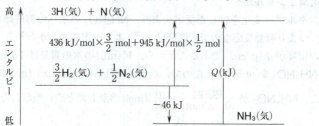

$$Q = 436 \text{ kJ/mol} \times \frac{3}{2} \text{ mol} + 945 \text{ kJ/mol} \times \frac{1}{2} \text{ mol} - (-46 \text{ kJ})$$

$$\fallingdotseq 1170 \text{ kJ}$$

〔別解〕

　　(反応エンタルピー) = (反応物の結合エネルギーの総和)
　　　　　　　　　　　− (生成物の結合エネルギーの総和)

この関係式を次のエンタルピー変化を付した反応式に適用すると，

$$\frac{3}{2}H_2(気) + \frac{1}{2}N_2(気) \longrightarrow NH_3(気) \quad \Delta H = -46 \text{ kJ}$$

$$-46 \text{ kJ} = \left(436 \text{ kJ/mol} \times \frac{3}{2} \text{ mol} + 945 \text{ kJ/mol} \times \frac{1}{2} \text{ mol}\right) - Q \text{ (kJ)}$$

$$Q \fallingdotseq 1170 \text{ kJ}$$

$\boxed{1}$ …④

問2　平衡

① 正しい。正反応はエンタルピー減少，つまり発熱反応である。

$$2NO_2(\text{気}) \longrightarrow N_2O_4(\text{気}) \qquad \Delta H = -57 \text{ kJ}$$

② 正しい。圧力一定で加熱すると，吸熱の方向すなわち左に平衡は移動する。よって，NO_2 の分子数は増加する。

③ 誤り。温度一定で，体積を半分にすると，圧力が大きくなるので，粒子が減少する方向すなわち右に平衡は移動する。よって，NO_2 の分子数は減少する。

④ 正しい。温度・体積一定で，NO_2 を加えて NO_2 の濃度を増加させると平衡は右に移動し，N_2O_4 の濃度も増加する。

⑤ 正しい。正反応と逆反応の速度が等しいときを，平衡状態という。

$\boxed{2}$ …③

2016 本試験 第2問

問1　化学反応とエネルギー

アセチレンとベンゼンの燃焼を表すエンタルピー変化を付した反応式はそれぞれ次のとおりである。

$$C_2H_2(\text{気}) + \frac{5}{2} O_2(\text{気})$$
$$\longrightarrow 2CO_2(\text{気}) + H_2O(\text{液}) \qquad \Delta H = -1300 \text{ kJ} \quad \cdots(1)$$

$$C_6H_6(\text{液}) + \frac{15}{2} O_2(\text{気})$$
$$\longrightarrow 6CO_2(\text{気}) + 3H_2O(\text{液}) \qquad \Delta H = -3268 \text{ kJ} \quad \cdots(2)$$

(1)式×3+(2)式×(−1)より，

$$3C_2H_2(\text{気}) \longrightarrow C_6H_6(\text{液}) \qquad \Delta H = -632 \text{ kJ}$$

よって，$Q = -632 \text{ kJ}$ である。

$\boxed{1}$ …④

問2　物質の変化とエネルギー

① 正しい。光合成では光エネルギーを利用して二酸化炭素と水から化学エネルギーの高い糖類が合成される。グルコースが生成するときのエンタルピー変化を付した反応式は，次のとおりである。

$$6CO_2(\text{気}) + 6H_2O(\text{液}) \longrightarrow C_6H_{12}O_6(\text{固}) + 6O_2(\text{気}) \qquad \Delta H = 2803 \text{ kJ}$$

② 正しい。酸化還元により発生する化学エネルギーを電気エネルギーとして取り出す装置を化学電池という。

③ 誤り。発熱反応，つまりエンタルピーが減少する反応では，正反応の活性化

— 43 —

エネルギーより逆反応の活性化エネルギーの方が大きい。

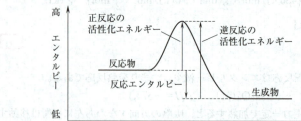

④　正しい。吸熱反応，つまりエンタルピーが増加する反応では，反応物がもつエンタルピーの総和は生成物がもつエンタルピーの総和より小さい。

⑤　正しい。反応物がもつ化学エネルギーと生成物がもつ化学エネルギーとの差の一部が光として放出されることがある。この現象を化学発光という。

2 …③

問3　燃焼エンタルピー

ア～エの物質1 molを完全燃焼させたときに発生する二酸化炭素の物質量は，ア～エの物質1 molに含まれる炭素原子の物質量と等しい。したがって，ア～エの物質をそれぞれ完全燃焼させて1 kJの熱量を発生させたとき，発生したCO_2の物質量は，

ア　CH_4　　$1\,mol \times \dfrac{1\,kJ}{890\,kJ} = \dfrac{1}{890}\,mol$

イ　C_2H_6　$2\,mol \times \dfrac{1\,kJ}{1560\,kJ} = \dfrac{1}{780}\,mol$

ウ　C_2H_4　$2\,mol \times \dfrac{1\,kJ}{1410\,kJ} = \dfrac{1}{705}\,mol$

エ　C_3H_8　$3\,mol \times \dfrac{1\,kJ}{2220\,kJ} = \dfrac{1}{740}\,mol$

よって，発生したCO_2が多い順に並べると，⑥ウ＞エ＞イ＞アになる。

3 …⑥

問5　化学平衡

結果Ⅱより，平衡時にはXが0.60 mol，Y，Zがそれぞれ0.20 molあるので，物質量の量的関係は，次のようになる。

```
            aX  ⇌  bY  +  bZ
はじめ      1.0     0       0
変化量     -0.40  +0.20   +0.20
平衡時      0.60   0.20    0.20 (mol)
```

よって，XとYの変化量の比は，

0.40 : 0.20 = 2 : 1

したがって，$a : b = 2 : 1$

体積を一定に保って温度を高くすると，平衡は吸熱反応の方向に移動する。結果

Ⅰ（T_1）と結果Ⅱ（T_2）より，温度が高い T_2 の方が，平衡時の X の物質量が小さく，Y（または Z）の物質量が大きいことから，平衡が右に移動することがわかる。したがって，正反応は吸熱反応，つまりエンタルピーが増加する反応であり，Q の値は正であることがわかる。

$\boxed{5}$ …④

2015 本試験 第 2 問

問 1　結合エネルギーと反応エンタルピー

HCl（気）の生成エンタルピーを表すエンタルピー変化を付した反応式は，

$$\frac{1}{2}\,H_2（気）\,+\,\frac{1}{2}\,Cl_2（気）\,\longrightarrow\,HCl（気）\qquad \Delta H = -92.5\ kJ \qquad \cdots(1)$$

H−H と Cl−Cl の結合エネルギーより，

$$H_2（気）\,\longrightarrow\,2H（気）\qquad\qquad \Delta H = 436\ kJ \qquad \cdots(2)$$

$$Cl_2（気）\,\longrightarrow\,2Cl（気）\qquad\qquad \Delta H = 243\ kJ \qquad \cdots(3)$$

また，H−Cl の結合エネルギーを x (kJ/mol) とすると，

$$HCl（気）\,\longrightarrow\,H（気）\,+\,Cl（気）\qquad \Delta H = x\ (kJ/mol) \times 1\ mol \qquad \cdots(4)$$

(1)式は，(2)式$\times\dfrac{1}{2}$+(3)式$\times\dfrac{1}{2}$+(4)式$\times(-1)$ より導けるので，

$$-92.5\ kJ = 436\ kJ \times \frac{1}{2} + 243\ kJ \times \frac{1}{2} - x\ (kJ/mol) \times 1\ mol$$

$$x = 432\ kJ/mol$$

〔別解〕

(1)式について，

（反応エンタルピー）＝（反応物の結合エネルギーの総和）

$$-（生成物の結合エネルギーの総和）$$

を適用すると，

$$-92.5\ kJ = \left(436\ kJ/mol \times \frac{1}{2}\ mol + 243\ kJ/mol \times \frac{1}{2}\ mol\right) - x\ (kJ/mol) \times 1\ mol$$

$$x = 432\ kJ/mol$$

$\boxed{1}$ …③

— 45 —

MEMO

化学基礎

オリジナル問題

化 学 基 礎

$$\left(\text{解答番号}\boxed{1}\sim\boxed{20}\right)$$

必要があれば，原子量は次の値を使うこと。

H 1.0　　　　C 12　　　　O 16　　　　Fe 56　　　　Cu 64

第1問 次の問い（**問1～8**）に答えよ。（配点 30）

問1 図1の**ア～コ**は，元素の周期表の第1周期から第3周期にある元素を示している。後の問い（**a・b**）に答えよ。

周期＼族	1	2	13	14	15	16	17	18
1								ア
2	イ			ウ	エ			オ
3		カ	キ			ク	ケ	コ

図1　元素の周期表

a **カ**と**ケ**からなる化合物の化学式として最も適当なものを，次の①～⑥のうちから一つ選べ。 $\boxed{1}$

① $BaCl_2$　　　　② LiF　　　　③ Al_2O_3

④ Na_2S　　　　⑤ SO_2　　　　⑥ $MgCl_2$

— 48 —

b ア～コの元素に関する記述として**誤りを含むもの**はどれか。最も適当なものを，次の①～⑤のうちから一つ選べ。 2

① ア～コは，すべて典型元素である。

② ア，オ，コの価電子の数は，すべて同じである。

③ イ，カ，キは，すべて金属元素である。

④ エの単体とケの単体は，どちらも常温・常圧で気体である。

⑤ キとクのイオンは，ともに同じ電子配置である。

問2 物質の構成に関する記述として下線部に**誤りを含むもの**はどれか。最も適当なものを，次の①～⑤のうちから一つ選べ。 3

① 物質を構成する粒子が絶えず行っている不規則な運動を<u>熱運動</u>という。

② $-273\,℃$ を原点とした温度を絶対温度といい，単位には<u>ケルビン(記号 K)</u>を用いる。

③ 湯に紅茶の乾燥した葉を入れると，湯に溶ける香りや味の成分が<u>抽出</u>される。

④ 防虫剤として利用されるナフタレンをタンスの中に放置すると，やがてなくなる。このような変化を<u>融解</u>という。

⑤ 水を加熱して水蒸気になる変化は<u>物理変化</u>の一つである。

問3 物質量が最も大きいものはどれか。正しいものを，次の①～④のうちから一つ選べ。 4

① $0\,℃$，$1.013×10^5\,Pa$ で体積が $16.8\,L$ のエチレン C_2H_4

② $0.80\,mol/L$ の塩化カルシウム $CaCl_2$ 水溶液 $250\,mL$ に含まれる塩化物イオン Cl^-

③ $28\,g$ の鉄 Fe

④ 酸化銅(II)CuO $48\,g$ すべてを水素 H_2 で還元して得られた銅 Cu

— 49 —

問 4 結晶に関する記述として**誤りを含むもの**はどれか。最も適当なものを，次の①～⑤のうちから一つ選べ。 5

① 金属結晶には自由電子が存在するので，電気や熱をよく伝える。

② イオン結晶に外から強い力を加えると，結晶の特定の面に沿って割れやすい。

③ イオン結晶は，固体のままでも電気伝導性を示す。

④ 分子結晶は，一般に，融点が低く，軟らかい。

⑤ 共有結合の結晶（共有結合結晶）は，原子どうしが共有結合で結びついている。

オリジナル問題　化学基礎　5

問5　鉄(III)イオン Fe^{3+} 1個に含まれる電子の数は 23 個である。鉄の原子番号は
いくつか。また，鉄原子 Fe は最外殻の N 殻に 2 個の電子が収容されており，
イオンになるとき最外殻に収容された電子から順に出ていくものとすると，
Fe^{3+} の M 殻に収容されている電子の数はいくつか。これらを 2 桁の数値で表
すとき，　6　～　9　に当てはまる数字を，後の①～⓪のうちからそれ
ぞれ一つずつ選べ。ただし，数値が 1 桁の場合には，　6　あるいは
　8　に⓪を選べ。また，同じものを繰り返し選んでもよい。

Fe の原子番号　6　　7
Fe^{3+} の M 殻に収容されている電子の数　8　　9

① 1　　　　② 2　　　　③ 3　　　　④ 4　　　　⑤ 5
⑥ 6　　　　⑦ 7　　　　⑧ 8　　　　⑨ 9　　　　⓪ 0

— 51 —

6

問6 次の記述**ア**~**エ**のうち，マグネシウム Mg，アルミニウム Al，鉛 Pb の単体のいずれにも当てはまるものはどれか。すべてを正しく選択しているものとして最も適当なものを，後の①~⑧のうちから一つ選べ。 　10

ア 典型元素である。
イ 酸化数が +2 の化合物をつくる。
ウ イオン化傾向が水素より大きい。
エ 濃硝酸に溶ける。

① ア，イ　　② ア，ウ　　③ ア，エ　　④ イ，ウ
⑤ イ，エ　　⑥ ウ，エ　　⑦ ア，イ，ウ　　⑧ ア，ウ，エ

— 52 —

問7 中和滴定に関する次の問い(**a**・**b**)に答えよ。

a 酢酸水溶液を水酸化ナトリウム NaOH 水溶液で滴定したときの滴定曲線の概形と用いる指示薬の組合せとして最も適当なものを，後の①～⑥のうちから一つ選べ。 11

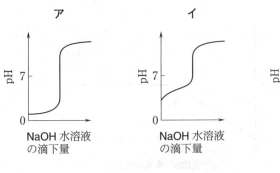

	滴定曲線	指示薬
①	ア	メチルオレンジ
②	イ	メチルオレンジ
③	ウ	メチルオレンジ
④	ア	フェノールフタレイン
⑤	イ	フェノールフタレイン
⑥	ウ	フェノールフタレイン

b 濃度がわからない酢酸水溶液 10.0 mL をコニカルビーカーにはかり取り，C (mol/L) の NaOH 水溶液を滴下したところ，完全に中和するまでに V (mL) を要した。この酢酸水溶液のモル濃度は何 mol/L か。モル濃度を表す式として最も適当なものを，次の①～⑥のうちから一つ選べ。 12 mol/L

① $\dfrac{CV}{10}$ ② $\dfrac{10}{CV}$ ③ $10CV$

④ $\dfrac{CV}{20}$ ⑤ $\dfrac{20}{CV}$ ⑥ $20CV$

問8 鉄 Fe に塩酸を加えると次の式(1)のように変化して水素 H₂ が発生する。

　　Fe ＋ 2HCl ⟶ FeCl₂ ＋ H₂　　　　　　　　　　　　　　　(1)

　一定量の Fe に，ある濃度の塩酸を加えていくと，加えた塩酸の体積(mL)と発生した H₂ の 0 ℃，$1.013×10^5$ Pa における体積(mL)の関係は図2のようになった。

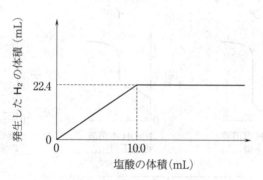

図2　塩酸の体積と気体の体積の関係

　この実験で用いた Fe の質量と塩酸のモル濃度の組合せとして最も適当なものを，次の①〜⑨のうちから一つ選べ。　13

	Fe の質量 (g)	塩酸のモル濃度 (mol/L)
①	0.028	0.050
②	0.028	0.10
③	0.028	0.20
④	0.056	0.050
⑤	0.056	0.10
⑥	0.056	0.20
⑦	0.56	0.050
⑧	0.56	0.10
⑨	0.56	0.20

第2問 オゾン O_3 に関する次の問い(**問1・問2**)に答えよ。(配点 20)

問1 次の文章を読み,後の問い(**a・b**)に答えよ。

オゾン O_3 は,酸素 O_2 の ┃ ア ┃ で,大気中にごくわずかに存在している。地表から 25〜45 km の上空には O_3 の濃度が大きい層があるが,近年,この層の O_3 が次第に減少している。

a 文章中の ┃ ア ┃ に当てはまる語句として最も適当なものを,次の①〜④のうちから一つ選べ。 ┃ 14 ┃

① 同位体 ② 同素体 ③ 化合物 ④ 混合物

b O_3 は酸化剤としてはたらく。下線を付した物質が酸化剤としてはたらいているものはどれか。最も適当なものを,次の①〜④のうちから一つ選べ。 ┃ 15 ┃

① $SO_2 + 2\underline{H_2S} \longrightarrow 3S + 2H_2O$

② $Fe_2O_3 + 3\underline{H_2SO_4} \longrightarrow Fe_2(SO_4)_3 + 3H_2O$

③ $\underline{MnO_2} + 4HCl \longrightarrow MnCl_2 + 2H_2O + Cl_2$

④ $CaCO_3 + 2\underline{HCl} \longrightarrow CaCl_2 + H_2O + CO_2$

10

問2 ある混合気体中に含まれる O_3 の濃度を求めるために，次の**実験 I，II** を行った。この**実験**に関する後の問い（**a ～ c**）に答えよ。

実験 I 0 ℃，1.013×10^5 Pa で 10 L の混合気体を，硫酸で酸性にしたヨウ化カリウム KI 水溶液に通じたところ，その中に含まれる O_3 がすべて反応し，ヨウ素 I_2 が生じた。このときの反応は次の式(1)で表される。

$$O_3 + H_2SO_4 + 2\,KI \longrightarrow O_2 + H_2O + I_2 + K_2SO_4 \qquad (1)$$

実験 II **実験 I** の水溶液に，<u>0.500 mol/L のチオ硫酸ナトリウム $Na_2S_2O_3$ 水溶液を滴下した</u>。12.0 mL 滴下したときに指示薬（デンプン水溶液）の色が変化したので終点とした。このとき，**実験 I** で生じた I_2 はすべて $Na_2S_2O_3$ と反応した。このときの反応は次の式(2)で表される。

$$I_2 + 2\,Na_2S_2O_3 \longrightarrow 2\,NaI + Na_2S_4O_6 \qquad (2)$$

— 56 —

a 次の実験器具**ア〜エ**を用いて下線部の滴定実験を行った。実験器具に関する記述として**誤りを含むもの**はどれか。最も適当なものを，後の①〜④のうちから一つ選べ。 16

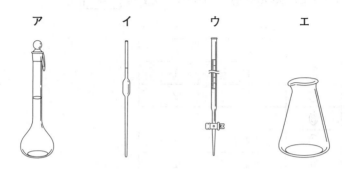

① **ア**はメスフラスコであり，正確な濃度の溶液を調製するときに用いる器具である。
② **ウ**はホールピペットであり，滴下した溶液の体積を正確にはかり取るために用いる器具である。
③ **ア**と**エ**は，純水で洗った後，ぬれたまま使用する。
④ **ア〜ウ**のガラス器具は，純水で洗浄後，加熱乾燥してはならない。

b 実験 I で O_3 が酸化剤としてはたらくとき，次の式(3)に従って変化する。

$$O_3 + a\,H^+ + b\,e^- \longrightarrow c\,O_2 + d\,H_2O \tag{3}$$

この反応式の係数 b と d の組合せとして正しいものはどれか。最も適当なものを，次の①〜⑥のうちから一つ選べ。 17

	b	d
①	1	1
②	1	2
③	1	4
④	2	1
⑤	2	2
⑥	2	4

c 実験 I，II の結果より，混合気体に含まれている O_3 の物質量は何 mol か。その数値を有効数字 2 桁で次の形式で表すとき， 18 〜 20 に当てはまる数字を，後の①〜⓪のうちから一つずつ選べ。ただし，同じものを繰り返し選んでもよい。

$$\boxed{18}\,.\,\boxed{19} \times 10^{-\boxed{20}}\,\text{mol}$$

① 1   ② 2   ③ 3   ④ 4   ⑤ 5

⑥ 6   ⑦ 7   ⑧ 8   ⑨ 9   ⓪ 0

14

化学基礎

解答・採点基準　　(50点満点)

問題番号 (配点)	設問	解答番号	正解	配点	自己採点
第1問 (30)	問1	1	⑥	2	
		2	⑤	2	
	問2	3	④	3	
	問3	4	①	4	
	問4	5	③	3	
	問5	6	②	2 *	
		7	⑥		
		8	①	2 *	
		9	③		
	問6	10	②	3	
	問7	11	⑤	2	
		12	①	3	
	問8	13	⑥	4	
第1問　自己採点小計					
第2問 (20)	問1	14	②	4	
		15	③	4	
	問2	16	②	4	
		17	④	4	
		18	③	4 *	
		19	⓪		
		20	③		
第2問　自己採点小計					
自己採点合計					

(注)　*は，すべて正解の場合のみ点を与える。

オリジナル問題〈解説〉 化学基礎 15

第1問　物質の構成，酸と塩基の反応

問1　周期表

a　図1の周期表を以下に示す。

周期＼族	1	2	13	14	15	16	17	18
1	H							He
2	Li	Be	B	C	N	O	F	Ne
3	Na	Mg	Al	Si	P	S	Cl	Ar

図1　元素の周期表

カはマグネシウム Mg で2価の陽イオン Mg^{2+} になり，**ケ**は塩素 Cl で1価の陰イオン Cl^- になるので，**カ**と**ケ**からなる化合物は $MgCl_2$ である。

$\boxed{1}$ …⑥

b

① 1族，2族，13〜18族は典型元素である。

② **ア** He，**オ** Ne，**コ** Ar はすべて**貴ガス**(希ガス)である。これらの原子は，安定な電子配置をとるため，イオンになりにくく，他の原子と結びつきにくいので，価電子数は0である。

③ 図1では，Li，Be，Na，Mg，Al が**金属元素**，それ以外の元素が**非金属元素**である。よって，**イ** Li，**カ** Mg，**キ** Al はすべて金属元素である。

④ **エ** N の単体 N_2，**ケ** Cl の単体 Cl_2 はともに常温・常圧で気体である。

⑤ **キ** Al のイオン Al^{3+} は Ne 原子と同じ電子配置，**ク** S のイオン S^{2-} は Ar 原子と同じ電子配置をとる。

$\boxed{2}$ …⑤

問2　物質の構成

① 正しい。物質を構成する個々の粒子が，その温度に応じた運動エネルギーで絶えず行っている不規則な運動を**熱運動**という。温度が高くなると，熱運動はより激しくなる。また同じ温度でも，熱運動をする粒子はみな同じ速さで運動しているわけではなく，速さの速いものや，やや遅いものが混じり合った状態となっている。

② 正しい。粒子の熱運動は温度が低くなると穏やかになり，ある温度で停止することが予想される。これが温度の下限(-273℃)であり，さらに低い温度は存在しない。この温度を絶対零度という。絶対零度を原点とする温度を絶対温度といい，単位記号 K(ケルビン)を用いて表す。

③ 正しい。溶媒への溶けやすさは物質によって異なる。この性質を利用して，混合物に特定の溶媒を加えて，目的物質だけを溶かし出して分離する操作を抽出という。

④ 誤り。液体を経ず，固体から直接気体へ変化する状態変化を昇華という。

⑤ 正しい。物質そのものは変化せず，物質の状態だけが変わる変化を物理変化

— 61 —

という。これに対して，水の電気分解によって水素と酸素が生じるなど，物質の種類の変化を化学変化という。

$\boxed{3}$ …④

問3　物質量

① $\dfrac{16.8\ \text{L}}{22.4\ \text{L/mol}} = 0.75\ \text{mol}$

② 塩化カルシウム $CaCl_2$ 1 mol に含まれる塩化物イオン Cl^- は 2 mol である。よって，含まれる Cl^- の物質量は，

$$0.80\ \text{mol/L} \times \dfrac{250}{1000}\ \text{L} \times 2 = 0.40\ \text{mol}$$

③ $\dfrac{28\ \text{g}}{56\ \text{g/mol}} = 0.50\ \text{mol}$

④ CuO を H_2 で還元させたときの化学反応式は次のとおりである。

$$CuO + H_2 \longrightarrow Cu + H_2O$$

$CuO = 80$ より，CuO の物質量は，

$$\dfrac{48\ \text{g}}{80\ \text{g/mol}} = 0.60\ \text{mol}$$

反応式の係数比が $CuO : Cu = 1 : 1$ より，生じた Cu の物質量は，0.60 mol である。

よって，物質量が最も大きいものは①である。

$\boxed{4}$ …①

問4　化学結合

① 正しい。金属は価電子が特定の原子に所属することがなく，金属全体を自由に移動できる。このような電子を**自由電子**とよび，自由電子による金属原子どうしの結合を**金属結合**という。なお，金属結合によって生じる結晶を**金属結晶**という。金属中に存在する自由電子が電気や熱を伝えるので，金属結晶は電気伝導性や熱伝導性が大きい。

② 正しい。陽イオンと陰イオンが**静電気力（クーロン力）**で結びついている結合を**イオン結合**といい，イオン結合でできた結晶を**イオン結晶**という。イオン結晶は，一般に融点が高くて硬いが，外から強い力を加えると結晶の特定の面に沿って割れやすい。

③ 誤り。イオン結晶の固体は電気を通さないが，水溶液にしたり，融解したりすると電気を通す。これは溶解や融解によってイオンが自由に動きまわれるようになるからである。

④ 正しい。多くの分子が**分子間力**で結びついた結晶を**分子結晶**という。分子間力は共有結合やイオン結合に比べてはるかに弱い力であるので，分子結晶は一般に融点が低く，軟らかい。

⑤ 正しい。多くの原子が**共有結合**でつながってできた結晶を**共有結合の結晶（共有結合結晶）**という。結晶中のすべての原子は共有結合で結びついているため，

— 62 —

硬くて融点が非常に高いものが多い。

$\boxed{5}$ …③

問5 イオンの生成

原子番号は，原子に含まれる陽子の数と等しい。原子は電気的に中性なので，正の電荷をもつ陽子の数と負の電荷をもつ電子の数は等しい。Fe^{3+} の電子の数が23個より，Fe 原子の電子の数は，

$$23+3=26 \text{個}$$

これより，原子番号は26である。

Fe 原子の最外殻は N 殻であり，Fe が Fe^{3+} になったとき3個の電子が最外殻に収容された電子から順に出ていくので，N 殻にある2個の電子はすべて放出され，残る1個が M 殻から放出される。したがって，Fe^{3+} の最外殻は M 殻になり，23個の電子の電子配置は K(2)L(8)M(13) となる。これより，Fe^{3+} の M 殻に収容されている電子の数は13である（M 殻の電子の最大収容数は18）。

$\boxed{6}$ …②，$\boxed{7}$ …⑥，$\boxed{8}$ …①，$\boxed{9}$ …③

問6 金属の単体

ア Mg は2族，Al は13族，Pb は14族に属するので，すべて典型元素である。

イ Mg は Mg^{2+}，Al は Al^{3+}，Pb は Pb^{2+} や Pb^{4+} となって化合物をつくるので，Mg と Pb は当てはまるが，Al は当てはまらない。

ウ イオン化傾向が Mg>Al>Pb>H_2 なので，すべてイオン化傾向が H_2 よりも大きい。

エ Mg と Pb は濃硝酸に溶けるが，Al を濃硝酸に入れると表面に緻密な酸化被膜が形成され不動態となるので溶けない。

以上の結果より，**ア**と**ウ**が当てはまる。

$\boxed{10}$ …②

問7 中和滴定

a 酢酸 CH_3COOH は弱酸，水酸化ナトリウム NaOH は強塩基なので，中和点は塩基性を示す。よって，滴定曲線は**イ**，指示薬は変色域が塩基性側にあるフェノールフタレインが適当である。

$\boxed{11}$ …⑤

b 中和点では，（酸の放出した H^+ の物質量）－（塩基の放出した OH^- の物質量）の関係が成立するので，酢酸水溶液中の CH_3COOH の濃度を x (mol/L) とすると，

$$x(\text{mol/L}) \times \frac{10.0}{1000}\text{L} \times 1 = C(\text{mol/L}) \times \frac{V}{1000}(\text{L}) \times 1$$

$$x = \frac{CV}{10}(\text{mol/L})$$

$\boxed{12}$ …①

— 63 —

問8 物質の質量，モル濃度

グラフより Fe がすべて反応したとき，気体の H_2 が 0 ℃，$1.013×10^5$ Pa で 22.4 mL 発生した。反応した Fe を x(g) とすると，式(1)の係数比が Fe：H_2＝1：1 より，

$$\frac{x(g)}{56 \text{ g/mol}} = \frac{22.4 \text{ mL}}{22.4×10^3 \text{ mL/mol}}$$

x＝0.056 g

また，グラフより塩酸を 10.0 mL 加えたとき，気体の H_2 0 ℃，$1.013×10^5$ Pa が 22.4 mL 発生したので，塩酸のモル濃度を y(mol/L) とすると，式(1)の係数比が HCl：H_2＝2：1 より，

$$2：1 = y(\text{mol/L}) × \frac{10.0}{1000} \text{ L} : \frac{22.4 \text{ mL}}{22.4×10^3 \text{ mL/mol}}$$

y＝0.20 mol/L

よって，答えは⑥である。

$\boxed{13}$ …⑥

第2問　酸化還元反応

問1　物質の構成，酸化剤

a　同じ元素からできているが，性質の異なる単体どうしを互いに**同素体**という。オゾン O_3 と酸素 O_2 は互いに同素体である。なお，原子番号が同じでも，中性子の数が異なるために質量数が異なる原子が存在する。これらの原子を互いに**同位体**であるという。2種類以上の元素からできている純物質を**化合物**という。オゾンは1種類の元素からできているので単体である。何種類かの物質が混じり合った物質を**混合物**という。

$\boxed{14}$ …②

b　酸化剤としてはたらいているかどうかは原子の酸化数の変化を見ればよい。酸化剤としてはたらく＝自身は還元されているので，酸化数は減少する。

　　① $SO_2 + 2\underline{H_2S} \longrightarrow 3S + 2H_2O$

S 原子の酸化数は −2 から 0 へ増加しているので，H_2S は還元剤としてはたらいている。

　　② $Fe_2O_3 + 3\underline{H_2SO_4} \longrightarrow Fe_2(SO_4)_3 + 3H_2O$

酸化数の変化はないので，酸化還元反応ではない。

　　③ $\underline{MnO_2} + 4HCl \longrightarrow MnCl_2 + 2H_2O + Cl_2$

Mn 原子の酸化数は +4 から +2 へ減少しているので，MnO_2 は酸化剤としてはたらいている。

　　④ $CaCO_3 + 2\underline{HCl} \longrightarrow CaCl_2 + H_2O + CO_2$

酸化数の変化はないので，酸化還元反応ではない。

$\boxed{15}$ …③

問2 酸化還元反応

a
ア：メスフラスコ
正確な濃度の溶液を調製するときに用いる器具。
イ：ホールピペット
一定体積の液体を正確にはかり取るために用いる器具。
ウ：ビュレット
滴下した溶液の体積を正確にはかるために用いる器具。
エ：コニカルビーカー
コニカルビーカーに入れた溶液の物質と，ビュレットから滴下させた物質を反応させる器具。

① 正しい。アはメスフラスコであり，文章はメスフラスコの説明である。
② 誤り。ウはホールピペットではなくビュレットである。
③ 正しい。純水で洗った後，ぬれたまま用いてもよい器具はアのメスフラスコと，エのコニカルビーカーである。メスフラスコは，溶液を調製するとき，最後に純水を加えるので，純水でぬれたままでも構わない。また，コニカルビーカーには正確に体積をはかり取った溶液を入れるので，コニカルビーカーの内壁が純水でぬれていても溶液中の溶質の物質量は変わらず，実験を行うことができる。これに対して，純水で洗った後，用いる溶液で数回すすいでから使うのは，イのホールピペットとウのビュレットである。どちらも洗浄後に残っている容器内部の純水を，用いる溶液で数回洗い流して濃度が変わらないようにする。
④ 正しい。ア～ウの器具は体積を正確にはかる器具である。加熱によりガラスが熱膨張して，器具の体積が変化する恐れがあるため，これらの器具は加熱乾燥してはいけない。

$\boxed{16}$ … ②

実験Ⅰ，Ⅱの様子を図に示す。

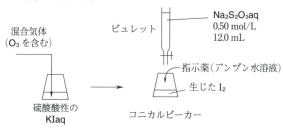

b O_3 が酸化剤としてはたらくときの電子を含むイオン反応式は次のような手順で記すことができる。

(1) 左辺に反応物の O_3 を，右辺に生成物の O_2 を記す。

$O_3 \longrightarrow O_2$

— 65 —

(2) 両辺の酸素原子の数を H_2O で合わせる。

$$O_3 \longrightarrow O_2 + H_2O$$

(3) 両辺の水素原子の数を H^+ で合わせる。

$$O_3 + 2H^+ \longrightarrow O_2 + H_2O$$

(4) 両辺の電荷を e^- で合わせる。

$$O_3 + 2H^+ + 2e^- \longrightarrow O_2 + H_2O$$

よって，b は 2，d は 1 の④である。

$$\boxed{17} \cdots ④$$

c 実験 I と II の，反応の量的関係は式(1)と式(2)の係数比より，

$O_3 : I_2 = 1 : 1$，$I_2 : Na_2S_2O_3 = 1 : 2$ なので，反応する O_3 と $Na_2S_2O_3$ の物質量比は，

$$O_3 : Na_2S_2O_3 = 1 : 2$$

よって，混合気体に含まれている O_3 の物質量は，

$$0.500 \, \text{mol/L} \times \frac{12.0}{1000} \, \text{L} \times \frac{1}{2} = 3.0 \times 10^{-3} \, \text{mol}$$

$$\boxed{18} \cdots ③, \quad \boxed{19} \cdots ⓪, \quad \boxed{20} \cdots ③$$

化　学

オリジナル問題

化　　　　　学

$\left(\text{解答番号}\boxed{1}\sim\boxed{29}\right)$

必要があれば，原子量は次の値を使うこと。

H 1.0　　　　C 12　　　　　O 16　　　　　Ca 40

気体は，実在気体とことわりがない限り，理想気体として扱うものとする。

第1問 次の問い(問1～4)に答えよ。(配点　20)

問1　次の記述(**ア・イ**)の両方に当てはまる分子として最も適当なものを，後の①
～④のうちから一つ選べ。　$\boxed{1}$

ア 共有電子対の数と非共有電子対の数が等しいもの

イ 極性分子であるもの

① 窒素　　　② 硫化水素　　　③ フッ化水素　　　④ 二酸化炭素

問2　銅の結晶は，面心立方格子の構造をもつ。単位格子の一辺の長さを a (cm)，結晶の密度を d (g/cm^3)，アボガドロ定数を N_A (/mol) としたとき，銅のモル質量 M (g/mol) を表す式として最も適当なものを，次の①～⑥のうちから一つ選べ。 $\boxed{2}$ g/mol

① $\dfrac{4a^3}{dN_A}$　　② $\dfrac{da^3}{4N_A}$　　③ $\dfrac{2a^3}{dN_A}$

④ $\dfrac{dN_A a^3}{2}$　　⑤ $\dfrac{da^3}{2N_A}$　　⑥ $\dfrac{dN_A a^3}{4}$

問3　1 mol の理想気体の圧力 p，体積 V，絶対温度 T の関係を表すグラフ（I～III）について，正誤の組合せとして最も適当なものを，後の①～⑧のうちから一つ選べ。ただし，$p_1 > p_2$，$T_1 > T_2$ とする。 $\boxed{3}$

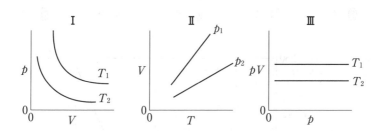

	I	II	III
①	正	正	正
②	正	正	誤
③	正	誤	正
④	正	誤	誤
⑤	誤	正	正
⑥	誤	正	誤
⑦	誤	誤	正
⑧	誤	誤	誤

問4 物質の溶解に関する次の問い(a・b)に答えよ。ただし,気体定数は$R=8.3×10^3$ Pa・L/(K・mol)とする。

a 硝酸カリウム KNO_3 の溶解度曲線を図1に示す。ビーカーに入れた150 gの水に,硝酸カリウムの結晶180 gを加え80℃まで温めた。硝酸カリウムの結晶が完全に溶解した後,水溶液を60℃まで冷却すると,硝酸カリウムの結晶が析出した。析出した硝酸カリウムの質量(g)を2桁の数値で表すとき, 4 と 5 に当てはまる数字を,後の①~⓪のうちから一つずつ選べ。ただし,質量が1桁の場合には, 4 には⓪を選べ。また,同じものを繰り返し選んでもよい。

4 5 g

① 1 ② 2 ③ 3 ④ 4 ⑤ 5
⑥ 6 ⑦ 7 ⑧ 8 ⑨ 9 ⓪ 0

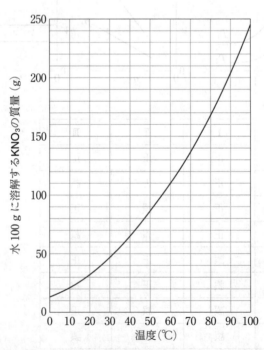

図1　KNO_3 の溶解度曲線

b 図2のような容積 5.0 L の密閉容器に水 2.0 L とある一定量の二酸化炭素を入れ，20 ℃でしばらく放置したところ，溶解平衡の状態となった。このとき，圧力計が示す値は 4.0×10⁴ Pa であった。容器内に入れた二酸化炭素の物質量は何 mol か。最も適当な数値を，後の①〜⑤のうちから一つ選べ。ただし，20 ℃，1.0×10⁵ Pa の下で，二酸化炭素は水 1.0 L に 0.039 mol 溶解する。また，水の蒸気圧は無視できるものとする。　6　mol

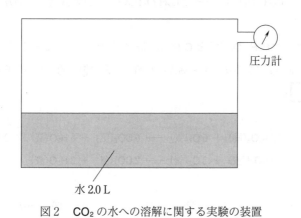

図2　CO_2 の水への溶解に関する実験の装置

① 0.031　② 0.049　③ 0.069　④ 0.081　⑤ 1.0

6

第2問 次の問い(**問1~4**)に答えよ。(配点 20)

問1 酵母のはたらきにより，グルコース $C_6H_{12}O_6$ からエタノール C_2H_5OH を生成する反応をアルコール発酵という。この反応の反応エンタルピーは，次のエンタルピー変化を付した反応式で表される。

$$C_6H_{12}O_6(固) \longrightarrow 2\,C_2H_5OH(液) + 2\,CO_2(気) \qquad \Delta H = x\,(kJ)$$

次に示す $C_6H_{12}O_6$(固)と C_2H_5OH(液)の燃焼エンタルピーを用いて x を求めると，何 kJ になるか。最も適当な数値を，後の①~⑥のうちから一つ選べ。

$\boxed{7}$ kJ

$$C_6H_{12}O_6(固) + 6\,O_2(気) \longrightarrow 6\,CO_2(気) + 6\,H_2O(液) \qquad \Delta H = -2807\,kJ$$
$$C_2H_5OH(液) + 3\,O_2(気) \longrightarrow 2\,CO_2(気) + 3\,H_2O(液) \qquad \Delta H = -1370\,kJ$$

① -1437 ② -134 ③ -67

④ 67 ⑤ 134 ⑥ 1437

— 72 —

問2 2価の酸であるシュウ酸 $H_2C_2O_4$ は二段階で電離し，その電離定数 K_1, K_2 は次のように表される。

$$H_2C_2O_4 \rightleftarrows H^+ + HC_2O_4^- \quad K_1 = \frac{[H^+][HC_2O_4^-]}{[H_2C_2O_4]} = 5.0 \times 10^{-2}\,\text{mol/L}$$

$$HC_2O_4^- \rightleftarrows H^+ + C_2O_4^{2-} \quad K_2 = \frac{[H^+][C_2O_4^{2-}]}{[HC_2O_4^-]} = 5.0 \times 10^{-5}\,\text{mol/L}$$

$H_2C_2O_4$ を含む水溶液中の $H_2C_2O_4$, $HC_2O_4^-$, $C_2O_4^{2-}$ のうち $HC_2O_4^-$ が占める割合 α は，次の式で表される。

$$\alpha = \frac{[HC_2O_4^-]}{[H_2C_2O_4] + [HC_2O_4^-] + [C_2O_4^{2-}]}$$

$H_2C_2O_4$ 水溶液に水酸化ナトリウムを加え pH を 5.0 に調整した。この水溶液中の $HC_2O_4^-$ の割合 α として最も適当な数値を，次の①～⑥のうちから一つ選べ。　8

① 0.017　　　　② 0.033　　　　③ 0.10

④ 0.17　　　　⑤ 0.33　　　　⑥ 1.0

問3 同温・同圧の下で一定時間の電気分解を行ったとき，陰極で発生する気体の体積が，陽極で発生する気体の体積の2倍になるものとして適当なものは，次の**ア**～**ウ**のうちどれか。すべてを正しく選択しているものとして最も適当なものを，後の①～⑦のうちから一つ選べ。ただし，発生した気体の水溶液に対する溶解は無視できるものとする。　9

ア　陰極に鉄，陽極に炭素を用いて，塩化ナトリウム水溶液を電気分解する。
イ　両極に白金を用いて，水酸化ナトリウム水溶液を電気分解する。
ウ　両極に白金を用いて，硝酸銀水溶液を電気分解する。

① ア　　　　　② イ　　　　　③ ウ　　　　　④ ア，イ
⑤ ア，ウ　　　⑥ イ，ウ　　　⑦ ア，イ，ウ

— 74 —

オリジナル問題　化学　9

問4　塩化ナトリウムの結晶について，次の問い(**a ~ c**)に答えよ。

a　塩化ナトリウムの結晶は，イオン結晶である。イオン結晶に関する記述として下線部に**誤りを含むもの**は，次の**ア～ウ**のうちどれか。すべてを正しく選択しているものとして最も適当なものを，後の①～⑦のうちから一つ選べ。
10

ア　固体の状態では電気を通さないが，融解液や水溶液は電気を通す。

イ　硬いがもろく，外から力を加えるとある面に沿って割れる。

ウ　結晶を構成する陽イオンと陰イオンの物質量の比を最も簡単な整数比で示した化学式である分子式を用いて表される。

① ア　　　　② イ　　　　③ ウ　　　　④ ア，イ
⑤ ア，ウ　　⑥ イ，ウ　　⑦ ア，イ，ウ

b 塩化ナトリウムの結晶の単位格子を図1に示す。これに関する次の文章中の空欄 ア ・ イ に当てはまる数値の組合せとして最も適当なものを，後の①〜⑥のうちから一つ選べ。 11

塩化ナトリウムの結晶中で，ある1つの塩化物イオンに着目した場合，最も近い位置にあるナトリウムイオンの数は ア である。また，その塩化物イオンに最も近い位置にある塩化物イオンの数は イ である。

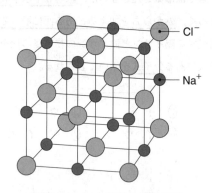

図1 NaCl の結晶の単位格子

	ア	イ
①	4	6
②	4	8
③	4	12
④	6	6
⑤	6	8
⑥	6	12

オリジナル問題　化学　11

c 1 mol の塩化ナトリウム NaCl の結晶を，気体状態のナトリウムイオン Na$^+$ と塩化物イオン Cl$^-$ にばらばらにするために必要なエネルギーを格子エネルギーという。図2は，格子エネルギーと表1に示すエンタルピー変化の関係を示したものである。NaCl の格子エネルギーは何 kJ/mol か。最も適当な数値を，後の①～⑥のうちから一つ選べ。　　12　kJ/mol

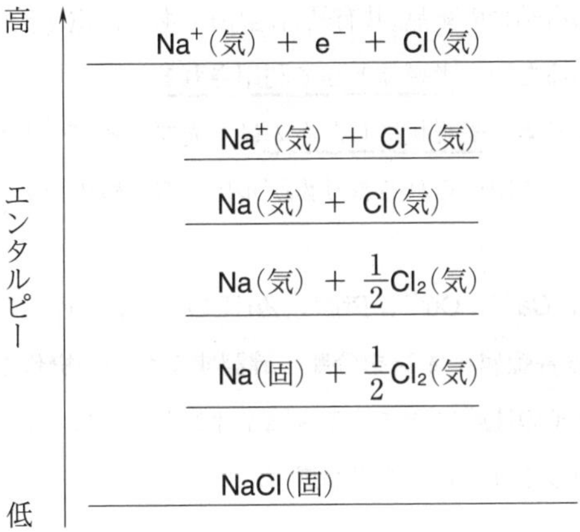

高　　　　 Na$^+$（気）＋ e$^-$ ＋ Cl（気）

エ　　　　 Na$^+$（気）＋ Cl$^-$（気）

ン　　　　 Na（気）＋ Cl（気）

タ　　　　 Na（気）＋ $\frac{1}{2}$Cl$_2$（気）

ル　　　　 Na（固）＋ $\frac{1}{2}$Cl$_2$（気）

ピ
ー

　　　　　 NaCl（固）

低

図2　NaCl の格子エネルギーと種々のエンタルピー変化

表1　種々のエンタルピー

Na（固）の昇華エンタルピー（kJ/mol）	92
Na（気）のイオン化エネルギー（kJ/mol）	496
Cl$_2$（気）の結合エネルギー（kJ/mol）	244
Cl（気）の電子親和力（kJ/mol）	349
NaCl（固）の生成エンタルピー（kJ/mol）	−411

① 772　　　　② 894　　　　③ 1348　　　　④ 1470

第3問 次の問い(**問1～3**)に答えよ。(配点 20)

問1 ケイ素に関する記述として下線部に**誤りを含むもの**はどれか。最も適当なものを、次の①～④のうちから一つ選べ。 13

① 地殻を構成する元素のうち、質量比で二番目に多い元素である。

② 単体は共有結合の結晶(共有結合結晶)であり、電気伝導性が金属と非金属の中間であるため、半導体として利用される。

③ 二酸化ケイ素を繊維状にしたものは、光ファイバーとして利用されている。

④ 乾燥剤として用いられるシリカゲルは、多孔質のため表面積が小さい。

問2 Ag^+, Al^{3+}, Ca^{2+}, Cu^{2+}, Pb^{2+}, Zn^{2+} のうち、3種類の金属イオンを含む水溶液 **X** から各金属イオンを分離・確認するための**操作1～3**を行った。下線部**ア**および**イ**の沈殿に含まれる金属イオンとして最も適当なものを、後の①～⑥のうちからそれぞれ一つずつ選べ。

ア 14
イ 15

操作1 水溶液 **X** に希塩酸を加えると、ア白色沈殿が生じた。これをろ過し、ろ液 **I** を得た。ろ過した白色沈殿に熱湯を注ぐと、完全に溶解した。

操作2 ろ液 **I** に硫化水素を十分に吹き込むと、黒色沈殿が生じた。これをろ過し、ろ液 **II** を得た。

操作3 ろ液 **II** を煮沸後、アンモニア水を加えると、イ白色沈殿が生じた。この沈殿に、さらにアンモニア水を過剰に加えても変化は見られなかった。

① Ag^+ ② Al^{3+} ③ Ca^{2+}

④ Cu^{2+} ⑤ Pb^{2+} ⑥ Zn^{2+}

オリジナル問題　化学　13

問3　配位子が金属イオンに結合した構造をもつ化合物を錯体とよび，イオン性の
錯体を錯イオン，その塩は錯塩とよばれる。錯体は金属イオンの種類や配位子
の種類により様々な構造を形成する。錯体に関する次の問い（**a ～ c**）に答えよ。

　　a　錯イオンに関する記述として**誤りを含むもの**はどれか。最も適当なものを，
　　次の①～⑤のうちから一つ選べ。　16

①　アルミニウム Al は，濃水酸化ナトリウム水溶液と反応し，錯イオンを
形成して溶解する。

②　酸化銀 Ag_2O に過剰のアンモニア水を加えると，$[Ag(NH_3)_2]^+$ が生成
して無色の水溶液になる。

③　$[Fe(CN)_6]^{4-}$ を含む水溶液に Fe^{3+} を含む水溶液を加えると，濃青色の
沈殿が生じる。

④　$[Cu(NH_3)_4]^{2+}$ の四つの配位子は，正四面体形の配置をとる。

⑤　硫酸銅（Ⅱ）$CuSO_4$ を水に溶かすと，Cu^{2+} は水分子が配位結合したアク
ア錯イオンとして存在する。

— 79 —

14

b コバルトイオン Co^{3+} は 6 個の配位子と配位結合し，八面体構造をとることが知られている。化合物 A ~ D は Co^{3+} と塩化物イオン Cl^-，およびアンモニア NH_3 で構成される錯体であり，その化学式は次の式(1)のように表される。

$$[Co(NH_3)_xCl_y]Cl_z \qquad\qquad (1)$$

化合物 A ~ D の組成は，水溶液のモル伝導度*の大きさを比較することにより判断できる。表 1 には化合物 A ~ D のモル伝導度の相対値を示した。化合物 C の化学式について，x, y, z に当てはまる数値の組合せとして最も適当なものを，後の①~④のうちから一つ選べ。 17

表 1　化合物 A ~ D のモル伝導度の相対値

化合物	A	B	C	D
モル伝導度	0	0.49	0.73	1

＊モル伝導度…1 mol/L の溶液の電気伝導性を表す量

	x	y	z
①	6	0	3
②	5	1	2
③	4	2	1
④	3	3	0

— 80 —

c 錯体の利用例として，水の硬度測定がある。水の硬度測定には，図1のエチレンジアミン四酢酸(略称 EDTA)を用いるものがある。

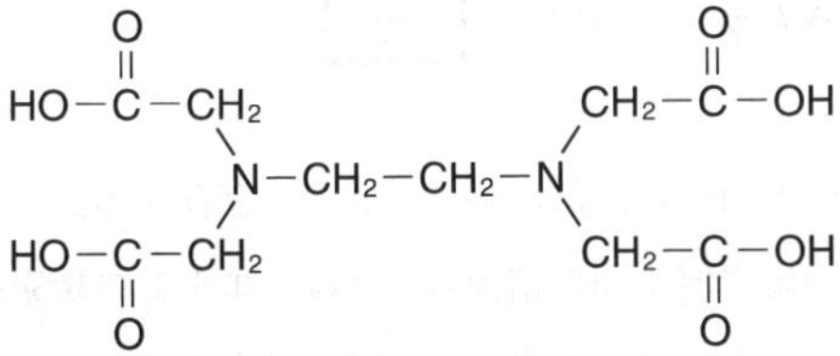

図1 EDTA 構造式

EDTA は水溶液中の金属イオンと物質量比1:1で配位結合し，安定な錯体を形成する。現在，広く用いられている硬度(mg/L)は，溶液1Lあたりに含まれるカルシウムイオン Ca^{2+} の量を炭酸カルシウム $CaCO_3$ の質量(mg)に換算した値である。

Ca^{2+} を含む水溶液 X 50.0 mL を 0.010 mol/L の EDTA 溶液で滴定すると，2.0 mL 加えたところで Ca^{2+} は完全に錯体を形成した。この水溶液 X の硬度は何 mg/L か。最も適当な数値を，次の①～⑥のうちから一つ選べ。

| 18 | mg/L

① 0.020 　　　　② 0.10 　　　　③ 0.40

④ 2.0 　　　　⑤ 10 　　　　⑥ 40

16

第4問 次の問い(**問1～4**)に答えよ。(配点 20)

問1 ベンゼンに関する記述として**誤りを含むもの**はどれか。最も適当なものを,次の①～④のうちから一つ選べ。 19

① すべての炭素原子が,常に同一平面上に存在する。

② ベンゼンの炭素原子間の結合の長さは,エタンの炭素原子間の結合よりも短く,エチレン(エテン)の炭素原子間の結合よりも長い。

③ 塩素と混合して光を照射すると,クロロベンゼンが生成する。

④ 濃硝酸と濃硫酸の混合物を混ぜて加熱すると,ニトロベンゼンが生成する。

問2 分子式 $C_4H_{10}O$ で表される化合物の異性体に関する記述として**誤りを含むもの**はどれか。最も適当なものを,次の①～④のうちから一つ選べ。ただし,立体異性体も区別するものとする。 20

① ナトリウムの単体を加えても変化が見られない異性体は,3種類存在する。

② 酸化するとカルボニル化合物を生じる異性体は,4種類存在する。

③ ヨウ素と水酸化ナトリウム水溶液を加えて加熱すると黄色沈殿を生じる異性体は,1種類存在する。

④ エタノールの分子間脱水で得られる化合物が存在する。

— 82 —

オリジナル問題　化学　17

問3　合成高分子化合物に関する記述として下線部に**誤りを含むもの**はどれか。最も適当なものを，次の①〜⑤のうちから一つ選べ。　21

① テレフタル酸とエチレングリコール(1,2-エタンジオール)を縮合重合させると，ポリエチレンテレフタラートが得られる。

② ε-カプロラクタムを開環重合させると，ナイロン6が得られる。

③ 熱硬化性樹脂である尿素樹脂は，尿素とホルムアルデヒドの付加縮合によって合成される。

④ スチレンブタジエンゴム(SBR)は，スチレンと1,3-ブタジエンの共重合によってつくられる合成ゴムである。

⑤ ビニロンの原料であるポリビニルアルコールは，ビニルアルコールの付加重合によって合成される。

— 83 —

問4 サリチル酸の誘導体は，古くから医薬品として用いられてきた。サリチル酸は，ナトリウムフェノキシドから次のように合成される。

得られた<u>サリチル酸をメタノールと濃硫酸とともに加熱する</u>と，消炎鎮痛剤として用いられている化合物**A**が得られる。

一方，サリチル酸に無水酢酸を作用させると，解熱鎮痛剤として用いられている化合物**B**が得られる。

サリチル酸とサリチル酸の誘導体に関する次の問い（**a** ～ **c**）に答えよ。

a 空欄 **ア** ・ **イ** に当てはまる構造式と試薬の組合せとして最も適当なものを，次の①～⑥のうちから一つ選べ。 22

	ア	イ
①	ONa / COONa	塩酸
②	ONa / COONa	水酸化ナトリウム水溶液
③	ONa / COOH	塩酸
④	ONa / COOH	水酸化ナトリウム水溶液
⑤	OH / COONa	塩酸
⑥	OH / COONa	水酸化ナトリウム水溶液

— 84 —

b 下線部で得られた溶液を水溶液 **X** に加え，十分に冷却した後，分液漏斗に入れた。さらにジエチルエーテルを加えてよく振り混ぜた後，エーテル層を取り出しエーテルを蒸発させると，化合物 **A** が得られた。水溶液 **X** と化合物 **A** の組合せとして最も適当なものを，次の ①～⑥ のうちから一つ選べ。

23

	水溶液 **X**	化合物 **A**
①	水酸化ナトリウム水溶液	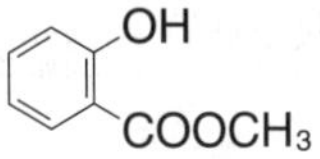 ベンゼン環に OH, COOCH$_3$
②	水酸化ナトリウム水溶液	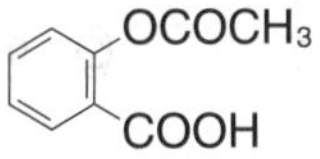 ベンゼン環に OCOCH$_3$, COOH
③	希塩酸	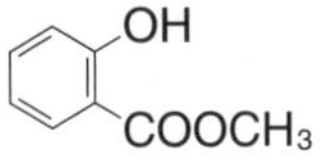 ベンゼン環に OH, COOCH$_3$
④	希塩酸	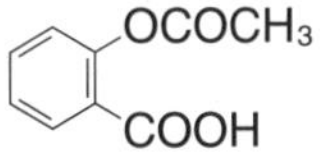 ベンゼン環に OCOCH$_3$, COOH
⑤	炭酸水素ナトリウム水溶液	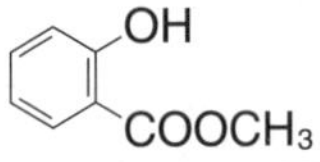 ベンゼン環に OH, COOCH$_3$
⑥	炭酸水素ナトリウム水溶液	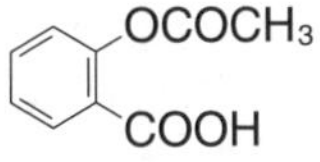 ベンゼン環に OCOCH$_3$, COOH

— 85 —

c サリチル酸 10 g と無水酢酸 10 g を混合して反応させた。この反応で得られた純粋な化合物 **B** の収率が 70 % であるとすると，得られた化合物 **B** は何 g か。最も適当な数値を，後の①～⑤のうちから一つ選べ。ただし，収率とは，反応物の物質量と反応式から計算して求めた生成物の物質量に対する，実際に得られた生成物の物質量の割合のことであり，次の式で表される。

24 g

$$収率（\%）＝\frac{実際に得られた化合物\,\mathbf{B}\,の物質量（mol）}{反応式から計算して求めた化合物\,\mathbf{B}\,の物質量（mol）}×100$$

① 7.7   ② 9.1   ③ 11   ④ 12.1   ⑤ 13

第5問 シクロデキストリンに関する次の問い(問1～3)に答えよ。(配点 20)

問1 複数のグルコース分子がグリコシド結合を形成して環状構造になったものをシクロデキストリンという。図1は，6個のグルコース分子からなるシクロデキストリンの構造を示したものである。次の文章中の空欄 ア ・ イ に当てはまる語の組合せとして最も適当なものを，後の①～⑥のうちから一つ選べ。 25

シクロデキストリンは，分子中にある多数のヒドロキシ基が，環の ア を向いているため，水によく溶ける。純水に イ を加えても溶解せず分離するが，シクロデキストリンの水溶液に イ を加えた場合， イ がシクロデキストリンの環の内側に取り込まれ，均一な溶液になる。

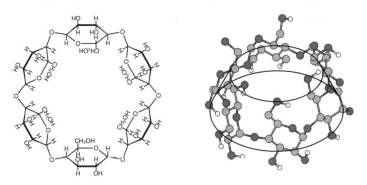

図1 シクロデキストリンの構造の模式図

	ア	イ
①	内 側	メタノール
②	内 側	ベンゼン
③	内 側	ギ 酸
④	外 側	メタノール
⑤	外 側	ベンゼン
⑥	外 側	ギ 酸

問2 7個のグルコース分子からなるシクロデキストリンに関する次の問い（**a・b**）に答えよ。ただし，このシクロデキストリンは7個すべてのグルコース分子が1,4-グリコシド結合によって結びつき，一つの環をつくるものとする。

a このシクロデキストリンに含まれるヒドロキシ基の数はいくつか。最も適当な数値を，次の①〜④のうちから一つ選べ。 26

① 14　　　　② 21　　　　③ 28　　　　④ 35

b このシクロデキストリンの分子量はいくらか。最も適当な数値を，次の①〜⑤のうちから一つ選べ。 27

① 1134　　　　② 1152　　　　③ 1242

④ 1260　　　　⑤ 1278

問3 次に示すように，シクロデキストリンは水溶液中でヨウ素分子と可逆的に結びつき，平衡状態となる。

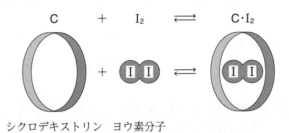

シクロデキストリン　ヨウ素分子

この反応の平衡定数 K は，次の式(1)で表される。

$$K = \frac{[C \cdot I_2]}{[C][I_2]} \tag{1}$$

ただし，$[C]$，$[I_2]$，$[C \cdot I_2]$ は，それぞれシクロデキストリン，ヨウ素，シクロデキストリンとヨウ素が結びついた物質のモル濃度を示している。この反応を調べた次の**実験**に関する後の問い（**a・b**）に答えよ。

実験 シクロデキストリンとヨウ素を，それぞれ 1.0×10^{-3} mol/L となるように混合し，一定温度に保った。表1は，このときのシクロデキストリンの濃度の時間変化を示したものである。

表1　シクロデキストリンのモル濃度と時間の関係

時間(h)	0	1	2	3	4
シクロデキストリンのモル濃度(mol/L)	1.0×10^{-3}	6.0×10^{-4}	3.0×10^{-4}	2.0×10^{-4}	2.0×10^{-4}

a 水溶液中のシクロデキストリンのモル濃度が，平衡に達したときのモル濃度の2倍であった時間の区間として最も適当なものを，次の①～④のうちから一つ選べ。なお，必要であれば方眼紙を使うこと。 28

① 1.0～1.5 時間　　　② 1.5～2.0 時間
③ 2.0～2.5 時間　　　④ 2.5～3.0 時間

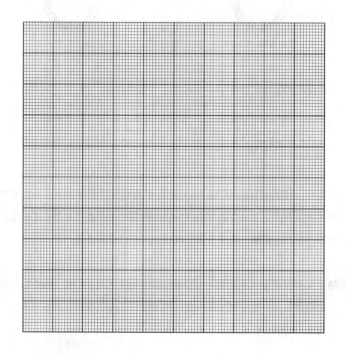

b 式(1)の平衡定数 K は何 L/mol か。最も適当な数値を，次の①～⑤のうちから一つ選べ。 29 L/mol

① 2.0×10^{-5}　　② 5.0×10^{-5}　　③ 4.0
④ 2.0×10^{4}　　⑤ 5.0×10^{4}

MEMO

化学

解答・採点基準　　(100点満点)

問題番号(配点)	設問	解答番号	正解	配点	自己採点
第1問 (20)	問1	1	②	4	
	問2	2	⑥	4	
	問3	3	③	4	
	問4	4	①	4 *	
		5	⑤		
		6	④	4	
第1問　自己採点小計					
第2問 (20)	問1	7	①	3	
	問2	8	④	4	
	問3	9	②	3	
	問4	10	③	3	
		11	⑥	3	
		12	①	4	
第2問　自己採点小計					
第3問 (20)	問1	13	④	4	
	問2	14	⑤	2	
		15	②	2	
	問3	16	④	4	
		17	②	4	
		18	⑥	4	
第3問　自己採点小計					

問題番号(配点)	設問	解答番号	正解	配点	自己採点
第4問 (20)	問1	19	③	3	
	問2	20	③	4	
	問3	21	⑤	3	
	問4	22	⑤	3	
		23	⑤	3	
		24	②	4	
第4問　自己採点小計					
第5問 (20)	問1	25	⑤	4	
	問2	26	②	4	
		27	①	4	
	問3	28	②	4	
		29	④	4	
第5問　自己採点小計					
自己採点合計					

(注)　＊は，両方正解の場合のみ点を与える。

第1問　化学結合，結晶，気体の性質，溶解度

問1　電子式，分子の極性

①～④の分子の電子式は次のとおりである。

① :N⋮⋮N:　　② H:S̈:H　　③ H:F̈:　　④ :Ö::C::Ö:

よって，共有電子対と非共有電子対が同じ数であるものは，②硫化水素と④二酸化炭素である。ここで，二酸化炭素は直線形の分子なので，2つの $C=O$ 結合の極性が互いに打ち消し合うため，無極性分子である。一方，硫化水素は折れ線形の分子なので，2つの $S-H$ 結合の極性が打ち消されることはなく，極性分子である。以上より，ア・イの両方に当てはまる分子は②である。

$\boxed{1}$ …②

問2　金属結晶の構造

結晶の密度(g/cm^3)は，$\dfrac{\text{単位格子に含まれる原子の質量(g)}}{\text{単位格子の体積}(cm^3)}$ で求められる。面心立方格子の単位格子中には4つの原子が含まれているため，次の関係式が成り立つ。

$$d\ (g/cm^3) = \dfrac{\dfrac{M\ (g/mol)}{N_A\ (/mol)} \times 4}{a^3\ (cm^3)}$$

ゆえに，

$$M = \dfrac{dN_A a^3}{4}\ (g/mol)$$

$\boxed{2}$ …⑥

問3　気体の法則

Ⅰ　理想気体の状態方程式 $pV=nRT$ より，n, T 一定の下では，p と V は反比例の曲線となる。

$$pV=nRT$$
$$p=\dfrac{\boxed{nRT}^{\text{一定}}}{V}$$

また，$T_1 > T_2$ なので，pV の値は T_1 のときの方が大きい。よって，グラフⅠは正しい。

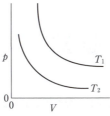

Ⅱ　n, p 一定の下では，T と V は比例するため，T と V のグラフは原点を通る

直線となる。

$$pV = nRT$$
$$V = \boxed{\frac{nR}{p}}^{一定} T$$

また，$p_1 > p_2$ なので，直線の傾き $\left(\dfrac{nR}{p}\right)$ は p_1 のときの方が小さい。よって，グラフⅡは誤りである。

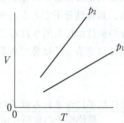

Ⅲ　n，T 一定の下では，pV の値は p の値に関わらず一定である。

$$pV = \boxed{nRT}^{一定}$$

また，$T_1 > T_2$ なので，pV の値は T_1 のときの方が大きい。よって，グラフⅢは正しい。

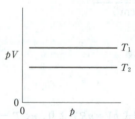

$\boxed{3}$ … ③

問 4 溶解度

a 析出した硝酸カリウムの質量を x (g) とすると，60℃ の飽和水溶液において，

$$\frac{溶質の質量}{溶媒の質量} = \frac{110 \text{ g}}{100 \text{ g}} = \frac{(180-x)\text{ (g)}}{150 \text{ g}}$$

$x = 15$ g

または，

$$\frac{溶質の質量}{溶液の質量} = \frac{110 \text{ g}}{210 \text{ g}} = \frac{(180-x)\text{ (g)}}{(330-x)\text{ (g)}}$$

$x = 15$ g

〔別解〕

水 100 g あたりで考えると，80℃ で溶解させた硝酸カリウムの質量は，

$$180 \text{ g} \times \frac{100 \text{ g}}{150 \text{ g}} = 120 \text{ g}$$

80℃から60℃まで冷却すると，水100gあたりで析出する硝酸カリウムの質量は，

　　120 g－110 g＝10 g

よって，水150 gあたりで析出する硝酸カリウムの質量は，

　　$10 \text{ g} \times \dfrac{150 \text{ g}}{100 \text{ g}} = 15 \text{ g}$

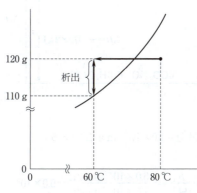

　　　　　　　　　　　　　　　　　　　　　　　　4 …①，5 …⑤

b　20℃，4.0×10^4 Pa で水 2.0 L に溶けている二酸化炭素の物質量は，ヘンリーの法則より，

　　$0.039 \text{ mol} \times \dfrac{4.0 \times 10^4 \text{ Pa}}{1.0 \times 10^5 \text{ Pa}} \times \dfrac{2.0 \text{ L}}{1.0 \text{ L}} = 0.0312 \text{ mol}$

また，気体部分に存在する二酸化炭素の物質量は，

　　$\dfrac{4.0 \times 10^4 \text{ Pa} \times (5.0-2.0) \text{ L}}{8.3 \times 10^3 \text{ Pa·L/(K·mol)} \times (20+273) \text{ K}} = 0.0493 \text{ mol}$

よって，容器内の二酸化炭素の総物質量は，

　　0.0312 mol＋0.0493 mol＝0.0805 mol≒0.081 mol

　　　　　　　　　　　　　　　　　　　　　　　　　　　　　　6 …④

第2問　化学反応とエネルギー，電離平衡，電気分解，結晶
問1　化学反応とエネルギー

与えられた各反応式を(1)〜(3)とする。

　　$C_6H_{12}O_6$(固) ⟶ $2C_2H_5OH$(液) ＋ $2CO_2$(気)　$\Delta H = x$ (kJ)　…(1)

　　$C_6H_{12}O_6$(固) ＋ $6O_2$(気)
　　　　　　　⟶ $6CO_2$(気) ＋ $6H_2O$(液)　$\Delta H = -2807$ kJ　…(2)

　　C_2H_5OH(液) ＋ $3O_2$(気)
　　　　　　　⟶ $2CO_2$(気) ＋ $3H_2O$(液)　$\Delta H = -1370$ kJ　…(3)

式(1)＝式(2)－式(3)×2 より，

　　$x = -2807$ kJ$- (-1370$ kJ$) \times 2$

$= -67$ kJ

なお，式(1)～(3)に関係する物質のエンタルピーの関係は，次の図で表される。

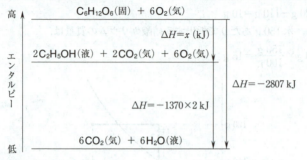

$\boxed{7}$ …①

問 2　電離平衡

pH=5.0 のとき，$[H^+]=1.0\times10^{-5}$ mol/L である。
K_1 より，

$$\frac{[HC_2O_4^-]}{[H_2C_2O_4]} = \frac{K_1}{[H^+]} = \frac{5.0\times10^{-2}\text{ mol/L}}{1.0\times10^{-5}\text{ mol/L}} = 5.0\times10^3 \qquad \cdots(1)$$

K_2 より，

$$\frac{[C_2O_4^{2-}]}{[HC_2O_4^-]} = \frac{K_2}{[H^+]} = \frac{5.0\times10^{-5}\text{ mol/L}}{1.0\times10^{-5}\text{ mol/L}} = 5.0 \qquad \cdots(2)$$

式(1), (2)より，pH=5.0 における $H_2C_2O_4$，$HC_2O_4^-$，$C_2O_4^{2-}$ の割合は，

$$[H_2C_2O_4]:[HC_2O_4^-]:[C_2O_4^{2-}] = 1:5.0\times10^3:2.5\times10^4$$

したがって，$HC_2O_4^-$ が占める割合 α は，

$$\alpha = \frac{[HC_2O_4^-]}{[H_2C_2O_4]+[HC_2O_4^-]+[C_2O_4^{2-}]}$$

$$= \frac{5.0\times10^3}{1+5.0\times10^3+2.5\times10^4}$$

$$\fallingdotseq \frac{1}{6} = 0.166 \fallingdotseq 0.17$$

〔別解〕

$HC_2O_4^-$ が占める割合 α の式の分母分子にそれぞれ $\dfrac{1}{[HC_2O_4^-]}$ を乗じて式変形すると次のようになる。

$$\alpha = \frac{[HC_2O_4^-]}{[H_2C_2O_4]+[HC_2O_4^-]+[C_2O_4^{2-}]}$$

$$= \frac{1}{\dfrac{[H_2C_2O_4]}{[HC_2O_4^-]}+1+\dfrac{[C_2O_4^{2-}]}{[HC_2O_4^-]}} \qquad \cdots(3)$$

K_1 および K_2 より，pH＝5.0 のとき，

$$\frac{[H_2C_2O_4]}{[HC_2O_4{}^-]}=\frac{[H^+]}{K_1}=\frac{1.0\times10^{-5}\,\mathrm{mol/L}}{5.0\times10^{-2}\,\mathrm{mol/L}}=2.0\times10^{-4}$$

$$\frac{[C_2O_4{}^{2-}]}{[HC_2O_4{}^-]}=\frac{K_2}{[H^+]}=\frac{5.0\times10^{-5}\,\mathrm{mol/L}}{1.0\times10^{-5}\,\mathrm{mol/L}}=5.0$$

式(3)に代入すると，

$$\alpha=\frac{1}{2.0\times10^{-4}+1+5.0}$$

$$\fallingdotseq\frac{1}{6}=0.166\fallingdotseq0.17$$

$\boxed{8}\cdots④$

問3　電気分解

各電気分解における陽極と陰極の反応は，それぞれ次のとおりである。

ア　陽極：$2\,Cl^- \longrightarrow Cl_2 + 2\,e^-$

　　陰極：$2\,H_2O + 2\,e^- \longrightarrow H_2 + 2\,OH^-$

イ　陽極：$4\,OH^- \longrightarrow O_2 + 2\,H_2O + 4\,e^-$

　　陰極：$2\,H_2O + 2\,e^- \longrightarrow H_2 + 2\,OH^-$

ウ　陽極：$2\,H_2O \longrightarrow O_2 + 4\,H^+ + 4\,e^-$

　　陰極：$Ag^+ + e^- \longrightarrow Ag$

陽極と陰極でともに気体が発生するのは，アとイである。ここで，流れた電子 e^- が 4 mol であるとすると，各電極で発生する気体の物質量は次のとおりである。

ア　陽極：Cl_2 2 mol，陰極：H_2 2 mol

イ　陽極：O_2 1 mol，陰極：H_2 2 mol

同温・同圧の下では，気体の体積は物質量に比例するので，陰極で発生する気体の体積が陽極で発生する気体の体積の 2 倍になっているのはイである。

$\boxed{9}\cdots②$

問4　イオン結晶，化学反応とエネルギー

a　ア　正しい。イオン結晶は，固体の状態だとイオンが自由に移動することができず，電気を通さない。一方，融解液や水溶液では，電離したイオンが自由に動くことができるため，電気を通す。

　イ　正しい。イオン結合の結合力が強いため，イオン結晶は硬い。ただし，外から力を加えると，陽イオンと陰イオンの位置がずれるため，イオンどうしが反発して，ある面に沿って割れる。このような性質をへき開という。

　ウ　誤り。イオン結晶の化学式は，陽イオンと陰イオンの物質量比を最も簡単な整数比で示した組成式で表される。なお，HCl や H_2O などのように，分子をつくる物質の化学式は分子式で表される。

$\boxed{10}\cdots③$

b　塩化ナトリウムの結晶では，ナトリウムイオンと塩化物イオンをそれぞれ単

－ 97 －

独でみると，ともに面心立方格子の位置にイオンが配置されている構造をしている。よって，本問は，「ある1つのナトリウムイオンに着目した場合，最も近い位置にある塩化物イオンの数，および最も近い位置にあるナトリウムイオンの数」を求めても同じことである。よって，次の図より，1つのナトリウムイオンに着目した場合，最も近い位置にある塩化物イオンの数は6個，最も近い位置にあるナトリウムイオンの数は12個である。

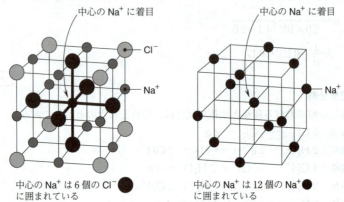

なお，ナトリウムイオン，塩化物イオンを単独でみると面心立方格子の構造をとるので，後者は「面心立方格子の配位数が12」と考えることもできる。

11 …⑥

c NaClの格子エネルギーを Q (kJ/mol)とすると，表1のエンタルピー変化と Q の関係を，図2に書き入れたものは次のとおりである。

よって，

$$92 \text{ kJ/mol} + 244 \text{ kJ/mol} \times \frac{1}{2} + 496 \text{ kJ/mol} + (-349 \text{ kJ/mol})$$
$$= (-411 \text{ kJ/mol}) + Q(\text{kJ/mol})$$
$$Q = 772 \text{ kJ/mol}$$

$\boxed{12}\cdots\text{①}$

第3問　無機物質

問1　ケイ素

① 正しい。地殻を構成する元素は質量比で，酸素＞ケイ素＞アルミニウム＞鉄の順に多い。

② 正しい。ケイ素の単体は電気伝導性が金属と非金属の中間の大きさであり，高純度のものは半導体として利用されている。

③ 正しい。高純度の二酸化ケイ素を繊維状にしたものは光ファイバーとよばれ，光通信に利用されている。

④ 誤り。一般に，多孔質の物質は表面積が大きい。シリカゲルは多孔質であり，その表面に多数のヒドロキシ基$-OH$をもつため，水分子やアンモニア分子と水素結合により結びつくので，乾燥剤や吸着剤として利用されている。

$\boxed{13}\cdots\text{④}$

問2　金属イオン

6種類の金属イオンのうち，希塩酸を加えると白色沈殿を生じるものはAg^+とPb^{2+}である。よって，**操作1**で生じた白色沈殿は，$AgCl$と$PbCl_2$が考えられるが，この沈殿は熱湯を注ぐと完全に溶解したので，$AgCl$ではなく，$_\text{ア}\underline{PbCl_2}$である。次に，ろ液Ⅰは酸性となっているため，**操作2**で生じた黒色沈殿は，CuSである。よって，ろ液Ⅱに含まれる残り1種類の金属イオンは，Al^{3+}，Ca^{2+}，Zn^{2+}のいずれかである。これらのイオンのうち，アンモニア水を加えると白色沈殿を生じるものは，Al^{3+}とZn^{2+}である。さらに生じる白色沈殿$Al(OH)_3$，$Zn(OH)_2$のうち，過剰のアンモニア水を加えると溶解するものは，$Zn(OH)_2$である。よって，**操作3**で生じた白色沈殿は$_\text{イ}\underline{Al(OH)_3}$である。

$\boxed{14}\cdots\text{⑤}$，$\boxed{15}\cdots\text{②}$

問3　錯イオン

a ① 正しい。アルミニウムAlは両性金属であり，濃水酸化ナトリウム$NaOH$水溶液と反応し，錯イオンである$[Al(OH)_4]^-$を生成して溶解する。

$$2Al + 2NaOH + 6H_2O \longrightarrow 2Na[Al(OH)_4] + 3H_2$$

② 正しい。酸化銀Ag_2Oに過剰のアンモニアNH_3水を加えると，$[Ag(NH_3)_2]^+$が生成して無色の水溶液になる。

$$Ag_2O + 4NH_3 + H_2O \longrightarrow 2[Ag(NH_3)_2]^+ + 2OH^-$$

③ 正しい。$[Fe(CN)_6]^{4-}$を含む水溶液にFe^{3+}を含む水溶液を加えると，濃青色の沈殿が生じる。なお，$[Fe(CN)_6]^{3-}$を含む水溶液にFe^{2+}を含む水溶液を加えても，濃青色の沈殿が生じる。

④ 誤り。$[Cu(NH_3)_4]^{2+}$の四つの配位子は，正方形の配置をとる。なお，$[Zn(NH_3)_4]^{2+}$の四つの配位子は，正四面体形の配置をとる。

― 99 ―

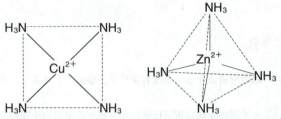

⑤ 正しい。硫酸銅(Ⅱ) $CuSO_4$ を水に溶かすと，Cu^{2+} は水分子が配位結合したアクア錯イオン $[Cu(H_2O)_4]^{2+}$ として存在する。

$\boxed{16}$ … ④

b コバルトイオン Co^{3+} は6個の配位子と配位結合し，八面体構造をとるので，$x+y=6$ である。また，式(1)で示される錯体は電気的に中性なので，Co^{3+} と Cl^- を1:3の物質量比で含む。つまり，$y+z=3$ である。これより，化合物A～Dは次のいずれかである。

① $[Co(NH_3)_6]Cl_3 (\longrightarrow [Co(NH_3)_6]^{3+} + 3Cl^-)$
② $[Co(NH_3)_5Cl]Cl_2 (\longrightarrow [Co(NH_3)_5Cl]^{2+} + 2Cl^-)$
③ $[Co(NH_3)_4Cl_2]Cl (\longrightarrow [Co(NH_3)_4Cl_2]^+ + Cl^-)$
④ $[Co(NH_3)_3Cl_3]$（電離しない）

モル伝導度は，水溶液中のイオンの数が多いほど大きくなるので，モル伝導度の大きいものから順に，

$[Co(NH_3)_6]Cl_3 > [Co(NH_3)_5Cl]Cl_2 > [Co(NH_3)_4Cl_2]Cl > [Co(NH_3)_3Cl_3]$

したがって，化合物Cは化合物A～Dの中で2番目にモル伝導度が大きいので② $[Co(NH_3)_5Cl]Cl_2$ である。

$\boxed{17}$ … ②

c EDTAは水溶液中の金属イオンと物質量比1:1で配位結合し，安定な錯体を形成するので，水溶液X中の Ca^{2+} のモル濃度を x (mol/L) とすると，

$x \text{ (mol/L)} \times \dfrac{50.0}{1000} \text{ L} : 0.010 \text{ mol/L} \times \dfrac{2.0}{1000} \text{ L} = 1 : 1$

$x = 4.0 \times 10^{-4}$ mol/L

硬度(mg/L)は，溶液1Lあたりのカルシウムイオン Ca^{2+} の量を炭酸カルシウム $CaCO_3$（式量100）の質量(mg)に換算した値なので，

$100 \text{ g/mol} \times 4.0 \times 10^{-4} \text{ mol/L} = 4.0 \times 10^{-2}$ g/L
$= 40$ mg/L

(参考)
EDTAは水溶液中で電離し，4価の陰イオンになっている。

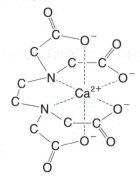

このイオン中の O^- と N の非共有電子対の部分が Ca^{2+} と配位結合することが知られている。

（破線は配位結合，H 原子は省略している）

18 …⑥

第4問　有機化合物
問1　ベンゼン

① 正しい。ベンゼン分子は正六角形であり，分子中の炭素原子はすべて同一平面上に存在している。

すべての C 原子は
常に同一平面上に存在する

② 正しい。ベンゼンの炭素原子間の結合の長さはエタン C_2H_6 の C−C 結合よりも短く，エチレン C_2H_4 の C＝C 結合よりも長い。

③ 誤り。ベンゼンと塩素の混合物に光を照射すると，付加反応が起こり，1,2,3,4,5,6-ヘキサクロロシクロヘキサンが生成する。

1,2,3,4,5,6-ヘキサクロロシクロヘキサン

なお，鉄触媒を用いてベンゼンに塩素を作用させると，置換反応が起こり，クロロベンゼンが生成する。

クロロベンゼン

④ 正しい。濃硝酸と濃硫酸の混合物（混酸）にベンゼンを加えて加熱すると，置換反応が起こり，ニトロベンゼンが生成する。

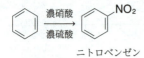

ニトロベンゼン

19 …③

問2　C₄H₁₀O の異性体

　分子式 C₄H₁₀O で表される化合物の構造異性体は，次の7種類，鏡像異性体を含めると8種類である。

CH₃-CH₂-CH₂-CH₂
　　　　　　　　OH
1-ブタノール
（第一級アルコール）

CH₃-CH₂-*CH-CH₃　　　（不斉炭素原子をもつ
　　　　　OH　　　　　←ため，1組の鏡像
2-ブタノール　　　　　　　異性体が存在する）
（第二級アルコール）

　　　CH₃　　　　　　　　　　CH₃
　　　｜　　　　　　　　　　　｜
CH₃-CH-CH₂　　　　　　CH₃-C-CH₃
　　　　　OH　　　　　　　　　OH
2-メチル-1-プロパノール　　2-メチル-2-プロパノール
（第一級アルコール）　　　　（第三級アルコール）

CH₃-CH₂-O-CH₂-CH₃　　CH₃-O-CH₂-CH₂-CH₃
ジエチルエーテル　　　　　メチルプロピルエーテル

— 102 —

$$CH_3-CH-O-CH_3$$

上部に CH_3 が結合

イソプロピルメチルエーテル

① 正しい。アルコールはナトリウムと反応すると水素を発生する。一方，エーテルはナトリウムとは反応しない。よって，分子式 $C_4H_{10}O$ で表される異性体のうち，ナトリウムと反応しないものは，エーテルの3種類である。

② 正しい。第一級アルコールを酸化すると，カルボニル化合物であるアルデヒドが生じる。また，第二級アルコールを酸化するとカルボニル化合物であるケトンが生じる。なお，第三級アルコールやエーテルは，酸化されにくい。よって，分子式 $C_4H_{10}O$ で表される異性体のうち，酸化されてカルボニル化合物を生じるものは，第一級アルコールと第二級アルコールの4種類である。

③ 誤り。次の構造をもつ化合物にヨウ素と水酸化ナトリウム水溶液を加えて加熱すると，黄色沈殿のヨードホルム CHI_3 を生じる。この反応をヨードホルム反応という。

$$CH_3-\overset{O}{\underset{\|}{C}}-R \quad または \quad CH_3-\underset{OH}{\underset{|}{CH}}-R$$

（Rは，水素原子または炭化水素基）

よって，分子式 $C_4H_{10}O$ で表される異性体のうち，ヨードホルム反応を示すのは，2-ブタノールの鏡像異性体を含めた2種類である。

$$CH_3-CH_2-\underset{OH}{\underset{|}{\overset{*}{CH}}}-CH_3$$

2-ブタノール

④ 正しい。エタノールの分子間脱水では，ジエチルエーテルが生成する。

$$CH_3-CH_2-OH$$
$$CH_3-CH_2-OH \quad \xrightarrow{分子間脱水} \quad \begin{matrix}CH_3-CH_2\\ \quad\\ CH_3-CH_2\end{matrix}O \;+\; H_2O$$

エタノール　　　　　　ジエチルエーテル

$\boxed{20}$ …③

問3　合成高分子化合物

① 正しい。テレフタル酸とエチレングリコール（1,2-エタンジオール）を縮合重合させると，ポリエチレンテレフタラートが得られる。

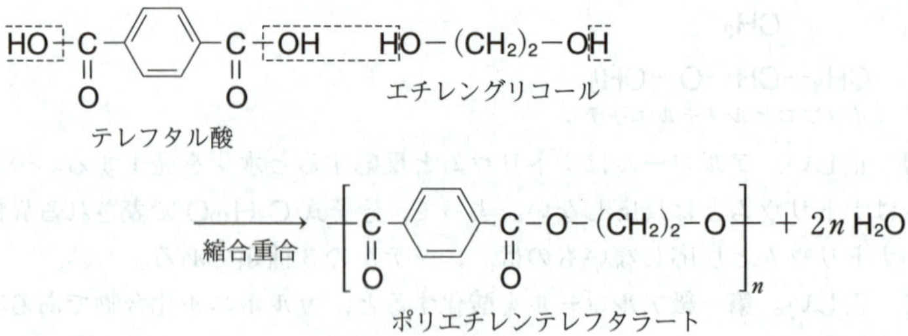

テレフタル酸 　エチレングリコール

$$\xrightarrow{\text{縮合重合}}$$

ポリエチレンテレフタラート $+ 2n\,H_2O$

② 正しい。ε-カプロラクタムを開環重合させると，ナイロン6が得られる。

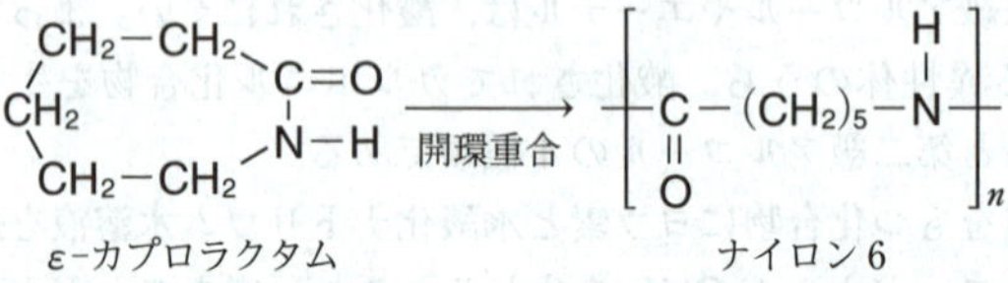

ε-カプロラクタム 　　　　開環重合 　　　ナイロン6

③ 正しい。尿素樹脂とホルムアルデヒドの付加縮合で得られる尿素樹脂は，熱硬化性樹脂である。

④ 正しい。スチレンと1,3-ブタジエンを共重合させると，スチレンブタジエンゴム(SBR)が得られる。

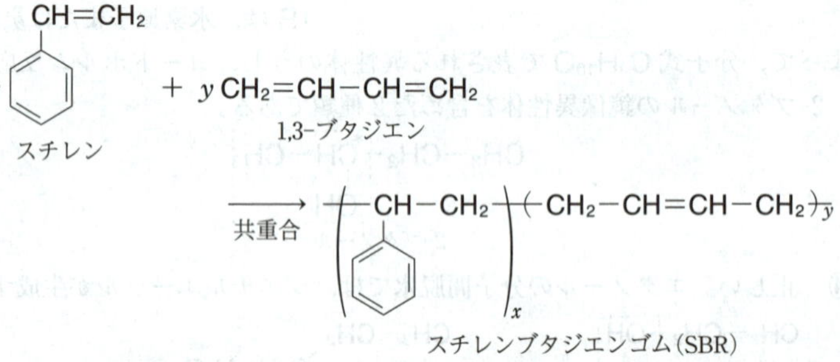

スチレン 　　　　　1,3-ブタジエン

$$\xrightarrow{\text{共重合}}$$

スチレンブタジエンゴム(SBR)

⑤ 誤り。ポリ酢酸ビニルをけん化すると，ポリビニルアルコールが得られる。

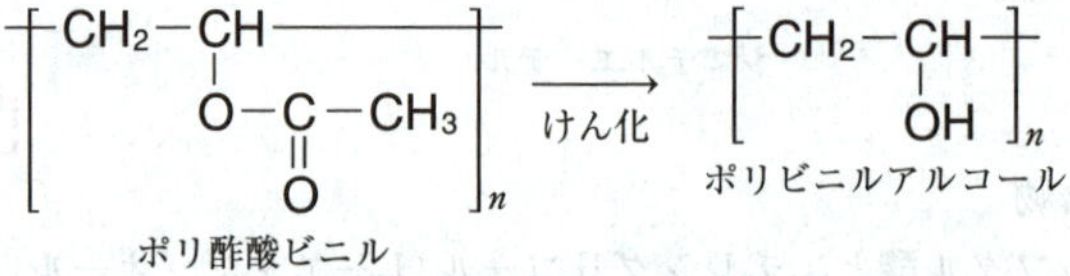

ポリ酢酸ビニル 　　　けん化 　　ポリビニルアルコール

なお，ビニルアルコールは不安定であり，安定なアセトアルデヒドに変化してしまうため，ビニルアルコールからポリビニルアルコールをつくることはできない。

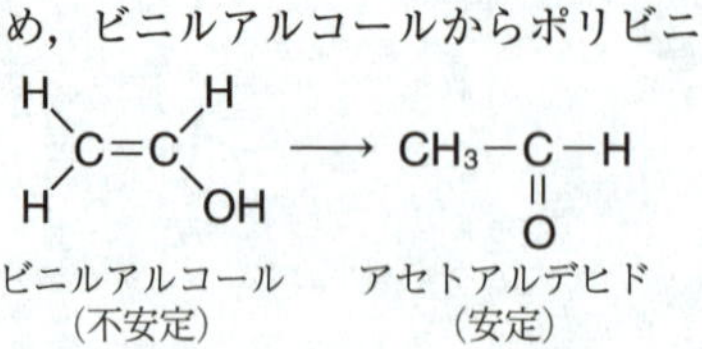

ビニルアルコール 　アセトアルデヒド
（不安定） 　　　　（安定）

21 …⑤

問4　サリチル酸とその誘導体

a　ナトリウムフェノキシドに CO_2 を高温・高圧下で作用させると，次のようにサリチル酸ナトリウムが生成する。

続けて，サリチル酸ナトリウムに塩酸を作用させると，HCl よりも弱い酸であるサリチル酸が遊離する。

$$\boxed{22} \cdots ⑤$$

b　下線部では，サリチル酸とメタノールのエステル化によって，サリチル酸メチルが生成する。

この反応液を炭酸水素ナトリウム $NaHCO_3$ 水溶液に加えると，未反応のサリチル酸は塩となって溶解する。

一方，サリチル酸メチルは，$NaHCO_3$ 水溶液には溶解しないため，エーテルに抽出される。よって，水溶液 X は $NaHCO_3$ 水溶液，エーテル層から得られた化合物 A はサリチル酸メチルである。なお，水溶液 X として水酸化ナトリウム $NaOH$ 水溶液を用いた場合，サリチル酸メチルも塩となって水に溶解してしまうので適さない。

$$\boxed{23} \cdots ⑤$$

c　用いたサリチル酸（分子量 138）と無水酢酸（分子量 102）の物質量は，

サリチル酸　$\dfrac{10\ \text{g}}{138\ \text{g/mol}} = 0.0724\ \text{mol}$

無水酢酸　$\dfrac{10\ \text{g}}{102\ \text{g/mol}} = 0.0980\ \text{mol}$

サリチル酸に無水酢酸を作用させると，次のように反応し，アセチルサリチル酸（化合物 **B**）が生成する。

サリチル酸　　　　　　無水酢酸　　　　アセチルサリチル酸(化合物 **B**)

よって，サリチル酸と無水酢酸は物質量比 1：1 で反応するので，反応式から計算して求めたアセチルサリチル酸の物質量は，0.0724 mol である。収率が 70% なので，実際に得られたアセチルサリチル酸(分子量 180)の質量は，

$$180 \text{ g/mol} \times 0.0724 \text{ mol} \times \frac{70}{100} = 9.12 \text{ g} \fallingdotseq 9.1 \text{ g}$$

$\boxed{24}$ … ②

第5問　シクロデキストリンを題材とした総合問題

問1　物質の溶解

シクロデキストリンは，親水性の官能基であるヒドロキシ基が環の$_{ア}$外側を向き，周りの水分子と水素結合により結びつき，分子全体が水和されているので水によく溶ける。そのため，環の内部は疎水性であり，$_{イ}$ベンゼンのような水に溶けにくい分子を取り込んで均一な溶液になる。

$\boxed{25}$ … ⑤

問2　シクロデキストリンの構造

a　α-グルコースような環状グルコース 1 分子中には，5 個のヒドロキシ基が存在する。このうち，1 位の炭素と 4 位の炭素に結合しているヒドロキシ基でグリコシド結合を形成し，シクロデキストリンとなるため，それぞれのグルコース分子のうちグリコシド結合に使われずに残っているヒドロキシ基は 3 個である。

よって，このシクロデキストリンはグルコース分子 7 個で構成されているので，ヒドロキシ基の総数は，

3×7=21

$\boxed{26}$ … ②

b　グルコース $C_6H_{12}O_6$ の分子量は 180 であり，グルコースが脱水縮合によって環状につながったものがシクロデキストリンのため，シクロデキストリンを構成

—106—

しているグルコース単位の式量は，
　　180−18＝162
よって，このシクロデキストリンの分子量は，
　　162×7＝1134

27 …①

問3　化学平衡

a　表1より，シクロデキストリンのモル濃度の時間変化は方眼紙を用いると，次のように表される。

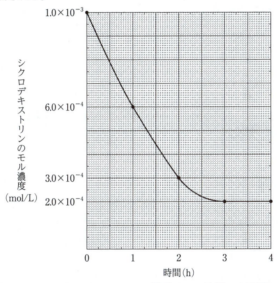

グラフより，シクロデキストリンのモル濃度は，3時間，4時間のとき $2.0×10^{-4}$ mol/L で変化しなくなっている。よって，平衡状態におけるシクロデキストリンのモル濃度は $2.0×10^{-4}$ mol/L であり，その2倍のモル濃度は $4.0×10^{-4}$ mol/L である。この濃度となる時間をグラフから読み取ると，1.5〜2.0 時間の区間と分かる。

28 …②

b　ヨウ素の濃度の時間変化は，初濃度がシクロデキストリンと同じであることから，**a**のグラフと同様である。よって，平衡時のシクロデキストリンとヨウ素のモル濃度は，ともに $2.0×10^{-4}$ mol/L である。また，平衡状態において，シクロデキストリンとヨウ素が結びついた物質のモル濃度は，
　　$1.0×10^{-3}$ mol/L $-2.0×10^{-4}$ mol/L
　　$=8.0×10^{-4}$ mol/L
よって，求める平衡定数 K は，
　　$K=\dfrac{8.0×10^{-4}\ \text{mol/L}}{2.0×10^{-4}\ \text{mol/L}×2.0×10^{-4}\ \text{mol/L}}$

$$=2.0\times10^4 \text{ L/mol}$$

化学基礎

（2024年1月実施）

受験者数　92,894

平 均 点　27.31

2024
本試験

化学基礎

解答・採点基準　　(50点満点)

問題番号(配点)	設問	解答番号	正解	配点	自己採点
第1問(30)	問1	1	③	2	
	問2	2	④	3	
	問3	3	⑦	3	
	問4	4	①	3	
	問5	5	③	3	
	問6	6	④	3	
	問7	7	②	3	
	問8	8	②	3	
	問9	9	①	3	
	問10	10	②	4	
第1問　自己採点小計					
第2問(20)	問1	11	④	3	
	問2	12	⑥	3	
		13	②	3	
		14	① } ※	3*	
		15	⑤		
	問3	16	⑤	2	
		17	③	2	
		18	③	4	
第2問　自己採点小計					
自己採点合計					

(注)
1　*は，両方正解の場合のみ点を与える。
2　※の正解は，順序を問わない。

— 110 —

2024年度　本試験〈解説〉　化学基礎　3

第 1 問　物質の構成，物質の構成粒子，化学結合，物質量と化学反応式，酸と塩基，酸化還元

問 1　単体の性質

　　選択肢の中で，単体が常温・常圧で気体である元素は**③塩素**である。塩素の単体 Cl_2 は，刺激臭をもつ黄緑色の気体で，水道水の殺菌などに用いられる。なお，**④ヨウ素**の単体 I_2 は常温・常圧で固体であり，昇華性がある。また，水銀を除く金属元素の単体は常温・常圧で固体なので，金属元素である**①リチウム**の単体 Li と，**②ベリリウム**の単体 Be はいずれも固体である。

$$\boxed{1} \cdots ③$$

問 2　典型元素の性質

　　①　正しい。第 4 周期までのアルカリ金属元素は，リチウム Li が赤色，ナトリウム Na が黄色，カリウム K が赤紫色といずれも特有の炎色反応を示すため，炎色反応によって互いを区別することができる。

　　②　正しい。2 族元素はアルカリ土類金属とよばれ，その原子は 2 個の価電子をもち，2 価の陽イオンになりやすい。

　　③　正しい。一般に，周期表で貴ガス(希ガス)元素を除いて右上にある元素ほど電気陰性度が大きい。よって，17 族元素は，原子番号の小さい元素ほど電気陰性度が大きく，フッ素 F＞塩素 Cl＞臭素 Br(＞ヨウ素 I)の順である。

　　④　誤り。第 4 周期までの貴ガス(希ガス)元素のうち，ネオン Ne の原子は L 殻に 8 個の，アルゴン Ar の原子は M 殻に 8 個の，クリプトン Kr は N 殻に 8 個の最外殻電子をもつが，ヘリウム He の原子は K 殻に 2 個の最外殻電子をもつ。

$$\boxed{2} \cdots ④$$

問 3　状態変化

　　ア　海水を加熱して水を蒸発させ，生じた水蒸気を冷却して凝縮させると，淡水を得ることができる。このような操作を蒸留という。

　　イ　雪は氷(固体の水)であり，手の熱が伝わると融解して液体の水に変化する。

　　ウ　ドライアイスの塊(かたまり)を室温で放置すると，昇華して気体の二酸化炭素に変化する。

　　以上より，**ア**，**イ**，**ウ**のいずれも物質の状態変化が含まれる。

$$\boxed{3} \cdots ⑦$$

問 4　化学電池

　　①　正しい。充電により繰り返し利用できる電池を二次電池といい，充電による再使用ができない電池を一次電池という。

　　②　誤り。水素などの燃料と酸素などの酸化剤の反応で生じる化学エネルギーを，電気エネルギーとして取り出す装置を燃料電池という。

　　③　誤り。酸化反応が起こって電子が流れ出る電極を負極，電子が流れ込んで還元反応が起こる電極を正極という。

　　④　誤り。負極活物質に鉛，正極活物質に酸化鉛(Ⅳ)，電解質水溶液に希硫酸を

— 111 —

用いた電池を鉛蓄電池という。

$\boxed{4}$ …①

問5　ケイ素と二酸化ケイ素

①　正しい。ケイ素の結晶は，ダイヤモンドの炭素原子と同じように，ケイ素原子が正四面体構造を形成しながら配列している。

②　正しい。ケイ素は非金属元素に分類される。

③　誤り。ケイ素の結晶は半導体の性質を示すが，二酸化ケイ素の結晶は半導体の性質を示さない。

④　正しい。二酸化ケイ素の結晶では，ケイ素原子と酸素原子が交互に共有結合している。

SiO₂ の構造

$\boxed{5}$ …③

問6　気体の性質

ア　O_2，N_2，Ar は無色・無臭であるが，NH_3 は無色・刺激臭である。

イ　容器の中に火のついた線香を入れると，N_2，NH_3，Ar では火が消えるが，O_2 では線香が炎を出して燃える。

ウ　同じ温度・圧力のもとでは，気体の密度は分子量に比例する。分子量は O_2 =32，N_2 =28，NH_3 =17，Ar =40 であり，物質量の比がおよそ $N_2:O_2=4:1$ の混合気体である空気(平均分子量 28.8)よりも密度が大きいのは，O_2 と Ar である。

以上より，ア～ウをすべて満たすのは Ar である。

$\boxed{6}$ …④

問7　化学反応の量的関係

メタン CH_4 を完全燃焼させると，二酸化炭素 CO_2 と水 H_2O が生じる。この反応の化学反応式は次のように表される。

$$CH_4 + 2O_2 \longrightarrow CO_2 + 2H_2O$$

この反応で生成する CO_2 (分子量 44)と H_2O (分子量 18)の物質量の比は，$CO_2:H_2O=1:2$ なので，生成した CO_2 の質量を w (g)とすると，

$$\frac{w \text{ (g)}}{44 \text{ g/mol}} : \frac{18 \text{ g}}{18 \text{ g/mol}} = 1 : 2 \qquad w = 22 \text{ g}$$

$\boxed{7}$ …②

問8 酸と塩基，酸性と塩基性

① 正しい。ブレンステッド・ローリーの定義によれば，水 H_2O は反応する相手によって酸としてはたらいたり，塩基としてはたらいたりする。例えば，アンモニア NH_3 を水に溶かすと，次のように反応して一部が電離する。このとき，H_2O は NH_3 に H^+ を与えているので，ブレンステッド・ローリーの定義による酸としてはたらいている。

$$\underset{\text{塩基}}{NH_3} + \underset{\text{酸}}{H_2O} \rightleftharpoons NH_4^+ + OH^-$$

また，酢酸 CH_3COOH を水に溶かすと，次のように反応して一部が電離する。このとき，H_2O は CH_3COOH から H^+ を受け取っているので，ブレンステッド・ローリーの定義による塩基としてはたらいている。

$$\underset{\text{酸}}{CH_3COOH} + \underset{\text{塩基}}{H_2O} \rightleftharpoons CH_3COO^- + H_3O^+$$

② 誤り。酸の価数および物質量が同じ強酸と弱酸では，過不足なく中和するのに必要な塩基の物質量は同じである。例えば，1価の強酸である塩化水素 HCl 1 mol と，1価の弱酸である酢酸 CH_3COOH 1 mol は，いずれも過不足なく中和するのに水酸化ナトリウム $NaOH$ 1 mol が必要である。

$$HCl + NaOH \longrightarrow NaCl + H_2O$$
$$CH_3COOH + NaOH \longrightarrow CH_3COONa + H_2O$$

③ 正しい。酸性が強い水溶液ほど水素イオン濃度が大きく，水酸化物イオン濃度が小さい。一方，塩基性が強い水溶液ほど水酸化物イオン濃度が大きく，水素イオン濃度が小さい。つまり，水素イオン濃度を用いると，水溶液のもつ酸性や塩基性の強さを表すことができる。

④ 正しい。酸の水溶液を水でいくら薄めても，中性に近づいていくだけで，塩基性になることはない。つまり，25℃ における中性の水溶液の pH である7より大きくなることはない。

8 …②

問9 酸化数

① S 原子の酸化数を x とすると，
$$x+(-2)\times4=-2 \qquad x=+6$$

② N 原子の酸化数を x とすると，
$$(+1)+x+(-2)\times3=0 \qquad x=+5$$

③ Mn 原子の酸化数を x とすると，
$$x+(-2)\times2=0 \qquad x=+4$$

なお，MnO_2 は Mn^{4+} と O^{2-} がイオン結合でできた物質であることからも，Mn の酸化数は +4 とわかる。

④ N原子の酸化数をxとすると,
$$x+(+1)\times 4=+1 \qquad x=-3$$
よって,酸化数が最も大きいものは①のS原子である。

9 …①

問10 混合気体

同じ温度・圧力条件では,同じ体積の気体には同じ物質量の分子が含まれる。つまり,0℃,1.0×10^5 Pa で密閉容器に**ア**を封入したときの**ア**の物質量と,同じ温度・圧力条件で同じ体積の密閉容器に混合気体を封入したときの**ア**と**イ**の物質量の合計は等しい。グラフより,**ア**が 100 % のときのモル質量は 16 g/mol なので,この混合気体のモル質量を M (g/mol) とすると,

$$\frac{0.64\text{ g}}{16\text{ g/mol}}=\frac{1.36\text{ g}}{M\text{ (g/mol)}} \qquad M=34\text{ g/mol}$$

グラフより,混合気体のモル質量が 34 g/mol のとき,混合気体中の**ア**の物質量の割合は,25 % とわかる。

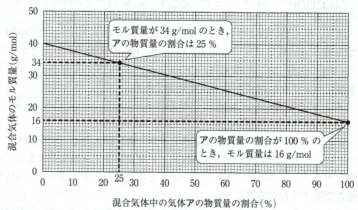

10 …②

第2問 宇宙ステーションの空気制御システムを題材とした総合問題

問1 電気分解

① 正しい。水 H_2O を電気分解すると,陰極では水素 H_2 が,陽極では酸素 O_2 が生じる。

② 正しい。O_2 は水に溶けにくい気体であり,水上置換法で捕集できる。

③ 正しい。式(1)の反応において,H の酸化数は +1 から 0 に,O の酸化数は −2 から 0 に変化している。よって,式(1)は酸化還元反応である。

$$\underset{+1\;-2}{2\underline{H_2}\underline{O}} \longrightarrow \underset{0}{2\underline{H_2}} + \underset{0}{\underline{O_2}}$$

還元　酸化

④　誤り。式(1)より，水の電気分解では H_2（分子量 2.0）が 2 mol 発生したとき，O_2（分子量 32）が 1 mol 発生するので，その質量比は，
　　$H_2 : O_2 = 2.0 \text{ g/mol} \times 2 \text{ mol} : 32 \text{ g/mol} \times 1 \text{ mol} = 1 : 8$

11 …④

問2　酸化と還元，化学反応の量的関係，分子の極性

a　式(2)における酸化数の変化は次のとおりである。

$$\underset{+4}{\underline{C}O_2} + 4\underset{0}{\underline{H}_2} \longrightarrow \underset{-4\ +1}{\underline{C}\underline{H}_4} + 2\underset{+1}{\underline{H}_2O}$$

（還元／酸化）

つまり，H 原子は酸化され，C 原子は還元されている。また，O 原子の酸化数は -2 のままであり，酸化も還元もされていない。

12 …⑥

b　ア〜エの反応において，2 種類の反応物をいずれも 1 mol だけ用いて反応させるときに，消費される反応物の物質量と生成する CO_2 の物質量はそれぞれ次のようになる。

ア　$\frac{1}{2}$ mol の $CaCO_3$ と 1 mol の HCl が反応し，$\frac{1}{2}$ mol の CO_2 が生じる。

イ　1 mol の $(COOH)_2$ と 1 mol の H_2O_2 が反応し，2 mol の CO_2 が生じる。

ウ　$\frac{1}{3}$ mol の Fe_2O_3 と 1 mol の CO が反応し，1 mol の CO_2 が生じる。

エ　1 mol の CO と $\frac{1}{2}$ mol の O_2 が反応し，1 mol の CO_2 が生じる。

以上より，生成できる CO_2 の物質量が最も多い反応はイである。

13 …②

c　電気陰性度は Cl>C>H なので，①〜⑤の分子に含まれる結合の極性はそれぞれ次のように表される。ただし，図中の矢印は，矢印の方向に電子が偏っており，矢印が長いほど電子の偏りが大きいことを表している。

① CH_4

② CH_3Cl

③ CH_2Cl_2

④ $CHCl_3$

⑤ CCl_4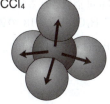

この中で，CH₄ は正四面体形の分子であり，4 つの C－H 結合の極性が互いに打ち消しあうため，無極性分子である。同様に，CCl₄ も正四面体形の分子であり，4 つの C－Cl 結合の極性が互いに打ち消しあうため，無極性分子である。一方，CH₃Cl，CH₂Cl₂，CHCl₃ はいずれも C－H 結合と C－Cl 結合の極性が打ち消しあわないため，極性分子である。

14 ， 15 …①，⑤

問3 化学反応の量的関係

a 式(1)より，H₂O を 2 mol 電気分解すると O₂ が 1 mol 生成するので，3.2 kg の O₂(分子量 32)を供給するのに必要な H₂O(分子量 18)の質量を w (g) とすると，

$$\frac{w\ (\text{g})}{18\ \text{g/mol}} : \frac{3.2 \times 10^3\ \text{g}}{32\ \text{g/mol}} = 2 : 1 \qquad w = 3.6 \times 10^3\ \text{g} = 3.6\ \text{kg}$$

16 …⑤

b 式(2)より，使用する 1 mol の CO₂ と過不足なく反応する H₂ の物質量は 4 mol であり，このとき生成する H₂O は 2 mol である。つまり，使用する H₂ の物質量が 4 mol よりも少ない場合は，CO₂ が過剰となり，使用する H₂ の物質量に比例して生成する H₂O の物質量が増加する。一方，使用する H₂ の物質量が 4 mol よりも多い場合は，H₂ が過剰となり，生成する H₂O の物質量は 2 mol で一定となる。よって，③のグラフが適当である。

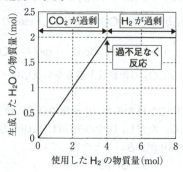

17 …③

c 式(1)で O₂ が 1 mol 生成したとき，H₂ が 2 mol 生成するので，3.2 kg の O₂(分子量 32)と同時に生成する H₂ の物質量は，

$$\frac{3.2 \times 10^3\ \text{g}}{32\ \text{g/mol}} \times 2 = 0.20 \times 10^3\ \text{mol}$$

さらに，式(2)で H₂ が 4 mol 消費されると，H₂O が 2 mol 生成するので，0.20×10^3 mol の H₂ から得られる H₂O(分子量 18)の質量は，

$$18\ \text{g/mol} \times 0.20 \times 10^3\ \text{mol} \times \frac{2}{4} = 1.8 \times 10^3\ \text{g} = 1.8\ \text{kg}$$

18 …③

化学基礎

（2023年1月実施）

受験者数　95,515

平　均　点　29.42

2023 本試験

化学基礎

解答・採点基準　　(50点満点)

問題番号(配点)	設問	解答番号	正解	配点	自己採点
第1問(30)	問1	1	②	3	
	問2	2	③	3	
	問3	3	④	3	
	問4	4	⑥	3	
	問5	5	④	3	
	問6	6	④	4	
	問7	7	③	3	
	問8	8	③	4	
	問9	9	②	4	
第1問 自己採点小計					
第2問(20)	問1	10	②	3 *1	
		11	②		
		12	①		
		13	④	3	
	問2	14	②	3	
	問3	15	②	2	
		16	⑤	2	※
	問4	17	①	3	
	問5	18	⑤	2	
		19	②	2 *2	
		20	⑤		
第2問 自己採点小計					
自己採点合計					

(注)
1　＊1は，全部正解の場合のみ点を与える。
2　＊2は，両方正解の場合のみ点を与える。
3　※の正解は，順序を問わない。

第1問 物質の構成粒子，物質の構成，化学結合，物質量，酸化還元，酸・塩基

問1 原子の構造

元素記号の左上に記されている数字は質量数とよばれ，原子に含まれる陽子の数と中性子の数の和に等しい。また，元素記号の左下に記されている数字は原子番号とよばれ，原子に含まれる陽子の数に等しい。ナトリウム原子 $^{23}_{11}Na$ に含まれる陽子の数と中性子の数の和は 23，陽子の数は 11 なので，中性子の数は，

$$23 - 11 = 12$$

$\boxed{1}$ … ②

問2 分子の極性

結合に生じる極性が互いに打ち消しあわない場合は，分子全体として極性がある極性分子となる。一方，結合に極性がない，または極性が互いに打ち消しあう場合は，分子全体として極性がない無極性分子となる。次から示す図では，電子が偏る方向を矢印で表している。

① アンモニア NH_3 は三角錐形の分子で，3つの N－H 結合の極性が互いに打ち消しあわないため，極性分子である。

② 硫化水素 H_2S は折れ線形の分子で，2つの S－H 結合の極性が互いに打ち消しあわないため，極性分子である。

③ 酸素 O_2 は直線形の分子で，O＝O 結合に極性がないため無極性分子である。

④ エタノール C_2H_5OH は，O－H 結合の極性が大きく，他の結合の極性と打ち消しあわないため，極性分子である。

$\boxed{2}$ … ③

問3 ハロゲン

① 誤り。ハロゲンは周期表の 17 族に属する元素であり，いずれも価電子を 7 個もつ。

② 誤り。同じ族に属する元素では，原子番号が大きいほど原子のイオン化エネルギーは小さくなる。これは，より外側の電子殻に電子が収容されることで，原子核と最外殻電子の間の距離が大きくなり，静電気的な引力が弱くなるためである。

③ 誤り。塩化水素分子 HCl では，共有電子対は電気陰性度がより大きい塩素原子の方に偏っている。

④ 正しい。ヨウ素 I_2 は酸化剤，硫化水素 H_2S は還元剤としてそれぞれ次のよ

— 119 —

うにはたらく。

$$I_2 + 2e^- \longrightarrow 2I^-$$
$$H_2S \longrightarrow S + 2H^+ + 2e^-$$

これらを足し合わせて電子 e^- を消去すると，ヨウ素と硫化水素が反応するときの化学反応式が得られる。

$$I_2 + H_2S \longrightarrow S + 2HI$$

3 …④

問 4　状態変化

　ある純物質Xの固体を大気圧のもとで加熱していくと，融点に達したところで融解が始まり，融解が進行している間は温度が一定となる。その後，すべて液体となってからさらに加熱を続けると，沸点に達したところで沸騰が始まり，沸騰が起こっている間は温度が一定となる。つまり，状態は次のように変化していく。

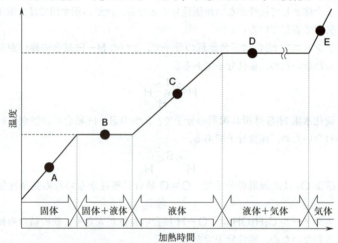

　ア　誤り。Aでは固体のみが存在する。固体は構成粒子の位置が変わらないが，その場で熱運動（振動）している。
　イ　正しい。Bでは融解が進行しており，液体と固体が共存している。
　ウ　誤り。Cでは液体のみが存在する。液体は構成粒子が移動でき，規則正しい配列は維持していない。
　エ　正しい。Dでは沸騰が起こっており，液体の内部からも気体が発生している。
　オ　誤り。Eでは気体のみが存在する。気体における分子間の平均距離は，液体であるCのときに比べてかなり大きい。

4 …⑥

問 5　二酸化炭素とメタン

　① 正しい。二酸化炭素分子 CO_2 は，1個のC原子と2個のO原子が直線状に

— 120 —

結合している。

$$O=C=O$$

② 正しい。メタン分子 CH_4 は，1個の C 原子を中心とする正四面体の4つの頂点方向に H 原子が結合した構造をとる。

③ 正しい。一般に，非金属元素の原子どうしは共有結合で結合する。炭素 C，酸素 O，水素 H はいずれも非金属元素であり，メタン分子 CH_4 は C 原子と H 原子が，二酸化炭素分子 CO_2 は C 原子と O 原子がそれぞれ共有結合してできた分子である。

④ 誤り。二酸化炭素とメタンはいずれも常温・常圧で気体である。同温・同圧のもとでは，同体積の気体には同物質量の分子が含まれる。つまり，同温・同圧における気体の密度は，分子量が大きいほど大きくなるので，常温・常圧での密度は，二酸化炭素(分子量44)の方がメタン(分子量16)より大きい。なお，常温ではないが，0 ℃，$1.013×10^5$ Pa における気体のモル体積を 22.4 L/mol とすると，二酸化炭素およびメタンの密度はそれぞれ次のように計算できる。

二酸化炭素：$\dfrac{44 \text{ g/mol}}{22.4 \text{ L/mol}} ≒ 2.0$ g/L　　メタン：$\dfrac{16 \text{ g/mol}}{22.4 \text{ L/mol}} ≒ 0.71$ g/L

5 …④

問6　物質量

混合気体に含まれるヘリウム He(原子量 4.0)の物質量を x(mol)，窒素 N_2(分子量 28)の物質量を y(mol)とすると，混合気体の物質量が 1.00 mol であることから，

$$x(\text{mol}) + y(\text{mol}) = 1.00 \text{ mol}$$

また，合計の質量が 10.0 g であることから，

$$4.0 \text{ g/mol} × x(\text{mol}) + 28 \text{ g/mol} × y(\text{mol}) = 10.0 \text{ g}$$

これらを解くと，$x=0.75$ mol，$y=0.25$ mol となる。よって，この混合気体に含まれる He の物質量の割合は，

$$\dfrac{0.75 \text{ mol}}{1.00 \text{ mol}} = 0.75 = 75 \text{ \%}$$

6 …④

問7　アルミニウム

① 正しい。ジュラルミンはアルミニウム Al に銅 Cu やマグネシウム Mg などを加えた合金であり，軽くて強度が大きいため，飛行機の機体に使われている。

② 正しい。Al を鉱石から製錬する場合，鉱石に含まれる Al^{3+} を還元して Al とするために大量の電気エネルギーを消費するが，再生利用する場合は融解・再成型するだけで済むため，必要とするエネルギーが小さい。

③ 誤り。Al_2O_3 は Al^{3+} と O^{2-} からなるイオン結合の物質であり，アルミニウ

ム原子の酸化数は +3 である。

④　正しい。金属 Al は，濃硝酸に触れると表面に緻密（ちみつ）な酸化物の被膜が形成されるため，内部まで反応が進行しない。このような状態を不動態という。

$\boxed{7}$ …③

問8　金属のイオン化傾向

イオン化傾向がより小さな金属のイオンを含む水溶液にイオン化傾向がより大きな金属を加えると，イオン化傾向がより大きな金属が溶け出し，イオン化傾向がより小さな金属が析出する。

①　イオン化傾向は Sn<Zn なので，次のように反応して Zn の表面に Sn が析出する。

$$Sn^{2+} + Zn \longrightarrow Sn + Zn^{2+}$$

②　イオン化傾向は Cu<Zn なので，次のように反応して Zn の表面に Cu が析出する。

$$Cu^{2+} + Zn \longrightarrow Cu + Zn^{2+}$$

③　イオン化傾向は Pb>Cu なので，金属は析出しない。

④　イオン化傾向は Ag<Cu なので，次のように反応して Cu の表面に Ag が析出する。

$$2Ag^+ + Cu \longrightarrow 2Ag + Cu^{2+}$$

$\boxed{8}$ …③

問9　中和滴定

水溶液 A に含まれる強酸は 2 価の酸，水酸化ナトリウム NaOH は 1 価の塩基である。また，水溶液 A を 5 mL はかり取った後は，水を加えても含まれる強酸の物質量は変化しない。よって，水溶液 A 中の強酸のモル濃度を c(mol/L) とすると，中和反応の量的関係より，

$$2 \times c(\text{mol/L}) \times \frac{5}{1000}\,\text{L} = 1 \times x(\text{mol/L}) \times \frac{y}{1000}\,\text{L} \qquad c = \frac{xy}{10}\,\text{mol/L}$$

$\boxed{9}$ …②

第2問　しょうゆに含まれる塩化ナトリウムの定量を題材とした総合問題

問1　クロム酸イオンの性質

a　$Cr_2O_7^{2-}$ の係数を 1 とし，Cr 原子の数に注目すると，

$$2CrO_4^{2-} \qquad\qquad \longrightarrow Cr_2O_7^{2-}$$

O 原子の数に注目すると，

$$2CrO_4^{2-} \qquad\qquad \longrightarrow Cr_2O_7^{2-} + H_2O$$

H 原子の数に注目すると，

$$2CrO_4^{2-} + 2H^+ \longrightarrow Cr_2O_7^{2-} + H_2O$$

$\boxed{10}$ …②，$\boxed{11}$ …②，$\boxed{12}$ …①

b　CrO_4^{2-} の Cr 原子の酸化数を x とすると，

－122－

$$x+(-2)\times4=-2 \qquad x=+6$$

また，$Cr_2O_7{}^{2-}$ の Cr 原子の酸化数を y とすると，

$$y\times2+(-2)\times7=-2 \qquad y=+6$$

よって，Cr 原子の酸化数は反応の前後で変化せず，どちらも +6 である。

$\boxed{13}$ …④

問2　滴定に用いるガラス器具

溶液を滴下し，その体積を正確にはかるためには②ビュレットを用いる。滴下前後の目盛りの差が滴下された溶液の体積となる。なお，①ホールピペットは一定体積の溶液を正確にはかり取るのに，③こまごめピペットは溶液を大まかにはかり取るのに，④分液ろうとは2層に分かれた溶液を各層に分離するのに用いる。

$\boxed{14}$ …②

問3　滴定実験の操作

①　正しい。ホールピペットを用いてしょうゆをはかり取った時点で溶液に含まれる溶質の物質量は決定されるので，メスフラスコは純水で洗浄後にぬれていてもそのまま用いることができる。

②　誤り。Ag_2CrO_4 は水に溶けにくいため，K_2CrO_4 の代わりに Ag_2CrO_4 を加えた時点で Ag_2CrO_4 の赤褐色沈殿が残り，さらに $AgNO_3$ 水溶液の代わりに KNO_3 水溶液を加えても $AgCl$ の沈殿は生じないため，滴定ができない。

③　正しい。$NaCl$ のモル濃度を Cl^- のモル濃度と等しいとして計算すると，含まれる KCl も $NaCl$ とみなされるため，正しいモル濃度よりも高くなる。

④　正しい。**操作Ⅱ**ではかり取ったしょうゆ C の希釈溶液の体積が 5.00 mL だったとすると，含まれる Cl^- をすべて $AgCl$ として沈殿させるのに必要な $AgNO_3$ 水溶液の体積は $13.70\text{ mL}\times\dfrac{1}{2}=6.85\text{ mL}$ となり，しょうゆ B の場合に比べて半分以下である。つまり，しょうゆ C に含まれる Cl^- のモル濃度は，しょうゆ B に含まれる Cl^- のモル濃度の半分以下である。

⑤　誤り。希釈溶液 5.00 mL に含まれる Cl^- をすべて $AgCl$ として沈殿させるのに必要な $AgNO_3$ 水溶液の体積はしょうゆ B が最も大きいので，Cl^- のモル濃度が最も高い。

$\boxed{15}$, $\boxed{16}$ …②，⑤

問4　化学反応の量的関係

図1より，$AgNO_3$ 水溶液の滴下量が $a\text{(mL)}$ になるまでは試料に溶けている Ag^+ はほとんどないので，加えた Ag^+ はすべて $AgCl$ として沈殿していることがわかる。よって，$AgNO_3$ 水溶液の滴下量に比例して $AgCl$ の質量が増加していく。また，図1より，滴下量が $a\text{(mL)}$ を超えてからは試料に溶けている Ag^+ が増加しているので，加えた Ag^+ は反応せずに水溶液中に残っていることがわかる。よって，これ以降はいくら $AgNO_3$ 水溶液を滴下しても，$AgCl$ の質量は変化しない。これらを満たすグラフは①である。

$\boxed{17}$ … ①

問5　しょうゆ中の塩化ナトリウムの定量

a　しょうゆ A に含まれる Cl^- のモル濃度を c(mol/L) とする。**操作 I** で 5.00 mL のしょうゆを水で 250 mL に希釈しているので，希釈溶液に含まれる Cl^- のモル濃度は，

$$\dfrac{c\,(\mathrm{mol/L}) \times \dfrac{5.00}{1000}\,\mathrm{L}}{\dfrac{250}{1000}\,\mathrm{L}} = \dfrac{c}{50.0}\,(\mathrm{mol/L})$$

操作 V で暗赤色沈殿が生じ始めたとき，Ag^+ と Cl^- の物質量は等しいので，

$$\dfrac{c}{50.0}\,(\mathrm{mol/L}) \times \dfrac{5.00}{1000}\,\mathrm{L} = 0.0200\,\mathrm{mol/L} \times \dfrac{14.25}{1000}\,\mathrm{L} \qquad c = 2.85\,\mathrm{mol/L}$$

$\boxed{18}$ … ⑤

b　15 mL のしょうゆ A に含まれる Cl^- の物質量は，

$$2.85\,\mathrm{mol/L} \times \dfrac{15}{1000}\,\mathrm{L} = 0.04275\,\mathrm{mol}$$

しょうゆ A に含まれるすべての Cl^- は NaCl から生じたものとすると，15 mL のしょうゆ A に含まれる NaCl (式量 58.5) の質量は，

$$58.5\,\mathrm{g/mol} \times 0.04275\,\mathrm{mol} = 2.50\,\mathrm{g} \fallingdotseq 2.5\,\mathrm{g}$$

$\boxed{19}$ … ②，$\boxed{20}$ … ⑤

— 124 —

化学基礎

（2023年1月実施）

追試験 2023

化学基礎

解答・採点基準　（50点満点）

問題番号(配点)	設問	解答番号	正解	配点	自己採点
第1問 (30)	問1	1	④	3	
	問2	2	④	3	
	問3	3	④	3	
	問4	4	③	3	
	問5	5	①	3	
	問6	6	②	3	
	問7	7	③	4	
	問8	8	⑥	4	
		9	⑤	4	
第1問　自己採点小計					
第2問 (20)	問1	10	②	3	
	問2	11	②	3	
	問3	12	④	3	
	問4	13	③	3 *	
		14	②		
		15	②	4	
		16	②	4	
第2問　自己採点小計					
自己採点合計					

(注)　＊は，両方正解の場合のみ点を与える。

2023年度　追試験〈解説〉　化学基礎　11

第1問　化学結合，物質の構成粒子，物質の構成，酸と塩基，物質量，酸化還元

問1　分子の電子式

選択肢の分子の電子式はそれぞれ次のとおり。

① $:N⋮⋮N:$　② $:O⋮⋮C⋮⋮O:$　③ $H⋮Cl:$　④ エタン

⬛⬛⬛ 共有電子対
⬚⬚ 非共有電子対

よって，非共有電子対をもたないのは，④エタン C_2H_6 である。

$\boxed{1}\cdots④$

問2　原子の電子配置

ア〜オは"原子"とあるので，電子の数と陽子の数(原子番号)が等しい。よって，アはベリリウム Be(原子番号4)，イは酸素 O(原子番号8)，ウはナトリウム Na(原子番号11)，エは硫黄 S(原子番号16)，オはアルゴン Ar(原子番号18)の原子とわかる。

①　正しい。ア(ベリリウム Be)とイ(酸素 O)はいずれも第2周期の元素の原子である。なお，最外殻がいずれも内側から2番目のL殻であることからも，アとイがいずれも第2周期の元素の原子であることがわかる。

②　正しい。ウ(ナトリウム Na)はM殻にある1個の電子を失うことで安定なネオン Ne(原子番号10)と同じ電子配置となるため，1価の陽イオンであるナトリウムイオン Na^+ になりやすい。

③　正しい。イ(酸素 O)とエ(硫黄 S)はいずれも16族元素の原子である。なお，最外殻電子の数がいずれも6個であることからも，イとエが同族元素の原子であることがわかる。

④　誤り。フッ素 F(原子番号9)の原子がL殻に電子を1個受け入れてできるフッ化物イオン F^- はネオン Ne と同じ電子配置であり，オ(アルゴン Ar)と同じ電子配置ではない。

$\boxed{2}\cdots④$

問3　金属元素の単体の性質

①　正しい。ナトリウム Na はイオン化傾向が非常に大きく，次のように常温の水と反応して水素 H_2 を発生しながら溶ける。

$$2Na + 2H_2O \longrightarrow 2NaOH + H_2$$

②　正しい。金 Au はイオン化傾向が非常に小さい金属であり，ほとんどの酸の水溶液には溶解しないが，王水(濃塩酸と濃硝酸の体積比3:1の混合物)という酸化力がきわめて強い溶液には溶ける。

③　正しい。銀 Ag はイオン化傾向が水素よりも小さい金属であり，塩酸や希硫酸には溶解しないが，希硝酸や濃硝酸，熱濃硫酸とは反応して溶ける。銀は希硝酸

— 127 —

と次のように反応して一酸化窒素 NO を発生しながら溶ける。

$$3Ag + 4HNO_3 \longrightarrow 3AgNO_3 + NO + 2H_2O$$

④ 誤り。銅 Cu はイオン化傾向が水素よりも小さい金属であり，塩酸や希硫酸には溶解しない。

3 …④

問4 物質の分離と精製

ア ヨウ素は水よりもヘキサンなどの有機溶媒に溶けやすいため，ヨウ素が溶けているヨウ化カリウム水溶液とヘキサンを分液ろうとに入れて振ると，ヨウ素の大部分はヘキサンに移る。

イ ティーバッグに湯を注ぐと，茶葉に含まれる成分のうち，湯に溶けやすいものを溶かしだすことができる。この操作で得られる溶液がお茶である。

これらのように，溶解度の差を利用して混合物から特定の物質を溶かしだす操作を抽出という。

4 …③

問5 結晶の性質

① 誤り。黒鉛の結晶では，各炭素 C 原子が隣接する3個の炭素原子と共有結合して正六角形が繰り返された平面構造をつくり，この平面構造が弱い分子間力で層状に重なっており，やわらかく，はがれやすい。

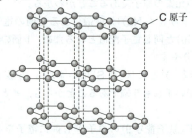

黒鉛の結晶構造

② 正しい。ヨウ素の結晶は，2個のヨウ素 I 原子が共有結合で結びついてできたヨウ素分子 I_2 どうしが分子間力によって引き合ってできており，やわらかく，くだけやすい。

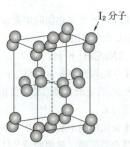

ヨウ素の結晶構造

③　正しい。銅 Cu の結晶は，銅原子どうしが自由電子によって金属結合してできており，原子の位置が少しずれても結合が保たれるため，展性や延性に富む。

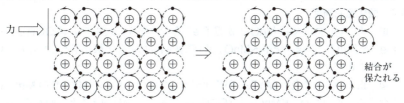

金属結合が保たれるようす

④　正しい。塩化ナトリウム NaCl の結晶は，ナトリウムイオン Na^+ と塩化物イオン Cl^- がイオン結合してできており，強い力が加わって陽イオンと陰イオンの位置がずれると，陽イオンどうし，陰イオンどうしが反発しあうことで割れてしまう。このような現象をへき開という。

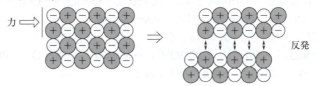

へき開のようす

5 …①

問6　中和の量的関係

水酸化カルシウム $Ca(OH)_2$ は 2 価の強塩基であり，水溶液中で次のように完全に電離する。

$$Ca(OH)_2 \longrightarrow Ca^{2+} + 2OH^-$$

塩酸を滴下する前の 0.010 mol/L の $Ca(OH)_2$ 水溶液中の OH^- のモル濃度は，

0.010 mol/L × 2 = 2.0×10^{-2} mol/L

また，0.010 mol/L の塩酸を 10 mL 滴下したときの OH^- のモル濃度は，

$$\frac{2 \times 0.010 \text{ mol/L} \times \frac{10}{1000} \text{ L} - 1 \times 0.010 \text{ mol/L} \times \frac{10}{1000} \text{ L}}{\frac{10+10}{1000} \text{ L}} = 0.50 \times 10^{-2} \text{ mol/L}$$

以上より，OH^- のモル濃度の変化を表すグラフとして最も適当なものは②である。

なお，0.010 mol/L の $Ca(OH)_2$ 水溶液 10 mL と過不足なく反応する 0.010 mol/L の塩酸の体積を V (L) とすると，中和反応の量的関係より，

$$2 \times 0.010 \text{ mol/L} \times \frac{10}{1000} \text{ L} = 1 \times 0.010 \text{ mol/L} \times V \text{ (L)} \qquad V = \frac{20}{1000} \text{ L} = 20 \text{ mL}$$

つまり，塩酸の滴下量が 20 mL に達したときに OH^- のモル濃度はほぼ 0 になるが，②，④，⑥の 3 つのグラフがこれを満たすため，これだけでは最も適当なもの

を決めることができない。

$$6 \cdots ②$$

問7 化学還元滴定

① 正しい。式(1)では MnO_4^- が電子 e^- を受け取り，式(2)では $(COOH)_2$ が電子 e^- を放出しているため，$KMnO_4$ が $(COOH)_2$ に対して酸化剤としてはたらいていることがわかる。

② 正しい。赤紫色の MnO_4^- が酸化剤としてはたらくと，ほぼ無色の Mn^{2+} に変化する。そのため，$KMnO_4$ を $(COOH)_2$ に対して少量加えると，$KMnO_4$ 水溶液の赤紫色はすぐに消えるが，$KMnO_4$ を $(COOH)_2$ に対して過剰に加えると，MnO_4^- が水溶液中に残り，水溶液全体が赤紫色に着色してその色が消えなくなる。

③ 誤り。式(1)より，$1\,mol$ の MnO_4^- は $5\,mol$ の e^- を受け取り，式(2)より，$1\,mol$ の $(COOH)_2$ は $2\,mol$ の e^- を放出する。$1\,mol$ あたりがやり取りできる e^- の物質量は MnO_4^- の方が多いため，同じ物質量の $KMnO_4$ と $(COOH)_2$ を反応させると，$(COOH)_2$ がすべて反応して，$KMnO_4$ が残る。

④ 正しい。式(1)×2＋式(2)×5 より，

$$2MnO_4^- + 6H^+ + 5(COOH)_2 \longrightarrow 2Mn^{2+} + 8H_2O + 10CO_2$$

両辺に $2K^+$，$3SO_4^{2-}$ を加えて整理すると，

$$2KMnO_4 + 3H_2SO_4 + 5(COOH)_2$$
$$\longrightarrow 2MnSO_4 + K_2SO_4 + 8H_2O + 10CO_2$$

よって，十分な量の $(COOH)_2$ を含む水溶液に $0.001\,mol$ の $KMnO_4$ を加えて完全に反応させると，$\left(0.001\,mol \times \dfrac{10}{2} =\right)$ $0.005\,mol$ の二酸化炭素 CO_2 が生成する。

$$7 \cdots ③$$

問8 化学反応の量的関係

加える貝殻の質量が少ないときは，$CaCO_3$ がすべて反応し，HCl が余るため，加える貝殻の質量に比例して発生する CO_2 の物質量が増加する。一方，加える貝殻の質量が多くなると，HCl がすべて反応し，$CaCO_3$ が余るため，加える貝殻の質量によらず CO_2 の物質量が一定となる。つまり，加えた貝殻の全質量がおよそ $6.7\,g$ になったところで $CaCO_3$ と HCl が過不足なく反応していることがわかる。

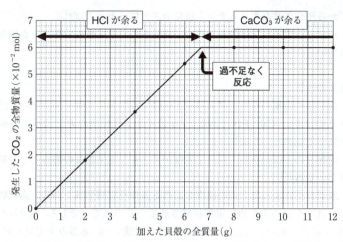

a 加えた貝殻の全質量が 6.7 g 以上の領域では HCl がすべて反応し，CO_2 の物質量が $6.0×10^{-2}$ mol で一定となっているので，式(3)の HCl と CO_2 の係数比 2：1 より，

$$c \text{ (mol/L)} × \frac{50}{1000} \text{ L} : 6.0×10^{-2} \text{ mol} = 2 : 1 \qquad c = 2.4 \text{ mol/L}$$

8 …⑥

b 加えた貝殻の全質量が 6.0 g のときに反応した $CaCO_3$ の物質量は，発生した CO_2 の物質量 $5.4×10^{-2}$ mol と等しいので，貝殻 6.0 g に含まれていた $CaCO_3$（式量 100）の質量は，

100 g/mol × $5.4×10^{-2}$ mol = 5.4 g

よって，この実験で用いた貝殻に含まれる $CaCO_3$ の含有率は，

$$\frac{5.4 \text{ g}}{6.0 \text{ g}} = 0.90 = 90 \%$$

なお，加えた貝殻の全質量が 6.7 g 以下であれば，どの点でも同様に計算でき，$CaCO_3$ の含有率を求めることができる。

9 …⑤

第 2 問 プラスチックを題材とした総合問題
問 1 プラスチックの性質

① 正しい。石油(原油)はさまざまな炭化水素などの混合物であり，沸点の違いを利用して軽油，灯油，ナフサなどの成分に分離してから利用されている。このような操作を分留(分別蒸留)という。

② 誤り。ポリ塩化ビニル(塩ビ)は，消しゴムや水道管などに用いられるプラスチックであり，水に溶けにくい。

③ 正しい。ポリスチレンは食品容器や緩衝材として利用されている。気泡を含

ませてから硬化させたポリスチレンは発泡スチロールとよばれる。

④　正しい。ナイロンは世界で初めて開発された合成繊維であり，衣類などに用いられている。

$\boxed{10}$ …②

問2　金属の性質

ア　選択肢の金属のうち，ガスバーナーにより空気中で強く加熱すると酸化物が生成するのは Fe，Cu，Pb である。Au はイオン化傾向が非常に小さい金属であり，空気中で強熱しても酸化されない。

イ　選択肢の金属のうち，電気伝導性が大きく，電気器具の導線として利用されるのは Cu である。

ウ　電気分解によって金属の純度を高める操作を電解精錬という。選択肢の金属のうち，純度を高めるために電解精錬されているのは Cu である。粗銅(不純物を含む銅)を陽極，純銅を陰極として硫酸酸性の硫酸銅(II)水溶液を電気分解すると，陽極の粗銅は溶解し，純度の高い銅が陰極に析出する。

以上より，**ア～ウ**のすべてに当てはまる金属は銅 Cu である。

$\boxed{11}$ …②

問3　水素と一酸化炭素の性質

①　正しい。水酸化ナトリウム水溶液の電気分解において，陰極からは H_2，陽極からは O_2 が生じ，全体としては H_2O から H_2 と O_2 が生じる反応が起こる。

$$2H_2O \longrightarrow 2H_2 + O_2$$

②　正しい。H_2 は水素−酸素燃料電池で走る自動車の燃料として用いられる。また，O_2 と混合して点火すると爆発的に反応するため，ロケットの燃料としても用いられる。

③　正しい。CO は血液中で酸素を運搬するヘモグロビンと強く結びつくため，CO を吸入すると酸素と結びつくヘモグロビンの量が減り，体中に酸素が行きわたらなくなる。よって，有毒である。

④　誤り。CO は，製鉄で鉄鉱石を還元して鉄を得るために利用されている。赤鉄鉱(主成分 Fe_2O_3)を用いた場合の反応は次のように表される。

$$Fe_2O_3 + 3CO \longrightarrow 2Fe + 3CO_2$$

$\boxed{12}$ …④

問4　ポリエチレンの反応

a　エチレン $CH_2=CH_2$ の完全燃焼の化学反応式は次のように作ることができる。

①　反応物，生成物を書く。

$$CH_2=CH_2 + O_2 \longrightarrow CO_2 + H_2O$$

②　$CH_2=CH_2$ の係数を 1 として，両辺で C の数が等しくなるように CO_2 の係数を 2 にする。

$$CH_2=CH_2 + O_2 \longrightarrow 2CO_2 + H_2O$$

③　両辺で H の数が等しくなるように H_2O の係数を 2 にする。

$$CH_2{=}CH_2 \ + \ O_2 \ \longrightarrow \ 2CO_2 \ + \ \mathbf{2}H_2O$$

④　両辺で O の数が等しくなるように O_2 の係数を 3 にする。

$$CH_2{=}CH_2 \ + \ \mathbf{3}O_2 \ \longrightarrow \ 2CO_2 \ + \ \mathbf{2}H_2O$$

　今回は $CH_2{=}CH_2$ と CO_2 の係数が決まっているため，上記手順の③と④のみで解答は決まる。

$\boxed{13}\cdots③$　$\boxed{14}\cdots②$

b　$n{=}10000$ のとき，ポリエチレン（PE）の分子量は，

$$28{\times}10000{=}2.8{\times}10^5$$

分子量とモル質量（g/mol）の数値は等しいので，PE $1.0\,\mathrm{kg}{=}1.0{\times}10^3\,\mathrm{g}$ の物質量は，

$$\frac{1.0{\times}10^3\,\mathrm{g}}{2.8{\times}10^5\,\mathrm{g/mol}}{=}0.00357\,\mathrm{mol}{\fallingdotseq}0.0036\,\mathrm{mol}$$

$\boxed{15}\cdots②$

c　繰り返しの数が n のとき，PE $0.70\,\mathrm{kg}{=}0.70{\times}10^3\,\mathrm{g}$ の物質量は，

$$\frac{0.70{\times}10^3\,\mathrm{g}}{28n\,\mathrm{g/mol}}{=}\frac{25}{n}\,\mathrm{mol}$$

「PE $1\,\mathrm{mol}$ の完全燃焼により，CO_2 は $2n\,\mathrm{mol}$ 生成する」とあるので，PE $0.70\,\mathrm{kg}$ の完全燃焼により生成する CO_2 の物質量は，

$$\frac{25}{n}\,\mathrm{mol}{\times}2n{=}50\,\mathrm{mol}$$

よって，生成する CO_2（分子量 44）の質量は，

$$44\,\mathrm{g/mol}{\times}50\,\mathrm{mol}{=}2.2{\times}10^3\,\mathrm{g}{=}2.2\,\mathrm{kg}$$

$\boxed{16}\cdots②$

MEMO

化学基礎

（2022年1月実施）

受験者数　100,461

平　均　点　　27.73

2022 本試験

化学基礎

解答・採点基準　　(50点満点)

問題番号(配点)	設問	解答番号	正解	配点	自己採点
第1問(30)	問1	1	①	3	
	問2	2	③	3	
	問3	3	②	3	
	問4	4	④	3	
	問5	5	④	3	
	問6	6	②	3	
	問7	7	③	3	
	問8	8	①	3	
	問9	9	⑤	3	
	問10	10	②	3	
第1問　自己採点小計					
第2問(20)	問1	11	①	4	
	問2	12	④	4	
	問3	13	①	4	
		14	③	4	
		15	③	4	
第2問　自己採点小計					
自己採点合計					

第1問 物質の構成粒子，物質の構成，化学結合，酸・塩基，酸化還元，物質量

問1 オキソニウムイオンの構造

① 誤り。水素 H（原子番号 1）は陽子を 1 個もち，酸素 O（原子番号 8）は陽子を 8 個もつので，H_3O^+ がもつ陽子の数は，$1×3+8=11$ 個である。1 価の陽イオンである H_3O^+ は，電子の数が陽子の数よりも 1 個少ない。よって，H_3O^+ がもつ電子の数は，$11-1=10$ 個である。

② 正しい。H_3O^+ の電子式は次のように表されるので，共有電子対を 3 組，非共有電子対を 1 組もつ。

$$\left[H \overset{..}{\underset{H}{O}} H \right]^+ \quad \blacksquare\!\blacksquare \; 共有電子対 \quad \square\!\square \; 非共有電子対$$

③ 正しい。H_2O が H^+ に対して非共有電子対を一方的に与えることで H_3O^+ が生じる。このようにしてできた共有結合を特に配位結合という。

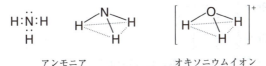

ただし，形成された配位結合は，他の共有結合と同等であり区別することはできない。

④ 正しい。アンモニア NH_3 と同様の電子式で表される H_3O^+ は，NH_3 と同じ三角錐形の構造をとる。

アンモニア　　オキソニウムイオン

$\boxed{1}$ …①

問2 貴ガス（希ガス）の性質

① 正しい。ヘリウム He（原子番号 2），ネオン Ne（原子番号 10），アルゴン Ar（原子番号 18）はいずれも周期表の 18 族に属する貴ガス（希ガス）である。貴ガスはいずれも単原子分子として存在し，常温・常圧で気体である。

② 正しい。同族元素の原子半径は，原子番号が大きいものほど大きくなる。これは，原子番号が大きいものほど最外電子殻がより外側になるためである。よって，原子半径は He＜Ne＜Ar の順に大きい。

③ 誤り。同族元素のイオン化エネルギーは，原子番号が大きいものほど小さくなる。これは，原子番号が大きいものほど最外電子殻がより外側になり，電子を取り去るのに必要なエネルギーが小さくなるためである。よって，イオン化エネルギーは He＞Ne＞Ar の順に小さい。

④ 正しい。同温，同圧における気体の密度は分子量（単原子分子の場合は原子量）に比例する。He（原子量 4.0）は空気（平均分子量 28.8）よりも密度が小さく，燃

えないため，風船や飛行船に使われる。

$\boxed{2}\cdots ③$

問3　同位体

① 正しい。元素を構成する各同位体の相対質量と存在比から求めた，元素ごとの相対質量の平均値を原子量という。

② 誤り。同じ元素の同位体どうしは，質量が異なるだけで化学的性質はほぼ同じである。

③ 正しい。同じ元素の同位体どうしは，陽子の数つまり原子番号は等しいが，中性子の数が異なるため，陽子の数と中性子の数の和である質量数が異なる。なお，臭素 Br の原子番号は 35 なので，^{79}Br の中性子の数は 79−35＝44 個，^{81}Br の中性子の数は 81−35＝46 個である。

④ 正しい。^{79}Br（存在比 51 ％）と ^{81}Br（存在比 49 ％）はおおよそ 1：1 の比で存在するので，無作為に Br 原子を 1 つ選んだ場合，^{79}Br と ^{81}Br がいずれもおおよそ $\dfrac{1}{2}$ の確率で選択される。よって，2 つの Br 原子を選んでできる Br_2 分子の種類と得られる確率は，それぞれ以下のとおりである。なお，^{79}Br → ^{81}Br の順に選んでも，^{81}Br → ^{79}Br の順に選んでも ^{79}Br^{81}Br で表される同じ分子ができるので，「×2」が必要である。

$$^{79}Br^{79}Br = \frac{1}{2} \times \frac{1}{2} = \frac{1}{4}$$

$$^{79}Br^{81}Br = \frac{1}{2} \times \frac{1}{2} \times 2 = \frac{1}{2}$$

$$^{81}Br^{81}Br = \frac{1}{2} \times \frac{1}{2} = \frac{1}{4}$$

よって，^{79}Br と ^{81}Br からなる Br_2 は，おおよそ

$$^{79}Br^{79}Br : {}^{79}Br^{81}Br : {}^{81}Br^{81}Br = 1 : 2 : 1$$

の比で存在する。

$\boxed{3}\cdots ②$

問4　界面活性剤

(a) 正しい。セッケンや合成洗剤などの界面活性剤は，油になじみやすい部分（親油基）と水になじみやすい部分（親水基）をもつ。界面活性剤は，ある一定以上の濃度になると集合してミセルとよばれる粒子を形成する。このミセルは，油になじみやすい部分を内側にして油汚れを取り囲み，水の中に分散させる。

— 138 —

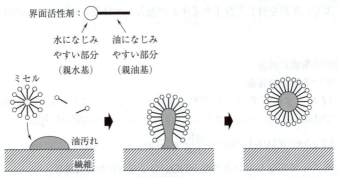

(b) 正しい。濃度が低いと，界面活性剤はミセルを形成できず，洗浄の作用は十分にはたらかない。

(c) 正しい。界面活性剤は適切な使用量があり，それを超える量を使ってもその洗浄効果はあまり高くならないばかりか，環境への負荷も大きくなってしまう。

(d) 誤り。セッケンの水溶液は弱塩基性を示す。

$\boxed{4}$ …④

問5 ブレンステッド・ローリーの酸と塩基

ブレンステッドとローリーの定義では，相手に水素イオン H^+ を与える分子またはイオンが酸，相手から水素イオン H^+ を受け取る分子またはイオンが塩基である。

ア CO_3^{2-} は，H_2O から H^+ を受け取っているので，塩基としてはたらいている。

$$\underset{\text{塩基}}{CO_3^{2-}} + \underset{\text{酸}}{H_2O} \rightleftarrows HCO_3^- + OH^-$$

イ H_2O は，CH_3COO^- に H^+ を与えているので，酸としてはたらいている。

$$\underset{\text{塩基}}{CH_3COO^-} + \underset{\text{酸}}{H_2O} \rightleftarrows CH_3COOH + OH^-$$

ウ HSO_4^- は，H_2O に H^+ を与えているので，酸としてはたらいている。

$$\underset{\text{酸}}{HSO_4^-} + \underset{\text{塩基}}{H_2O} \rightleftarrows SO_4^{2-} + H_3O^+$$

エ H_2O は，NH_4^+ から H^+ を受け取っているので，塩基としてはたらいている。

$$\underset{\text{酸}}{NH_4^+} + \underset{\text{塩基}}{H_2O} \rightleftarrows NH_3 + H_3O^+$$

以上より，下線を付した分子やイオンが酸としてはたらいているものは**イ，ウ**である。

$\boxed{5}$ …④

問6　酸の水溶液の濃度

電離している酸の物質量

水溶液 **A** と水溶液 **B** は，いずれも質量パーセント濃度が 0.10 %，密度が 1.0 g/cm³ で体積が 1.0 L（＝1.0×10³ cm³）なので，含まれる溶質の質量は，

$$1.0 \text{ g/cm}^3 \times 1.0 \times 10^3 \text{ cm}^3 \times \frac{0.10}{100} = 1.0 \text{ g}$$

水溶液 **A** 中で電離している硝酸 HNO_3（分子量 63）の物質量は，

$$\frac{1.0 \text{ g}}{63 \text{ g/mol}} \times 1.0 \fallingdotseq 1.6 \times 10^{-2} \text{ mol}$$

水溶液 **B** 中で電離している酢酸 CH_3COOH（分子量 60）の物質量は，

$$\frac{1.0 \text{ g}}{60 \text{ g/mol}} \times 0.032 \fallingdotseq 5.3 \times 10^{-4} \text{ mol}$$

よって，電離している酸の物質量は，**A＞B** である。なお，HNO_3 と CH_3COOH の分子量は近い値であり，質量パーセント濃度，密度，体積が等しい水溶液 **A** および水溶液 **B** に含まれる酸の物質量は同程度である。よって，水溶液中で完全に電離する HNO_3（電離度 1.0）の水溶液 **A** と，わずかに電離する CH_3COOH（電離度 0.032）の水溶液 **B** では，電離している酸の物質量は **A** の方が大きいと判断できる。

中和に必要な NaOH 水溶液の体積

水溶液 **A** に含まれる HNO_3（1.0 g）を過不足なく中和するために必要な 0.10 mol/L の水酸化ナトリウム NaOH 水溶液の体積を v_A（L）とする。HNO_3 は 1 価の酸，NaOH は 1 価の塩基なので，中和の量的関係より，

$$1 \times \frac{1.0 \text{ g}}{63 \text{ g/mol}} = 1 \times 0.10 \text{ mol/L} \times v_A \text{ (L)} \qquad v_A = 0.158 \text{ L}$$

水溶液 **B** に含まれる CH_3COOH（1.0 g）を過不足なく中和するために必要な 0.10 mol/L の水酸化ナトリウム NaOH 水溶液の体積を v_B（L）とする。CH_3COOH は 1 価の酸，NaOH は 1 価の塩基なので，中和の量的関係より，

$$1 \times \frac{1.0 \text{ g}}{60 \text{ g/mol}} = 1 \times 0.10 \text{ mol/L} \times v_B \text{ (L)} \qquad v_B = 0.166 \text{ L}$$

よって，中和に必要な NaOH 水溶液の体積は，**A＜B** である。なお，水溶液 **A** および水溶液 **B** に含まれる酸の質量は 1.0 g で等しいので，分子量が小さい CH_3COOH の方が物質量が大きく，必要な NaOH の量も多くなると判断できる。

$\boxed{6}$ …②

問7　中和反応の量的関係

硫酸 H_2SO_4 は 2 価の酸，水酸化ナトリウム NaOH は 1 価の塩基なので，水酸化ナトリウム水溶液Aのモル濃度を c（mol/L）とすると，

$$2 \times 0.0500 \text{ mol/L} \times \frac{10.0}{1000} \text{ L} = 1 \times c \text{ (mol/L)} \times \frac{8.00}{1000} \text{ L}$$

— 140 —

$c = 0.125 \, \text{mol/L}$

$\boxed{7} \cdots ③$

問8 酸化を防ぐ物質

① 鉄板の表面を亜鉛 Zn でめっきしたものをトタンという。トタンは亜鉛の表面に酸化被膜が形成されるためにさびにくく，また，トタンに傷がついて鉄が露出しても，イオン化傾向のより大きい亜鉛が優先して酸化されることで，鉄が酸化されるのを防いでいる。

② 塩素 Cl_2 は強い酸化力をもつため，水道水の殺菌に利用されている。

③ 生石灰（酸化カルシウム）CaO は水を吸収しやすいため，乾燥剤として利用されている。

④ 重曹（炭酸水素ナトリウム）$NaHCO_3$ は，加熱による分解で二酸化炭素を発生するため，ふくらし粉として利用されている。

$\boxed{8} \cdots ①$

問9 鉄の製錬

Fe_2O_3 の含有率（質量パーセント）が 48.0 % の鉄鉱石 1000 kg に含まれる Fe_2O_3 の質量は，

$$1000 \, \text{kg} \times \frac{48.0}{100} = 480 \, \text{kg}$$

Fe_2O_3 の式量は $56 \times 2 + 16 \times 3 = 160$ であり，Fe_2O_3 はすべて Fe に変化するので，得られる Fe の質量は，

$$480 \, \text{kg} \times \frac{56 \times 2}{160} = 336 \, \text{kg}$$

$\boxed{9} \cdots ⑤$

問10 ダニエル型電池

式(2)より，各電極で起こる反応は，それぞれ次の電子を含むイオン反応式で表される。

$$A \longrightarrow A^{2+} + 2e^-$$
$$B^{2+} + 2e^- \longrightarrow B$$

① 正しい。電池において，酸化反応が起こって外部回路に電子が流れ出る電極を負極という。上の電子を含むイオン反応式より，金属 A が A^{2+} に酸化されて電子が流れ出ているので，金属 A の板が負極である。

② 誤り。上の電子を含むイオン反応式より，1 mol の金属 A が反応したときに，2 mol の電子が放出され，2 mol の電子が電球を流れる。

③ 正しい。上の電子を含むイオン反応式より，B^{2+} が還元されて金属 B に変化する。

④ 正しい。反応の進行にともない，金属 A が A^{2+} に変化して水溶液中に放出されるため，金属 A の板の質量は減少する。

$\boxed{10} \cdots ②$

第2問　エタノールを題材とした総合問題

問1　エタノールの性質

① 誤り。エタノールの水溶液は中性である。

② 正しい。エタノールの固体の密度は液体よりも大きい。固体の密度が液体よりも小さいのは，水などのごく一部の物質のみである。

③ 正しい。エタノール C_2H_5OH が完全燃焼すると，次のように反応して二酸化炭素 CO_2 と水 H_2O が生じる。

$$C_2H_5OH + 3O_2 \longrightarrow 2CO_2 + 3H_2O$$

④ 正しい。エタノールは燃料や飲料，消毒液に用いられている。

$\boxed{11}$ …①

問2　エタノール，水，エタノール水溶液の温度変化

① 正しい。温度を 20℃ から 40℃ に上昇させるのに要する時間は水の方が長いことから，必要な熱量は水の方がエタノールよりも大きいことがわかる。

② 正しい。エタノール水溶液を加熱していったとき，時間 t_1 における温度はエタノールの沸点である 78℃ と水の沸点である 100℃ の間にあるので，エタノールは水溶液中に残存していることがわかる。

③ 正しい。純物質の沸点は物質量に依存せず，液体を蒸発させても沸点は変わらないので，沸騰している間は温度が一定に保たれる。

④ 誤り。エタノール 50 g が水 50 g より短時間で蒸発することから，1 g の液体を蒸発させるのに必要な熱量は，エタノールの方が水より小さいことがわかる。

$\boxed{12}$ …④

問3　溶液の濃度と調製，蒸留

a 原液 A は質量パーセント濃度が 10 % のエタノール水溶液である。①のようにエタノール 100 g に水 900 g を加えれば，得られるエタノール水溶液の質量は（100 g＋900 g＝）1000 g となるので，エタノールの質量パーセント濃度は，

$$\frac{100 \text{ g}}{1000 \text{ g}} \times 100 \text{ \%} = 10 \text{ \%}$$

となる。なお，②～④で得られる水溶液のエタノールの質量パーセント濃度はそれぞれ次のように計算できる。

② $\dfrac{100 \text{ g}}{100 \text{ g} + 1000 \text{ g}} \times 100 \text{ \%} \fallingdotseq 9.1 \text{ \%}$

③ エタノールの質量は 0.79 g/cm^3 × 100 cm^3 ＝79 g，水の質量は 1.00 g/cm^3 × 900 cm^3 ＝900 g なので，

$$\frac{79 \text{ g}}{79 \text{ g} + 900 \text{ g}} \times 100 \text{ \%} \fallingdotseq 8.1 \text{ \%}$$

④ エタノールの質量は 0.79 g/cm^3 × 100 cm^3 ＝79 g，水の質量は 1.00 g/cm^3 × 1000 cm^3 ＝1000 g なので，

$$\frac{79 \text{ g}}{79 \text{ g} + 1000 \text{ g}} \times 100 \text{ \%} \fallingdotseq 7.3 \text{ \%}$$

2022年度　本試験〈解説〉　化学基礎　9

$\boxed{13}\cdots\text{①}$

b　原液 A を 100 g を用いたとする。原液 A のエタノールの質量パーセント濃度は 10 % なので，原液 A に含まれるエタノールの質量は，

$$100\text{ g}\times\frac{10}{100}=10\text{ g}$$

操作Ⅱを行うと，$\left(100\text{ g}\times\dfrac{1}{10}=\right)10\text{ g}$ の蒸留液と $\left(100\text{ g}\times\dfrac{9}{10}=\right)90\text{ g}$ の残留液が得られる。図 2 より，原液 A から得られる蒸留液中のエタノールの質量パーセント濃度は 50 % なので，蒸留液に含まれるエタノールの質量は，

$$10\text{ g}\times\frac{50}{100}=5.0\text{ g}$$

よって，残留液に含まれるエタノールの質量は，$(10\text{ g}-5.0\text{ g}=)5.0\text{ g}$ なので，その質量パーセント濃度は，

$$\frac{5.0\text{ g}}{90\text{ g}}\times100\text{ %}\fallingdotseq5.6\text{ %}$$

以上をまとめると，次のようになる。

原液 A 100 g （質量パーセント濃度 10 %）	→ 加 熱	蒸留液 $100\text{ g}\times\dfrac{1}{10}=10\text{ g}$ （質量パーセント濃度 50 %）	＋	残留液 $100\text{ g}\times\dfrac{9}{10}=90\text{ g}$
エタノール $100\text{ g}\times\dfrac{10}{100}=10\text{ g}$		エタノール $10\text{ g}\times\dfrac{50}{100}=5.0\text{ g}$		エタノール $10\text{ g}-5.0\text{ g}=5.0\text{ g}$

$\boxed{14}\cdots\text{③}$

c　蒸留液 1 のエタノールの質量パーセント濃度は 50 % で原液 E と同じである。図 2 より，蒸留液 2 つまり原液 E から得られる蒸留液中のエタノールの質量パーセント濃度は 78 % である。

$\boxed{15}\cdots\text{③}$

－143－

MEMO

化学基礎

（2022年1月実施）

追試験
2022

化学基礎

解答・採点基準　　　(50点満点)

問題番号 (配点)	設問	解答番号	正解	配点	自己採点
第1問 (30)	問1	1	①	3	
		2	⑥		
	問2	3	③	3	
	問3	4	④	3	
	問4	5	④	3	
	問5	6	①	3	
		7	⑤	3	
	問6	8	②	3	
	問7	9	③	3	
	問8	10	④	3	
	問9	11	⑤	3	
第1問　自己採点小計					
第2問 (20)	問1	12	⑧	2	
		13	⓪	2	
		14	②	3	
		15	⑧	4 *	
		16	④		
	問2	17	⑥	2	
		18	③	3	
	問3	19	②	4	
第2問　自己採点小計					
自己採点合計					

(注)
1　＊は，両方正解の場合のみ点を与える。
2　※の正解は，順序を問わない。

— 146 —

2022年度　追試験〈解説〉　化学基礎　13

第1問　物質の構成，物質の構成粒子，化学結合，酸・塩基，酸化還元

問1　状態変化

① 適当。戸外に面したガラス窓の内側が水滴でくもったのは，空気中の水蒸気が冷却されることで凝縮(気体から液体に状態変化)したためである。

② 不適当。濁った水をろ過して透明な水が得られたのは，濁りの原因である固体と，液体の水が分離されたためであり，状態変化ではない。

③ 不適当。銅葺き屋根の表面が青緑色になるのは，銅が空気中の酸素や二酸化炭素，水と反応することで緑青とよばれる銅の化合物が生じたためであり，状態変化ではない。

④ 不適当。紅茶にレモンを入れると紅茶の色が薄くなるのは，レモン果汁によってpHが小さくなり，紅茶に含まれる色素の構造が変化するためであり，状態変化ではない。

⑤ 不適当。鉛筆の芯がすり減るのは，鉛筆の芯に含まれる黒鉛の層がはがれたためであり，状態変化ではない。

⑥ 適当。防虫剤に使われるナフタレンやショウノウが時間がたつと小さくなるのは，昇華(固体から気体に状態変化)したためである。

$\boxed{1}$・$\boxed{2}$ …①，⑥

問2　放射性同位体の半減期

放射性同位体が壊変(崩壊)して元の量の半分になるまでの時間を半減期という。つまり，半減期が30年の^{137}Csは，30年経過するごとに$\frac{1}{2}$に減少する。よって，^{137}Csの量は30年×3＝90年経過すると元の量の$\left(\frac{1}{2}\right)^3=\frac{1}{8}$になり，30年×4＝120年経過すると元の量の$\left(\frac{1}{2}\right)^4=\frac{1}{16}$になるので，^{137}Csの量が元の量の$\frac{1}{10}$になる期間は，90年以上120年未満とわかる。

$\boxed{3}$ …③

問3　結晶の性質

① 不適当。金属結晶であるカルシウムの単体は電気をよく通すが，共有結合の結晶であるケイ素の単体と分子結晶であるヨウ素の単体は電気をあまり通さない。なお，ケイ素は半導体であり，高い電圧をかけると電気を通す。

② 不適当。共有結合の結晶であるケイ素の単体と分子結晶であるヨウ素の単体は共有結合をもつが，金属結晶であるカルシウムの単体は共有結合をもたない。

③ 不適当。ケイ素の単体とヨウ素の単体は常温の水とは容易に反応しないが，イオン化傾向が非常に大きいカルシウムの単体は，次のように常温の水と激しく反応して水素を発生する。

$$Ca + 2H_2O \longrightarrow Ca(OH)_2 + H_2$$

④ 適当。カルシウム，ケイ素，ヨウ素の単体は，いずれも常温・常圧で固体で

— 147 —

14

ある。

$\boxed{4}$ …④

問4　周期表

①　正しい。17 族元素(ハロゲン)の原子は 1 価の陰イオンになりやすく，同一周期内では電子親和力が最も大きい。

②　正しい。水素を除く 1 族元素(アルカリ金属)の原子は 1 価の陽イオンになりやすく，同一周期内ではイオン化エネルギーが最も小さい。

③　正しい。14 族元素の原子は価電子を 4 個もつ。

④　誤り。第 2 周期，13 族のホウ素 B は非金属元素，第 3 周期，13 族のアルミニウム Al は金属元素である。

$\boxed{5}$ …④

問5　中和反応と塩

a　水酸化ナトリウム水溶液に塩酸を加えると，次のように反応して塩化ナトリウムが生じる。

$$HCl + NaOH \longrightarrow NaCl + H_2O$$

このとき，加えた HCl が過剰であれば，水溶液に含まれていた NaOH と等しい物質量の NaCl が生じる。余った HCl は水分を蒸発させたときに一緒に揮発するので，得られた固体は純粋な NaCl となる。

水溶液 A 50.0 mL に含まれる NaOH の物質量は，

$$1.0 \text{ mol/L} \times \frac{50.0}{1000} \text{ L} = 5.0 \times 10^{-2} \text{ mol}$$

また，①～④の塩酸に含まれる HCl の物質量は，

①　$0.70 \text{ mol/L} \times \dfrac{60}{1000} \text{ L} = 4.2 \times 10^{-2} \text{ mol}$

②　$1.0 \text{ mol/L} \times \dfrac{60}{1000} \text{ L} = 6.0 \times 10^{-2} \text{ mol}$

③　$1.2 \text{ mol/L} \times \dfrac{50}{1000} \text{ L} = 6.0 \times 10^{-2} \text{ mol}$

④　$1.4 \text{ mol/L} \times \dfrac{50}{1000} \text{ L} = 7.0 \times 10^{-2} \text{ mol}$

つまり，HCl が過剰とならない①は水溶液 A のモル濃度を正しく求められない。

$\boxed{6}$ …①

b　適切な実験で得られた NaCl(式量 58.5)の物質量と水溶液 A 50.0 mL に含まれていた NaOH の物質量は等しいので，水溶液 A のモル濃度は，

$$\frac{\dfrac{3.04 \text{ g}}{58.5 \text{ g/mol}}}{\dfrac{50.0}{1000} \text{ L}} = 1.039 \text{ mol/L} \fallingdotseq 1.04 \text{ mol/L}$$

$\boxed{7}$ …⑤

2022年度　追試験〈解説〉　化学基礎　15

問6　弱酸，弱塩基の遊離

強酸 HCl の水溶液(塩酸)を加えても，強塩基 NaOH の水溶液を加えても変化が起こる塩 A は，弱酸の塩かつ弱塩基の塩であり，② 酢酸アンモニウム CH_3COONH_4 が該当する。

酢酸アンモニウム水溶液に塩酸を加えると，次のように反応して刺激臭のある酢酸が生じる。

$$CH_3COONH_4 \ + \ HCl \ \longrightarrow \ CH_3COOH \ + \ NH_4Cl$$
　　弱酸の塩　　　　　　強酸　　　　　　弱酸　　　　　　強酸の塩

一方，酢酸アンモニウム水溶液に水酸化ナトリウム水溶液を加えると，次のように反応して刺激臭のあるアンモニアが生じる。

$$CH_3COONH_4 \ + \ NaOH \ \longrightarrow \ NH_3 \ + \ CH_3COONa \ + \ H_2O$$
　　弱塩基の塩　　　　　強塩基　　　　　弱塩基　　　　強塩基の塩

$\boxed{8}$ …②

問7　酸化還元反応

①　不適当。アルミニウムの製錬では，ボーキサイトに含まれる酸化アルミニウム Al_2O_3 を溶融塩電解によって還元してアルミニウム Al を得ており，酸化還元反応である。このとき，陰極では次の反応が起こる。

$$Al^{3+} \ + \ 3e^- \ \longrightarrow \ Al$$

②　不適当。都市ガスの主成分はメタン CH_4 であり，その燃焼反応は酸化還元反応である。この反応の化学反応式および酸化数の変化は次のとおり。

$$\underset{-4}{\underline{C}}H_4 \ + \ 2\underset{0}{\underline{O}}_2 \ \longrightarrow \ \underset{+4}{\underline{C}}\underset{-2}{O}_2 \ + \ 2H_2\underset{-2}{\underline{O}}$$
　　　酸化　　　　　　　　還元

③　適当。氷砂糖の塊を水に入れると塊が小さくなるのは，氷砂糖の成分であるスクロースが水に溶解したためであり，酸化還元反応ではない。

④　不適当。グレープフルーツにマグネシウム Mg と銅 Cu を差し込んで導線でつなぐと電流が流れたのは，電池が形成されたためであり，酸化還元反応である。このとき，負極となるマグネシウム電極では次の反応が起こる。

$$Mg \ \longrightarrow \ Mg^{2+} \ + \ 2e^-$$

$\boxed{9}$ …③

問8　銅と亜鉛の性質

①　誤り。銅 Cu はイオン化傾向が比較的小さい金属であり，希塩酸や希硫酸に溶けない。酸化力の強い酸(希硝酸，濃硝酸，熱濃硫酸)には溶ける。

②　誤り。亜鉛 Zn を希塩酸に溶かすと，次のように反応して水素 H_2 が発生する。

$$Zn \ + \ 2HCl \ \longrightarrow \ ZnCl_2 \ + \ H_2$$

③　誤り。イオン化傾向は Zn＞Cu であり，硫酸亜鉛水溶液に銅板を浸しても，

— 149 —

表面に亜鉛は析出しない。硫酸銅（II）水溶液に亜鉛板を浸した場合には，次のように反応して表面に銅が析出する。

$$Zn \longrightarrow Zn^{2+} + 2e^-$$

$$Cu^{2+} + 2e^- \longrightarrow Cu$$

④　正しい。熱した銅線を気体の塩素 Cl_2 にさらすと，次のように反応して塩化銅（II）$CuCl_2$ が生じる。これは，塩素の酸化力が強いためである。

$$Cu + Cl_2 \longrightarrow CuCl_2$$

$\boxed{10}\cdots$④

問9　化学反応の量的関係

はかり取ったビタミン C（分子量 176）1.76 g の物質量は，

$$\frac{1.76\ g}{176\ g/mol} = 1.00 \times 10^{-2}\ mol$$

空気中で一定期間放置した後のビタミン C の物質量は，

$$9.0 \times 10^{-2}\ mol/L \times \frac{100}{1000}\ L = 9.0 \times 10^{-3}\ mol$$

よって，変化したビタミン C の割合は，

$$\frac{1.00 \times 10^{-2}\ mol - 9.0 \times 10^{-3}\ mol}{1.00 \times 10^{-2}\ mol} = 0.10 = 10\ \%$$

$\boxed{11}\cdots$⑤

第2問　化学法則を題材とした総合問題

問1　貴ガスの性質，原子量

a　貴ガス原子の最外殻電子の数は，ヘリウム He が 2 個，その他はすべて$_{ア}\underline{8}$個でいずれの電子配置も安定である。一般には最外殻電子が価電子となるが，貴ガスの原子は，他の原子と反応したり結合をつくったりしにくいため，価電子の数は$_{イ}\underline{0}$個とみなされる。

$\boxed{12}\cdots$⑧，$\boxed{13}\cdots$⓪

b　実験 I で用いた Ne（原子量 20）1.00 g の物質量は，

$$\frac{1.00\ g}{20\ g/mol} = 5.0 \times 10^{-2}\ mol$$

実験 I で用いた Ne と Kr は同温・同圧で同じ体積なので，同数つまり同物質量の分子が含まれる。よって，実験 I で用いた Kr の 0 ℃，1.013×10^5 Pa における体積は，

$$22.4\ L/mol \times 5.0 \times 10^{-2}\ mol = 1.12\ L$$

$\boxed{14}\cdots$②

c　実験 I の結果から求められる Kr のモル質量は，

$$\frac{1.00\ g + 3.20\ g}{5.0 \times 10^{-2}\ mol} = 84\ g/mol$$

— 150 —

モル質量の数値と原子量はほぼ一致するので，**実験Ⅰ**の結果から求められる **Kr** の原子量は 84 である。

15 …⑧, 16 …④

問2　定比例の法則

a　式(1)より，$SrCO_3$ が分解して SrO と CO_2 のみが生じるので，分解する $SrCO_3$ と生じる SrO の質量のウ差は，発生する CO_2 の質量に等しい。また，生じる SrO と CO_2 の物質量は常に 1：1 で一定なので，その質量のエ比は，分解する $SrCO_3$ の量にかかわらず一定となる。

17 …⑥

b　用いた $SrCO_3$ の質量が 0.570 g のとき，生じた SrO の質量は 0.400 g なので，生じた CO_2 の質量は，

　　0.570 g − 0.400 g = 0.170 g

Sr の原子量を m とすると，生じる SrO（式量 $m+16$）と CO_2（分子量 44）の物質量は等しいので，

$$\frac{0.400 \text{ g}}{(m+16) \text{ g/mol}} = \frac{0.170 \text{ g}}{44 \text{ g/mol}} \qquad m = 87.5 \fallingdotseq 88$$

なお，表1のデータをグラフにすると次のようになり，用いた $SrCO_3$ の質量と生じた SrO の質量が比例している。つまり，どの値の組合せを用いても原子量を求めることができることがわかる。

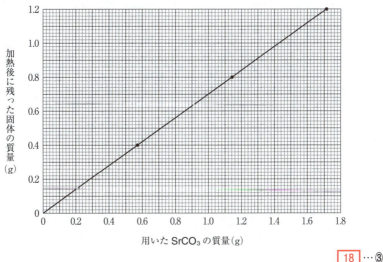

18 …③

問3　物質量

試料 A 中の $MgCO_3$ および $CaCO_3$ の物質量は，Mg の物質量および Ca の物質量と等しくそれぞれ n_{Mg}，n_{Ca} で表される。よって，試料 A に含まれる $MgCO_3$（式量 84）と $CaCO_3$（式量 100）の質量の合計が 14.2 g であることから，

$$84 \text{ g/mol} \times n_{Mg} + 100 \text{ g/mol} \times n_{Ca} = 14.2 \text{ g} \quad \cdots ①$$

また，$MgCO_3$ および $CaCO_3$ はそれぞれ次のように反応する。

$$MgCO_3 \longrightarrow MgO + CO_2$$
$$CaCO_3 \longrightarrow CaO + CO_2$$

つまり，用いた試料 A 中の $MgCO_3$ および $CaCO_3$ の合計の物質量と等しい物質量の CO_2 が生じる。用いた試料 A の質量と残った固体の質量の差（14.2 g−7.6 g＝）6.6 g が生じた CO_2 の質量なので，

$$44 \text{ g/mol} \times (n_{Mg} + n_{Ca}) = 6.6 \text{ g} \quad \cdots ②$$

式①，②より，

$$n_{Mg} = 0.050 \text{ mol}, \quad n_{Mg} = 0.10 \text{ mol}$$

よって，

$$n_{Mg} : n_{Ca} = 0.050 \text{ mol} : 0.10 \text{ mol} = 1 : 2$$

$\boxed{19} \cdots ②$

化学基礎

（2021年1月実施）

受験者数　103,074

平 均 点　　24.65

2021 第1日程

化学基礎

解答・採点基準　　（50点満点）

問題番号(配点)	設　問	解番号	答番号	正解	配点	自己採点
第1問(30)	問1	1		⑥	3	
	問2	2		②	4	
	問3	3		③	2	
		4		④	2 *	
		5		⓪		
		6		①	2 *	
		7		⓪		
	問4	8		⑤	3	
	問5	9		④	3	
	問6	10		④	4	
	問7	11		①	3	
	問8	12		⑤	4	
第1問　自己採点小計						
第2問(20)	問1	13		③	4	
		14		③	4	
	問2	15		②	4	
		16		②	4	
		17		①	4	
第2問　自己採点小計						
自己採点合計						

（注）　＊は，両方正解の場合のみ点を与える。

第1問　物質の構成，物質量，物質の構成粒子，化学結合，酸化還元，溶液の濃度，電池

問1　純物質と混合物，単体と化合物

ただ1種類の物質からなるものを純物質，2種類以上の物質が混じり合ったものを混合物という。また，1種類の元素からなる純物質を単体，2種類以上の元素からなる純物質を化合物という。

空気は，窒素 N_2，酸素 O_2，アルゴン Ar，二酸化炭素 CO_2 などを含む混合物である。

メタン CH_4 は，炭素 C と水素 H からなる化合物である。

オゾン O_3 は酸素 O のみからなる単体である。

$\boxed{1}$ …⑥

問2　物質量

①　0℃，$1.013×10^5$ Pa における気体のモル体積は，気体の種類によらずおよそ 22.4 L/mol である。1分子の酸素 O_2 には2個の酸素原子 O が含まれるので，0℃，$1.013×10^5$ Pa における 22.4 L の酸素に含まれる酸素原子の物質量は，

$$\frac{22.4\ \text{L}}{22.4\ \text{L/mol}}×2=2.00\ \text{mol}$$

②　1分子の水 H_2O には1個の酸素原子 O が含まれるので，水 H_2O（分子量 18）18 g に含まれる酸素原子の物質量は，

$$\frac{18\ \text{g}}{18\ \text{g/mol}}×1=1.0\ \text{mol}$$

③　1分子の過酸化水素 H_2O_2 には2個の酸素原子 O が含まれるので，過酸化水素 1.0 mol に含まれる酸素原子の物質量は，

$$1.0\ \text{mol}×2=2.0\ \text{mol}$$

④　黒鉛の完全燃焼は，次の化学反応式で表される。

$$C\ +\ O_2\ \longrightarrow\ CO_2$$

よって，用いた黒鉛 C と同じ物質量の二酸化炭素 CO_2 が生じる。また，1分子の二酸化炭素 CO_2 には2個の酸素原子 O が含まれるので，黒鉛 C（原子量 12）12 g の完全燃焼で発生する二酸化炭素に含まれる酸素原子の物質量は，

$$\frac{12\ \text{g}}{12\ \text{g/mol}}×2=2.0\ \text{mol}$$

よって，含まれる酸素原子の物質量が最も小さいのは，②である。

$\boxed{2}$ …②

問3　原子の構造

a　ある元素の原子に含まれる陽子の数が，その元素の原子番号である。よって，縦軸の値と横軸の値が一致している**イ**が陽子の数である。また，イオンになったり，他の原子と結びついたりする際に重要な役割を果たす最外殻電子を価電子という。ただし，イオンになったり，他の原子と結びついたりしにくい貴ガスの原子

— 155 —

では，価電子の数は 0 とみなす。よって，貴ガスの He(原子番号 2)，Ne(原子番号 10)，Ar(原子番号 18)で縦軸の値が 0 であり，それ以外の元素では，原子番号が大きくなるにつれて縦軸の値が 1 ずつ増えている**ウ**が価電子の数である。残った**ア**が中性子の数である。

$$\boxed{3} \cdots ③$$

b 原子核に含まれる陽子の数と中性子の数の和が，その原子の質量数である。よって，質量数が最も大きいのは，**イ**(陽子の数)の値と**ア**(中性子の数)の値の和が最も大きい原子番号 18 であり，その数は，

$$18+22=40$$

つまり，Ar(原子番号 18)のうち，天然の同位体存在比が最も大きいのは，質量数 40 の同位体 ^{40}Ar である。

$$\boxed{4} \cdots ④, \quad \boxed{5} \cdots ⓪$$

電子殻は，原子核に近い内側から順に K 殻，L 殻，M 殻…とよばれ，最大で K 殻には 2 個，L 殻には 8 個，M 殻には 18 個の電子が収容される。典型元素では，内側の電子殻から順に電子が収容されるので，M 殻に電子がなく原子番号が最も大きい原子は，K 殻に 2 個，L 殻に 8 個電子が収容された Ne(原子番号 10)である。

$$\boxed{6} \cdots ①, \quad \boxed{7} \cdots ⓪$$

問4 結晶の性質

ア 自由電子をもち電気をよく通すのは金属結晶である。

イ ナフタレンの結晶はナフタレン分子が分子間力によって集まってできた分子結晶であり，自由電子をもたず電気を通さない。

ウ 黒鉛は，炭素原子が共有結合によって次々に結びついて網目状の平面構造をつくり，それが何層にも重なった構造をもつ共有結合の結晶である。共有結合の結晶は，一般に自由電子をもたず電気を通さないが，黒鉛は炭素原子がつくる網目状の平面構造の中を自由に動く電子があるために電気をよく通す。

$$\boxed{8} \cdots ⑤$$

問5 金属の反応性

アルミニウム Al は熱水とは反応しないが，高温の水蒸気とは反応して水素を発生する。

$$2Al + 3H_2O \longrightarrow Al_2O_3 + 3H_2$$

　　　　　　高温の水蒸気

マグネシウム Mg は常温の水とは反応しないが，熱水や高温の水蒸気と反応して水素を発生する。

$$Mg + H_2O \longrightarrow MgO + H_2$$

　　　　高温の水蒸気

白金 Pt は，高温の水蒸気とも反応しない。

$$\boxed{9} \cdots ④$$

— 156 —

2021年度　第1日程〈解説〉　化学基礎　5

問6　酸化剤・還元剤

相手の物質を酸化する物質を酸化剤という。酸化剤は相手の物質から電子を受け取るため，自身は電子を得て還元される。つまり，酸化剤としてはたらく物質には，還元されて酸化数が減少する原子が含まれる。一方，相手の物質を還元する物質を還元剤という。還元剤は相手の物質に電子を与えるため，自身は電子を失って酸化される。つまり，還元剤としてはたらく物質には，酸化されて酸化数が増加する原子が含まれる。

① 酸化数は次のように変化しており，自身が酸化された CO が還元剤，自身が還元された Fe_2O_3 が酸化剤としてはたらいている。

還元剤　　酸化剤

$$3\underline{C}O + \underline{Fe}_2O_3 \longrightarrow 3\underline{C}O_2 + 2\underline{Fe}$$
　+2　　　+3　　　　　+4　　　　0

酸化　　　　　還元

② 酸化数が変化している原子は存在せず，酸化還元反応ではない。なお，次のように水素イオンが移動しており，NH_4Cl が酸，$NaOH$ が塩基としてはたらいている。

酸　　　塩基

$$NH_4Cl + NaOH \longrightarrow NH_3 + NaCl + H_2O$$
　　　　　H⁺

③ 酸化数が変化している原子は存在せず，酸化還元反応ではない。なお，次のように水素イオンが移動しており，Na_2CO_3 が塩基，HCl が酸としてはたらいている。

塩基　　　　酸

$$Na_2CO_3 + HCl \longrightarrow NaHCO_3 + NaCl$$
　　　　　H⁺

④ 酸化数は次のように変化しており，自身が還元された Br_2 が酸化剤，自身が酸化された KI が還元剤としてはたらいている。

酸化剤　　還元剤

$$\underline{Br}_2 + 2K\underline{I} \longrightarrow 2K\underline{Br} + \underline{I}_2$$
　0　　　　　1　　　　　1　　0

還元　　　　　　　酸化

以上より，下線を付した物質が酸化剤としてはたらいている化学反応式は④である。

$\boxed{10}$ …④

問7　溶液の濃度

密度 $d(\mathrm{g/cm^3})$ の溶液 $100\ \mathrm{mL}(=100\ \mathrm{cm^3})$ の質量は，

$$d(\mathrm{g/cm^3}) \times 100\ \mathrm{cm^3} = 100d(\mathrm{g})$$

— 157 —

この中に質量パーセント濃度で $x(\%)$ の溶質が含まれるので，溶質の質量は，

$$100d(\mathrm{g}) \times \frac{x}{100} = xd(\mathrm{g})$$

よって，溶質の物質量は，

$$\frac{xd(\mathrm{g})}{M(\mathrm{g/mol})} = \frac{xd}{M}(\mathrm{mol})$$

$\boxed{11}$ …①

問8 水素燃料電池

正極の電子を含むイオン反応式より，4 mol の電子が流れたときに 2 mol の水が生成する。よって，2.0 mol の電子が流れたときに生成する水 H_2O（分子量 18）の質量は，

$$18\,\mathrm{g/mol} \times 2.0\,\mathrm{mol} \times \frac{2}{4} = 18\,\mathrm{g}$$

また，負極の電子を含むイオン反応式より，2 mol の電子が流れたときに 1 mol の水素が消費される。よって，2.0 mol の電子が流れたときに消費される水素 H_2（分子量 2.0）の質量は，

$$2.0\,\mathrm{g/mol} \times 2.0\,\mathrm{mol} \times \frac{1}{2} = 2.0\,\mathrm{g}$$

$\boxed{12}$ …⑤

第2問　陽イオン交換樹脂を題材とした酸と塩基の総合問題

問1　塩の分類と性質

a　化学式中に，酸が水素イオンとして放出できる H が残っている塩を酸性塩，塩基が水酸化物イオンとして放出できる OH が残っている塩を塩基性塩，完全に中和されて酸の H も塩基の OH も残っていない塩を正塩という。

①　$CuSO_4$ は Cu^{2+} と SO_4^{2-} からなる塩であり，H_2SO_4 の H も $Cu(OH)_2$ の OH も残っていないので，正塩である。

②　Na_2SO_4 は Na^+ と SO_4^{2-} からなる塩であり，H_2SO_4 の H も NaOH の OH も残っていないので，正塩である。

③　$NaHSO_4$ は Na^+ と HSO_4^- からなる塩であり，H_2SO_4 の H が残っているので，酸性塩である。

④　NH_4Cl は NH_4^+ と Cl^- からなる塩であり，HCl の H は残っておらず，NH_3 も完全に中和されているので，正塩である。NH_3 は化学式中に OH をもたないが，NH_4^+ となっていれば OH が残っていないのと同等である。

$\boxed{13}$ …③

b　同じモル濃度，同じ体積の水溶液なので，同じ物質量の溶質を含む。溶質の物質量を $n(\mathrm{mol})$ とし，（陽イオンの価数）×（陽イオンの物質量）＝（水素イオンの物質量）の関係を用いると，得られた水溶液中の水素イオンの物質量はそれぞれ次のようになる。

—158—

ア KCl は 1 価の陽イオンである K^+ を 1 mol あたり 1 mol 含むので，交換される H^+ の物質量は，

$$1 \times n(\text{mol}) = n(\text{mol})$$

生じる HCl は強酸であり水溶液中で完全に電離するので，得られた水溶液中の H^+ の物質量は $n(\text{mol})$ である。

イ NaOH は 1 価の陽イオンである Na^+ を 1 mol あたり 1 mol 含むので，交換される H^+ の物質量は，

$$1 \times n(\text{mol}) = n(\text{mol})$$

しかし，H^+ はもともと水溶液中に存在していた OH^- によって中和されるため，得られた水溶液には H^+ がほとんど含まれない。

ウ $MgCl_2$ は 2 価の陽イオンである Mg^{2+} を 1 mol あたり 1 mol 含むので，交換される水素イオンの物質量は，

$$2 \times n(\text{mol}) = 2n(\text{mol})$$

生じる HCl は強酸であり水溶液中で完全に電離するので，得られた水溶液中の水素イオンの物質量は $2n(\text{mol})$ である。

エ CH_3COONa は 1 価の陽イオンである Na^+ を 1 mol あたり 1 mol 含むので，交換される水素イオンの物質量は，

$$1 \times n(\text{mol}) = n(\text{mol})$$

生じる CH_3COOH は弱酸であり水溶液中で完全には電離しないため，得られた水溶液中の水素イオンの物質量は $n(\text{mol})$ よりも小さくなる。

以上より，得られた水溶液中の水素イオンの物質量が最も大きいのは**ウ**である。

$\boxed{14}$ …③

問2　中和滴定

a $CaCl_2$ は，強酸である HCl と強塩基である $Ca(OH)_2$ が中和反応してできた正塩であり，その水溶液は中性（およそ pH 7）を示す。また，混合する酸および塩基の水溶液はすべて，濃度が 0.100 mol/L，体積は 10.0 mL であることから，いずれの水溶液も $0.100 \text{ mol/L} \times 10.0 \times 10^{-3} \text{ L} = 1.00 \times 10^{-3} \text{ mol}$ の酸および塩基を含む。

① H_2SO_4 は 2 価の酸，KOH は 1 価の塩基であり，酸が過剰なので酸性を示す。

② HCl は 1 価の酸，KOH は 1 価の塩基であり，過不足なく反応する。HCl は強酸，KOH は強塩基なので，混合後の KCl 水溶液は中性を示す。

③ HCl は 1 価の酸，NH_3 は 1 価の塩基であり，過不足なく反応する。HCl は強酸，NH_3 は弱塩基なので，混合後の NH_4Cl 水溶液は弱酸性を示す。

④ HCl は 1 価の酸，$Ba(OH)_2$ は 2 価の塩基であり，塩基が過剰なので塩基性を示す。

以上より，$CaCl_2$ 水溶液の pH と最も近い pH の値をもつ水溶液は，中性を示す②である。

$\boxed{15}$ …②

b 正確な体積の溶液を調製する際はメスフラスコを用いる。**実験 I** で得られた塩酸に含まれる H^+ の物質量が求まれば、試料 A に含まれていた塩化カルシウムの物質量が求まり、それをもとに試料 A に含まれていた水の質量を求めることができる。つまり、「**②**得られた塩酸をすべてメスフラスコに移し、水を加えて 500 mL にする。」のが適当である。

$\boxed{16}\cdots$**②**

c 試料 A に含まれる塩化カルシウムの物質量を $n(\mathrm{mol})$ とする。$CaCl_2$ は 2 価の陽イオンである Ca^{2+} を 1 mol あたり 1 mol 含むので、交換される水素イオンの物質量は、

$$2 \times n(\mathrm{mol}) = 2n(\mathrm{mol})$$

この水素イオンを含む塩酸を希釈して 500 mL にしてこのうち 10.0 mL を滴定しているので、中和反応の量的関係より、

$$2n(\mathrm{mol}) \times \frac{10.0\ \mathrm{mL}}{500\ \mathrm{mL}} = 1 \times 0.100\ \mathrm{mol/L} \times \frac{40.0}{1000}\ \mathrm{L} \qquad n = 0.100\ \mathrm{mol}$$

よって、試料 A に含まれる $CaCl_2$（式量 111）の質量は、

$$111\ \mathrm{g/mol} \times 0.100\ \mathrm{mol} = 11.1\ \mathrm{g}$$

用いた試料 A の質量は 11.5 g なので、含まれる水の質量は、

$$11.5\ \mathrm{g} - 11.1\ \mathrm{g} = 0.4\ \mathrm{g}$$

$\boxed{17}\cdots$**①**

化学基礎

（2021年1月実施）

2021 第2日程

化学基礎

解答・採点基準　　（50点満点）

問題番号(配点)	設問	解答番号	正解	配点	自己採点
第1問(30)	問1	1	①	2	
		2	④	3	
	問2	3	①	3	
	問3	4	⑥	3	
	問4	5	⑤	3	
	問5	6	①	3	
	問6	7	②	3	
	問7	8	⑥	3	
	問8	9	④	2	
		10	③	2	
	問9	11	④	3	
第1問　自己採点小計					
第2問(20)	問1	12	②	4 *	
		13	③		
		14	⑤		
		15	①	4	
	問2	16	③	4	
		17	④	4	
		18	②	4	
第2問　自己採点小計					
自己採点合計					

（注）　＊は，全部正解の場合のみ点を与える。

第1問 物質の構成粒子，物質の構成，化学結合，酸・塩基，酸化還元，物質量

問1 電子配置

a **ア**の電子配置をもつ1価の陽イオンは，2個の電子を含むことから3個の陽子を含むので，原子番号3の Li 原子が電子を1個失ってできた Li^+ とわかる。また，**ウ**の電子配置をもつ1価の陰イオンは，10個の電子を含むことから9個の陽子を含むので，原子番号9の F 原子が電子を1個得てできた F^- とわかる。以上より，**ア**の電子配置をもつ1価の陽イオンと，**ウ**の電子配置をもつ1価の陰イオンからなる化合物は，LiF である。

$\boxed{1}$ …①

b ① 正しい。**ア**の電子配置をもつ原子は2個の電子を含むので，原子番号2の He 原子である。He 原子は K 殻が閉殻の安定な電子配置をとっているため，他の原子と結合をつくりにくい。

② 正しい。**イ**の電子配置をもつ原子は6個の電子を含むので，原子番号6の C 原子である。C 原子は最外殻に4個の価電子をもつため，他の原子と結合をつくる際，単結合だけでなく二重結合や三重結合もつくることができる。

③ 正しい。**ウ**の電子配置をもつ原子は10個の電子を含むので，原子番号10の Ne 原子である。Ne 原子は単原子分子として存在し，常温・常圧で気体である。

④ 誤り。**エ**の電子配置をもつ原子は11個の電子を含むので，原子番号11の Na 原子である。また，**オ**の電子配置をもつ原子は17個の電子を含むので，原子番号17の Cl 原子である。Na 原子は1価の陽イオンになりやすく，同周期の元素の原子の中では最もイオン化エネルギーが小さい。よって，Na 原子は Cl 原子と比べてイオン化エネルギーが小さい。

⑤ 正しい。**オ**の電子配置をもつ Cl 原子は非金属元素であり，同じく非金属元素である H 原子と1個ずつ価電子を出し合い，共有結合で結びつくことで HCl 分子となる。

$\boxed{2}$ …④

問2 混合物の分離・精製

石油はさまざまな炭化水素などを含む混合物であり，ここから沸点の差を利用してナフサ(粗製ガソリン)，灯油，軽油などが分離される。このように，沸点の差を利用して成分ごとに分離する操作を分留といい，①が適当である。なお，②は昇華法，③は抽出，④は再結晶に関する記述である。

$\boxed{3}$ …①

問3 結晶の分類

ア 塩化ナトリウム NaCl の結晶は，ナトリウムイオン Na^+ と塩化物イオン Cl^- からなるイオン結晶であり，共有結合を含まない。

イ ケイ素 Si の結晶は，Si 原子どうしが共有結合によって次々に結びついてできた共有結合結晶であり，共有結合を含む。

— 163 —

ウ　カリウムKの結晶は，K原子どうしが金属結合によって結びついてできた金属結晶であり，共有結合を含まない。
　エ　ヨウ素I_2の結晶は，I原子どうしが共有結合によって結びついてI_2分子となり，I_2分子がファンデルワールス力によって集まってできた分子結晶であり，共有結合を含む。
　オ　酢酸ナトリウムCH_3COONaの結晶は，ナトリウムイオンNa^+と酢酸イオンCH_3COO^-からなるイオン結晶である。しかし，CH_3COO^-はC，H，Oが共有結合によって結びついてできたイオンなので，酢酸ナトリウムの結晶内には共有結合がある。
　以上より，その結晶内に共有結合があるものは**イ**，**エ**，**オ**である。

　　　　　　　　　　　　　　　　　　　　　　　　　　　　　　$\boxed{4}$ …⑥

問4　熱運動

　①　正しい。グラフより，100 Kでは約240 m/sの速さをもつ分子の割合が最も高い。
　②　正しい。グラフより，100 Kから300 K，500 Kに温度が上昇すると，約240 m/sの速さをもつ分子の割合が減少する。
　③　正しい。100 Kから300 K，500 Kに温度が上昇すると，約800 m/sの速さをもつ分子の割合が増加する。

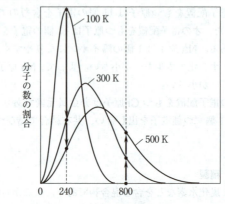

　④　正しい。100 Kから300 K，500 Kに温度が上昇するにつれて，分子の速さの分布が幅広くなっている。よって，500 Kから1000 Kに温度を上昇させると，分子の速さの分布はさらに幅広くなると予想される。
　⑤　誤り。300 Kから500 Kに温度が上昇すると，分子の速さの分布が幅広くなることで約540 m/sの速さをもつ分子の割合は減少している。よって，500 Kから1000 Kに温度を上昇させると，分子の速さの分布はさらに幅広くなり，約540 m/sの速さをもつ分子の割合はさらに減少すると予想される。

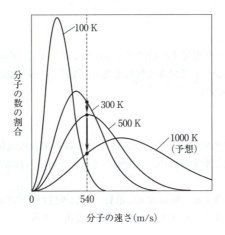

$\boxed{5}$ …⑤

問5 配位結合

Ⅰ 正しい。アンモニア NH_3 と水素イオン H^+ が配位結合をつくると，アンモニウムイオン NH_4^+ が形成される。

```
   H                         ⎡  H  ⎤ +
   ..                        ⎢  .. ⎥
H :N:( :) H+    ⟶           ⎢H :N: H⎥
   ..                        ⎢  .. ⎥
   H                         ⎣  H  ⎦

   NH₃      H⁺                NH₄⁺
```

Ⅱ 正しい。アンモニウムイオンの四つの N－H 結合は，すべて同等で，どれが配位結合であるかは区別できない。

Ⅲ 正しい。アンモニアは非共有電子対をもつため，金属イオンと配位結合をつくることで錯イオンとなる。例えば，銀イオンに2個のアンモニア分子が配位結合すると，ジアンミン銀(Ⅰ)イオンとよばれる錯イオンが生成する。

$$Ag^+ + 2NH_3 \longrightarrow [Ag(NH_3)_2]^+$$

一方，アンモニウムイオンは非共有電子対をもたないので，金属イオンと配位結合をつくらない。

$\boxed{6}$ …①

問6 中和反応の量的関係

酸と塩基が過不足なく反応するとき，次の式が成り立つ。

(酸が放出する H^+ の物質量) ＝ (塩基が放出する OH^- の物質量)

硫酸 H_2SO_4 は2価の酸，塩化水素 HCl は1価の酸，水酸化ナトリウム $NaOH$ は1価の塩基なので，もとの希硫酸のモル濃度を c (mol/L) とすると，

$$2 \times c \,(\text{mol/L}) \times \frac{10.0}{1000}\,\text{L} + 1 \times 0.10\,\text{mol/L} \times \frac{20.0}{1000}\,\text{L} = 1 \times 0.50\,\text{mol/L} \times \frac{20.0}{1000}\,\text{L}$$

$c = 0.40$ mol/L

14

$$\boxed{7}\cdots②$$

問7　酸化数

単体である O_2 の酸素原子の酸化数は $_ィ\underline{0}$ となる。また，Fe_2O_3 は Fe^{3+} と O^{2-} がイオン結合で結びついてできた物質であり，鉄原子の酸化数は $_ァ\underline{+3}$，酸素原子の酸化数は $_ゥ\underline{-2}$ となる。

$$\boxed{8}\cdots⑥$$

問8　金属の利用

　　ア　鉛 Pb が該当する。鉛は二次電池である鉛蓄電池の電極に用いられる。また，放射線を吸収しやすいため，放射線の遮蔽材に用いられる。

$$\boxed{9}\cdots④$$

　　イ　銀 Ag が該当する。銀は電気伝導性，熱伝導性がすべての金属元素の単体の中で最大である。また，銀イオン Ag^+ は抗菌作用がある。

$$\boxed{10}\cdots③$$

問9　物質量と質量

鉱物試料から除去された SiO_2（式量 60）の物質量は，

$$\frac{2.00\text{ g}-0.80\text{ g}}{60\text{ g/mol}}=0.020\text{ mol}$$

SiO_2 の物質量とケイ素 Si の物質量は等しいので，含まれるケイ素（原子量 28）の質量は，

$$28\text{ g/mol}\times0.020\text{ mol}=0.56\text{ g}$$

よって，鉱物試料中のケイ素の含有率は，

$$\frac{0.56\text{ g}}{2.00\text{ g}}\times100\text{ \%}=28\text{ \%}$$

$$\boxed{11}\cdots④$$

第2問　イオン結晶を題材とした総合問題

問1　イオンの大きさ，固体の溶解度

　　a　カリウム K は原子番号が 19 なので，K^+ は陽子を 19 個含む。また，カルシウム Ca は原子番号 20 なので，Ca^{2+} は陽子を 20 個含む。よって，Ca^{2+} では，原子核中に存在する陽子の数が K^+ より $_ァ\underline{多く}$，原子核の $_ィ\underline{正電荷}$ が大きい。その結果，Ca^{2+} では，$_ゥ\underline{電子}$ が静電気的な引力によって強く原子核に引きつけられるため，イオンの大きさは K^+ よりも小さくなる。

$$\boxed{12}\cdots②\quad\boxed{13}\cdots③\quad\boxed{14}\cdots⑤$$

　　b　KNO_3 の 40℃ における溶解度は 64 なので，40℃ の KNO_3 の飽和水溶液 164 g には，100 g の水と 64 g の KNO_3 が含まれる。また，KNO_3 の 25℃ における溶解度は 38 なので，40℃ の KNO_3 の飽和水溶液 164 g を 25℃ まで冷却するとき，析出する KNO_3 の質量は，

$$64\text{ g}-38\text{ g}=26\text{ g}$$

－166－

よって，析出する KNO_3（式量 101）の物質量は，

$$\frac{26 \text{ g}}{101 \text{ g/mol}} \fallingdotseq 0.26 \text{ mol}$$

15 …①

問2　化学反応の量的関係

a　$BaCl_2$ 水溶液の滴下量と電流の関係をグラフにすると，次のようになる。

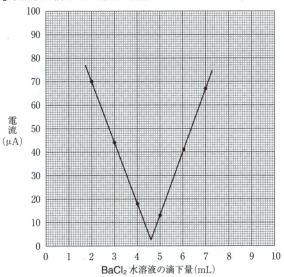

水に溶けやすい Ag_2SO_4 や $BaCl_2$ が多く余るほど水溶液は電気を通しやすくなる。よって，電流値が最小になっている $BaCl_2$ 水溶液の滴下量 4.6 mL の付近で過不足なく反応したことがわかる。つまり，Ag_2SO_4 を完全に反応させるのに必要な $BaCl_2$ 水溶液は 4.6 mL である。

16 …③

b　0.010 mol/L の Ag_2SO_4 水溶液 100 mL に含まれる Ag_2SO_4 の物質量は，

$$0.010 \text{ mol/L} \times \frac{100}{1000} \text{ L} = 1.0 \times 10^{-3} \text{ mol}$$

与えられた化学反応式より，反応した Ag_2SO_4 の 2 倍の物質量の AgCl が生成するので，十分な量の $BaCl_2$ 水溶液を滴下したときに生成する AgCl（式量 143.5）の質量は，

$$143.5 \text{ g/mol} \times 1.0 \times 10^{-3} \text{ mol} \times 2 = 0.287 \text{ g} \fallingdotseq 0.29 \text{ g}$$

17 …④

c　与えられた化学反応式より，Ag_2SO_4 と $BaCl_2$ は物質量比 1:1 で過不足なく反応するので，用いた $BaCl_2$ 水溶液のモル濃度を c (mol/L) とすると，

$$0.010 \text{ mol/L} \times \frac{100}{1000} \text{ L} = c \text{ (mol/L)} \times \frac{4.6}{1000} \text{ L}$$

$c = 0.217$ mol/L $\fallingdotseq 0.22$ mol/L

18 …②

化学基礎

（2020年1月実施）

2020 本試験

受験者数　110,955

平　均　点　　28.20

2

化学基礎

解答・採点基準　　(50点満点)

問題番号(配点)	設問	解答番号	正解	配点	自己採点
第1問(25)	問1	1	④	3	
	問2	2	③	3	
	問3	3	②	4(各2)	
		4	⑤		
	問4	5	②	4	
	問5	6	⑤	4	
	問6	7	④	4	
	問7	8	①	3	
第1問　自己採点小計					
第2問(25)	問1	9	⑤	4	
	問2	10	①	4	
	問3	11	⑧	3	
		12	④	3	
	問4	13	③	4	
	問5	14	②	3	
	問6	15	①	4	
第2問　自己採点小計					
自己採点合計					

(注)　＊の正解は，順序を問わない。

— 170 —

第1問 物質の構成，物質の構成粒子，化学結合，物質量，化学と人間生活

問1 電子配置

① 正しい。炭素原子 C（原子番号 6）は 6 個の電子をもち，K 殻に 2 個，L 殻に 4 個が収容されている。

② 正しい。硫黄原子 S（原子番号 16）は 16 個の電子をもち，K 殻に 2 個，L 殻に 8 個，M 殻に 6 個の電子が収容されている。最外殻である M 殻の 6 個の電子が価電子である。

③ 正しい。ナトリウムイオン Na^+ もフッ化物イオン F^- もネオン Ne と同じ電子配置である。一般に，原子が安定なイオンになるときには，原子番号が近い貴（希）ガスの原子と同じ電子配置をとる。

④ 誤り。窒素 N とリン P はいずれも 15 族の元素であり，最外殻に 5 個の電子をもつ。

$\boxed{1}$ …④

問2 典型元素と遷移元素

周期表の 3〜11 族の元素（図 1 の**エ**）を遷移元素，それ以外の元素を典型元素という。よって，誤りを含むのは**オ**がすべて遷移元素であるとした③である。なお，12 族の元素を遷移元素に含める場合もあるが，それでも**オ**がすべて遷移元素になることはない。

$\boxed{2}$ …③

問3 分子の極性

結合に生じる極性が互いに打ち消しあわない場合は，分子全体として極性がある極性分子となる。一方，結合に極性がない，または極性が互いに打ち消しあう場合は，分子全体として極性がない無極性分子となる。次から示す図では，電子が偏る方向を矢印で表している。

① 水 H_2O は折れ線形の分子で，2 つの O−H 結合の極性が互いに打ち消しあわないため，極性分子である。

② 二酸化炭素 CO_2 は直線形の分子で，2 つの C=O 結合の極性が互いに打ち消しあうため，無極性分子である。

③ アンモニア NH_3 は三角錐形の分子で，3 つの N−H 結合の極性が互いに打ち消しあわないため，極性分子である。

④ エタノール C_2H_5OH は，O−H 結合の極性が大きく，他の結合の極性と打ち消しあわないため，極性分子である。

⑤ メタン CH_4 は正四面体形の分子であるが,4つの C－H 結合の極性が互いに打ち消しあうため,無極性分子である。

$\boxed{3}$, $\boxed{4}$ …②, ⑤

問4 状態変化

① 正しい。液体では,沸点以下でも液面から蒸発が起こる。例えば,水はその沸点(100 ℃)以下でも水面から蒸発が起こるため,水で濡れたものを乾いた空気中に放置するといずれ乾く。

② 誤り。気体から液体を経ることなく直接固体へ変化するものもある。例えば,寒い日に霜が降りるのは,空気中の水蒸気(気体)が直接氷(固体)に変化するためである。

③ 正しい。気体では,一定温度であっても,空間を飛びまわる速さが速い分子も遅い分子も存在する。

④ 正しい。分子結晶では,分子の位置は固定されているが,分子は常温でも常に熱運動(振動)している。分子の熱運動が停止する温度(−273 ℃)を絶対零度という。

$\boxed{5}$ …②

問5 蒸留装置

手順Ⅰでは,蒸気の温度を正確に測るため,温度計の下端部を枝付きフラスコの枝の付け根の高さに合わせる。よって,**ウ**が最も適当である。

手順Ⅱでは,アダプターと三角フラスコの間を密閉せず,異物の混入を防ぐためにアルミニウム箔で覆う。密閉してしまうと,装置内部の圧力が上がって危険である。よって,**エ**が最も適当である。

$\boxed{6}$ …⑤

問6 物質量

溶かした $CaCl_2$ の物質量を x [mol],溶かした $CaBr_2$ の物質量を y [mol] とする。得られた $CaSO_4 \cdot 2H_2O$(式量 172)の物質量は,

$$\frac{8.6 \text{ g}}{172 \text{ g/mol}} = 0.050 \text{ mol}$$

水溶液中の Ca^{2+} がすべて $CaSO_4 \cdot 2H_2O$ として沈殿したものとすると,

x [mol] + y [mol] = 0.050 mol   …①

また,水溶液中の臭化物イオン Br^- の物質量が 0.024 mol であることから,

y [mol] × 2 = 0.024 mol   …②

①，②より，

$x=0.038$ mol, $y=0.012$ mol

7 …④

問7　生活に関わる物質

① 誤り。二酸化ケイ素は砂や岩石に豊富に含まれる。一方，ボーキサイトの主成分は酸化アルミニウム Al_2O_3 である。

② 正しい。塩素 Cl_2 は酸化力が強く，殺菌作用や漂白作用がある。

③ 正しい。ポリエチレンは，多数のエチレン分子 $CH_2=CH_2$ が付加重合によって結びついてできた高分子化合物であり，炭素と水素だけからなる。

④ 正しい。白金はイオン化傾向が非常に小さく，化学的に変化しにくい。

8 …①

第2問　物質量と化学反応式，酸と塩基，酸化還元反応

問1　分子の相対質量

$M=70$ となるのは，質量数 35 の Cl 原子が 2 個結合した場合であり，その割合は，

$$\frac{76}{100} \times \frac{76}{100} = 0.577 \qquad よって，58\%$$

なお，$M=72$ となるのは，質量数 35 の Cl 原子と質量数 37 の Cl 原子が 1 個ずつ結合した場合である。このとき，質量数 35 の Cl 原子と質量数 37 の Cl 原子を選ぶ順序が逆でも同じ分子ができるので，その割合は，

$$\frac{76}{100} \times \frac{24}{100} \times 2 = 0.364 \qquad よって，36\%$$

また，$M=74$ となるのは，質量数 37 の Cl 原子が 2 個結合した場合であり，その割合は，

$$\frac{24}{100} \times \frac{24}{100} = 0.0576 \qquad よって，5.8\%$$

9 …⑤

問2　溶液の調製と濃度

はじめの水溶液に含まれる $NaNO_3$ の物質量は，

$$0.25 \text{ mol/L} \times \frac{200}{1000} \text{ L} = 0.050 \text{ mol}$$

また，調製したい水溶液中に含まれる $NaNO_3$ の物質量は，

$$0.12 \text{ mol/L} \times \frac{500}{1000} \text{ L} = 0.060 \text{ mol}$$

よって，加える $NaNO_3$（式量 85）の質量は，

$$85 \text{ g/mol} \times (0.060 \text{ mol} - 0.050 \text{ mol}) = 0.85 \text{ g}$$

10 …①

問3　滴定曲線

水溶液 B を滴下する前の水溶液 A の pH が 12（塩基性）であることから，

$$[H^+]=1.0\times10^{-12}\,mol/L \quad つまり，\quad [OH^-]=1.0\times10^{-2}\,mol/L$$

よって，水溶液 A は選択肢の中では 0.010 mol/L の水酸化ナトリウム水溶液に決まる。また，水溶液 B の滴下量が 15 mL の付近で pH が急激に変化しているため，ここが中和点である。さらに，中和点における水溶液の pH が 8〜9 と弱塩基性になっているので，加えている水溶液 B は弱酸の水溶液であり，選択肢の中では酢酸水溶液に絞られる。酢酸水溶液のモル濃度を c〔mol/L〕とすると，中和反応の量的関係より，

$$1\times c\,〔mol/L〕\times\frac{15}{1000}\,L=1\times0.010\,mol/L\times\frac{150}{1000}\,L \qquad c=0.10\,mol/L$$

よって，水溶液 B は 0.10 mol/L の酢酸水溶液である。

11 …⑧，　12 …④

問4　塩の水溶液の性質

ア　NaCl は強酸である HCl と強塩基である NaOH の中和で生じる正塩であり，その水溶液は中性を示す。

イ　NaHCO$_3$ が水に溶けて生じる炭酸水素イオン HCO$_3{}^-$ は，水溶液中でその一部が次のように反応して水酸化物イオンを生じるので，その水溶液は弱塩基性を示す。

$$HCO_3{}^- + H_2O \rightleftharpoons H_2CO_3 + OH^-$$

ウ　NaHSO$_4$ が水に溶けて生じる硫酸水素イオン HSO$_4{}^-$ は，水溶液中でその一部が次のように電離して水素イオンを生じるので，その水溶液は弱酸性を示す。

$$HSO_4{}^- \rightleftharpoons SO_4{}^{2-} + H^+$$

酸性が強いほど pH は小さく，塩基性が強いほど pH は大きくなる。よって，水溶液ア〜ウを pH の大きい順に並べると，**イ＞ア＞ウ**となる。

13 …③

問5　電池

①　正しい。酸化還元反応によって放出される化学エネルギーを電気エネルギーに変換して取り出す装置を電池（化学電池）という。

②　誤り。酸化反応が起こって外部回路に向かって電子が流れ出る電極を負極，外部回路から電子が流れ込んで還元反応が起こる電極を正極という。

③　正しい。電池の負極と正極の間に生じる電位差を，電池の起電力という。

④　正しい。水素を燃料として用いる燃料電池では，全体として水素の燃焼反応が起こって水が生成する。

$$2H_2 + O_2 \longrightarrow 2H_2O$$

14 …②

問6　金属のイオン化傾向

①　正しい。硝酸銀水溶液には銀イオン Ag$^+$ が含まれる。イオン化傾向は銀

Ag よりも鉄 Fe の方が大きいので，鉄が溶け，銀が析出する。

$$2Ag^+ + Fe \longrightarrow 2Ag + Fe^{2+}$$

② 誤り。硫酸銅（Ⅱ）水溶液には銅（Ⅱ）イオン Cu^{2+} が含まれる。イオン化傾向は銅 Cu よりも亜鉛 Zn の方が大きいので，亜鉛が溶けて銅が析出し，水素は発生しない。

$$Cu^{2+} + Zn \longrightarrow Cu + Zn^{2+}$$

③ 誤り。希硝酸は酸化力の強い酸であり，銅 Cu のように比較的イオン化傾向が小さい金属も溶かす。この時発生するのは一酸化窒素 NO であり，水素は発生しない。

$$3Cu + 8HNO_3 \longrightarrow 3Cu(NO_3)_2 + 4H_2O + 2NO$$

④ 誤り。濃硝酸にアルミニウム Al を加えると，アルミニウムの表面が緻密な酸化被膜で覆われて内部を保護するため，ほとんど反応しない。このような状態を不動態という。

15 …①

MEMO

化学基礎

（2019年1月実施）

受験者数　113,801

平 均 点　　31.22

2019 本試験

化学基礎

解答・採点基準　　(50点満点)

問題番号(配点)	設問	解答番号	正解	配点	自己採点
第1問 (25)	問1	1	③	3	
	問2	2	④	2	
		3	②	2	
	問3	4	⑤	3	
	問4	5	④	3	
	問5	6	①	3	
	問6	7	③	3	
	問7	8	②	2	
		9	⑤	2	
		10	①	2	
第1問　自己採点小計					
第2問 (25)	問1	11	③	4	
	問2	12	②	5	
	問3	13	⑤	4	
	問4	14	④	4	
	問5	15	④	4	
	問6	16	①	4	
第2問　自己採点小計					
自己採点合計					

第1問　物質の構成，物質の構成粒子，化学結合，化学と人間生活

問1　原子の構造

　　元素記号の左下に記されている9が原子 $^{19}_{9}A$ の原子番号であり，元素記号の左上に記されている19が原子 $^{19}_{9}A$ の質量数である。

　　① 正しい。原子 $^{19}_{9}A$ に含まれる電子の数は陽子の数つまり原子番号と同じ9であり，K殻には最大収容数の2個，最外殻であるL殻には残りの7個の電子が存在する。

　　② 正しい。原子に含まれる陽子の数が原子番号なので，原子 $^{19}_{9}A$ の原子核には9個の陽子が含まれる。

　　③ 誤り。原子に含まれる陽子の数と中性子の数の和が質量数なので，原子 $^{19}_{9}A$ の原子核には $19-9=10$ 個の中性子が含まれる。

　　④ 正しい。原子 $^{19}_{9}A$ の質量数は，19である。

$$\boxed{1} \cdots ③$$

問2　物質の分離

　　ア　固体が直接気体になる状態変化を昇華といい，これを利用して混合物から目的の物質を分離する操作を昇華法という。

$$\boxed{2} \cdots ④$$

　　イ　溶媒に対する溶質の溶けやすさの違いを利用して，混合物から目的の物質だけを溶媒に溶かし出して分離する操作を抽出という。

$$\boxed{3} \cdots ②$$

問3　混合物の組成

　　得られた NiO（式量75）の物質量は，

$$\frac{1.5 \text{ g}}{75 \text{ g/mol}} = 0.020 \text{ mol}$$

　　Ni の物質量とこれを酸化して得られる NiO の物質量は等しいので，Ni（原子量59）の質量は，

$$59 \text{ g/mol} \times 0.020 \text{ mol} = 1.18 \text{ g}$$

　　よって，元の合金中の Ni の含有率は，

$$\frac{1.18 \text{ g}}{6.0 \text{ g}} = 0.196 ≒ 20 \text{ \%}$$

〔別解〕

　　NiO（式量75）に含まれる Ni（原子量59）の質量は，

$$1.5 \text{ g} \times \frac{59}{75} = 1.18 \text{ g}$$

　　よって，元の合金中の Ni の含有率は，

$$\frac{1.18 \text{ g}}{6.0 \text{ g}} = 0.196 ≒ 20 \text{ \%}$$

$$\boxed{4} \cdots ⑤$$

問4 気体の精製

濃硫酸は水蒸気を吸収しやすいので，濃硫酸に通じることで水蒸気を取り除くことができる。また，塩化水素は水に非常に溶けやすい気体なので，水に通じることで取り除くことができる。このとき，濃硫酸に通じた後に水に通じてしまうと，濃硫酸によって水蒸気を取り除いた気体に再び水蒸気が混入してしまう。よって，水（液体 A）に通じた後に濃硫酸（液体 B）に通じることで Cl_2 のみを得ることができる。また，ガラス容器内の水は，塩化水素が溶解することで酸性を示すため，pH は小さくなる。

$\boxed{5}\cdots\textcircled{4}$

問5 元素および原子の性質

① 誤り。原子から電子を1個取り去り，1価の陽イオンにするのに必要なエネルギーがイオン化エネルギーであり，イオン化エネルギーが小さい原子ほど陽イオンになりやすい。

② 正しい。一般に，希（貴）ガスを除いて周期表の右上にある元素ほど電気陰性度の値は大きい。

③ 正しい。ハロゲンの原子は最外殻に7個の電子が存在するため，電子を1個取り入れて1価の陰イオンになりやすい。

④ 正しい。遷移元素は，原子の最外殻電子の数が1個または2個でほとんど変化しないため，周期表で左右に隣り合う元素どうしの化学的性質が似ていることが多い。

$\boxed{6}\cdots\textcircled{1}$

問6 電子式

① 正しい。アンモニア NH_3 分子の電子式は次のとおりであり，3組の共有電子対と1組の非共有電子対をもつ。

$$H \!:\! \overset{\cdot\cdot}{N} \!:\! H$$
$$H$$

■■ 共有電子対
▭ 非共有電子対

② 正しい。アンモニウムイオン $NH_4{}^+$ の電子式は次のとおりであり，4組の共有電子対をもつ。

$$\left[\begin{matrix} H \\ H \!:\! \overset{\cdot\cdot}{N} \!:\! H \\ H \end{matrix} \right]^+$$

③ 誤り。オキソニウムイオン H_3O^+ の電子式は次のとおりであり，3組の共有電子対と1組の非共有電子対をもつ。

$$\left[H \!:\! \overset{\cdot\cdot}{\underset{\displaystyle H}{O}} \!:\! H \right]^+$$

④　正しい。二酸化炭素 CO_2 分子の電子式は次のとおりであり，4組の共有電子対と4組の非共有電子対をもつ。

$$\ddot{O}\!:\!:\!C\!:\!:\!\ddot{O}$$

$\boxed{7}$ …③

問7　身のまわりの物質

a　ベーキングパウダー(ふくらし粉)に主成分として含まれるのは，炭酸水素ナトリウム $NaHCO_3$ である。炭酸水素ナトリウムの水溶液は塩基性を示す。

$\boxed{8}$ …②

b　胃の X 線(レントゲン)撮影の造影剤に用いられるのは，硫酸バリウム $BaSO_4$ である。硫酸バリウムは水にも塩酸にもきわめて溶けにくい。

$\boxed{9}$ …⑤

c　乾燥剤に用いられるのは，塩化カルシウム $CaCl_2$ である。塩化カルシウムは強酸と強塩基の中和反応でできる塩であり，その水溶液は中性を示す。

$\boxed{10}$ …①

第2問　物質量と化学反応式，酸と塩基，酸化還元反応

問1　物質量，濃度

①　正しい。同じ体積・圧力・温度の気体には，同じ物質量の気体が含まれる。CO(分子量 28)と N_2(分子量 28)を混合した気体の質量は，その混合比にかかわらず 1 mol あたり 28 g であり，NO(分子量 30)の 1 mol あたり 30 g よりも小さい。

②　正しい。1 mol の $CaCl_2$ には 2 mol の Cl^- が含まれるので，モル濃度が 0.10 mol/L の $CaCl_2$ 水溶液 2.0 L に含まれる Cl^- の物質量は，

0.10 mol/L×2.0 L×2＝0.40 mol

③　誤り。1分子の H_2O には 2 個の水素原子が含まれるので，H_2O(分子量 18) 18 g に含まれる水素原子の物質量は，

$$\frac{18\,\text{g}}{18\,\text{g/mol}}\times 2 = 2.0\,\text{mol}$$

また，1分子の CH_3OH には 4 個の水素原子が含まれるので，CH_3OH(分子量 32) 32 g に含まれる水素原子の物質量は，

$$\frac{32\,\text{g}}{32\,\text{g/mol}}\times 4 = 4.0\,\text{mol}$$

よって，それぞれに含まれる水素原子の数は異なる。

④　正しい。炭素(黒鉛)の完全燃焼は，次の化学反応式で表される。

$$C + O_2 \longrightarrow CO_2$$

よって，燃焼に使われた O_2 と同じ物質量の気体 CO_2 が生じる。

$\boxed{11}$ …③

問2　化学反応の量的関係

亜鉛と塩酸の反応は，次の化学反応式で表される。

$$Zn + 2HCl \longrightarrow ZnCl_2 + H_2$$

一定量の亜鉛に加える塩酸の体積を増やしていくと，はじめは亜鉛が過剰であり，加える塩酸の体積に比例して発生する水素の体積が増加するが，亜鉛がすべて反応すると，塩酸が過剰となり，発生する水素の体積はそれ以上増加しなくなる。つまり，加えた塩酸の体積 V_1〔L〕のときに，亜鉛と塩酸が過不足なく反応する。

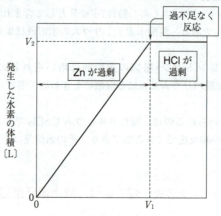

化学反応式の係数より，Zn と HCl は物質量比 1 : 2 で反応するので，

　　0.020 mol : 2.0 mol/L × V_1〔L〕= 1 : 2　　　V_1 = 0.020 L

また，化学反応式の係数より，反応する Zn と発生する H_2 の物質量は等しく，0 ℃，1.013×10^5 Pa における気体のモル体積は 22.4 L/mol なので，

　　0.020 mol : $\dfrac{V_2〔L〕}{22.4 \text{ L/mol}}$ = 1 : 1　　　V_2 = 0.448 L ≒ 0.45 L

　　　　　　　　　　　　　　　　　　　　　　　　　　　　　12 …②

問3　塩の水溶液の性質

　酸の H も塩基の OH も残っていない塩を正塩という。強酸と強塩基の中和で生じる正塩の水溶液は中性を，強酸と弱塩基の中和で生じる正塩の水溶液は酸性を，弱酸と強塩基の中和で生じる正塩の水溶液は塩基性を示す。

　① 強酸である HCl と強塩基である NaOH を過不足なく中和して得られる正塩 NaCl の水溶液は中性を示す。

　② 強酸である HCl と弱塩基である NH_3 を過不足なく中和して得られる正塩 NH_4Cl の水溶液は酸性を示す。

　③ 強酸である HNO_3 と弱塩基である NH_3 を過不足なく中和して得られる正塩 NH_4NO_3 の水溶液は酸性を示す。

　④ 強酸である H_2SO_4 と強塩基である $Ca(OH)_2$ を過不足なく中和して得られる正塩 $CaSO_4$ の水溶液は中性を示す。なお，$CaSO_4$ の水に対する溶解度は小さい。

⑤ 弱酸である H_3PO_4 と強塩基である $NaOH$ を過不足なく中和して得られる正塩 Na_3PO_4 の水溶液は塩基性を示す。

よって，酸 A は H_3PO_4，塩基 B は $NaOH$ に決まる。

$\boxed{13}$ …⑤

問4　中和滴定

① 正しい。酢酸は弱酸であり，水溶液中では一部が電離している。

② 正しい。水酸化ナトリウムは強塩基であり，水溶液中では完全に電離するので，0.10 mol/L の水酸化ナトリウム水溶液の水酸化物イオン濃度 $[OH^-]$ は，

$$[OH^-] = 0.10 \text{ mol/L}$$

常温（25℃）においては，水素イオン濃度 $[H^+]$ と $[OH^-]$ の間には $[H^+][OH^-]$ $=1.0 \times 10^{-14} \text{ (mol/L)}^2$ の関係が成り立つので，

$$[H^+] = \frac{1.0 \times 10^{-14} \text{ (mol/L)}^2}{0.10 \text{ mol/L}} = 1.0 \times 10^{-13} \text{ mol/L}$$

よって，pH は 13 である。

③ 正しい。5.0 mol/L の水酸化ナトリウム水溶液を正確に 10 mL 取り，500 mL に希釈した水溶液のモル濃度は，

$$\frac{5.0 \text{ mol/L} \times \frac{10}{1000} \text{ L}}{\frac{500}{1000} \text{ L}} = 5.0 \text{ mol/L} \times \frac{1}{50} = 0.10 \text{ mol/L}$$

④ 誤り。酢酸は 1 価の酸，水酸化ナトリウムは 1 価の塩基なので，もとの酢酸水溶液のモル濃度を c〔mol/L〕とすると，中和反応の量的関係より，

$$1 \times c \text{〔mol/L〕} \times \frac{20}{1000} \text{ L} = 1 \times 0.10 \text{ mol/L} \times \frac{10}{1000} \text{ L} \qquad c = 0.050 \text{ mol/L}$$

$\boxed{14}$ …④

問5　実験の安全

① 正しい。薬品のにおいをかぐときは，多量に吸い込まないように手で気体をあおぎよせる。

② 正しい。硝酸は酸性および酸化力が強く危険なので，手に付着したときは，直ちに大量の水で洗い流す。

③ 正しい。濃塩酸からは有毒な塩化水素の蒸気が生じるので，換気のよい場所で扱う。

④ 誤り。濃硫酸に純水を注ぐと，激しく発熱することで注いだ水が突沸して危険なので，濃硫酸を希釈するときは，冷却しながら水に濃硫酸を少しずつ加える。

⑤ 正しい。液体の入った試験管を加熱するときは，突沸により中身が噴き出す可能性があるので，試験管の口を人のいない方に向ける。

$\boxed{15}$ …④

問6 酸化還元反応

① 誤り。臭素 Br_2 中の臭素原子の酸化数は 0 であり，臭化水素 HBr 中の臭素原子の酸化数は -1 なので，臭素原子の酸化数は減少する。なお，このときの反応および酸化数の変化は次のとおり。

$$\underset{0}{H_2} + \underset{0}{Br_2} \longrightarrow 2\underset{+1-1}{HBr}$$

酸化　　還元

② 正しい。希硫酸を電気分解すると，陰極で水素イオン H^+ が電子を受け取り，つまり還元されて気体の水素 H_2 が発生する。なお，このときの反応および酸化数の変化は次のとおり。

$$2\underset{+1}{H^+} + 2e^- \longrightarrow \underset{0}{H_2}$$

還元

③ 正しい。ナトリウム Na 中のナトリウム原子の酸化数は 0 であり，水酸化ナトリウム $NaOH$ 中のナトリウム原子の酸化数は $+1$ なので，ナトリウム原子の酸化数は増加しており，ナトリウムは酸化されている。なお，このときの反応および酸化数の変化は次のとおり。

$$2\underset{0}{Na} + 2\underset{+1}{H_2O} \longrightarrow 2\underset{+1}{NaOH} + \underset{0}{H_2}$$

酸化　　還元

④ 正しい。酸化鉛(Ⅳ) PbO_2 中の鉛原子の酸化数は $+4$ であり，硫酸鉛(Ⅱ) $PbSO_4$ 中の鉛原子の酸化数は $+2$ なので，鉛原子の酸化数は減少しており，PbO_2 は還元されている。なお，このときの反応および酸化数の変化は次のとおり。

$$\underset{+4}{PbO_2} + SO_4{}^{2-} + 4H^+ + 2e^- \longrightarrow \underset{+2}{PbSO_4} + 2H_2O$$

還元

16 …①

化　学

（2024年1月実施）

受験者数　180,779

平　均　点　　54.77

化学

解答・採点基準 　　　　(100点満点)

問題番号(配点)	設問	解答番号	正解	配点	自己採点
第1問 (20)	問1	1	④	3	
	問2	2	①	4	
	問3	3	④	3	
	問4	4	④	3	
		5	③	3	
		6	⑤	4	
第1問　自己採点小計					
第2問 (20)	問1	7	①	3	
	問2	8	③	3	
	問3	9	④	3	
	問4	10	④	4	
		11	②	4	
		12	④	3	
第2問　自己採点小計					
第3問 (20)	問1	13	①	4*	
		14	③		
	問2	15	④	3	
	問3	16	③	2	
		17	④	2	
	問4	18	③	3	
		19	⑤	3	
		20	②	3	
第3問　自己採点小計					

問題番号(配点)	設問	解答番号	正解	配点	自己採点
第4問 (20)	問1	21	③	4	
	問2	22	①	3	
	問3	23	⑦	4	
	問4	24	②	3	
		25	②	3	
		26	⑤	3	
第4問　自己採点小計					
第5問 (20)	問1	27	④	4	
	問2	28	③	4	
	問3	29	④	4	
		30	②	4	
		31	①	4	
第5問　自己採点小計					
自己採点合計					

(注)
1 ＊は，両方正解の場合のみ点を与える。
2 ※の正解は，順序を問わない。

— 186 —

第1問　化学結合，気体，コロイド，状態変化

問1　配位結合

① アンモニウムイオン NH_4^+ は，アンモニア NH_3 が水素イオン H^+ と配位結合してできるイオンである。

$$\text{H:N:H} + \text{H}^+ \longrightarrow \left[\text{H:N:H}\right]^+$$

② オキソニウムイオン H_3O^+ は，水 H_2O が H^+ と配位結合してできるイオンである。

$$\text{H:O:H} + \text{H}^+ \longrightarrow \left[\text{H:O:H}\right]^+$$

③ ジアンミン銀(I)イオン $[Ag(NH_3)_2]^+$ は，2個の NH_3 が銀イオン Ag^+ と配位結合してできる錯イオンである。

$$\text{H:N:} + \text{Ag}^+ + \text{:N:H} \longrightarrow \left[\text{H:N:Ag:N:H}\right]^+$$

④ ギ酸イオン $HCOO^-$ は，ギ酸 $HCOOH$ の電離で生じるイオンである。$HCOOH$ には配位結合が含まれず，$HCOO^-$ も配位結合を含まない。

$$\text{H:C:O:H} \longrightarrow \left[\text{H:C:O:}\right]^- + \text{H}^+$$

$\boxed{1}$ … ④

問2　状態変化，気体の法則

111 K，1.0×10^5 Pa で液体のメタン CH_4 の密度は 0.42 g/cm³ なので，この液体 16 g の体積は，

$$\frac{16\ \text{g}}{0.42\ \text{g/cm}^3} = \frac{800}{21}\ \text{cm}^3$$

気体の CH_4（分子量 16）16 g の物質量は 1 mol であり，300 K，1.0×10^5 Pa での体積は，理想気体の状態方程式より，

$$\frac{1\ \text{mol}\times8.3\times10^3\ \text{Pa·L/(K·mol)}\times300\ \text{K}}{1.0\times10^5\ \text{Pa}} = 24.9\ \text{L} = 24.9\times10^3\ \text{cm}^3$$

よって，16 g の液体の CH_4 を 300 K まで加熱してすべて気体にしたとき，体積は，

$$\frac{24.9\times10^3\ \text{cm}^3}{\dfrac{800}{21}\ \text{cm}^3} = 6.53\times10^2 \fallingdotseq 6.5\times10^2\ (\text{倍})$$

となる。

$\boxed{2}$ … ①

問3 コロイド

ろ紙と半透膜の一種であるセロハンの膜を比較すると，目の大きさは「ろ紙＞セロハンの膜」である。コロイド粒子は，普通の分子やイオンより大きく，ろ紙を通過できるが，セロハンの膜は通過できない。一方，水に溶けている普通の分子やイオンは，ろ紙もセロハンの膜も通過できる。また，水に不溶の成分は，ろ紙もセロハンの膜も通過できない。

トリプシン(酵素の一種であり，タンパク質)は水中で分子コロイドになる。また，グルコース $C_6H_{12}O_6$ は水に可溶な普通の分子，砂は水に不溶な物質である。よって，各物質の膜の通過は次のようになる。

	ろ紙	セロハンの膜
グルコース	通過できる	通過できる
砂	通過できない	通過できない
トリプシン	通過できる	通過できない

すなわち，ろ紙を通過できるものはグルコースとトリプシン，セロハンの膜を通過できるものはグルコースである。

$\boxed{3}$ …④

問4 水の状態

a 図1に示された水の状態図をもとに考える。

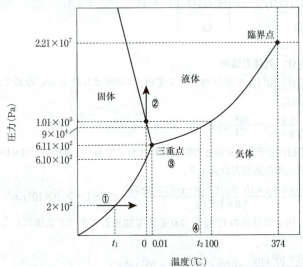

① 正しい。2×10^2 Pa のもとで，氷の温度を高くしていくと，上図の t_1 (℃)で固体から気体に変化する。すなわち，氷は0℃より低い温度で昇華する。

② 正しい。0℃では，1.01×10^5 Pa より高い圧力になると，固体が液体に変化

— 188 —

する。よって，0 ℃のもとで，$1.01×10^5$ Pa の氷に圧力を加えると，氷は融解する。

　③　正しい。0.01 ℃，$6.11×10^2$ Pa は三重点であり，この点では，氷(固体)，水(液体)，水蒸気(気体)の三つの状態が共存できる。

　④　誤り。$9×10^4$ Pa での沸点は上図の t_2(℃)である。よって，水は 100 ℃ より低い温度で沸騰する。

$\boxed{4}$ …④

b　図2に示された氷および水の密度をもとに考える。

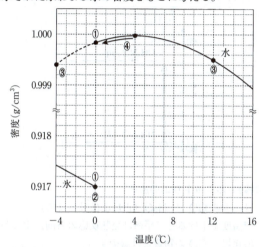

　①　誤り。密度が小さいほど，等質量の物質の体積は大きい。0 ℃において，密度は「氷<水」なので，氷1gの体積は水1gの体積より大きい。

　②　誤り。氷の密度は，0 ℃で最小(0.917 g/cm^3)になる。

　③　正しい。12 ℃での水の密度(0.9995 g/cm^3)は，−4 ℃での過冷却の状態の水の密度(0.9994 g/cm^3)より大きい。

　④　誤り。水の密度は 4 ℃で最大である。4 ℃の水の液面をゆっくりと冷却すると，温度の低い水の方が密度が小さいため，上の方にとどまる。

$\boxed{5}$ …③

　c　0 ℃の氷 54 g に 6.0 kJ の熱を加えると，氷が $\dfrac{6.0 \text{ kJ}}{6.0 \text{ kJ/mol}}=1.0$ mol 融解する。

　H_2O の分子量は 18 なので，氷 54 g の加熱後の組成は，
　　水：18 g/mol×1.0 mol＝18 g
　　氷：54 g−18 g＝36 g
となる。図2より，0 ℃の氷の密度は 0.917 g/cm^3 なので，残った氷の体積は，

$$\dfrac{36 \text{ g}}{0.917 \text{ g/cm}^3}=39.2 \text{ cm}^3 ≒ 39 \text{ cm}^3$$

第2問　化学反応とエネルギー，化学平衡，電池，電離平衡

問1　化学反応とエネルギー

硝酸アンモニウム NH_4NO_3(固)の水への溶解は吸熱反応なので，反応物である「NH_4NO_3(固)+aq」がもつエネルギーより，生成物である「NH_4NO_3 aq」がもつエネルギーの方が大きい。また，太矢印は反応の進行方向を示しているので，①が適当である。

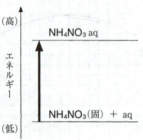

問2　化学平衡の移動(ルシャトリエの原理)

$$CO_2 + H_2 \rightleftarrows CO + H_2O \quad (\text{正反応は吸熱反応}) \qquad (1)$$

① 圧力一定で温度を下げると，平衡は発熱反応の方向，すなわち，左へ移動する。よって，一酸化炭素 CO の物質量は減少する。

② 一般に，温度一定で圧力を上げると，平衡は気体分子の総数(総物質量)が減少する方向へ移動するが，式(1)の反応では反応の前後で気体分子の総数(総物質量)が変化しないので，平衡は移動しない。よって，CO の物質量は変化しない。

③ 温度・圧力一定で水素 H_2 を加えると，平衡は H_2 が減少する方向，すなわち，右へ移動する。よって，CO の物質量は増加する。

④ 温度・圧力一定でアルゴン Ar を加えると，容器の容積が大きくなるため，式(1)の反応に関わる物質の分圧は減少する。この場合，一般に，平衡は気体分子の総数(総物質量)が増加する方向へ移動するが，式(1)の反応では反応の前後で気体分子の総数(総物質量)が変化しないので，平衡は移動しない。よって，CO の物質量は変化しない。

以上より，平衡状態の CO の物質量を増やす操作は③である。

問3　電池

反応物の総量が1kg消費されるときに流れる電気量 Q を比較するには，

$$\frac{\text{流れる電子}\,e^-\,\text{の物質量 (mol)}}{\text{反応物の質量 (g)}}$$

を比較すればよい。流れる e^- の物質量は，電池全体での反応における酸化数の変

化に着目して判断することができる。

アルカリマンガン乾電池の放電反応では、次のように酸化数が変化する。

$$\underset{+4}{2MnO_2} + \underset{0}{Zn} + 2H_2O \longrightarrow \underset{+3}{2MnO(OH)} + \underset{+2}{Zn(OH)_2} \qquad (2)$$

よって、酸化マンガン(IV) MnO_2 2 mol と亜鉛 Zn 1 mol および水 H_2O 2 mol が反応するとき、2 mol の e^- が流れる。したがって、反応物 (87 g/mol×2 mol＋65 g/mol×1 mol＋18 g/mol×2 mol＝) 275 g 当たり、2 mol の e^- が流れることになり、

$$\frac{流れる\ e^-\ の物質量\ (mol)}{反応物の質量\ (g)} = \frac{2\ mol}{275\ g} = \frac{1\ mol}{137.5\ g}$$

空気亜鉛電池の放電反応では、次のように酸化数が変化する。

$$\underset{0}{O_2} + \underset{0}{2Zn} \longrightarrow \underset{+2\ -2}{2ZnO} \qquad (3)$$

よって、酸素 O_2 1 mol と Zn 2 mol が反応するとき、4 mol の e^- が流れる。したがって、反応物 (32 g/mol×1 mol＋65 g/mol×2 mol＝) 162 g 当たり、4 mol の e^- が流れることになり、

$$\frac{流れる\ e^-\ の物質量\ (mol)}{反応物の質量\ (g)} = \frac{4\ mol}{162\ g} = \frac{1\ mol}{40.5\ g}$$

リチウム電池の放電反応では、次のように酸化数が変化する。

$$\underset{0}{Li} + \underset{+4}{MnO_2} \longrightarrow \underset{+1\ +3}{LiMnO_2} \qquad (3)$$

よって、リチウム Li 1 mol と MnO_2 1 mol が反応するとき、1 mol の e^- が流れる。したがって、反応物 (6.9 g/mol×1 mol＋87 g/mol×1 mol＝) 93.9 g 当たり、1 mol の e^- が流れることになり、

$$\frac{流れる\ e^-\ の物質量\ (mol)}{反応物の質量\ (g)} = \frac{1\ mol}{93.9\ g}$$

$\dfrac{1\ mol}{40.5\ g} > \dfrac{1\ mol}{93.9\ g} > \dfrac{1\ mol}{137.5\ g}$ なので、Q の大きい順に並べると、

空気亜鉛電池＞リチウム電池＞アルカリマンガン乾電池

となる。

なお、それぞれの電池の各電極では、次の反応が起こっている。

アルカリマンガン乾電池

正極 $2MnO_2 + 2H_2O + 2e^- \longrightarrow 2MnO(OH) + 2OH^-$

負極 $Zn + 2OH^- \longrightarrow Zn(OH)_2 + 2e^-$

空気亜鉛電池

正極 $O_2 + 2H_2O + 4e^- \longrightarrow 4OH^-$

負極 $2Zn + 4OH^- \longrightarrow 2ZnO + 2H_2O + 4e^-$

リチウム電池

正極 $MnO_2 + Li^+ + e^- \longrightarrow LiMnO_2$

負極　$Li \longrightarrow Li^+ + e^-$

$\boxed{9}$ …④

問4　電離平衡，中和滴定

a　c (mol/L)の弱酸 HA 水溶液の電離度 α は，次のように導くことができる。

$$HA \rightleftharpoons H^+ + A^-$$

反応前　　c　　　　　0　　　　0

変化量　　$-c\alpha$　　　$+c\alpha$　　$+c\alpha$

平衡時　　$c(1-\alpha)$　　$c\alpha$　　$c\alpha$　　（単位：mol/L）

電離定数 $K_a = \dfrac{[H^+][A^-]}{[HA]} = \dfrac{c\alpha \times c\alpha}{c(1-\alpha)} = \dfrac{c\alpha^2}{1-\alpha}$

α は1よりも十分小さいものとするので，$1-\alpha \fallingdotseq 1$ と近似でき，

$$K_a = c\alpha^2 \qquad \alpha = \sqrt{\dfrac{K_a}{c}}$$

よって，α と $\sqrt{c}$ は反比例の関係にあり，c の増加にともなって α は小さくなるので，④，⑤のいずれかであることがわかる。

また，$c=c_0$ のとき，$\alpha = \alpha_0 = \sqrt{\dfrac{K_a}{c_0}}$ なので，例えば，

$$c = 4c_0 \text{ のとき，} \alpha = \sqrt{\dfrac{K_a}{4c_0}} = \dfrac{\alpha_0}{2} = 0.50\alpha_0$$

$$c = \dfrac{c_0}{2} \text{ のとき，} \alpha = \sqrt{\dfrac{K_a}{\dfrac{c_0}{2}}} = \sqrt{2}\,\alpha_0 \fallingdotseq 1.4\alpha_0$$

である。よって，④が適当である。

$\boxed{10}$ …④

b　水酸化ナトリウム NaOH 水溶液の滴下量が 2.5 mL のとき，図1より，$[HA] = 0.060$ mol/L，$[A^-] = 0.020$ mol/L である。

また，$[H^+] = 8.1 \times 10^{-5}$ mol/L なので，

$$K_a = \dfrac{[H^+][A^-]}{[HA]} = \dfrac{8.1 \times 10^{-5} \text{ mol/L} \times 0.020 \text{ mol/L}}{0.060 \text{ mol/L}} = 2.7 \times 10^{-5} \text{ mol/L}$$

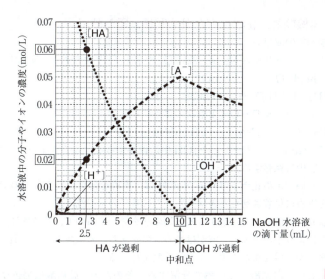

11 …②

c　0.10 mol/L の HA 水溶液 10.0 mL を中和するために必要な 0.10 mol/L の NaOH 水溶液の体積は 10 mL である。

①　正しい。水溶液中に存在する陽イオンによる正電荷と陰イオンによる負電荷の絶対値は常に等しい。この水溶液中に存在する陽イオンはナトリウムイオン Na^+ と水素イオン H^+，陰イオンは HA のイオン A^- と水酸化物イオン OH^- であり，これらのイオンの価数はすべて 1 なので，

　　　$[Na^+]+[H^+]=[A^-]+[OH^-]$

が成り立つ。よって，NaOH 水溶液の滴下量によらず，陽イオンの総数と陰イオンの総数は等しい。

②　正しい。$[H^+]$ と $[OH^-]$ の積は水のイオン積であり，温度が一定なので，常に一定値をとる。なお，25℃ では，$[H^+][OH^-]=1.0×10^{-14}$ $(mol/L)^2$ である。

③　正しい。NaOH 水溶液の滴下量が 10 mL 未満の範囲では，HA の中和が進行する。このとき，滴下した NaOH の電離で生じた OH^- によって H^+ が中和され，次の式の平衡が右へ移動することにより，$[A^-]$ が増加する。

　　　$HA \rightleftarrows H^+ + A^-$

④　誤り。NaOH 水溶液の滴下量が 10 mL のとき，はじめにあった HA $\left(0.10\ mol/L×\dfrac{10.0}{1000}\ L=1.0×10^{-3}\ mol\right)$ のすべてが中和されて A^- に変化する。よって，滴下量が 10 mL より多い範囲では，A^- の物質量は $1.0×10^{-3}$ mol で変化しないが，NaOH 水溶液の滴下にともない水溶液の体積は増加していくので，$[A^-]$ が減少する。

12 …④

第3問　無機物質，化学反応と量的関係，電気分解

問1　化学物質の取扱い

① 誤り。ナトリウム Na は，酸素 O_2 や水 H_2O と次のように反応する。

$$4Na + O_2 \longrightarrow 2Na_2O$$

$$2Na + 2H_2O \longrightarrow 2NaOH + H_2$$

また，アルコール $R-OH$ とも次のように反応する。

$$2R-OH + 2Na \longrightarrow 2R-ONa + H_2$$

よって，Na はエタノール C_2H_5OH 中に保存することはできない。なお，Na は石油(灯油)中に保存する。

② 正しい。水酸化ナトリウム NaOH は，皮膚を侵す性質をもつので，NaOH 水溶液を皮膚に付着させたときは，ただちに多量の水で洗う。

③ 誤り。濃硫酸を水に溶かすと多量の熱を発生するので，濃硫酸に水を加えると，発熱により水が沸騰して液がはねる危険がある。濃硫酸から希硫酸をつくるときは，水をかき混ぜながら少しずつ濃硫酸を加える。

④ 正しい。濃硝酸は光や熱で分解する。そのため，濃硝酸は褐色びんに入れて，冷暗所で保存する。

⑤ 正しい。硫化水素 H_2S は有毒な気体である。有毒な気体は，ドラフト内(排気装置のある場所)で取り扱う。

$$\boxed{13} \cdot \boxed{14} \cdots ①，③ (順不同)$$

問2　ハロゲン

アスタチン At の性質を，他のハロゲン(フッ素 F，塩素 Cl，臭素 Br，ヨウ素 I)の性質から類推して考える。

周期	2	3	4	5	6
元素記号	F	Cl	Br	I	At

① 適当である。ハロゲン単体は二原子分子である。分子量はフッ素 F_2＜塩素 Cl_2＜臭素 Br_2＜ヨウ素 I_2＜アスタチン At_2 なので，ファンデルワールス力は At_2 が最も強い。よって，At の単体の融点と沸点は，ハロゲン単体の中で最も高いと考えられる。

② 適当である。F_2 は水と激しく反応する。Cl_2 と Br_2 は水に少し溶ける(Br_2 は Cl_2 より水に溶けにくい)。I_2 は水に溶けにくい。これらのことより，周期番号が大きいハロゲンの単体ほど水に溶けにくいと推定でき，At_2 は水に溶けにくいと考えられる。

③ 適当である。フッ化銀 AgF は水に溶けるが，塩化銀 AgCl，臭化銀 AgBr，ヨウ化銀 AgI は水に溶けにくいので，アスタチン銀 AgAt は水に溶けにくいと考えられる。よって，硝酸銀 $AgNO_3$ 水溶液をアスタチン化ナトリウム NaAt 水溶液に加えると，難溶性の AgAt が生じると考えられる。

④ 適当でない。ハロゲン単体の酸化力は F_2＞Cl_2＞Br_2＞I_2 なので，酸化力は

— 194 —

$Br_2 > At_2$ と考えられる。よって，Br_2 水を NaAt 水溶液に加えると，次の酸化還元反応が起こると考えられる。

$$Br_2 + 2NaAt \longrightarrow 2NaBr + At_2$$

$\boxed{15}$ …④

問3　合金，めっき

ア　ステンレス鋼は，鉄 Fe にクロム Cr，ニッケル Ni などを混ぜ合わせてできた合金である。クロムの酸化物の被膜が表面を保護するので，さびにくい。

$\boxed{16}$ …③

イ　トタンは，鉄 Fe の表面に亜鉛 Zn をめっきしたものである。イオン化傾向が Zn>Fe なので，トタンの表面に傷がついて Fe が露出しても，Zn が先に酸化されるため，Fe はさびにくい。

$\boxed{17}$ …④

問4　ニッケルの製錬

a　式(1)の反応における各原子の酸化数は，次のとおりである。

$$\underset{+2\ -2}{Ni\,S} + \underset{+2\ -1}{2Cu\,Cl_2} \longrightarrow \underset{+2\ -1}{Ni\,Cl_2} + \underset{+1\ -1}{2Cu\,Cl} + \underset{0}{S} \tag{1}$$

よって，ニッケル原子 Ni の酸化数は +2 で変化せず，Ni 原子は酸化も還元もされていない。また，硫黄原子 S の酸化数は −2 から 0 に増加しており，S 原子は酸化されている。

$\boxed{18}$ …③

b　式(1)の反応で得られた塩化ニッケル(II) $NiCl_2$ と塩化銅(I) CuCl の水溶液に塩素 Cl_2 を吹き込むと，式(2)の反応により CuCl から $CuCl_2$ が生じ，この $CuCl_2$ を式(1)の反応に再び使うことができる。

$$NiS + 2CuCl_2 \longrightarrow NiCl_2 + 2\underline{CuCl} + S \tag{1}$$

$$2\underline{CuCl} + Cl_2 \longrightarrow 2\underline{CuCl_2} \tag{2}$$

したがって，Cl_2 を吹き込み続ける限り，$CuCl_2$ は常に再生されることになり，式(1)と式(2)の反応を用いて NiS から $NiCl_2$ を得る化学反応の量的関係において，$CuCl_2$ の量は無関係となる。

式(1)+式(2)により CuCl と $CuCl_2$ を消去すると，次の式(a)が得られ，反応させる NiS の物質量と消費される Cl_2 の物質量は等しいことがわかる。

$$NiS + Cl_2 \longrightarrow NiCl_2 + S \tag{a}$$

反応させる NiS（式量 91）36.4 kg の物質量は，

$$\frac{36.4 \times 10^3\ \mathrm{g}}{91\ \mathrm{g/mol}} = 400\ \mathrm{mol}$$

よって，必要な Cl_2 の物質量は 400 mol である。

$\boxed{19}$ …⑤

c $NiCl_2$ 水溶液の電気分解により，次の反応が起こる。

陰極 $Ni^{2+} + 2e^- \longrightarrow Ni$ (3)

      $2H^+ + 2e^- \longrightarrow H_2$ (4)

陽極 $2Cl^- \longrightarrow Cl_2 + 2e^-$ (5)

時間 t (s)だけ電気分解したときに発生する H_2 と Cl_2 の物質量は，理想気体の状態方程式より，

$$H_2 ; \frac{P\,(Pa) \times V_{H_2}\,(L)}{R\,(Pa \cdot L/(K \cdot mol)) \times T\,(K)}$$

$$Cl_2 ; \frac{P\,(Pa) \times V_{Cl_2}\,(L)}{R\,(Pa \cdot L/(K \cdot mol)) \times T\,(K)}$$

また，析出する Ni の物質量は，$\dfrac{w\,(g)}{M\,(g/mol)}$

流れた電子 e^- の物質量について，

$$\frac{w}{M}\,(mol) \times 2 + \frac{PV_{H_2}}{RT}\,(mol) \times 2 = \frac{PV_{Cl_2}}{RT}\,(mol) \times 2$$

$$w = \frac{MP\,(V_{Cl_2} - V_{H_2})}{RT}$$

$\boxed{20}$ …②

第4問　有機化合物

問1　脂肪族化合物の反応

エチレン(エテン)を，塩化パラジウム(II) $PdCl_2$ と塩化銅(II) $CuCl_2$ を触媒として酸素 O_2 で酸化(空気酸化)すると，アセトアルデヒドが得られる。

$$2CH_2{=}CH_2 + O_2 \longrightarrow 2CH_3{-}\overset{\overset{\displaystyle O}{\|}}{C}{-}H$$

    エチレン   アセトアルデヒド

この反応は，アセトアルデヒドの工業的製法として用いられる。

なお，$2CH_2{=}CH_2 + O_2 \longrightarrow 2A$ の反応式より，A の分子式は C_2H_4O であり，③が正解と判断することもできる。

$\boxed{21}$ …③

問2　高分子化合物

①　誤り。デンプンは，多数の α-グルコースが縮合した構造をもち，直鎖状のアミロースと，枝分かれ構造をもつアミロペクチンがある。アミロースは冷水には溶けにくいが，熱水には溶ける。一方，アミロペクチンは，冷水にも熱水にも溶けにくい。

②　正しい。アクリル繊維は，ポリアクリロニトリルを主成分とする合成繊維である。ポリアクリロニトリルは，アクリロニトリルの付加重合により得られる。

— 196 —

$$n\ \text{CH}_2=\overset{\displaystyle |}{\underset{\displaystyle \text{CN}}{\text{CH}}} \xrightarrow{\text{付加重合}} \left[\text{CH}_2-\overset{\displaystyle |}{\underset{\displaystyle \text{CN}}{\text{CH}}}\right]_n$$

アクリロニトリル　　　　　　ポリアクリロニトリル

③　正しい。生ゴム（天然ゴム）の主成分は，シス形のポリイソプレンである。

$$\left[\overset{\displaystyle \text{CH}_2}{\underset{\displaystyle \text{H}}{}} \overset{}{\underset{\displaystyle \text{C}}{}} = \overset{\displaystyle \text{CH}_2}{\underset{\displaystyle \text{C}}{}} \underset{\displaystyle \text{CH}_3}{}\right]_n$$

ポリイソプレン（シス形）

生ゴムに数％の硫黄 S 粉末を加えて加熱すると，ポリイソプレン分子どうしが S 原子によって結びつき，架橋構造が生じる。この操作を加硫といい，加硫により，ゴムの弾性，強度，耐久性が向上する。

④　正しい。レーヨンは，セルロースを適切な溶媒に溶解させた後，繊維として再生させたものであり，再生繊維ともよばれる。代表的な再生繊維として，銅アンモニアレーヨン（キュプラ），ビスコースレーヨンがある。

$\boxed{22}\cdots①$

問3　ペプチド

図1に示されたトリペプチドは，次の三つのアミノ酸が縮合したものである。

チロシン　　　　　　　　アラニン　　　　　　　システイン

ア　ニンヒドリン反応は，アミノ酸やペプチド中のアミノ基 $-\text{NH}_2$ がニンヒドリンと反応するために起こる反応である。図1に示されたペプチドは $-\text{NH}_2$ をもつため，この変化を示す。

イ　キサントプロテイン反応は，アミノ酸やペプチド中のベンゼン環がニトロ化されるために起こる反応である。図1に示されたペプチドはベンゼン環をもつため，この変化を示す。

ウ　ビウレット反応は，3分子以上のアミノ酸からなるペプチドが銅（Ⅱ）イオン Cu^{2+} と錯イオンを形成するために起こる反応である。図1に示されたペプチドは 3分子のアミノ酸からなるトリペプチドであり，この変化を示す。

以上より，図1に示されたトリペプチドに対して，特有の変化を示す検出反応は **ア，イ，ウ** のすべてである。

$\boxed{23}\cdots⑦$

問4　医薬品

a　図2に示されたサリシンの加水分解，サリチルアルコールの酸化は，次のとおりである。

① 正しい。グリコシド結合は，希硫酸と加熱することにより加水分解される。なお，グリコシド結合とは，糖のヘミアセタール構造の炭素原子 C に結合したヒドロキシ基 −OH と別の分子の −OH との間で脱水縮合してできるエーテル結合 −O− のことである。

② 誤り。グルコースは，水溶液中で次の平衡状態になり，鎖状構造がホルミル基をもつため還元性を示し，銀鏡反応を示す。

一方，サリシンは，β-グルコースの1位の C 原子に結合した −OH がサリチルアルコールとグリコシド結合を形成しているため，ヘミアセタール構造をもたない。よって，グルコース部分が開環することができず，還元性を示さないので，銀鏡反応を示さない。

③ 正しい。ナトリウムフェノキシドと二酸化炭素 CO_2 を高温・高圧で反応させた後，酸性にすると，サリチル酸が得られる。

— 198 —

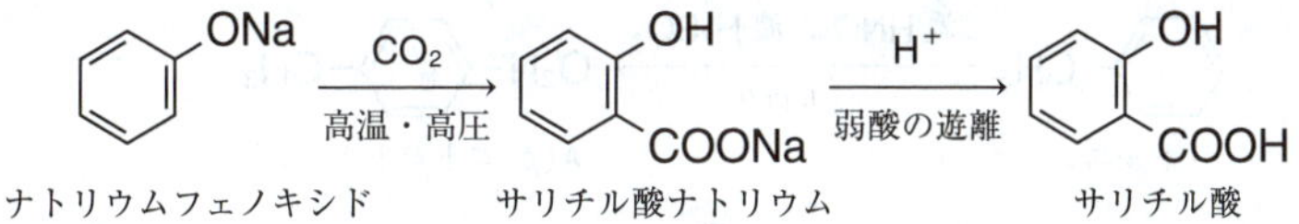

④ **正しい。** サリチル酸とメタノールを反応させると，エステル化によりサリチル酸メチルが得られる。

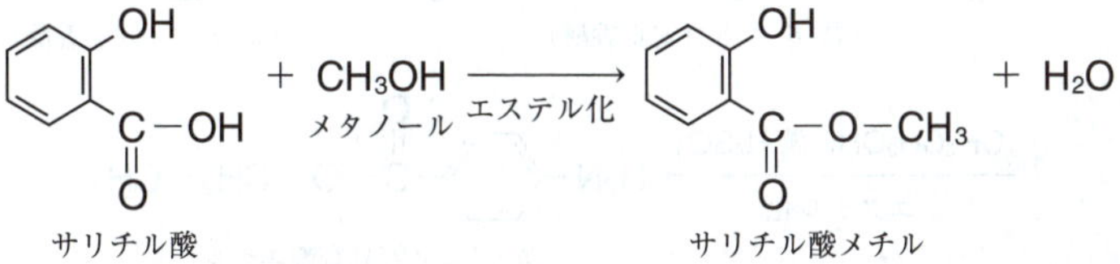

サリチル酸メチルは，消炎鎮痛剤として用いられる。

$$\boxed{24} \cdots ②$$

b 図3に示された β-ラクタム環は，四員環のアミド構造であり，次に示すように，分子内のアミノ基とカルボキシ基が脱水反応することにより得ることができる。

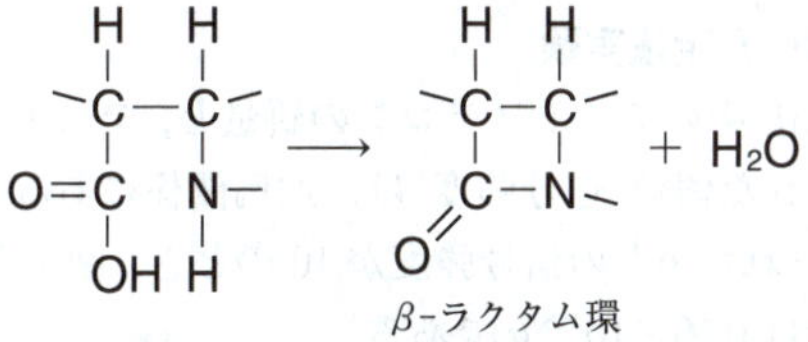

β-ラクタム環

よって，選択肢の中で分子内の脱水反応により β-ラクタム環ができる化合物は②である。

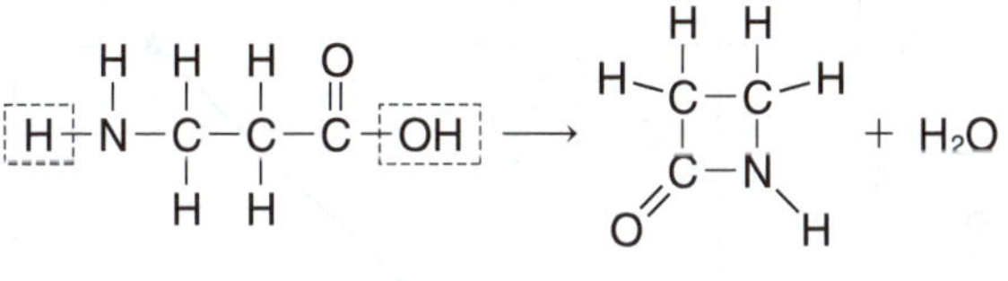

$$\boxed{25} \cdots ②$$

c トルエンから p-アミノ安息香酸エチルを合成する経路（図5）は次のとおりである。

— 199 —

トルエン →(濃HNO₃, 濃H₂SO₄ / ニトロ化)→ A(p-ニトロトルエン)

→(KMnO₄ / 酸化)→ B(p-ニトロ安息香酸) →(Sn, HCl / 還元)→ C(p-アミノ安息香酸)

→(CH₃CH₂OH, 濃H₂SO₄ / エステル化)→ p-アミノ安息香酸エチル

なお，p-アミノ安息香酸エチルはベンゾカインとよばれ，局所麻酔薬として用いられる。

26 …⑤

第5問　質量分析法
問1　質量分析法を用いた定量実験

図1より，尿3.0 mL 中のテストステロンの質量と，テストステロンに由来する陽イオン A^+ の検出された個数(信号強度)は，比例関係にあることがわかる。

尿 3.0 mL から得られた A^+ の信号強度が 10 のとき，図1より，尿 3.0 mL 中のテストステロンの質量は 0.50×10^{-8} g である。

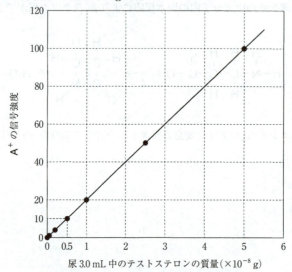

よって，尿 90 mL 中に含まれるテストステロンの質量は，

$$0.50 \times 10^{-8} \text{ g} \times \frac{90 \text{ mL}}{3.0 \text{ mL}} = 1.5 \times 10^{-7} \text{ g}$$

27 …④

問2　質量分析法を用いた元素の物質量の決定

金属試料 X 中に含まれる銀 Ag の物質量を n (mol) とする。

実験Ⅰ　X を完全に溶解させた溶液中の ^{107}Ag と ^{109}Ag の物質量の割合がそれぞれ 50.0 % ずつであったので，X 中に含まれる ^{107}Ag，^{109}Ag の物質量は，

$$^{107}\text{Ag} ; \frac{50.0}{100}n \text{ (mol)}, \quad ^{109}\text{Ag} ; \frac{50.0}{100}n \text{ (mol)}$$

実験Ⅱ　実験Ⅰで調製した溶液 200 mL から 100 mL を取り分け，それに ^{107}Ag を 5.00×10^{-3} mol 添加して完全に溶解させたとき，^{107}Ag と ^{109}Ag の物質量の割合がそれぞれ 75.0%，25.0% であったので，

^{107}Ag : ^{109}Ag

$= \left(\dfrac{50.0}{100}n \text{ (mol)} \times \dfrac{100 \text{ mL}}{200 \text{ mL}} + 5.00\times10^{-3} \text{ mol}\right) : \left(\dfrac{50.0}{100}n \text{ (mol)} \times \dfrac{100 \text{ mL}}{200 \text{ mL}}\right)$

$= 75.0 : 25.0$

$n = 1.00 \times 10^{-2}$ mol

28 …③

問3　質量スペクトル

a　塩素 Cl の同位体 ^{35}Cl と ^{37}Cl の存在比が 3：1 なので，クロロメタン CH₃Cl について，CH₃^{35}Cl と CH₃^{37}Cl の存在比は 3：1 である。

^{12}CH₃^{35}Cl$^+$ の相対質量は 50，^{12}CH₃^{37}Cl$^+$ の相対質量は 52 なので，相対質量 50 の相対強度と相対質量 52 の相対強度が 3：1 に近い質量スペクトルである④が最も適当である。

なお，問題文，図3，表1を参考にすると，④の質量スペクトルにおける主なイオンは，次のように考えられる。

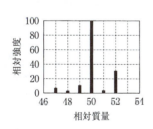

相対質量	主なイオン
52	^{12}CH₃^{37}Cl$^+$
51	^{12}CH₂^{37}Cl$^+$
50	^{12}CH₃^{35}Cl$^+$，^{12}CH^{37}Cl$^+$
49	^{12}CH₂^{35}Cl$^+$，^{12}C^{37}Cl$^+$
48	^{12}CH^{35}Cl$^+$
47	^{12}C^{35}Cl$^+$

また，問題の質量スペクトルは相対質量 50 付近が示されているが，実際には，^{12}CH₃$^+$，^{12}CH₂$^+$，^{12}CH$^+$，^{12}C$^+$，^{13}CH₃$^+$ などの断片イオンも生じている。

29 …④

b　一酸化炭素 CO，エチレン(エテン) C₂H₄，窒素 N₂ の分子イオンの相対質量はそれぞれ，

$$^{12}C^{16}O^+ ; 12+15.995=27.995$$

$$^{12}C_2{}^1H_4{}^+ ; 12\times2+1.008\times4=28.032$$

$$^{14}N_2{}^+ ; 14.003\times2=28.006$$

よって，アが $^{12}C^{16}O^+$，イが $^{14}N_2{}^+$，ウが $^{12}C_2{}^1H_4{}^+$ に対応し，②が適当である。

30 …②

c　メチルビニルケトンの分子イオンにおいて，図5の破線で示した位置で結合が切断されると，次の断片イオンが生じる。

（イオンの電荷は省略した。（　　）内の数値は相対質量を示す。）

よって，相対質量70，55，43，27，15のイオンが検出された①が適当である。

31 …①

化 学

（2023年1月実施）

受験者数　182,224

平 均 点　　54.01

2023 本試験

化学

解答・採点基準 （100点満点）

問題番号(配点)	設問	解答番号	正解	配点	自己採点
第1問 (20)	問1	1	③	3	
	問2	2	⑥	3	
	問3	3	②	4	
	問4	4	②	2	
		5	①	2	
		6	②	3	
		7	②	3*	
		8	①		
第1問　自己採点小計					
第2問 (20)	問1	9	⑥	3	
	問2	10	③	4 (各2) ※	
		11	④		
	問3	12	④	4	
	問4	13	④	3	
		14	⑥	3	
		15	⑤	3	
第2問　自己採点小計					
第3問 (20)	問1	16	④	4	
	問2	17	③	4* ※	
		18	⑤		
	問3	19	⑤	2	
		20	②	2	
		21	③	4	
		22	④	4	
第3問　自己採点小計					

問題番号(配点)	設問	解答番号	正解	配点	自己採点
第4問 (20)	問1	23	②	3	
	問2	24	②	4	
	問3	25	④	4	
	問4	26	⓪	3*	
		27	②		
		28	⓪		
		29	③	3	
		30	④	3	
第4問　自己採点小計					
第5問 (20)	問1	31	②	4	
		32	①	4	
	問2	33	③	4	
	問3	34	③	4	
		35	④	4	
第5問　自己採点小計					
自己採点合計					

(注)
1　＊は，全部正解の場合のみ点を与える。
2　※の正解は，順序を問わない。

第1問　化学結合，コロイド，気液平衡，結晶

問1　化学結合

①アセトアルデヒド CH_3CHO，②アセチレン C_2H_2，③臭素 Br_2 は分子であり，その構造式は次のとおりである。

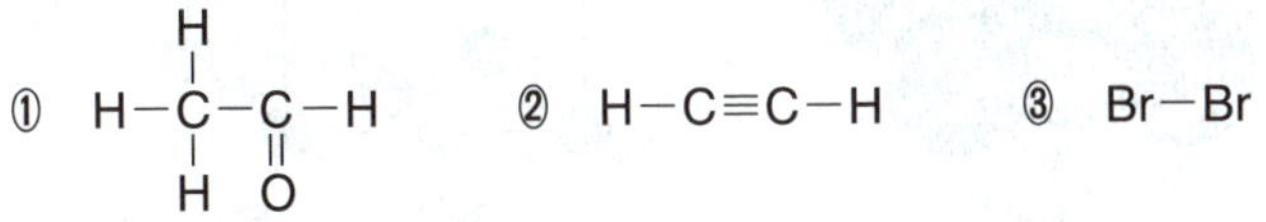

①
```
      H
      |
 H－C－C－H
      |    ‖
      H    O
```
② $H－C≡C－H$　　③ $Br－Br$

④塩化バリウム $BaCl_2$ は，Ba^{2+} と Cl^- がイオン結合により結びついた物質であり，共有結合(単結合)はない。

以上より，すべての化学結合が単結合からなる物質は，③である。

$\boxed{1}$ …③

問2　コロイド

コロイド粒子が溶媒中に分散している溶液を，コロイド溶液またはゾルという。コロイド溶液(ゾル)が流動性を失ってかたまった状態を，(a)ゲルという。また，ゲルを乾燥させ，水分を除去したものを，(b)キセロゲルという。

なお，エーロゾル(エアロゾル)は，分散媒が気体，分散質が液体または固体のコロイドのことである。

$\boxed{2}$ …⑥

問3　気液平衡

圧縮前の空気に含まれる水蒸気の物質量を n_1 (mol)，圧縮後の空気に含まれる水蒸気の物質量を n_2 (mol)とする。

圧縮前(体積 24.9 L)，水蒸気の分圧は $3.0×10^3$ Pa なので，

$$3.0×10^3 \,Pa×24.9\,L=n_1\,(mol)×8.3×10^3\,Pa·L/(K·mol)×300\,K$$

圧縮後(体積 8.3 L)，液体の水が生じていることから，水蒸気の分圧は飽和蒸気圧である $3.6×10^3$ Pa なので，

$$3.6×10^3 \,Pa×8.3\,L=n_2\,(mol)×8.3×10^3\,Pa·L/(K·mol)×300\,K$$

圧縮後に生じた液体の水の物質量は (n_1-n_2) (mol)なので，その値は，

$$n_1-n_2=\frac{3.0×10^3\,Pa×24.9\,L-3.6×10^3\,Pa×8.3\,L}{8.3×10^3\,Pa·L/(K·mol)×300\,K}$$

$$=\frac{3.0-1.2}{100}\,mol=0.018\,mol$$

$\boxed{3}$ …②

問4　結晶

a　硫化カルシウム CaS の単位格子が，図2に与えられている。この単位格子中のイオンの位置関係を，次の右図に示す。

 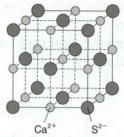

イオン結晶の配位数は，あるイオンの最も近い位置にある他のイオンの数であり，Ca^{2+} の配位数（Ca^{2+} の最も近い位置にある S^{2-} の数），S^{2-} の配位数（S^{2-} の最も近い位置にある Ca^{2+} の数）はいずれも ア6 である。

また，図2の単位格子の断面より，単位格子の一辺の長さは $2(R_S+r_{Ca})$ であり，単位格子（立方体）の体積 V は $\{2(R_S+r_{Ca})\}^3 =$ イ$8(R_S+r_{Ca})^3$ で表される。

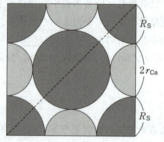

4 …②， 5 …①

b エタノールに CaS の結晶を入れたとき，結晶はもとの形のまま溶けずに沈んだので，メスシリンダーの液面の目盛りの増加量が，CaS の結晶の体積となる。したがって，CaS の結晶 40 g の体積は $(55-40=)15\ cm^3$ である。

CaS の結晶の単位格子には，Ca^{2+} と S^{2-} が4個ずつ含まれる(注)ことが問題に与えられている。CaS（式量 72）の結晶の密度（g/cm³）に着目すると，

$$\frac{40\ g}{15\ cm^3} = \frac{72\ g/mol \times \dfrac{4}{6.0 \times 10^{23}/mol}}{V(cm^3)}$$

$V = 1.8 \times 10^{-22}\ cm^3$

(注) CaS の結晶から，単位格子（立方体）の中を抜き出すと次図のようになるので，単位格子に含まれる Ca^{2+} と S^{2-} の数は，次のように求めることができる。

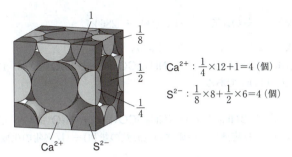

$Ca^{2+}：\frac{1}{4}×12+1=4$（個）

$S^{2-}：\frac{1}{8}×8+\frac{1}{2}×6=4$（個）

6 …②

c 図2の単位格子の断面に着目する。

イオンの大きさが大きい方のイオン（半径 R のイオン）を大きくしていくと，やがて，対角線上で大きい方のイオンどうしが接するようになる（次の右図）。大きい方のイオンがこれ以上に大きくなると，同符号のイオンどうしが接するため，結晶構造は不安定になる。

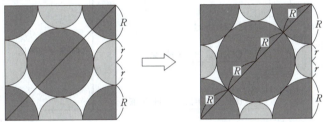

上の右図について，

$4R=\sqrt{2}×2(R+r)$

$\sqrt{2}R=R+r$　　$R=\dfrac{1}{\sqrt{2}-1}r=(\sqrt{2}+1)r$

よって，R が $(\sqrt{2}+1)r$ 以上になると，結晶構造が不安定になる。

7 …②, 8 …①

第2問　化学反応と熱，電気分解，化学平衡，反応速度

問1　化学反応と熱

二酸化炭素 CO_2（気），アンモニア NH_3（気），尿素 $(NH_2)_2CO$（固），水 H_2O（液）の生成熱を表す熱化学方程式は，

C（黒鉛）$+ O_2$（気）$= CO_2$（気）$+ 394$ kJ　　(a)

$\dfrac{1}{2}N_2$（気）$+ \dfrac{3}{2}H_2$（気）$= NH_3$（気）$+ 46$ kJ　　(b)

C（黒鉛）$+ N_2$（気）$+ 2H_2$（気）$+ \dfrac{1}{2}O_2$（気）

$= (NH_2)_2CO$（固）$+ 333$ kJ　　(c)

$$H_2(気) + \frac{1}{2}O_2(気) = H_2O(液) + 286 \text{ kJ} \tag{d}$$

式(1)＝式(c)＋式(d)－式(a)－式(b)×2 より，

$$CO_2(気) + 2NH_3(気) = (NH_2)_2CO(固) + H_2O(液) + 133 \text{ kJ} \tag{1}$$

よって，$Q=133$ kJ である。

〔別解〕

$$CO_2(気) + 2NH_3(気) = (NH_2)_2CO(固) + H_2O(液) + Q \text{ kJ} \tag{1}$$

式(1)について，(反応熱)＝(生成物の生成熱の総和)－(反応物の生成熱の総和)より，

$Q=(333$ kJ/mol×1 mol＋286 kJ/mol×1 mol$)$

$\qquad\qquad -(394$ kJ/mol×1 mol＋46 kJ/mol×2 mol$)$

$=133$ kJ

なお，エネルギー図は次のようになる。

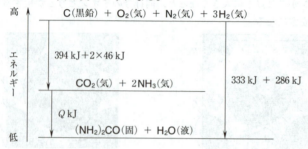

⑨…⑥

問2　電気分解

各電極では，次の反応が起こる。

電解槽V　電極A(陰極)　$Ag^+ + e^- \longrightarrow Ag$ (a)

　　　　　電極B(陽極)　$2H_2O \longrightarrow O_2 + 4H^+ + 4e^-$ (b)

電解槽W　電極C(陰極)　$2H_2O + 2e^- \longrightarrow H_2 + 2OH^-$ (c)

　　　　　電極D(陽極)　$2Cl^- \longrightarrow Cl_2 + 2e^-$ (d)

① 正しい。式(a)，(b)より，電解槽Vの水素イオンH^+濃度が増加した。
② 正しい。式(a)より，電極Aに銀Agが析出した。
③ 誤り。式(b)より，電極Bで水素H_2は発生せず，酸素O_2が発生した。
④ 誤り。式(c)より，電極CにナトリウムNaは析出せず，水素H_2が発生した。
⑤ 正しい。式(d)より，電極Dで塩素Cl_2が発生した。

⑩・⑪…③・④(順不同)

問3　化学平衡

$$H_2(気) + I_2(気) \rightleftharpoons 2HI(気) \tag{2}$$

温度Tにおいて，平衡状態の水素H_2，ヨウ素I_2，ヨウ化水素HIの物質量は，それぞれ0.40 mol，0.40 mol，3.2 mol なので，容器Xの容積を$2V$(L)とすると，式(2)

の平衡定数は,

$$K = \frac{[\mathsf{HI}]^2}{[\mathsf{H_2}][\mathsf{I_2}]} = \frac{\left(\dfrac{3.2\ \text{mol}}{2V\ (\text{L})}\right)^2}{\dfrac{0.40\ \text{mol}}{2V\ (\text{L})} \times \dfrac{0.40\ \text{mol}}{2V\ (\text{L})}} = 64$$

容器 X の半分の容積 V (L) をもつ容器 Y に 1.0 mol の HI のみを入れて,温度 T に保ったとき,平衡状態での $\mathsf{H_2}$ の物質量を x (mol) とすると,

$$\mathsf{H_2}(気) + \mathsf{I_2}(気) \rightleftarrows 2\mathsf{HI}(気)$$

反応前	0	0	1.0
変化量	$+x$	$+x$	$-2x$
平衡時	x	x	$1.0-2x$ （単位：mol）

温度が一定のとき,平衡定数の値は一定なので,

$$K = \frac{\left(\dfrac{(1.0-2x)\ (\text{mol})}{V\ (\text{L})}\right)^2}{\dfrac{x\ (\text{mol})}{V\ (\text{L})} \times \dfrac{x\ (\text{mol})}{V\ (\text{L})}} = 64$$

$$\frac{(1.0-2x)\ (\text{mol})}{x\ (\text{mol})} = 8.0 \qquad x = 0.10\ \text{mol}$$

よって,平衡状態での HI の物質量は,

$$(1.0 - 2 \times 0.10)\ \text{mol} = 0.80\ \text{mol}$$

$\boxed{12}\cdots④$

問4 反応速度

a ① 正しい。塩化鉄(Ⅲ) $\mathsf{FeCl_3}$ に含まれる鉄(Ⅲ)イオン $\mathsf{Fe^{3+}}$ は,過酸化水素 $\mathsf{H_2O_2}$ の分解反応の触媒としてはたらくので,反応速度は大きくなる。

② 正しい。酵素であるカタラーゼは,$\mathsf{H_2O_2}$ の分解反応の触媒としてはたらくので,反応速度は大きくなる。なお,酵素は,適切な条件(最適温度,最適 pH)のもとで用いる。

③ 正しい。酸化マンガン(Ⅳ) $\mathsf{MnO_2}$ は,$\mathsf{H_2O_2}$ の分解反応の触媒としてはたらく。$\mathsf{MnO_2}$ の有無によらず,温度を高くすると,反応速度は大きくなる。

④ 誤り。触媒は,反応の前後で自身は変化しないので,$\mathsf{MnO_2}$ に含まれるマンガン原子 Mn の酸化数は変化しない。

$\boxed{13}\cdots④$

b $\mathsf{H_2O_2}$ の分解反応は,式(3)で表される。

$$2\mathsf{H_2O_2} \longrightarrow 2\mathsf{H_2O} + \mathsf{O_2} \tag{3}$$

反応開始後 1.0 分から 2.0 分において発生した酸素 $\mathsf{O_2}$ の物質量は,

$$0.747 \times 10^{-3}\ \text{mol} - 0.417 \times 10^{-3}\ \text{mol} = 0.330 \times 10^{-3}\ \text{mol}$$

このとき分解した $\mathsf{H_2O_2}$ の物質量は,式(3)より,

$$0.330 \times 10^{-3}\ \text{mol} \times 2 = 0.660 \times 10^{-3}\ \text{mol}$$

水溶液の体積は 10.0 mL なので,$\mathsf{H_2O_2}$ の分解反応の平均反応速度は,

$$\frac{\dfrac{0.660\times10^{-3}\,\text{mol}}{\dfrac{10.0}{1000}\,\text{L}}}{(2.0-1.0)\,\text{min}}=6.6\times10^{-2}\,\text{mol/(L·min)}$$

14 …⑥

c 問題文より，H₂O₂ の水溶液中での分解反応速度(v とする)は，H₂O₂ の濃度に比例するので，反応速度式は次の式で表される。

$$v=k[\text{H}_2\text{O}_2] \quad (k:\text{反応速度定数}) \tag{a}$$

H₂O₂ の濃度が同じとき，k が 2.0 倍になると，v も 2.0 倍になるので，発生した O₂ の物質量が同じになる時間でのグラフの傾き$\left(\dfrac{\text{発生した O}_2\text{の物質量}}{\text{時間}}\right)$は 2.0 倍になる。

また，用いた過酸化水素水中の H₂O₂ の物質量は，

$$0.400\,\text{mol/L}\times\frac{10.0}{1000}\,\text{L}=4.00\times10^{-3}\,\text{mol}$$

なので，H₂O₂ がすべて分解したときに発生した O₂ の物質量は，式(3)より，

$$4.00\times10^{-3}\,\text{mol}\times\frac{1}{2}=2.00\times10^{-3}\,\text{mol}$$

であり，発生した O₂ の物質量は 2.00×10^{-3} mol に収束する。

以上より，該当するグラフは⑤である。

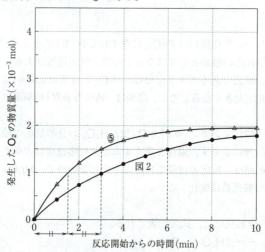

図 2

なお，式(a)のように，反応速度が反応物のモル濃度に比例する反応を一次反応といい，一次反応では，反応物のモル濃度が半分になるのに要する時間(半減期)は，温度が一定であれば，濃度によらず一定であることが知られている。また，半減期は，反応速度定数 k に反比例することが知られている。

k が 2.0 倍になると，半減期は $\dfrac{1}{2.0}$ 倍になるので，例えば，発生した O₂ の物質量

— 210 —

が 1.0×10^{-3} mol になる時間，すなわち，H_2O_2 のモル濃度がはじめの半分になる時間は，図2の $\dfrac{1}{2.0}$ 倍になる。

15 …⑤

第3問　無機物質，化学反応と量的関係
問1　フッ化水素

① 正しい。フッ化水素 HF の水溶液（フッ化水素酸）は，弱い酸性を示す。なお，HF 以外のハロゲン化水素の水溶液は，強い酸性を示す。

② 正しい。フッ化銀 AgF は水に可溶なので，HF の水溶液に銀イオン Ag^+ が加わっても沈殿は生じない。なお，AgF 以外のハロゲン化銀は水に溶けにくい。

③ 正しい。HF は分子間に水素結合を形成するので，HF の沸点は，他のハロゲン化水素の沸点より高い。

④ 誤り。酸化力がフッ素 F_2＞ヨウ素 I_2 なので，I_2 は HF と反応しない。なお，F_2 は HI と反応して I_2 を生じる。

$$F_2 + 2HI \longrightarrow 2HF + I_2$$

16 …④

問2　金属イオンの分離

銀イオン Ag^+，アルミニウムイオン Al^{3+}，銅(Ⅱ)イオン Cu^{2+}，鉄(Ⅲ)イオン Fe^{3+}，亜鉛イオン Zn^{2+} の硝酸塩を含む水溶液に対して**操作Ⅰ～Ⅳ**による分離操作を行うと，次図のようになる。

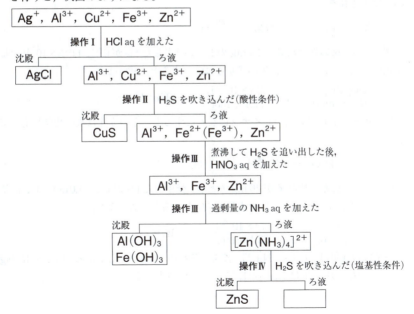

結果より，操作Ⅰ，Ⅲでは沈殿が生じず，操作Ⅱ，Ⅳでは沈殿が生じたので，水溶液Aに含まれる二つの金属イオンは，Cu^{2+}とZn^{2+}である。

17・18 …③・⑤（順不同）

問3　化学反応と量的関係

a　金属X, Yは1族元素または2族元素なので，単体が希塩酸（HClの水溶液）または水H_2Oと反応したとき，1価または2価の陽イオンになる。また，室温のH_2Oと反応する金属Yは，リチウムLi，ナトリウムNa，カリウムK，カルシウムCaのいずれかである。

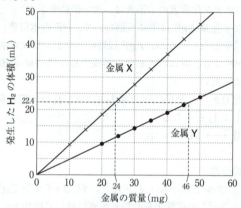

Xが希塩酸と反応してm価の陽イオンになるとすると，その変化は次の化学反応式で表される。

$$X + mHCl \longrightarrow XCl_m + \frac{m}{2}H_2 \tag{a}$$

図2より，反応させたXが24 mgのとき，発生したH_2が0℃, 1.013×10^5 Pa（標準状態）で22.4 mLなので，Xの式量をM_Xとすると，式(a)より，

$$\frac{24 \times 10^{-3} \text{ g}}{M_X \text{ (g/mol)}} \times \frac{m}{2} = \frac{22.4 \times 10^{-3} \text{ L}}{22.4 \text{ L/mol}} \qquad M_X = 12m$$

Yが水と反応してn価の陽イオンになるとすると，その変化は次の化学反応式で表される。

$$Y + nH_2O \longrightarrow Y(OH)_n + \frac{n}{2}H_2 \tag{b}$$

図2より，反応させたYが46 mgのとき，発生したH_2が0℃, 1.013×10^5 Pa（標準状態）で22.4 mLなので，Yの式量をM_Yとすると，式(b)より，

$$\frac{46 \times 10^{-3} \text{ g}}{M_Y \text{ (g/mol)}} \times \frac{n}{2} = \frac{22.4 \times 10^{-3} \text{ L}}{22.4 \text{ L/mol}} \qquad M_Y = 23n$$

各金属の式量は，Li 6.9, Na 23, K 39, Be 9.0, Mg 24, Ca 40なので，XはMg（$m=2$, $M_X=24$），YはNa（$n=1$, $M_Y=23$）が該当する。

〔別解〕
　金属 X または Y の式量を M とし，反応させた金属が $1×10^{-3}$ mol すなわち M (mg)のときに発生した H_2 の体積に着目する。
　金属が Li，Na，K のいずれかの場合，次の反応が起こる。
$$2X + 2HCl \longrightarrow 2XCl + H_2$$
$$2Y + 2H_2O \longrightarrow 2YOH + H_2$$
この場合，反応させた金属が M (mg)のときに発生した H_2 の体積は，
$$22.4 \text{ L/mol} × 1×10^{-3} \text{ mol} × \frac{1}{2} = 11.2×10^{-3} \text{ L} = 11.2 \text{ mL}$$
　一方，金属が Be，Mg，Ca のいずれかの場合，次の反応が起こる。
$$X + 2HCl \longrightarrow XCl_2 + H_2$$
$$Y + 2H_2O \longrightarrow Y(OH)_2 + H_2$$
この場合，反応させた金属が M (mg)のときに発生した H_2 の体積は，
$$22.4 \text{ L/mol} × 1×10^{-3} \text{ mol} = 22.4×10^{-3} \text{ L} = 22.4 \text{ mL}$$
次の図より，X は Mg，Y は Na が該当する。

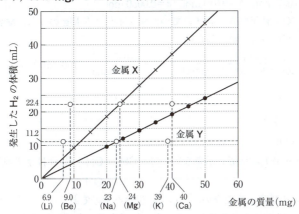

(注)　0 ℃，$1.013×10^5$ Pa(標準状態)での気体のモル体積(22.4 L/mol)は，与えられた気体定数を用いて，次の式により求めることができる。
$$\frac{8.31×10^3 \text{ Pa·L/(K·mol)} × 273 \text{ K}}{1.013×10^3 \text{ Pa}} = 22.39 \text{ L/mol} ≒ 22.4 \text{ L/mol}$$

19 …⑤，20 …②

　b　ソーダ石灰は塩基性の乾燥剤，塩化カルシウム $CaCl_2$ は中性の乾燥剤である。吸収管 B と C に，発生した水 H_2O，二酸化炭素 CO_2 を 1 種類ずつ捕集したい。酸性の気体である CO_2 はソーダ石灰と反応するので，吸収管 B に $CaCl_2$ を入れて H_2O を吸収させ，吸収管 C にソーダ石灰を入れて CO_2 を吸収させればよい。
　なお，吸収管 B にソーダ石灰，吸収管 C に $CaCl_2$ を入れると，吸収管 B に H_2O と CO_2 の両方が吸収されるため，不適当である。また，酸化銅(Ⅱ) CuO は，H_2O，CO_2 ともに吸収しない。

$\boxed{21}$ …③

c 酸化マグネシウム MgO，水酸化マグネシウム $Mg(OH)_2$，炭酸マグネシウム $MgCO_3$ の混合物 A を，乾燥した酸素 O_2 中で加熱すると，次の反応が起こる。

$$Mg(OH)_2 \longrightarrow MgO + H_2O$$
$$MgCO_3 \longrightarrow MgO + CO_2$$

混合物 A 中の MgO の物質量を a (mol)，$Mg(OH)_2$ の物質量を b (mol)，$MgCO_3$ の物質量を c (mol) とすると，加熱後の MgO（式量 40），H_2O（分子量 18），CO_2（分子量 44）の物質量について，

$$MgO \quad a\,(mol) + b\,(mol) + c\,(mol) = \frac{2.00\ g}{40\ g/mol}$$

$$H_2O \quad b\,(mol) = \frac{0.18\ g}{18\ g/mol}$$

$$CO_2 \quad c\,(mol) = \frac{0.22\ g}{44\ g/mol}$$

よって，

$$a = 0.035\ mol,\quad b = 0.010\ mol,\quad c = 0.0050\ mol$$

したがって，混合物 A に含まれていたマグネシウム Mg のうち，MgO として存在していた Mg の物質量の割合は，

$$\frac{a\,(mol)}{a\,(mol) + b\,(mol) + c\,(mol)} \times 100 = \frac{0.035\ mol}{0.050\ mol} \times 100 = 70\ (\%)$$

$\boxed{22}$ …④

第4問　有機化合物

問1　アルコール

ア ヨードホルム反応を示さないので，$CH_3-\underset{\underset{OH}{|}}{CH}-R$（R は水素原子 H または炭化水素基）の構造をもたない。よって，①は不適当である。

イ 分子内脱水により生成したアルケンに臭素 Br_2 を付加させる変化は，次のとおりである。（C^* は不斉炭素原子）

① $CH_3-\underset{\underset{CH_3}{|}}{CH}-OH \xrightarrow[\text{分子内脱水}]{} CH_3-CH=CH_2 \xrightarrow[\text{付加}]{Br_2} CH_3-\underset{\underset{Br}{|}}{\overset{*}{C}H}-\underset{\underset{Br}{|}}{C}H_2$

② $CH_3-CH_2-CH_2-OH \xrightarrow[\text{分子内脱水}]{}$

－214－

③ $CH_3-\underset{\underset{CH_3}{|}}{\overset{\overset{CH_3}{|}}{C}}-OH \xrightarrow[\text{分子内脱水}]{} CH_3-\underset{\overset{|}{CH_3}}{C}=CH_2 \xrightarrow[\text{付加}]{Br_2} CH_3-\underset{\underset{Br}{|}}{\overset{\overset{CH_3}{|}}{C}}-\underset{\underset{Br}{|}}{C}H_2$

④ $CH_3-\underset{\overset{|}{CH_3}}{CH}-CH_2-OH \xrightarrow[\text{分子内脱水}]{}$

得られた化合物は不斉炭素原子をもつので，①，②が該当する。

以上より，条件(ア・イ)をともに満たすアルコールは，②である。

$\boxed{23}\cdots②$

問2　芳香族化合物

①　正しい。フタル酸を加熱すると，分子内で脱水し，酸無水物である無水フタル酸が生成する。

$$\underset{\text{フタル酸}}{\underset{\overset{||}{O}}{\overset{\overset{||}{O}}{}}} \xrightarrow[\text{加熱}]{} \underset{\text{無水フタル酸}}{} + H_2O$$

②　誤り。アニリンは，塩基性の化合物である。塩化水素 HCl とは反応して塩になるので，塩酸にはよく溶けるが，水酸化ナトリウム NaOH とは反応しないので，水酸化ナトリウム水溶液には溶けない。

$$\underset{\text{アニリン}}{\bigcirc\!-NH_2} + HCl \longrightarrow \underset{\text{アニリン塩酸塩}}{\bigcirc\!-NH_3Cl}$$

③　正しい。ジクロロベンゼンには，次の3種類の異性体が存在する。

④　正しい。塩化鉄(Ⅲ) FeCl_3 水溶液を加えると呈色するものは，フェノール類である。アセチルサリチル酸は，フェノール類ではないので，FeCl_3 水溶液を加えても呈色しない。

14

アセチルサリチル酸

24 …②

問3 高分子化合物

① 正しい。セルロースは，多数の β-グルコースが縮合した直鎖状の高分子化合物である。分子が平行に並びやすく，次に示すように分子内や分子間に水素結合が形成され，丈夫な繊維となる。

セルロースの水素結合の様子

② 正しい。DNA 分子の二重らせん構造中では，水素結合によってアデニン(A)とチミン(T)，およびグアニン(G)とシトシン(C)が塩基対をつくっている。

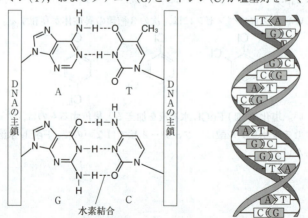

塩基対の構造　　　二重らせん構造の模式図

③ 正しい。タンパク質のポリペプチド鎖は，分子内や分子間のペプチド結合の

部分どうしで，$\diagup$C=O----H−N$\diagdown$ のように水素結合を形成し，二次構造である α-ヘリックスや β-シートをつくる。

α-ヘリックス　　　　　　　　　β-シート

④　誤り。ポリプロピレンは，プロピレン $CH_2=CH-CH_3$ の付加重合により得られる高分子化合物であり，フッ素原子 F，酸素原子 O，窒素原子 N をもたず，水素結合を形成しない。

ポリプロピレン

$\boxed{25}$ … ④

問4　油脂

a　1分子のトリグリセリド X には 4 個の C=C 結合があるので，X 1 mol あたり付加することのできる水素 H_2 の物質量は 4 mol である。よって，44.1 g の X（分子量 882）を用いたときに消費される H_2 の物質量は，

$$\frac{44.1\ \text{g}}{882\ \text{g/mol}} \times 4 = 0.20\ \text{mol}$$

$\boxed{26}$ … ⓪，$\boxed{27}$ … ②，$\boxed{28}$ … ⓪

b　C=C 結合は，過マンガン酸カリウム $KMnO_4$ によって酸化されやすい。脂肪酸 A と脂肪酸 B を硫酸酸性の $KMnO_4$ 水溶液に加えると，いずれの場合も反応したので，A，B はともに C=C 結合をもつ。

X を完全に加水分解したときに得られた A と B の物質量比は 1：2 であり，X には 4 個の C=C 結合があるので，1分子の X を構成する 3 個の脂肪酸の内訳は，次のとおりである。

$$\text{X1分子を構成する脂肪酸} \begin{cases} \textbf{A} \cdots\cdots \text{C=C 結合を2個もつ} \\ \textbf{B} \cdots\cdots \text{C=C 結合を1個もつ} \\ \textbf{B} \cdots\cdots \text{C=C 結合を1個もつ} \end{cases}$$

A は，炭素数が18で，C=C 結合を2個もつので，**③**が該当する。

なお，**A** の示性式は $C_{17}H_{31}COOH$，**B** の示性式は $C_{17}H_{33}COOH$ である。

$$\boxed{29} \cdots ③$$

c 1分子の **X** を構成する脂肪酸は **A** 1分子，**B** 2分子なので，**X** の構造として次の2通りが考えられるが，**X** には鏡像異性体が存在したので，その構造が決まる。(C^* は不斉炭素原子)

X を部分的に加水分解すると，**A**，**B**，化合物 **Y** のみが物質量比 1:1:1 で得られ，**Y** には鏡像異性体が存在しなかったので，**Y** の構造は次のように決まる。

〔**別解**〕

1分子の **X** を構成する脂肪酸は **A** 1分子，**B** 2分子であり，

$$\textbf{X} \longrightarrow \textbf{A} + \textbf{B} + \textbf{Y}$$

の変化が起こったことから，1分子の **Y** を構成する脂肪酸は **B** 1分子だけであることがわかる。**Y** の構造として次の2通りが考えられるが，**Y** には鏡像異性体が存在しなかったので，その構造が決まる。(C^* は不斉炭素原子)

2023年度　本試験〈解説〉　化学　17

$$
\begin{array}{ll}
\mathrm{CH_2-O-H} & \mathrm{CH_2-O-\overset{\overset{\textstyle O}{\|}}{C}-R^B} \\[2mm]
\mathrm{CH-O-\overset{\overset{\textstyle O}{\|}}{C}-R^B} & \overset{*}{\mathrm{CH}}\mathrm{-O-H} \\[2mm]
\underline{\mathrm{CH_2-O-H}} & \mathrm{CH_2-O-H} \\
\quad\quad Y
\end{array}
$$

$\boxed{30}\cdots$④

第5問　硫黄に関する総合問題

問1　硫化水素と二酸化硫黄

a ①　正しい。硫化鉄(Ⅱ)FeS に希硫酸を加えると，硫化水素 H_2S が発生する(弱酸の遊離)。

$$\underset{\text{弱酸の塩}}{\mathrm{FeS}} + \underset{\text{強酸}}{\mathrm{H_2SO_4}} \longrightarrow \underset{\text{強酸の塩}}{\mathrm{FeSO_4}} + \underset{\text{弱酸}}{\mathrm{H_2S}}$$

②　誤り。硫酸ナトリウム Na_2SO_4 に希硫酸を加えても，変化は起こらない。

なお，亜硫酸ナトリウム Na_2SO_3 に希硫酸を加えると，二酸化硫黄 SO_2 が発生する(弱酸の遊離)。

$$\underset{\text{弱酸の塩}}{\mathrm{Na_2SO_3}} + \underset{\text{強酸}}{\mathrm{H_2SO_4}} \longrightarrow \underset{\text{強酸の塩}}{\mathrm{Na_2SO_4}} + \mathrm{H_2O} + \underset{\text{弱酸}}{\mathrm{SO_2}}$$

③　正しい。H_2S の水溶液に SO_2 を通じると，単体の硫黄 S が生じ，溶液が白濁する。なお，この反応は酸化還元反応であり，H_2S が還元剤，SO_2 が酸化剤としてはたらいている(下線部の数字は酸化数)。

$$2\mathrm{H_2}\underset{-2}{\underline{\mathrm{S}}} + \underset{+4}{\underline{\mathrm{S}}}\mathrm{O_2} \longrightarrow 3\underset{0}{\underline{\mathrm{S}}} + 2\mathrm{H_2O}$$

④　正しい。SO_2 は酸性酸化物であり，亜硫酸ガスともよばれる。水酸化ナトリウム NaOH の水溶液に SO_2 を通じると，酸塩基反応が起こり，亜硫酸ナトリウム Na_2SO_3 が生じる。

$$2\mathrm{NaOH} + \mathrm{SO_2} \longrightarrow \mathrm{Na_2SO_3} + \mathrm{H_2O}$$

$\boxed{31}\cdots$②

b　次の式(1)の可逆反応は，正反応が発熱反応である。

$$2\mathrm{SO_2} + \mathrm{O_2} \rightleftharpoons 2\mathrm{SO_3} \tag{1}$$

①　誤り。温度一定で圧力を減少させると，ルシャトリエの原理により，気体の総物質量が増加する方向へ平衡が移動する。すなわち，平衡は左へ移動する。

②　正しい。圧力一定で温度を上昇させると，ルシャトリエの原理により，吸熱反応の方向へ平衡が移動する。すなわち，平衡は左へ移動する。

③　正しい。式(1)の正反応の反応速度式を，

— 219 —

$$v = k[SO_2]^x[O_2]^y \quad (v : \text{反応速度}, \; k : \text{反応速度定数}, \; x \text{と} y : \text{定数})$$

と表したとき，x，yの値は化学反応式の係数から単純に決まらず，実験によって求められる。これは，実際の反応はいくつかの化学反応が組み合わさって起こる場合が多いからである。したがって，SO_2の濃度を2倍にしたとき，正反応の反応速度が何倍になるかは，反応式中の係数から単純に導き出すことはできない。

④　正しい。平衡状態は，正反応と逆反応の反応速度が等しくなり，見かけ上，反応が止まった状態である。

$\boxed{32}\cdots①$

問2　酸化還元滴定

窒素 N_2 と硫化水素 H_2S からなる気体試料 A に含まれていた H_2S を完全に水に溶かした水溶液に，ヨウ素 I_2 を含むヨウ化カリウム KI 水溶液を加えると，次の反応が起こる。

$$H_2S \longrightarrow 2H^+ + S + 2e^- \tag{2}$$
$$I_2 + 2e^- \longrightarrow 2I^- \tag{3}$$

式(2)+式(3)より，

$$H_2S + I_2 \longrightarrow 2HI + S \tag{a}$$

生じた硫黄 S の沈殿を取り除いた後，ろ液にチオ硫酸ナトリウム $Na_2S_2O_3$ 水溶液を滴下していくと，次の反応が起こる。

$$I_2 + 2e^- \longrightarrow 2I^- \tag{3}$$
$$2S_2O_3^{2-} \longrightarrow S_4O_6^{2-} + 2e^- \tag{4}$$

式(3)+式(4)より，

$$I_2 + 2S_2O_3^{2-} \longrightarrow 2I^- + S_4O_6^{2-} \tag{b}$$

この**実験**では，加えた I_2 の一部が，式(a)の反応により H_2S と反応し，その後，残った I_2 の量を，$Na_2S_2O_3$ 水溶液で滴定することにより求めている。なお，$Na_2S_2O_3$ 水溶液による滴定では，ヨウ素デンプン反応による青色が消えて無色になったときが，滴定の終点（I_2 がすべて反応したとき）である。

加えた I₂

加えた I_2（分子量 254）0.127 g の物質量は，

$$\frac{0.127\ \text{g}}{254\ \text{g/mol}} = 5.00 \times 10^{-4}\ \text{mol}$$

試料 A に含まれていた H_2S の物質量を x (mol)とすると，式(a)より，H_2S と反応した I_2 の物質量も x (mol)であり，式(a)の反応後に残った I_2 の物質量は，

$$(5.00 \times 10^{-4} - x)\ (\text{mol})$$

滴定の終点までに滴下した $5.00 \times 10^{-2}\ \text{mol/L}$ $Na_2S_2O_3$ 水溶液は 5.00 mL なので，式(b)より，

$$(5.00 \times 10^{-4} - x)\ (\text{mol}) : 5.00 \times 10^{-2}\ \text{mol/L} \times \frac{5.00}{1000}\ \text{L} = 1 : 2$$

$$5.00\times10^{-4}-x=1.25\times10^{-4} \qquad x=3.75\times10^{-4}\,\text{mol}$$

よって，試料 A に含まれていた H_2S の 0 ℃，1.013×10^5 Pa（標準状態）における体積は，

$$22.4\,\text{L/mol}\times3.75\times10^{-4}\,\text{mol}=8.40\times10^{-3}\,\text{L}=8.40\,\text{mL}$$

（注） 0 ℃，1.013×10^5 Pa（標準状態）での気体のモル体積（22.4 L/mol）は，与えられた気体定数を用いて，次の式により求めることができる。

$$\frac{8.31\times10^3\,\text{Pa}\cdot\text{L/(K}\cdot\text{mol)}\times273\,\text{K}}{1.013\times10^5\,\text{Pa}}=22.39\,\text{L/mol}\fallingdotseq22.4\,\text{L/mol}$$

33 …③

問 3 光の吸収を利用した濃度決定（吸光光度法）

a 入射する光の量 I_0 に対する透過した光の量 I の比を表す透過率 $T=\dfrac{I}{I_0}$ について，$\log_{10}T$ は，モル濃度 c および密閉容器の長さ L と比例関係になることが記されている。すなわち，次の式が成り立つ。

$$\log_{10}T=kcL \quad (k\text{ は比例定数})$$

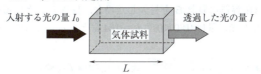

表 1 で与えられた SO_2 のモル濃度 c（$\times10^{-8}$ mol/L）と $\log_{10}T$ の関係を方眼紙にプロットすると次のようになり，$\log_{10}T$ は c と比例関係になることが確認できる。

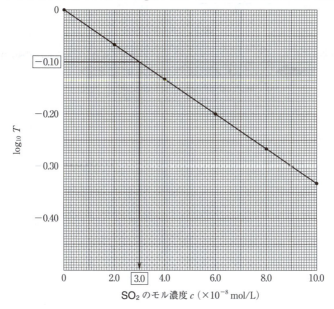

透過率 $T=0.80$ のとき,
 $\log_{10} T = \log_{10} 0.80 = \log_{10} (2.0^3 \times 10^{-1}) = -1 + 3\log_{10} 2 = -0.10$

上記のグラフを用いて, $\log_{10} T = -0.10$ になるときの c の値を読みとることにより, 気体試料 B に含まれる SO_2 のモル濃度は 3.0×10^{-8} mol/L と求まる。

34 …③

b $\log_{10} T$ は c および L と比例関係になるとあるので, 長さ $2L$ の密閉容器に **a** と同じ試料 B を封入して光を入射させた場合, $\log_{10} T$ の値は **a** のときの 2 倍になる。すなわち, $\log_{10} T = -0.10 \times 2 = -0.20$ となる。

$\log_{10} 0.80 = -0.10$ より $10^{-0.10} = 0.80$ なので, 透過率 T は, 次のようになる。
 $T = 10^{-0.20} = (10^{-0.10})^2 = 0.80^2 = 0.64$

〔別解〕
　a の条件において, 長さ L の密閉容器に試料 B を封入した場合, 透過率 $T=0.80$ であった。すなわち, 入射する光の量を I_0 とすると, 透過した光の量は $0.80\,I_0$ である。

　長さ $2L$ の密閉容器に試料 B を封入した場合, 長さ L ごとに透過率が 0.80 となるため, 透過した光の量は $0.80 \times 0.80\,I_0 = 0.64\,I_0$ となる。よって, 透過率 T の値は 0.64 である。

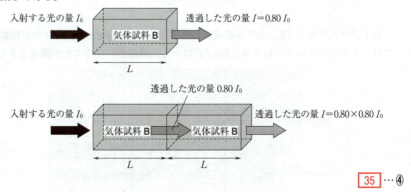

35 …④

化　学

（2023年 1 月実施）

追試験
2023

20

化学

解答・採点基準　　(100点満点)

問題番号(配点)	設問	解答番号	正解	配点	自己採点
第1問(20)	問1	1	④	3	
	問2	2	③	3	
	問3	3	③	3	
	問4	4	①	3	
	問5	5	②	4	
		6	④	4	
第1問　自己採点小計					
第2問(20)	問1	7	④	4	
	問2	8	④	4	
	問3	9	②	4	
	問4	10	②	4	
		11	③	4	
第2問　自己採点小計					
第3問(20)	問1	12	③	4	
	問2	13	③	4 * ※	
		14	⑤		
	問3	15	③	4	
	問4	16	④	4 *	
		17	②		
		18	④	4	
第3問　自己採点小計					

問題番号(配点)	設問	解答番号	正解	配点	自己採点
第4問(20)	問1	19	③	3	
	問2	20	②	3	
	問3	21	⑤	4	
	問4	22	④	2	
		23	①	4	
		24	①	4	
第4問　自己採点小計					
第5問(20)	問1	25	④	4	
	問2	26	②	4	
	問3	27	①	4	
	問4	28	②	4 *	
		29	⑤		
		30	③		
		31	⑤	4	
第5問　自己採点小計					
自己採点合計					

(注)
1　＊は，全部正解の場合のみ点を与える。
2　※の正解は，順序を問わない。

— 224 —

第1問 物質の性質と状態，溶液の濃度，気体，固体の溶解度

問1 物質の電気伝導性

ア アセトン CH_3COCH_3 は常温・常圧で液体の分子であり，イオンや自由電子を含まないので，電気を通さない。

イ グルコース $C_6H_{12}O_6$ は非電解質であり，$C_6H_{12}O_6$ 水溶液は電気を通さない。

ウ 酢酸 CH_3COOH は電解質であり，CH_3COOH 水溶液は電気を通す。

エ 塩化水素 HCl は電解質であり，塩酸(HCl の水溶液)は電気を通す。

オ 塩化ナトリウム NaCl は常温・常圧で固体(イオン結晶)であり，電気を通さない。なお，NaCl を水に溶かしたり，加熱して融解したりすると，イオンが動けるようになり，電気を通す。

以上より，常温・常圧で電気を通すものは，**ウ**と**エ**であるが，CH_3COOH は弱電解質，HCl は強電解質なので，同じモル濃度では，**エ**(塩酸)の方が電気をよく通す。

$\boxed{1}$ …④

問2 超臨界流体

ア 誤り。超臨界流体は，液体と気体の区別がつかない状態であり，液体の溶解性と気体の拡散性をあわせもつ。なお，固体，液体，気体が平衡状態で共存するのは三重点である。

イ 正しい。圧力と温度が臨界点より高い状態にある物質は，超臨界流体である。

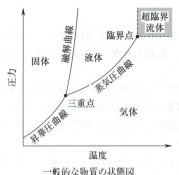

一般的な物質の状態図

$\boxed{2}$ …③

問3 電解質の濃度

電解質 AB_2 は次のように完全に電離する。

$$AB_2 \longrightarrow A^{2+} + 2B^-$$

混合物 0.50 g 中の AB_2 (式量 200)，非電解質 C (分子量 150)の物質量をそれぞれ x (mol)，y (mol)とすると，

$$200 \text{ g/mol} \times x \text{ (mol)} + 150 \text{ g/mol} \times y \text{ (mol)} = 0.50 \text{ g} \tag{1}$$

混合物 0.50 g が水 100 g に完全に溶けた溶液中のすべての溶質粒子 A^{2+}，B^-，C を合わせた物質量について，

$$3x \text{ (mol)} + y \text{ (mol)} = 0.050 \text{ mol/kg} \times \frac{100}{1000} \text{ kg} \qquad (2)$$

式(1)，(2)より，$x = 0.0010$ mol，$y = 0.0020$ mol

よって，混合物中の AB_2 の含有率（質量パーセント）は，

$$\frac{200 \text{ g/mol} \times 0.0010 \text{ mol}}{0.50 \text{ g}} \times 100 = 40 \ (\%)$$

$\boxed{3}$ …③

問4　実在気体

①　誤り。実在気体は，温度が高くなると，分子の熱運動が激しくなるため，分子間力の影響が小さくなる。また，圧力が低くなると，単位体積当たりに存在する分子の数が少なくなるため，分子自身の体積の影響が小さくなる。したがって，高温・低圧になるにつれて，理想気体のふるまいに近づく。

②　正しい。分子の極性が大きいほど，分子間力が大きくなるため，実在気体と理想気体のふるまいのずれが大きくなる。

③　正しい。分子自身の体積が大きいほど，実在気体と理想気体のふるまいのずれが大きくなる。

④　正しい。理想気体では，気体の種類によらず，$PV = nRT$ が成り立つので，1 mol の気体の圧力と体積の積と絶対温度の比 $\left(\dfrac{PV}{T}\right)$ の値は，常に気体定数 R の値と一致する。

$\boxed{4}$ …①

問5　固体の溶解度

a　①　正しい。塩化カリウム KCl，硝酸カリウム KNO_3 ともに，温度が低いほど溶解度が小さいので，飽和水溶液では，温度が低い方がカリウムイオン K^+ の濃度が小さい。

②　誤り。30 ℃ と 10 ℃ の溶解度の差は，KCl より KNO_3 の方が大きい。したがって，水 100 g に KCl を溶かした 30 ℃ の飽和水溶液と，水 100 g に KNO_3 を溶かした 30 ℃ の飽和水溶液を，それぞれ 10 ℃ まで冷却したとき，析出する塩の質量は KNO_3 の方が大きい。

③　正しい。水 100 g に KCl を溶かした 22 ℃ の飽和水溶液と，水 100 g に KNO_3 を溶かした 22 ℃ の飽和水溶液では，溶けている KCl と KNO_3 の質量は等しい。式量は KCl（74.5）より KNO_3（101）の方が大きいので，溶けている塩の物質量は KNO_3 の方が小さい。したがって，K^+ の物質量は KNO_3 の飽和水溶液の方が小さい。

④　正しい。10 ℃ の溶解度は，KCl では 25（g/100 g 水）より大きいが，KNO_3 では 25（g/100 g 水）より小さい。したがって，10 ℃ において，水 100 g に KCl 25 g を加えた場合はすべて溶けるが，水 100 g に KNO_3 25 g を加えた場合は一部が溶けずに残る。

$\boxed{5}$ …②

b 冷却前の水溶液 A に溶けている硫酸マグネシウム MgSO₄ の質量を x (g) とする。14 ℃ に冷却したとき，析出した MgSO₄ の水和物の質量は 12.3 g で，その中の水和水の質量は 6.3 g なので，残った水溶液の質量，水溶液中の MgSO₄，水の質量は，

  水溶液 100 g + x (g) − 12.3 g = (87.7 + x) (g)
  MgSO₄ x (g) − (12.3 − 6.3) g = (x − 6.0) (g)
  水   100 g − 6.3 g = 93.7 g

MgSO₄ の 14 ℃ での溶解度は 30 (g/100 g 水) なので，

$\dfrac{溶質}{溶媒}$ $\dfrac{(x-6.0)\,(g)}{93.7\,g} = \dfrac{30}{100}$ $x = 34.1$ g ≒ 34 g

または，

$\dfrac{溶質}{溶液}$ $\dfrac{(x-6.0)\,(g)}{(87.7+x)\,(g)} = \dfrac{30}{100+30}$ $x = 34.1$ g ≒ 34 g

なお，析出する結晶中の MgSO₄（式量 120）と H₂O（分子量 18）の物質量の比は，

MgSO₄ : H₂O = $\dfrac{(12.3-6.3)\,g}{120\,g/mol} : \dfrac{6.3\,g}{18\,g/mol} = 1 : 7$

なので，析出する結晶の化学式は MgSO₄·7H₂O である。

                  6 …④

第2問　反応速度，電池，化学平衡，化学反応と熱

問1　反応速度

 ① 正しい。反応物の濃度が大きくなると，反応速度が大きくなる。これは，反応に関与する粒子どうしの単位時間当たりの衝突回数が増えるからである。

 ② 正しい。反応が起こるためには，反応に関与する粒子が，活性化エネルギーを超えるエネルギーをもって衝突する必要がある。

 ③ 正しい。次の図からわかるように，

  （反応熱）＝（逆反応の活性化エネルギー）−（正反応の活性化エネルギー）

が成り立つ。これは，正反応でも逆反応でも同じ活性化状態（遷移状態）を経由して反応が進行するからである。

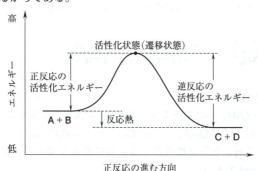

④ 誤り。温度を上げると，反応速度が大きくなる。これは，活性化エネルギーを超えるエネルギーをもつ粒子の割合が増えるからである。なお，活性化エネルギーが小さくなって反応速度が大きくなるのは，触媒を用いた場合である。

$\boxed{7}$ …④

問2 鉛蓄電池

鉛蓄電池を放電すると，次の反応が起こる。

負極　$Pb + SO_4{}^{2-} \longrightarrow PbSO_4 + 2e^-$

正極　$PbO_2 + SO_4{}^{2-} + 4H^+ + 2e^- \longrightarrow PbSO_4 + 2H_2O$

全体　$Pb + PbO_2 + 2H_2SO_4 \longrightarrow 2PbSO_4 + 2H_2O$

したがって，放電により，流れた電子 e^- 2 mol 当たり，硫酸 H_2SO_4 が 2 mol 減少する。

放電により減少した H_2SO_4 の物質量は，

$$3.00 \text{ mol/L} \times \frac{100}{1000} \text{ L} - 2.00 \text{ mol/L} \times \frac{100}{1000} \text{ L} = 0.100 \text{ mol}$$

よって，流れた e^- は 0.100 mol であり，流れた電気量は，

$$9.65 \times 10^4 \text{ C/mol} \times 0.100 \text{ mol} = 9.65 \times 10^3 \text{ C}$$

$\boxed{8}$ …④

問3 電離平衡

2価の酸 H_2A の電離について，一段階目は完全に電離し，二段階目は電離平衡の状態になる（HA^- の電離度を α とする）ので，c (mol/L)の2価の酸 H_2A の電離による量関係は，次のようになる。

$$H_2A \longrightarrow H^+ + HA^-$$

反応前	c	0	0
変化量	$-c$	$+c$	$+c$
反応後	0	c	c (mol/L)

$$HA^- \rightleftharpoons H^+ + A^{2-}$$

反応前	c	c	0
変化量	$-c\alpha$	$+c\alpha$	$+c\alpha$
平衡時	$c(1-\alpha)$	$c(1+\alpha)$	$c\alpha$ (mol/L)

よって，

$$K = \frac{[H^+][A^{2-}]}{[HA^-]} = \frac{c(1+\alpha) \times c\alpha}{c(1-\alpha)} = \frac{c\alpha(1+\alpha)}{1-\alpha}$$

$\boxed{9}$ …②

問4 アルカンの燃焼熱

a ヘプタン C_7H_{16} の燃焼熱を表す熱化学方程式は，式(5)で表される。

$$C_7H_{16}(気) + 11O_2(気) = 7CO_2(気) + 8H_2O(気) + Q \text{ kJ} \qquad (5)$$

0.100 mol の C_7H_{16} を完全燃焼させるために必要な酸素 O_2 の物質量は，0.100 mol×11＝1.10 mol である。

5℃の C_7H_{16}(液)0.100 mol と 5℃の O_2(気)1.10 mol がすべて反応し，生成物の温度が 25℃になるときの熱量を，問題文中の誘導にしたがって，次の順で計算する．

$$5℃ の C_7H_{16}(液)0.100\ mol\ +\ 5℃ の O_2(気)1.10\ mol$$
$$\downarrow\quad 4.44\ kJ/mol \times 0.100\ mol + 0.600\ kJ/mol \times 1.10\ mol = 1.104\ kJ\ 吸熱$$
$$25℃ の C_7H_{16}(液)0.100\ mol\ +\ 25℃ の O_2(気)1.10\ mol$$
$$\downarrow\quad 36.6\ kJ/mol \times 0.100\ mol = 3.66\ kJ\ 吸熱$$
$$25℃ の C_7H_{16}(気)0.100\ mol\ +\ 25℃ の O_2(気)1.10\ mol$$
$$\downarrow\quad 4.50 \times 10^3\ kJ/mol \times 0.100\ mol = 450\ kJ\ 発熱$$
$$25℃ の CO_2(気)\ +\ 25℃ の H_2O(気)$$

したがって，利用できる熱量（＝発熱量）は，
$$-1.1\ kJ - 3.7\ kJ + 450\ kJ = 445.2\ kJ \fallingdotseq 4.45 \times 10^2\ kJ$$

10 …②

b 問題文中の「気体のアルカンの生成熱や燃焼熱を炭素数 n に対してグラフにすると，n が大きくなると直線になることが知られている．」から，表1の $n=4\sim7$ のアルカンの生成熱を方眼紙に記入すると次図のようになり，$n=8$ のときの生成熱は 208 kJ/mol と判断できる．

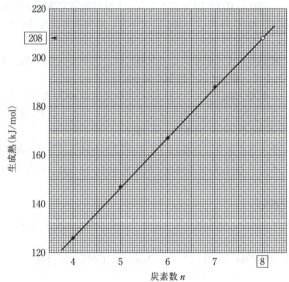

オクタン C_8H_{18}(気)の燃焼熱を q (kJ/mol)とすると，

$$C_8H_{18}(気) + \frac{25}{2}O_2(気) = 8CO_2(気) + 9H_2O(気) + q\ kJ \quad (a)$$

C_8H_{18}(気)，CO_2(気)，H_2O(気)の生成熱を表す熱化学方程式は，

$$8C(黒鉛) + 9H_2(気) = C_8H_{18}(気) + 208\ kJ \quad (b)$$

$$C(黒鉛) + O_2(気) = CO_2(気) + 394 \text{ kJ} \tag{c}$$

$$H_2(気) + \frac{1}{2}O_2(気) = H_2O(気) + 242 \text{ kJ} \tag{d}$$

式(a)＝式(c)×8＋式(d)×9－式(b)より，

　　$q = 394 \text{ kJ} \times 8 + 242 \text{ kJ} \times 9 - 208 \text{ kJ} = 5122 \text{ kJ}$

よって，C_8H_{18}(気)の燃焼熱は，

　　$5122 \text{ kJ/mol} \fallingdotseq 5.12 \times 10^3 \text{ kJ/mol}$

〔別解〕

　式(a)について，（反応熱）＝（生成物の生成熱の総和）－（反応物の生成熱の総和）より，

　　$q = (394 \text{ kJ/mol} \times 8 \text{ mol} + 242 \text{ kJ/mol} \times 9 \text{ mol}) - 208 \text{ kJ/mol} \times 1 \text{ mol}$

　　　$= 5122 \text{ kJ} \fallingdotseq 5.12 \times 10^3 \text{ kJ}$

よって，C_8H_{18}(気)の燃焼熱は，$5.12 \times 10^3 \text{ kJ/mol}$ である。

$\boxed{11}\cdots③$

第3問　無機物質，化学反応と量的関係

問1　窒素の単体と化合物

　① 誤り。大気圧$(1.013 \times 10^5 \text{ Pa})$下でも，十分に低温であれば液体の窒素 N_2 は存在する。なお，N_2 の沸点は $-196℃$ であり，液体窒素は冷却剤として用いられる。

　② 誤り。濃硝酸中で不動態になる金属には，アルミニウム Al，鉄 Fe，ニッケル Ni などがあるが，銀 Ag は不動態にならない。

　③ 正しい。硝酸 HNO_3 は，水 H_2O と二酸化窒素 NO_2 を反応させると得られる。この反応は，HNO_3 の工業的製法であるオストワルト法で利用されている。

　　$3NO_2 + H_2O \longrightarrow 2HNO_3 + NO$

　④ 誤り。テトラアンミン亜鉛(Ⅱ)イオン$[Zn(NH_3)_4]^{2+}$ 中の配位結合は，配位子であるアンモニア NH_3 の非共有電子対が亜鉛イオン Zn^{2+} に与えられて生じる。

$\boxed{12}\cdots③$

問2　酸化還元反応

　①，②，④の反応は，酸化数の変化があり，酸化還元反応である（下線部の数値は酸化数）。

　① $\underset{0}{Zn} + 2NaOH + 2\underset{+1}{H_2O} \longrightarrow Na_2[\underset{+2}{Zn}(OH)_4] + \underset{0}{H_2}$

　② $Ca(\underset{+1}{ClO})_2 \cdot 2H_2O + 4\underset{-1}{HCl} \longrightarrow CaCl_2 + 4H_2O + 2\underset{0}{Cl_2}$

　④ $\underset{0}{Cu} + 2H_2\underset{+6}{S}O_4 \longrightarrow \underset{+2}{Cu}SO_4 + 2H_2O + \underset{+4}{S}O_2$

　③，⑤の反応は，酸化数の変化がなく，酸化還元反応ではない。

　③ $NH_4Cl + NaOH \longrightarrow NaCl + H_2O + NH_3$

— 230 —

（酸化数は N：−3，H：＋1，Cl：−1，Na：＋1，O：−2 で変化はない。）

なお，この反応は，弱塩基の塩と強塩基が反応し，弱塩基が遊離する反応である。

⑤　$NaCl + H_2SO_4 \longrightarrow NaHSO_4 + HCl$

（酸化数は Na：＋1，Cl：−1，H：＋1，S：＋6，O：−2 で変化はない。）

なお，この反応は，揮発性の酸の塩に不揮発性の酸を加えて加熱すると，揮発性の酸が発生する反応である。

$\boxed{13}$・$\boxed{14}$…③，⑤（順不同）

問3　銅の化合物

①　正しい。酸化銅（Ⅱ）CuO は塩基性酸化物であり，希硫酸と反応して溶ける。

$CuO + H_2SO_4 \longrightarrow CuSO_4 + H_2O$

②　正しい。タンパク質水溶液に水酸化ナトリウム NaOH 水溶液を加えたのち，硫酸銅（Ⅱ）CuSO₄ 水溶液を加えると，赤紫色を呈する。これはビウレット反応である。

③　誤り。フェーリング液にアルデヒドを加えて加熱すると，フェーリング液中の銅（Ⅱ）イオン Cu^{2+} が還元され，酸化銅（Ⅰ）Cu_2O の赤色沈殿が生じる。

④　正しい。濃アンモニア NH₃ 水に水酸化銅（Ⅱ）Cu(OH)₂ を溶かした水溶液は，シュバイツァー試薬とよばれる。これは，再生繊維である銅アンモニアレーヨン（キュプラ）の製造に用いられる。

$\boxed{15}$…③

問4　化学反応と量的関係

a　試料 A（CuSO₄·xH₂O）を水に完全に溶かすと，硫酸銅（Ⅱ）CuSO₄ 水溶液が得られる。これに，塩化バリウム BaCl₂ 水溶液を加えると，硫酸バリウム BaSO₄ の白色沈殿が生じる。このとき，CuSO₄·xH₂O（式量 $160+18x$）1 mol 当たり，硫酸イオン SO_4^{2-} が 1 mol 生じ，さらに BaSO₄（式量 233）が 1 mol 生じるので，

$$\frac{1.178 \text{ g}}{(160+18x)\,(\text{g/mol})} = \frac{1.165 \text{ g}}{233 \text{ g/mol}} \qquad x = 4.2$$

$\boxed{16}$…④，$\boxed{17}$…②

b　試料 A（CuSO₄·xH₂O）を溶かした水溶液 B 10 mL に含まれる銅（Ⅱ）イオン Cu^{2+} の物質量を x (mol) とする。

実験Ⅱ　水溶液 B に水酸化ナトリウム NaOH 水溶液を加えると，水酸化銅（Ⅱ）Cu(OH)₂ の沈殿が生じる。この沈殿を加熱すると酸化銅（Ⅱ）CuO が生じる。このとき，Cu^{2+} 1 mol 当たり，CuO（式量 80）が 1 mol 生じるので，

$$x \text{ (mol)} = \frac{w \times 10^{-3}\,(\text{g})}{80 \text{ g/mol}}$$

実験Ⅲ　水溶液 B を陽イオン交換樹脂に通すと，Cu^{2+} が水素イオン H^+ に交換される。スルホ基をもつ陽イオン交換樹脂を用いた場合，次の反応が起こる。

$$(R-SO_3H)_2 + Cu^{2+} \longrightarrow (R-SO_3)_2Cu + 2H^+$$

このとき生じた H^+ を NaOH 水溶液で中和滴定している。このとき，Cu^{2+} 1 mol 当たり，H^+ が 2 mol 生じる。NaOH は 1 価の塩基なので，

$$2 \times x \text{ (mol)} = 1 \times c \text{ (mol/L)} \times \frac{V}{1000} \text{ (L)} \qquad x = \frac{cV}{2} \times 10^{-3} \text{ (mol)}$$

したがって，

$$x = \frac{w \times 10^{-3}}{80} = \frac{cV}{2} \times 10^{-3} \qquad V = \frac{w}{40c}$$

$\boxed{18}\cdots④$

第4問　有機化合物

問1　アセチレン

①　正しい。アセチレン $CH \equiv CH$ に 1 分子の臭素 Br_2 を反応させると，1,2-ジブロモエチレンが生成する。

$$\underset{\text{アセチレン}}{CH \equiv CH} + Br_2 \longrightarrow \underset{\substack{| \quad | \\ Br \quad Br \\ \text{1,2-ジブロモエチレン}}}{CH = CH}$$

②　正しい。アセチレンに酢酸 CH_3COOH を付加させると，酢酸ビニルが生成する。

$$CH \equiv CH + CH_3 - \underset{\underset{O}{\|}}{C} - OH \longrightarrow \underset{\underset{\underset{\underset{\text{酢酸ビニル}}{O}}{\|}}{O - C - CH_3}}{CH_2 = CH}$$

③　誤り。アセチレンに水 H_2O を付加させると，不安定なビニルアルコールを経て，アセトアルデヒドが生成する。

$$CH \equiv CH + H_2O \longrightarrow \left(\underset{\substack{| \\ OH \\ \text{ビニルアルコール}}}{CH_2 = CH} \right) \longrightarrow \underset{\substack{\| \\ O \\ \text{アセトアルデヒド}}}{CH_3 - \overset{}{C} - H}$$

④　正しい。アセチレンに水素 H_2 を付加させると，エチレン（エテン）を経て，エタンが生成する。

$$CH \equiv CH + H_2 \longrightarrow \underset{\text{エチレン}}{CH_2 = CH_2}$$

$$CH_2 = CH_2 + H_2 \longrightarrow \underset{\text{エタン}}{CH_3 - CH_3}$$

$\boxed{19}\cdots③$

問2　芳香族窒素化合物

塩化ベンゼンジアゾニウムとナトリウムフェノキシドから p-ヒドロキシアゾベンゼン（p-フェニルアゾフェノール）を合成する反応（カップリング）は，次の式(a)

—232—

で表される。

$$\left[\text{⌬}-N\equiv N\right]^+ Cl^- + \text{⌬}-ONa$$

塩化ベンゼンジアゾニウム　ナトリウムフェノキシド

$$\longrightarrow \text{⌬}-N=N-\text{⌬}-OH + NaCl \quad (a)$$

p-ヒドロキシアゾベンゼン

① 誤り。塩化ベンゼンジアゾニウムは，アニリンを氷冷しながら，塩酸と亜硝酸ナトリウム $NaNO_2$ を反応させると得られる(ジアゾ化)。

$$\text{⌬}-NH_2 + NaNO_2 + 2HCl \longrightarrow \text{⌬}-N_2Cl + NaCl + 2H_2O$$

アニリン　　　　　　　　　　塩化ベンゼンジアゾニウム

なお，塩化ベンゼンジアゾニウムは，低温の水溶液中では安定に存在するが，温度が上がると，次のように水と反応して分解する。

$$\text{⌬}-N_2Cl + H_2O \longrightarrow \text{⌬}-OH + HCl + N_2$$

フェノール

② 正しい。式(a)の反応式に示すように，カップリングでは塩化ナトリウム $NaCl$ が生成する。

③ 誤り。式(a)の反応式に示すように，カップリングでは窒素 N_2 は発生しない。

④ 誤り。p-ヒドロキシアゾベンゼンは橙赤色である。なお，アゾ基 $-N=N-$ をもつ化合物をアゾ化合物という。芳香族アゾ化合物は黄色〜赤色を示し，染料として用いられる。

20 …②

問3　共重合体

単量体 A(スチレン)n (mol)と単量体 B(アクリロニトリル)m (mol)が反応して，共重合体が 1 mol 得られたとする。

$$n\,CH_2=CH + m\,CH_2=CH \longrightarrow \left[CH_2-CH\right]_n\left[CH_2-CH\right]_m$$

単量体 A　　　　単量体 B　　　　　　　共重合体

共重合体中のベンゼン環に結合した水素原子 H の物質量は $5n$ (mol)，それ以外の H 原子の物質量は $(3n+3m)$ (mol)である。数の比と物質量の比は等しいので，

$$5n \text{ (mol)} : (3n+3m) \text{ (mol)} = 5 : 4 \qquad n=3m$$

よって，$n:m=3:1$ である。

21 …⑤

問4　酸素を含む有機化合物

a ① 正しい。サリチル酸に無水酢酸を反応させると，アセチル化が起こり，

— 233 —

アセチルサリチル酸が生成する。

サリチル酸　　　　　　　　　　　アセチルサリチル酸

② 正しい。濃硫酸を触媒として，酢酸とエタノールから酢酸エチルを合成する反応はエステル化である。エステル化は可逆反応である。

$$CH_3COOH + C_2H_5OH \rightleftharpoons CH_3COOC_2H_5 + H_2O$$
酢酸　　　　　エタノール　　　　酢酸エチル

③ 正しい。ニトログリセリンは，グリセリンの硝酸エステルであり，グリセリンを硝酸でエステル化すると生成する。

グリセリン　　　　　　　　　　　ニトログリセリン

※アルコールと，硝酸や硫酸などのオキソ酸が縮合してできた化合物は，エステルである。

$$R-OH + HNO_3 \longrightarrow R-ONO_2 + H_2O$$
硝酸エステル

$$R-OH + H_2SO_4 \longrightarrow R-OSO_3H + H_2O$$
硫酸エステル

④ 誤り。水酸化ナトリウム水溶液を用いる酢酸エチルの加水分解反応は，けん化である。けん化は不可逆反応である。

$$CH_3COOC_2H_5 + NaOH \longrightarrow CH_3COONa + C_2H_5OH$$
酢酸ナトリウム

$\boxed{22}\cdots ④$

b エステル A を加水分解すると，カルボン酸 B と 1 価アルコール C（$C_{10}H_{17}OH$，分子量 154）が得られた。選択肢から，B は 1 価または 2 価のカルボン酸なので，A に含まれるエステル結合の数は 1 または 2 と考えられる。

$$R-\overset{\underset{\|}{O}}{C}-O-C_{10}H_{17} + H_2O \longrightarrow R-\overset{\underset{\|}{O}}{C}-OH + C_{10}H_{17}OH$$

または，

エステル A　　　　　　　　　　カルボン酸 B　　アルコール C

— 234 —

2023年度　追試験〈解説〉　化学　31

Aに含まれるエステル結合の数をn，**A**の分子量をMとすると，

$$\frac{49.0\times10^{-3}\,\text{g}}{M\,(\text{g/mol})} : \frac{38.5\times10^{-3}\,\text{g}}{154\,\text{g/mol}}=1:n \qquad M=196\,n$$

$n=1$のとき，$M=196$であり，**B**の分子量は$196+18-154=60$である。これに該当する**B**は①酢酸CH_3COOHである。

$n=2$のとき，$M=392$であり，**B**の分子量は$392+18\times2-154\times2=120$である。これに該当する**B**は存在しない。

23 …①

c 選択肢のうち，不斉炭素原子（$\overset{*}{C}$で記す）をもつものは①，②，④であり，シス-トランス異性体が存在しないものは①，②，③である。また，すべての二重結合$C=C$に水素H_2を付加させて得られるアルコールで，二クロム酸カリウムで酸化されないものは第三級アルコールであり，①，③，④が該当する。

したがって，**C**は①である。

①

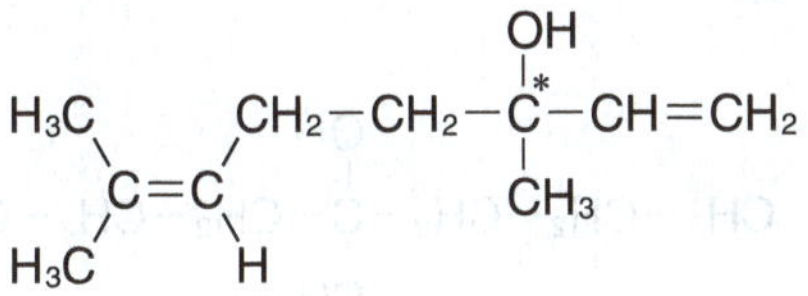

（シス-トランス異性体なし）

$\xrightarrow{\ H_2\ }$

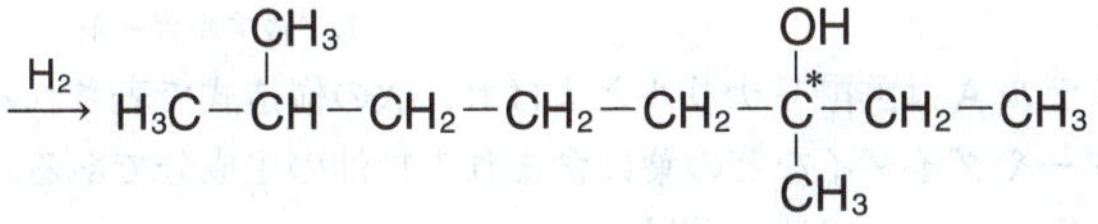

第三級アルコール

②

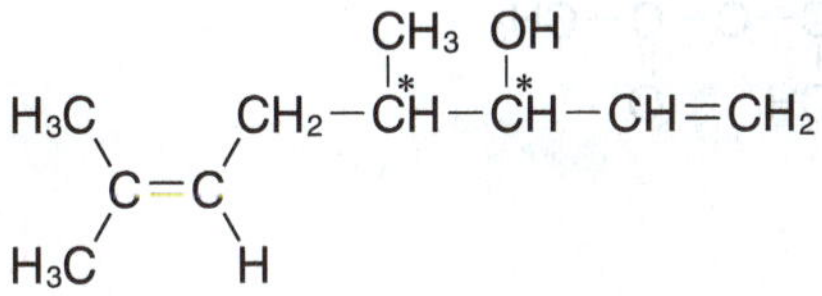

（シス-トランス異性体なし）

$\xrightarrow{\ H_2\ }$

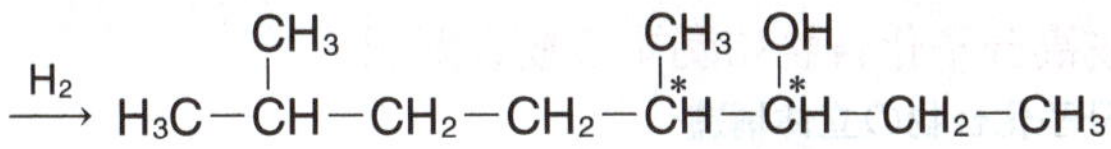

第二級アルコール

― 235 ―

③

$$
\begin{array}{c}
\underset{H_3C}{\overset{H_3C}{>}}C=C-\underset{\overset{|}{C}}{\overset{\overset{CH_3}{|}}{\underset{|}{C}}}{\overset{OH}{\underset{|}{|}}}-C=C\underset{\overset{|}{CH_3}}{\overset{CH_3}{<}} \\
\end{array}
$$
$\left(\begin{array}{l}\text{不斉炭素原子なし}\\ \text{シス-トランス異性体なし}\end{array}\right)$

$$
\xrightarrow{H_2} \quad H_3C-\underset{CH_3}{\overset{CH_3}{\underset{|}{CH}}}-CH_2-\underset{\underset{CH_3}{|}}{\overset{OH}{\overset{|}{C}}}-CH_2-\underset{CH_3}{\overset{CH_3}{\underset{|}{CH}}}-CH_3
$$

第三級アルコール

④

（シス-トランス異性体あり）

$$
\xrightarrow{H_2} \quad H_3C-CH_2-CH_2-CH_2-CH_2-\overset{OH}{\underset{\underset{CH_3}{|}}{\overset{|}{\overset{*}{C}}}}-CH_2-CH_2-CH_3
$$

第三級アルコール

なお，エステル **A** は酢酸リナリルとよばれ，次の構造式で表される。この化合物は，ラベンダーやダイダイなどの葉に含まれる精油の主成分である。

$$
\underset{H_3C}{\overset{H_3C}{>}}C=C\underset{H}{<}CH_2-CH_2-\overset{\overset{CH_3}{|}}{\underset{\underset{H_2C=CH}{|}}{\overset{*}{C}}}-O-\overset{\overset{}{C}}{\underset{\overset{||}{O}}{}}-CH_3
$$

24 …①

第5問　合成高分子化合物に関する総合問題

問1　合成高分子化合物の立体構造

①　フェノール樹脂は，フェノールとホルムアルデヒドの付加縮合により得られる高分子化合物であり，網目状の立体構造をもつ。

2023年度　追試験〈解説〉　化学　33

フェノール　⟶　フェノール樹脂

ホルムアルデヒド

②　尿素樹脂は，尿素とホルムアルデヒドの付加縮合により得られる高分子化合物であり，網目状の立体構造をもつ。

尿素　⟶　尿素樹脂

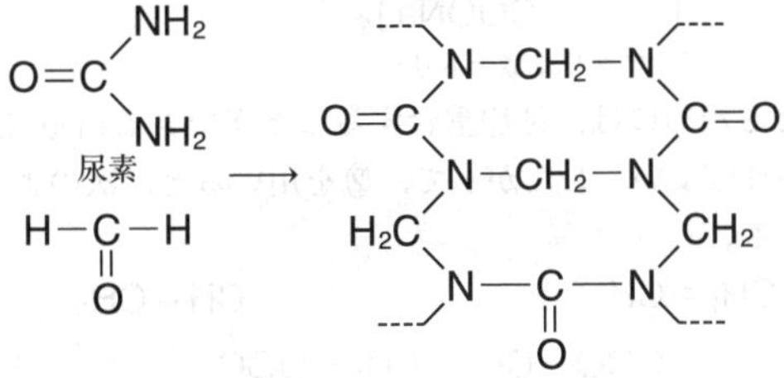

③　アルキド樹脂は，多価カルボン酸と多価アルコールとの縮合重合で得られる高分子化合物であり，網目状の立体構造をもつ。その代表例として，無水フタル酸とグリセリンからつくられるグリプタル樹脂がある。

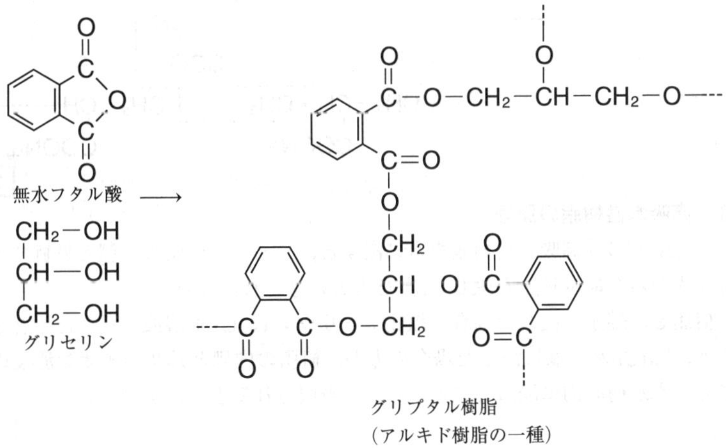

無水フタル酸　⟶

グリセリン

グリプタル樹脂
（アルキド樹脂の一種）

④　スチロール樹脂（ポリスチレン）は，スチレンの付加重合により得られる高分子化合物であり，鎖状構造をもつ。

— 237 —

34

$$n\ CH_2=CH \longrightarrow {+CH_2-CH+}_n$$

スチレン　　　　　　ポリスチレン

以上より，網目状の立体構造をもたない高分子は，④である。

$\boxed{25}$ …④

問2　高吸水性樹脂の構造

アクリル酸ナトリウム $CH_2=CHCOONa$ のみを付加重合させると，次のように鎖状の高分子化合物が得られる。

$$n\ CH_2=CH \atop \qquad COONa \longrightarrow {+CH_2-CH+}_n \atop \qquad\qquad COONa$$

アクリル酸ナトリウム　　ポリアクリル酸ナトリウム

これに架橋構造をもたせるためには，付加重合することができる構造（C＝C）を二つ以上もつ化合物を用いればよい。したがって，②を用いると，次のように架橋構造をもたせることができる。

$$CH_2=CH \quad + \quad CH_2=CH \qquad\qquad CH=CH_2$$
$$\quad COONa \qquad\qquad COO-CH_2-CH_2-OOC$$

$$\longrightarrow$$

$$----CH_2-CH+CH_2-CH+CH_2-CH----$$
$$\qquad\qquad COONa \quad COO \qquad COONa$$

$\boxed{26}$ …②

問3　高吸水性樹脂の原理

下線部(c)の「高吸水性樹脂を水に浸すと，〜〜〜，樹脂の内側と外側でイオン濃度が異なるため浸透圧が生じる。」をもとに考えればよい。

樹脂を，純水に浸した場合と塩化ナトリウム NaCl 水溶液に浸した場合を比較すると，NaCl 水溶液に浸した場合の方が，樹脂の内側と外側のイオン濃度の差が小さく，水が樹脂内に浸透しにくいので，吸収される水の量が少ない。

$\boxed{27}$ …①

問4　浸透圧

a　式(1)に，与えられたデータを代入すればよい。スクロースのモル質量は $M=342\ g/mol$ であり，

— 238 —

$$\Pi = \frac{C_w RT}{M}$$

$$= \frac{0.342 \text{ g/L} \times 8.31 \times 10^3 \text{ Pa·L/(K·mol)} \times 300 \text{ K}}{342 \text{ g/mol}}$$

$$= 2.49 \times 10^3 \text{ Pa} \fallingdotseq 2.5 \times 10^3 \text{ Pa}$$

<u>28</u>…②, <u>29</u>…⑤, <u>30</u>…③

b 問題文中の「C_w が 0 に近づくと〜〜〜 $\frac{\Pi}{C_w RT}$ は $\frac{1}{M'}$ に近づくことを利用する。」と「C_w を横軸に，$\frac{\Pi}{C_w RT}$ を縦軸にとってグラフに表すと，$C_w=0$ での切片から M' を求めることができる。」をもとに考えればよい。

$$\frac{\Pi}{C_w RT} = \frac{1}{M'} + AC_w \tag{3}$$

式(3)より，C_w を横軸に，$\frac{\Pi}{C_w RT}$ を縦軸にとったグラフは直線であり，表1のデータを方眼紙に記入した図2中の4点から，この直線の $C_w=0$ での切片は 1.37×10^{-5} mol/g と判断できる。

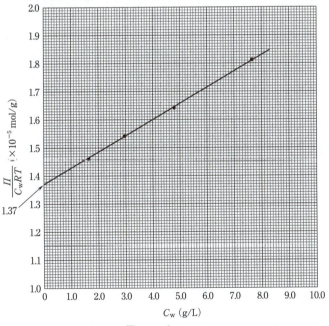

式(3)より，$C_w=0$ のとき，$\frac{\Pi}{C_w RT} = \frac{1}{M'}$ なので，

$$1.37 \times 10^{-5} = \frac{1}{M'} \qquad M' = 7.29 \times 10^4 \fallingdotseq 7.3 \times 10^4$$

<u>31</u>…⑤

MEMO

化 学

（2022年1月実施）

受験者数　184,028

平 均 点　　47.63

化学

解答・採点基準　　(100点満点)

問題番号(配点)	設　問	解答番号	正解	配点	自己採点
第1問 (20)	問1	1	②	3	
	問2	2	②	3	
	問3	3	④	4	
	問4	4	④	3	
	問5	5	②	3	
		6	③	4	
第1問　自己採点小計					
第2問 (20)	問1	7	③	3	
	問2	8	③	3	
	問3	9	①	3	
	問4	10	④	4	
		11	④	3	
		12	④	4	
第2問　自己採点小計					
第3問 (20)	問1	13	③	4	
	問2	14	①	4	
	問3	15	⑤	4	
		16	①	4	
		17	②	4	
第3問　自己採点小計					

問題番号(配点)	設　問	解答番号	正解	配点	自己採点
第4問 (20)	問1	18	④	3	
	問2	19	②	2	
		20	②	2	
	問3	21	⑤	4	
	問4	22	②	2	
		23	⑤	3	
		24	④	4 *1	
第4問　自己採点小計					
第5問 (20)	問1	25	③	4	
		26	④	4	
		27	③	4	
	問2	28	③	4 *2	
		29	②		
		30	⑧		
		31	②	4 *2	
		32	⑤		
		33	⑤		
第5問　自己採点小計					
自己採点合計					

(注)
1　＊1は，③を解答した場合は2点を与える。
2　＊2は，全部正解の場合のみ点を与える。

第1問　原子，化学量，気体，非晶質，溶解度

問1　原子の電子配置

原子がL殻に電子を3個もつ元素は，第2周期13族に属するホウ素Bである。なお，選択肢の原子の電子配置は次のとおりである。

		周期	族	\multicolumn{3}{c}{電子配置}
				K殻	L殻	M殻
①	$_{13}Al$	3	13	2	8	3
②	$_5B$	2	13	2	3	
③	$_3Li$	2	1	2	1	
④	$_{12}Mg$	3	2	2	8	2
⑤	$_7N$	2	15	2	5	

$\boxed{1}$ …②

問2　化学量

化合物1molあたりの質量で考えればよい。窒素の含有率（質量パーセント）はそれぞれ次のとおりである。

①　NH_4Cl　$\dfrac{14\,g}{53.5\,g}\times100\,(\%)=\dfrac{14\times2}{107}\times100\,(\%)$

②　$(NH_2)_2CO$　$\dfrac{14\times2\,g}{60\,g}\times100\,(\%)$

③　NH_4NO_3　$\dfrac{14\times2\,g}{80\,g}\times100\,(\%)$

④　$(NH_4)_2SO_4$　$\dfrac{14\times2\,g}{132\,g}\times100\,(\%)$

以上より，窒素の含有率（質量パーセント）が最も高いものは，②である。

$\boxed{2}$ …②

問3　混合気体

混合気体の体積を$V\,(L)$，温度を$T\,(K)$とする。また，貴ガス（希ガス）A, Bの原子量（＝分子量）をそれぞれM_A, M_B，質量をそれぞれ$w_A\,(g)$, $w_B\,(g)$，分圧をそれぞれ$P_A\,(Pa)$, $P_B\,(Pa)$とすると，

$$p_0=P_A+P_B$$

また，A, Bについて次の式が成り立つ。

$$P_AV=\frac{w_A}{M_A}RT$$

$$P_BV=\frac{w_B}{M_B}RT$$

混合気体の密度を$d\,(g/L)$とすると，dとP_Aの関係は，次の式で表される。

— 243 —

$$d = \frac{w_A + w_B}{V} = \frac{P_A M_A + P_B M_B}{RT}$$

$$= \frac{P_A M_A + (p_0 - P_A) M_B}{RT} = \frac{(M_A - M_B) P_A + p_0 M_B}{RT}$$

全圧 p_0, 温度 T が一定なので, $M_A < M_B$ より, 傾きが負の直線である④が適当である。

〔別解〕 混合気体の密度を d (g/L), 質量を w (g), 平均分子量を M, 体積を V (L), 温度を T (K) とすると, 密度 d は, 次の式で表される。

$$p_0 V = \frac{w}{M} RT \text{ より, } d = \frac{w}{V} = \frac{p_0 M}{RT}$$

全圧 p_0, 温度 T が一定なので, 混合気体の密度 d は, 平均分子量 M に比例する。また, 「Aの分圧 $= p_0 \times$ Aのモル分率」であり, Aの分圧は, Aのモル分率に比例する。よって, 横軸をAのモル分率, 縦軸を平均分子量 M としたグラフの概形を考えればよい。

AとBの原子量(= 分子量)をそれぞれ M_A, M_B, モル分率をそれぞれ x_A, x_B とすると, 平均分子量 M は次の式で表される。($x_A + x_B = 1$)

$$M = M_A x_A + M_B x_B$$
$$= M_A x_A + M_B (1 - x_A) = (M_A - M_B) x_A + M_B$$

$M_A < M_B$ なので, 傾きが負の直線である④が適当である。

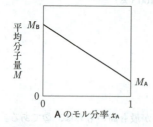
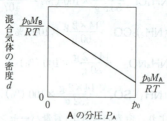

<u>3</u> …④

問4 非晶質

① 正しい。構成粒子が規則的に配列している固体を結晶, 規則性をもたずに配列している固体を非晶質(アモルファス)という。結晶は一定の融点を示すが, 非晶質は一定の融点を示さない。ガラスは, 非晶質であり, 一定の融点を示さない。

② 正しい。アモルファス金属やアモルファス合金は, 高温で融解させた金属を急速に冷却すると得られ, 原子が不規則に配列している。

③ 正しい。石英や水晶は二酸化ケイ素 SiO_2 の結晶であるが, これを高温で融解させた後, 冷却し凝固させると, 非晶質である石英ガラスになる。石英ガラスは光ファイバーに利用される。

④ 誤り。ポリエチレンは, 分子鎖が規則的に配列した結晶部分と, 分子鎖が乱雑に並んだ非晶質部分(非結晶部分, 無定形部分)で構成される。非晶質部分の割合が多いほど, 分子間力が小さく, やわらかい。

なお，非晶質部分の割合が多いポリエチレンは，低密度ポリエチレンとよばれ，透明でやわらかく，ポリ袋などに利用される。一方，結晶部分の割合が多いポリエチレンは，高密度ポリエチレンとよばれ，半透明でかたく，ポリ容器などに利用される。

4 …④

問5　気体の溶解度

　a　10℃，1.0×10^5 Pa で水 20 L に溶解している酸素 O_2 の物質量は，

　　1.75×10^{-3} mol/L × 20 L

　20℃，1.0×10^5 Pa で水 20 L に溶解している O_2 の物質量は，

　　1.40×10^{-3} mol/L × 20 L

　よって，10℃ から 20℃ にすると，水に溶解している O_2 の物質量は，

　　$(1.75 \times 10^{-3} \times 20)\,\text{mol} - (1.40 \times 10^{-3} \times 20)\,\text{mol}$

　　$= (1.75 - 1.40) \times 10^{-3} \times 20\,\text{mol} = 7.0 \times 10^{-3}\,\text{mol}$

減少する。

5 …②

　b　20℃，5.0×10^5 Pa のとき，窒素 N_2 の分圧は 5.0×10^5 Pa $\times \dfrac{4}{4+1} = 4.0 \times 10^5$

Pa であり，水 1.0 L に溶解している N_2 の物質量は，ヘンリーの法則より，

　　$0.70 \times 10^{-3}\,\text{mol} \times \dfrac{4.0 \times 10^5\,\text{Pa}}{1.0 \times 10^5\,\text{Pa}}$

　20℃，1.0×10^5 Pa のとき，N_2 の分圧は 1.0×10^5 Pa $\times \dfrac{4}{4+1} = 0.80 \times 10^5$ Pa であり，水 1.0 L に溶解している N_2 の物質量は，ヘンリーの法則より，

　　$0.70 \times 10^{-3}\,\text{mol} \times \dfrac{0.80 \times 10^5\,\text{Pa}}{1.0 \times 10^5\,\text{Pa}}$

　よって，5.0×10^5 Pa から 1.0×10^5 Pa にしたときに遊離した N_2 の物質量は，

　　$\left(0.70 \times 10^{-3} \times \dfrac{4.0 \times 10^5}{1.0 \times 10^5}\right)\text{mol} - \left(0.70 \times 10^{-3} \times \dfrac{0.80 \times 10^5}{1.0 \times 10^5}\right)\text{mol}$

　　$= 0.70 \times 10^{-3} \times (4.0 - 0.80)\,\text{mol} = 2.24 \times 10^{-3}\,\text{mol}$

これを 0℃，1.013×10^5 Pa（標準状態）での体積で表すと，

　　$22.4\,\text{L/mol} \times 2.24 \times 10^{-3}\,\text{mol} = 50.1 \times 10^{-3}\,\text{L} \fallingdotseq 50\,\text{mL}$

または，

　　$\dfrac{2.24 \times 10^{-3}\,\text{mol} \times 8.31 \times 10^3\,\text{Pa·L/(K·mol)} \times 273\,\text{K}}{1.013 \times 10^5\,\text{Pa}} = 5.01 \times 10^{-2}\,\text{L} \fallingdotseq 50\,\text{mL}$

6 …③

第2問　化学反応・状態変化と熱，反応速度，化学平衡，化学量，電池

問1　化学反応・状態変化と熱

① 物質が完全燃焼するとき，発熱する。なお，燃焼とは，物質が熱や光を発して酸素 O_2 と反応する現象である。

② 酸と塩基が中和反応するとき，発熱する。なお，強酸の希薄水溶液と強塩基の希薄水溶液の中和で起こる変化は，次の熱化学方程式で表される。

$$H^+ aq + OH^- aq = H_2O(液) + 56.5\,kJ$$

③ 電解質が多量の水に溶解するとき，電解質の種類によって発熱する場合と吸熱する場合がある。例えば，水酸化ナトリウムの溶解は発熱，塩化ナトリウムの溶解は吸熱であることが知られている。

$$NaOH(固) + aq = Na^+ aq + OH^- aq + 44.5\,kJ$$
$$NaCl(固) + aq = Na^+ aq + Cl^- aq - 3.9\,kJ$$

④ 常圧で液体が凝固して固体になるとき，発熱する。例えば，水の凝固熱は 6.0 kJ/mol であり，その熱化学方程式は次の式で表される。

$$H_2O(液) = H_2O(固) + 6.0\,kJ$$

以上より，発熱の場合も吸熱の場合もあるものは③である。

$$\boxed{7} \cdots ③$$

問2　電離平衡

0.060 mol/L の酢酸ナトリウム CH_3COONa 水溶液 50 mL に含まれる CH_3COONa の物質量，および 0.060 mol/L の塩酸(HCl 水溶液)50 mL に含まれる HCl の物質量はともに，

$$0.060\,mol/L \times \frac{50}{1000}\,L = 3.0 \times 10^{-3}\,mol$$

酢酸ナトリウム水溶液と塩酸を混合すると，次の反応が起こる。

	CH_3COONa	$+$	HCl	$\longrightarrow$	CH_3COOH	$+$	$NaCl$
反応前	3.0×10^{-3}		3.0×10^{-3}		0		0
変化量	-3.0×10^{-3}		-3.0×10^{-3}		$+3.0 \times 10^{-3}$		$+3.0 \times 10^{-3}$
反応後	0		0		3.0×10^{-3}		3.0×10^{-3}

(単位：mol)

よって，混合後の水溶液は酢酸 CH_3COOH と塩化ナトリウム $NaCl$ の混合水溶液となり，水溶液中の水素イオン濃度 $[H^+]$ は，酢酸のモル濃度によって決まる。

混合後の水溶液の体積は 100 mL なので，酢酸のモル濃度を c (mol/L)とすると，

$$c = \frac{3.0 \times 10^{-3}\,mol}{\frac{100}{1000}\,L} = 3.0 \times 10^{-2}\,mol/L$$

CH_3COOH の電離度を α とすると，

— 246 —

$$CH_3COOH \rightleftharpoons CH_3COO^- + H^+$$

反応前	c	0	0
変化量	$-c\alpha$	$+c\alpha$	$+c\alpha$
反応後	$c(1-\alpha)$	$c\alpha$	$c\alpha$

（単位：mol/L）

酢酸の電離定数を K_a とすると，

$$K_a = \frac{[CH_3COO^-][H^+]}{[CH_3COOH]} = \frac{c\alpha \times c\alpha}{c(1-\alpha)} = \frac{c\alpha^2}{1-\alpha}$$

α が 1 に比べて十分に小さいとき，$1-\alpha \fallingdotseq 1$ と近似できるので，

$$K_a = c\alpha^2$$

$$\alpha = \sqrt{\frac{K_a}{c}} = \sqrt{\frac{2.7 \times 10^{-5}\, mol/L}{3.0 \times 10^{-2}\, mol/L}} = 3.0 \times 10^{-2}$$

（確かに，α が 1 に比べて十分に小さい。）

$$[H^+] = c\alpha = 3.0 \times 10^{-2}\, mol/L \times 3.0 \times 10^{-2} = 9.0 \times 10^{-4}\, mol/L$$

$\boxed{8}$ …③

問3　反応速度，化学平衡

平衡状態に達するまでに減少した A を x (mol/L) とすると，

$$A \rightleftharpoons B + C$$

反応前	1	0	0
変化量	$-x$	$+x$	$+x$
平衡時	$1-x$	x	x

（単位：mol/L）

平衡状態では，正反応の反応速度 v_1 と逆反応の反応速度 v_2 が等しいので，

$$k_1[A] = k_2[B][C]$$

$$1 \times 10^{-6}/s \times (1-x)\,(mol/L) = 6 \times 10^{-6}\, L/(mol \cdot s) \times x\,(mol/L) \times x\,(mol/L)$$

$$6x^2 + x - 1 = 0$$

$$(3x-1)(2x+1) = 0$$

$0 < x < 1$ より，$x = \dfrac{1}{3}$

よって，平衡状態で，$[B] = \dfrac{1}{3}\, mol/L$

〔別解〕　x の値は，この反応の平衡定数（K とする）を用いて求めることもできる。

$$K = \frac{[B][C]}{[A]}$$

平衡状態では，$v_1 = v_2$ なので，

$$k_1[A] = k_2[B][C]$$

$$K = \frac{[B][C]}{[A]} = \frac{k_1}{k_2} = \frac{1 \times 10^{-6}/s}{6 \times 10^{-6}\, L/(mol \cdot s)} = \frac{1}{6}\, mol/L$$

よって，

$$K = \frac{x\,(mol/L) \times x\,(mol/L)}{(1-x)\,(mol/L)} = \frac{1}{6}\, mol/L$$

— 247 —

8

$0 < x < 1$ より，$x = \dfrac{1}{3}$

$\boxed{9}$ …①

問4　水素吸蔵合金，燃料電池

a　248 g の水素吸蔵合金 **X** の体積は，

$$\frac{248 \text{ g}}{6.2 \text{ g/cm}^3} = 40 \text{ cm}^3$$

0 ℃，1.013×10^5 Pa（標準状態）で，**X** の体積の 1200 倍の水素 H_2 を貯蔵できるので，248 g の **X** に貯蔵できる H_2 の体積および物質量は，

$$1200 \times 40 \text{ cm}^3 = 4.8 \times 10^4 \text{ cm}^3 = 48 \text{ L}$$

$$\frac{48 \text{ L}}{22.4 \text{ L/mol}} = 2.14 \text{ mol} \fallingdotseq 2.1 \text{ mol}$$

または，

$$\frac{1.013 \times 10^5 \text{ Pa} \times 48 \text{ L}}{8.3 \times 10^3 \text{ Pa·L/(K·mol)} \times 273 \text{ K}} = 2.14 \text{ mol} \fallingdotseq 2.1 \text{ mol}$$

$\boxed{10}$ …④

b　リン酸型燃料電池の各電極では，次の反応が起こる。

負極　$H_2 \longrightarrow 2H^+ + 2e^-$ 　　　　　　　　　　　　　　(1)

正極　$O_2 + 4H^+ + 4e^- \longrightarrow 2H_2O$ 　　　　　　　　(2)

負極で生じた H^+ は，電解液を通って正極側へ移動する。また，図1の電子 e^- の流れた方向から，**ア**を供給した側が負極，**イ**を供給した側が正極であると判断できる。

排出される物質には，生成物以外に未反応の物質も含まれるものとするので，**ア〜エ**は次のとおりである。

負極で供給する物質**ア**：H_2，　　排出される物質**ウ**：H_2

正極で供給する物質**イ**：O_2，　　排出される物質**エ**：O_2，H_2O

$\boxed{11}$ …④

c　燃料電池全体の反応は，式(1)×2＋式(2)より，

$$2H_2 + O_2 \longrightarrow 2H_2O$$

よって，H_2 2.00 mol と O_2 1.00 mol は過不足なく反応する。また，このとき流れた e^- の物質量は，式(1)または式(2)より，4.00 mol である。

よって，流れた電気量は，

$$9.65 \times 10^4 \text{ C/mol} \times 4.00 \text{ mol} = 3.86 \times 10^5 \text{ C}$$

$\boxed{12}$ …④

第3問　無機物質，化学反応と量的関係

問1　金属イオンの沈殿，水溶液の性質，電気分解

ア　アンモニア NH_3 水を加えると，ミョウバン $AlK(SO_4)_2 \cdot 12H_2O$ の水溶液で

— 248 —

は水酸化アルミニウム Al(OH)$_3$ の白色沈殿が生じるが，塩化ナトリウム NaCl の水溶液では変化がみられない。よって，二つの試薬を区別することができる。

　イ　臭化カルシウム CaBr$_2$ 水溶液を加えると，AlK(SO$_4$)$_2$·12H$_2$O の水溶液では硫酸カルシウム CaSO$_4$ の白色沈殿が生じるが，NaCl の水溶液では変化がみられない。よって，二つの試薬を区別することができる。

　ウ　フェノールフタレインは，pH が 8.0～9.8(塩基性)で無色から赤色に変化する指示薬である。また，AlK(SO$_4$)$_2$·12H$_2$O の水溶液は酸性を，NaCl の水溶液は中性を示す。よって，フェノールフタレイン溶液を加えると，AlK(SO$_4$)$_2$·12H$_2$O の水溶液，NaCl の水溶液ともに無色のままであり，二つの試薬を区別することができない。

　エ　白金電極を用いて AlK(SO$_4$)$_2$·12H$_2$O の水溶液を電気分解すると，各電極で次の反応が起こる。

　　　陰極　$2H^+ + 2e^- \longrightarrow H_2$
　　　陽極　$2H_2O \longrightarrow O_2 + 4H^+ + 4e^-$

白金電極を用いて NaCl の水溶液を電気分解すると，各電極で次の反応が起こる。

　　　陰極　$2H_2O + 2e^- \longrightarrow H_2 + 2OH^-$
　　　陽極　$2Cl^- \longrightarrow Cl_2 + 2e^-$

陽極で発生する気体が異なるので，二つの試薬を区別することができる。
　以上より，二つの試薬を区別することができない操作は**ウ**である。

　　　　　　　　　　　　　　　　　　　　　　　　　　　　　　　　13 …③

問2　化学反応と量的関係(組成式の決定)

　図1について，金属元素の単体 M の物質量が $0～2.00×10^{-2}$ mol の範囲では，M の増加にともなって，金属酸化物 M$_x$O$_y$ の生成量が増加している。よって，この範囲では M がすべて反応している。

　一方，M の物質量が $2.00×10^{-2}～3.00×10^{-2}$ mol の範囲，すなわち，酸素 O$_2$ の物質量が $1.00×10^{-2}～0$ mol の範囲では，O$_2$ の増加にともなって，M$_x$O$_y$ の生成量が増加している。よって，この範囲では酸素 O$_2$ がすべて反応している。

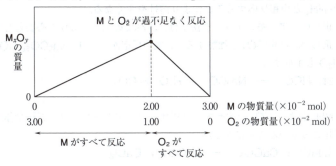

M が 2.00×10^{-2} mol，O_2 が 1.00×10^{-2} mol のとき，M_xO_y の生成量が最大となっており，このとき，M と O_2 が過不足なく反応している。よって，M と O_2 は物質量比 $2:1$ で次のように反応していることがわかり，酸化物の組成式は MO である。

$$2M + O_2 \longrightarrow 2MO$$

$\boxed{14}$ …①

問3　アンモニアソーダ法

a　二酸化炭素 CO_2 は弱酸であり，水に溶かすと次のように電離して水素イオン H^+ を生じるので，水溶液は酸性を示す。

$$CO_2 + H_2O \rightleftharpoons H^+ + HCO_3^-$$

炭酸ナトリウム Na_2CO_3 は，弱酸である CO_2 と強塩基である水酸化ナトリウム $NaOH$ の中和により得られる正塩であり，水に溶かすと，電離によって生じた炭酸イオン CO_3^{2-} の一部が次のように加水分解して水酸化物イオン OH^- を生じるので，水溶液は塩基性を示す。

$$CO_3^{2-} + H_2O \rightleftharpoons HCO_3^- + OH^-$$

塩化アンモニウム NH_4Cl は，強酸である塩化水素 HCl と弱塩基であるアンモニア NH_3 の中和により得られる正塩であり，水に溶かすと，電離によって生じたアンモニウムイオン NH_4^+ の一部が次のように加水分解してオキソニウムイオン H_3O^+ を生じるので，水溶液は酸性を示す。

$$NH_4^+ + H_2O \rightleftharpoons NH_3 + H_3O^+$$

以上より，水溶液が酸性を示すものは，CO_2 と NH_4Cl である。

$\boxed{15}$ …⑤

b　①　誤り。塩化ナトリウム $NaCl$ の飽和水溶液にアンモニア NH_3，二酸化炭素 CO_2 を通じると，比較的溶解度の小さい炭酸水素ナトリウム $NaHCO_3$ が沈殿する。このとき，塩化アンモニウム NH_4Cl は水に溶けている。

$$NaCl + NH_3 + CO_2 + H_2O \longrightarrow NaHCO_3 + NH_4Cl$$

すなわち，$NaHCO_3$ の水への溶解度は，NH_4Cl より小さい。

②　正しい。NH_3 は極性分子，CO_2 は無極性分子なので，水への溶解度は NH_3 の方が大きい。NH_3 を吸収させて水溶液を塩基性にした後に CO_2 を通じると，CO_2 が NH_3 と中和反応することにより溶けやすくなる。

③　正しい。アンモニアソーダ法では，すべての過程で触媒を必要としない。

④　正しい。$NaHCO_3$ を加熱すると，次の反応が起こり，Na_2CO_3，CO_2 のほかに水 H_2O も生成する。

$$2NaHCO_3 \longrightarrow Na_2CO_3 + H_2O + CO_2$$

$\boxed{16}$ …①

c　NH_3 および CO_2 をすべて再利用すると，アンモニアソーダ法全体では次の反応が起こっていることになる。

$$2NaCl + CaCO_3 \longrightarrow Na_2CO_3 + CaCl_2$$

2022年度　本試験〈解説〉　化学　11

よって，NaCl（式量 58.5） $\dfrac{58.5\times10^{3}\,g}{58.5\,g/mol}=1.00\times10^{3}\,mol$ がすべて反応するとき，必要な CaCO$_3$（式量 100）の物質量および質量は，

$$1.00\times10^{3}\,mol\times\dfrac{1}{2}=0.500\times10^{3}\,mol$$

$$100\,g/mol\times0.500\times10^{3}\,mol=50.0\times10^{3}\,g=50.0\,kg$$

$\boxed{17}\cdots②$

第4問　有機化合物

問1　ハロゲンを含む有機化合物

① 正しい。メタン CH$_4$ に十分な量の塩素 Cl$_2$ を混ぜて光（紫外線）をあてると，置換反応が起こり，クロロメタン CH$_3$Cl，ジクロロメタン CH$_2$Cl$_2$，トリクロロメタン（クロロホルム）CHCl$_3$，テトラクロロメタン（四塩化炭素）CCl$_4$ が順次生成する。

$$CH_4 + Cl_2 \longrightarrow CH_3Cl + HCl$$
$$CH_3Cl + Cl_2 \longrightarrow CH_2Cl_2 + HCl$$
$$CH_2Cl_2 + Cl_2 \longrightarrow CHCl_3 + HCl$$
$$CHCl_3 + Cl_2 \longrightarrow CCl_4 + HCl$$

② 正しい。ブロモベンゼン 〈〉−Br は，分子量がベンゼン 〈〉 より大きく，また極性もあるので，ファンデルワールス力がベンゼンより大きい。よって，ブロモベンゼンの沸点は，ベンゼンの沸点より高い。

③ 正しい。クロロプレンを付加重合させると，合成ゴムであるクロロプレンゴム（ポリクロロプレン）が得られる。

$$n\,CH_2=C-CH=CH_2 \xrightarrow{\text{付加重合}} \left[CH_2-C=CH-CH_2\right]_n$$

クロロプレン　　　　　　　　　　　　クロロプレンゴム

④ 誤り。プロピン1分子に臭素 Br$_2$ 2分子を付加させると，1, 1, 2, 2-テトラブロモプロパンが得られる。

$$CH_3-C\equiv CH + 2Br_2 \xrightarrow{\text{付加}} CH_3-\underset{Br}{\overset{Br}{C}}-\underset{Br}{\overset{Br}{CH}}$$

プロピン　　　　　　　　　　1, 1, 2, 2-テトラブロモプロパン

$\boxed{18}\cdots④$

問2　フェノールのニトロ化

フェノールを混酸（濃硝酸と濃硫酸の混合物）と反応させると，段階的にニトロ化が起こり，2, 4, 6-トリニトロフェノール（ピクリン酸）が得られる。この過程は次のとおりであり，途中で経由したニトロフェノールの異性体は2種類，ジニトロフェ

— 251 —

12

ノールの異性体は 2 種類である。

OH（フェノール） → OH・NO₂（ニトロフェノール, ortho） → O₂N・OH・NO₂（ジニトロフェノール） → O₂N・OH・NO₂・NO₂（2,4,6-トリニトロフェノール）

OH・NO₂（ニトロフェノール, para） → OH・NO₂（ジニトロフェノール）

2,4,6-トリニトロ
フェノール

ニトロフェノール　　　ジニトロフェノール

$\boxed{19}$ …② , $\boxed{20}$ …②

問3　天然高分子化合物，合成高分子化合物

①　正しい。タンパク質のポリペプチド鎖は，ペプチド結合の部分で水素結合することにより，α-ヘリックスや β-シートのような二次構造をとる。さらに，システインの $-SH$ 部分が酸化されて生じるジスルフィド結合 $-S-S-$，電荷をもった置換基どうしのイオン結合などにより複雑に折りたたまれ，各タンパク質に特有の三次構造をとる。

②　正しい。タンパク質は，加熱，強酸や強塩基，アルコールなどの作用により固まる。これを変性といい，高次構造を保っている水素結合などが切れ，高次構造が変化するために起こる。

③　正しい。セルロースに無水酢酸を作用させると，アセチル化によりトリアセチルセルロースが得られる。

$$[C_6H_7O_2(OH)_3]_n + 3n\,(CH_3CO)_2O$$

セルロース

$$\longrightarrow [C_6H_7O_2(OCOCH_3)_3]_n + 3n\,CH_3COOH$$

トリアセチルセルロース

トリアセチルセルロースを部分的に加水分解してジアセチルセルロースにした後，紡糸すると，アセテート繊維が得られる。

$$[C_6H_7O_2(OCOCH_3)_3]_n + n\,H_2O$$

$$\longrightarrow [C_6H_7O_2(OH)(OCOCH_3)_2]_n + n\,CH_3COOH$$

ジアセチルセルロース

④　正しい。天然ゴムの主成分は，シス形のポリイソプレンである。

$$\begin{array}{c} CH_2 \quad\quad CH_2 \\ | \quad\quad\quad | \\ C=C \\ | \quad\quad\quad | \\ CH_3 \quad\quad H \end{array}_n$$

天然ゴムを空気中に放置しておくと，二重結合の部分が空気中の酸素 O_2 によっておだやかに酸化され，次第にゴム弾性が失われる。

— 252 —

⑤　誤り。ポリエチレンテレフタラート（PET）を完全に加水分解すると，テレフタル酸とエチレングリコールの2種類の化合物が得られる。

$$\left[\begin{array}{c}\text{O} \quad\quad\quad\quad \text{O}\\ \parallel \quad\quad\quad\quad \parallel\\ \text{C}-\!\!\!\bigcirc\!\!\!-\text{C}-\text{O}-\text{CH}_2-\text{CH}_2-\text{O}\end{array}\right]_n + 2n\,\text{H}_2\text{O}$$

ポリエチレンテレフタラート

$$\xrightarrow[\text{加水分解}]{} n\,\text{HO}-\overset{\overset{\text{O}}{\parallel}}{\text{C}}-\!\!\!\bigcirc\!\!\!-\overset{\overset{\text{O}}{\parallel}}{\text{C}}-\text{OH} + n\,\text{HO}-\text{CH}_2-\text{CH}_2-\text{OH}$$

テレフタル酸　　　　　　　　　　　エチレングリコール

一方，ポリ乳酸を完全に加水分解すると，乳酸のみが得られる。

$$\left[\begin{array}{c}\quad\quad \text{O}\\ \quad\quad \parallel\\ \text{O}-\text{CH}-\text{C}\\ \quad \mid\\ \quad \text{CH}_3\end{array}\right]_n + n\,\text{H}_2\text{O} \xrightarrow[\text{加水分解}]{} n\,\text{HO}-\overset{}{\underset{\underset{\text{CH}_3}{\mid}}{\text{CH}}}-\overset{\overset{\text{O}}{\parallel}}{\text{C}}-\text{OH}$$

ポリ乳酸　　　　　　　　　　　　　乳酸

$\boxed{21}\cdots⑤$

問4　カルボン酸の還元反応

a　ジカルボン酸 $HOOC(CH_2)_4COOH$ を試薬 X で還元したとき，反応を途中で止めると図1に示されたヒドロキシ酸と2価アルコールが得られた。よって，このジカルボン酸は，次に示すように，ヒドロキシ酸を経て2価アルコールに変化することがわかる。

$$\begin{array}{ccc}\text{CH}_2-\text{CH}_2-\text{COOH} & & \text{CH}_2-\text{CH}_2-\text{CH}_2\text{OH} \\ \mid & \xrightarrow{\text{還元}} & \mid \\ \text{CH}_2-\text{CH}_2-\text{COOH} & & \text{CH}_2-\text{CH}_2-\text{COOH} \end{array} \xrightarrow{\text{還元}} \begin{array}{c}\text{CH}_2-\text{CH}_2-\text{CH}_2\text{OH}\\ \mid \\ \text{CH}_2-\text{CH}_2-\text{CH}_2\text{OH}\end{array}$$

ジカルボン酸　　　　　　　　　ヒドロキシ酸　　　　　　　　2価アルコール

図2について，時間の経過にともない，A は減少していき，やがて 0 になる。C は，はじめ増加し，途中から減少している。B は増加し続けている。よって，次に示すように，A が，C を経て B に変化したと考えられる。

$$\text{A} \xrightarrow{\text{還元}} \text{C} \xrightarrow{\text{還元}} \text{B}$$

したがって，ジカルボン酸は A，ヒドロキシ酸は C，2価アルコールは B である。

$\boxed{22}\cdots②$

b　ジカルボン酸 $HOOC(CH_2)_2COOH$ を試薬 X で還元したとき，反応の途中で化合物 Y が生成した。Y は銀鏡反応を示さなかったので，ホルミル基（アルデヒド基）$-CHO$ をもたない。また，炭酸水素ナトリウム $NaHCO_3$ 水溶液を加えても二酸化炭素 CO_2 を生じなかったので，カルボキシ基$-COOH$ をもたない。この段階で，①〜③は不適当である。

86 mg の Y を完全燃焼させると，176 mg の二酸化炭素 CO_2（分子量 44）と 54 mg の水 H_2O（分子量 18）が生成したので，86 mg の Y に含まれる炭素 C，水素 H，酸

— 253 —

素 O の質量は,

C $176\,\mathrm{mg} \times \dfrac{12}{44} = 48\,\mathrm{mg}$

H $54\,\mathrm{mg} \times \dfrac{1.0 \times 2}{18} = 6.0\,\mathrm{mg}$

O $86\,\mathrm{mg} - 48\,\mathrm{mg} - 6.0\,\mathrm{mg} = 32\,\mathrm{mg}$

C, H, O の物質量比は,

C : H : O $= \dfrac{48\,\mathrm{mg}}{12\,\mathrm{g/mol}} : \dfrac{6.0\,\mathrm{mg}}{1.0\,\mathrm{g/mol}} : \dfrac{32\,\mathrm{mg}}{16\,\mathrm{g/mol}} = 2 : 3 : 1$

よって, Y の組成式は C_2H_3O である。また, Y は炭素原子を 4 個もつので, Y の分子式は $C_4H_6O_2$ である。④ ～ ⑥ の分子式は, ④ $C_4H_4O_3$, ⑤ $C_4H_6O_2$, ⑥ $C_4H_8O_2$ なので, Y として最も適当なものは, ⑤である。

なお, この反応は, ジカルボン酸が還元されて生じたヒドロキシ酸が分子内で脱水し(エステル化), 環状エステルである Y が生成したと考えられる。

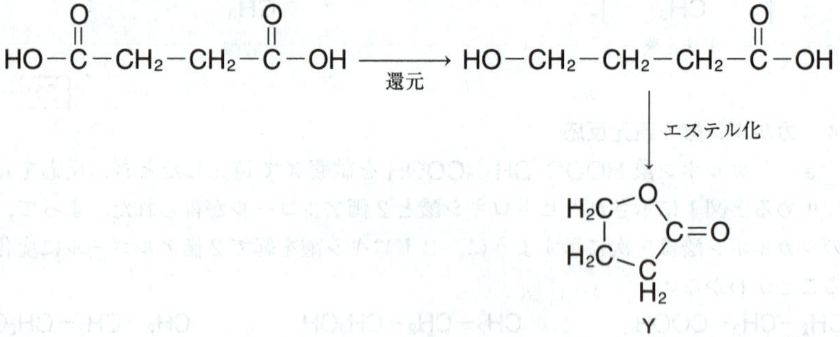

$\boxed{23}$ …⑤

c 図 3 に示されたジカルボン酸を還元して生じるヒドロキシ酸は, それぞれ次のとおりである。(C^* は不斉炭素原子を示す)

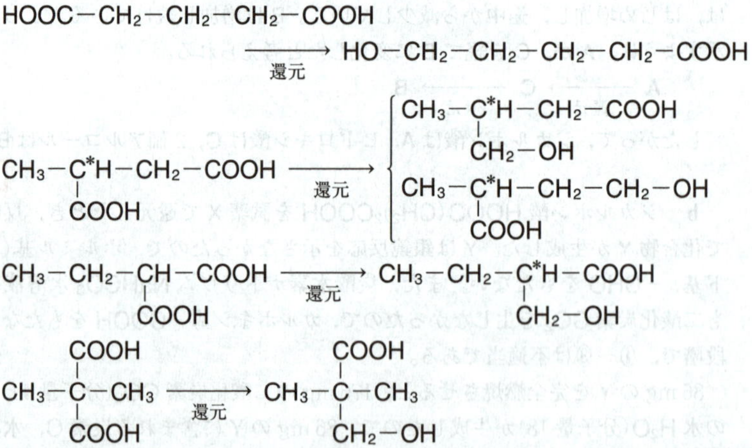

以上より，生成したヒドロキシ酸は，立体異性体を区別しないで数えると5種類あり，そのうち不斉炭素原子をもつものは3種類存在する。

24 … ④

第5問　アルケンに関する総合問題
問1　脂肪族不飽和炭化水素

① 正しい。エチレン$CH_2=CH_2$は炭素原子間二重結合$C=C$をもつ。$C=C$の一方の炭素原子を固定したとき，他方の炭素原子は自由に回転できない。

② 正しい。シクロアルケンは，環構造を1個，$C=C$結合を1個もち，一般式は，アルカン(C_nH_{2n+2})より水素原子が4個少ないC_nH_{2n-2}で表される。

③ 誤り。炭素原子間三重結合$C\equiv C$を構成する炭素原子とそれに結合する原子は，常に同一直線上にある。1-ブチン$C^1H\equiv C^2-C^3H_2-C^4H_3$では，$C^1\sim C^3$原子は常に同一直線上にあるが，$C^4$原子は同一直線上にはない。

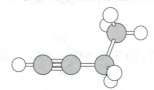

④ 正しい。ポリアセチレンは，アセチレンの付加重合により得られる高分子化合物であり，$C=C$と$C-C$が交互に並んだ構造をとる。

$$n\,CH\equiv CH \xrightarrow{\text{付加重合}} \underset{\text{ポリアセチレン}}{\text{[}CH=CH\text{]}_n}$$

なお，ポリアセチレンは導電性高分子の材料として用いられ，これにヨウ素I_2を加えると電気伝導性を示す。

25 … ③

問2　アルケンのオゾンによる酸化反応（構造決定，反応熱，反応速度）

a アルケンA（分子式C_6H_{12}）をオゾンO_3により酸化すると，アルデヒドBとケトンCが生成した。

$$\underset{A}{\overset{R^1}{\underset{H}{}}C=\overset{R^2}{\underset{R^3}{}}C} \longrightarrow \underset{B}{\overset{R^1}{\underset{H}{}}C=O} + \underset{C}{O=\overset{R^2}{\underset{R^3}{}}C}$$

$$\begin{bmatrix} R^1=H,\ CH_3,\ CH_3CH_2 \text{のいずれか} \\ R^2,\ R^3=CH_3,\ CH_3CH_2 \text{のいずれか} \end{bmatrix}$$

アルデヒド B はヨードホルム反応を示さなかったので，R^1 は CH_3 ではない。よって，R^1 は H または CH_3CH_2 である。

ケトン C はヨードホルム反応を示したので，R^2，R^3 の少なくとも一方は CH_3 である。

A の分子式は C_6H_{12} なので，R^1，R^2，R^3 の炭素数の和は$(6-2=)4$である。R^1 ＝H であれば，R^2 と R^3 の炭素数の和が 4 となるが，R^2，R^3 の少なくとも一方は CH_3 なので，該当する構造はない。したがって，$R^1=CH_3CH_2$，$R^2=CH_3$，$R^3=CH_3$ である。

$$CH_3-CH_2 \underset{H}{\overset{}{C}}=\underset{CH_3}{\overset{CH_3}{C}} \longrightarrow CH_3-CH_2 \underset{H}{\overset{}{C}}=O + O=\underset{CH_3}{\overset{CH_3}{C}}$$

$$\qquad\qquad A \qquad\qquad\qquad B \qquad\qquad C$$

$$\boxed{26}\cdots④$$

b 与えられた熱化学方程式，および A, B, C の生成熱を表す熱化学方程式は次のとおりである。

$$\underset{H}{\overset{R^1}{C}}=\underset{R^3}{\overset{R^2}{C}} \text{(気)} + O_3 \text{(気)} + SO_2 \text{(気)}$$

$$= \underset{H}{\overset{R^1}{C}}=O \text{(気)} + O=\underset{R^3}{\overset{R^2}{C}} \text{(気)} + SO_3 \text{(気)} + Q\,\text{kJ} \qquad (2)$$

$$SO_2\text{(気)} + \frac{1}{2}O_2\text{(気)} = SO_3\text{(気)} + 99\,\text{kJ} \qquad (3)$$

$$\frac{3}{2}O_2\text{(気)} = O_3\text{(気)} - 143\,\text{kJ} \qquad (4)$$

$$6C\text{(黒鉛)} + 6H_2\text{(気)} = \underset{H}{\overset{R^1}{C}}=\underset{R^3}{\overset{R^2}{C}} \text{(気)} + 67\,\text{kJ} \qquad (5)$$

$$3C\text{(黒鉛)} + 3H_2\text{(気)} + \frac{1}{2}O_2\text{(気)} = \underset{H}{\overset{R^1}{C}}=O\text{(気)} + 186\,\text{kJ} \qquad (6)$$

$$3C\text{(黒鉛)} + 3H_2\text{(気)} + \frac{1}{2}O_2\text{(気)} = O=\underset{R^3}{\overset{R^2}{C}} \text{(気)} + 217\,\text{kJ} \qquad (7)$$

$$(R^1 = CH_3CH_2,\ R^2 = CH_3,\ R^3 = CH_3)$$

式(2)＝式(3)－式(4)－式(5)＋式(6)＋式(7)より，

$$Q=99-(-143)-67+186+217=578\,\text{kJ}$$

なお，エネルギー図は，次のようになる。

— 256 —

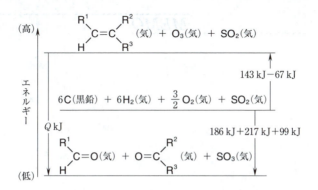

$$\boxed{27}\cdots ③$$

c 図1より，1.0秒において，[A] = 4.40×10^{-7} mol/L
　　　　　　6.0秒において，[A] = 2.80×10^{-7} mol/L

1.0秒から6.0秒の間にAが減少する平均の反応速度は，

$$\frac{(4.40\times10^{-7}-2.80\times10^{-7})\text{mol/L}}{(6.0-1.0)\text{s}} = 3.2\times10^{-8}\text{ mol/(L·s)}$$

$$\boxed{28}\cdots ③,\ \boxed{29}\cdots ②,\ \boxed{30}\cdots ⑧$$

d 最初に，$v=k[\text{A}]^a[\text{O}_3]^b$ の $a,\ b$ の値を求める。

実験1と3より，[A]が一定のとき，[O₃]が $\dfrac{6.0\times10^{-7}\text{ mol/L}}{2.0\times10^{-7}\text{ mol/L}}=3$ 倍になると，v は $\dfrac{1.5\times10^{-8}\text{ mol/(L·s)}}{5.0\times10^{-9}\text{ mol/(L·s)}}=3$ 倍になる。よって，

$$3^b=3 \qquad b=1$$

実験1と2より，[A]が $\dfrac{4.0\times10^{-7}\text{ mol/L}}{1.0\times10^{-7}\text{ mol/L}}=4$ 倍，[O₃]が $\dfrac{1.0\times10^{-7}\text{ mol/L}}{2.0\times10^{-7}\text{ mol/L}}=\dfrac{1}{2}$ 倍になると，v は $\dfrac{1.0\times10^{-8}\text{ mol/(L·s)}}{5.0\times10^{-9}\text{ mol/(L·s)}}=2$ 倍になる。$b=1$ なので，

$$4^a\times\frac{1}{2}=2 \qquad a=1$$

よって，反応速度式は，

$$v=k[\text{A}][\text{O}_3]$$

実験1のデータより，

$$k=\frac{v}{[\text{A}][\text{O}_3]}$$
$$=\frac{5.0\times10^{-9}\text{ mol/(L·s)}}{1.0\times10^{-7}\text{ mol/L}\times2.0\times10^{-7}\text{ mol/L}}=2.5\times10^{5}\text{ L/(mol·s)}$$

なお，実験2，3のデータを用いて計算しても同じ結果が得られる。

$$\boxed{31}\cdots ②,\ \boxed{32}\cdots ⑤,\ \boxed{33}\cdots ⑤$$

MEMO

化　学

（2022年1月実施）

追試験
2022

20

化学

解答・採点基準　　(100点満点)

問題番号 (配点)	設問	解答番号	正解	配点	自己採点
第1問 (20)	問1	1	①	3	
	問2	2	③	4	
	問3	3	⑦	4	
	問4	4	④	3 *	
		5	⓪		
		6	③	3	
		7	③	3	
第1問　自己採点小計					
第2問 (20)	問1	8	④	3	
	問2	9	②	3	
	問3	10	②	4	
	問4	11	①	3	
		12	⑤	3	
		13	③	4 (各2) ※	
		14	⑤		
第2問　自己採点小計					
第3問 (20)	問1	15	①	4	
	問2	16	①	2	
		17	②	2	
	問3	18	④	4	
		19	③	4	
		20	④	4	
第3問　自己採点小計					

問題番号 (配点)	設問	解答番号	正解	配点	自己採点
第4問 (20)	問1	21	③	4	
	問2	22	②	4	
	問3	23	③	4	
	問4	24	③	3	
		25	②	2 *	
		26	④		
		27	②		
		28	②	3	
第4問　自己採点小計					
第5問 (20)	問1	29	④	4	
		30	②	4 (各2) ※	
		31	⑥		
	問2	32	②	4	
	問3	33	③	4	
		34	①	4	
第5問　自己採点小計					
自己採点合計					

(注)
1　＊は，全部正解の場合のみ点を与える。
2　※の正解は，順序を問わない。

— 260 —

第1問　化学結合，気体，希薄溶液

問1　化学結合(分子の構造)

①～④の分子の構造式は次のとおりである。

①　シアン化水素　$H-C\equiv N$　　　②　フッ素　$F-F$

③　アンモニア　$H-\underset{\underset{H}{|}}{N}-H$　　　④　シクロヘキセン

$$\begin{array}{c} \qquad\quad \underset{}{C}H_2 \\ H_2C{\overset{C}{\diagup}}\quad{\diagdown}CH \\ \qquad\qquad\qquad \| \\ H_2C{\diagdown}\quad{\diagup}CH \\ \qquad\quad CH_2 \end{array}$$

以上より，三重結合をもつ分子は①である。

$\boxed{1}$ …①

問2　実在気体

図1より，1.0×10^7 Pa のとき $Z=0.86$，5.0×10^7 Pa のとき $Z=1.18$ である。1.0×10^7 Pa のときの体積を V_1，5.0×10^7 Pa のときの体積を V_2 とすると，

$$0.86=\frac{1.0\times10^7\ \text{Pa}\times V_1}{1\ \text{mol}\times R\times300\ \text{K}} \qquad V_1=\frac{0.86\times1\ \text{mol}\times R\times300\ \text{K}}{1.0\times10^7\ \text{Pa}}$$

$$1.18=\frac{5.0\times10^7\ \text{Pa}\times V_2}{1\ \text{mol}\times R\times300\ \text{K}} \qquad V_2=\frac{1.18\times1\ \text{mol}\times R\times300\ \text{K}}{5.0\times10^7\ \text{Pa}}$$

よって，$\dfrac{V_2}{V_1}=\dfrac{1.18}{5.0\times0.86}=0.274\fallingdotseq0.27$

$\boxed{2}$ …③

問3　蒸気圧

ア　正しい。密閉した容器内で，シクロヘキサンの一部が気体となり容器内の圧力が一定になったとき，シクロヘキサンは気液平衡の状態にある。よって，単位時間に液面から蒸発するシクロヘキサン分子の数と凝縮するシクロヘキサン分子の数は等しい。

イ　正しい。沸騰中は，液体の表面だけでなく内部からも蒸気が気泡となって発生する。なお，蒸気圧が外圧(液面を押している圧力)に等しくなると，沸騰が起こる。

ウ　正しい。シクロヘキサンをしばらく沸騰させてガラス容器内の空気を追い出した後，加熱をやめてすぐにガラス容器にゴム栓をすると，容器内にはシクロヘキサンの蒸気と液体が存在している。大気圧(1.013×10^5 Pa)におけるシクロヘキサンの沸点は 81 ℃ であるが，ガラス容器全体を冷却すると，容器内の気体の圧力が大気圧より低くなるため，シクロヘキサンの沸点は低くなる。したがって，81 ℃ より低い温度で再び沸騰する。

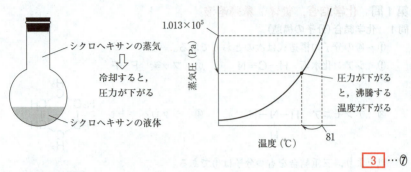

3 …⑦

問4　凝固点降下

a　図2より，0.80 mol/kg のナフタレンの溶液の凝固点降下度は(175－143＝) 32 K である。溶媒 A のモル凝固点降下を K_f (K·kg/mol)とすると，

　　32 K＝K_f (K·kg/mol)×0.80 mol/kg

　　K_f＝40 K·kg/mol

なお，図2中の他のデータを用いて計算してもよい。

4 …④，5 …⓪

b　安息香酸の溶液の質量モル濃度を c (mol/kg)とすると，安息香酸の会合による量変化は次のようになる。

			溶質全体
反応前	c	0	c
変化量	$-c\beta$	$+\dfrac{c\beta}{2}$	
平衡時	$c(1-\beta)$	$\dfrac{c\beta}{2}$	$c\left(1-\dfrac{\beta}{2}\right)$

(単位：mol/kg)

c (mol/kg)の安息香酸の溶液の凝固点降下度は，同じ質量モル濃度 c (mol/kg)のナフタレンの溶液の凝固点降下度の $\dfrac{3}{4}$ 倍である。ナフタレンは二量体を形成せず，凝固点降下度は溶質粒子全体の質量モル濃度に比例するので，

　　$c\left(1-\dfrac{\beta}{2}\right)$ (mol/kg)＝$\dfrac{3}{4}$×c (mol/kg)　　β＝0.50

6 …③

c　二量体を形成していない安息香酸分子の数 m と二量体の数 n の比は，それぞれの質量モル濃度に比例するので，上記の量関係より，

　　$\dfrac{n}{m}=\dfrac{\dfrac{c\beta}{2}}{c(1-\beta)}=\dfrac{\beta}{2(1-\beta)}$

$\boxed{7}\cdots$③

第2問 　反応速度，電気分解，溶解度積，化学平衡，化学反応と熱

問1　反応速度

　　①　正しい。反応物の濃度が大きいほど，単位時間あたりの反応物どうしの衝突回数が増加するため，反応速度が大きくなる。

　　②　正しい。温度が高いほど，活性化エネルギー以上のエネルギーをもつ分子が増加するため，反応速度が大きくなる。

　　③　正しい。固体が関係する反応では，固体を砕いて表面積を大きくすると，反応速度が大きくなる。

　　④　誤り。過酸化水素 H_2O_2 の分解反応では，酸化マンガン（Ⅳ）MnO_2 が触媒としてはたらく。触媒を加えると，活性化エネルギーが小さくなるので，反応速度が大きくなる。

$\boxed{8}\cdots$④

問2　電気分解

　　白金 Pt 電極を用いて硫酸銅（Ⅱ）$CuSO_4$ 水溶液を電気分解すると，各電極で次の反応が起こる。

$$\text{陽極}\quad 2H_2O \longrightarrow O_2 + 4H^+ + 4e^- \tag{a}$$

$$\text{陰極}\quad Cu^{2+} + 2e^- \longrightarrow Cu \tag{b}$$

　　電気分解により，$[H^+]$ が 1.00×10^{-5} mol/L から 1.00×10^{-3} mol/L に変化している。$[H^+]$ の変化はすべて電極での反応によるものとするので，式(a)の反応によって生じた H^+ の物質量は，

$$(1.00\times10^{-3}\,\text{mol/L} - 1.00\times10^{-5}\,\text{mol/L})\times\frac{200}{1000}\,\text{L} = 1.98\times10^{-4}\,\text{mol}$$

　　式(a)より，生じた H^+ と流れた e^- の物質量は等しいので，流れた e^- の物質量は 1.98×10^{-4} mol である。

　　電流を流した時間を t (s) とすると，

$$9.65\times10^4\,\text{C/mol}\times1.98\times10^{-4}\,\text{mol} = 0.100\,\text{A}\times t\,(\text{s})$$

$$t = 1.91\times10^2\,\text{s} \fallingdotseq 1.9\times10^2\,\text{s}$$

〔補足〕　$CuSO_4$ 水溶液は，Cu^{2+}（$[Cu(H_2O)_4]^{2+}$）が次のように加水分解するため，酸性を示す。

$$[Cu(H_2O)_4]^{2+} + H_2O \rightleftharpoons [Cu(OH)(H_2O)_3]^+ + H_3O^+ \tag{c}$$

　　電気分解により H^+（H_3O^+）が生じると，式(c)の平衡が左へ移動するため，Cu^{2+} の加水分解で生じる H^+ は，電気分解で生じた H^+ に比べて無視できるほどわずかである。よって，電気分解後の $[H^+]$ は，電気分解で生じた H^+ によって決まる。したがって，式(a)の反応によって生じた H^+ の物質量は，$1.00\times10^{-3}\,\text{mol/L}\times\frac{200}{1000}\,\text{L} = 2.00\times10^{-4}\,\text{mol}$ と考えられるが，この問題では，「$[H^+]$ の変化はすべて電極での反応によるものとする。」とあるので，上記のように解答する。

$\boxed{9}\cdots$②

問3 溶解度積

塩化銀 $AgCl$ 飽和水溶液において，$[Ag^+]=[Cl^-]=1.4\times10^{-5}$ mol/L なので，$AgCl$ の溶解度積を K_{sp} とすると，

$$K_{sp}=[Ag^+][Cl^-]=(1.4\times10^{-5}\ \text{mol/L})^2 \tag{a}$$

硝酸銀 $AgNO_3$ 水溶液に塩化ナトリウム $NaCl$ 水溶液を加えていくと，$[Ag^+][Cl^-]$ の値が K_{sp} に達したとき，$AgCl$ の沈殿が生じ始める。

加えた $NaCl$ 水溶液のモル濃度を c (mol/L) とすると，$AgCl$ の沈殿が生じ始めたとき，

$$[Ag^+]=\frac{1.0\times10^{-5}\ \text{mol/L}\times\dfrac{25}{1000}\ \text{L}}{\dfrac{25+10}{1000}\ \text{L}}=1.0\times10^{-5}\times\frac{25}{35}\ \text{mol/L}$$

$$[Cl^-]=\frac{c\,(\text{mol/L})\times\dfrac{10}{1000}\ \text{L}}{\dfrac{25+10}{1000}\ \text{L}}=c\times\frac{10}{35}\ (\text{mol/L})$$

式(a)より，

$$\left(1.0\times10^{-5}\times\frac{25}{35}\right)\text{mol/L}\times\left(c\times\frac{10}{35}\right)(\text{mol/L})=(1.4\times10^{-5}\ \text{mol/L})^2$$

よって，$c=9.60\times10^{-5}$ mol/L ≒ 9.6×10^{-5} mol/L

$\boxed{10}\cdots$ ②

問4 化学平衡，化学反応と熱

$$2NO_2 \rightleftharpoons N_2O_4 \tag{1}$$

a 表1から，1.0×10^5 Pa における平衡状態での体積は，温度が 30 ℃ (303 K) から 60 ℃ (333 K) に上昇すると $\dfrac{450}{350}$ 倍に，60 ℃ (333 K) から 90 ℃ (363 K) に上昇すると $\dfrac{560}{450}$ 倍になっている。仮に，気体の物質量が一定であれば，体積は絶対温度に比例し，それぞれ $\dfrac{333}{303}$ 倍，$\dfrac{363}{333}$ 倍になるが，実際の変化はこれより大きい。したがって，温度が上昇すると，気体の物質量が増加することがわかり，これは式(1)の平衡がア左向きに移動することを意味する。

また，ルシャトリエの原理より，温度が上昇すると平衡は吸熱反応の方向へ移動する。よって，式(1)の逆反応が吸熱反応であり，式(1)の正反応はイ発熱反応であることがわかる。

$\boxed{11}\cdots$ ①

b 平衡状態における N_2O_4 の物質量を x (mol) とすると，

	2NO₂	⇌	N₂O₄	全物質量
反応前	2.0×10^{-2}		0	2.0×10^{-2}
変化量	$-2x$		$+x$	
平衡時	$2.0\times10^{-2}-2x$		x	$2.0\times10^{-2}-x$ （単位：mol）

60℃，1.0×10^5 Pa において，平衡状態での体積は 450 mL なので，

$1.0\times10^5\,\mathrm{Pa}\times\dfrac{450}{1000}\,\mathrm{L}$

$\quad = (2.0\times10^{-2}-x)\,(\mathrm{mol})\times 8.3\times10^3\,\mathrm{Pa\cdot L/(K\cdot mol)}\times 333\,\mathrm{K}$

$x = 3.72\times10^{-3}\,\mathrm{mol}$

よって，N₂O₄ に変化した NO₂ の割合は，

$\dfrac{2\times 3.72\times 10^{-3}\,\mathrm{mol}}{2.0\times 10^{-2}\,\mathrm{mol}}\times 100 = 37.2\,(\%) \fallingdotseq 37\,(\%)$

$\boxed{12}\cdots⑤$

c 式(1)の正反応の反応熱を Q とすると，

$2\mathrm{NO_2} = \mathrm{N_2O_4} + Q$

①〜③ NO₂，N₂O₄ の生成熱をそれぞれ q_1，q_2，式(1)の正反応および逆反応の活性化エネルギーをそれぞれ E_1，E_2 とすると，次のエネルギー図を考えることができる。

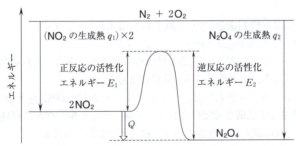

① (q_1 と E_1) または② (q_2 と E_2) がわかっていても，Q を求めることはできない。

③ (E_1 と E_2) がわかっていると，$Q(=E_2-E_1)$ を求めることができる。

④，⑤ NO₂，N₂O₄，NO の生成熱をそれぞれ q_1，q_2，q_3，反応 $2\mathrm{NO}+\mathrm{O_2}\longrightarrow 2\mathrm{NO_2}$ の反応熱を q_4 とすると，次のエネルギー図を考えることができる。

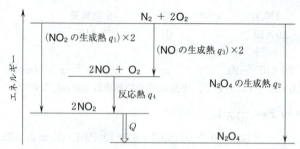

④ (q_1, q_3, q_4) がわかっていても，Q を求めることはできない。

⑤ (q_2, q_3, q_4) がわかっていると，$Q\ (=q_2-2q_3-q_4)$ を求めることができる。

以上より，Q を求めるために必要な量をすべて含むものは，③，⑤である。

〔補足〕 NO，NO_2，N_2O_4 の生成熱は負の値であることが知られており，上記のエネルギー図は，実際のエネルギー図とは異なる。しかし，この問題では，式(1)の正反応の反応熱を求めるために必要なエネルギーが問われているだけであり，具体的な数値が与えられていないので，上記のようなエネルギー図を示した。

$\boxed{13}$，$\boxed{14}$ … ③，⑤（順不同）

第3問　無機物質，化学反応と量的関係，電池

問1　リン

① 誤り。リン酸 H_3PO_4 のリン原子 P の酸化数を x とすると，
$(+1)\times 3+x+(-2)\times 4=0 \qquad x=+5$

② 正しい。十酸化四リン P_4O_{10} は酸性の乾燥剤であり，酸性の気体の乾燥に適している。なお，塩基性の気体の乾燥には適さない。

③ 正しい。過リン酸石灰は，リン酸カルシウム $Ca_3(PO_4)_2$ と硫酸 H_2SO_4 を 1：2 の物質量比で反応させて得られるリン酸二水素カルシウム $Ca(H_2PO_4)_2$ と硫酸カルシウム $CaSO_4$ の混合物であり，肥料として用いられる。

$Ca_3(PO_4)_2 + 2H_2SO_4 \longrightarrow Ca(H_2PO_4)_2 + 2CaSO_4$

④ 正しい。黄リン P_4 は空気中で自然発火する。そのため，黄リンは水中に保存する。

⑤ 正しい。リン P は，動植物の体内に核酸などの化合物として含まれており，生命活動に必須の元素である。DNA は，次に示すヌクレオチドが縮合重合した構造をもち，P を含む。

ヌクレオチドの例

$\boxed{15}$ …①

問2　金属元素

I　水銀 Hg, ニッケル Ni, 鉛 Pb, タングステン W のうち, Hg と Pb には毒性がある。よって, **ア**と**イ**は Hg または Pb である。

II　二次電池である鉛蓄電池の正極には酸化鉛(IV) PbO_2 が, ニッケル水素電池の正極には水酸化酸化ニッケル(III) $NiO(OH)$ が用いられている。よって, **イ**と**ウ**は Ni または Pb である。

III　金属元素の単体のうち, Hg のみが常温で液体であり, 最も融点が低い。一方, W は金属の中で最も融点が高く, 電球のフィラメントとして用いられる。よって, **ア**は Hg, **エ**は W である。

以上より, **ア**は Hg, **イ**は Pb, **ウ**は Ni, **エ**は W である。

$\boxed{16}$ …①, $\boxed{17}$ …②

問3　金属の反応, 化学反応と量的関係, 電池

a　マグネシウム Mg と過剰量の塩化銀 AgCl を反応させると, 単体の銀 Ag, 塩化マグネシウム $MgCl_2$, 未反応の AgCl のみからなる混合物が得られたので, この変化は次の化学反応式で表される。

$$Mg + 2AgCl \longrightarrow MgCl_2 + 2Ag \tag{a}$$

Ag, $MgCl_2$, AgCl の混合物から単体の Ag を取り出すためには, $MgCl_2$ と AgCl を溶かして除けばよい。

混合物を水で洗うと, 水溶性である $MgCl_2$ のみが水に溶け, Ag と AgCl が固体として残る。次にアンモニア NH_3 水で洗うと, AgCl は錯イオンになって水に溶けるため, Ag のみが固体として残る。

$$AgCl + 2NH_3 \longrightarrow [Ag(NH_3)_2]^+ + Cl^-$$

なお, AgCl は水にも水酸化ナトリウム NaOH 水溶液にも溶けないので, ①〜③の操作では, いずれも $MgCl_2$ のみが水に溶け, Ag と AgCl が固体として残る。

$\boxed{18}$ …④

b　0.12 g の Mg(式量 24)の物質量は,

$$\frac{0.12 \text{ g}}{24 \text{ g/mol}} = 5.0 \times 10^{-3} \text{ mol}$$

式(a)より, 反応した Mg と生じた Ag の物質量比は 1:2 なので, 生じた Ag(式量

28

108)の物質量および質量は，

$5.0 \times 10^{-3}\,\mathrm{mol} \times 2 = 1.0 \times 10^{-2}\,\mathrm{mol}$

$108\,\mathrm{g/mol} \times 1.0 \times 10^{-2}\,\mathrm{mol} = 1.08\,\mathrm{g} \fallingdotseq 1.1\,\mathrm{g}$

$\boxed{19}$ …③

c Mg と AgCl を利用した電池では，負極で Mg が酸化されている。

負極　$\mathrm{Mg} \longrightarrow \mathrm{Mg^{2+}} + 2\mathrm{e^-}$

負極の Mg を，銅 Cu，亜鉛 Zn，スズ Sn にかえた電池を組み立てると，表1より，用いる金属の種類によって，起電力は Zn＞Sn＞Cu となっている。この序列は，イオン化傾向(Zn＞Sn＞Cu)と一致しており，負極で用いる金属のイオン化傾向が大きいほど，金属の単体が酸化されやすく，起電力が大きくなると考えられる。

イオン化傾向は Mg＞Zn なので，Mg を用いた場合の起電力は，Zn を用いた場合の起電力より大きくなると考えられ，$1.07 < x$ である。

$\boxed{20}$ …④

第4問　有機化合物

問1　エチレンの合成

濃硫酸にエタノールを加えて，160〜170 ℃ 程度に加熱すると，エチレンが発生する。このとき，硫酸 H_2SO_4 は触媒としてはたらく。

$$2\mathrm{CH_3{-}CH_2{-}OH} \longrightarrow \mathrm{CH_2{=}CH_2} + \mathrm{H_2O}$$

エタノール　　　　　　エチレン

① 正しい。エチレンは水に溶けにくいので，水上置換で捕集する。

② 正しい。加熱を止めたときに，水槽の水がフラスコ内に逆流するおそれがあるので，安全瓶(空の瓶)をつけ，水が逆流するのを防ぐ。

③ 誤り。水の沸点は 100 ℃ なので，水浴で加熱しても温度を 160〜170 ℃ 程度にすることはできない。したがって，油浴で加熱する。

④ 正しい。多量のエタノールを一気に加えると，反応溶液の温度が下がり，エチレンが発生しなくなる。したがって，エタノールを少しずつ加える。

$\boxed{21}$ …③

問2　芳香族化合物の異性体

分子式 $C_8H_{10}O$ でベンゼン環を一つもつ化合物には，次の炭化水素にヒドロキシ基−OH またはエーテル結合−O−が導入されたものが考えられる。

ヒドロキシ基−OH をもつ化合物はナトリウム Na と反応する。

$$2\mathrm{R{-}OH} + 2\mathrm{Na} \longrightarrow 2\mathrm{R{-}ONa} + \mathrm{H_2}$$

－268－

よって，**Na** と反応しない化合物はエーテルであり，次の 5 種類ある。

$$CH_2-O-CH_3 \qquad O-CH_2-CH_3 \qquad O-CH_3 \qquad O-CH_3 \qquad O-CH_3$$

$\boxed{22}\cdots②$

問3　合成高分子化合物

重合体の両末端のエステル結合を水酸化カリウム **KOH** で完全にけん化したときに起こる変化は，次の反応式で表され，重合体と **KOH** が物質量比 1：2 で反応することがわかる。

$$H_3C-\overset{O}{\overset{\|}{C}}-O-\!\!\left[(CH_2)_4-O\right]_x\!\!-\overset{O}{\overset{\|}{C}}-CH_3 \;+\; 2KOH$$

$$\longrightarrow \; HO-\!\!\left[(CH_2)_4-O\right]_x\!\!-H \;+\; 2CH_3-\overset{O}{\overset{\|}{C}}-OK$$

966 g の重合体（分子量 $72x+102$）を完全にけん化するために必要な **KOH**（式量 56）は 112 g なので，

$$\frac{966\,\text{g}}{(72x+102)\,\text{g/mol}} : \frac{112\,\text{g}}{56\,\text{g/mol}} = 1:2 \qquad x=12$$

$\boxed{23}\cdots③$

問4　塩化ビニルの合成

a　① 正しい。ポリ塩化ビニルは，塩化ビニルの付加重合で合成される。

$$n\,CH_2=\underset{\underset{Cl}{|}}{CH} \xrightarrow{\text{付加重合}} \left[\!CH_2-\underset{\underset{Cl}{|}}{CH}\!\right]_n$$

塩化ビニル　　　　　　　　　　ポリ塩化ビニル

② 正しい。熱可塑性樹脂は，長い鎖状の分子構造をもつ高分子化合物であり，熱を加えると軟化し，冷却すると硬化する。鎖状の高分子化合物であるポリ塩化ビニルは，熱可塑性樹脂である。

③ 誤り。塩化ビニルには，構造異性体が存在しない。

④ 正しい。アセチレン **CH≡CH** に 1 分子の塩化水素 **HCl** を付加させると，塩化ビニルが得られる。

$$CH\equiv CH \;+\; HCl \;\longrightarrow\; CH_2=\underset{\underset{Cl}{|}}{CH}$$

$\boxed{24}\cdots③$

b　問題の化学反応式を次のように表す。

$$a\,CH_2=CH_2 \;+\; b\,HCl \;+\; O_2 \;\longrightarrow\; a\,CH_2Cl-CH_2Cl \;+\; c\,H_2O$$

両辺の各原子の数に着目すると，

O 原子　　$2=c$

H 原子　　$4a+b=4a+2c$

Cl 原子　　$b=2a$

よって，$a=2$，$b=4$，$c=2$

$\boxed{25}\cdots②$，$\boxed{26}\cdots④$，$\boxed{27}\cdots②$

c　図2の反応について，副生成物を水 H_2O だけにすると，エチレン $CH_2=CH_2$ と塩素 Cl_2，酸素 O_2 から，塩化ビニル $CH_2=CHCl$ と H_2O が生成することになる。この反応式は次の式(1)で表される。

$$4CH_2=CH_2 + 2Cl_2 + O_2 \longrightarrow 4CH_2=CHCl + 2H_2O \tag{1}$$

式(1)より，4 mol の $CH_2=CH_2$ をすべて反応させるとき，1 mol の O_2 が消費される。

なお，式(1)の反応式は，図2の三つの反応を組み合わせてつくることもできる。

$$CH_2=CH_2 + Cl_2 \longrightarrow CH_2Cl-CH_2Cl \tag{2}$$

$$2CH_2=CH_2 + 4HCl + O_2 \longrightarrow 2CH_2Cl-CH_2Cl + 2H_2O \tag{3}$$

$$CH_2Cl-CH_2Cl \longrightarrow CH_2=CHCl + HCl \tag{4}$$

式(2)×2＋式(3)＋式(4)×4 により，HCl と CH_2Cl-CH_2Cl を消去すると，

$$4CH_2=CH_2 + 2Cl_2 + O_2 \longrightarrow 4CH_2=CHCl + 2H_2O \tag{1}$$

$\boxed{28}\cdots②$

第5問　錯塩に関する総合問題(有機化合物，化学反応と量的関係)

問1　芳香族化合物の反応

a　サリチル酸とメタノールからサリチル酸メチルを合成している。

この反応はエステル化であり，触媒として濃硫酸を用いる。

$\boxed{29}\cdots④$

b　フェノールからアミノフェノールの合成では，フェノールのヒドロキシ基 $-OH$ のオルト位が，$-H \longrightarrow -NO_2 \longrightarrow -NH_2$ と変化している。また，フェノールからサリチル酸メチルの合成では，フェノールの $-OH$ のオルト位が，$-H \longrightarrow -COOH \longrightarrow -COOCH_3$ と変化している。このことより，フェノールの★をつけた炭素原子は，それぞれの化合物の $-OH$ のパラ位の炭素原子に相当する。

OH（フェノール）

★ ニトロフェノール（NO₂, OH）

★ アミノフェノール（NH₂, OH）

★ サリチル酸（$\overset{O}{\underset{}{C}}$-OH, OH）

★ サリチル酸メチル（$\overset{O}{\underset{}{C}}$-O-CH₃, OH）

アミノフェノールとサリチル酸メチルから化合物 A の合成は，アミノフェノールの窒素原子 N の位置に着目すると，次のように考えられる。

★ アミノフェノール（位置番号 1,2,3,4、NH₂, OH）

$+$ H₃C-O サリチル酸メチル（位置番号 5,6,7,8、HO）

$\longrightarrow$ A（位置番号 1,2,3,4 の環に N, O、位置番号 5,6,7,8 の環に HO）$+ \ CH_3OH \ + \ H_2O$

A

よって，★をつけた炭素原子は A の 2，6 の炭素原子に相当する。

30 ， 31 …②，⑥（順不同）

問2　化学反応と量的関係

式(1)の反応式より，銅(Ⅱ)イオン Cu²⁺ と化合物 A が反応して，化合物 B の沈殿が生じる変化は，次の反応式で表される。

$$Cu^{2+} + 2A \longrightarrow B + 2H^+ \tag{1}'$$

加えた A は 0.0040 mol であり，Cu²⁺ と A は物質量比 1：2 で反応するので，用いた Cu²⁺ の物質量が $\left(0.0040 \ \text{mol} \times \dfrac{1}{2} =\right)$ 0.0020 mol のとき，Cu²⁺ と A が過不足なく反応する。このとき生じた B（分子量 211×2+64−2=484）は 0.0020 mol であり，その質量は，

$$484 \ \text{g/mol} \times 0.0020 \ \text{mol} = 0.968 \ \text{g}$$

用いた Cu²⁺ が 0.0020 mol より少ないとき，Cu²⁺ がすべて反応し，A が余る。このとき生じた B の物質量は，Cu²⁺ の物質量に等しく，生じた B の質量は Cu²⁺ の物質量に比例する。一方，用いた Cu²⁺ が 0.0020 mol より多いとき，A がすべて反応し，Cu²⁺ が余る。このとき生じた B の物質量は，A の物質量の $\dfrac{1}{2}$ 倍（0.0020 mol）であり，生じた B の質量は 0.968 g で一定となる。

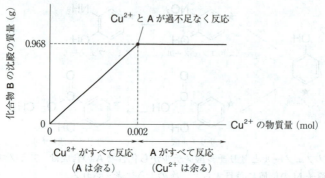

32 …②

問3 pH，化学反応と量的関係

a 銅(Ⅱ)イオン Cu^{2+} と亜鉛イオン Zn^{2+} を含む水溶液から，Cu^{2+} のみがほぼ完全に沈殿する pH は，図2より，4.0〜5.5 程度と読み取ることができる。pH がこの範囲内にある水溶液を選べばよい。

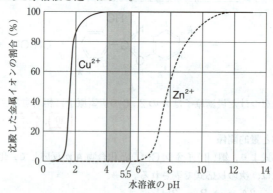

① 水酸化ナトリウム NaOH は強塩基であり，NaOH 水溶液の pH は7より大きい。

② アンモニア NH_3 と塩化アンモニウム NH_4Cl の混合溶液は塩基性の緩衝液であり，pH は7より大きい。

③ 酢酸 CH_3COOH と酢酸ナトリウム CH_3COONa の混合溶液は酸性の緩衝液であり，pH は7より小さい(弱酸性を示す)。

④ 塩化水素 HCl は強酸であり，0.1 mol/L の塩酸について，$[H^+]$=0.1 mol/L なので，pH=1 である。

以上より，pH が 4.0〜5.5 程度になる水溶液は③である。

33 …③

b 合金 C をすべて溶かした後，Cu^{2+} のみをすべて B として沈殿させている。生じた B(分子量484)の物質量は，

$$\frac{6.05 \text{ g}}{484 \text{ g/mol}} = 0.0125 \text{ mol}$$

式(1)′より，Cu^{2+} の物質量は 0.0125 mol であり，合金 C 2.00 g に含まれる Cu （式量 64）の質量は，

$$64 \text{ g/mol} \times 0.0125 \text{ mol} = 0.80 \text{ g}$$

よって，合金 C 中の Cu の含有率は，

$$\frac{0.80 \text{ g}}{2.00 \text{ g}} \times 100 = 40 \text{ (％)}$$

<u>34</u> …①

MEMO

化 学

（2021年1月実施）

受験者数　182,359

平 均 点　　57.59

2021
第1日程

化学

解答・採点基準　(100点満点)

問題番号(配点)	設問	解答番号	正解	配点	自己採点
第1問 (20)	問1	1	①	4	
	問2	2	⑤	4	
	問3	3	②	4	
	問4	4	④	4 *	
		5	②		
		6	①	4	
第1問　自己採点小計					
第2問 (20)	問1	7	③	4	
	問2	8	③	4	
	問3	9	①	4	
		10	②	4	
		11	④	4	
第2問　自己採点小計					
第3問 (20)	問1	12	③	4	
	問2	13	③	2	
		14	④	2	
	問3	15	③	4	
		16	①	4	
		17	④	4	
第3問　自己採点小計					

問題番号(配点)	設問	解答番号	正解	配点	自己採点
第4問 (20)	問1	18	①	4	
	問2	19	③	3	
	問3	20	③	3	
		21	②	3	
	問4	22	①	3	
	問5	23	②	4	
第4問　自己採点小計					
第5問 (20)	問1	24	④	4	
		25	②	3	
		26	④	3	
	問2	27	①	3	
	問3	28	④	4	
		29	①	3	
第5問　自己採点小計					
自己採点合計					

(注)
＊は，両方正解の場合のみ点を与える。

第1問　元素の性質，結晶，物質の溶解，化学結合，気体

問1　金属元素の性質

　ア　2価の陽イオンになりやすいものは，2族に属するMg，Baである。Alは3価の陽イオンに，Kは1価の陽イオンになりやすい。

　イ　硫酸塩が水に溶けやすいものは，Mg，Al，Kである。Baの硫酸塩である硫酸バリウム$BaSO_4$は水に溶けにくい。

　以上より，ア・イの両方に当てはまる金属元素はMgである。

$\boxed{1}$ …①

問2　金属結晶

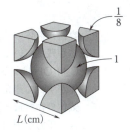

体心立方格子の単位格子には$\frac{1}{8} \times 8 + 1 = 2$ 個の原子が含まれる。また，単位格子の体積がL^3 (cm^3)なので，この結晶の密度 d (g/cm^3)は，

$$d \, (g/cm^3) = \frac{\frac{M \, (g/mol)}{N_A \, (/mol)} \times 2}{L^3 \, (cm^3)}$$

よって，$N_A = \dfrac{2M}{L^3 d}$ (/mol)

$\boxed{2}$ …⑤

問3　物質の溶解，分子間力

　Ⅰ　正しい。一般に，極性の大きい分子どうし，または，極性の小さい分子どうしはよく混ざりあうが，極性の大きい分子と小さい分子は混ざりにくい。ヘキサンC_6H_{14}は極性の小さい分子なので，極性分子である水H_2Oには溶けにくい。

　Ⅱ　正しい。溶液中で，溶質粒子は溶媒分子を引きつけ結びつく(溶媒和)。ナフタレン$C_{10}H_8$が溶解したヘキサン溶液中では，溶質であるナフタレン分子と溶媒であるヘキサン分子の間に分子間力がはたらき，ナフタレンが溶媒和している。

　Ⅲ　誤り。分子間にはたらく分子間力が大きいほど，その液体の沸点は高くなる。

$\boxed{3}$ …②

問4　気体の法則，気液平衡

　a　90℃，1.0×10^5 PaのエタノールC_2H_5OHの気体の体積をV (L)とする。90℃のままで気体の体積を5倍にしたときのC_2H_5OHの圧力をP (Pa)とすると，ボイルの法則より，

$1.0 \times 10^5 \, Pa \times V \, (L) = P \, (Pa) \times 5V \, (L)$　　　$P = 0.20 \times 10^5$ Pa

　次に，圧力を0.20×10^5 Paで一定に保ったまま，温度を下げると，42℃でC_2H_5OHの飽和蒸気圧に等しくなり，凝縮が始まる。

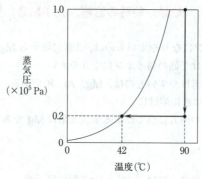

4 …④, 5 …②

b 容器に液体の C_2H_5OH のみを入れ, 温度を上げていく。
・液体が残っているとき
　C_2H_5OH は気液平衡の状態にあり, 気体の圧力＝飽和蒸気圧である。
・液体がすべて蒸発した後
　気体の物質量と体積が一定なので, 気体の圧力は絶対温度に比例する。このとき, 圧力を P (Pa), 温度を t (℃) とすると, 理想気体の状態方程式より,
$$P\,(\text{Pa}) \times 1.0\,\text{L} = 0.024\,\text{mol} \times 8.3 \times 10^3\,\text{Pa·L/(K·mol)} \times (273+t)\,(\text{K}) \quad (1)$$
が成り立つ。$t=100$ ℃ のとき $P=7.43 \times 10^4$ Pa であり, 式(1)を表す直線は FG である。

以上より, 蒸気圧曲線と直線 FG の交点である点 C で液体がすべて蒸発することがわかり, 圧力は次図の実線（A → B → C → G）のように変化する。

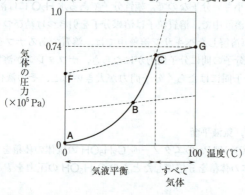

6 …①

第2問　光とエネルギー, 電池, 状態変化とエネルギー
問1　光が関わる化学反応や現象
① 正しい。塩素 Cl_2 と水素 H_2 の混合気体に強い光（紫外線）を照射すると, 爆発的に反応し, 塩化水素 HCl が生成する。

$$H_2 + Cl_2 \longrightarrow 2HCl$$

② 正しい。オゾン層は，オゾン O_3 を多く含む大気の層であり，太陽光線中の紫外線の一部を吸収している。

③ 誤り。植物は，光合成により，二酸化炭素 CO_2 と水 H_2O からグルコース $C_6H_{12}O_6$ などの糖類を合成する。光合成は光エネルギーを吸収するので，吸熱反応である。なお，グルコースが合成されるときの変化は，次の熱化学方程式で表される。

$$6CO_2(気) + 6H_2O(液) = C_6H_{12}O_6(固) + 6O_2(気) - 2803\,kJ$$

④ 正しい。酸化チタン(Ⅳ) TiO_2 に光(紫外線)を照射すると，TiO_2 が光触媒としてはたらき，ビルの外壁やガラスなどに付着した有機物などを分解したり，油汚れの下に水が入り込むことにより油汚れを浮かせたりすることができ，汚れを洗い流すことができる。

$\boxed{7}$ …③

問2 空気亜鉛電池

空気亜鉛電池の各電極での反応は，次のとおりである。

$$正極 \quad O_2 + 2H_2O + 4e^- \longrightarrow 4OH^- \tag{1}$$

$$負極 \quad Zn + 2OH^- \longrightarrow ZnO + H_2O + 2e^- \tag{2}$$

電池全体の反応は，式(1)+式(2)×2 より，

$$2Zn + O_2 \longrightarrow 2ZnO \tag{3}$$

式(3)より，この電池を放電すると，亜鉛 Zn が酸化亜鉛 ZnO に変化し，反応した酸素 O_2 の質量分だけ，電池の質量が増加することがわかる。

式(1)より，電子 e^- 4 mol あたり 1 mol の O_2 (分子量32)が反応するので，電池の質量は，32 g/mol×1 mol＝32 g 増加する。

電池の質量は 16.0 mg (0.0160 g)増加したので，流れた電流を i (A)とすると，流れた e^- の物質量と電池の質量増加について，次の式が成り立つ。

$$4\,mol : 32\,g = \frac{i\,(A) \times 7720s}{9.65 \times 10^4\,C/mol} : 0.0160\,g$$

$$i = 0.0250\,A = 25.0\,mA$$

$\boxed{8}$ …③

問3 状態変化とエネルギー

a 水の状態図を，次に示す。

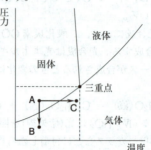

三重点より低温かつ低圧の状態(点A)に保たれている氷を，水蒸気に昇華させる方法としては，

ア　温度を保ったまま，減圧する(点A → 点B)
ウ　圧力を保ったまま，加熱する(点A → 点C)

が適当である。

なお，温度を保ったまま加圧したり，圧力を保ったまま冷却しても，氷のままであり，状態変化は起こらない。

9 …①

b 氷の結晶中では，1個の水分子 H_2O が 4個の H_2O と水素結合をしているので，氷1 mol あたりに含まれる水素結合は2 mol である。

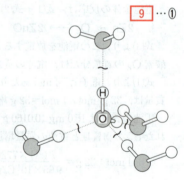

(注)水素結合は，2個の H_2O 間に形成される結合なので，1本の水素結合を2個の H_2O に $\frac{1}{2}$ 本ずつ割り当てて考えると，H_2O 1個あたりの水素結合は $\frac{1}{2} \times 4 = 2$ 本であることがわかる。

氷の昇華では，氷の結晶に含まれるすべての水素結合が切れることにより，気体になる。すなわち，0℃における氷の昇華熱 Q (kJ/mol)は，氷1 mol に含まれる水素結合2 mol をすべて切るために必要なエネルギーが Q (kJ)であることを表している。よって，水素結合1 mol を切るために必要なエネルギーは，$\frac{1}{2}Q$ (kJ/mol)である。

10 …②

c 昇華熱は，氷1 mol が水蒸気になるときに吸収するエネルギーである。0℃における氷の昇華熱は，図2をもとに考えると，H_2O 1 mol が次の過程で吸収するエネルギーの総和を考えればよい。

2021年度　第1日程〈解説〉　化学　7

$0\,℃$ の H_2O(固) $\longrightarrow$ $0\,℃$ の H_2O(液) $\longrightarrow$ $25\,℃$ の H_2O(液)

$\longrightarrow$ $25\,℃$ の H_2O(気) $\longrightarrow$ $0\,℃$ の H_2O(気)

・$0\,℃$ の H_2O(固) $\longrightarrow$ $0\,℃$ の H_2O(液)：$6\,kJ/mol$ の吸熱

・$0\,℃$ の H_2O(液) $\longrightarrow$ $25\,℃$ の H_2O(液)：

$0.080\,kJ/(K \cdot mol) \times 25\,K = 2\,kJ/mol$ の吸熱

・$25\,℃$ の H_2O(液) $\longrightarrow$ $25\,℃$ の H_2O(気)：$44\,kJ/mol$ の吸熱

・$25\,℃$ の H_2O(気) $\longrightarrow$ $0\,℃$ の H_2O(気)：

$0.040\,kJ/(K \cdot mol) \times 25\,K = 1\,kJ/mol$ の発熱

以上より，$0\,℃$ の氷の昇華熱は，

$6\,kJ/mol + 2\,kJ/mol + 44\,kJ/mol - 1\,kJ/mol = 51\,kJ/mol$

$\boxed{11}$ …④

第3問　無機物質，化学反応と量的関係

問1　溶融塩電解

塩化ナトリウム $NaCl$ を溶融塩電解(融解塩電解)すると，各電極で次の反応が起こる。

陰極　$Na^+ + e^- \longrightarrow Na$ 　　　　　　　　　　　(1)

陽極　$2Cl^- \longrightarrow Cl_2 + 2e^-$ 　　　　　　　　　　(2)

① 正しい。陰極に鉄 Fe，陽極に黒鉛 C を用いると，電極自体は反応しない。よって，これらの電極を用いることができる。

② 正しい。上記の反応のように，陰極でナトリウム Na が生成し，陽極で塩素 Cl_2 が発生する。

③ 誤り。式(1)×2＋式(2)より，全体としては次の反応が起こっている。

$2NaCl \longrightarrow 2Na + Cl_2$

よって，Na が $1\,mol$ 生成するとき，Cl_2 は $0.5\,mol$ 発生する。

④ 正しい。Na はイオン化傾向が大きいので，$NaCl$ 水溶液を電気分解すると，陰極では Na が生成せず，水 H_2O が還元されて H_2 が発生する。

陰極　$2H_2O + 2e^- \longrightarrow H_2 + 2OH^-$

$\boxed{12}$ …③

問2　金属の性質

I 銀 Ag，鉛 Pb，スズ Sn，亜鉛 Zn のうち，単体が希硫酸に溶けるものは，イオン化傾向が水素より大きい Sn と Zn である。

$Sn + H_2SO_4 \longrightarrow SnSO_4 + H_2$

$Zn + H_2SO_4 \longrightarrow ZnSO_4 + H_2$

よって，**ア**と**イ**は Sn または Zn，**ウ**と**エ**は Ag または Pb である。

なお，Pb は，イオン化傾向が水素より大きいが，水に難溶の硫酸鉛(Ⅱ) $PbSO_4$ が生じて表面を覆うため，希硫酸には溶けない。

— 281 —

Ⅱ ウの 2 価の塩化物は，冷水にはほとんど溶けないが熱水には溶けるので，塩化鉛(Ⅱ) $PbCl_2$ である。よって，ウは Pb である。

Ⅲ アとウのみが同族元素である。Pb と Sn は 14 族，Ag は 11 族，Zn は 12 族に属するので，アは Sn である。

以上より，ア：Sn，イ：Zn，ウ：Pb，エ：Ag である。

$\boxed{13}$ …③，$\boxed{14}$ …④

問3 鉄の錯イオン，化学反応と量的関係

シュウ酸イオン $C_2O_4{}^{2-}$ を配位子としてもつ鉄(Ⅲ)の錯イオン $[Fe(C_2O_4)_3]^{3-}$ に光を一定時間あてたとき，何 % の $[Fe(C_2O_4)_3]^{3-}$ が鉄(Ⅱ)の錯イオン $[Fe(C_2O_4)_2]^{2-}$ に変化するかを調べる実験である。

実験Ⅰ 0.0109 mol の $[Fe(C_2O_4)_3]^{3-}$ を含む水溶液に光をあてた。このとき，次の反応が起こっている。

$$2\underset{+3}{[Fe}(C_2O_4)_3]^{3-} \longrightarrow 2\underset{+2}{[Fe}(C_2O_4)_2]^{2-} + C_2O_4{}^{2-} + 2CO_2 \qquad (1)$$

実験Ⅱ 実験Ⅰで光をあてた溶液に含まれる $[Fe(C_2O_4)_3]^{3-}$ と $[Fe(C_2O_4)_2]^{2-}$ から $C_2O_4{}^{2-}$ を完全に遊離させた。

$$[Fe(C_2O_4)_3]^{3-} \longrightarrow Fe^{3+} + 3C_2O_4{}^{2-} \qquad (2)$$

$$[Fe(C_2O_4)_2]^{2-} \longrightarrow Fe^{2+} + 2C_2O_4{}^{2-} \qquad (3)$$

水溶液中には，式(1)，式(2)，式(3)で生じた $C_2O_4{}^{2-}$ が存在している。

Ca^{2+} を含む水溶液を加えて，水溶液中の $C_2O_4{}^{2-}$ のすべてをシュウ酸カルシウム水和物 $CaC_2O_4 \cdot H_2O$ として完全に沈殿させた後，ろ過した。得られた $CaC_2O_4 \cdot H_2O$（式量 146）の物質量は $\dfrac{4.38\ \text{g}}{146\ \text{g/mol}} = 0.0300$ mol であった。

実験Ⅲ 実験Ⅱで得られたろ液に，Fe^{2+} が含まれていることを確認した。なお，ろ液には，Fe^{2+} の他に，Fe^{3+}，Ca^{2+} も含まれている。

a ① 水溶液中に Fe^{2+}，Fe^{3+} のいずれが含まれていても，中性または塩基性条件下で硫化水素 H_2S 水溶液を加えると，硫化物の沈殿が生じる。よって，Fe^{2+} が含まれていることを確かめることはできない。

② サリチル酸水溶液に塩化鉄(Ⅲ) $FeCl_3$ 水溶液を加えると，赤紫色を呈色する。よって，Fe^{2+} が含まれていることを確かめることはできない。

③ Fe^{2+} を含む水溶液に，ヘキサシアニド鉄(Ⅲ)酸カリウム $K_3[Fe(CN)_6]$ 水溶液を加えると，濃青色の沈殿が生じるが，Fe^{3+} を含む水溶液では，沈殿が生じない。よって，Fe^{2+} が含まれていることを確かめることができる。

④ Fe^{3+} を含む水溶液に，チオシアン酸カリウム $KSCN$ 水溶液を加えると，血赤色溶液になるが，Fe^{2+} を含む水溶液では，変化がみられない。よって，Fe^{2+} が含まれていることを確かめることはできない。

以上より，Fe^{2+} が含まれていることを確かめる操作は③である。

$\boxed{15}$ …③

b $1\,\mathrm{mol}$ の $[\mathrm{Fe(C_2O_4)_3}]^{3-}$ が，式(1)にしたがって完全に反応したとき，CO_2 が $1\,\mathrm{mol}$ 生じる。$C_2O_4^{2-}$ $1\,\mathrm{mol}$ あたり CO_2 $2\,\mathrm{mol}$ が生じるので，このとき CO_2 に変化した $C_2O_4^{2-}$ は $0.5\,\mathrm{mol}$ である。

また，次のように $C_2O_4^{2-}$ の内訳に着目してもよい。

$$[\mathrm{Fe(C_2O_4)_3}]^{3-} \longrightarrow [\mathrm{Fe(C_2O_4)_2}]^{2-} + \frac{1}{2}\,C_2O_4^{2-} + CO_2$$

$1\,\mathrm{mol}$ の $[\mathrm{Fe(C_2O_4)_3}]^{3-}$ には $3\,\mathrm{mol}$ の $C_2O_4^{2-}$ が含まれている。このうち，$2\,\mathrm{mol}$ は Fe^{2+} と錯イオン $[\mathrm{Fe(C_2O_4)_2}]^{2-}$ を形成し，$0.5\,\mathrm{mol}$ は $C_2O_4^{2-}$ として遊離し，残りの $0.5\,\mathrm{mol}$ が CO_2 に変化している。すなわち，CO_2 に変化した $C_2O_4^{2-}$ は $0.5\,\mathrm{mol}$ である。

$$\boxed{16}\cdots\textcircled{1}$$

c $0.0109\,\mathrm{mol}$ の $[\mathrm{Fe(C_2O_4)_3}]^{3-}$ を用いて**実験Ⅰ**および**Ⅱ**を行うと，$0.0300\,\mathrm{mol}$ の $CaC_2O_4\cdot H_2O$ が得られた。$CaC_2O_4\cdot H_2O$ に含まれる $C_2O_4^{2-}$ は，式(1)で CO_2 に変化しなかった $C_2O_4^{2-}$ なので，光をあてたとき CO_2 に変化した $C_2O_4^{2-}$ の物質量は，

$$\begin{pmatrix} 0.0109\,\mathrm{mol}\ \mathcal{O}\ [\mathrm{Fe(C_2O_4)_3}]^{3-} \\ \text{に含まれる}\ C_2O_4^{2-} \end{pmatrix} - \begin{pmatrix} 0.0300\,\mathrm{mol}\ \mathcal{O}\ CaC_2O_4\cdot H_2O \\ \text{に含まれる}\ C_2O_4^{2-} \end{pmatrix}$$

$$=3\times 0.0109\,\mathrm{mol}-0.0300\,\mathrm{mol}=0.0027\,\mathrm{mol}$$

b より，$[\mathrm{Fe(C_2O_4)_3}]^{3-}$ $1\,\mathrm{mol}$ あたり，$0.5\,\mathrm{mol}$ の $C_2O_4^{2-}$ が CO_2 に変化するので，反応した $[\mathrm{Fe(C_2O_4)_3}]^{3-}$ の物質量は，

$$0.0027\,\mathrm{mol}\times\frac{1\,\mathrm{mol}}{0.5\,\mathrm{mol}}=0.0054\,\mathrm{mol}$$

よって，$[\mathrm{Fe(C_2O_4)_2}]^{2-}$ に変化した $[\mathrm{Fe(C_2O_4)_3}]^{3-}$ の割合は，

$$\frac{0.0054\,\mathrm{mol}}{0.0109\,\mathrm{mol}}\times100=49.5\,(\%)\fallingdotseq50\,(\%)$$

なお，**b** の誘導を用いずに，反応した $[\mathrm{Fe(C_2O_4)_3}]^{3-}$ の物質量を次のように求めることもできる。

反応した $[\mathrm{Fe(C_2O_4)_3}]^{3-}$ の物質量を $x\,(\mathrm{mol})$ とすると，

$$2\,[\mathrm{Fe(C_2O_4)_3}]^{3-} \longrightarrow 2\,[\mathrm{Fe(C_2O_4)_2}]^{2-} + C_2O_4^{2-} + 2CO_2$$

	$2\,[\mathrm{Fe(C_2O_4)_3}]^{3-}$	$2\,[\mathrm{Fe(C_2O_4)_2}]^{2-}$	$C_2O_4^{2-}$	$2CO_2$
反応前	0.0109	0	0	0
変化量	$-x$	$+x$	$+\dfrac{1}{2}x$	$+x$
反応後	$0.0109-x$	x	$\dfrac{1}{2}x$	x

（単位：mol）

反応後，錯イオンから $C_2O_4^{2-}$ を完全に遊離させたとき，溶液中に存在する $C_2O_4^{2-}$ の物質量は，

$$3\times(0.0109-x)\,(\mathrm{mol})+2\times x\,(\mathrm{mol})+\frac{1}{2}x\,(\mathrm{mol})=\left(0.0327-\frac{1}{2}x\right)\,(\mathrm{mol})$$

Ca^{2+} を加えたときに生じた CaC$_2$O$_4$·H$_2$O の物質量について，

$$\left(0.0327 - \frac{1}{2}x\right)(\text{mol}) = 0.0300 \text{ mol} \qquad x = 0.0054 \text{ mol}$$

17 …④

第4問　有機化合物

問1　芳香族炭化水素の反応

①　誤り。ナフタレンを，酸化バナジウム（V）V$_2$O$_5$ を触媒として酸素 O$_2$ で酸化（空気酸化）すると，無水フタル酸が生成する。

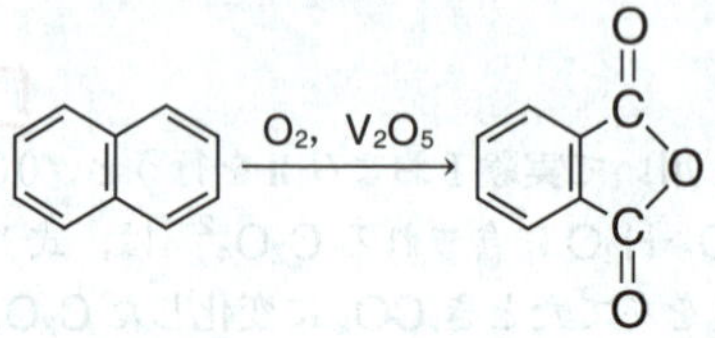

ナフタレン　　　　　　無水フタル酸

②　正しい。ベンゼンに，鉄 Fe または塩化鉄（Ⅲ）FeCl$_3$ を触媒として塩素 Cl$_2$ を反応させると，置換反応が起こり，クロロベンゼンが生成する。

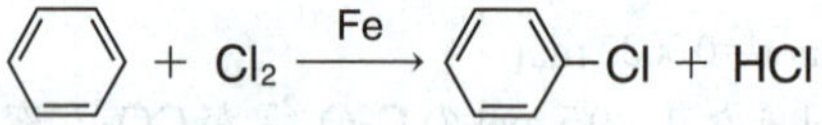

ベンゼン　　　　　　クロロベンゼン

③　正しい。ベンゼンを濃硫酸とともに加熱すると，スルホン化が起こり，ベンゼンスルホン酸が生成する。

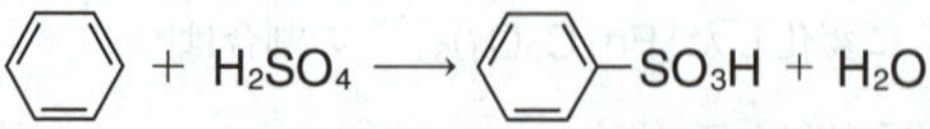

ベンゼンスルホン酸

④　正しい。ベンゼンに，高温・高圧でニッケル Ni を触媒として水素 H$_2$ を反応させると，付加反応が起こり，シクロヘキサンが生成する。

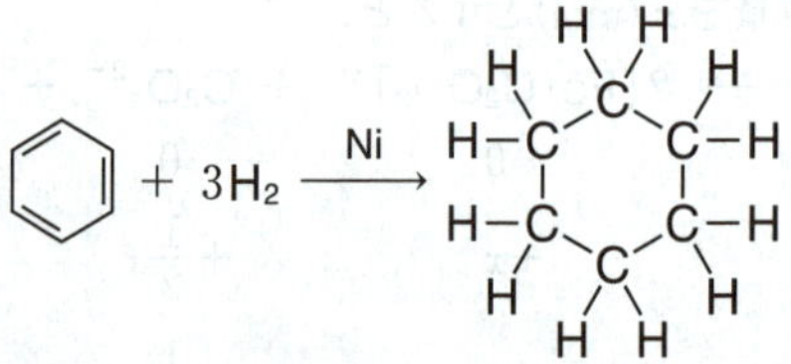

シクロヘキサン

18 …①

問2　油脂

①　正しい。油脂を水酸化カリウム KOH でけん化するときの変化は，次の化学反応式で表される。

— 284 —

$$\underset{\text{油脂}}{\mathrm{C_3H_5(OCOR)_3}} + 3\,\mathrm{KOH} \longrightarrow \underset{\text{グリセリン}}{\mathrm{C_3H_5(OH)_3}} + \underset{\text{脂肪酸のカリウム塩}}{3\,\mathrm{RCOOK}}$$

けん化価を s，KOH の式量を 56，油脂の平均分子量を M とすると，油脂 1 mol あたりのけん化に 3 mol の KOH を必要とするので，次の式が成り立つ。

$$\frac{1\,\mathrm{g}}{M\,\mathrm{(g/mol)}} \times 3 = \frac{s \times 10^{-3}\,\mathrm{(g)}}{56\,\mathrm{g/mol}}$$

よって，けん化価 s の値が大きいほど，油脂の平均分子量 M は小さい。

②　正しい。ヨウ素価を i，ヨウ素 $\mathrm{I_2}$ の分子量を 254，油脂の平均分子量を M，油脂に含まれる炭素間二重結合 $\mathrm{C=C}$ の数を n とすると，油脂 1 mol あたり n (mol) の $\mathrm{I_2}$ が付加するので，次の式が成り立つ。

$$\frac{100\,\mathrm{g}}{M\,\mathrm{(g/mol)}} \times n = \frac{i\,\mathrm{(g)}}{254\,\mathrm{g/mol}}$$

乾性油は，$\mathrm{C=C}$ を多く含み，空気中で酸化されて固化しやすい。すなわち，乾性油は n の値が大きく，ヨウ素価 i が大きい。

③　誤り。硬化油は，液体の油脂（脂肪油）に水素 $\mathrm{H_2}$ を付加させて固体にしたものである。すなわち，液体の油脂を還元してつくられる。

④　正しい。油脂は，高級脂肪酸とグリセリン（1,2,3-プロパントリオール）のエステルであり，次の構造で示される。

$$
\begin{array}{c}
\mathrm{R_1-C-O-CH_2} \\
\mathrm{R_2-C-O-CH} \\
\mathrm{R_3-C-O-CH_2}
\end{array}
$$

19 …③

問3　アルコールの反応

a　酸化によりケトンが生じるアルコールは，第二級アルコールである。

アは第一級アルコール，**イ**，**ウ**および**エ**は第二級アルコールなので，酸化によりケトンが生成するアルコールの数は 3 である。

20 …③

b　**ア**～**エ**の脱水により生じるアルケンは，次のとおりである。

$$\underset{\text{ア}}{\mathrm{CH_3-CH-\underset{\mathrm{H}}{CH}-\underset{\mathrm{OH}}{CH_2}}} \longrightarrow \mathrm{CH_3-CH-CH=CH_2}$$

（各構造式上部に $\mathrm{CH_3}$ 置換基）

— 285 —

$$CH_3-CH_2-\underset{\substack{| \\ H}}{CH}-\underset{\substack{| \\ OH}}{CH}-\underset{\substack{| \\ H}}{CH_2} \longrightarrow \begin{cases} CH_3-CH_2-CH_2-CH=CH_2 \\[4pt] \underset{H}{\overset{CH_3-CH_2}{\diagdown}}C=C\underset{H}{\overset{CH_3}{\diagup}} \\[4pt] \underset{H}{\overset{CH_3-CH_2}{\diagdown}}C=C\underset{CH_3}{\overset{H}{\diagup}} \end{cases}$$

イ

$$CH_3-CH_2-\underset{\substack{| \\ OH}}{CH}-\underset{\substack{| \\ H}}{CH}-CH_3 \longrightarrow \begin{cases} \underset{H}{\overset{CH_3-CH_2}{\diagdown}}C=C\underset{H}{\overset{CH_3}{\diagup}} \\[4pt] \underset{H}{\overset{CH_3-CH_2}{\diagdown}}C=C\underset{CH_3}{\overset{H}{\diagup}} \end{cases}$$

ウ

$$\underset{\substack{| \\ H}}{CH_2}-\underset{\substack{| \\ OH}}{CH}-\underset{\substack{| \\ CH_3}}{\overset{CH_3}{\underset{|}{C}}}-\underset{\substack{| \\ H}}{CH_3} \longrightarrow \begin{cases} CH_2=CH-\underset{\substack{| \\ CH_3}}{CH}-CH_3 \\[4pt] CH_3-\underset{\substack{| \\ CH_3}}{CH}=C-CH_3 \end{cases}$$

エ

よって，生成するアルケンの異性体の数が最も多いアルコールは**イ**である。

$\boxed{21}\cdots$②

問4　高分子化合物

①　誤り。ナイロン6は，ε-カプロラクタムの開環重合で合成され，繰り返し単位の中にはアミド結合を一つもつ。

$$n\underset{\substack{\\ \varepsilon\text{-カプロラクタム}}}{\overset{\substack{CH_2-CH_2 \\ \diagup \quad\quad \diagdown \\ CH_2 \quad\quad\quad NH \\ \diagdown \quad\quad \diagup \\ CH_2-CH_2\quad C \\ \quad\quad\quad\quad \| \\ \quad\quad\quad\quad O}}{}} \xrightarrow{\text{開環重合}} \underset{\substack{\\ \text{ナイロン6}}}{\left[\underset{\substack{| \\ H}}{\overset{\substack{| \\ N}}{}}-(CH_2)_5-\underset{\substack{\| \\ O}}{C}\right]_n}$$

②　正しい。ポリ酢酸ビニルにはエステル結合が含まれ，加水分解すると，ポリビニルアルコールが生じる。

$$\left[\begin{array}{c} CH_2-CH \\ \mid \\ O-C-CH_3 \\ \parallel \\ O \end{array} \right]_n + n\,H_2O$$

ポリ酢酸ビニル

$$\xrightarrow{\text{加水分解}} \left[\begin{array}{c} CH_2-CH \\ \mid \\ OH \end{array} \right]_n + n\,CH_3-C-OH \atop \parallel O$$

ポリビニルアルコール

③　正しい。尿素樹脂は，尿素 $CO(NH_2)_2$ とホルムアルデヒド $HCHO$ の付加縮合により合成される。尿素樹脂は，立体網目状構造をもち，熱硬化性樹脂である。

④　正しい。生ゴム（天然ゴム）に数 % の硫黄 S を加えて加熱すると，鎖状のゴム分子のところどころに S 原子が結合して架橋構造ができ，弾性が増す。このような架橋構造をつくる操作を加硫という。

⑤　正しい。ポリエチレンテレフタラートは，テレフタル酸とエチレングリコールの縮合重合により合成され，ポリエステル系合成繊維や，ペットボトルなどの合成樹脂として用いられる。

$$n\,HO-\underset{\parallel}{\overset{O}{C}}-\text{⟨benzene⟩}-\underset{\parallel}{\overset{O}{C}}-OH \;+\; n\,HO-CH_2-CH_2-OH$$

テレフタル酸　　　　　　　　　　　エチレングリコール

$$\xrightarrow{\text{縮合重合}} \left[\underset{\parallel}{\overset{O}{C}}-\text{⟨benzene⟩}-\underset{\parallel}{\overset{O}{C}}-O-CH_2-CH_2-O \right]_n + 2n\,H_2O$$

ポリエチレンテレフタラート

$$\boxed{22} \cdots ①$$

問5　ポリペプチド

アミノ酸 n（個）が脱水縮合してポリペプチド **A** が合成されたとする。

$$n\,H_2N-\underset{R}{\overset{\overset{O}{\parallel}}{CH-C}}-OH \longrightarrow \left[NH-\underset{R}{\overset{\overset{O}{\parallel}}{CH-C}} \right]_n + n\,H_2O$$

B（分子量 89）　　　　　　　　　　**A**

A の分子量について，

$$(89-18)n=2.56\times10^4 \qquad n=3.60\times10^2$$

A のらせんのひと巻きはアミノ酸の単位 3.6 個分であり，ひと巻きとひと巻きの間隔は 0.54 nm なので，

$$3.6\,(\text{個}) : 0.54\,\text{nm} = 3.60\times10^2\,(\text{個}) : L\,(\text{nm})$$

$$L=0.54\,\text{nm}\times\frac{3.60\times10^2}{3.6}=54\,\text{nm}$$

なお，**B** の分子量は 89 なので，$R=CH_3$ であり，**B** はアラニンである。

第5問　グルコースに関する総合問題
問1　化学平衡

グルコースは，水溶液中で主に α-グルコースと β-グルコースとして存在する。これらは，鎖状構造の分子を経由して相互に変換し，次に示す平衡状態になる。なお，鎖状構造の分子の割合は少なく無視できる。

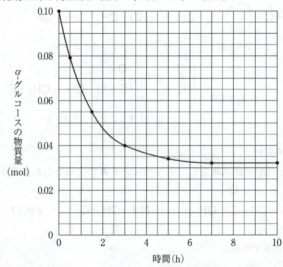

a α-グルコース 0.100 mol を水 1.0 L に溶かしたときの，α-グルコースの物質量の時間変化(表1)を方眼紙に記すと，次のようになる。

平衡状態での α-グルコースの物質量は 0.032 mol であり，量変化は次のとおりである。

	α-グルコース	$\rightleftarrows$	β-グルコース
反応前	0.100		0
変化量	-0.068		$+0.068$
平衡時	0.032		0.068

(単位：mol)

よって，平衡に達したときの β-グルコースの物質量は 0.068 mol である。

$\boxed{24}$ …④

b β-グルコースの物質量が，平衡に達したときの50 % であったとき，β-グルコースの物質量は $0.068 \text{ mol} \times \dfrac{50}{100} = 0.034 \text{ mol}$ であり，量変化は次のとおりである。

	α-グルコース	$\rightleftarrows$	β-グルコース
反応前	0.100		0
変化量	-0.034		$+0.034$
ある時間	0.066		0.034　　（単位：mol）

よって，求める時間は，α-グルコースの物質量が 0.066 mol になった時間をグラフから読み取ることにより，1.0 時間後であるとわかる。

$\boxed{25}$ …②

c 平衡に達した後に β-グルコースを加えても，はじめから β-グルコースを加えても，同じ平衡に達する。平衡に達するまでに反応した α-グルコースの物質量を x (mol) とすると，量変化は次のとおりである。

	α-グルコース	$\rightleftarrows$	β-グルコース
反応前	0.100		0.100
変化量	$-x$		$+x$
平衡時	$0.100-x$		$0.100+x$　　（単位：mol）

実験 I と **II** は，同じ温度で行っているので，平衡定数の値は同じである。水溶液の体積を 1.0 L とすると，

$$平衡定数 \ K = \frac{[\beta\text{-グルコース}]}{[\alpha\text{-グルコース}]} = \frac{0.068 \text{ mol/L}}{0.032 \text{ mol/L}} = \frac{(0.100+x) \, (\text{mol/L})}{(0.100-x) \, (\text{mol/L})}$$

$x = 0.036 \text{ mol}$

よって，平衡に達したときの β-グルコースの物質量は，

$0.100 \text{ mol} + 0.036 \text{ mol} = 0.136 \text{ mol}$

なお，α-グルコースと β-グルコースの物質量の和が常に一定であることに着目して，次のように求めることもできる。

加えたグルコースの総物質量は，$0.100 \text{ mol} + 0.100 \text{ mol} = 0.200 \text{ mol}$ なので，水溶液の体積を 1.0 L とすると，

$[\alpha\text{-グルコース}] + [\beta\text{-グルコース}] = 0.200 \text{ mol/L}$

$$平衡定数 \ K = \frac{[\beta\text{-グルコース}]}{[\alpha\text{-グルコース}]} = \frac{0.068 \text{ mol/L}}{0.032 \text{ mol/L}}$$

よって，$[\alpha\text{-グルコース}] = 0.200 \text{ mol/L} \times \dfrac{0.032}{0.032+0.068} = 0.064 \text{ mol/L}$

$[\beta\text{-グルコース}] = 0.200 \text{ mol/L} \times \dfrac{0.068}{0.032+0.068} = 0.136 \text{ mol/L}$

平衡に達したときの β-グルコースの物質量は，

$0.136 \text{ mol/L} \times 1.0 \text{ L} = 0.136 \text{ mol}$

$\boxed{26}$ …④

問2　メチル化されたグルコース

グルコースとメタノールが反応して得られた化合物 **X** は，次に示すとおりである。

α型の **X**　　　　　　　　　β型の **X**

X の水溶液は還元性を示さなかった。これは，グルコースの C^1 のヒドロキシ基 $-OH$ が $-OCH_3$ に変化しているので，水溶液中で **X** が開環できないためである。すなわち，α型の **X** とβ型の **X** は，鎖状構造の分子を経由した変換ができない。

したがって，α型の **X** 0.1 mol を水に溶かしても変化は起こらず，時間が経過しても，α型の **X** の物質量は 0.1 mol のままである。

27 …①

問3　グルコースの酸化と量的関係

グルコースにある酸化剤を作用させると，炭素原子数が 1 の有機化合物 **Y** と **Z** のみが生成した。

a　**Y** はアンモニア性硝酸銀水溶液を還元し，銀を析出させる（銀鏡反応）。よって，**Y** はホルミル基をもち，ホルムアルデヒドまたはギ酸である。

Y は還元剤としてはたらくと，**Z** となる。還元剤としてはたらくと，自身は酸化される。よって，**Y** はホルムアルデヒド，**Z** はギ酸である。

$$H-\underset{O}{C}-H \xrightarrow{\text{酸化}} H-\underset{O}{C}-OH$$

Y(ホルムアルデヒド)　　　　　**Z**(ギ酸)

28 …④

b　反応したグルコース $C_6H_{12}O_6$ の物質量を x (mol) とする。グルコースの分解により生成した化合物は **Y** と **Z** のみなので，反応したグルコースに含まれる炭素原子数と，生成した **Y** と **Z** の炭素原子数の和は同じである。

生成した 2.0 mol の **Y** と 10.0 mol の **Z** の炭素原子の物質量の和は，

$$1 \times 2.0 \text{ mol} + 1 \times 10.0 \text{ mol} = 12.0 \text{ mol}$$

グルコース x (mol) に含まれる炭素原子の物質量は $6x$ (mol) なので，

$$6x \text{ (mol)} = 12.0 \text{ mol} \qquad x = 2.0 \text{ mol}$$

29 …①

— 290 —

化　学

（2021年 1 月実施）

2021
第2日程

化学

解答・採点基準　　(100点満点)

問題番号(配点)	設問	解答番号	正解	配点	自己採点
第1問(20)	問1	1	①	4	
	問2	2	③	4	
	問3	3	⑤	4	
	問4	4	③	4	
		5	⑤	4	
第1問　自己採点小計					
第2問(20)	問1	6	②	4	
	問2	7	⑦	4 *	
		8	⑨		
		9	⑧		
	問3	10	②	4	
		11	①	4	
		12	②	4	
第2問　自己採点小計					
第3問(20)	問1	13	③	4	
	問2	14	②	4	
	問3	15	④	4	
	問4	16	①	4	
		17	③	4	
第3問　自己採点小計					

問題番号(配点)	設問	解答番号	正解	配点	自己採点
第4問(20)	問1	18	①	3	
	問2	19	⑤	4	
	問3	20	②	1	
		21	④	1	
		22	⑤	1	
		23	④	3	
	問4	24	④	4	
	問5	25	③	3	
第4問　自己採点小計					
第5問(20)	問1	26	②	4	
		27	④	4 *	
		28	②		
	問2	29	②	2	
		30	④	2	
		31	③	4	
		32	①	4	
第5問　自己採点小計					
自己採点合計					

(注)　＊は，全部正解の場合のみ点を与える。

第1問　分子，気体，溶液，物質の分離

問1　分子の構造

選択肢の構造式および電子式は次のとおりである。

① $CH_3-\overset{\overset{\displaystyle O}{\|}}{C}-OH$　　　$H:\overset{\overset{\displaystyle \ddot{O}:}{}}{\underset{H}{\ddot{C}}}:\overset{..}{\ddot{O}}:H$

（··非共有電子対）

② $CH_3-CH_2-O-CH_2-CH_3$　　　$H:\overset{\overset{\displaystyle H\ \ H}{}}{\underset{H\ \ H}{\ddot{C}:\ddot{C}}}:\overset{..}{\ddot{O}}:\overset{\overset{\displaystyle H\ \ H}{}}{\underset{H\ \ H}{\ddot{C}:\ddot{C}}}:H$

③ $CH_2=CH_2$　　　$H:\overset{\overset{\displaystyle H}{}}{\underset{H}{C}}::\overset{\overset{\displaystyle H}{}}{\underset{H}{C}}:H$

④ $CH_2=\underset{\underset{\displaystyle Cl}{|}}{CH}$　　　$H:\overset{\overset{\displaystyle H}{}}{\underset{H}{C}}::\overset{\overset{\displaystyle H}{}}{\underset{:\ddot{Cl}:}{C}}:H$

⑤ $HO-CH_2-CH_2-OH$　　　$H:\overset{..}{\ddot{O}}:\overset{\overset{\displaystyle H\ \ H}{}}{\underset{H\ \ H}{\ddot{C}:\ddot{C}}}:\overset{..}{\ddot{O}}:H$

ア　二重結合をもつ分子は，①，③，④である。

イ　非共有電子対を4組もつ分子は，①，⑤である。

以上より，**ア・イ**の両方に当てはまるものは，①である。

$\boxed{1}$ …①

問2　混合気体

混合後の窒素 N_2 および酸素 O_2 の分圧をそれぞれ P_{N_2} (Pa)，P_{O_2} (Pa)とすると，混合の前後で温度は同じなので，ボイルの法則より，

$$1.0\times10^5\,\text{Pa}\times x\,(\text{L})=P_{N_2}\,(\text{Pa})\times(x+y)\,(\text{L})$$
$$3.0\times10^5\,\text{Pa}\times y\,(\text{L})=P_{O_2}\,(\text{Pa})\times(x+y)\,(\text{L})$$

全圧が 2.0×10^5 Pa になったので，

$$P_{N_2}+P_{O_2}=\frac{1.0\times10^5 x+3.0\times10^5 y}{x+y}\,(\text{Pa})=2.0\times10^5\,\text{Pa}$$

これを解くと，$x=y$

よって，$x:y=1:1$ である。

$\boxed{2}$ …③

問3　コロイド

ミセルは，多数の界面活性剤が，次のように親水基を外側，疎水基を内側にして集合したコロイド粒子であり，これは_ア会合コロイドである。

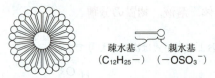

Aの濃度が$8.2×10^{-3}$ mol/L 以上になるとミセルが形成されるので，Aの濃度が$1.0×10^{-1}$ mol/Lのとき，Aはミセル(コロイド粒子)を形成する。よって，チンダル現象を_ィ示す_。

ミセルでは，親水基が外側に向いている。Aの親水基($-OSO_3^-$)は負に帯電しているので，Aのミセルは表面が負に帯電している。よって，電気泳動を行うと，_ゥ陽極_側に移動する。

3 …⑤

問4　物質の分離(クロマトグラフィー)

a 薄層クロマトグラフィーでは，物質のシリカゲルに対する吸着力の違いにより，混合物を分離することができる。有機溶媒が薄層板を上昇するのに伴って，分離したい混合物中の各成分も上昇するが，このとき，シリカゲルに吸着しやすい物質ほど移動距離が短く，シリカゲルに吸着しにくい物質ほど移動距離が長くなる。

Ⅰ　誤り。図1より，Aの方がBよりも移動距離が長いので，Aの方がシリカゲルに吸着しにくい。

Ⅱ　正しい。溶媒としてヘキサンを用いた場合と酢酸エチルを含むヘキサンを用いた場合を比較すると，図1より酢酸エチルを含むヘキサンを用いたときの方が，化合物A，B，Cの移動距離の差が大きく，明確に分離されている。よって，分離するための溶媒としては，酢酸エチルを含むヘキサンの方が適している。

4 …③

b 溶液中で化合物Dを反応させると，化合物Eが生じる。この反応溶液Xの分離結果が図2に示されている。

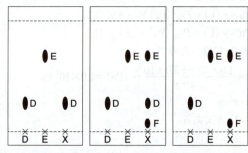

(a) 反応開始直後　(b) 反応途中　(c) 反応終了後

Ⅰ　誤り。(a)の反応開始直後の分離結果より，XはDと一致しており，Eの生成は確認できない。

Ⅱ　正しい。(b)の反応途中の分離結果より，Xは，D，E，およびD・Eのいずれ

でもない化合物（Fとする）に分離されている。よって，Eの生成とDの残存が確認できる。

　Ⅲ　正しい。(c)の反応終了後の分離結果より，Xは，EとFに分離されている。よって，Dはすべて反応してなくなり，E以外に別の物質Fも生成していることが確認できる。

$$\boxed{5}\cdots⑤$$

第2問　電池，電気分解，化学反応と熱，反応速度，化学平衡

問1　電池，電気分解

　ア　亜鉛 Zn と鉄 Fe を電極とした電池である。イオン化傾向は Zn＞Fe なので，Zn が負極，Fe が正極となり，Zn が電子 e^- を放出してイオン化する。よって，Fe はイオン化されにくい。

　イ　スズ Sn と Fe を電極とした電池である。イオン化傾向は Fe＞Sn なので，Fe が負極，Sn が正極となり，Fe が e^- を放出してイオン化する。

　ウ　Zn を陽極，Fe を陰極とした電気分解である。陽極で Zn が e^- を放出してイオン化する。よって，Fe はイオン化されにくい。

　エ　Sn を陰極，Fe を陽極とした電気分解である。陽極で Fe が e^- を放出してイオン化する。

　以上より，Fe がイオン化されにくい装置はア，ウである。

$$\boxed{6}\cdots②$$

問2　緩衝液

　弱酸とその塩，または弱塩基とその塩の混合溶液は緩衝液とよばれ，少量の酸や塩基を加えても pH はあまり変化しない。このような作用を緩衝作用という。

　アンモニア NH_3 と塩化アンモニウム NH_4Cl の混合水溶液に，少量の塩酸（HCl の水溶液）を加えた場合，次のように H^+ と <u>アNH_3</u> が反応して，<u>イNH_4^+</u> が生成する。

$$NH_3 + H^+ \longrightarrow NH_4^+$$

この反応により，加えた H^+ が消費されるので，pH はあまり変化しない。

　また，少量の水酸化ナトリウム NaOH 水溶液を加えた場合，次のように OH^- と <u>イNH_4^+</u> が反応して，<u>アNH_3</u> と <u>ウH_2O</u> が生成する。

$$NH_4^+ + OH^- \longrightarrow NH_3 + H_2O$$

この反応により，加えた OH^- が消費されるので，pH はあまり変化しない。

$$\boxed{7}\cdots⑦,\quad \boxed{8}\cdots⑨,\quad \boxed{9}\cdots⑧$$

問3　化学反応と熱，反応速度，化学平衡

　a　N−H 結合 1 mol あたりの結合エネルギーを Q (kJ) とすると，1 mol の NH_3 には 3 mol の N−H 結合が含まれるので，

$$NH_3(気) = N(気) + 3H(気) - 3Q \,(kJ)$$

図2より，

$\quad 2\times 3Q$ (kJ)＝946 kJ＋1308 kJ＋92 kJ

$\quad Q=391$ kJ

なお，図2中の946 kJはN≡N結合1 molあたりの結合エネルギーを，1308 kJはH－H結合3 molあたりの結合エネルギーを表しており，H－H結合1 molあたりの結合エネルギーは，$\dfrac{1308}{3}=436$ kJである。また，92 kJは2 molのNH₃(気)がその構成元素の単体から生成するときの反応熱であり，NH₃(気)の生成熱は$\dfrac{92}{2}$＝46 kJ/molである。

10 …②

b　N_2(気) ＋ $3H_2$(気) ⇄ $2NH_3$(気)　　　　(1)

Ⅰ　正しい。式(1)の反応が，式(2)，(3)の反応段階を経ているとすると，式(1)の正反応は，2N(気) ＋ 6H(気)の状態を経て起こっていることになる。図2より，このとき必要なエネルギーは，

$\quad 946$ kJ＋1308 kJ＝2254 kJ

である。一方，図3より，式(1)の正反応の活性化エネルギーは，触媒がないとき234 kJ，触媒があるとき96 kJであり，いずれも，式(1)の正反応が起こるために必要なエネルギーは2254 kJより小さい。よって，式(1)の反応は式(2)，(3)の反応段階を経ていないことがわかる。

Ⅱ　正しい。次図に示すように，触媒のあるときもないときも，逆反応の活性化エネルギーは正反応の活性化エネルギーより大きい。

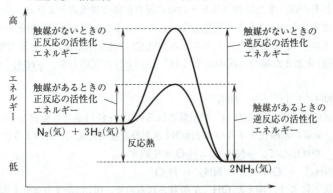

Ⅲ　正しい。上図に示すように，反応熱の大きさは，触媒の有無にかかわらず，変わらない。

11 …①

c　N_2 0.70 molとH_2 2.10 mol（N_2の3倍の物質量）を混合して，500℃で平衡状態に達し，全圧が5.8×10^7 Paになったとき，図4より，NH₃の体積百分率は40％

である。

平衡状態に達するまでに減少した N_2 を x (mol) とすると，反応による量変化は次のようになる。

$$N_2 \quad + \quad 3H_2 \quad \rightleftharpoons \quad 2NH_3 \quad \text{合計}$$

	N_2	$3H_2$	$2NH_3$	合計
反応前	0.70	2.10	0	2.80
変化量	$-x$	$-3x$	$+2x$	$-2x$
平衡時	$0.70-x$	$2.10-3x$	$2x$	$2.80-2x$ （単位：mol）

混合気体では体積比 ＝ 物質量比が成り立つので，NH_3 の体積百分率について，

$$\frac{2x}{2.80-2x}\times100=40\,(\%)$$

$x=0.40$ mol

よって，生成した NH_3 の物質量は，

2×0.40 mol $=0.80$ mol

$\boxed{12}\cdots$ ②

第3問　無機物質，電離平衡

問1　金属元素

①　正しい。遷移元素は，周期表の 3～11 族に属する元素である。第 4 周期の遷移元素の原子の最外殻は N 殻であり，次に示すように最外殻電子数は，1 または 2 である。なお，12 族の元素も，遷移元素に含める場合がある。

族	3	4	5	6	7	8	9	10	11	12
元素記号	Sc	Ti	V	Cr	Mn	Fe	Co	Ni	Cu	Zn
原子番号	21	22	23	24	25	26	27	28	29	30
K 殻	2	2	2	2	2	2	2	2	2	2
L 殻	8	8	8	8	8	8	8	8	8	8
M 殻	9	10	11	13	13	14	15	16	18	18
N 殻	2	2	2	1	2	2	2	2	1	2

②　正しい。銅 Cu は，多くは黄銅鉱（主成分 $CuFeS_2$）などの化合物として産出されるが，天然に単体として産出されることもある。また，金 Au や白金 Pt は，天然に単体として産出される。

なお，銅の単体は，黄銅鉱から得られる粗銅を電解精錬して製造される。

③　誤り。リチウムイオン電池は，スマートフォンやノートパソコンなどの電子機器のバッテリーとして利用されており，充電が可能な二次電池である。なお，リチウム電池は，電卓，腕時計などに利用されており，充電ができない一次電池である。

④ 正しい。銀鏡反応は，アンモニア性硝酸銀水溶液にアルデヒドを加えて温めると，容器の内壁に銀 Ag が析出する反応である。この反応を利用すると，ガラスなどの金属以外のものにも，銀めっきすることができる。

13 …③

問2 両性金属，化学反応と量的関係

アルミニウム Al と鉄 Fe の混合物に，十分な量の水酸化ナトリウム NaOH 水溶液を加えると，両性金属の単体である Al は，次の反応により溶解して水素 H_2 を発生する。

$$2Al + 2NaOH + 6H_2O \longrightarrow 2Na[Al(OH)_4] + 3H_2 \quad (1)$$

また，Fe は NaOH と反応しない。

混合物 2.04 g から生じた H_2 は 3.00×10^{-2} mol なので，式(1)より，混合物に含まれていた Al (式量 27) の物質量および質量は，

3.00×10^{-2} mol $\times \dfrac{2}{3} = 2.00 \times 10^{-2}$ mol

27 g/mol $\times 2.00 \times 10^{-2}$ mol $= 0.54$ g

よって，混合物に含まれていた Fe の質量は，

2.04 g − 0.54 g = 1.50 g

14 …②

問3 金属イオンの分離

Ag^+，Ba^{2+}，Mn^{2+} を含む酸性水溶液に，ア〜エの順序で水溶液を加えると，次のようになる。なお，この結果は，表1を参照しながら考えるとよい。

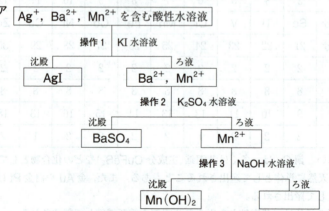

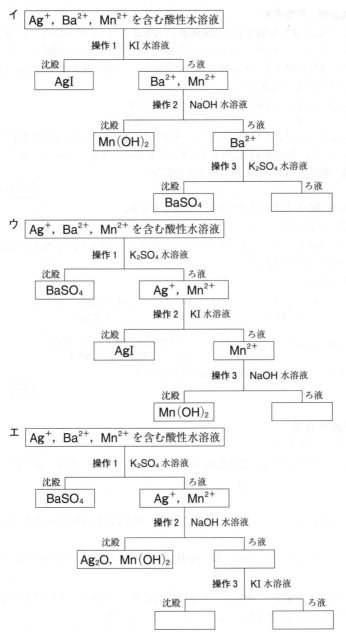

以上より，Ag^+，Ba^{2+}，Mn^{2+} を別々の沈殿として分離できないものは，エである。

$\boxed{15}$ … ④

問4 二酸化硫黄，電離平衡

a 二酸化硫黄 SO_2 を溶かした水溶液 **A** に試薬 **B** を加えた結果から，水溶液 **A** が還元作用をもつことがわかったので，試薬 **B** は酸化作用をもつと判断できる。選択肢のうち，酸化作用をもつものは①ヨウ素溶液(ヨウ素ヨウ化カリウム水溶液)であり，SO_2 と次のように反応する。

$$\underset{+4}{SO_2} + \underset{0}{I_2} + 2H_2O \longrightarrow \underset{+6}{H_2SO_4} + \underset{-1}{2HI}$$

酸化数

なお，I_2 は水に溶けにくいが，ヨウ化カリウム KI 水溶液には三ヨウ化物イオン I_3^- となって溶け，水溶液は褐色を示す。上記の反応により I_2 が反応してなくなると，水溶液の褐色が消え，無色透明の水溶液になる。

16 …①

b SO_2 を溶かした水溶液が平衡状態に達したとき，

$$[SO_2] = 8.3 \times 10^{-3}\,\text{mol/L}, \quad [H^+] = 1.0 \times 10^{-2}\,\text{mol/L}$$

$[SO_3^{2-}]$ を求めたいので，式(3)と(4)から，$[HSO_3^-]$ を消去し，その式に $[SO_2]$ と $[H^+]$ の値を代入すればよい。

式(3)×式(4)より，

$$K_1 K_2 = \frac{[H^+][HSO_3^-]}{[SO_2]} \times \frac{[H^+][SO_3^{2-}]}{[HSO_3^-]} = \frac{[H^+]^2[SO_3^{2-}]}{[SO_2]}$$

$$1.2 \times 10^{-2}\,\text{mol/L} \times 6.6 \times 10^{-8}\,\text{mol/L} = \frac{(1.0 \times 10^{-2}\,\text{mol/L})^2 \times [SO_3^{2-}]}{8.3 \times 10^{-3}\,\text{mol/L}}$$

$$[SO_3^{2-}] = 6.57 \times 10^{-8}\,\text{mol/L} \fallingdotseq 6.6 \times 10^{-8}\,\text{mol/L}$$

17 …③

第4問　有機化合物

問1　アルデヒド，ケトン

① 誤り。アセトン $CH_3-\overset{\underset{\|}{O}}{C}-CH_3$ はケトンであり，フェーリング液を還元しない。

なお，アルデヒドは，フェーリング液を還元し，酸化銅(Ⅰ) Cu_2O の赤色沈殿が生じる。

② 正しい。アセトンは，$CH_3-\overset{\underset{\|}{O}}{C}-R$(R は水素原子 H または炭化水素基)の構造をもつため，ヨウ素 I_2 と水酸化ナトリウム NaOH 水溶液を加えて温めると，ヨードホルム CHI_3 の黄色沈殿が生じる(ヨードホルム反応)。

③ 正しい。アセトアルデヒドは，工業的には，塩化パラジウム(Ⅱ) $PdCl_2$ と塩化銅(Ⅱ) $CuCl_2$ の水溶液を触媒として，エテン(エチレン)を酸素 O_2 で酸化してつくられている。

$$2CH_2=CH_2 + O_2 \longrightarrow 2CH_3-\overset{\displaystyle |}{\underset{\displaystyle O}{C}}-H$$

④　正しい。ホルムアルデヒド $HCHO$ は，無色の刺激臭をもつ気体であり，水によく溶ける。

$\boxed{18}$ …①

問2　異性体，アルコール

分子式 $C_4H_{10}O$ で表される化合物には，次の 7 個の構造異性体が存在する。これらのうち，不斉炭素原子をもつ 2-ブタノールには鏡像異性体(光学異性体)が存在するので，分子式 $C_4H_{10}O$ で表される化合物には，8 個の異性体が存在する。(アルコール：5 個，エーテル：3 個)

$$CH_3-CH_2-CH_2-\underset{\displaystyle OH}{CH_2}$$

1-ブタノール

$$CH_3-CH_2-\overset{\displaystyle *}{\underset{\displaystyle OH}{CH}}-CH_3$$

2-ブタノール

$$CH_3-\overset{\displaystyle CH_3}{\underset{\displaystyle CH_2}{CH}}\underset{\displaystyle OH}{}$$

2-メチル-1-プロパノール

$$CH_3-\overset{\displaystyle CH_3}{\underset{\displaystyle OH}{C}}-CH_3$$

2-メチル-2-プロパノール

$$CH_3-CH_2-CH_2-O-CH_3$$

メチルプロピルエーテル

$$CH_3-CH_2-O-CH_2-CH_3$$

ジエチルエーテル

$$CH_3-\overset{\displaystyle CH_3}{CH}-O-CH_3$$

イソプロピルメチルエーテル

(C* は不斉炭素原子を表す)

アルコールはヒドロキシ基をもち，ナトリウム Na と反応する。

$$2R-OH + 2Na \longrightarrow 2R-ONa + H_2$$

よって，Na と反応する異性体の数は，5 である。

$\boxed{19}$ …⑤

問3　フェノール，サリチル酸

a　クメンを酸素 O_2 で酸化すると，クメンヒドロペルオキシド(化合物 A)が生じる。

$$CH_3-\overset{\displaystyle H}{C}-CH_3 + O_2 \longrightarrow CH_3-\overset{\displaystyle O-OH}{C}-CH_3$$

クメン　　　　　　　　　　　　　クメンヒドロペルオキシド
(化合物 A)

クメンヒドロペルオキシドを希硫酸で分解すると，フェノールとアセトン(化合

— 301 —

物B)が生じる。

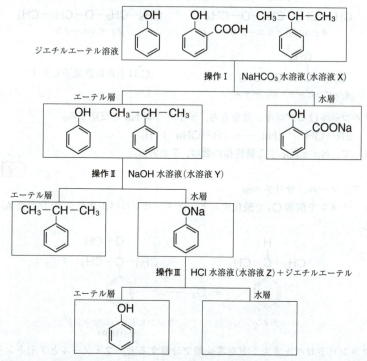

ナトリウムフェノキシドを，高温・高圧のもとで二酸化炭素CO_2(化合物C)と反応させるとサリチル酸ナトリウムが得られ，これに希硫酸を作用させると，サリチル酸が得られる。

20 …②, 21 …④, 22 …⑤

b　フェノール，サリチル酸，クメンを含むジエチルエーテル溶液から，フェノールのみを取り出す操作をまとめると，次のとおりである。

操作Ⅰ 酸の強さは，カルボン酸＞炭酸＞フェノールなので，炭酸水素ナトリウム $NaHCO_3$ 水溶液（水溶液 **X**）を加えると，サリチル酸が塩となり，水層に移行する。

$$\text{(OH)(COOH)} + NaHCO_3 \longrightarrow \text{(OH)(COONa)} + H_2O + CO_2$$

操作Ⅱ **操作Ⅰ**で分離したエーテル層に，水酸化ナトリウム $NaOH$ 水溶液（水溶液 **Y**）を加えると，酸性の物質であるフェノールが塩となり，水層に移行する。

$$\text{(OH)} + NaOH \longrightarrow \text{(ONa)} + H_2O$$

操作Ⅲ **操作Ⅱ**で分離した水層に，塩酸（HCl 水溶液）（水溶液 **Z**）とジエチルエーテルを加えると，弱酸であるフェノールが遊離し，エーテル層に移行する。分離したエーテル層からジエチルエーテルを蒸発させると，フェノールが得られる。

$$\text{(ONa)} + HCl \longrightarrow \text{(OH)} + NaCl$$

以上より，④が適当である。

なお，他の選択肢の場合，各物質は次の層に含まれ，フェノールのみを取り出すことはできない（問題では**操作Ⅲ**のエーテル層に限っているが，それ以外に注目してもフェノールのみを取り出すことはできない）。

	フェノール	サリチル酸	クメン
①	**操作Ⅱのエーテル層**	**操作Ⅲの水層**	**操作Ⅱのエーテル層**
②	**操作Ⅲの水層**	**操作Ⅲの水層**	**操作Ⅱのエーテル層**
③	**操作Ⅱのエーテル層**	**操作Ⅰの水層**	**操作Ⅱのエーテル層**
⑤	**操作Ⅰの水層**	**操作Ⅰの水層**	**操作Ⅱのエーテル層**
⑥	**操作Ⅰの水層**	**操作Ⅰの水層**	**操作Ⅱのエーテル層**

$\boxed{23}$ …④

問4 合成高分子化合物

高分子化合物 **B** の平均重合度を n とすると，n (mol) の **A** から 1 mol の **B** が得られる。

$$n\,CH_2=\underset{\underset{X}{|}}{CH} \xrightarrow{\text{付加重合}} \left[CH_2-\underset{\underset{X}{|}}{CH} \right]_n$$

A 　　　　　　　　　　**B**

0.130 mol の **A** から得られた **B**（平均分子量 2.73×10^4）は 5.46 g なので，

$$0.130 \text{ mol} : \frac{5.46 \text{ g}}{2.73 \times 10^4 \text{ g/mol}} = n : 1$$

$$n = 650$$

$\boxed{24} \cdots ④$

問5　タンパク質，アミノ酸

　① 正しい。α-アミノ酸は，次の一般式で表され，同じ炭素原子にアミノ基とカルボキシ基が結合している。

$$\text{H}_2\text{N}-\underset{\underset{\text{R}}{|}}{\text{CH}}-\text{COOH}$$

　② 正しい。アミノ酸は，結晶中で，カルボキシ基の水素原子が H^+ となってアミノ基に移動し，双性イオンになっている。

$$\text{H}_3\text{N}^+-\underset{\underset{\text{R}}{|}}{\text{CH}}-\text{COO}^-$$

　そのため，アミノ酸の結晶は，双性イオンどうしが静電気力で引き合ってできており，イオン結晶の性質をもつ。よって，融点の高いものが多い。

　③ 誤り。グリシン $\text{H}_2\text{N}-\text{CH}_2-\text{COOH}$ とアラニン $\text{H}_2\text{N}-\underset{\underset{\text{CH}_3}{|}}{\text{CH}}-\text{COOH}$ から

できる鎖状のジペプチドは，次に示す2種類である。

$$\text{H}_2\text{N}-\text{CH}_2-\overset{\overset{\text{O}}{\|}}{\text{C}}-\text{NH}-\underset{\underset{\text{CH}_3}{|}}{\text{CH}}-\overset{\overset{\text{O}}{\|}}{\text{C}}-\text{OH} \qquad \text{H}_2\text{N}-\underset{\underset{\text{CH}_3}{|}}{\text{CH}}-\overset{\overset{\text{O}}{\|}}{\text{C}}-\text{NH}-\text{CH}_2-\overset{\overset{\text{O}}{\|}}{\text{C}}-\text{OH}$$

　④ 正しい。水溶性のタンパク質の水溶液は，親水コロイドの水溶液であり，多量の電解質を加えると沈殿する。これを塩析といい，コロイド粒子に水和している水分子が奪われ，コロイド粒子どうしが凝集するために起こる。

$\boxed{25} \cdots ③$

第5問　入浴剤に関する総合問題

問1　化学反応と量的関係

　試料 X 10.00 g に含まれる炭酸水素ナトリウム NaHCO_3 を x (mol)，炭酸ナトリウムを y (mol)とする。

　実験Ⅰ X 10.00 g に塩酸を十分に加えると，式(1), (2)の反応が起こり，二酸化炭素 CO_2(分子量 44)が 3.30 g 発生した。

$$\text{NaHCO}_3 + \text{HCl} \longrightarrow \text{NaCl} + \text{H}_2\text{O} + \text{CO}_2 \tag{1}$$

$$\text{Na}_2\text{CO}_3 + 2\text{HCl} \longrightarrow 2\text{NaCl} + \text{H}_2\text{O} + \text{CO}_2 \tag{2}$$

　CO_2 の発生量について，次の式(5)が成り立つ。

$$x \text{ (mol)} + y \text{ (mol)} = \frac{3.30 \text{ g}}{44 \text{ g/mol}} = 0.0750 \text{ mol} \tag{5}$$

— 304 —

実験Ⅱ X 10.00 g を二酸化ケイ素 SiO_2 とともに加熱したところ，式(3), (4)の反応が起こり，3.10 g の酸化ナトリウム Na_2O（式量 62）を含むガラスが得られた。

$$2NaHCO_3 \longrightarrow Na_2O + H_2O + 2CO_2 \tag{3}$$

$$Na_2CO_3 \longrightarrow Na_2O + CO_2 \tag{4}$$

Na_2O の生成量について，次の式(6)が成り立つ。

$$x \, (mol) \times \frac{1}{2} + y \, (mol) = \frac{3.10 \text{ g}}{62 \text{ g/mol}} = 0.0500 \text{ mol} \tag{6}$$

a **実験Ⅱ**の結果より得られる関係式は，式(6)より，

$x + 2y = 0.100$

$\boxed{26} \cdots ②$

b 式(5), (6)を解くと，

$x = 0.0500$ mol, $y = 0.0250$ mol

よって，X 10.00 g に含まれていた $NaHCO_3$（式量 84）の質量は，

84 g/mol $\times$ 0.0500 mol = 4.20 g ≒ 4.2 g

なお，X 10.00 g に含まれていた Na_2CO_3（式量 106）の質量は，

106 g/mol $\times$ 0.0250 mol = 2.65 g

$\boxed{27} \cdots ④$, $\boxed{28} \cdots ②$

問2 中和滴定

実験Ⅲ X 10.00 g に塩酸を十分に加えると，式(1), (2)の反応が起こる。

$$NaHCO_3 + HCl \longrightarrow NaCl + H_2O + CO_2 \tag{1}$$

$$Na_2CO_3 + 2HCl \longrightarrow 2NaCl + H_2O + CO_2 \tag{2}$$

得られた水溶液を加熱すると，生じた CO_2 や未反応の HCl が気体として水溶液から除かれ，これを乾燥すると，NaCl とコハク酸 $HOOC(CH_2)_2COOH$ を含む固体が得られた。この固体を水に溶かしたものが，**水溶液 Y** である。

水溶液 Y を 1.00 mol/L の水酸化ナトリウム NaOH 水溶液で中和滴定した。問題文中に「コハク酸は2価のカルボン酸であるが，1段階目と2段階目の電離定数が同程度であるため，滴定曲線は2段階とならず，見かけ上，1段階となる。」とあり，このとき，次の中和反応が起こる。

$$HOOC(CH_2)_2COOH + 2NaOH \longrightarrow NaOOC(CH_2)_2COONa + 2H_2O$$

また，滴定曲線は次のとおりである。

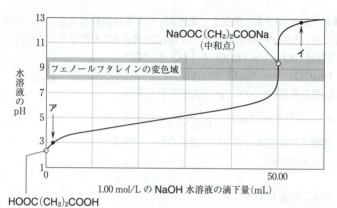

a 点ア　NaOH 水溶液の滴下量が少なく，コハク酸はわずかに中和されているだけである。よって，コハク酸は主に HOOC(CH$_2$)$_2$COOH(H$_2$A) として存在している。

点イ　中和点を超えて NaOH 水溶液を滴下しており，コハク酸はすべて中和され，NaOOC(CH$_2$)$_2$COONa となっている。塩は水溶液中で電離するので，コハク酸は主に ⁻OOC(CH$_2$)$_2$COO⁻ (A^{2-}) として存在している。

29 …②，30 …④

b　X 10.00 g に含まれるコハク酸 (分子量 118) の質量を w (g) とすると，コハク酸は 2 価の酸，NaOH は 1 価の塩基なので，中和反応の量的関係より，

$$2 \times \frac{w \text{ (g)}}{118 \text{ g/mol}} = 1 \times 1.00 \text{ mol/L} \times \frac{50.00}{1000} \text{ L}$$

　　$w = 2.95$ g

なお，入浴剤 (試料 X) 10.00 g に含まれる各成分の質量をまとめると，実験Ⅰ～Ⅲの結果より，次のようになる。

　　NaHCO$_3$ …… 4.20 g
　　Na$_2$CO$_3$ …… 2.65 g
　　コハク酸 …… 2.95 g
　　コハク酸以外の有機化合物 …… 10.00 g − 4.20 g − 2.65 g − 2.95 g
　　　　　　　　　　　　　　　　= 0.20 g

31 …③

c　①　下線部(a)で，加えた塩酸の量が十分でなく，NaHCO$_3$ や Na$_2$CO$_3$ が残っていた場合，水溶液中でコハク酸が NaHCO$_3$ や Na$_2$CO$_3$ と次のように反応する。

　　HOOC(CH$_2$)$_2$COOH ＋ 2NaHCO$_3$
　　　　　　⟶ NaOOC(CH$_2$)$_2$COONa ＋ 2H$_2$O ＋ 2CO$_2$
　　HOOC(CH$_2$)$_2$COOH ＋ Na$_2$CO$_3$
　　　　　　⟶ NaOOC(CH$_2$)$_2$COONa ＋ H$_2$O ＋ CO$_2$

よって，**水溶液 Y** 中のコハク酸の物質量が少なくなり，中和点までに滴下した NaOH 水溶液の体積は，正しい値(50.00 mL)よりも小さくなる。したがって，コハク酸の質量は正しい値よりも小さく求まる。

② 下線部(b)で，繰り返しの回数が少なく，HCl が残っていると，中和滴定では次の反応も起こる。

$$HCl + NaOH \longrightarrow NaCl + H_2O$$

よって，中和点までに滴下した NaOH 水溶液の体積は，正しい値(50.00 mL)よりも大きくなるため，コハク酸の質量は正しい値よりも大きく求まる。

③ 下線部(c)で，加えた水の量が多くても，**水溶液 Y** に含まれるコハク酸の物質量は変わらないので，中和点までに滴下した NaOH 水溶液の体積は，正しい値(50.00 mL)となる。よって，コハク酸の質量は正しい値が求まる。

④ 下線部(d)で，NaOH 水溶液の濃度が 1.00 mol/L よりも低いと，中和点までに滴下した NaOH 水溶液の体積は，正しい値(50.00 mL)よりも大きくなる。よって，コハク酸の質量は正しい値よりも大きく求まる。

$\boxed{32}$ …①

MEMO

化　学

（2020年1月実施）

受験者数　193,476

平　均　点　　54.79

化学

解答・採点基準　　(100点満点)

問題番号 (配点)	設問	解答番号	正解	配点	自己採点
第1問 (24)	問1	1	④	4	
	問2	2	⑤	4	
	問3	3	②	4	
	問4	4	②	4	
	問5	5	⑤	4	
	問6	6	④	4	
第1問　自己採点小計					
第2問 (24)	問1	1	③	3	
		2	⑦	3	
	問2	3	⑤	4	
	問3	4	③	4	
	問4	5	①	3	
		6	④	3	
	問5	7	③	4	
第2問　自己採点小計					
第3問 (23)	問1	1	①	4	
	問2	2	③	4	
	問3	3	②	3	
		4	①		
		5	②	3 *	
		6	④		
	問4	7	①	4	
	問5	8	④	5	
第3問　自己採点小計					

問題番号 (配点)	設問	解答番号	正解	配点	自己採点
第4問 (19)	問1	1	④	3	
	問2	2	②	4	
	問3	3	⑤	4	
	問4	4	③	4	
	問5	5	③	2	
		6	①	2	
第4問　自己採点小計					
第5問 (6)	問1	1	①	2	
		2	⑤	2	
	問2	3	⑥	2	
第5問　自己採点小計					
第6問 (4)	問1	1	④	2	
	問2	2	②	2	
第6問　自己採点小計					
第7問 (4)	問1	1	②	2	
	問2	2	③	2	
第7問　自己採点小計					
自己採点合計					

(注)
1　＊は，全部正解の場合のみ点を与える。
2　第1問～第5問は必答。第6問，第7問のうちから1問選択。計6問を解答。

第1問 物質の構成，物質の状態，気体，溶液，コロイド

問1　ハロゲン

① 正しい。一般に，典型元素の最外殻電子の数は，族番号の一の位の数に等しい（ただし，Heは2個）。貴ガス（希ガス）以外の原子の最外殻電子は，原子がイオンになったり，原子どうしが結合するときに重要な役割を果たすので価電子という（ただし，貴ガスの価電子数は0とする）。フッ素 F，塩素 Cl，臭素 Br およびヨウ素 I は 17 族に属し，7 個の価電子をもつ。

② 正しい。最外電子殻に電子が入り原子が陰イオンになると，電子間の反発により，陰イオンの半径はもとの原子の半径より大きくなる。

③ 正しい。F_2, Cl_2, Br_2, I_2 の順に分子量が大きくなり，ファンデルワールス力が強くはたらくため，融点や沸点はこの順に高くなる。

④ 誤り。ハロゲンの原子は，その半径が小さいほど電子を引き付けやすく，酸化作用が強くなる。したがって，単体の酸化作用は $F_2 > Cl_2 > Br_2 > I_2$ の順に弱くなる。

⑤ 正しい。酸化作用の違いは水との反応でも見られる。F_2 は水と激しく反応し，酸素 O_2 を生じる。

$$2F_2 + 2H_2O \longrightarrow 4HF + O_2$$

Cl_2 は，一部が反応し，塩化水素 HCl と次亜塩素酸 HClO を生じる。

$$Cl_2 + H_2O \longrightarrow HCl + HClO$$

Br_2 は Cl_2 より穏やかに反応する。I_2 は水にほとんど溶けない。

　　　　　　　　　　　　　　　　　　　　　　　　　　　1 …④

問2　水の状態図

① 正しい。三重点 A では固体，液体，気体が共存し，平衡状態となる。

② 正しい。$B(T_B, P_B)$ は臨界点とよばれ，これを超えると，液体とも気体とも区別がつかない状態となる。このような状態を超臨界状態とよぶ。

③ 正しい。液体と気体の境界線上において，圧力を高くすると（右図中 $P \to P'$），沸点は高くなる（右図中 $T \to T'$）。

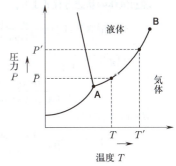

④　正しい。固体と気体の境界線上において，圧力を高くすると(右図中 $P→P'$)，昇華する温度は高くなる(右図中 $T→T'$)。

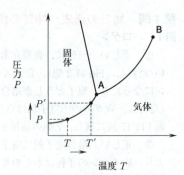

⑤　誤り。固体と液体の境界線上において，圧力を高くすると(右図中 $P→P'$)，融点は低くなる(右図中 $T→T'$)。

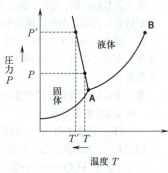

$\boxed{2}$ …⑤

問3　気体の密度

同じ物質量の H_2(2.0 g/mol)と N_2(28 g/mol)を混合したので，混合気体の平均分子量は，

$$2.0 \text{ g/mol} \times \frac{1}{2} + 28 \text{ g/mol} \times \frac{1}{2} = 15 \text{ g/mol}$$

理想気体の状態方程式より，

$$P \text{[Pa]} \times V \text{[L]} = \frac{w \text{[g]}}{M \text{[g/mol]}} \times R \text{[Pa·L/(K·mol)]} \times (t+273) \text{[K]}$$

$$d \text{[g/L]} = \frac{w \text{[g]}}{V \text{[L]}}$$

$$= \frac{P \text{[Pa]} \times M \text{[g/mol]}}{R \text{[Pa·L/(K·mol)]} \times (t+273) \text{[K]}}$$

$M=15$ を代入すると，

$$d \text{[g/L]} = \frac{15 \text{ g/mol} \times P \text{[Pa]}}{R \text{[Pa·L/(K·mol)]} \times (t+273) \text{[K]}}$$

$\boxed{3}$ …②

問4　飽和蒸気圧

図アは，大気圧 1.013×10^5 Pa と水銀 760 mm の水銀柱にはたらく重力による圧力がつり合っていることを示している。

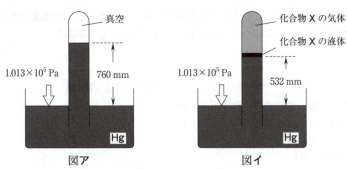

図ア　　　　　　　　　図イ

　図イにおいて，Xの液体が残っているので，Xの蒸気の圧力は飽和蒸気圧になっている。Xの蒸気圧の分だけ水銀柱の高さは低下する。したがって，Xの飽和蒸気圧は，水銀柱の228 mm（＝760－532）に相当する。よって，Xの飽和蒸気圧は，

$$1.013 \times 10^5 \text{ Pa} \times \frac{228 \text{ mm}}{760 \text{ mm}} = 3.03 \times 10^4 \fallingdotseq 3.0 \times 10^4 \text{ Pa}$$

4 …②

問5　浸透圧

　実験Ⅲより，右側の水面にかかる圧力は1.0153×10^5 Pa，左側の水面にかかる圧力は大気圧1.013×10^5 Paである。よって，この圧力の差が非電解質Yの浸透圧になる。

$$1.0153 \times 10^5 \text{ Pa} - 1.0133 \times 10^5 \text{ Pa} = 2.0 \times 10^2 \text{ Pa}$$

Yのモル質量をM〔g/mol〕とすると，$\Pi = cRT$より，

$$2.0 \times 10^2 \text{ Pa} = \frac{\dfrac{0.020 \text{ g}}{M \text{〔g/mol〕}}}{\dfrac{10}{1000} \text{ L}} \times 8.3 \times 10^3 \text{ Pa·L/(K·mol)} \times (27 + 273) \text{ K}$$

$$M = 2.49 \times 10^4 \fallingdotseq 2.5 \times 10^4 \text{ g/mol}$$

5 …⑤

問6　コロイド

　① 正しい。コロイド粒子を限外顕微鏡で観察すると，光った点が不規則に動いている様子が見られる。このような運動をブラウン運動という。これは熱運動している分散媒分子がコロイド粒子に不規則に衝突するために起こる。

　② 正しい。コロイド溶液に横から強い光を当てると，光の通路が明るく輝いて見える。このような現象をチンダル現象という。これはコロイド粒子による光の散乱が原因である。

　③ 正しい。デンプンは分子量が大きく，分子1個でコロイド粒子になる。このようなコロイドを分子コロイドといい，他にゼラチンやタンパク質などがある。

　④ 誤り。寒天を温水に溶かすと，流動性のあるコロイド溶液になり，このコロイド溶液をゾルという。これを冷やすと流動性を失ったゲルになる。

　⑤ 正しい。疎水コロイドに親水コロイドを加えると，疎水コロイドが凝析しに

くくなることがある。このようなはたらきをもつ親水コロイドを保護コロイドといい，墨汁に加えている膠や，インク中のアラビアゴムなどがある。

6 …④

第2問　化学反応と熱，反応速度，化学平衡，電離平衡
問1　化学反応の量的関係，化学反応と熱

a　用いた Fe（56 g/mol）の物質量は，

$$\frac{1.68 \text{ g}}{56 \text{ g/mol}} = 3.0 \times 10^{-2} \text{ mol}$$

図1より，酸素 O_2 の物質量が 0.020 mol のときから水槽の水の温度が一定になっているので，Fe が反応によりすべてなくなったと考えられる。

O_2 0.020 mol すなわち O 原子 0.040 mol と Fe 3.0×10^{-2} mol が過不足なく反応したので，A に含まれる Fe と O の物質量比は，

Fe：O＝3.0×10^{-2} mol：4.0×10^{-2} mol＝3：4

よって，A は Fe_3O_4 である。

1 …③

b　Fe_3O_4 の生成熱を Q〔kJ/mol〕とすると，それを表す熱化学方程式は，

3Fe（固）＋ 2O_2（気）＝ Fe_3O_4（固）＋ Q〔kJ〕

水の温度が 2.5 K 上昇しているので，発生した熱量は，

4.48 kJ/K × 2.5 K ＝ 11.2 kJ

Fe 3.0×10^{-2} mol の燃焼で 11.2 kJ の熱量が発生しているので，Fe 3.0 mol が燃焼したときに発生する熱量は，

$$11.2 \text{ kJ} \times \frac{3.0 \text{ mol}}{3.0 \times 10^{-2} \text{ mol}} = 1120 \text{ kJ}$$

よって，1120 kJ/mol である。

2 …⑦

問2　化学反応と熱

本文で与えられた熱化学方程式を(1)式とする。

3CuO（固）＋ 2Al（固）＝ 3Cu（固）＋ Al_2O_3（固）＋ Q〔kJ〕　　…(1)

CuO（固）の生成熱を Q_1〔kJ/mol〕とすると，それを表す熱化学方程式は，

Cu（固）＋ $\frac{1}{2}$$O_2$（気）＝ CuO（固）＋ Q_1〔kJ〕　　…(2)

Al_2O_3（固）の生成熱を Q_2〔kJ/mol〕とすると，それを表す熱化学方程式は，

2Al（固）＋ $\frac{3}{2}$$O_2$（気）＝ Al_2O_3（固）＋ Q_2〔kJ〕　　…(3)

(3)式－(2)式×3 より，

3CuO（固）＋ 2Al（固）＝ 3Cu（固）＋ Al_2O_3（固）＋ $(-3Q_1+Q_2)$〔kJ〕

これと(1)式を比較して，

— 314 —

$$Q\,[\text{kJ}] = (-3Q_1 + Q_2)\,[\text{kJ}]$$

〔別解〕

(反応熱) = (生成物の生成熱の和) − (反応物の生成熱の和)

これを，⑴式に適用すると，

$$Q\,[\text{kJ}] = Q_2\,[\text{kJ}] - 3Q_1\,[\text{kJ}]$$
$$= (-3Q_1 + Q_2)\,[\text{kJ}]$$

$\boxed{3}$ …⑤

問3　反応速度

図2より，**B**のモル濃度[**B**]を 0.1 mol/L に保ち，**A**のモル濃度[**A**]を 0.1 mol/L から 0.2 mol/L に，すなわち2倍にすると，**C**の生成速度は 1.0×10^{-5} mol/(L·s)から 2.0×10^{-5} mol/(L·s)に，すなわち2倍になっている。

図3より，**A**のモル濃度[**A**]を 1 mol/L に保ち，**B**のモル濃度[**B**]を 0.01 mol/L から 0.02 mol/L に，すなわち2倍にすると，**C**の生成速度は 0.1×10^{-5} mol/(L·s)から 0.4×10^{-5} mol/(L·s)に，すなわち4倍になっている。

したがって，[**A**]と[**B**]をいずれも2倍にすると，**C**の生成速度は $2 \times 4 = 8$ 倍になる。

$\boxed{4}$ …③

問4　化学平衡

気体**A**と気体**B**から気体**C**が生成する反応は可逆反応であり，本文で与えられた熱化学方程式を⑴式とすると，

$$\textbf{A}(気) + \textbf{B}(気) = \textbf{C}(気) + Q\,[\text{kJ}], \quad Q > 0 \qquad \cdots(1)$$

条件Ⅰ　温度を下げると，発熱の方向，すなわち右へ平衡は移動するので，平衡時の**C**の生成量は増える。また，温度を下げると反応速度が小さくなるので，平衡に達するまでの時間が長くなる。よって，①が適当である。

条件Ⅱ　触媒を加えても平衡は移動しないので，平衡時の**C**の生成量は変わらない。また，触媒を加えると，反応速度は大きくなり，平衡に達するまでの時間は短くなる。よって，④が適当である。

$\boxed{5}$ …①, $\boxed{6}$ …④

問5　電離平衡

弱酸である**HA**の電離は次式で表される。

$$\textbf{HA} \rightleftharpoons \textbf{H}^+ + \textbf{A}^-$$

この反応の電離定数は 1.0×10^{-6} mol/L なので，次式が成り立つ。

$$\frac{[\text{H}^+][\text{A}^-]}{[\text{HA}]} = 1.0 \times 10^{-6} \text{ mol/L}$$

これより，

$$[\text{H}^+] = 1.0 \times 10^{-6} \text{ mol/L} \times \frac{[\text{HA}]}{[\text{A}^-]}$$

$\dfrac{[HA]}{[A^-]} = 10$ のとき,

$\quad [H^+] = 1.0 \times 10^{-6}\,\text{mol/L} \times 10$

$\qquad\quad = 1.0 \times 10^{-5}\,\text{mol/L}$

$\quad pH = -\log[H^+] = -\log(1.0 \times 10^{-5})$

$\qquad\qquad\qquad = 5.0$

$\dfrac{[HA]}{[A^-]} = 0.1$ のとき,

$\quad [H^+] = 1.0 \times 10^{-6}\,\text{mol/L} \times 0.1$

$\qquad\quad = 1.0 \times 10^{-7}\,\text{mol/L}$

$\quad pH = -\log[H^+] = -\log(1.0 \times 10^{-7})$

$\qquad\qquad\qquad = 7.0$

よって,$\dfrac{[HA]}{[A^-]}$ が 10 以上,すなわち pH が 5.0 以下のとき,または,$\dfrac{[HA]}{[A^-]}$ が 0.1 以下,すなわち pH が 7.0 以上のとき,確実に色が見分けられるのでこの指示薬を使うことができる。

pH 5.0 から pH 7.0 の間に中和点があるグラフは**ア**,**エ**である。

$\boxed{7}\cdots③$

第3問　無機物質

問1　無機物質の性質とその利用

①　誤り。銅 Cu は電気抵抗が小さいが,ニッケル Ni とクロム Cr の合金であるニクロムは電気抵抗が大きく,ヘアドライヤーに用いられる。

②　正しい。アルミニウム Al は表面に酸化アルミニウム Al_2O_3 の被膜でおおわれると,それが内部を保護する。人工的に酸化被膜をつけた製品をアルマイトという。また,Al は熱をよく伝えるので,調理器具に用いられる。

③　正しい。塩化コバルト(Ⅱ)無水物 $CoCl_2$ は青色であるが,水を吸収すると赤色に変化するため,水分の検出に用いられる。

④　正しい。ストロンチウム Sr は紅(深赤)色の炎色反応を示すので,その炭酸塩は花火に用いられる。

$\boxed{1}\cdots①$

問2　酸化物

①　正しい。硝酸銀 $AgNO_3$ 水溶液に水酸化ナトリウム NaOH 水溶液を加えると,酸化銀(Ⅰ) Ag_2O の褐色沈殿が生じる。

$\quad 2Ag^+ + 2OH^- \longrightarrow Ag_2O + H_2O$

②　正しい。硫酸銅(Ⅱ) $CuSO_4$ 水溶液に NaOH 水溶液を加えると,水酸化銅(Ⅱ) $Cu(OH)_2$ が生じる。

$$Cu^{2+} + 2OH^- \longrightarrow Cu(OH)_2$$

これを加熱すると，酸化銅（Ⅱ）CuO が得られる。

$$Cu(OH)_2 \longrightarrow CuO + H_2O$$

③　誤り。過酸化水素（H_2O_2）水に酸化マンガン（Ⅳ）MnO_2 を加えると，酸素 O_2 が発生する。

$$2H_2O_2 \longrightarrow 2H_2O + O_2$$

このとき，MnO_2 は触媒としてはたらいている。

④　正しい。二酸化ケイ素 SiO_2 は，塩酸には溶けないが，フッ化水素 HF の水溶液であるフッ化水素酸には溶け，ヘキサフルオロケイ酸 H_2SiF_6 を生じる。

$$SiO_2 + 6HF \longrightarrow H_2SiF_6 + 2H_2O$$

$\boxed{2}$ …③

問3　陽イオンの分離

a　Ag^+，Al^{3+}，Pb^{2+} および Zn^{2+} のうち，希塩酸を加えると沈殿するのは Ag^+ と Pb^{2+} である。

$$Ag^+ + Cl^- \longrightarrow AgCl$$
白色

$$Pb^{2+} + 2Cl^- \longrightarrow PbCl_2$$
白色

$\boxed{3}$ …②

b　沈殿 A は AgCl と $PbCl_2$ である。これらに過剰なアンモニア NH_3 水を加えると，AgCl は錯イオンをつくって溶解する。

$$AgCl + 2NH_3 \longrightarrow [Ag(NH_3)_2]^+ + Cl^-$$

したがって，**操作Ⅱ**として適当なものは①である。

沈殿 C は $PbCl_2$，ろ液 D には $[Ag(NH_3)_2]^+$ が含まれる。

ろ液 B には Al^{3+} と Zn^{2+} が含まれる。これに過剰な NH_3 水を加えると，Al^{3+} は $Al(OH)_3$ となり沈殿する（沈殿 E）。Zn^{2+} にアンモニア水を加えると $Zn(OH)_2$ が沈殿する。さらにアンモニア水を加えると，錯イオンをつくって溶解する。

$$Zn(OH)_2 + 4NH_3 \longrightarrow [Zn(NH_3)_4]^{2+} + 2OH^-$$

ろ液 F には $[Zn(NH_3)_4]^{2+}$ が含まれる。

$\boxed{4}$ …①，$\boxed{5}$ …②，$\boxed{6}$ …④

問4　カルシウムの単体と化合物

カルシウム Ca に水を加えると，水酸化カルシウム $Ca(OH)_2$ が生じ，水素 H_2 が発生する。

$$Ca + 2H_2O \longrightarrow Ca(OH)_2 + H_2$$

よって，化合物 A は $Ca(OH)_2$ である。

$Ca(OH)_2$ の水溶液に二酸化炭素 CO_2 を通じると，炭酸カルシウム $CaCO_3$ の白色沈殿が生じる。

$$Ca(OH)_2 + CO_2 \longrightarrow CaCO_3 + H_2O$$

よって，化合物 B は $CaCO_3$ である。

これにさらに CO_2 を通じると，炭酸水素カルシウム $Ca(HCO_3)_2$ を生じ，沈殿は溶解する。よって，化合物 C は $Ca(HCO_3)_2$ である。

$$CaCO_3 + H_2O + CO_2 \longrightarrow Ca(HCO_3)_2$$

化合物 B($CaCO_3$)を加熱すると，酸化カルシウム CaO が生じ，CO_2 が発生する。

$$CaCO_3 \longrightarrow CaO + CO_2$$

よって，化合物 D は CaO である。これに水を加えると，$Ca(OH)_2$(化合物 A)を生じる。

$$Ca \xrightarrow{H_2O} \underset{Ca(OH)_2}{\overset{\text{化合物 A}}{}} \xrightarrow{CO_2} \underset{CaCO_3}{\overset{\text{化合物 B}}{}} \underset{\text{加熱}}{\overset{CO_2, H_2O}{\rightleftarrows}} \underset{Ca(HCO_3)_2}{\overset{\text{化合物 C}}{}}$$

$$\text{化合物 D} \quad CaO$$

① 誤り。$Ca(OH)_2$ は水に少し溶けて，その水溶液は強い塩基性を示す。

② 正しい。$CaCO_3$ は石灰石，大理石，貝殻などの主成分として天然に広く存在する。

③ 正しい。鍾乳洞（しょうにゅうどう）の中では，$Ca(HCO_3)_2$ を含んだ水溶液から水が蒸発し，$CaCO_3$ が析出する現象がみられる。このようにして鍾乳石や石筍（せきじゅん）ができる。

$$Ca(HCO_3)_2 \underset{\text{鍾乳洞の形成}}{\overset{\text{鍾乳石の形成}}{\rightleftarrows}} CaCO_3 + H_2O + CO_2$$

④ 正しい。CaO は生石灰とよばれ，水と反応するとき発熱するため，発熱剤として使用される。

$$CaO + H_2O \longrightarrow Ca(OH)_2$$

$\boxed{7}\cdots$①

問5　ニッケル水素電池

ニッケル水素電池は放電時には全体で次のような反応が起こる。

$$NiO(OH) + MH \longrightarrow Ni(OH)_2 + M$$

放電時，ニッケル Ni の酸化数は $+3$ から $+2$ に変化しているため，充電時には $+2$ から $+3$ に変化する。

よって，$Ni(OH)_2$ 1 mol から $NiO(OH)$ 1 mol が生じるとき，電子 e^- 1 mol が蓄えられることがわかる。

$Ni(OH)_2$(式量 93)6.7 kg の物質量は，

$$\frac{6.7 \times 10^3 \text{ g}}{93 \text{ g/mol}} \fallingdotseq 72 \text{ mol}$$

したがって，充電で蓄えられた e^- の物質量も 72 mol である。よって，電気量は，

$9.65×10^4$ C/mol×72 mol

1 A·h は，1 A の電流が 1 時間流れたときの電気量なので，

$1 A×3600$ 秒 $=3.6×10^3$ C

蓄えることができる電気量を x〔A·h〕とすると，

$9.65×10^4×72$ C$=3.6×10^3$ C$×x$〔A·h〕

$x≒1.9×10^3$ A·h

8 …④

第4問　有機化合物

問1　炭化水素

① 正しい。メタン CH_4 の炭素原子 C と水素原子 H は共有結合で結びついており，原子間の結合距離はすべて等しい。

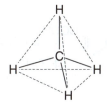

② 正しい。炭素原子間の結合距離は C−C ＞ C＝C ＞ C≡C の順に短くなる。よって，エタン C_2H_6 の方がエテン（エチレン）C_2H_4 より長い。

```
    H H              H      H
    | |               \    /
H−C−C−H              C＝C
    | |               /    \
    H H              H      H
   エタン             エテン
```

③ 正しい。プロパン C_3H_8 の3つの炭素原子は，折れ線状に結合している。

```
         H_2
         C
    H_3C   CH_3
       プロパン
```

④ 誤り。環式の飽和炭化水素をシクロアルカンといい，一般式は，炭素数を n とすると，$C_nH_{2n}(n≧3)$ と表され，シクロヘキサン C_6H_{12} などがある。

```
         H_2
          C
    H_2C   CH_2
    H_2C   CH_2
          C
         H_2
    シクロヘキサン
```

1 …④

問2　分子式の決定

$C_9H_nO_2$（分子量 $140+n$）の燃焼は次式で表される。

$$C_9H_nO_2 + \left(8+\frac{n}{4}\right)O_2 \longrightarrow 9CO_2 + \frac{n}{2}H_2O$$

$C_9H_nO_2$ 1 mol から H_2O は $\frac{n}{2}$〔mol〕発生するので，

$$\frac{30\times10^{-3}\,g}{(140+n)\,〔g/mol〕}\times\frac{n}{2}\,〔mol〕=\frac{18\times10^{-3}\,g}{18\,g/mol}$$

$$n=10$$

2 …②

問3　酸性を示す芳香族化合物

酸性の強さの順は，

（スルホン酸 $R-SO_3H$）＞（カルボン酸 $R-COOH$）＞（フェノール ⟨OH⟩）

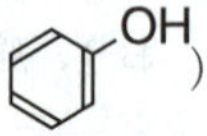

である。

したがって，（ウ）安息香酸 ⟨COOH⟩ は（ア）フェノール ⟨OH⟩ より酸性が

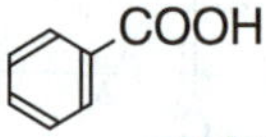

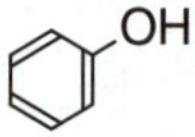

強い。（イ）ベンジルアルコール ⟨CH₂OH⟩ は中性なので，酸性の強さの順は，

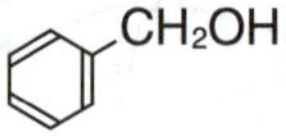

⑤ウ＞ア＞イである。

3 …⑤

問4　異性体

一般に，不斉炭素原子 C^*（異なる4つの原子または原子団が結合している炭素原子）の存在によって生じる異性体を，鏡像異性体（光学異性体）といい，一方が他方の鏡像となっている。

① 存在しない。

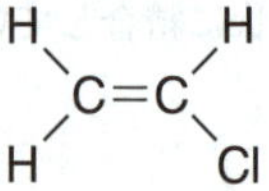

② 存在しない。

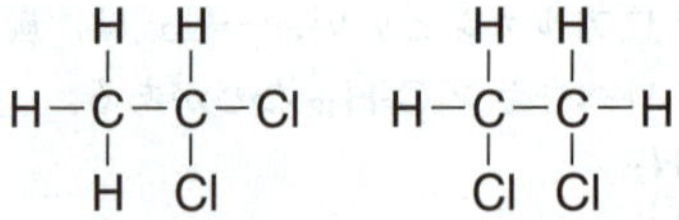

③ 存在する。

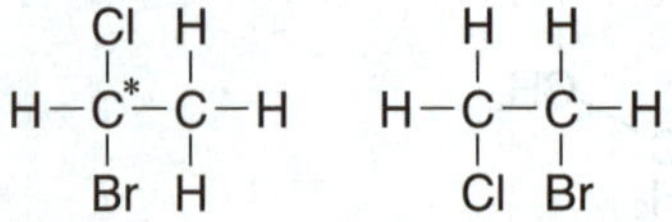

—320—

④ 存在しない。

$$H-\overset{\overset{\displaystyle H}{|}}{\underset{\underset{\displaystyle H}{|}}{C}}-\overset{\overset{\displaystyle H}{|}}{\underset{\underset{\displaystyle H}{|}}{C}}-\overset{\overset{\displaystyle H}{|}}{\underset{\underset{\displaystyle H}{|}}{C}}-OH \qquad H-\overset{\overset{\displaystyle H}{|}}{\underset{\underset{\displaystyle H}{|}}{C}}-\overset{\overset{\displaystyle H}{|}}{\underset{\underset{\displaystyle OH}{|}}{C}}-\overset{\overset{\displaystyle H}{|}}{\underset{\underset{\displaystyle H}{|}}{C}}-H \qquad H-\overset{\overset{\displaystyle H}{|}}{\underset{\underset{\displaystyle H}{|}}{C}}-\overset{\displaystyle H}{\underset{\displaystyle H}{|}}-O-\overset{\overset{\displaystyle H}{|}}{\underset{\underset{\displaystyle H}{|}}{C}}-\overset{\overset{\displaystyle H}{|}}{\underset{\underset{\displaystyle H}{|}}{C}}-H$$

$\boxed{4}\cdots③$

問 5 酢酸エチルの合成

a 実験 I 酢酸とエタノールに濃硫酸を加えて加熱すると，エステル化が起こり酢酸エチルが生じる。

$$CH_3-\overset{\overset{\displaystyle }{\|}}{\underset{O}{C}}-OH \ + \ CH_3-CH_2-OH$$
酢酸 　　　　　　エタノール

$$\longrightarrow \ CH_3-\overset{\|}{\underset{O}{C}}-O-CH_2-CH_3 \ + \ H_2O$$
酢酸エチル

このとき，反応物や生成物が丸底フラスコから出ないように冷却管を取り付けておく。

反応液を冷却し，過剰の炭酸水素ナトリウム $NaHCO_3$ 水溶液を加えると，未反応の CH_3COOH が反応して塩になり，二酸化炭素が発生する。

$$CH_3-\overset{\|}{\underset{O}{C}}-OH \ + \ NaHCO_3 \ \longrightarrow \ CH_3-\overset{\|}{\underset{O}{C}}-ONa \ + \ H_2O \ + \ CO_2 \ \cdots(1)$$
酢酸 　　　　　　　　　　　酢酸ナトリウム

フラスコ内の液体を分液ろうとに入れると，水に溶けにくく，水よりも密度が小さい酢酸エチルが浮く。酢酸ナトリウムや未反応のエタノールおよび $NaHCO_3$ が下層に含まれる。

① 正しい。濃硫酸は触媒としてはたらいている。
② 正しい。(1)式より，CO_2 が発生する。
③ 誤り。酢酸エチルは上層として得られる。
④ 正しい。酢酸エチルは果実のような芳香をもつ液体である。エステル結合 $-\overset{\|}{\underset{O}{C}}-O$ をもつ化合物には芳香をもつものがある。

$\boxed{5}\cdots③$

b 実験 II エタノールの代わりに，酸素原子が ^{18}O に置き換わったエタノールのみを用いて酢酸エチルを合成すると，酢酸エチルの分子量が 2 大きくなっていたことから，

$$CH_3-\overset{\|}{\underset{O}{C}}-{}^{18}O-CH_2-CH_3$$
この酸素原子はエタノール由来のものであることがわかる。

— 321 —

したがって，次のように脱水縮合したと考えられる。

$$CH_3-C+OH \quad H+{}^{18}O-CH_2-CH_3 \longrightarrow CH_3-C-{}^{18}O-CH_2-CH_3$$

よって，結合 **X** があらたに形成されることがわかる。また，生成した H_2O に ${}^{18}O$ は含まれないので，分子量は 18 である。

$$\boxed{6} \cdots ①$$

第5問　合成高分子化合物

問1　合成高分子化合物

a　ナイロン 66 は，（**ア**）アジピン酸と（**ウ**）ヘキサメチレンジアミンの縮合重合により得られる。

$$n\,HOOC-(CH_2)_4-COOH + n\,H_2N-(CH_2)_6-NH_2$$

アジピン酸　　　　　　　ヘキサメチレンジアミン

$$\longrightarrow \left[C-(CH_2)_4-C-N-(CH_2)_6-N\right]_n + 2n\,H_2O$$

ナイロン 66

$$\boxed{1} \cdots ①$$

b　合成ゴム SBR（スチレン-ブタジエンゴム）は，（**オ**）スチレンと（**イ**）ブタジエンの共重合により得られる。

$$n \quad \text{(スチレン)} + m\,CH_2=CH-CH=CH_2$$

スチレン　　　　　　　　　ブタジエン

$$\longrightarrow \left[CH-CH_2\right]_n \left[CH_2-CH=CH-CH_2\right]_m$$

SBR（スチレン-ブタジエンゴム）

$$\boxed{2} \cdots ⑤$$

問2　アミノ酸

アミノ酸を水に溶かすと，双性イオンとなって溶け，電離平衡の状態で存在し，溶液の pH により各イオンの割合が変化する。

$$\overset{+}{H_3N}-\underset{R}{CH}-COOH \underset{H^+}{\overset{OH^-}{\rightleftharpoons}} \overset{+}{H_3N}-\underset{R}{CH}-COO^- \underset{H^+}{\overset{OH^-}{\rightleftharpoons}} H_2N-\underset{R}{CH}-COO^-$$

酸性水溶液中 ←――――――――――――――――→ 塩基性水溶液中

アミノ酸の水溶液がある特定の pH になると，陽イオン，双性イオン，陰イオン

の電荷の総和が 0 になる。このときの pH を等電点という。

アミノ酸 A は中性アミノ酸であり，等電点が 6.0 なので，主に (ア)双性(両性)イオンとして存在する。

アミノ酸 B は側鎖にアミノ基 $-NH_2$ をもつ塩基性アミノ酸である。等電点が 9.7 なので，このとき，電荷の総和が 0 になり，大部分が双性イオンとして存在する。pH が 9.7 より小さい 7.0 になると，陽イオンの割合が大きくなるので，電気泳動を行うと (イ)陰極側へ移動する。

3 …⑥

第6問　高分子化合物
問1　高分子化合物

①　正しい。合成高分子の多くは，分子が規則的に配列した結晶部分と，不規則に配列した非結晶部分が入り混じった構造をとる。結晶部分は光を散乱するために不透明であるが，非結晶部分は光をよく透過するため透明である。

②　正しい。フェノール樹脂は，フェノールとホルムアルデヒドの付加縮合で生成し，ベンゼン環の間をメチレン基 $-CH_2-$ で架橋した構造をもつ。

③　正しい。溶液中のイオンを別のイオンと交換するはたらきをもつ合成樹脂をイオン交換樹脂という。例えば，スチレン $\langle\rangle-CH=CH_2$ と p-ジビニルベンゼン $H_2C=HC-\langle\rangle-CH=CH_2$ を共重合させたあとにスルホン化すると，陽イオン交換樹脂が得られる。これに塩化ナトリウム水溶液を通すと，H^+ と Na^+ が交換される。また，イオン交換が起こったあとのイオン交換樹脂に塩酸を通すと元に戻る。この反応は可逆反応である。

④　誤り。天然ゴムのポリイソプレン鎖の $C=C$ はシス形なので，分子鎖が折れ曲がり，各単位間にすき間ができて分子間力が小さくなる。折れ曲がった分子は伸びることができるので，ゴムには弾性がある。

16

$$\cdots -H_2C \qquad CH_2- \cdots$$
$$C=C$$
$$H \qquad CH_3$$

⑤　正しい。ポリ乳酸は，土壌や水中の微生物によって分解される生分解性高分子で，自然界に廃棄されても最終的には二酸化炭素 CO_2 と水 H_2O になる。

$$\begin{bmatrix} & CH_3 \\ -O-CH-C- \\ & \| \\ & O \end{bmatrix}_n$$

ポリ乳酸

$\boxed{1}\cdots④$

問2　合成高分子

$$\begin{bmatrix} CH_2-CH \\ \quad | \\ \quad CN \end{bmatrix}_m \begin{bmatrix} CH_2-CH \\ \quad | \\ \quad Cl \end{bmatrix}_n$$

繰り返し単位の　　　繰り返し単位の
式量 53.0　　　　　式量 62.5

平均分子量が 1.78×10^4 より，次式が成り立つ。

$$53.0 \text{ g/mol}\times m+62.5\text{ g/mol}\times n=1.78\times10^4\text{ g/mol} \qquad \cdots(1)$$

炭素原子 C と塩素原子 Cl の物質量の比が $3.5:1$ であることから，

$$(\text{C の物質量}):(\text{Cl の物質量})=3.5:1=(3m+2n):n$$

$$n=2m \qquad \cdots(2)$$

(1), (2)より，$m=100,\ n=200$

$\boxed{2}\cdots②$

第7問　天然高分子化合物

問1　天然高分子化合物

①　正しい。タンパク質のポリペプチド鎖はペプチド結合の部分で水素結合を形成し，α-ヘリックスや β-シートなどの立体構造をとり，これを二次構造という。二次構造のポリペプチド鎖は複雑に折れ曲がり，システインの $-SH$ 部分どうしが酸化され結合するジスルフィド結合 $-S-S-$ でつながり合った立体構造をとり，これを三次構造という。

②　誤り。タンパク質のポリペプチド鎖の右巻きのらせん構造は，α-ヘリックスとよばれる。なお，β-シートは，並んだポリペプチド鎖の部分で生じる水素結合で固定された構造をもつ。

③　正しい。生物の細胞には，生物の遺伝子に深くかかわる核酸という高分子化合物が存在する。核酸は，ヌクレオシドの糖部分の $-OH$ とリン酸 H_3PO_4 部分の $-OH$ の間で脱水縮合してできたヌクレオチドでできた直鎖状の高分子である。

－324－

次の図は，糖の部分がリボース，塩基がアデニンのときである。

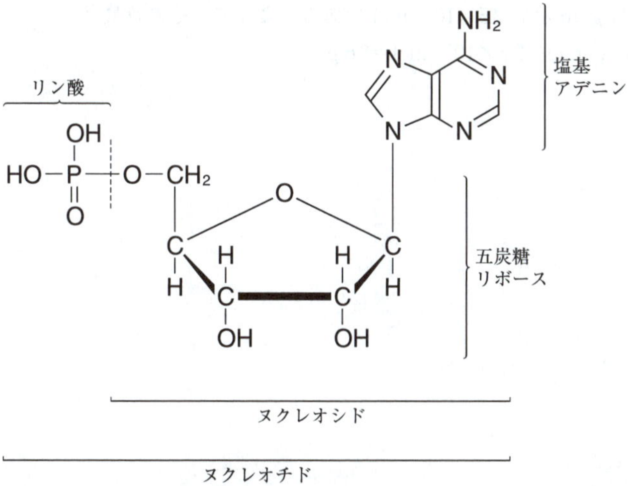

（構造式の図）

④　正しい。RNA（リボ核酸）の糖部分はリボース，DNA（デオキシリボ核酸）の糖部分はデオキシリボースであり，構造が異なる。

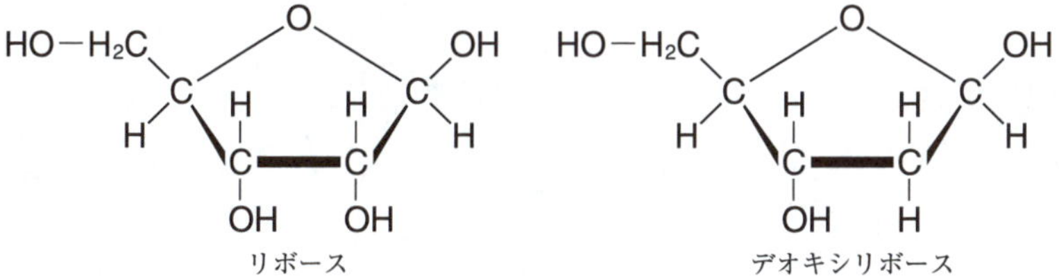

（リボースとデオキシリボースの構造式の図）

$\boxed{1}$ …②

問2　デキストリン

デキストリン $(C_6H_{10}O_5)_n$ をアミラーゼで加水分解し，マルトースが得られるときの化学反応式は，

$$(C_6H_{10}O_5)_n + \frac{n}{2}H_2O \longrightarrow \frac{n}{2}C_{12}H_{22}O_{11}$$

デキストリン　　　　　　　　　　　マルトース

デキストリンの繰り返し単位の式量は 162 なので，平均分子量が 8.1×10^3 のデキストリンの重合度 n は，

$$n = \frac{8.1\times10^3\,\text{g/mol}}{162\,\text{g/mol}} = 50$$

1 mol のデキストリンからマルトースは $\frac{n}{2}$〔mol〕，すなわち $\frac{50}{2} = 25$ mol 得られるので，1.0×10^{-3} mol のデキストリンから得られるマルトースの物質量は，

$$25\,\text{mol} \times \frac{1.0\times10^{-3}\,\text{mol}}{1\,\text{mol}} = 2.5\times10^{-2}\,\text{mol}$$

18　化学（''）

還元性がある糖 1 mol から生じる酸化銅（I）Cu_2O は 1 mol なので，生じた Cu_2O（144 g/mol）も 2.5×10^{-2} mol である。よって，その質量は，

144 g/mol×2.5×10^{-2} mol＝3.6 g

2 …③

化　学

（2019年1月実施）

受験者数　201,332

平　均　点　　54.67

2019 本試験

化学

解答・採点基準 　　　(100点満点)

問題番号(配点)	設問	解答番号	正解	配点	自己採点
第1問 (24)	問1	1	①	2	
		2	②	2	
	問2	3	④	4	
	問3	4	①	4	
	問4	5	③	4	
	問5	6	⑤	4	
	問6	7	⑥	4	
第1問　自己採点小計					
第2問 (24)	問1	1	⑤	4	
	問2	2	①	4	
	問3	3	②	5	
	問4	4	③	3	
		5	②	4	
	問5	6	②	4	
第2問　自己採点小計					
第3問 (23)	問1	1	⑤	4	
	問2	2	④	4	
	問3	3	④	4	
	問4	4	②	3	
		5	④	3	
	問5	6	①	5	
第3問　自己採点小計					

問題番号(配点)	設問	解答番号	正解	配点	自己採点
第4問 (19)	問1	1	⑤	3	
	問2	2	④	4	
	問3	3	①	4 (各2) ※	
		4	③		
	問4	5	③	4	
	問5	6	④	4	
第4問　自己採点小計					
第5問 (5)	問1	1	⑥	2	
	問2	2	③	3	
第5問　自己採点小計					
第6問 (5)	問1	1	①	2	
	問2	2	③	3	
第6問　自己採点小計					
第7問 (5)	問1	1	⑤	2	
	問2	2	②	3	
第7問　自己採点小計					
自己採点合計					

(注)
1　※の正解は，順序を問わない。
2　第1問～第5問は必答。第6問，第7問のうちから1問選択。計6問を解答。

第1問　物質の構成，結晶格子，分子間にはたらく力，分子量の測定，溶解現象，気体の溶解度

問1　結合の分類，結晶の性質

a　①塩化カリウム KCl は，金属元素のイオン K^+ と非金属元素のイオン Cl^- が静電気力（クーロン力）で結びついたイオン結晶であり，共有結合をもたない。③硝酸カリウム KNO_3 も金属元素のイオン K^+ と非金属元素のイオン NO_3^- から成るイオン結晶であるが，NO_3^- 中の窒素原子 N と酸素原子 O は共有結合で結びついている。他の②黒鉛 C，④ポリエチレン $\left[\!\!\begin{array}{c}CH_2-CH_2\end{array}\!\!\right]_n$ および⑤ヨウ素 I_2 は，非金属元素の原子が共有結合で結びついている。

$\boxed{1}$ …①

b　②黒鉛は，各炭素原子が隣り合う 3 個の炭素原子と共有結合をして正六角形が繰り返された平面構造をとり，この平面構造が分子間力で重なった構造をとっている。残り 1 個の価電子はこの平面内を自由に動くことができるため，固体状態で電気を導く。

分子結晶である④ポリエチレン，⑤I_2 は電気を導かない。① KCl，③ KNO_3 のようなイオン結晶は，水溶液にしたり融解して液体にすると，電気を導くが，固体状態では電気を導かない。

$\boxed{2}$ …②

問2　結晶格子

立方体の頂点に位置する炭素 C 原子は 1 個の単位格子中に $\frac{1}{8}$ 個，面に位置する C 原子は $\frac{1}{2}$ 個，内部に位置する C 原子は 4 個含まれるので，単位格子に含まれる原子の数は，

$$\frac{1}{8}\times 8+\frac{1}{2}\times 6+4=8$$

原子 1 個当たりの質量は，

$$\frac{M\,〔g/mol〕}{N_A\,〔/mol〕}$$

単位格子に原子は 8 個含まれるので，立方体の質量は，

$$\frac{M}{N_A}\,〔g〕\times 8$$

立方体の体積は $a^3\,〔cm^3〕$ なので，密度 $d\,〔g/cm^3〕$ は，

$$d\,〔g/cm^3〕=\frac{\dfrac{M}{N_A}\times 8\,〔g〕}{a^3\,〔cm^3〕}=\frac{8M}{a^3 N_A}$$

$\boxed{3}$ …④

問3　分子間にはたらく力

① 誤り。Ar は Ne より分子量が大きいため，Ar と Ar の間のファンデルワールス力は Ne と Ne の間より強い。

② 正しい。H_2S において，水素 H 原子と硫黄 S 原子では S 原子の方が電気陰性度が大きく，H_2S 分子は折れ線形であるため，H_2S は極性分子である。

一方，F_2 は同じ F 原子から成っているので，原子間に極性はない。

極性がある方が静電気力によって引き合うので，H_2S 分子間にはたらく引力は F_2 分子間にはたらく引力より大きい。

③ 正しい。氷では水分子 1 個当たり 4 個の水分子が水素結合によって引き合う。そのため，氷の結晶は，すき間の多い正四面体構造をとっている。氷を加熱すると，水素結合の一部が切れて生じた水分子が，すき間に入り込む。よって，氷の体積は液体の水の体積より大きく，氷の密度は液体の水の密度より小さい。

④ 正しい。HF は分子間に水素結合を生じるため，HBr よりも沸点が高い。

$\boxed{4}$ …①

問4　分子量の測定

内容積が 500 mL の容器に物質 A を入れ，大気圧（1.0×10^5 Pa）下で 87 ℃ にすると，容器内が A の蒸気のみで満たされ，その蒸気圧の圧力は大気圧と等しくなっている。蒸気 A の質量が 1.4 g であったことから，モル質量を M〔g/mol〕とすると，理想気体の状態方程式より，

$$1.0 \times 10^5 \text{ Pa} \times 0.50 \text{ L} = \frac{1.4 \text{ g}}{M \text{〔g/mol〕}} \times 8.3 \times 10^3 \text{ Pa·L/(K·mol)} \times (273 + 87) \text{K}$$

$$M \fallingdotseq 84$$

$\boxed{5}$ …③

問5　溶解現象

① 正しい。固体の臭化ナトリウム NaBr を水に入れると，Na^+ は水分子の酸素 O 原子が，Br^- には水分子の水素 H 原子が静電気力によって引きつけられる。溶質粒子が水分子を引きつける現象を水和といい，水和しているイオンを水和イオンという。

② 正しい。溶解は，溶質粒子間の化学結合が切れてばらばらのイオンや分子になる現象と，生じたそれらの溶質粒子の周りを溶媒が取り囲む溶媒和という現象からなる。化学結合を切るときにはエネルギーが必要（吸熱）であり，溶媒和はエネルギーを放出（発熱）する。その 2 つの現象の総和が溶解熱であり，吸熱反応になることが多い。よって，水温を上げると溶解度は大きくなる。

③ 正しい。塩化水素 HCl を水に溶かすと，H−Cl 間の結合が切れて，H^+ と Cl^- のまわりを水分子が取り囲んだ水和イオンになって拡散する。

④ 正しい。エタノール CH_3-CH_2-OH はヒドロキシ基 −OH をもっているため，水と水素結合を形成することができる。また，疎水基である炭化水素基 CH_3-CH_2- が大きくないので，水によく溶ける。

— 330 —

⑤　誤り。無極性溶媒である四塩化炭素 CCl_4 は，無極性溶媒であるヘキサン $CH_3-(CH_2)_4-CH_3$ によく溶ける。

$\boxed{6}$ …⑤

問6　気体の溶解度

1.0×10^5 Pa のもとで 40 ℃ の水 1.0 L に酸素 O_2 は 1.0×10^{-3} mol 溶けるので，2.0×10^5 Pa のもとで 40 ℃ の水 10 L に溶けている O_2 の物質量は，

$$1.0\times10^{-3}\,\text{mol}\times\frac{2.0\times10^5\,\text{Pa}}{1.0\times10^5\,\text{Pa}}\times\frac{10\,\text{L}}{1.0\,\text{L}}=2.0\times10^{-2}\,\text{mol}$$

よって，この O_2（32 g/mol）の質量は，

$$32\,\text{g/mol}\times2.0\times10^{-2}\,\text{mol}=0.64\,\text{g}$$

$\boxed{7}$ …⑥

第2問　化学反応とエネルギー，反応速度，溶解度積，銅の製錬，溶解熱

問1　化学反応とエネルギー

H_2O_2（気）の生成熱が 136 kJ/mol であることを表す熱化学方程式は，

$$H_2(\text{気}) + O_2(\text{気}) = H_2O_2(\text{気}) + 136\,\text{kJ} \qquad \cdots(1)$$

よって，アは H_2（気）$+O_2$（気），イは H_2O_2（気）である。

1 mol の H_2O_2（気）は $O-H$ 結合を 2 mol と $O-O$ 結合を 1 mol もつので，$O-H$ の結合エネルギーを q〔kJ/mol〕とすると，生成物の結合エネルギーの和は $2q+144$〔kJ/mol〕になる。

$$（反応熱）=\begin{pmatrix}生成物の\\結合エネルギーの和\end{pmatrix}-\begin{pmatrix}反応物の\\結合エネルギーの和\end{pmatrix}$$

を(1)式に適用すると，

$$136\,\text{kJ/mol}=(2q\,〔\text{kJ/mol}〕+144\,\text{kJ/mol})-(436\,\text{kJ/mol}+498\,\text{kJ/mol})$$

$$q=463\,\text{kJ/mol}$$

$\boxed{1}$ …⑤

問2　反応速度

平衡状態に達するまでに変化した化合物 A の物質量を x〔mol〕とすると，

	A	$\rightleftharpoons$	B
はじめ	1.2		0
変化量	$-x$		$+x$
平衡時	$1.2-x$		x 〔mol〕

平衡時 v_1 と v_2 は等しいので，次式が成り立つ。

$$k_1[A]=k_2[B]$$

$$\frac{k_1}{k_2}=\frac{[B]}{[A]}$$

$k_1=5.0$ /s，$k_2=1.0$ /s であり，水溶液の体積は 1.0 L なので，

－331－

$$\frac{5.0 \,/\mathrm{s}}{1.0 \,/\mathrm{s}} = \frac{\dfrac{x}{1.0}\,(\mathrm{mol/L})}{\dfrac{1.2-x}{1.0}\,(\mathrm{mol/L})}$$

$x = 1.0 \ \mathrm{mol}$

したがって，平衡時の **A** のモル濃度は，

$$\frac{(1.2-1.0)\,\mathrm{mol}}{1.0 \ \mathrm{L}} = 0.20 \ \mathrm{mol/L}$$

$\boxed{2}$ …①

問3　溶解度積

溶解平衡が成り立っているとき，水溶液中のイオンのモル濃度の積は温度が変わらなければ常に一定に保たれる。この値を溶解度積といい，K_{sp} で表される。

A_aB_b で表される難溶性の塩について，

$$[A^{n+}]^a [B^{m-}]^b > K_{sp}$$

のとき，A_aB_b は沈殿する。

$$[A^{n+}]^a [B^{m-}]^b \leqq K_{sp}$$

のとき，A_aB_b は沈殿しない。

図2の縦軸は $\dfrac{K_{sp}}{[Ag^+]}$ なので，$[Cl^-]$ となる。

よって，$[Ag^+]$ に対応する $[Cl^-]$ の値を図2上の点で表したとき，曲線より上側にある場合，**AgCl** は沈殿する。

硝酸銀 $AgNO_3$ 水溶液と塩化ナトリウム **NaCl** 水溶液を同体積混合したときの $[Ag^+]$ と $[Cl^-]$ の値はそれぞれ $\dfrac{1}{2}$ となる。それぞれの水溶液についてモル濃度を表すと，

	Ag^+ のモル濃度 $(\times 10^{-5}\,\mathrm{mol/L})$	Cl^- のモル濃度 $(\times 10^{-5}\,\mathrm{mol/L})$
ア	0.50	0.50
イ	1.0	1.0
ウ	1.5	1.5
エ	2.0	1.0
オ	2.5	0.5

したがって，図2より，沈殿するのは②**ウ**，**エ**である。

$\boxed{3}$ …②

問4　銅の製錬

a　イオン化傾向が銅 **Cu** より大きいものはイオンとなって水溶液中に存在するので，③ **Zn**，**Fe**，**Ni** である。なお，金 **Au** と銀 **Ag** は陽極泥になる。

$\boxed{4}$ …③

b　電流を t 〔秒間〕流したとすると，流れた電子の物質量は，

—332—

$$\frac{0.965\ \mathrm{A} \times t\ (秒)}{9.65 \times 10^4\ \mathrm{C/mol}}$$

陰極での反応は，

$$\mathrm{Cu^{2+}} + 2e^- \longrightarrow \mathrm{Cu} \qquad \cdots(1)$$

析出した Cu の物質量は，

$$\frac{0.384\ \mathrm{g}}{64\ \mathrm{g/mol}} = 6.0 \times 10^{-3}\ \mathrm{mol}$$

(1)式より，次式が成り立つ。

$$\frac{0.965\ t}{9.65 \times 10^4}\ (\mathrm{mol}) \times \frac{1}{2} = 6.0 \times 10^{-3}\ \mathrm{mol}$$

$$t = 1.2 \times 10^3\ (秒)$$

$\boxed{5}\ \cdots②$

問5　溶解熱

熱化学方程式より，$\mathrm{NH_4NO_3}$ の水への溶解は吸熱反応なので，温度は $25\ ℃$ より下がることがわかる。

水の密度が $d\ (\mathrm{g/cm^3})$ であることから，$V\ (\mathrm{mL})$ の水の質量は $Vd\ (\mathrm{g})$ となる。これに $\mathrm{NH_4NO_3}$ を $m\ (\mathrm{g})$ 加えたので，水溶液の質量は $Vd+m\ (\mathrm{g})$ である。

また，$\dfrac{m\ (\mathrm{g})}{M\ (\mathrm{g/mol})}$ 溶解したときに吸収した熱量は，

$$26 \times 10^3\ \mathrm{J/mol} \times \frac{m}{M}\ (\mathrm{mol})$$

である。

減少した温度分を $t\ (℃)$ とすると，求める温度は $25-t\ (℃)$ と表すことができる。

$$c\ (\mathrm{J/(g \cdot K)}) \times (Vd+m)\ (\mathrm{g}) \times t\ (\mathrm{K}) = 26 \times 10^3 \times \frac{m}{M}\ (\mathrm{J})$$

$$t = \frac{2.6 \times 10^4 m}{c(Vd+m)M}\ (\mathrm{K})$$

よって，②となる。

$\boxed{6}\ \cdots②$

第3問　無機物質

問1　身のまわりの無機物質

①　正しい。アルゴン Ar のような希(貴)ガスは安定で反応性に乏しいので，電球や放電管に封入されている。

②　正しい。同じ元素からなる単体で，性質の異なるものを互いに同素体という。斜方硫黄，単斜硫黄，ゴム状硫黄は互いに同素体である。

③　正しい。リンを空気中で燃やすと，十酸化四リン $\mathrm{P_4O_{10}}$ が得られる。

$$4\mathrm{P} + 5\mathrm{O_2} \longrightarrow \mathrm{P_4O_{10}}$$

④　正しい。ガラス，セメント，陶磁器などはセラミックス(窯業製品)とよばれ

る。ケイ砂 SiO_2，粘土などを高温で焼き固めてつくられたものには陶器，土器などがあり，陶器は食器，土器は植木鉢などに用いられている。

⑤ 誤り。銑鉄は，含まれる炭素の割合が約 4 % であり，硬くてもろいので，鋳物などに使われる。鋼は銑鉄を転炉に入れて酸素を吹き込み，炭素の割合を 0.02〜2 % 程度にしたものである。

1 …⑤

問2　アルカリ金属，アルカリ土類金属

① 正しい。Li, Na は1価の陽イオン Li^+, Na^+ に，Ca, Ba は2価の陽イオン Ca^{2+}, Ba^{2+} になりやすい。

② 正しい。すべて常温の水と反応して水素を発生する。
$$2Li + 2H_2O \longrightarrow 2LiOH + H_2$$
$$2Na + 2H_2O \longrightarrow 2NaOH + H_2$$
$$Ca + 2H_2O \longrightarrow Ca(OH)_2 + H_2$$
$$Ba + 2H_2O \longrightarrow Ba(OH)_2 + H_2$$

③ 正しい。Li(赤色)，Na(黄色)，Ca(橙赤色)，Ba(黄緑色)はすべて炎色反応を示す。

④ 誤り。Li と Na の炭酸塩は水に溶けるが，Ca と Ba の炭酸塩 $CaCO_3$, $BaCO_3$ は水に溶けにくい。

したがって，答えは④である。

2 …④

問3　錯イオン

① 正しい。水酸化銅(Ⅱ) $Cu(OH)_2$ に過剰のアンモニア水を加えると，テトラアンミン銅(Ⅱ)イオン $[Cu(NH_3)_4]^{2+}$ が生じ，水溶液は深青色になる。

② 正しい。酸化銀 Ag_2O に過剰のアンモニア水を加えると，ジアンミン銀(Ⅰ)イオン $[Ag(NH_3)_2]^+$ が生じ，水溶液は無色になる。

③ 正しい。ヘキサシアニド鉄(Ⅱ)酸イオン $[Fe(CN)_6]^{4-}$ を含む水溶液に Fe^{3+} を含む水溶液を加えると，濃青色の沈殿が生じる。これは，Fe^{3+} の検出に用いられる。なお，ヘキサシアニド鉄(Ⅲ)酸イオン $[Fe(CN)_6]^{3-}$ を含む水溶液に Fe^{2+} を含む水溶液を加えると，濃青色の沈殿が生じる。これは，Fe^{2+} の検出に用いられる。

④ 誤り。テトラアンミン亜鉛(Ⅱ)イオン $[Zn(NH_3)_4]^{2+}$ の4つの配位子 NH_3 は，正四面体の配置をとる。

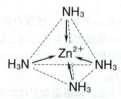

⑤ 正しい。[Fe(CN)₆]³⁻ の6つの配位子 CN⁻ は，正八面体の配置をとる。

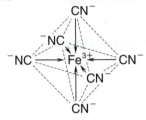

3 …④

問4　窒素の化合物，オストワルト法

a　① 誤り。反応Ⅰでは白金触媒を用いる。

$$4NH_3 + 5O_2 \xrightarrow{Pt} 4NO + 6H_2O$$

② 正しい。NO₂ の酸化と還元が起こる。

$$3\underset{+4}{NO_2} + H_2O \rightleftarrows 2\underset{+5}{HNO_3} + \underset{+2}{NO}$$

　　　　　酸化
　　　　　　　　　還元

③ 誤り。一酸化窒素 NO は水に溶けにくい。実験室で発生，捕集する際には水上置換を行う。

④ 誤り。二酸化窒素 NO₂ は，赤褐色の気体である。

⑤ 誤り。硝酸 HNO₃ は，光や熱によって分解するため，褐色びんに入れて冷暗所に保存する。

4 …②

b　アンモニア NH₃ 1 mol 中の窒素 N 原子は 1 mol，硝酸 HNO₃ 1 mol 中の N も 1 mol なので，NH₃ 1 mol から HNO₃ は 1 mol 生成する。よって，6 mol の NH₃ から 6 mol の HNO₃ が得られる。

5 …④

問5　化学反応の量的関係

クロム酸カリウム K₂CrO₄ と硝酸銀 AgNO₃ を混合すると，クロム酸銀 Ag₂CrO₄ が沈殿する。

$$2Ag^+ + CrO_4^{2-} \longrightarrow Ag_2CrO_4$$

CrO₄²⁻ と Ag⁺ が物質量比 1：2 のときに過不足なく反応する。どちらの水溶液も 0.10 mol/L なので，体積比 1：2 で混合するとき，沈殿量は最も多くなる。それぞれの試験管内の混合溶液は 12.0 mL なので，CrO₄²⁻ が 12.0 mL×$\frac{1}{3}$＝4.0 mL，Ag⁺ が 12.0 mL×$\frac{2}{3}$＝8.0 mL のとき，すなわち試験管4で沈殿量は最も多い。

過不足なく反応するとき，混合した CrO₄²⁻ の物質量と Ag₂CrO₄ の物質量は等しいので，試験管4内の Ag₂CrO₄(332 g/mol)の物質量は，

$0.10 \text{ mol/L} \times \dfrac{4.0}{1000} \text{ L} = 4.0 \times 10^{-4} \text{ mol}$

よって，質量は

$332 \text{ g/mol} \times 4.0 \times 10^{-4} \text{ mol} = 0.1328 \text{ g}$

よって，答えは①になる。

$\boxed{6}$ …①

第4問　有機化合物

問1　ベンゼン

① 正しい。ベンゼン（融点 5.5 ℃，沸点 80 ℃）は，常温・常圧で無色の液体である。

② 正しい。ベンゼンは，無極性分子なので，極性分子である水には溶けにくい。

③ 正しい。ベンゼン分子の二重結合は，特定の炭素原子間に固定されているのではなく，6個の炭素原子間に均等に分布しているため，炭素原子間の結合距離はすべて等しい。

④ 正しい。ベンゼンの2つの水素原子をメチル基 $-CH_3$ に置き換えた化合物には o-キシレン，m-キシレン，p-キシレンの3種の構造異性体がある。

⑤ 誤り。ベンゼンに鉄粉を触媒にして塩素を作用させると，置換反応が起こり，クロロベンゼンが生じる。

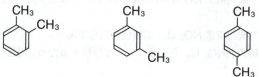

なお，ベンゼンに紫外線を当てながら塩素を作用させると，付加反応が起こり，ヘキサクロロシクロヘキサンが生じる。

$\boxed{1}$ …⑤

問2　アルコール

1-ブタノール $CH_3-CH_2-CH_2-CH_2-OH$ はナトリウム Na と反応するが，

メチルプロピルエーテル $CH_3-O-CH_2-CH_2-CH_3$ は反応しない。1-ブタノールと Na の反応は次式で表される。

$$2CH_3-CH_2-CH_2-CH_2-OH + 2Na$$
$$\longrightarrow 2CH_3-CH_2-CH_2-CH_2-ONa + H_2$$

発生した H_2 が 0.015 mol であることから，1-ブタノール(74 g/mol)の物質量は 0.030 mol である。よって，その質量は，

$$74\,\text{g/mol} \times 0.030\,\text{mol} = 2.22\,\text{g}$$

したがって，1-ブタノールの含有率(質量パーセント)は，

$$\frac{2.22\,\text{g}}{3.7\,\text{g}} \times 100 = 60\,\%$$

$\boxed{2}$ … ④

問3　有機化合物の反応

④ニトロベンゼン ⟨◯⟩−NO_2 を還元すると，①アニリン ⟨◯⟩−NH_2 が生成する。

実験室ではスズ(または鉄)と塩酸で還元してアニリン塩酸塩とし，水酸化ナトリウム水溶液を加えてアニリンを遊離させる。工業的には，触媒を用いて水素で還元する。

②ベンズアルデヒド ⟨◯⟩−CHO を還元すると，第一級アルコールである③ベンジルアルコール ⟨◯⟩−CH_2OH を生じる。

$\boxed{3}$, $\boxed{4}$ … ①, ③

問4　構造異性体

分子式 C_4H_8O で表される化合物でカルボニル基 $-\overset{\displaystyle }{\underset{\displaystyle O}{C}}-$ をもつものは，

ケトンでは，$CH_3-\overset{}{\underset{O}{C}}-CH_2-CH_3$

アルデヒドでは，$CH_3-CH_2-CH_2-\overset{}{\underset{O}{C}}-H$　　$CH_3-\overset{}{\underset{CH_3}{CH}}-\overset{}{\underset{O}{C}}-H$

以上3つである。

$\boxed{5}$ … ③

問5　メタンの発生と捕集

酢酸ナトリウム CH_3COONa と水酸化ナトリウム $NaOH$ の混合物を加熱すると，メタン CH_4 が発生する。

$$CH_3COONa + NaOH \longrightarrow CH_4 + Na_2CO_3$$

CH_4 は水に溶けにくい気体なので，水上置換で捕集するのが適当である。

$\boxed{6}$ … ④

第5問　合成高分子化合物，天然高分子化合物
問1　合成高分子化合物
平均分子量が M_A の高分子化合物 A は分子量 M より小さい分子の数が多く，平均分子量が M_B の高分子化合物 B は，分子量 M より大きい分子の数が多いので，$M_A < M < M_B$ である。

$\boxed{1}\cdots$⑥

問2　高分子化合物
①　正しい。アセテート繊維は，トリアセチルセルロース $[C_6H_7O_2(OCOCH_3)_3]_n$ のエステル結合の一部を加水分解して得られるジアセチルセルロース $[C_6H_7O_2(OH)(OCOCH_3)_2]_n$ をアセトンに溶解して細孔から押し出し，溶媒を蒸発させて得られる。セルロースの構造の一部を変化させた繊維なので，半合成繊維とよばれる。

②　正しい。セルロースに水酸化ナトリウム水溶液と二硫化炭素 CS_2 を作用させ，水酸化ナトリウム水溶液に溶かしたものをビスコースという。ビスコースをスリットから押し出すと，薄膜状のセロハンが得られる。細孔から押し出したものがビスコースレーヨンであり，セルロースを化学反応により溶かし，長い繊維のセルロースに再生したもので，再生繊維とよばれる。

③　誤り。木綿（綿）は，β-グルコースが縮合重合してできた構造をもつセルロースである。

④　正しい。天然ゴムは，ゴムノキ（ゴムの木）の樹皮を傷つけて得られた乳白色で粘性のあるラテックスに酸（ギ酸や酢酸）を加えて凝固させたものである。

$\boxed{2}\cdots$③

第6問　合成高分子化合物
問1　合成高分子化合物
①　アクリル繊維は，アクリロニトリル $CH_2{=}CH$（CN）を付加重合させて得られるポリアクリロニトリルを主成分とした合成繊維である。

②　尿素樹脂は，尿素 $(NH_2)_2CO$ とホルムアルデヒド $HCHO$ を付加縮合して得られる。

③　ビニロンは，ポリビニルアルコールの一部の $-OH$ を $HCHO$ でアセタール化して得られる。

④　フェノール樹脂は，フェノール 〈benzene〉$-OH$ と $HCHO$ を付加縮合して得られる。

⑤　メラミン樹脂は，メラミン $C_3N_3(NH_2)_3$ と $HCHO$ を付加縮合して得られる。

よって，原料に $HCHO$ を用いないのは①アクリル繊維である。

問2　ポリエチレンテレフタラート
　高分子化合物 A の両末端はカルボキシ基 −COOH であり，$1.2×10^{19}$ 個含まれていることから A の個数は，

$$\frac{1.2×10^{19}}{2}=6.0×10^{18} \text{ mol}$$

A 1.00 g に含まれる個数が $6.0×10^{18}$ であることから，A の平均分子量は，

$$1.00 \text{ g}×\frac{6.0×10^{23}}{6.0×10^{18}}=1.0×10^{5}$$

2 …③

第7問　天然有機化合物
問1　二糖類
　① 正しい。二糖は，単糖2分子が縮合したものであり，縮合によってできる C−O−C の構造をグリコシド結合という。
　② 正しい。スクロース，マルトースともに分子式 $C_{12}H_{22}O_{11}$ で表されるので，互いに異性体である。

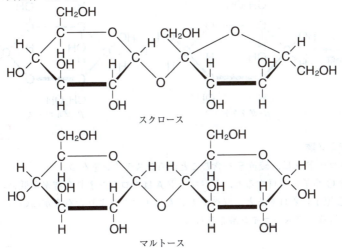

　③ 正しい。スクロースを加水分解して得られるグルコースとフルクトースの等量混合物を転化糖という。
　④ 正しい。マルトースは水溶液中でアルデヒド基をもつ鎖状構造に変わり，還元性を示す。

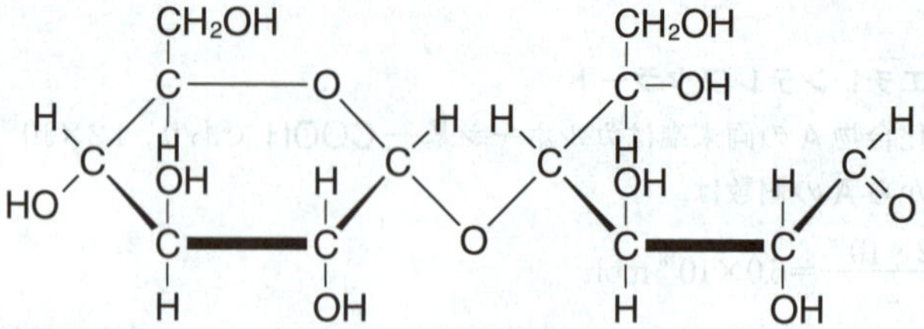

$$\text{マルトース(鎖状構造)}$$

⑤　誤り。1分子のラクトースを加水分解すると，ガラクトースとグルコースが1分子ずつ得られる。

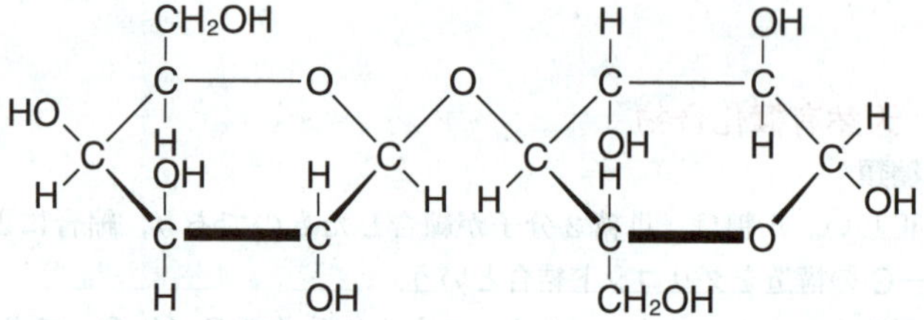

$$\beta\text{-ラクトース}$$

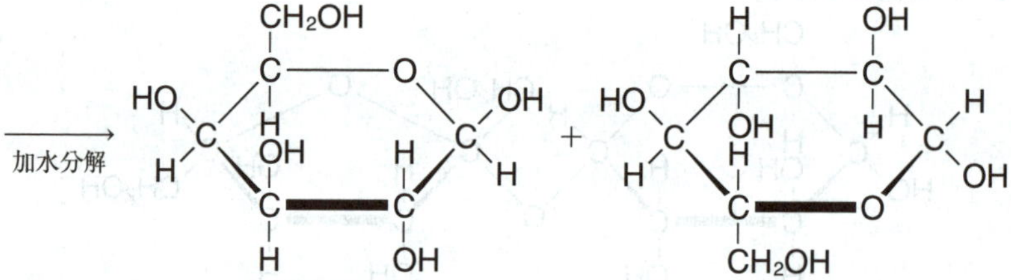

加水分解 →

$$\beta\text{-ガラクトース} \quad + \quad \beta\text{-グルコース}$$

1 …⑤

問2　アミノ酸

ジペプチドAは，硫黄Sを含むことからシステインをもつ。

炭素C原子に着目すると，ジペプチドAはチロシンより含有率が低い。また，酸素O原子に着目すると，ジペプチドAはチロシンより含有率が高いので，チロシンではなくアスパラギン酸を含む。

2 …②

化 学

（2018年1月実施）

2018 本試験

受験者数　204,543

平 均 点　　60.57

化学

解答・採点基準　(100点満点)

問題番号 (配点)	設問	解答番号	正解	配点	自己採点
第1問 (24)	問1	1	②	4	
	問2	2	①	4	
	問3	3	②	4	
	問4	4	③	4	
	問5	5	⑤	4	
	問6	6	⑤	4	
第1問　自己採点小計					
第2問 (24)	問1	1	②	4	
	問2	2	③	4	
	問3	3	④	4	
		4	②	4	
	問4	5	②	4	
	問5	6	⑤	4	
第2問　自己採点小計					
第3問 (23)	問1	1	①	4	
	問2	2	④	4	
	問3	3	②	4	
	問4	4	④	3	
		5	③	3	
	問5	6	④	5	
第3問　自己採点小計					

問題番号 (配点)	設問	解答番号	正解	配点	自己採点
第4問 (19)	問1	1	④	3	
	問2	2	②	4	
	問3	3	④	4	
	問4	4	③	4	
	問5	5	⑤	2	
		6	①	2	
第4問　自己採点小計					
第5問 (5)	問1	1	②	2	
	問2	2	③	3	
第5問　自己採点小計					
第6問 (5)	問1	1	①	2	
	問2	2	③	3	
第6問　自己採点小計					
第7問 (5)	問1	1	⑤	2	
	問2	2	④	3	
第7問　自己採点小計					
自己採点合計					

(注)　第1問～第5問は必答。第6問，第7問のうちから1問選択。計6問を解答。

2018年度　本試験〈解説〉　化学　3

第1問　物質の構成

問1　原子・イオンの構造

陽子数より電子数が大きいものが陰イオン，陽子数と電子数が等しいものが原子，電子数より陽子数が大きいものが陽イオンである。したがって，**ア**と**イ**が陰イオンである。また，陽子数と中性子数の和が質量数なので，**イ**が答えになる。

$\boxed{1}$ …②

問2　元素

①　誤り。周期表の1，2族および12〜18族の元素は，典型元素に分類される。アルカリ土類金属は2族に属し，すべて典型元素である。

②　正しい。典型元素には12族の Zn，13族の Al，14族の Sn，Pb のような両性元素が含まれる。

③　正しい。周期表の3〜11族の元素は，遷移元素に分類され，すべて金属元素である。

④　正しい。原子が陽イオンになる性質のことを陽性といい，一般に，金属元素は陽性が強く，陽イオンになりやすい。周期表の左下に位置する元素の原子ほど陽性が強い。

⑤　正しい。遷移元素には，複数の酸化数をとるものがある。例えば，Fe では $+2, +3$，Cu では $+1, +2$ などがある。

$\boxed{2}$ …①

問3　六方最密構造

正六角柱の頂点に位置する原子は $\dfrac{1}{6}$ 個，正六角柱の上面，下面の中心に位置する原子は $\dfrac{1}{2}$ 個，正六角柱の内部に位置する原子は(隣接する原子と合わせて)1個が正六角柱に含まれる。したがって，単位格子(灰色の部分)に含まれる原子の個数は，

$$\left(\frac{1}{6}\times 12+\frac{1}{2}\times 2+1\times 3\right)\times\frac{1}{3}=2$$

$\boxed{3}$ …②

問4　蒸気圧

外圧と蒸気圧が等しくなるときの温度が沸点となり，外圧が大きくなるほど沸点は高くなる。

図2より，80℃，100℃，120℃ での蒸気圧はそれぞれ $0.5\times 10^5\,Pa$，$1.0\times 10^5\,Pa$，$2.0\times 10^5\,Pa$ である。この3点を通るグラフは③のみである。

$\boxed{4}$ …③

問5　濃度

モル濃度が C〔mol/L〕の溶液 1L（$=1000\,mL$）の質量は，密度が d〔g/cm³〕であることから，

$$d\,〔g/cm^3〕\times 1000\,mL=1000d\,〔g〕$$

— 343 —

その中の溶質の質量は，

M 〔g/mol〕$\times C$ 〔mol〕$=CM$ 〔g〕

よって，溶媒の質量は，

$1000d$ 〔g〕$-CM$ 〔g〕

溶質の物質量は C 〔mol〕なので，質量モル濃度は，

$$\frac{C \text{〔mol〕}}{1000d-CM \text{〔g〕}} = \frac{C \text{〔mol〕}}{\frac{1000d-CM}{1000} \text{〔kg〕}} = \frac{1000C}{1000d-CM} \text{〔mol/kg〕}$$

$\boxed{5}$ …⑤

問6　物質の状態

① 正しい。密閉容器に入れてある物質が気液平衡の状態にあるとき，単位時間当たりに溶液から蒸発する分子の数と，気体から凝縮する分子の数が等しくなり，見かけ上，蒸発も凝縮も起こっていないような状態になる。

② 正しい。すべての分子間にはたらく弱い力をファンデルワールス力という。無極性分子の気体が凝縮して液体になるとき，このファンデルワールス力が関わっている。

③ 正しい。不揮発性の溶質が溶けた溶液は，純溶媒に比べて溶液全体の粒子に対する溶媒分子の割合が減少する。よって，液体表面から蒸発する溶媒分子の数が，同じ温度の純溶媒より減少するので，溶液の蒸気圧は純溶媒の蒸気圧より低くなる。これを蒸気圧降下という。蒸気圧降下が起こるため，溶液の蒸気圧を外圧と同じにするには，純溶媒よりも高い温度にしなければならず，沸点は純溶媒よりも高くなる。これを沸点上昇という。

④ 正しい。融解曲線，蒸気圧曲線，昇華圧曲線が交わった所を三重点といい，固体，液体，気体の3つの状態が共存している。

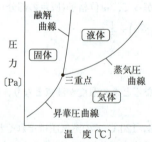

⑤ 誤り。液体を冷却していくと，液体の状態を保ったまま温度が凝固点より低くなることがある。これを過冷却という。

$\boxed{6}$ …⑤

第2問　物質の変化
問1　化学反応と熱

与えられた熱化学方程式を上から(1)～(3)式とする。

$$C(黒鉛) + O_2(気) = CO_2(気) + 394\,kJ \quad \cdots(1)$$
$$O_2(気) = 2O(気) - 498\,kJ \quad \cdots(2)$$
$$CO_2(気) = C(気) + 2O(気) - 1608\,kJ \quad \cdots(3)$$

(1)式－(2)式＋(3)式より，

$$C(黒鉛) = C(気) - 716\,kJ$$

これをエネルギー図で表すと，次のようになる。

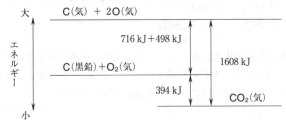

1 …②

問2　反応速度

反応速度 v は $v=k[A][B]$ で表されるので，Aの濃度を大きくすると，反応開始直後の反応速度は増加する。

ともに 0.040 mol/L の A の水溶液と B の水溶液を同体積混合すると，混合水溶液中の A の濃度，B の濃度はともに 0.020 mol/L になる。反応前後の A，B および C の濃度変化は次のとおりである。

	A	＋	B	⟶	C
反応前	0.020		0.020		0
変化量	－0.020		－0.020		＋0.020
反応後	0		0		0.020 mol/L

0.080 mol/L の A の水溶液と 0.040 mol/L の B の水溶液を同体積混合すると，混合水溶液中の A の濃度は 0.040 mol/L，B の濃度は 0.020 mol/L になる。反応前後の A，B および C の濃度変化は次のとおりである。

	A	＋	B	⟶	C
反応前	0.040		0.020		0
変化量	－0.020		－0.020		＋0.020
反応後	0.020		0		0.020 mol/L

よって，最終的な C の濃度は 0.020 mol/L である。

2 …③

問3　電気伝導度を利用した中和滴定

　a　中和滴定には溶液の電気の通しやすさ(電気伝導度)の変化を利用する方法が

ある。水酸化バリウム $Ba(OH)_2$ の水溶液に一定の電圧を加え，硫酸 H_2SO_4 を滴下しながら流れた電流を測定すると，下図のようなグラフが得られる。

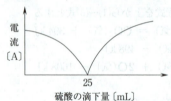

中和点までは次の2つの反応が起こる。

$H^+ + OH^- \longrightarrow H_2O$

$Ba^{2+} + SO_4^{2-} \longrightarrow BaSO_4$
　　　　　　　　　　　　　　沈殿

滴定し始めてから中和点に達するまでは，イオンの濃度が次第に減少するため，電気伝導度は減少する。中和点以降では H^+ と SO_4^{2-} が増加するため，電気伝導度は増加する。電流が最小になっている点が中和点となる。

　　　　　　　　　　　　　　　　　　　　　　　　　　　　　　　　　3 …④

b $Ba(OH)_2$ 水溶液のモル濃度を C [mol/L] とすると，次式が成り立つ。

$2 \times C \,[\text{mol/L}] \times \dfrac{50}{1000}\,\text{L} = 2 \times 0.10\,\text{mol/L} \times \dfrac{25}{1000}\,\text{L}$

$\therefore\ C = 0.050\,\text{mol/L}$

　　　　　　　　　　　　　　　　　　　　　　　　　　　　　　　　　4 …②

問4 メタノールを用いた燃料電池

流れた電子の物質量は，

$\dfrac{0.30\,\text{A} \times 19300\,秒}{9.65 \times 10^4\,\text{C/mol}} = 0.060\,\text{mol}$

負極で起こる反応は，

$CH_3OH + H_2O \longrightarrow CO_2 + 6H^+ + 6e^-$

消費された CH_3OH の物質量は，

$0.060\,\text{mol} \times \dfrac{1}{6} = 0.010\,\text{mol}$

　　　　　　　　　　　　　　　　　　　　　　　　　　　　　　　　　5 …②

問5 電離平衡

アンモニア NH_3 は水溶液中で次のように電離する。

$NH_3 + H_2O \rightleftarrows NH_4^+ + OH^-$　　　　　　　…(1)

(1)式の電離定数を K_b とすると，

$K_b = \dfrac{[NH_4^+][OH^-]}{[NH_3]}$　　　　　　　　　　　　　…(3)

$K_a = \dfrac{[H^+][NH_3]}{[NH_4^+]}$ より

$$\frac{[NH_4^+]}{[NH_3]} = \frac{[H^+]}{K_a}$$

これを(3)式に代入すると，

$$K_b = \frac{[H^+][OH^-]}{K_a} = \frac{K_w}{K_a}$$

$\boxed{6}$ …⑤

第3問　無機物質，化学反応と量的関係

問1　身近な無機物質

① 誤り。ルビーは微量の Cr，サファイアは微量の Fe や Ti が含まれている酸化アルミニウム Al_2O_3 の結晶である。

② 正しい。塩化カルシウム $CaCl_2$ は完全に電離すると，粒子数が３倍になり，凝固点降下の効果が大きい。そのため，$CaCl_2$ を道路の路面上に散布すると，降雪があっても路面が凍結しにくくなる。

③ 正しい。酸化チタン(Ⅳ) TiO_2 に光を当てると，触媒作用を示す。このような物質を光触媒という。TiO_2 に光が当たると，汚れや細菌などの有機物を分解することができるようになる。このような性質を利用して建物の外壁や窓ガラスの表面などに塗布されている。

④ 正しい。高純度の二酸化ケイ素 SiO_2 の繊維を束にしたものを光ファイバーといい，通信ケーブルに利用される。

⑤ 正しい。酸化亜鉛 ZnO の粉末は亜鉛華ともよばれ，白色顔料に用いられる。

$\boxed{1}$ …①

問2　ハロゲン

① 正しい。ハロゲンの単体の反応性は $F_2 > Cl_2 > Br_2 > I_2$ の順である。フッ素 F_2 は水素 H_2 と激しく反応してフッ化水素 HF を生じる。

$$F_2 + H_2 \longrightarrow 2HF$$

② 正しい。フッ化水素 HF の水溶液であるフッ化水素酸は，ガラスの主成分である二酸化ケイ素 SiO_2 を溶かす。

$$SiO_2 + 6HF \longrightarrow \underset{\substack{\text{ハサフルオロ}\\ \text{ケイ酸}}}{H_2SiF_6} + 2H_2O$$

③ 正しい。塩化銀 AgCl はアンモニア水に錯イオンをつくり溶解する。

$$AgCl + 2NH_3 \longrightarrow \underset{\substack{\text{ジアンミン銀(Ⅰ)}\\ \text{イオン}}}{[Ag(NH_3)_2]^+} + Cl^-$$

④ 誤り。次亜塩素酸 HClO の Cl の酸化数は +1 である。塩素の最大酸化数は +7 であり，そのオキソ酸は過塩素酸 $HClO_4$ である。

⑤ 正しい。ヨウ素 I_2 は水に溶けにくいが，ヨウ化カリウム KI 水溶液にはよく溶ける。ヨウ化カリウム KI 水溶液にヨウ素 I_2 を溶かすと，三ヨウ化物イオン I_3^-

— 347 —

を生じ，溶液は褐色を呈する。

$$I_2 + I^- \longrightarrow I_3^-$$

$\boxed{2}$ …④

問3　気体の性質および反応

塩化ナトリウム $NaCl$ に不揮発性の濃硫酸 H_2SO_4 を加えて加熱すると，揮発性の塩化水素 HCl（気体 **A**）が発生する。

$$NaCl + H_2SO_4 \longrightarrow NaHSO_4 + HCl$$

硫化鉄（Ⅱ）FeS に強酸である希硫酸を加えると，弱酸である硫化水素 H_2S（気体 **B**）が発生する。

$$FeS + H_2SO_4 \longrightarrow FeSO_4 + H_2S$$

①　HCl は無色・刺激臭の気体，H_2S は無色・腐卵臭の気体である。よって，どちらにも当てはまらない。

②　HCl を Pb^{2+} を含む水溶液に通じると，塩化鉛（Ⅱ）$PbCl_2$ の白色沈殿を生じる。一方，H_2S を Pb^{2+} を含む水溶液に通じると，硫化鉛（Ⅱ）PbS の黒色沈殿を生じる。よって，共通する性質である。

③　強酸である HCl は水溶液中でほぼ完全に電離するが，弱酸である H_2S は電離しにくい。

④　HCl 水溶液や H_2S 水溶液は鉄 Fe を不動態にはしない。Fe を不動態にするのは酸化力の強い濃硝酸や熱濃硫酸である。

$\boxed{3}$ …②

問4　15族，2族の単体および化合物

a　周期表でアの1つ下に位置する同族元素の単体は，同素体をもつ固体であり，その中には空気中で自然発火するものがあることから，リン P であることがわかる。アは窒素 N であり，標準状態で窒素の単体 N_2 は気体である。

$\boxed{4}$ …④

b　硫酸塩は水によく溶けるが，水酸化物が水に溶けにくいのは，マグネシウム Mg である。周期表で Mg の1つ下に位置するカルシウム Ca の硫酸塩 $CaSO_4$ は水に溶けにくいが，水酸化物 $Ca(OH)_2$ は $Mg(OH)_2$ に比べて水に溶けやすい。

$\boxed{5}$ …③

問5　硫酸塩の脱水

$MSO_4 \cdot n\,H_2O$ から $MSO_4 \cdot m\,H_2O$ の質量変化は，水和水を奪われたことに起因し，その変化量は，

$$4.82\,g - 3.38\,g = 1.44\,g$$

$MSO_4 \cdot m\,H_2O$ から MSO_4 になったときの質量変化は，水和水を奪われたことに起因し，その変化量は，

$$3.38\,g - 3.02\,g = 0.36\,g$$

H_2O の変化量の比は，

$$1.44\,g : 0.36\,g = 4 : 1$$

— 348 —

よって，物質量比も 4：1 である。

よって，$n=5$，$m=1$ であり，答えは①と④に絞られる。

$(MSO_4 \cdot nH_2O$ の物質量$)=(MSO_4$ の物質量$)$ より，

① $MgSO_4 \cdot 5H_2O$ の場合

$$\frac{4.82\ g}{210\ g/mol} \neq \frac{3.02\ g}{120\ g/mol}$$

よって，不適である。

④ $MnSO_4 \cdot 5H_2O$ の場合

$$\frac{4.82\ g}{241\ g/mol} = \frac{3.02\ g}{151\ g/mol}$$

よって，適当である。

$\boxed{6}$ …④

第4問　有機化合物

問1　有機化合物の構造

①　1-プロパノールの炭素原子は 3 個，2-メチル-2-プロパノールの炭素原子は 4 個である。

$$CH_3-CH_2-CH_2-OH$$

1-プロパノール

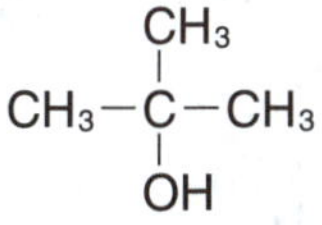

2-メチル-2-プロパノール

②　1-ブタノールは不斉炭素原子をもたないが，2-ブタノールは不斉炭素原子を 1 個もつ。

$$CH_3-CH_2-CH_2-CH_2-OH$$

1-ブタノール

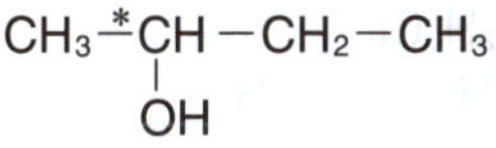

2-ブタノール

($^*C$　不斉炭素原子)

③　不飽和結合を形成する炭素原子は，1, 3-ブタジエンでは 4 個，シクロヘキセンでは 2 個である。

$$CH_2=CH-CH=CH_2$$

1,3-ブタジエン

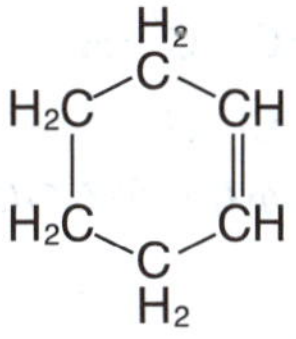

シクロヘキセン

④　1-ペンテンとシクロペンタンの分子式はともに C_5H_{10} であり，H 原子の数は等しい。

$$CH_2=CH-CH_2-CH_2-CH_3$$

1-ペンテン

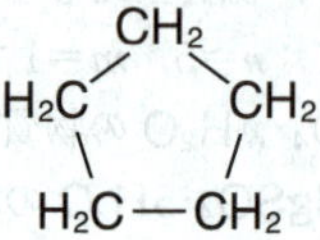

シクロペンタン

$\boxed{1}\cdots④$

問2　幾何異性体（シス-トランス異性体）

①～⑤の分子式から考えられる化合物の構造式は次のとおりである。

① C_2HCl_3

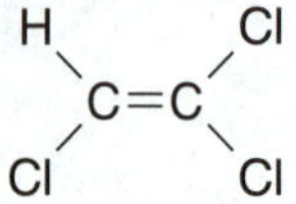

② $C_2H_2Cl_2$

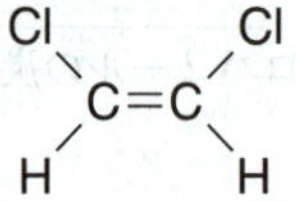

シス形 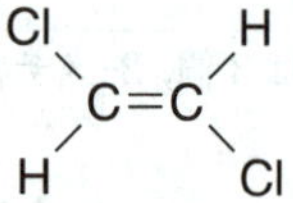　　　　　　　トランス形

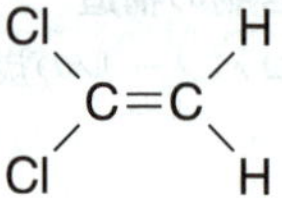

③ $C_2H_2Cl_4$

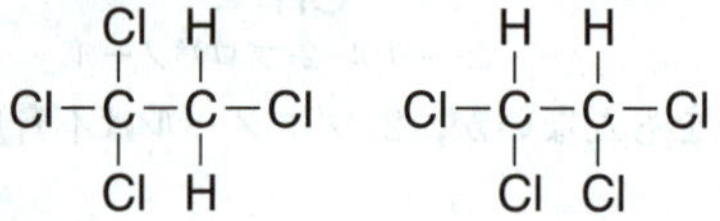

④ C_2H_3Cl

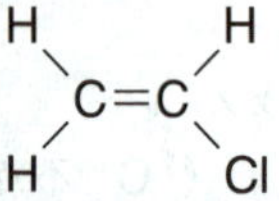

⑤ $C_2H_3Cl_3$

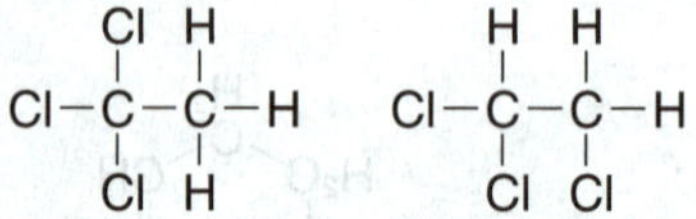

幾何異性体が存在するのは②である。

$\boxed{2}\cdots②$

問3　アセトン

① 正しい。アセトンは常温・常圧で液体（沸点56℃）である。

② 正しい。アセトンは，水，エタノール，エーテルなどと任意の割合で混じりあう。

③ 正しい。アセトンは，2-プロパノールの酸化により得られる。

2-プロパノール　　　　　　アセトン

④　誤り。アセトンは，アルデヒド基 $-CHO$ をもたないので，フェーリング液を還元しない。

⑤　正しい。アセトンは，$CH_3-\overset{\displaystyle O}{\underset{\displaystyle \|}{C}}-R$（R は H または炭化水素基）の構造をもつ

ので，ヨウ素と水酸化ナトリウム水溶液を加えて反応させると，黄色のヨードホルム CHI_3 の沈殿が生成する。

$\boxed{3}$ …④

問4　アルコール，化学反応と量的関係

A と Na との反応の化学反応式は

$$2C_{10}H_nO + 2Na \longrightarrow 2C_{10}H_{n-1}ONa + H_2$$

この反応により，水素 H_2 が 0.125 mol 発生したことから，反応した A の物質量は $0.125 \text{ mol} \times 2 = 0.250 \text{ mol}$ である。同じ質量，すなわち同じ物質量の A に水素が 0.500 mol 付加したことから，A は炭素間二重結合を 2 個もつか，炭素間三重結合を 1 個もつ。すなわち，飽和のアルコールに比べ，水素原子 H が 4 個少ない。飽和のアルコールの一般式は，炭素数を x とすると，$C_xH_{2x+2}O$ で表されるので，炭素数が 10 の場合，H 原子の数は 22 になる。A の H 原子はこれより 4 個少ないので，$22-4=18$ である。

$\boxed{4}$ …③

問5　アセチルサリチル酸の合成

a　サリチル酸に無水酢酸を反応させると，アセチルサリチル酸が生成する。

$\boxed{5}$ …⑤

b　フェノール類であるサリチル酸に①塩化鉄（Ⅲ）$FeCl_3$ 水溶液を加えると，紫色を呈するが，アセチルサリチル酸は呈色しない。よって，サリチル酸の検出として適当な溶液である。なお，②フェノールフタレイン溶液を加えると，ともに酸性なので，無色である。③炭酸水素ナトリウム $NaHCO_3$ 水溶液を加えると，ともに

カルボキシ基 —COOH をもつので反応する。④水酸化ナトリウム NaOH 水溶液を加えると，ともに酸なので反応する。⑤サリチル酸とアセチルサリチル酸の固体混合物に酢酸水溶液を加えてもどちらも反応しない。

$\boxed{6}$ …①

第5問　合成高分子化合物

問1　合成高分子化合物

①　正しい。ビニロンは，ポリビニルアルコールにホルムアルデヒドを反応させて合成される（アセタール化）。

$$-CH_2-CH-CH_2-CH- \xrightarrow[\text{アセタール化}]{HCHO} -CH_2-CH-CH_2-CH-$$

（左: OH, OH / 右: O, O, CH$_2$）

②　誤り。ポリ酢酸ビニルは，カルボキシ基 —COOH をもたない。

$$\left[CH_2-CH \atop \quad\ O-C-CH_3 \right]_n$$

③　正しい。ポリ塩化ビニルは，塩化ビニルの付加重合により得られる。

$$n\,CH_2=CH \longrightarrow \left[CH_2-CH \right]_n$$

（Cl / Cl）

塩化ビニル　　　　ポリ塩化ビニル

④　正しい。エチレングリコール（1,2-エタンジオール）とテレフタル酸の縮合重合により得られるポリエチレンテレフタラートは，エステル結合をもつ。

$$n\,HO-CH_2-CH_2-OH + n\,HOOC-\!\!\!\bigcirc\!\!\!-COOH$$

エチレングリコール
（1,2-エタンジオール）　　　テレフタル酸

$$\longrightarrow \left[O-CH_2-CH_2-\!\left(O-C-\!\!\!\bigcirc\!\!\!-C\right)- \right]_n + 2n\,H_2O$$

（O / O）

エステル結合

ポリエチレンテレフタラート

$\boxed{1}$ …②

問2　高分子化合物

①　正しい。高分子化合物の多くは固体であり，結晶部分もあるが，大部分が分子が乱雑に並んだ非結晶部分である。結晶性が低いものは，結晶性が高いものに比べて強度が弱く，柔軟性や透明度が増す。

②　正しい。タンパク質にはポリペプチド鎖が球状に丸まった球状タンパク質と

—352—

何本かのポリペプチド鎖が束状になった繊維状タンパク質がある。球状タンパク質は生体内で親水基を外側に，疎水基を内側に向けてまとまっているので，水に溶けやすい。一方，繊維状タンパク質は，水に不溶で筋肉や組織をつくる。

③　誤り。デンプンは，多数の α-グルコースが縮合重合した高分子化合物であり，直鎖構造をもつものをアミロースという。したがって，アミロースにヨウ素ヨウ化カリウム水溶液を加えると，青紫色を呈する（ヨウ素デンプン反応）。

④　正しい。アセチレン $CH \equiv CH$ の付加重合により得られるポリアセチレンの薄膜にハロゲンを注入することにより，電気を通す高分子化合物が得られる。これを導電性高分子という。

2 …③

第6問　合成高分子化合物

問1　熱硬化性樹脂

加熱すると軟化し，冷却すると再び硬化する性質をもつプラスチックを熱可塑性樹脂，加熱すると硬化する性質をもつプラスチックを熱硬化性樹脂という。①尿素樹脂は，尿素とホルムアルデヒドの付加縮合により得られる三次元網目状の分子であり，熱硬化性樹脂である。②～⑤はそれぞれの単量体の付加重合により得られる鎖状の分子であり熱可塑性樹脂である。

—353—

⑤
$$n\,CH_2=\underset{\substack{|\\COOCH_3}}{\overset{\substack{CH_3\\|}}{C}} \longrightarrow \left[\begin{array}{c}CH_3\\|\\CH_2-C\\|\\COOCH_3\end{array}\right]_n$$

メタクリル酸メチル　　　　　　ポリメタクリル酸メチル

$\boxed{1}$ …①

問2　ポリアミド

図1の化合物はジカルボン酸とヘキサメチレンジアミンの縮合重合により得られる。

$$n\,\underset{\substack{(分子量\,14x+90)}}{HO-\underset{\substack{||\\O}}{C}-(CH_2)_x-\underset{\substack{||\\O}}{C}-OH} + n\,\underset{\substack{(分子量\,116)}}{H_2N-(CH_2)_6-NH_2}$$

$$\longrightarrow \left[\begin{array}{c}\\C-(CH_2)_x-C-\overset{\displaystyle H}{\underset{\displaystyle |}{N}}-(CH_2)_6-\overset{\displaystyle H}{\underset{\displaystyle |}{N}}\\||||\\OO\end{array}\right]_n + 2n\,H_2O$$

$n=100$，分子量が 2.82×10^4 であることから，

$$\{(14x+90)+116-18\times2\}\times100=2.82\times10^4$$

∴　$x=8$

$\boxed{2}$ …③

第7問　天然有機化合物

問1　タンパク質

①　正しい。1つのアミノ酸のカルボキシ基－COOH と別のアミノ酸のアミノ基－NH_2 との間で縮合重合が起こると，アミド結合 $-\underset{\substack{||\\O}}{C}-\underset{\substack{|\\H}}{N}-$ ができる。アミノ

酸どうしから生じたアミド結合を特にペプチド結合という。らせん構造(α-ヘリックス)やジグザグに折れ曲がった β-シート構造では $>C=O\cdots\cdots H-N<$ ($\cdots$水素結合)が含まれる。

②　正しい。ポリペプチドに硫黄原子 S を含むシステインなどが含まれていると，チオール基 －SH の間でジスルフィド結合 －S－S－ を形成することができる。

③　正しい。加水分解するとアミノ酸だけを生じるタンパク質を単純タンパク質，アミノ酸以外に糖類(だ液中のムチン)，色素(血液中のヘモグロビン)，リン酸(カゼイン)，核酸などを生じるタンパク質を複合タンパク質という。

④　正しい。何本かのポリペプチド鎖が束(束状)になったタンパク質を繊維状タンパク質という。繊維状タンパク質は，水に溶けず丈夫で，動物体の組織形成にはたらく。

－354－

⑤　誤り。タンパク質は，加熱，強酸，強塩基，重金属イオン，有機溶媒などの作用により，凝固，沈殿する。これをタンパク質の変性という。水素結合などが切れて立体構造が変化するため，もとの状態に戻らないことが多い。

$\boxed{1}$ …⑤

問2　単糖類，二糖類

グルコースは鎖状構造をとったとき，アルデヒド基－CHO をもつので，還元性を示す。また，フルクトースは鎖状構造をとったとき，$-\overset{\underset{\parallel}{O}}{C}-CH_2OH$ をもつので，

還元性を示す。一方，スクロースはグルコースの還元性を示す部分とフルクトースの還元性を示す部分どうしで脱水縮合した構造をもつので，還元性を示さない。

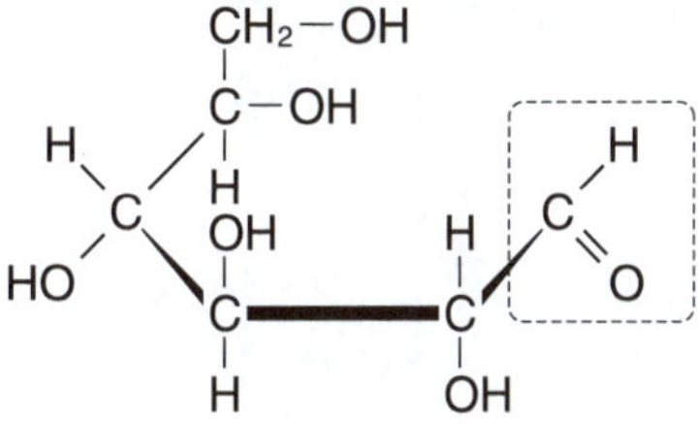

グルコース（鎖状構造） 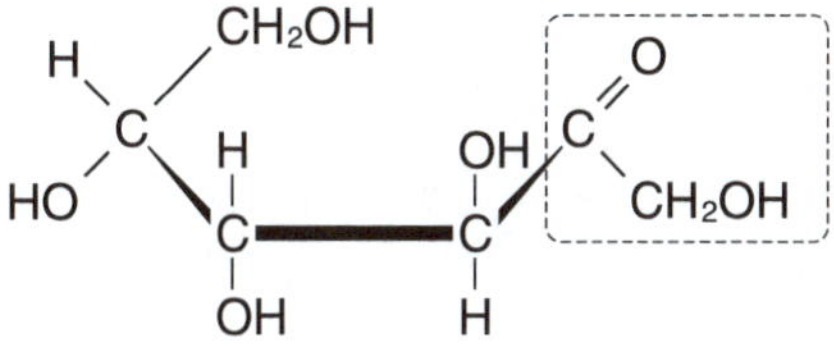　　　　　　　フルクトース（鎖状構造）

スクロースの加水分解により，グルコースとフルクトースは等量得られる。得られた糖が 3.6 mol であったことからグルコースとフルクトースがそれぞれ 1.8 mol ずつ生成したことがわかる。このことから，反応したスクロースは 1.8 mol である。反応しなかったスクロースが 4.0 mol であったことから反応前のスクロースは，

4.0 mol＋1.8 mol＝5.8 mol

$\boxed{2}$ …④

MEMO

化 学

（2017年1月実施）

2017 本試験

受験者数　209,400

平 均 点　　51.94

化学

解答・採点基準　　（100点満点）

問題番号(配点)	設問	解答番号	正解	配点	自己採点
第1問 (24)	問1	1	④	2	
		2	③	2	
	問2	3	②	4	
	問3	4	⑥	4	
	問4	5	④	2	
		6	③	2	
	問5	7	⑥	4	
	問6	8	②	4	
第1問　自己採点小計					
第2問 (24)	問1	1	④	4	
	問2	2	③	3	
	問3	3	⑤	3	
		4	③	2	
	問4	5	①	4	
	問5	6	④	4	
	問6	7	②	4	
第2問　自己採点小計					
第3問 (24)	問1	1	①	4 (各2) ※	
		2	⑥		
	問2	3	②	4	
	問3	4	⑤	4	
	問4	5	⑦	4	
	問5	6	②	4	
	問6	7	⑥	4	
第3問　自己採点小計					

問題番号(配点)	設問	解答番号	正解	配点	自己採点
第4問 (19)	問1	1	①	3	
	問2	2	④	4	
	問3	3	③	1	
		4	①	1	
		5	⑦	1	
		6	⑧	1	
	問4	7	③	4	
	問5	8	⑥	2	
		9	⑤	2	
第4問　自己採点小計					
第5問 (4)	問1	1	①	2	
	問2	2	②	2	
第5問　自己採点小計					
第6問 (5)	問1	1	③	2	
	問2	2	③	3	
第6問　自己採点小計					
第7問 (5)	問1	1	①	2	
	問2	2	③	3	
第7問　自己採点小計					
自己採点合計					

(注)
1　※の正解は，順序を問わない。
2　第1問～第5問は必答。第6問，第7問のうちから1問選択。計6問を解答。

第1問 物質の構成，結晶格子，気体・蒸気圧，三態図，希薄溶液の性質

問1 分子結晶

a ①黒鉛 C，②ケイ素 Si は，すべての原子が共有結合で結びついている共有結合の結晶である。③ミョウバン $AlK(SO_4)_2 \cdot 12H_2O$ はイオンからなる結晶である。一般にイオン結晶は，金属元素の原子と非金属元素の原子が電子の授受により陽イオン，陰イオンになり，それらがクーロン力(静電気力)により結びついている。また，⑤白金 Pt は，金属結晶である。金属結晶は，金属元素の原子どうしが自由電子によって結びつき，構成されている。④ヨウ素 I_2 分子は，非金属元素の原子であるヨウ素原子どうしが不対電子を出し合って共有結合で結びつき分子を構成している。分子間には，ファンデルワールス力がはたらき，分子結晶を形成している。

1 …④

b ①〜⑤の物質の電子式は次のとおりである。

① H:C̈l̈:   ② H:N̈:H   ③ :Ö::C::Ö:
                    |
                    H
④ :N⫶⫶N: ⑤ H:C̈:H   ▭ 非共有電子対
                    |
                    H

非共有電子対を4組もつものは，③二酸化炭素 CO_2 である。

2 …③

問2 結晶格子

面心立方格子では原子が右図のように接している。原子半径を r (cm)，単位格子一辺の長さを a (cm) とすると，

$$\sqrt{2}\,a = 4r$$

$$a = \frac{4r}{\sqrt{2}} = 2\sqrt{2}\,r$$

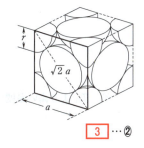

3 …②

問3 気体

高温である方が速さが大きい分子の割合が大きいので，ア $T_1 < T_2$ である。温度を高くすると，分子の速さが大きくなり，器壁に衝突する回数がイ多くなり，容器内の圧力はウ高くなる。

4 …⑥

問4 三態図

a 温度一定の条件の場合

① T_T より低い温度で，圧力を低くしていくと，固体から気体になる。

— 359 —

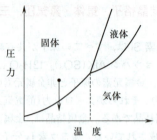

② T_T より低い温度で，圧力を高くしていくと，気体から固体になる。

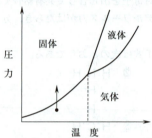

③ T_T より高い温度で，圧力を低くしていくと，固体から液体，そして気体になる。

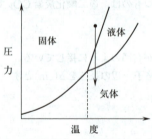

④ T_T より高い温度で，圧力を高くしていくと，気体から液体，そして固体になる。

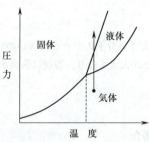

よって，気体から液体に変える操作は④である。

5 …④

b 圧力一定の条件の場合

① P_T より低い圧力で,温度を低くしていくと,気体から固体になる。

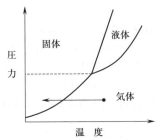

② P_T より低い圧力で,温度を高くしていくと,固体から気体になる。

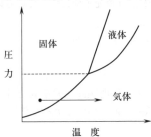

③ P_T より高い圧力で,温度を低くしていくと,気体から液体,さらに固体になる。

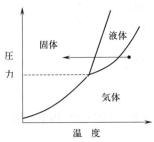

④ P_T より高い圧力で,温度を高くしていくと,固体から液体,さらに気体になる。

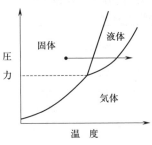

よって，気体から液体に変える操作は③である。

$\boxed{6}$ …③

問5 気体，蒸気圧

密閉容器に N_2 と少量の水を入れ，27℃ に保ったところ，圧力は $4.50×10^4$ Pa であり，液体の水が存在していたので，水の分圧は $3.60×10^3$ Pa である。全圧が $4.50×10^4$ Pa であったので，N_2 の分圧は，

$4.50×10^4$ Pa $- 3.60×10^3$ Pa $= 4.14×10^4$ Pa

容器の容積を半分にすると，N_2 の圧力は2倍になるので，その分圧を P_{N_2}(Pa) とすると，

$P_{N_2} = 4.14×10^4$ Pa $×2 = 8.28×10^4$ Pa

液体の水がある限り，H_2O は蒸発平衡になっているので，その分圧は $3.60×10^3$ Pa である。よって，全圧は，

$8.28×10^4 + 3.60×10^3 = 8.64×10^4$ Pa

$\boxed{7}$ …⑥

問6 凝固点降下

非電解質の化合物の質量モル濃度[mol/kg]を m とすると，凝固点降下度 Δt [K] はモル凝固点降下 K_f [K・kg/mol]を用いて次式で表される。

$\Delta t = K_f \cdot m$ より，

溶媒 10 mL の質量は $10d$ [g] となるので，

$$\Delta t [K] = K_f \cdot \dfrac{\dfrac{x \text{[g]}}{M \text{[g/mol]}}}{\dfrac{10d}{1000} \text{[kg]}} = K_f \dfrac{1000x}{10dM} \text{[mol/kg]} = K_f \dfrac{100x}{dM} \text{[mol/kg]}$$

$\therefore\ d = \dfrac{100xK_f}{M\Delta t}$ [g/cm³]

$\boxed{8}$ …②

第2問 化学反応と熱，平衡，反応速度，緩衝溶液，電気分解，酸化還元反応

問1 結合エネルギー

NH_3(気) 1 mol 中の N−H 結合をすべて切断するのに必要なエネルギーを Q [kJ]とする。エネルギーの大小関係は，次のとおりである。

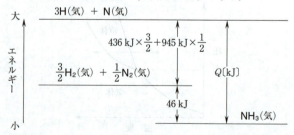

— 362 —

$$Q \text{ (kJ)} = 436 \text{ kJ} \times \frac{3}{2} + 945 \text{ kJ} \times \frac{1}{2} + 46 \text{ kJ}$$

$$\fallingdotseq 1170 \text{ kJ}$$

〔別解〕

（反応熱）＝（生成物の結合エネルギーの和）－（反応物の結合エネルギーの和）

この関係式を次の熱化学方程式に適用すると，

$$\frac{3}{2}H_2(気) + \frac{1}{2}N_2(気) = NH_3(気) + 46 \text{ kJ}$$

$$46 \text{ kJ} = Q \text{ (kJ)} - \left(436 \text{ kJ} \times \frac{3}{2} + 945 \text{ kJ} \times \frac{1}{2} \right)$$

$$Q \fallingdotseq 1170 \text{ kJ}$$

$\boxed{1}$ …④

問2　平衡

① 正しい。正反応は発熱反応である。

$$2NO_2(気) = N_2O_4(気) + 57 \text{ kJ}$$

② 正しい。圧力一定で加熱すると，吸熱の方向すなわち左に平衡は移動する。よって，NO_2 の分子数は増加する。

③ 誤り。温度一定で，体積を半分にすると，圧力が大きくなるので，粒子が減少する方向すなわち右に平衡は移動する。よって，NO_2 の分子数は減少する。

④ 正しい。温度・体積一定で，NO_2 を加えて NO_2 の濃度を増加させると平衡は右に移動し，N_2O_4 の濃度も増加する。

⑤ 正しい。正反応と逆反応の速度が等しいときを，平衡状態という。

$\boxed{2}$ …③

問3　反応速度，平衡

a 過酸化水素 H_2O_2 の分解反応は次式で表される。

$$2H_2O_2 \longrightarrow 2H_2O + O_2 \qquad \cdots(1)$$

反応式の係数より，発生した酸素 O_2 の物質量は，分解した H_2O_2 の物質量の $\frac{1}{2}$ である。

H_2O_2 が完全に分解したときに発生した O_2 の物質量は，図2より，0.05 mol なので，反応した H_2O_2 は，0.10 mol である。

反応前の H_2O_2 水のモル濃度を x 〔mol/L〕とすると，

$$x \text{ (mol/L)} \times \frac{100}{1000} \text{ L} = 0.10 \text{ mol}$$

$$x = 1.0 \text{ mol/L}$$

$\boxed{3}$ …⑤

b 最初の20秒間で発生した O_2 の物質量は，図1より 0.004 mol である。このとき分解した H_2O_2 の物質量は，(1)式より，

$$0.004 \text{ mol} \times 2 = 0.008 \text{ mol}$$

平均分解速度は次式で表される。

$$平均分解速度 = \frac{反応物の濃度の減少量}{反応時間}$$

過酸化水素水 100 mL に塩化鉄(Ⅲ)水溶液を加えて 200 mL の溶液にしているので，平均の分解速度 mol/(L·s)は，

$$\frac{\dfrac{0.008 \text{ mol}}{\dfrac{200}{1000}\text{ L}}}{20 \text{ s}} = 2.0 \times 10^{-3} \text{ mol}/(\text{L·s})$$

 4 …③

問4 緩衝溶液

a 正しい。酢酸ナトリウム CH_3COONa は，イオンからなる物質であり，水に溶かすと，ほぼ完全に電離している。

$$CH_3COONa \longrightarrow CH_3COO^- + Na^+$$

b 正しい。混合する前の酢酸 CH_3COOH，CH_3COONa の物質量は等しい。これらを混合すると，CH_3COONa の完全電離により生じる CH_3COO^- が多量に存在するので，(1)式の平衡は左に偏り，酢酸の電離度は非常に小さくなるので，水溶液中の CH_3COO^- は，CH_3COONa から供給されたもののみと近似でき，また酢酸分子の物質量は混合する前の酢酸の物質量に等しいと近似できる。

$$CH_3COOH \rightleftharpoons CH_3COO^- + H^+ \qquad \cdots(1)$$

c 正しい。混合水溶液に少量の酸を加えると CH_3COO^- が反応し，塩基を加えると，CH_3COOH が反応するので，水溶液の pH はほとんど変化しない。このような水溶液を緩衝液という。

$$CH_3COO^- + H^+ \longrightarrow CH_3COOH$$
$$CH_3COOH + OH^- \longrightarrow CH_3COO^- + H_2O$$

 5 …①

問5 電気分解

陽極と陰極での反応は次のとおりである。

陽極　$2Cl^- \longrightarrow Cl_2 + 2e^-$

陰極　$2H_2O + 2e^- \longrightarrow H_2 + 2OH^-$

よって，陽極で発生する気体は塩素 Cl_2，陰極で発生する気体は水素 H_2 である。陽極側では陰イオンが減少し，陰極側では陰イオンが増加する。電荷バランスを保つため，ナトリウムイオン Na^+ が陽極側から陽イオン交換膜を通って陰極側へ移動する。したがって，陰極側の水溶液には水酸化ナトリウム $NaOH$ が溶けていることになる。

 6 …④

問6 酸化還元反応とその量的関係

二酸化硫黄 SO_2 と硫化水素 H_2S の酸化還元反応は次式で表される。

$$2H_2S + SO_2 \longrightarrow 3S + 2H_2O \qquad \cdots(1)$$

SO_2 の S の酸化数は，$+4$ から 0 に変化しており，自らは還元しているので，

<u>酸化剤</u>としてはたらいている。
ア

SO_2 の体積は，$0\,℃$，$1.013×10^5\,Pa$ で $14\,mL$ であることからその物質量は，

$$\frac{14\ \mathrm{mL}}{22.4×10^3\ \mathrm{mL/mol}}=6.25×10^{-4}\ \mathrm{mol}$$

反応前に存在していた H_2S の物質量は，

$$0.010\ \mathrm{mol/L}×\frac{200}{1000}\ \mathrm{L}=2.0×10^{-3}\ \mathrm{mol}$$

(1)式より，H_2S と SO_2 は $2:1$ の物質量比で反応するので，残った H_2S の物質量は，

$$2.0×10^{-3}\ \mathrm{mol}-6.25×10^{-4}\ \mathrm{mol}×2=\underset{イ}{\underline{7.5×10^{-4}}}\ \mathrm{mol}$$

$\boxed{7}$ $\cdots$ ②

第3問　無機物質，化学反応と量的関係

問1　身近な無機物質

①　誤り。電池などに利用されている鉛 Pb がとりうる最大の酸化数は，$+4$ である。鉛蓄電池の正極には酸化鉛(Ⅳ)PbO_2(Pb の酸化数は $+4$)を用いている。

②　正しい。粘土などの材料を高温で焼き固めたものを陶磁器という。無機物質からなる結合剤をセメントといい，粘土，石灰石(主成分 $CaCO_3$)，セッコウ $CaSO_4\cdot2H_2O$ などを原料としている。

③　正しい。ソーダ石灰ガラスは，主な原料であるケイ砂(主成分 SiO_2)に炭酸ナトリウム Na_2CO_3 や炭酸カルシウム $CaCO_3$ などを加えて融解した後，冷却して得られる。構成粒子の配列は不規則であり，アモルファス(非晶質)に分類される。

④　正しい。酸化アルミニウム Al_2O_3 などの純度の高い原料や新しい原料を用い，精密な条件で焼成した製品をニューセラミック(ファインセラミック)という。

⑤　正しい。銅 Cu は，湿った空気中では緑青$CuCO_3\cdot Cu(OH)_2$ とよばれる緑色のさびを生じる。

⑥　誤り。塩素を水に溶かして生じる次亜塩素酸 $HClO$ やその塩は，強い酸化作用をもつため，殺菌剤，漂白剤として利用されている。

$$Cl_2 + H_2O \rightleftharpoons HCl + HClO$$

⑦　正しい。硫酸バリウム $BaSO_4$ は，水にも酸にも溶けにくく，また，X 線の吸収力が大きいので，胃や腸の X 線撮影の造影剤として利用されている。

$\boxed{1}$, $\boxed{2}$ $\cdots$ ①，⑥

問2　触媒

①　正しい。鉄粉を触媒としてベンゼンに塩素 Cl_2 を作用させると，置換反応が起こり，クロロベンゼンが生じる。

ベンゼン　　　　　　　クロロベンゼン

② 誤り。アンモニア NH_3 は，四酸化三鉄 Fe_3O_4 を主成分とする触媒を用い，高温・高圧で直接反応させる。この方法をハーバー・ボッシュ法という。

$$N_2 + 3H_2 \longrightarrow 2NH_3$$

③ 正しい。酸化バナジウム(V)V_2O_5 を主成分とする触媒として用い，二酸化硫黄 SO_2 を酸化して三酸化硫黄 SO_3 とし，これを濃硫酸中の水と反応させると発煙硫酸が得られる。これを希硫酸で薄めると，濃硫酸が得られる。硫酸をつくるこの方法を接触法という。

④ 正しい。触媒として白金 Pt を用い，アンモニア NH_3 を酸化して一酸化窒素 NO とし，さらに酸化して二酸化窒素 NO_2 とする。これを水と反応させると，硝酸 HNO_3 が得られる。硝酸をつくるこの方法をオストワルト法という。

⑤ 正しい。触媒により，自動車の排ガス中の主な有害物質である一酸化炭素 CO は二酸化炭素 CO_2 に，炭化水素は CO_2 や水に，窒素酸化物は窒素に変化する。

$\boxed{3}$ …②

問3　気体の性質

① 適当。一酸化炭素 CO と塩化水素 HCl の混合気体を水に通すと，CO は水に溶けないが，HCl は水に溶けるので，HCl を除去することができる。

② 適当。酸素 O_2 と二酸化炭素 CO_2 の混合気体を石灰水(水酸化カルシウムの水溶液)に通すと，O_2 は溶けないが，酸性酸化物である CO_2 は，塩基性水溶液である石灰水に吸収されるため，除去することができる。

$$Ca(OH)_2 + CO_2 \longrightarrow CaCO_3 + H_2O$$

③ 適当。窒素 N_2 と二酸化硫黄 SO_2 の混合気体を水酸化ナトリウム $NaOH$ 水溶液に通すと，N_2 は溶けないが，酸性酸化物である SO_2 は塩基性である $NaOH$ 水溶液に吸収されるため，除去することができる。

$$SO_2 + 2NaOH \longrightarrow Na_2SO_3 + H_2O$$

④ 適当。塩素 Cl_2 と水蒸気の混合気体を濃硫酸 H_2SO_4 に通すと，Cl_2 は濃硫酸に吸収されないが，水蒸気は乾燥剤である濃硫酸に吸収されるため，除去することができる。

⑤ 不適当。二酸化窒素 NO_2 と一酸化窒素 NO の混合気体を水に通すと，NO_2 は水に溶けるが，NO は水には溶けない。よって，NO を取り除き，NO_2 を得ることはできない。

$$3NO_2 + H_2O \longrightarrow 2HNO_3 + NO$$

$\boxed{4}$ …⑤

— 366 —

問4　化学反応と量的関係

銅 Cu と亜鉛 Zn の合金を酸化力のある酸で完全に溶かし，酸性であることを確認して過剰の硫化水素 H_2S を通じると，硫化銅（Ⅱ）CuS の沈殿が生じる。硫化亜鉛 ZnS は酸性条件下では沈殿しない。

CuS（96 g/mol）19.2 g の物質量は，

$$\frac{19.2\ g}{96\ g/mol} = 0.20\ mol$$

よって，合金中の Cu（64 g/mol）の物質量も 0.20 mol である。したがって，Cu の含有率（質量パーセント）は，

$$\frac{64\ g/mol \times 0.20\ mol}{20.0\ g} \times 100 = 64\ \%$$

$\boxed{5}$ …⑦

問5　化学反応と量的関係

酸化マンガン（Ⅳ）MnO_2 と濃塩酸の反応は次式で表される。

$$MnO_2\ +\ 4HCl\ \longrightarrow\ MnCl_2\ +\ 2H_2O\ +\ Cl_2 \qquad\qquad \cdots(1)$$

発生した無極性分子は Cl_2 である。
MnO_2（87 g/mol）1.74 g の物質量は，

$$\frac{1.74\ g}{87\ g/mol} = 0.020\ mol$$

(1)式より，発生した Cl_2 の物質量も 0.020 mol であり，その体積は，0 ℃，$1.013 \times 10^5\ Pa$ で，

$$22.4\ L/mol \times 0.020\ mol = 0.448 ≒ 0.45\ L$$

$\boxed{6}$ …②

問6　金属のイオン化傾向

黒端子を金属板 A，白端子を金属板 B に接触させたとき，電流は B から A に流れたことから，B が正極，A が負極であり，イオン化傾向は，B より A の方が大きい。

黒端子を金属板 B，白端子を金属板 C に接触させたとき，電流は B から C に流れたことから，B が正極，C が負極であり，イオン化傾向は B より C の方が大きい。

黒端子を金属板 A，白端子を金属板 C に接触させたとき，電流は A から C に流れたことから，A が正極，C が負極であり，イオン化傾向は，A より C の方が大きい。

以上より，イオン化傾向は，C＞A＞B の順になるので，C がマグネシウム Mg，A が亜鉛 Zn，B が銅 Cu になる。

$\boxed{7}$ …⑥

第4問　有機化合物

問1　エチレン（エテン）とアセチレン

①　誤り。エチレンに水が付加するとエタノールが生成する。

— 367 —

$$CH_2=CH_2 \xrightarrow{H_2O} CH_3-CH_2-OH$$
エチレン　　　　　　　エタノール

一方，アセチレンに水が付加すると，不安定なビニルアルコールを経由してアセトアルデヒドが生成する。

$$CH\equiv CH \xrightarrow{H_2O} \underset{\text{ビニルアルコール}}{CH_2=CH\text{−}OH} \longrightarrow \underset{\text{アセトアルデヒド}}{CH_3-\underset{O}{\overset{\|}{C}}-H}$$

② 正しい。エチレンおよびアセチレンが付加重合すると，それぞれ高分子化合物であるポリエチレンおよびポリアセチレンが生成する。

$$n\,CH_2=CH_2 \longrightarrow \underset{\text{ポリエチレン}}{+CH_2-CH_2+_n}$$

$$n\,CH\equiv CH \longrightarrow \underset{\text{ポリアセチレン}}{+CH=CH+_n}$$

③ 正しい。エチレンに水素を付加させるとエタンに，アセチレンに水素を付加させるとエチレンを経てエタンが生成する。

$$CH_2=CH_2 \xrightarrow{H_2} \underset{\text{エタン}}{CH_3-CH_3}$$

$$CH\equiv CH \xrightarrow{H_2} CH_2=CH_2 \xrightarrow{H_2} \underset{\text{エタン}}{CH_3-CH_3}$$

④ 正しい。エチレンもアセチレンもすべての原子が同一平面上にある。

⑤ 正しい。エチレンもアセチレンも無極性分子であり，水に溶けにくいので，水上置換で捕集できる。

　　　　　　　　　　　　　　　　　　　　　　　　　　　　$\boxed{1}$ …①

問2　エステル

分子式が $C_5H_{10}O_2$ のエステルを加水分解すると，還元性を示すカルボン酸が得られたことから B はギ酸 HCOOH である。よって，アルコール C は炭素数 4 の 1 価アルコールなので，その構造異性体であるアルコールは，C を含めて次の 4 種類である。

$$CH_3-CH_2-CH_2-CH_2-OH \qquad CH_3-\underset{CH_3}{\overset{|}{CH}}-CH_2-OH$$

— 368 —

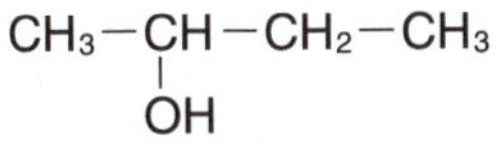

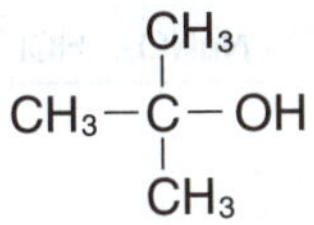

$$CH_3-CH-CH_2-CH_3$$
$$\quad\quad\,\,|$$
$$\quad\quad OH$$

$$\quad\quad CH_3$$
$$\quad\quad\quad|$$
$$CH_3-C-OH$$
$$\quad\quad\quad|$$
$$\quad\quad CH_3$$

2 …④

問3　有機化合物の反応

ベンゼンに濃硫酸を加えて加熱すると，スルホン化によりベンゼンスルホン酸（化合物 A）が生成する。

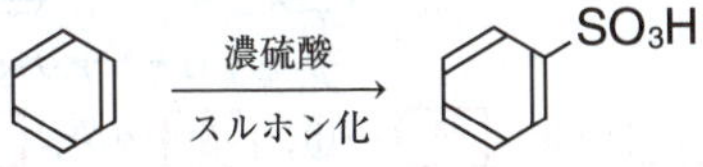

濃硫酸／スルホン化 → SO₃H
A：ベンゼンスルホン酸

ベンゼンスルホン酸に水酸化ナトリウム NaOH を加えて融解すると，ナトリウムフェノキシド（化合物 B）が生成する。

SO₃H ── NaOH／融解 → ONa
B：ナトリウムフェノキシド

ベンゼンに濃硝酸と濃硫酸を作用させると，ニトロ化によりニトロベンゼン（化合物 C）が生成する。

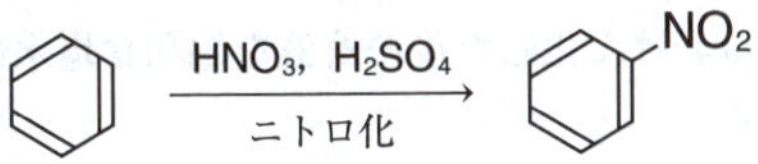

HNO₃, H₂SO₄／ニトロ化 → NO₂
C：ニトロベンゼン

これにスズ Sn と塩酸 HCl を作用させるとアニリン塩酸塩が生成し，これに NaOH 水溶液を加えると，弱い塩基であるアニリンが遊離する。

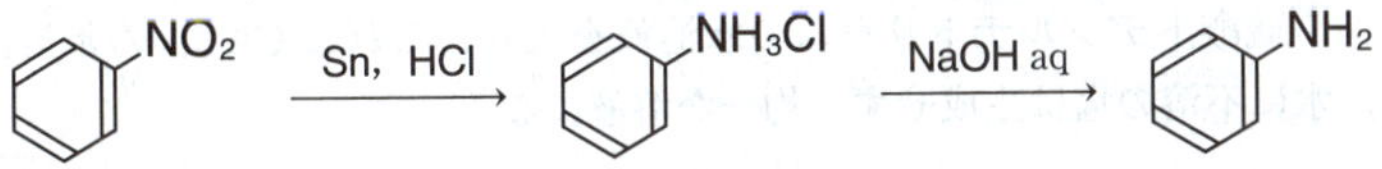

NO₂ ── Sn, HCl → NH₃Cl ── NaOH aq → NH₂
アニリン塩酸塩　　　　アニリン

これに亜硝酸ナトリウム NaNO₂ と塩酸 HCl を 0℃ で作用させると，ジアゾ化により，塩化ベンゼンジアゾニウム（化合物 D）が生成する。ナトリウムフェノキシドと塩化ベンゼンジアゾニウムを反応させると，ジアゾカップリングにより p-ヒドロキシアゾベンゼン（p-フェニルアゾフェノール）が生成する。

14

D：塩化ベンゼン
ジアゾニウム

p-ヒドロキシアゾベンゼン

$\boxed{3}$ …③， $\boxed{4}$ …①， $\boxed{5}$ …⑦， $\boxed{6}$ …⑧

問4　ブタンの塩素置換体

化合物 A 中の C および H の物質量の比は，

$$C：H＝\frac{352×\dfrac{12}{44}}{12}：\frac{126×\dfrac{2}{18}}{1.0}＝8：14＝4：7$$

化合物 A はブタン C_4H_{10} 中の 3 個の H 原子が塩素 Cl 原子に置き換わったものである。

$\boxed{7}$ …③

問5　油脂のけん化

a　油脂を水酸化ナトリウム NaOH 水溶液でけん化すると，グリセリンと脂肪酸の Na 塩であるセッケンが得られる。けん化した後の溶液を飽和食塩水に加えると，塩析により，セッケンが凝集する。

$\boxed{8}$ …⑥

b　試験管アにセッケンの水溶液を入れ，これに塩化カルシウム $CaCl_2$ の水溶液を入れると，水に不溶の塩が生成するため，白濁する。一方，試験管イに合成洗剤である硫酸ドデシルナトリウムの水溶液を入れ，これに $CaCl_2$ の水溶液を加えても，水に不溶の塩は生成せず，均一な溶液になる。

$\boxed{9}$ …⑤

第5問　高分子化合物

問1　合成高分子化合物，天然有機化合物

①　誤り。カプロラクタムが開環重合すると，ナイロン 6 が得られるが，これは単量体であるカプロラクタムが脱水縮合した構造にはなっていない。

カプロラクタム　　　　　　　　　　ナイロン 6

②　正しい。尿素とホルムアルデヒドが付加縮合すると，尿素樹脂が得られ，尿素とホルムアルデヒドが脱水縮合した構造になっている。

— 370 —

2017年度　本試験〈解説〉　化学　15

$$O=C\diagup^{NH_2}_{\diagdown NH_2} \quad \xrightarrow{\text{HCHO}} \quad \begin{array}{c} -CH_2-N-CH_2-N- \\ \qquad\quad C=O \qquad CH_2 \\ -CH_2-N-CH_2-N- \end{array}$$

尿素　　　　　　　　　　　　　　尿素樹脂

③　正しい。グルコースが縮合(脱水縮合)重合すると，デンプンが得られる。

グルコース　　　　　　　　　　　　　　　　デンプン

④　正しい。エチレングリコールとテレフタル酸が縮合(脱水縮合)重合すると，ポリエチレンテレフタラートが生じる。

$$n\,HO-CH_2-CH_2-OH \; + \; n\,HO-\overset{\displaystyle C}{\underset{\displaystyle O}{|}}-\bigcirc-\overset{\displaystyle C}{\underset{\displaystyle O}{|}}-OH$$

エチレングリコール　　　　　　　テレフタル酸

$$\longrightarrow \left[O-CH_2-CH_2-O-\overset{\displaystyle C}{\underset{\displaystyle O}{|}}-\bigcirc-\overset{\displaystyle C}{\underset{\displaystyle O}{|}} \right]_n + 2n\,H_2O$$

ポリエチレンテレフタラート

$\boxed{1}\cdots ①$

問2　高分子化合物

①　正しい。共重合体は，2種類以上の単量体を混合し，重合することで得られる。生成した高分子を共重合体という。例えば，ブタジエンとスチレンを共重合させると，スチレン-ブタジエンゴムが得られる。

$$x\,CH_2=CH \; + \; y\,CH_2=CH-CH=CH_2$$
$$\underset{\displaystyle \bigcirc}{|} \qquad\qquad \text{ブタジエン}$$

スチレン

$$\longrightarrow \left[CH_2-\underset{\displaystyle \bigcirc}{CH} \right]_x \left[CH_2-CH=CH-CH_2 \right]_y$$

スチレン-ブタジエンゴム

②　誤り。高分子化合物では重合度にばらつきがあるため，分子量は平均して求

— 371 —

めた平均分子量が用いられる。

③　正しい。デンプンは，分子量が大きく，分子1個でコロイド粒子になる。このようなコロイドを分子コロイドといい，他にはタンパク質やゼラチンなどがある。

④　正しい。DNA，RNA を構成する核酸塩基は，それぞれ4種類ずつあり，アデニン(A)，グアニン(G)，シトシン(C)の3種類は共通であり，残り1つは，DNA ではチミン(T)，RNA ではウラシル(U)である。

$$\boxed{2} \cdots ②$$

第6問　合成高分子化合物

問1　合成高分子化合物

①　正しい。テトラフルオロエチレンを付加重合させると，ポリテトラフルオロエチレン(フッ素樹脂)が得られる。

$$n\,CF_2{=}CF_2 \longrightarrow \left[CF_2{-}CF_2 \right]_n$$

テトラフルオロ
エチレン
ポリテトラフルオロ
エチレン

②　正しい。プロペン(プロピレン)を付加重合させると，ポリプロピレンが得られる。

$$n\,H_2C{=}CHCH_3 \longrightarrow \left[CH_2{-}CH{\atop CH_3} \right]_n$$

プロピレン
ポリプロピレン

③　誤り。示された単量体を付加重合させると，次の物質が得られる。

$$n\,CH_3{-}C{=}CH{-}CH_3 \longrightarrow \left[\begin{array}{cc} CH_3 & H \\ C & C \\ CH_3 & CH_3 \end{array} \right]_n$$
$$CH_3$$

なお，イソプレンを付加重合させると，ポリイソプレンが得られる。

$$n\,CH_2{=}CH{-}CH{=}CH_2 \longrightarrow \left[CH_2{-}C{=}CH{-}CH_2 \right]_n$$
$$CH_3 \qquad\qquad CH_3$$

イソプレン
ポリイソプレン

④　正しい。スチレンと p-ジビニルベンゼンを共重合させると，ポリスチレン鎖が p-ジビニルベンゼンによって架橋された三次元の網目状の高分子が得られる。

スチレン　　　p-ジビニルベンゼン

— 372 —

$$\boxed{1}\cdots ③$$

問2　ポリ乳酸

$$\left[\begin{array}{c} \text{O}-\text{CH}-\text{C} \\ \underset{}{\overset{}{|}}\overset{\parallel}{} \\ \text{CH}_3\text{O} \end{array} \right]_n$$
ポリ乳酸

　ポリ乳酸の繰り返し単位の式量は 72 なので，6.0 g のポリ乳酸の物質量は，重合度を n とすると，$\dfrac{6.0}{72n}$ mol である。繰り返し単位には炭素 C 原子が 3 個含まれるので，燃焼により発生する CO_2 の物質量は，

$$\dfrac{6.0}{72n} \text{ mol} \times 3n = 0.25 \text{ mol}$$

　よって，0 ℃，1.013×10^5 Pa における CO_2 の体積は，

　　22.4 L/mol × 0.25 mol = 5.6 L

$$\boxed{2}\cdots ③$$

第7問　天然有機化合物

問1　アミノ酸の電気泳動

　pH 6.0 の緩衝溶液にジペプチド A〜C を浸したとき，主に存在するイオンの構造式は次のとおりである。

ジペプチド A

ジペプチド B

ジペプチド C

　A は全体で正の電荷をもつので，陰極側に移動する。B は全体で電荷の総和が 0 になるので，移動しない。C は全体で負の電荷をもつので，陽極側に移動する。

$$\boxed{1}\cdots ①$$

問2　糖類

　マルトース 1 mol をすべて分解すると，グルコースが 2 mol 生成する。フェーリング液との反応ではグルコース 1 mol あたり Cu_2O（144 g/mol）が 1 mol 生成する。

— 373 —

18

Cu_2O の物質量は,

$$\frac{14.4 \text{ g}}{144 \text{ g/mol}} = 0.100 \text{ mol}$$

よって，グルコースの物質量は 0.100 mol であり，マルトースの物質量は,

$$0.100 \text{ mol} \times \frac{1}{2} = 0.0500 \text{ mol}$$

となる。したがって，マルトース（分子量 342）の質量は,

$$342 \text{ g/mol} \times 0.0500 \text{ mol} = 17.1 \text{ g}$$

$\boxed{2}$ …③

化　学

（2016年1月実施）

受験者数　211,676

平　均　点　　54.48

化学

解答・採点基準　　(100点満点)

問題番号(配点)	設問	解答番号	正解	配点	自己採点
第1問 (23)	問1	1	④	3	
	問2	2	③	4	
	問3	3	②	4	
	問4	4	③	4	
	問5	5	⑤	4	
	問6	6	①	4	
第1問　自己採点小計					
第2問 (23)	問1	1	④	4	
	問2	2	③	3	
	問3	3	⑥	4	
	問4	4	②	4	
	問5	5	④	4	
	問6	6	②	4	
第2問　自己採点小計					
第3問 (23)	問1	1	⑤	3	
	問2	2	⑤	3	
	問3	3	②	1	
		4	③	1	
		5	②	3	
	問4	6	③	4	
	問5	7	③	4	
	問6	8	⑤	4	
第3問　自己採点小計					

問題番号(配点)	設問	解答番号	正解	配点	自己採点
第4問 (19)	問1	1	⑤	3	
	問2	2	②	4	
	問3	3	④	4	
	問4	4	④	4	
	問5	5	①	4	
第4問　自己採点小計					
第5問 (6)	問1	1	③	3	
	問2	2	①	3	
第5問　自己採点小計					
第6問 (6)	問1	1	⑦	3	
	問2	2	④	2	
		3	②	1	
第6問　自己採点小計					
第7問 (6)	問1	1	⑤	3	
	問2	2	③	3	
第7問　自己採点小計					
自己採点合計					

(注)　第1問～第5問は必答。第6問，第7問のうちから1問選択。計6問を解答。

第1問　物質の構成，結晶格子，蒸気圧，冷却曲線，化学量，浸透圧

問1　電子配置

①Al³⁺，③F⁻，⑤Mg²⁺，⑥Na⁺，⑦O²⁻ の電子配置は，Ne の電子配置（K殻2個，L殻8個）と同様である。②Br⁻ の電子配置は，Kr の電子配置（K殻2個，L殻8個，M殻18個，N殻8個）と同様である。④K⁺ の電子配置は，Ar の電子配置（K殻2個，L殻8個，M殻8個）と同様である。⑧Zn²⁺ の電子配置は，（K殻2個，L殻8個，M殻18個）である。

$\boxed{1}$ …④

問2　面心立方格子

面心立方格子の頂点 a，b，c，d を含む断面図は次のとおりである。

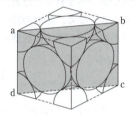 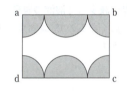

$\boxed{2}$ …③

問3　蒸気圧

捕集後のメスシリンダー内の気体は，酸素と水蒸気の混合気体と考えてよい。メスシリンダーの中と外の水面の高さをそろえたとき，大気圧とメスシリンダー内の気体の圧力が等しくなっている。したがって，

　　（大気圧）＝（酸素の分圧）＋（水蒸気の分圧）

水蒸気の分圧は飽和蒸気圧に等しいので，酸素の分圧は，

　　1.013×10^5 Pa $- 3.6 \times 10^3$ Pa $= 9.77 \times 10^4$ Pa

よって，酸素の物質量は気体の状態方程式から，

$$n = \frac{9.77 \times 10^4 \text{ Pa} \times 0.150 \text{ L}}{8.3 \times 10^3 \text{ Pa·L/(K·mol)} \times (273+27) \text{ K}}$$

　　$= 5.88 \times 10^{-3} ≒ 5.9 \times 10^{-3}$ mol

$\boxed{3}$ …②

問4　冷却曲線

　①　正しい。

　②　正しい。液体を冷却していくと，凝固点になってもすぐには凝固しない。この状態を過冷却という。

　③　誤り。凝固が始まるのは，次の図中の点**ア**である。

— 377 —

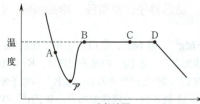

④　正しい。点アで凝固が始まり，点B，Cでは液体と固体が共存している。冷却によって奪われる熱と凝固による発熱がつり合うので，固体の量は増加するが，温度は一定に保たれる。

⑤　正しい。溶液の場合，生じた固体には溶質が取り込まれないため，固体が生じた分だけ溶媒が減少して溶液の質量モル濃度が大きくなる。溶液の凝固点は純溶媒の凝固点より低くなるので（凝固点降下），点Dの温度に相当する状態の温度は純溶媒に比べて低下する。

　　　　　　　　　　　　　　　　　　　　　　　　　　　　　　　　4 …③

問5　化学量

金属Mの単体 $1.0\ cm^3$ の質量は $7.2\ g$ であり，この $1.0\ cm^3$ には $8.3×10^{22}$ 個の M 原子が含まれているので，$6.0×10^{23}$ 個の M 原子が含まれているときの質量は，

$$7.2\ g × \frac{6.0×10^{23} 個}{8.3×10^{22} 個} = 52.0 ≒ 52\ g$$

よって，原子量は52である。

　　　　　　　　　　　　　　　　　　　　　　　　　　　　　　　　5 …⑤

問6　浸透圧

①　誤り。純水とスクロース水溶液を半透膜で仕切り，液面の高さをそろえて放置すると，水分子だけが半透膜を通って水溶液側に拡散するため，水溶液側の体積が増加する。

②，③，⑤　正しい。希薄水溶液の浸透圧 Π〔Pa〕は，モル濃度 c〔mol/L〕と絶対温度 T〔K〕に比例する。

$$\Pi = cRT$$

溶液の浸透圧，体積 V〔L〕，温度および溶質の質量 w〔g〕を測定することにより溶質の分子量 M を求めることができる。この方法は，デンプンなどの高分子化合物の分子量の測定に利用される。

④　正しい。塩化ナトリウムのような電解質の水溶液の浸透圧は，電離した溶質粒子の総モル濃度〔mol/L〕に比例する。よって，同じモル濃度のスクロースと塩化ナトリウムの浸透圧を比較すると，塩化ナトリウム水溶液の方が高い。

　　　　　　　　　　　　　　　　　　　　　　　　　　　　　　　　6 …①

第2問　化学反応と熱，電離平衡，化学平衡，酸化還元

問1　化学反応と熱

アセチレンとベンゼンの燃焼を表す熱化学方程式はそれぞれ次のとおりである。

$C_2H_2(気) + \dfrac{5}{2} O_2(気) = 2CO_2(気) + H_2O(液) + 1300\,kJ$ …(1)

$C_6H_6(液) + \dfrac{15}{2} O_2(気) = 6CO_2(気) + 3H_2O(液) + 3268\,kJ$ …(2)

(1)式×3−(2)式より，

$3C_2H_2(気) = C_6H_6(液) + 632\,kJ$

$\boxed{1}$ …④

問2　物質の変化とエネルギー

①　正しい。光合成では光エネルギーを利用して二酸化炭素と水から化学エネルギーの高い糖類が合成される。グルコースが生成するときの熱化学方程式は，次のとおりである。

$6CO_2(気) + 6H_2O(液) = C_6H_{12}O_6(固) + 6O_2(気) - 2803\,kJ$

②　正しい。酸化還元により発生する化学エネルギーを電気エネルギーとして取り出す装置を化学電池という。

③　誤り。発熱反応では，正反応の活性化エネルギーより逆反応の活性化エネルギーの方が大きい。

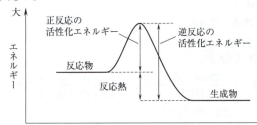

④　正しい。(反応熱)=(生成物の生成熱の総和)−(反応物の生成熱の総和)より，吸熱反応では，

(生成物の生成熱の総和)＜(反応物の生成熱の総和)

⑤　正しい。反応物がもつ化学エネルギーと生成物がもつ化学エネルギーとの差の一部が光として放出されることがある。この現象を化学発光という。

$\boxed{2}$ …③

問3　燃焼熱

ア〜エの物質をそれぞれ完全燃焼させて1kJの熱量を発生させたとき，発生したCO_2の物質量は，

ア　CH_4　　$1\,mol \times \dfrac{1\,kJ}{890\,kJ} = \dfrac{1}{890}\,mol$

イ　C_2H_6　　$2\,mol \times \dfrac{1\,kJ}{1560\,kJ} = \dfrac{1}{780}\,mol$

$$\text{ウ} \quad C_2H_4 \quad 2 \text{ mol} \times \frac{1 \text{ kJ}}{1410 \text{ kJ}} = \frac{1}{705} \text{ mol}$$

$$\text{エ} \quad C_3H_8 \quad 3 \text{ mol} \times \frac{1 \text{ kJ}}{2220 \text{ kJ}} = \frac{1}{740} \text{ mol}$$

よって，発生した CO_2 が多い順に並べると，**⑥ウ＞エ＞イ＞ア**になる。

$$\boxed{3} \cdots ⑥$$

問4 電離平衡

0.016 mol/L の酢酸水溶液 50 mL と 0.020 mol/L の塩酸 50 mL を混合した溶液中では，酢酸の電離度は十分に小さいので，混合後の酢酸のモル濃度は，次のように近似することができる。

$$\frac{0.016 \text{ mol/L} \times \frac{50}{1000} \text{ L}}{\frac{50+50}{1000} \text{ L}} \fallingdotseq 8.0 \times 10^{-3} \text{ mol/L}$$

また，強酸である塩化水素は完全に電離して水素イオン H^+ を生じるので，酢酸の電離により生じる H^+ は無視することができる。よって，水素イオンのモル濃度 $[H^+]$ は混合後の塩酸のモル濃度に等しいので，

$$\frac{0.020 \text{ mol/L} \times \frac{50}{1000} \text{ L}}{\frac{50+50}{1000} \text{ L}} = 1.0 \times 10^{-2} \text{ mol/L}$$

電離定数より，次式が成り立つ。

$$K_a = \frac{[CH_3COO^-][H^+]}{[CH_3COOH]}$$

$$[CH_3COO^-] = \frac{[CH_3COOH]}{[H^+]} \times K_a = \frac{8.0 \times 10^{-3} \text{ mol/L}}{1.0 \times 10^{-2} \text{ mol/L}} \times 2.5 \times 10^{-5} \text{ mol/L}$$

$$= 2.0 \times 10^{-5} \text{ mol/L}$$

$$\boxed{4} \cdots ②$$

問5 化学平衡

結果Ⅱより，平衡時には X が 0.60 mol，Y，Z がそれぞれ 0.20 mol あるので，物質量の量的関係は，次のようになる。

	aX	$\rightleftarrows$	bY	+	bZ
はじめ	1.0		0		0
変化量	−0.40		+0.20		+0.20
平衡時	0.60		0.20		0.20 （mol）

よって，X と Y の変化量の比は，

$$0.40 : 0.20 = 2 : 1$$

したがって，$a : b = 2 : 1$

体積を一定に保って温度を高くすると，ルシャトリエの原理により，平衡は吸熱反応の方向に移動する。結果Ⅰ（T_1）と結果Ⅱ（T_2）より，温度が高い T_2 の方が，平

— 380 —

衡時の X の物質量が小さく，Y(または Z)の物質量が大きいことから，平衡が右に移動することがわかる。したがって，Q の値は負であることがわかる。

$\boxed{5}$ …④

問6　酸化還元

0.020 mol/L の過マンガン酸カリウム $KMnO_4$ 水溶液 x〔mL〕中の $KMnO_4$ の物質量は，

$$0.020 \text{ mol/L} \times \frac{x}{1000} \text{〔L〕} = \frac{0.020x}{1000} \text{〔mol〕}$$

物質 A から受け取った電子 e^- の物質量は，

$$\frac{0.020x}{1000}\text{〔mol〕} \times 5 = \frac{0.10x}{1000} \text{〔mol〕}$$

0.010 mol/L の二クロム酸カリウム $K_2Cr_2O_7$ 水溶液 y〔mL〕中の $K_2Cr_2O_7$ の物質量は，

$$0.010 \text{ mol/L} \times \frac{y}{1000} \text{〔L〕} = \frac{0.010y}{1000} \text{〔mol〕}$$

物質 A から受け取った電子 e^- の物質量は，

$$\frac{0.010y}{1000} \times 6 = \frac{0.060y}{1000} \text{〔mol〕}$$

それぞれの酸化剤が，物質 A から受け取った e^- の物質量は等しいので，

$$\frac{0.10x}{1000} = \frac{0.060y}{1000}$$

$$\frac{x}{y} = \frac{0.060}{0.10} = 0.60$$

$\boxed{6}$ …②

第3問　無機物質，化学変化と量的関係

問1　水素

① 正しい。H_2 は，水に溶けにくい。

② 正しい。H_2 は高温で金属の酸化物を還元することができる。例えば，酸化銅(Ⅱ)を還元することができる。

$$CuO + H_2 \longrightarrow Cu + H_2O$$

③ 正しい。工業的には，NH_3 は N_2 と H_2 から鉄を主成分とする触媒を用いて合成される(ハーバー・ボッシュ法)。

④ 正しい。H_2 と O_2 の混合気体に点火すると，淡い青色の炎を出して爆発的に反応する。

$$2H_2 + O_2 \longrightarrow 2H_2O$$

⑤ 誤り。酸化亜鉛 ZnO に塩酸を加えたときの反応は次のとおりであり，H_2 は発生しない。

$$ZnO + 2HCl \longrightarrow ZnCl_2 + H_2O$$

⑥　正しい。H_2 は燃料電池の負極活物質に用いられる。

$\boxed{1}$ … ⑤

問2　金属の単体および合金

①　正しい。K は密度が小さく，やわらかくて融点が低い。

②　正しい。Ag と Cu は水素よりイオン化傾向が小さいので塩酸や希硫酸とは反応しないが，酸化力の強い熱濃硫酸や硝酸とは反応する。

③　正しい。Fe は水素よりイオン化傾向が大きいが，濃硝酸に入れると表面に緻密な酸化物の被膜が形成されて溶けにくくなる。この状態を不動態という。

④　正しい。水素吸蔵合金は，金属の結晶格子の隙間に水素原子を吸蔵することができるので，ニッケル-水素電池の負極材料に用いられる。

⑤　誤り。Zn は Fe よりイオン化傾向が大きい。よって，鋼板に亜鉛をめっきしたトタンに傷がついても Zn が酸化され，Fe は酸化されないので，トタンはさびにくい。

$\boxed{2}$ … ⑤

問3　ナトリウムの単体および化合物

a　NaCl を高温で融解し，電気分解すると陰極で Na が析出する。

$$Na^+ + e^- \longrightarrow Na$$

塩化ナトリウム水溶液に NH_3 と CO_2 を通じると，ナトリウムの化合物である $NaHCO_3$ の沈殿が生じる。

$$NaCl + NH_3 + H_2O + CO_2 \longrightarrow NaHCO_3 + NH_4Cl$$

よって，化合物 A は $NaHCO_3$ である。これを加熱すると CO_2 が発生し，Na_2CO_3 が生じる。

$$2NaHCO_3 \longrightarrow Na_2CO_3 + H_2O + CO_2 \qquad \cdots(1)$$

また，NaOH の水溶液に CO_2 を通じても Na_2CO_3 は得られる。

$$2NaOH + CO_2 \longrightarrow Na_2CO_3 + H_2O$$

$\boxed{3}$ … ②，$\boxed{4}$ … ③

b　(1)式より，2 mol の $NaHCO_3$(84 g/mol) から最大 1 mol の Na_2CO_3 が得られる。よって，得られる Na_2CO_3(106 g/mol) の質量は，

$$106 \text{ g/mol} \times \frac{10 \times 10^3 \text{ g}}{84 \text{ g/mol}} \times \frac{1}{2} \times 10^{-3} = 6.30 \fallingdotseq 6.3 \text{ kg}$$

$\boxed{5}$ … ②

問4　元素の周期律，化合物の性質

①　正しい。ア(B)は非金属元素であり，エ(Al)は金属元素である。

②　正しい。イ(C)の単体は，オ(Si)の単体と同じような原子配列をした共有結合の結晶となりうる。

③　誤り。ウ(Mg)の硫酸塩である $MgSO_4$ は水に溶けるが，ケ(Ca)の硫酸塩である $CaSO_4$ は水に溶けにくい。

④　正しい。カ(P)の酸化物 P_4O_{10} およびキ(S)の酸化物 SO_2(SO_3)を水に溶か

すと，酸性の水溶液が得られる。

$$P_4O_{10} + 6H_2O \longrightarrow 4H_3PO_4$$
$$SO_2 + H_2O \longrightarrow H_2SO_3$$
$$SO_3 + H_2O \longrightarrow H_2SO_4$$

⑤　正しい。**ク(Cl)，コ(Br)，サ(I)** のそれぞれと銀のみからなる 1：1 の組成の化合物 $AgCl$，$AgBr$，AgI はいずれも水に溶けにくい。

　　　　　　　　　　　　　　　　　　　　　　　　　　　6 …③

問5　陽イオンの分離

①　正しい。**操作a** でアンモニア水を少量加えた場合，$Al(OH)_3$，$Fe(OH)_3$，$Zn(OH)_2$ の沈殿が生じ，ろ液には Ba^{2+} のみが含まれるので不適である。アンモニア水を過剰に加えると，$Al(OH)_3$，$Fe(OH)_3$ の沈殿が生じ，ろ液には $[Zn(NH_3)_4]^{2+}$ と Ba^{2+} が含まれるので適当である。

②　正しい。**操作b** で水酸化ナトリウム水溶液を少量加えた場合，$Al(OH)_3$，$Fe(OH)_3$ がともに沈殿したままである。水酸化ナトリウム水溶液を過剰に加えると，(沈殿ア) $Fe(OH)_3$ は沈殿したままであるが，$Al(OH)_3$ は $[Al(OH)_4]^-$ となって溶け，ろ液イに移行する。

③　誤り。**操作c** で硫化水素を通じる前に酸性にすると，沈殿は生じない。**操作a** で塩基性にしており，これに硫化水素を通じると，(沈殿ウ) ZnS が沈殿する。

④　正しい。(沈殿ア) $Fe(OH)_3$ を塩酸に溶かして Fe^{3+} とし，これに $K_4[Fe(CN)_6]$ 水溶液を加えると，濃青色の沈殿が生じる。

⑤　正しい。$[Al(OH)_4]^-$ を含むろ液イに塩酸を少しずつ加えていくと，両性水酸化物である $Al(OH)_3$ の沈殿が生じる。

⑥　正しい。(沈殿ウ) ZnS は，白色である。

　　　　　　　　　　　　　　　　　　　　　　　　　　　7 …③

問6　化学反応と量的関係

硫酸バリウム $BaSO_4$ の沈殿が生じる反応の化学反応式は次のとおりである。

$$FeK(SO_4)_2 + 2BaCl_2 \longrightarrow 2BaSO_4 + FeCl_3 + KCl$$

$BaSO_4$(式量 233)の沈殿 4.66 g の物質量は，

$$\frac{4.66 \text{ g}}{233 \text{ g/mol}} = 2.00 \times 10^{-2} \text{ mol}$$

よって，$FeK(SO_4)_2 \cdot 12H_2O$(式量 287＋216＝503)の質量は，

$$503 \text{ g/mol} \times 2.00 \times 10^{-2} \text{ mol} \times \frac{1}{2} = 5.03 \text{ g}$$

したがって，純度(質量パーセント)は，

$$\frac{5.03}{5.40} \times 100 = 93.1 \fallingdotseq 93 \text{ \%}$$

　　　　　　　　　　　　　　　　　　　　　　　　　　　8 …⑤

第4問　有機物質
問1　有機化合物の構造
① 正しい。炭素原子間の距離は，単結合＞二重結合＞三重結合の順に短くなるので，エタン，エチレン，アセチレンの順に短くなる。

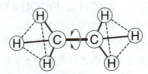

エタン　　　　エチレン　　　　アセチレン

② 正しい。エタンの炭素原子間の結合は単結合であり，その結合を軸として回転できる。

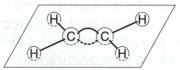

③ 正しい。エチレンの炭素原子間の結合は二重結合であり，その結合を軸として回転することはできない。

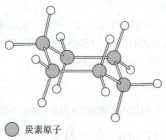

④ 正しい。アセチレンでは，すべての原子が同一直線上にある。

H―C≡C―H

⑤ 誤り。シクロヘキサンの炭素原子はすべてが単結合でつながっており，同一平面上にあるわけではない。

● 炭素原子
○ 水素原子

　　　　　　　　　　　　　　　　　　　　　　　　　　1 …⑤

問2　有機化合物の反応
① 適当。フェノールに臭素水を加えると置換反応が起こり，2,4,6-トリブロモフェノールが得られる。このとき新しくつくられる炭素との結合は C－Br であ

―384―

る。

② 不適当。フェノールに濃硝酸と濃硫酸の混合物を加えて加熱すると，置換反応が起こり，2,4,6-トリニトロフェノール(ピクリン酸)が得られる。このとき新しくつくられる炭素との結合は **C−N** である。

③ 適当。フェノールに無水酢酸を加えると，アセチル化により酢酸フェニルが得られる。このとき新しくつくられる炭素との結合は **C−O** である。

④ 適当。ナトリウムフェノキシドと二酸化炭素を高温・高圧のもとで混合するとサリチル酸ナトリウムが得られる。このとき新しくつくられる炭素との結合は **C−C** である。

⑤ 適当。ナトリウムフェノキシド水溶液を冷却した塩化ベンゼンジアゾニウム水溶液に加えるとジアゾカップリングが起こり，p-フェニルアゾフェノール(p-ヒドロキシアゾベンゼン)が得られる。このとき新しくつくられる炭素との結合は **C−N** である。

$\boxed{2}$ …②

問3 油脂

$5.00×10^{-2}$ mol の油脂 **A** に付加することができた水素 H_2 は 0 ℃，$1.013×10^5$ Pa で 6.72 L であったことから，油脂 **A** 1 mol に付加することができる H_2 の物質量は，

$$\frac{6.72\ \text{L}}{22.4\ \text{L/mol}}×\frac{1\ \text{mol}}{5.00×10^{-2}\ \text{mol}}=6.00\ \text{mol}$$

よって，油脂 **A** 1 分子に含まれる炭素間二重結合は 6 個である。油脂 **A** を構成する不飽和脂肪酸は 1 種類なので，この不飽和脂肪酸 1 分子に含まれる炭素原子間二

重結合は2個である。飽和脂肪酸の一般式は $C_nH_{2n+1}COOH$ であるので炭素原子間二重結合を x〔個〕含む不飽和脂肪酸の一般式は $C_nH_{2n+1-2x}COOH$ である。よって，炭素間二重結合を2個含む不飽和脂肪酸（R−COOH）の R は選択肢中で $C_{17}H_{31}$ である。

$\boxed{3}$ …④

問4　異性体

$$CH_3-\underset{①}{\overset{\overset{\displaystyle CH_3}{|}}{C}}=CH-(CH_2)_2-\underset{②}{\overset{\overset{\displaystyle CH_3}{|}}{C}}=CH-(CH_2)_2-\underset{③}{\overset{\overset{\displaystyle CH_3}{|}}{C}}=CH-CH_2OH$$

―― 幾何異性体が存在する条件 ――

$$\underset{Y}{\overset{X}{}}C=C\underset{W}{\overset{Z}{}}$$

$X \neq Y$ かつ $Z \neq W$

①，②，③の C=C のうち，幾何異性体ができるのは②と③である。②についてシス・トランス，③についてシス・トランスがあるので，合計4個の幾何異性体が存在する。

$\boxed{4}$ …④

問5　アセチレン

炭化カルシウム CaC_2 0.010 mol に水 0.20 mol 加えたときに起こる反応と量的関係は次のとおりである。

$$CaC_2 \;+\; 2H_2O \;\longrightarrow\; Ca(OH)_2 \;+\; C_2H_2$$

	CaC_2	$2H_2O$	$Ca(OH)_2$	C_2H_2
反応前	0.010	0.20	0	0
変化量	−0.010	−0.020	+0.010	+0.010
反応後	0	0.18	0.010	0.010（単位 mol）

試験管 A に入っている臭素 Br_2 の物質量は，

$$0.010 \text{ mol/L} \times \frac{10}{1000} \text{ L} = 1.0 \times 10^{-4} \text{ mol}$$

発生した C_2H_2 と Br_2 は付加反応する。C_2H_2 の方が過剰量あるので，臭素水の赤褐色は消え，反応しなかった C_2H_2 が試験管 B に捕集される。

$\boxed{5}$ …①

第5問　高分子，糖

問1　高分子化合物の性質や用途

①　正しい。合成高分子にはポリ乳酸のように，酵素や微生物によって分解されるものがある。

— 386 —

ポリ乳酸の構造式

② 正しい。陰イオン X⁻ で交換された陰イオン交換樹脂に強塩基の水溶液を入れると，X⁻ と OH⁻ が交換されるので，陰イオン交換樹脂は再生できる。

$$R-N^+(CH_3)_3X^- + OH^- \longrightarrow R-N^+(CH_3)_3OH^- + X^-$$

③ 誤り。生ゴムは弾性が小さいが，硫黄を数パーセント加えて加熱すると，硫黄原子による架橋構造が生じて，弾性が大きくなる。この操作を加硫という。

④ 正しい。ポリエチレンテレフタラートは，飲料容器や衣料などに用いられる。

ポリエチレンテレフタラートの構造式

⑤ 正しい。ポリアクリル酸ナトリウムのようなカルボン酸のナトリウム塩を分子内に含む網目構造の高分子は，吸水性が非常に高く，樹脂中に水を保持することができる。この性質を利用して，紙おむつや土壌保水剤などに用いられる。

ポリアクリル酸ナトリウムの構造式

1 …③

問2 糖類

① 誤り。二糖であるマルトースは，単糖であるグルコース（分子式 $C_6H_{12}O_6$）2分子から水が1分子とれて縮合した構造をもつ。よって，分子式は $C_{12}H_{22}O_{11}$ である。

② 正しい。スクロースを加水分解すると，グルコースとフルクトースの等量混合物（転化糖）が得られ，これらは還元性を示す。

③ 正しい。α-グルコースと β-グルコースでは1位の炭素のまわりの置換基の立体的な配置が異なり，互いに立体異性体である。

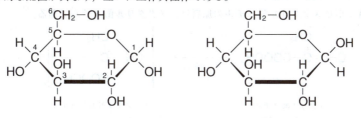

α-グルコース（環状構造）　　　β-グルコース（環状構造）

④ 正しい。グルコースとフルクトースはともに分子式 $C_6H_{12}O_6$ で表され，互いに構造式が異なるので，構造異性体である。

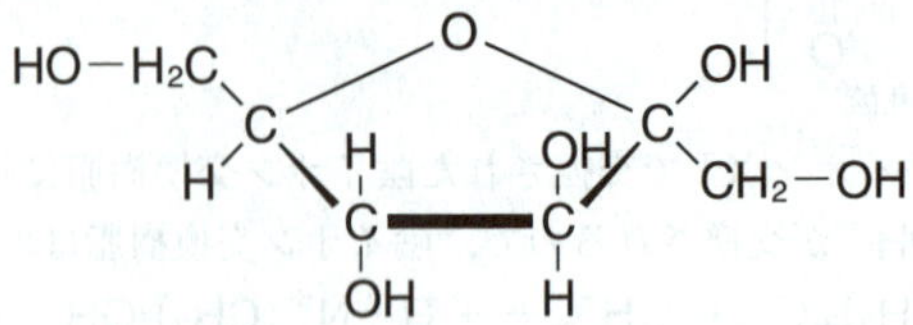

β-フルクトース(五員環)

⑤ 正しい。グルコースの鎖状構造では，2位，3位，4位，5位の炭素原子4個が不斉炭素原子である。環状構造では，1位，2位，3位，4位，5位の炭素原子5個が不斉炭素原子である。

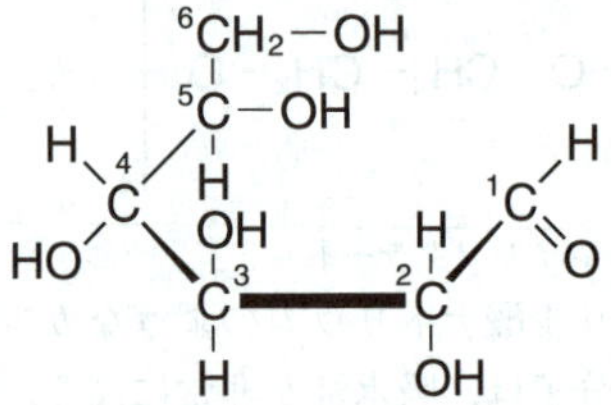

グルコース(鎖状構造)

$\boxed{2}$ …①

第6問　合成高分子化合物

問1　アクリロニトリル-ブタジエンゴム

　共重合したアクリロニトリルとブタジエンの物質量の比を $x:y$ とする。アクリロニトリル，ブタジエン1分子中の炭素原子はそれぞれ3個，4個である。また，アクリロニトリルのみが窒素原子を1分子中に1個もつ。ゴム中の炭素原子と窒素原子の物質量比は19：1であったことから，

$(3x+4y):x=19:1$

$x:y=1:4$

$\boxed{1}$ …⑦

問2　高分子化合物の原料

A；ポリメタクリル酸メチルの原料は，メタクリル酸メチルである。

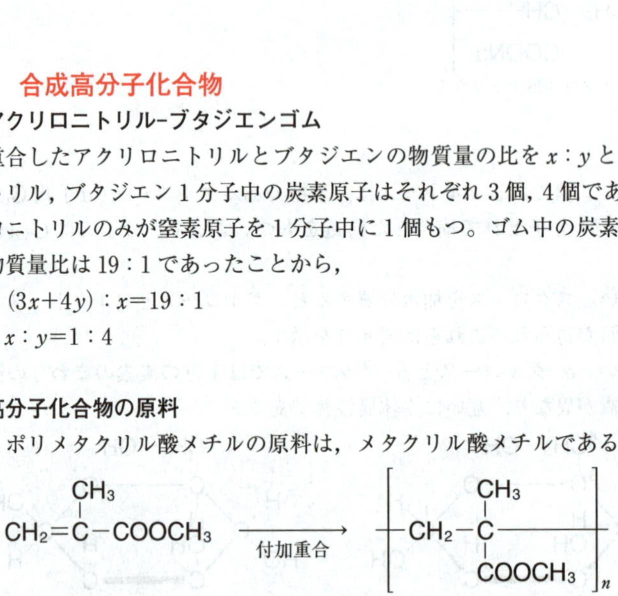

メタクリル酸メチル　　　　　　　　　　ポリメタクリル酸メチル

B；ナイロン6の原料は，カプロラクタムである。

－388－

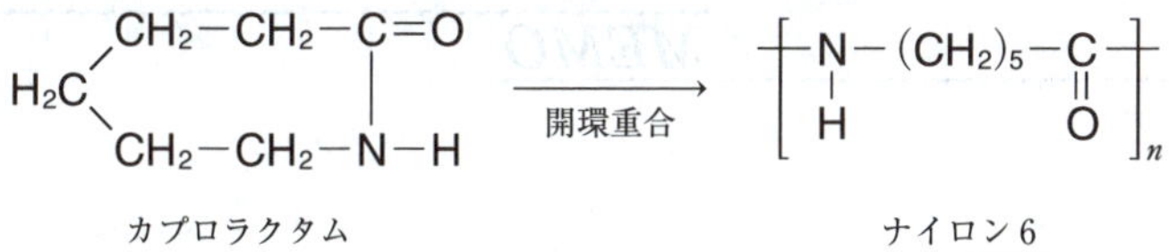

2016年度　本試験〈解説〉　化学　15

カプロラクタム　　　　　開環重合　　　　　ナイロン6

$\boxed{2}$ …④，　$\boxed{3}$ …②

第7問　天然有機化合物

問1　グリシン

　　グリシン $C_2H_5NO_2$（分子量 75）3 分子からなる鎖状のトリペプチドは，縮合する際に水が 2 分子とれるので，分子量は，

　　　　$75 \times 3 - 18 \times 2 = 189$

　このトリペプチド 1 分子には窒素原子が 3 個含まれているので，その質量パーセントは，

　　　　$\dfrac{14 \times 3}{189} \times 100 = 22.2 \fallingdotseq 22$ %

$\boxed{1}$ …⑤

問2　DNA

　　図 1 中の右側の塩基（シトシン）の H，N，O がグアニンと 3 本の水素結合で塩基対をつくる。

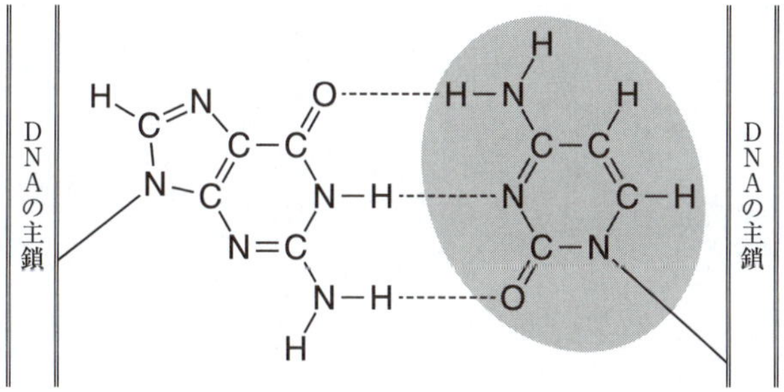

$\boxed{2}$ …③

— 389 —

MEMO

化　学

（2015年1月実施）

受験者数　175,296

平　均　点　　62.50

化学

解答・採点基準　　　(100点満点)

問題番号(配点)	設問	解答番号	正解	配点	自己採点
第1問(23)	問1	1	④	3	
	問2	2	②	4	
	問3	3	②	4	
	問4	4	⑤	4	
	問5	5	③	4	
	問6	6	①	4	
第1問　自己採点小計					
第2問(23)	問1	1	③	4	
	問2	2	①	4	
	問3	3	④	4	
	問4	4	②	3	
		5	⑥	4	
	問5	6	④	4	
第2問　自己採点小計					
第3問(23)	問1	1	③	3	
	問2	2	②	4	
	問3	3	③	4	
	問4	4	④	4	
	問5	5	④	4	
	問6	6	②	2	
		7	①	2	
第3問　自己採点小計					

問題番号(配点)	設問	解答番号	正解	配点	自己採点
第4問(22)	問1	1	①	4(各2)	
		2	⑤		
	問2	3	⑥	4	
	問3	4	④	3	
	問4	5	④	3	
	問5	6	③	4	
	問6	7	②	4	
第4問　自己採点小計					
第5問(9)	問1	1	③	3	
	問2	2	④	3	
	問3	3	②	3	
第5問　自己採点小計					
第6問(9)	問1	1	③	3	
	問2	2	③	3	
	問3	3	⑥	3	
第6問　自己採点小計					
自己採点合計					

(注)
1　※の正解は，順序を問わない。
2　第1問～第4問は必答。第5問，第6問のうちから1問選択。計5問を解答。

第1問　物質の構成，溶液の濃度，コロイド，気体

問1　原子の構造

　① 正しい。原子は，原子核とそのまわりを取り巻くいくつかの電子からできている。

　② 正しい。原子核は，いくつかの陽子と中性子からできている。

　③ 正しい。原子核は原子に比べて極めて小さい。原子は直径がおよそ 10^{-10} m であり，原子核は直径がおよそ $10^{-15} \sim 10^{-14}$ m 程度である。

　④ 誤り。原子核に含まれる陽子の数を原子番号という。質量数は，陽子の数と中性子の数の和である。よって，原子番号と質量数は等しくない。

　⑤ 正しい。原子番号が同じで中性子の数が異なる原子どうしは，互いに同位体である。同位体どうしは質量は異なるが，化学的性質はほとんど同じである。

$\boxed{1}$ …④

問2　溶液の濃度

　この溶液 V〔L〕すなわち $1000V$〔mL〕の質量は，$1000dV$〔g〕である。その中に含まれる溶質の質量は，

$$1000dV \times \frac{10}{100} = 100dV \text{〔g〕}$$

　よって，その物質量は，

$$\frac{100dV}{M} \text{〔mol〕}$$

溶液 V〔L〕中に $\dfrac{100dV}{M}$〔mol〕の溶質が含まれているので，そのモル濃度は，

$$\frac{\dfrac{100dV}{M} \text{〔mol〕}}{V \text{〔L〕}} = \frac{100d}{M} \text{〔mol/L〕}$$

$\boxed{2}$ …②

〔別解〕

　この溶液 1 L（＝1000 mL）の質量は，$1000d$〔g〕である。その中に含まれる溶質の質量は，

$$1000d \times \frac{10}{100} = 100d \text{〔g〕}$$

　よって，その物質量は，

$$\frac{100d}{M} \text{〔mol〕}$$

したがって，モル濃度は $\dfrac{100d}{M}$〔mol/L〕である。

問3　結晶格子

　各面の中心に位置する原子は $\dfrac{1}{2}$ 個が，各頂点に位置する原子は $\dfrac{1}{8}$ 個がそれぞれ単位格子中に含まれるので，1 個の立方体に存在する原子の数は，

― 393 ―

$$\frac{1}{2}\text{個}\times 6+\frac{1}{8}\text{個}\times 8=4\text{個}$$

3 …②

問4　コロイド

①　正しい。疎水コロイドに少量の電解質を加えると，コロイド粒子が反発力を失って集まり沈殿する。このような現象を凝析という。

②　正しい。コロイド溶液に強い光線をあてると光の通路が明るく輝いて見える。これは，コロイド粒子が光を散乱させるために見られる現象であり，チンダル現象とよばれる。

③　正しい。コロイド粒子は正または負に帯電しているため，コロイド溶液に電極を差し込み直流電圧をかけると，コロイド粒子は自身とは反対符号の電極の方へ移動する。このような現象を電気泳動という。

④　正しい。コロイド粒子は，ろ紙は通過できるが，セロハン膜のような半透膜は通過できない大きさである。コロイド粒子と小さい分子を含む溶液をセロハンに包んで水に浸すと，コロイド粒子はセロハンの外に出られないが，小さい分子は透過してセロハンの外に出られる。このような操作を透析といい，コロイド粒子を分離・精製するために行われる。

⑤　誤り。豆腐のような流動性のないコロイドをゲル，豆乳のような流動性のあるコロイドをゾルという。

4 …⑤

問5　気体

コックを開いた後のヘリウムの分圧を P_{He} 〔Pa〕，アルゴンの分圧を P_{Ar} 〔Pa〕とすると，それぞれについてボイルの法則が成り立つので，

$$1.0\times 10^5\,\text{Pa}\times 4.0\,\text{L}=P_{He}\,\text{〔Pa〕}\times(4.0+1.0)\,\text{L}$$
$$\therefore\ P_{He}=8.0\times 10^4\,\text{Pa}$$
$$5.0\times 10^5\,\text{Pa}\times 1.0\,\text{L}=P_{Ar}\,\text{〔Pa〕}\times(4.0+1.0)\,\text{L}$$
$$\therefore\ P_{Ar}=1.0\times 10^5\,\text{Pa}$$

したがって，ドルトンの分圧の法則（混合気体の全圧は，その成分気体の分圧の和に等しい）より，全圧は，

$$8.0\times 10^4\,\text{Pa}+1.0\times 10^5\,\text{Pa}=1.8\times 10^5\,\text{Pa}$$

5 …③

問6　水素化合物

①　誤り。16族元素の水素化合物のうち，水の沸点が高いのは，水が分子間で水素結合を形成しているからである。

②　正しい。一般に，同じ構造をもつ分子では，分子量が大きいものほど分子間にファンデルワールス力が強くはたらくため，沸点が高くなる。

③　正しい。16族と17族元素の水素化合物は極性分子であるが，14族元素の水素化合物は無極性分子である。一般に，無極性分子のほうが極性分子よりも分子間

にはたらく引力が弱いので沸点は低くなる。

④　正しい。フッ化水素は，分子間で水素結合を形成しているので，塩化水素に比べて沸点が高い。

$\boxed{6}$ …①

第2問　化学反応と熱，化学平衡，溶解度積，電気分解，酸化還元

問1　結合エネルギーと反応熱

HCl(気)の生成熱を表す熱化学方程式は，

$$\frac{1}{2}H_2(\text{気}) + \frac{1}{2}Cl_2(\text{気}) = HCl(\text{気}) + 92.5\,kJ \quad \cdots(1)$$

$H-H$ と $Cl-Cl$ の結合エネルギーより，

$$H_2(\text{気}) = 2H(\text{気}) - 436\,kJ \quad \cdots(2)$$
$$Cl_2(\text{気}) = 2Cl(\text{気}) - 243\,kJ \quad \cdots(3)$$

また，$H-Cl$ の結合エネルギーを x〔kJ/mol〕とすると，

$$HCl(\text{気}) = H(\text{気}) + Cl(\text{気}) - x\,\text{〔kJ〕} \quad \cdots(4)$$

(1)式は，(2)式 $\times\frac{1}{2}$＋(3)式 $\times\frac{1}{2}$－(4)式より導けるので，

$$92.5\,kJ = (-436\,kJ) \times \frac{1}{2} + (-243\,kJ) \times \frac{1}{2} - (-x)\,\text{〔kJ〕}$$

$$\therefore\quad x = 432\,kJ/mol$$

〔別解〕

(1)式について，

(反応熱)＝(生成物の結合エネルギーの総和)－(反応物の結合エネルギーの総和)

を適用すると，

$$92.5\,kJ = x\,\text{〔kJ〕} - \left(436 \times \frac{1}{2} + 243 \times \frac{1}{2}\right)kJ$$

$$\therefore\quad x = 432\,kJ/mol$$

$\boxed{1}$ …③

問2　化学平衡

①　誤り。体積を小さくして容器内の圧力を高くすると，気体の総分子数(総物質量)が減少する方向すなわち NH_3 が増加する方向に平衡は移動する。

②　正しい。体積一定で，H_2 を加えると，H_2 が減少する(NH_3 が増加する)方向に平衡は移動する。

③　正しい。体積一定で，NH_3 のみを除去すると，NH_3 が増加する(N_2 が減少する)方向に平衡は移動する。

④　正しい。体積一定で，触媒をさらに加えても，平衡は移動しない。触媒の有無は平衡移動に無関係である。

$\boxed{2}$ …①

— 395 —

6

問3 溶解度積

溶解度積は，溶液中に沈殿せずに存在できるイオンのモル濃度の積で表した値である。この値を超えなければその塩は沈殿しない。硝酸銀水溶液 100 mL と塩化ナトリウム水溶液 100 mL を混合しているので，沈殿が生じないとした場合，銀イオン Ag^+ および塩化物イオン Cl^- のモル濃度は，それぞれ混合前の濃度の $\frac{1}{2}$ になっている。

実験Ⅰ　$[Ag^+][Cl^-] = \left(2.0 \times 10^{-3} \text{ mol/L} \times \frac{1}{2}\right)\left(2.0 \times 10^{-3} \text{ mol/L} \times \frac{1}{2}\right)$

$= 1.0 \times 10^{-6} \ (\text{mol/L})^2 > 1.8 \times 10^{-10} \ (\text{mol/L})^2$

よって，沈殿はある。

実験Ⅱ　$[Ag^+][Cl^-] = \left(2.0 \times 10^{-5} \text{ mol/L} \times \frac{1}{2}\right)\left(2.0 \times 10^{-5} \text{ mol/L} \times \frac{1}{2}\right)$

$= 1.0 \times 10^{-10} \ (\text{mol/L})^2 < 1.8 \times 10^{-10} \ (\text{mol/L})^2$

よって，沈殿はない。

実験Ⅲ　$[Ag^+][Cl^-] = \left(2.0 \times 10^{-5} \text{ mol/L} \times \frac{1}{2}\right)\left(1.0 \times 10^{-5} \text{ mol/L} \times \frac{1}{2}\right)$

$= 5.0 \times 10^{-11} \ (\text{mol/L})^2 < 1.8 \times 10^{-10} \ (\text{mol/L})^2$

よって，沈殿はない。

$\boxed{3}$ …④

問4 電気分解

電解槽Ⅰの陽極，陰極ではそれぞれ次の反応が起こる。

陽極　$Cu \longrightarrow Cu^{2+} + 2e^-$

陰極　$Cu^{2+} + 2e^- \longrightarrow Cu$

電解槽Ⅱの陽極，陰極ではそれぞれ次の反応が起こる。

陽極　$2H_2O \longrightarrow O_2 + 4H^+ + 4e^-$

陰極　$2H^+ + 2e^- \longrightarrow H_2$

a　電解槽Ⅰの陰極で 0.32 g の Cu(64 g/mol)が析出したことから，流した e^- の物質量は，

$$\frac{0.32 \text{ g}}{64 \text{ g/mol}} \times 2 = 0.010 \text{ mol}$$

よって，流した電流を i〔A〕とすると，

$$\frac{i〔A〕\times 1930 \text{ 秒}}{9.65 \times 10^4 \text{ C/mol}} = 0.010 \text{ mol}$$

$i = 0.50$ A

$\boxed{4}$ …②

b　電解槽Ⅰの陽極では Cu が溶解し，電解槽Ⅱの陽極では O_2 が発生した。

$\boxed{5}$ …⑥

— 396 —

問5 酸化還元

過マンガン酸カリウム $KMnO_4$ と過酸化水素 H_2O_2 が過不足なく反応するとき，MnO_4^- が受け取った電子の物質量と，H_2O_2 が放出した電子の物質量は等しい。過酸化水素水の濃度を x 〔mol/L〕とすると，

$$x \,〔mol/L〕\times \frac{10.0}{1000}\,L \times 2 = 0.0500\ mol/L \times \frac{20.0}{1000}\,L \times 5$$

$$\therefore \quad x = 0.250\ mol/L$$

$\boxed{6}$ …④

第3問　無機物質

問1　身のまわりの物質

① 正しい。黒鉛 C は炭素原子の4個の価電子のうち3個が他の炭素原子と共有結合して，正六角形の平面網目構造を形成している。炭素原子の残りの1個の価電子は平面構造内を自由に動くことができるので，黒鉛には電気伝導性がある。酸化アルミニウム Al_2O_3 からアルミニウム Al を得る融解塩電解ではこの性質が利用されている。

② 正しい。ダイヤモンド C は，炭素原子が4個の価電子を使って次々に他の炭素原子と共有結合をして正四面体の構造が繰り返された共有結合の結晶である。ダイヤモンドは極めて硬いので，ガラスを切るときに使われる。

③ 誤り。灯油などの化石燃料が不完全燃焼したときに発生する一酸化炭素 CO は，水に溶けにくい。

④ 正しい。ケイ素 Si の単体は，半導体の性質を示し，集積回路や太陽電池などに用いられる。

⑤ 正しい。シリカゲルは微細な空間を多数もち，また親水性のヒドロキシ基をもつので，乾燥剤に用いられる。

$\boxed{1}$ …③

問2　硫黄の化合物

① 正しい。二酸化硫黄 SO_2 は，硫黄 S を空気中で燃焼させて得られる。

$$S + O_2 \longrightarrow SO_2$$

② 誤り。二酸化硫黄 SO_2 と硫化水素 H_2S との反応では，SO_2 が酸化剤，H_2S が還元剤としてはたらく。

$$2H_2S + SO_2 \longrightarrow 3S + 2H_2O$$

③ 正しい。三酸化硫黄 SO_3 は，酸化バナジウム（V）を触媒として用いて SO_2 を酸素で酸化して得られる。

$$2SO_2 + O_2 \longrightarrow 2SO_3$$

④ 正しい。硫化水素は水に少し溶け，その水溶液は，弱酸性を示す。

$$H_2S \rightleftarrows H^+ + HS^-$$

⑤ 正しい。鉛蓄電池を放電すると，負極の鉛 Pb も正極の酸化鉛（IV）PbO_2 も

硫酸鉛(II) $PbSO_4$ に変化する。

$$\boxed{2} \cdots ②$$

問3　銅

① 正しい。銅 Cu は，酸化力のある熱濃硫酸に溶け，二酸化硫黄 SO_2 が発生する。

$$Cu + 2H_2SO_4 \longrightarrow CuSO_4 + 2H_2O + SO_2$$

② 正しい。Cu は湿った空気中では緑色のさび(緑青)を生じる。

③ 誤り。青銅は，Cu とスズ Sn の合金であり，美術工芸品などに用いられる。

④ 正しい。黄銅は，Cu と亜鉛 Zn の合金であり，5 円硬貨や金管楽器などに用いられる。

⑤ 正しい。水酸化銅(II) $Cu(OH)_2$ を加熱すると，黒色の酸化銅(II) CuO に変化する。

$$Cu(OH)_2 \longrightarrow CuO + H_2O$$

$$\boxed{3} \cdots ③$$

問4　金属の性質

① 正しい。K は赤紫色，Sr は紅色の炎色反応を示す。

② 正しい。Sn も Ba も＋2 の酸化数をとりうる。なお，Sn は＋4 もとる。

③ 正しい。FeS と Ag_2S は，ともに黒色である。

④ 誤り。Na_2CO_3 は水に溶けるが，$CaCO_3$ は水に溶けにくい。

⑤ 正しい。Al_2O_3 と ZnO(白色顔料に用いられる)は，ともに白色である。

$$\boxed{4} \cdots ④$$

問5　化学変化とその量的関係

混合物 A 0.7 g 中の Cu の物質量を x〔mol〕，Al の物質量を y〔mol〕とする。

x〔mol〕の Cu から発生する二酸化窒素 NO_2 の物質量は $2x$〔mol〕，y〔mol〕の Al から発生する水素 H_2 の物質量は $\dfrac{3}{2}y$〔mol〕である。同温・同圧のもとで，気体の物質量比と体積比は等しいので，

$$(NO_2 \text{の体積}) : (H_2 \text{の体積}) = 2x : \frac{3}{2}y = 400 : 150$$

$$\therefore \quad x : y = 2 : 1$$

$$\boxed{5} \cdots ④$$

問6　局部電池

a 鉄くぎの周囲が青色になったのは，$K_3[Fe(CN)_6]$ と Fe^{2+} との反応によるものである。この部分では Fe が酸化されていることがわかる。

$$Fe \longrightarrow Fe^{2+} + 2e^-$$

銅線の表面付近が赤色になったのは，フェノールフタレイン溶液のアルカリ性における呈色反応によるものである。この部分では溶存酸素が還元されていることがわかる。

― 398 ―

$$O_2 + 2H_2O + 4e^- \longrightarrow 4OH^-$$

Fe から放出された e^- が銅線に移動し銅線の表面で O_2 が還元されている。全体の反応は，

$$2Fe + O_2 + 2H_2O \longrightarrow 2Fe^{2+} + 4OH^-$$

溶存酸素によって，Fe が酸化される反応である。

6 …②

b　Zn と Fe では，Zn の方がイオン化傾向が大きいので，Zn の方が陽イオンになる。

$$Zn \longrightarrow Zn^{2+} + 2e^-$$

放出された e^- は鉄くぎに移動し，鉄くぎの表面で O_2 が還元される。

$$O_2 + 2H_2O + 4e^- \longrightarrow 4OH^-$$

OH^- が生成するのでフェノールフタレイン溶液により赤色を示す。

7 …①

第4問　有機化合物

問1　異性体

① 正しい。2-ブタノールは不斉炭素原子をもち，鏡像異性体(光学異性体)が存在する。

$$CH_3-\overset{*}{C}H-CH_2-CH_3$$
$$|$$
$$OH$$

2-ブタノール　　　　C^* 不斉炭素原子

② 誤り。2-プロパノール1分子から水1分子がとれてできる物質はプロペン(プロピレン)のみである。

$$CH_3-CH-CH_3 \longrightarrow CH_2=CH-CH_3 + H_2O$$
$$|$$
$$OH$$

2-プロパノール

③ 誤り。スチレンには幾何異性体(シス-トランス異性体)が存在しない。

スチレン

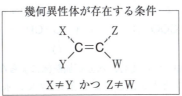
幾何異性体が存在する条件
$X \neq Y$ かつ $Z \neq W$

④ 誤り。分子式が同じで構造が異なる分子どうしを，互いに異性体であるという。分子式が同じなので，分子量は等しい。

⑤ 正しい。分子式 C_3H_8O で表される化合物には次の3つの異性体があり，いずれもカルボニル基をもたない。

$$CH_3-CH_2-CH_2-OH \qquad CH_3-\underset{\underset{OH}{|}}{CH}-CH_3 \qquad CH_3-O-CH_2-CH_3$$

$\boxed{1}$, $\boxed{2}$ …①, ⑤

問2 芳香族化合物

a 熱した銅線に触れさせて，その銅線を炎の中に入れると，青緑色の炎色反応が見られたことから，この化合物には塩素 Cl が含まれていることがわかる。これは熱した銅線に触れさせたときに塩化銅(Ⅱ) $CuCl_2$ が生じるためである。

b 塩化鉄(Ⅲ)水溶液を加えると，紫色の呈色反応が見られたことから，この化合物はフェノール類であることがわかる。

よって，**a・b** 両方に当てはまる化合物は⑥である。

⑥ Cl──〈 〉──OH

$\boxed{3}$ …⑥

問3 アルデヒド

① 正しい。アルデヒドを還元すると，第一級アルコールが得られる。

② 正しい。アンモニア性硝酸銀水溶液にアルデヒドを加えて温めると，銀が析出する(銀鏡反応)。

③ 正しい。アセトアルデヒド CH_3-CHO を酸化すると，酢酸 CH_3-COOH が生じる。

④ 誤り。メタノール CH_3OH を白金や銅を触媒として酸素で酸化すると，ホルムアルデヒド $H-CHO$ が生じる。なお，アセトアルデヒド CH_3-CHO はエタノール CH_3-CH_2-OH の酸化により得られる。

⑤ 正しい。エチレン(エテン)を塩化パラジウム(Ⅱ)と塩化銅(Ⅱ)を触媒として水中で酸素で酸化すると，アセトアルデヒドが生じる。

$$2CH_2=CH_2 + O_2 \longrightarrow 2CH_3-CHO$$

$\boxed{4}$ …④

問4 アセトンの合成

酢酸カルシウムを乾留(空気を絶って熱分解)すると，アセトンが得られる。

$$(CH_3COO)_2Ca \longrightarrow CH_3-\underset{\underset{O}{\|}}{C}-CH_3 + CaCO_3$$

固体試薬を加熱する場合，水分が加熱部に戻らないように試験管の口はやや下に傾けておく。アセトンは水によく溶けるので，水上置換で捕集することはできない。また，沸点は 56℃ なので，試験管の周りを氷水で冷やしながら捕集する。

$\boxed{5}$ …④

問5 有機化合物の分離

ニトロベンゼン，フェノール，安息香酸，アニリンを含むジエチルエーテル溶液に塩酸を加えると，塩基性であるアニリンが塩になって水層**A**に移行する。エーテ

ル層に水酸化ナトリウム水溶液を加えると，酸性であるフェノールと安息香酸がそれぞれ塩になって水層Bに移行する。

よって，水層Bには2種類の芳香族化合物が含まれる。

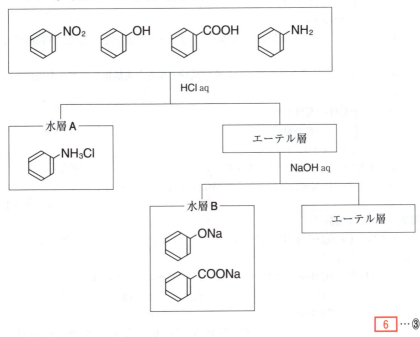

6 …③

問6　エステル

$$C_mH_{2m+1}COOC_nH_{2n+1} + H_2O \longrightarrow C_mH_{2m+1}COOH + C_nH_{2n+1}OH$$

エステル1.0 molを加水分解すると，カルボン酸（分子量 $14m+46$）とアルコール（分子量 $14n+18$）がそれぞれ1.0 molずつ得られ，それぞれ74 gであったことから，

$$\frac{74\ \text{g}}{14m+46\ \text{(g/mol)}} = \frac{74\ \text{g}}{14n+18\ \text{(g/mol)}} = 1.0\ \text{mol}$$

$$\therefore\ m=2,\ n=4$$

7 …②

第5問　合成高分子化合物

問1　高分子化合物

① 正しい。ポリエチレンは，エチレンの付加重合により得られる。

$$n\ CH_2=CH_2 \xrightarrow{\text{付加重合}} {+\!\!+\!CH_2-CH_2\!+\!\!+}_n$$

　　エチレン　　　　　　　　　　ポリエチレン

② 正しい。ポリスチレンはベンゼン環をもつ。

$$\left[\begin{array}{c} CH_2-CH \\ | \\ \bigcirc \end{array}\right]_n$$

ポリスチレン

③ 誤り。フェノール樹脂は，加熱により硬化する性質をもつ熱硬化性樹脂である。

④ 正しい。ポリアクリロニトリルを主成分とする合成繊維をアクリル繊維という。

$$\left[\begin{array}{c} CH_2-CH \\ | \\ C\equiv N \end{array}\right]_n$$

ポリアクリロニトリル

⑤ 正しい。尿素樹脂やメラミン樹脂のように，アミノ基をもつ単量体とホルムアルデヒドとの付加縮合で得られる熱硬化性樹脂をアミノ樹脂という。

$\boxed{1}$ … ③

問2 ナイロン66

ナイロン66 (6,6-ナイロン)は，ヘキサメチレンジアミンとアジピン酸の縮合重合により得られる。

$$n\,H_2N-(CH_2)_6-NH_2 + n\,HO-\underset{O}{\overset{}{C}}-(CH_2)_4-\underset{O}{\overset{}{C}}-OH$$

ヘキサメチレンジアミン　　　　　　　　　　アジピン酸

$$\longrightarrow \left[\begin{array}{c} N-(CH_2)_6-N-\underset{O}{C}-(CH_2)_4-\underset{O}{C} \\ | | \end{array}\right]_n + 2n\,H_2O$$

ナイロン66

$\boxed{2}$ … ④

問3 ビニロン

$$\left[\begin{array}{c} CH_2-CH-CH_2-CH \\ | | \\ OH OH \end{array}\right]_n$$

分子量 $88n$

アセタール化 $\longrightarrow$

$$\left[\begin{array}{c} CH_2-CH-CH_2-CH \\ | | \\ O O \\ \diagdown \diagup \\ CH_2 \end{array}\right]_{0.5n} \left[\begin{array}{c} CH_2-CH-CH_2-CH \\ | | \\ OH OH \end{array}\right]_{0.5n}$$

分子量 $100\times0.5n+88\times0.5n$

ヒドロキシ基の50 %をアセタール化することによって得られるビニロンの質量を x〔g〕とすると，アセタール化により物質量は変化しないので，

$$\frac{88\,\mathrm{g}}{88n\,[\mathrm{g/mol}]}=\frac{x\,[\mathrm{g}]}{100\times0.5n+88\times0.5n\,[\mathrm{g/mol}]}$$

$\therefore\ x=94\,\mathrm{g}$

3 …②

第6問　天然高分子化合物

問1　糖，核酸

① 正しい。グリコーゲンは動物デンプンともいわれ，動物体内でグルコースから合成される。アミロペクチンに似た構造をもつが，枝分かれはさらに多い。

② 正しい。グルコースは，水溶液中で環状の α-グルコース，β-グルコースおよび鎖状のグルコースが平衡状態にある。

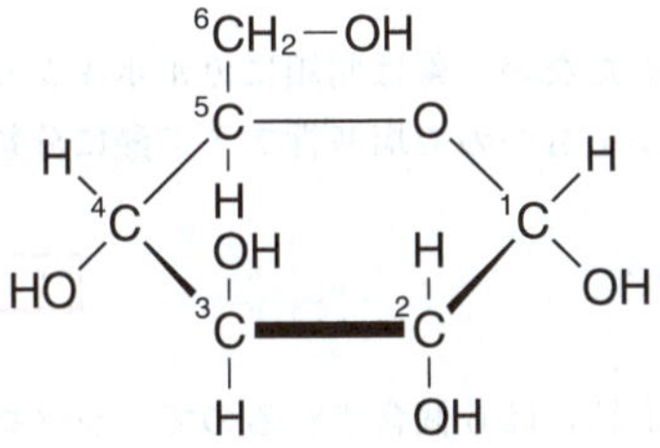

α-グルコース

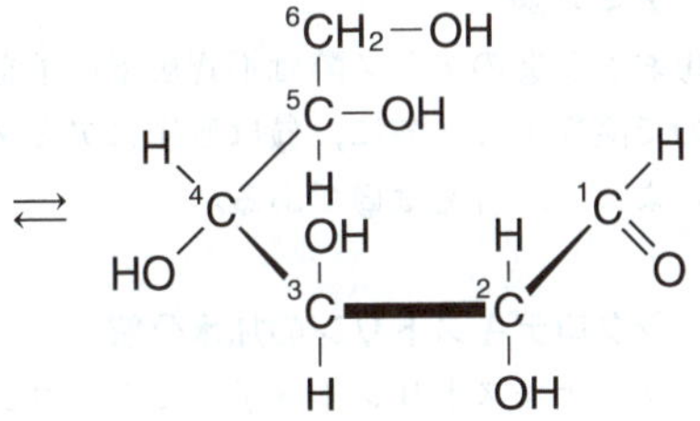

鎖状構造のグルコース

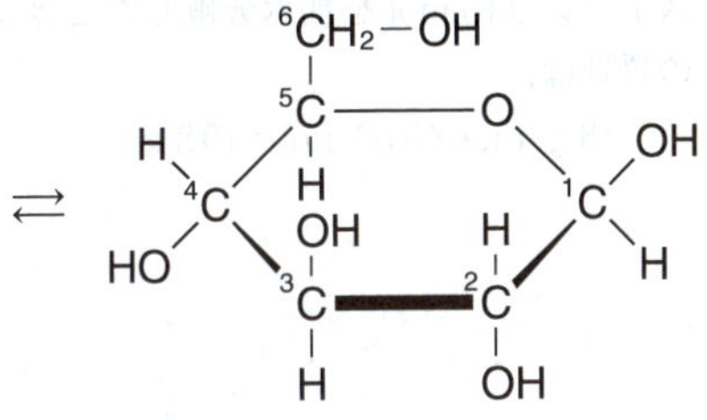

β-グルコース

③ 誤り。アミロースは，α-グルコースの ^{1}C に結合した OH 基と ^{4}C に結合した OH 基との間で脱水縮合し，鎖状に結合した構造をもつ。

一方，アミロペクチンは，α-グルコースの ^{1}C と ^{4}C に結合した OH 基の間で縮合した鎖状の部分に加えて，^{1}C と ^{6}C に結合した OH 基の間で縮合した枝分かれの構造を含む。

④ 正しい。DNA を構成する糖はデオキシリボース，RNA を構成する糖はリボースである。

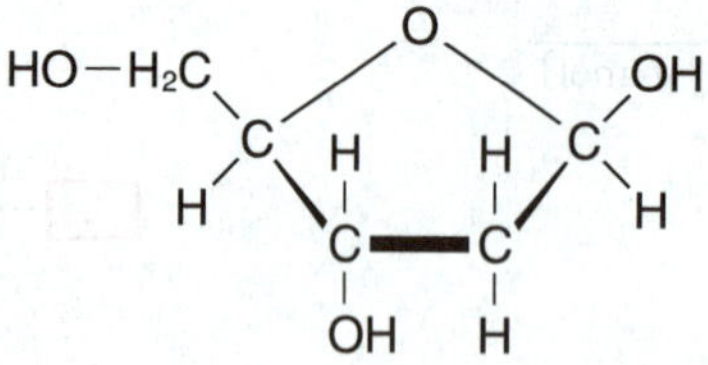

デオキシリボース 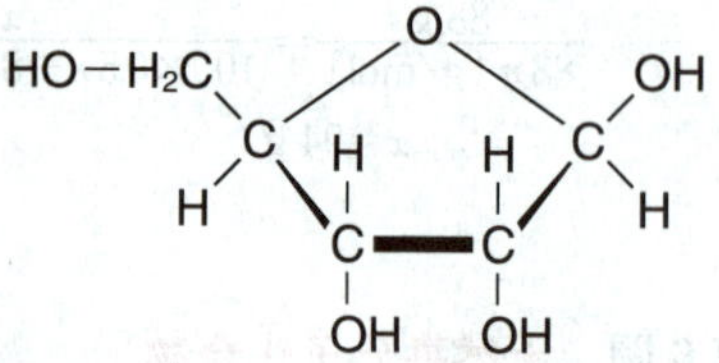　　　　　　　リボース

⑤　正しい。核酸を構成する塩基は，DNA ではアデニン，グアニン，シトシン，チミンであり，RNA ではチミンがウラシルになっている。これらの塩基は窒素を含む環状構造をもつ。

$\boxed{1}$ …③

問2　アミノ酸

①および②のアミノ酸は不斉炭素原子をもたない。④は側鎖にカルボキシ基をもつので酸性アミノ酸に，⑤は側鎖にアミノ基をもつので塩基性アミノ酸に分類される。よって，答えは③である。

$\boxed{2}$ …③

問3　シクロデキストリンの加水分解

シクロデキストリン 1 分子中にグリコシド結合は 6 個含まれるので，シクロデキストリン 1 分子を加水分解するとき反応する水は 6 分子である。よって，シクロデキストリン 0.10 mol を加水分解したときに反応する水の物質量は 0.60 mol であり，その質量は，

$$18 \text{ g/mol} \times 0.60 \text{ mol} = 10.8 \text{ g}$$

$\boxed{3}$ …⑥

MEMO

MEMO

MEMO

MEMO

MEMO

MEMO

MEMO

MEMO

MEMO

MEMO

河合塾
SERIES

2025 大学入学

共通テスト
過去問レビュー

化学基礎・化学

●問題編●

河合出版

▶問題編◀

化学基礎

2024年度	本試験	3		
2023年度	本試験	17	追試験	31
2022年度	本試験	45	追試験	57
2021年度	第1日程	71		
	第2日程	85		
2020年度	本試験	99		
2019年度	本試験	113		

化学

2024年度	本試験	123		
2023年度	本試験	157	追試験	185
2022年度	本試験	213	追試験	239
2021年度	第1日程	263		
	第2日程	287		
2020年度	本試験	317		
2019年度	本試験	351		
2018年度	本試験	383		
2017年度	本試験	409		
2016年度	本試験	439		
2015年度	本試験	467		

河合出版ホームページ
https://www.kawai-publishing.jp
E-mail
kp@kawaijuku.jp

表紙デザイン　河野宗平

2025大学入学共通テスト
過去問レビュー
化学基礎・化学

発　行　2024年5月20日

編　者　河合出版編集部

発行者　宮本正生

発行所　**株式会社　河合出版**
　　　　［東　京］〒160-0023
　　　　　　　　　東京都新宿区西新宿7－15－2
　　　　［名古屋］〒461-0004
　　　　　　　　　名古屋市東区葵3－24－2

印刷所　名鉄局印刷株式会社

製本所　民由社

Ⓒ 河合出版編集部
2024 Printed in Japan
・乱丁本，落丁本はお取り替えいたします。
・編集上のご質問，お問い合わせは，
　編集部までお願いいたします。
（禁無断転載）
ISBN 978-4-7772-2829-4

MEMO

化学基礎

（2024年1月実施）

2科目選択 60分 50点

化 学 基 礎

$$\left(\text{解答番号}\quad \boxed{1} \sim \boxed{18}\right)$$

必要があれば，原子量は次の値を使うこと。

H 1.0	C 12	N 14	O 16	Ar 40

第1問 次の問い(問1〜10)に答えよ。(配点 30)

問1 単体が常温・常圧で気体である元素はどれか。最も適当なものを，次の①〜④のうちから一つ選べ。 $\boxed{1}$

① リチウム　　② ベリリウム　　③ 塩 素　　④ ヨウ素

問2 第4周期までの典型元素に関する記述として**誤りを含むもの**はどれか。最も適当なものを，次の①〜④のうちから一つ選べ。 $\boxed{2}$

① アルカリ金属元素は，炎色反応により互いを区別することができる。

② 2族元素の原子は，2個の価電子をもつ。

③ 17族元素は，原子番号の小さい元素ほど電気陰性度が大きい。

④ 貴ガス(希ガス)元素の原子は，8個の最外殻電子をもつ。

— 4 —

2024年度　本試験　化学基礎　3

問 3 次の記述**ア**〜**ウ**のうち，物質の状態変化（三態間の変化）が含まれている記述はどれか。すべてを正しく選択しているものとして最も適当なものを，後の①〜⑦のうちから一つ選べ。　3

ア　海水を蒸留して淡水を得た。

イ　降ってきた雪を手で受けとめると，水になった。

ウ　ドライアイスの塊を室温で放置すると，小さくなった。

① ア　　　　　② イ　　　　　③ ウ　　　　　④ ア，イ

⑤ ア，ウ　　　⑥ イ，ウ　　　⑦ ア，イ，ウ

問 4 化学電池に関する記述として正しいものはどれか。最も適当なものを，次の①〜④のうちから一つ選べ。　4

① 二次電池は，充電により繰り返し利用できる電池である。

② 燃料電池は，燃料の燃焼により生じる高温気体を利用して発電する電池である。

③ 電子が流れ込んで酸化反応が起こる電極を正極という。

④ 鉛蓄電池の電解質には，希硝酸が使われている。

問 5 ケイ素と二酸化ケイ素に関する記述として**誤りを含むもの**はどれか。最も適当なものを，次の①〜④のうちから一つ選べ。　5

① ケイ素の結晶は，ダイヤモンドの炭素原子と同じように，ケイ素原子が正四面体構造を形成しながら配列している。

② ケイ素は，金属元素ではない。

③ 二酸化ケイ素の結晶は，半導体の性質を示す。

④ 二酸化ケイ素の結晶では，ケイ素原子と酸素原子が交互に共有結合している。

— 5 —

問 6　純物質の気体が，常温・常圧で容器に詰められている。この気体は，酸素 O_2，窒素 N_2，アンモニア NH_3，アルゴン Ar のいずれかである。この気体には，次の記述ア〜ウの性質がある。この気体として最も適当なものを，後の ①〜④のうちから一つ選べ。　6

ア　無色・無臭である。

イ　容器の中に火のついた線香を入れると，火が消える。

ウ　密度は，同じ温度・圧力の空気と比べて大きい。

①　O_2　　　　　②　N_2　　　　　③　NH_3　　　　　④　Ar

問 7　メタン CH_4 を完全燃焼させたところ，18 g の水 H_2O が生成した。このとき，生成した二酸化炭素 CO_2 は何 g か。最も適当な数値を，次の①〜⑤のうちから一つ選べ。　7　g

①　9.0　　　②　22　　　③　33　　　④　44　　　⑤　88

— 6 —

2024年度　本試験　化学基礎　5

問 8　酸と塩基，および酸性と塩基性に関する記述として，**誤りを含むもの**はどれか。最も適当なものを，次の①～④のうちから一つ選べ。　8

①　水は反応する相手によって酸としてはたらいたり，塩基としてはたらいたりする。

②　酸の価数および物質量が同じ強酸と弱酸では，過不足なく中和するのに必要な塩基の物質量は強酸の方が多くなる。

③　水素イオン濃度を用いると，水溶液のもつ酸性や塩基性の強さを表すことができる。

④　酸の水溶液を水でいくら薄めても，25 ℃ では pH の値は 7 より大きくなることはない。

問 9　下線を付した原子の酸化数を比べたとき，酸化数が最も大きいものを，次の①～④のうちから一つ選べ。　9

①　$\underline{S}O_4{}^{2-}$　　　②　$H\underline{N}O_3$　　　③　$\underline{Mn}O_2$　　　④　$\underline{N}H_4{}^+$

― 7 ―

問10 純物質の気体アとイからなる混合気体について、混合気体中のアの物質量の割合と混合気体のモル質量の関係を図1に示した。0 ℃, 1.0×10^5 Pa の条件で密閉容器にアを封入したとき、アの質量は 0.64 g であった。次に、アとイをある割合で混合し、同じ温度・圧力条件で同じ体積の密閉容器に封入したとき、混合気体の質量は 1.36 g であった。この混合気体に含まれるアの物質量の割合は何％か。最も適当な数値を、後の①～⑥のうちから一つ選べ。ただし、アとイは反応しないものとする。　10　％

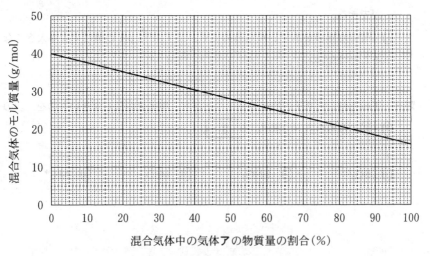

図1　混合気体中の気体アの物質量の割合と混合気体のモル質量の関係

① 19　　② 25　　③ 34　　④ 60　　⑤ 75　　⑥ 88

問 8 酸と塩基，および酸性と塩基性に関する記述として，**誤りを含むもの**はどれ
か。最も適当なものを，次の①〜④のうちから一つ選べ。 8

① 水は反応する相手によって酸としてはたらいたり，塩基としてはたらいた
りする。

② 酸の価数および物質量が同じ強酸と弱酸では，過不足なく中和するのに必
要な塩基の物質量は強酸の方が多くなる。

③ 水素イオン濃度を用いると，水溶液のもつ酸性や塩基性の強さを表すこと
ができる。

④ 酸の水溶液を水でいくら薄めても，25 ℃ では pH の値は 7 より大きくな
ることはない。

問 9 下線を付した原子の酸化数を比べたとき，酸化数が最も大きいものを，次の
①〜④のうちから一つ選べ。 9

① $\underline{S}O_4^{2-}$ ② $H\underline{N}O_3$ ③ $\underline{Mn}O_2$ ④ $\underline{N}H_4^+$

問10 純物質の気体アとイからなる混合気体について，混合気体中のアの物質量の割合と混合気体のモル質量の関係を図1に示した。0 ℃，1.0×10^5 Pa の条件で密閉容器にアを封入したとき，アの質量は 0.64 g であった。次に，アとイをある割合で混合し，同じ温度・圧力条件で同じ体積の密閉容器に封入したとき，混合気体の質量は 1.36 g であった。この混合気体に含まれるアの物質量の割合は何％か。最も適当な数値を，後の①〜⑥のうちから一つ選べ。ただし，アとイは反応しないものとする。　10　％

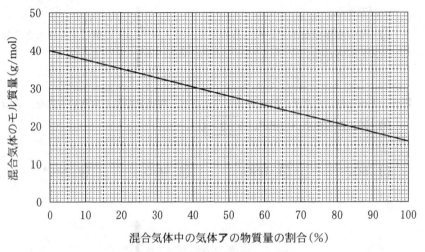

図1　混合気体中の気体アの物質量の割合と混合気体のモル質量の関係

① 19　　② 25　　③ 34　　④ 60　　⑤ 75　　⑥ 88

第2問 宇宙ステーションの空気制御システムに関する次の文章を読み,後の問い(**問1～3**)に答えよ。(配点 20)

　宇宙ステーションで人が生活するには,宇宙ステーション内の空気に含まれる酸素 O_2 と二酸化炭素 CO_2 の濃度を適切に管理する空気制御システムが必要である。

　空気制御システムでは,次の式(1)に示すように,水 H_2O の電気分解を利用して O_2 が供給される。また,補充する H_2O の量を削減するために,式(2)のサバティエ反応の利用が試みられている(図1)。この反応では,触媒を用いて CO_2 と水素 H_2 からメタン CH_4 と H_2O を生成するため,人の呼気に含まれる CO_2 の酸素原子を H_2O として回収できる。

$$2\,H_2O \longrightarrow 2\,H_2 + O_2 \tag{1}$$

$$CO_2 + 4\,H_2 \xrightarrow{\text{触媒}} CH_4 + 2\,H_2O \tag{2}$$

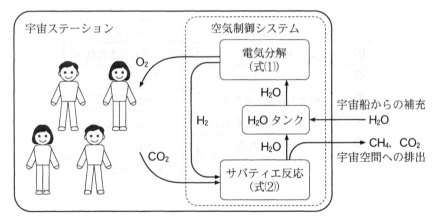

図1　水の電気分解とサバティエ反応を利用した空気制御システムの模式図

問 1 式(1)の電気分解に関する記述として**誤りを含むもの**はどれか。最も適当なものを，次の①~④のうちから一つ選べ。 $\boxed{11}$

① 陽極側では O_2 が発生する。

② 発生する O_2 は，水上置換法で捕集できる。

③ 式(1)の反応は酸化還元反応である。

④ 電気分解で発生する H_2 と O_2 の質量比は 1：16 となる。

問 2 サバティエ反応の反応物である CO_2 および生成物である CH_4 に関する次の問い（**a ~ c**）に答えよ。

　a 式(2)において，CO_2 の C 原子と O 原子が酸化されるか，還元されるか，酸化も還元もされないかの組合せとして最も適当なものを，次の①~⑥のうちから一つ選べ。 $\boxed{12}$

	C 原子	O 原子
①	酸化される	酸化も還元もされない
②	酸化される	還元される
③	酸化も還元もされない	酸化される
④	酸化も還元もされない	還元される
⑤	還元される	酸化される
⑥	還元される	酸化も還元もされない

— 10 —

b 次の化学反応式**ア**～**エ**は，いずれも 2 種類の反応物から CO_2 が生じる化学反応を示している。**ア**～**エ**の反応において，2 種類の反応物をいずれも 1 mol だけ用いて反応させるとき，生成できる CO_2 の物質量が最も多い反応はどれか。最も適当なものを，後の**①**～**④**のうちから一つ選べ。ただし，いずれも記された反応のみが進行するものとする。 13

ア $CaCO_3 + 2\,HCl \longrightarrow CaCl_2 + H_2O + CO_2$

イ $(COOH)_2 + H_2O_2 \longrightarrow 2\,H_2O + 2\,CO_2$

ウ $Fe_2O_3 + 3\,CO \longrightarrow 2\,Fe + 3\,CO_2$

エ $2\,CO + O_2 \longrightarrow 2\,CO_2$

① ア **②** イ **③** ウ **④** エ

c　CH_4 は常温以下の温度で安定である。しかし，十分な量の塩素と混合して光(紫外線)を照射すると CH_4 の水素原子を塩素原子に置き換えた化合物 CH_3Cl，CH_2Cl_2，$CHCl_3$，CCl_4 ができる。CH_4 を含めた五つの化合物のうち，無極性分子はどれか。最も適当なものを，次の①～⑤のうちから二つ選べ。ただし，解答の順序は問わない。なお，図は分子の形であり，球の大きさはそれぞれの原子の大きさを反映している。

| 14 |
| 15 |

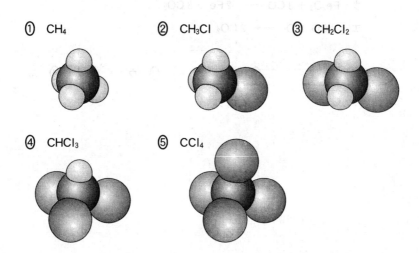

問3 図1で示した空気制御システムにおける H_2O の量に関する，次の問い（a～c）に答えよ。

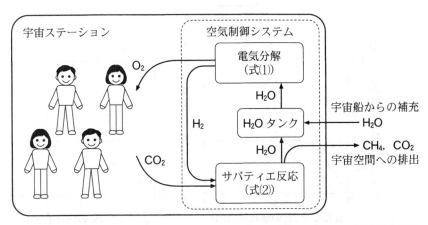

図1 水の電気分解とサバティエ反応を利用した空気制御システムの模式図（再掲）

$$2\,H_2O \longrightarrow 2\,H_2 + O_2 \qquad (1)(再掲)$$

$$CO_2 + 4\,H_2 \xrightarrow{触媒} CH_4 + 2\,H_2O \qquad (2)(再掲)$$

a 宇宙ステーション内の4人が1日に消費する O_2 の総質量は，およそ 3.2 kg である。式(1)の電気分解で 3.2 kg の O_2 を供給するのに必要な H_2O の質量は何 kg か。最も適当な数値を，次の①～⑥のうちから一つ選べ。 kg

① 0.90　② 1.6　③ 1.8　④ 3.2　⑤ 3.6　⑥ 7.2

b 式(2)の反応において 1 mol の CO_2 を使用するとき，使用した H_2 と生成した H_2O の物質量の関係を表したグラフとして最も適当なものを，次の①～④のうちから一つ選べ。 17

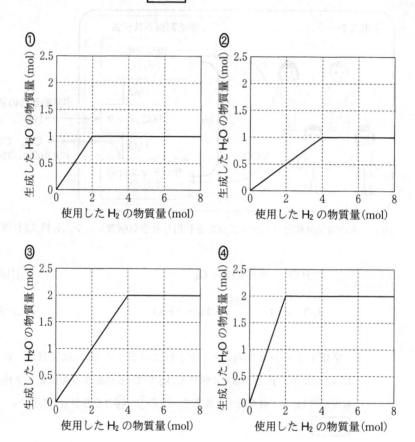

c 式(1)の反応によって $3.2\,kg$ の O_2 が生成したとき，同時に生成した H_2 だけを用いると，式(2)の反応で得られる H_2O の質量は何 kg か。最も適当な数値を，次の①〜⑥のうちから一つ選べ。ただし，式(2)の反応に用いる CO_2 は十分な量があるものとする。 18 kg

① 0.90   ② 1.6   ③ 1.8   ④ 3.2   ⑤ 3.6   ⑥ 6.4

MEMO

化 学 基 礎

（2023年1月実施）

2科目選択 60分 50点

化 学 基 礎

$$\left(\text{解答番号}\ \boxed{1}\ \sim\ \boxed{20}\ \right)$$

必要があれば，原子量は次の値を使うこと。

H　1.0	He　4.0	C　12	N　14
O　16	Na　23	Cl　35.5	

第1問 次の問い(問1～9)に答えよ。(配点　30)

問1　ナトリウム原子 $^{23}_{11}\text{Na}$ に含まれる中性子の数を，次の①～④のうちから一つ選べ。　$\boxed{1}$

①　11　　　　②　12　　　　③　23　　　　④　34

問2　無極性分子として最も適当なものを，次の①～④のうちから一つ選べ。
$\boxed{2}$

①　アンモニア NH_3
②　硫化水素 H_2S
③　酸素 O_2
④　エタノール C_2H_5OH

— 18 —

問 3 ハロゲンに関する記述として最も適当なものを，次の①〜④のうちから一つ選べ。 3

① 原子番号が大きいほど，原子の価電子の数は多い。

② 原子番号が大きいほど，原子のイオン化エネルギーは大きい。

③ 塩化水素分子 HCl では，共有電子対は水素原子の方に偏っている。

④ ヨウ素 I_2 と硫化水素 H_2S が反応するとき，I_2 は酸化剤としてはたらく。

問4 分子からなる純物質Xの固体を大気圧のもとで加熱して,液体状態を経てすべて気体に変化させた。そのときの温度変化を模式的に図1に示す。A~EにおけるXの状態や現象に関する記述ア~オにおいて,正しいものはどれか。正しい組合せとして最も適当なものを,後の①~⓪のうちから一つ選べ。 | 4 |

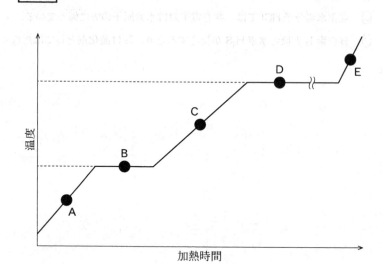

図1 加熱による純物質Xの温度変化(模式図)

ア Aでは,分子は熱運動していない。
イ Bでは,液体と固体が共存している。
ウ Cでは,分子は規則正しい配列を維持している。
エ Dでは,液体の表面だけでなく内部からも気体が発生している。
オ Eでは,分子間の平均距離はCのときと変わらない。

① ア,イ ② ア,ウ ③ ア,エ ④ ア,オ ⑤ イ,ウ
⑥ イ,エ ⑦ イ,オ ⑧ ウ,エ ⑨ ウ,オ ⓪ エ,オ

問 5 二酸化炭素 CO_2 とメタン CH_4 に関する記述として**誤りを含むもの**はどれか。最も適当なものを，次の①～④のうちから一つ選べ。 5

① 二酸化炭素分子では 3 個の原子が直線状に結合している。

② メタン分子は正四面体形の構造をとる。

③ 二酸化炭素分子もメタン分子も共有結合からなる。

④ 常温・常圧での密度は，二酸化炭素の方がメタンより小さい。

問 6 ヘリウム He と窒素 N_2 からなる混合気体 1.00 mol の質量が 10.0 g であった。この混合気体に含まれる He の物質量の割合は何％か。最も適当な数値を，次の①～⑤のうちから一つ選べ。 6 ％

① 30 ② 40 ③ 67 ④ 75 ⑤ 90

問 7 アルミニウム Al に関する記述として**誤りを含むもの**はどれか。最も適当なものを，次の①～④のうちから一つ選べ。 7

① Al の合金であるジュラルミンは，飛行機の機体に使われている。

② アルミニウム缶を製造する場合，原料の Al は鉱石から製錬するよりも，回収したアルミニウム缶から再生利用（リサイクル）する方が，必要とするエネルギーが小さい。

③ アルミナ（酸化アルミニウム）Al_2O_3 では，アルミニウム原子の酸化数は ＋2 である。

④ 金属 Al は，濃硝酸に触れると表面に緻密な酸化物の被膜が形成される。

― 21 ―

問 8　金属イオンを含む塩の水溶液に金属片を浸して，その表面に金属が析出する
　　　かどうかを調べた。金属イオンを含む塩と金属片の組合せのうち**金属が析出し
　　　ないもの**はどれか。最も適当なものを，次の①〜④のうちから一つ選べ。
　　　　　8

	金属イオンを含む塩	金属片
①	塩化スズ(Ⅱ)	亜鉛
②	硫酸銅(Ⅱ)	亜鉛
③	酢酸鉛(Ⅱ)	銅
④	硝酸銀	銅

問 9　2価の強酸の水溶液 A がある。このうち 5 mL をホールピペットではかり取
　　　り，コニカルビーカーに入れた。これに水 30 mL とフェノールフタレイン溶
　　　液一滴を加えて，モル濃度 x(mol/L)の水酸化ナトリウム水溶液で中和滴定し
　　　たところ，中和点に達するのに y(mL)を要した。水溶液 A 中の強酸のモル濃
　　　度は何 mol/L か。モル濃度を求める式として正しいものを，次の①〜⑧のう
　　　ちから一つ選べ。　　9　mol/L

①　$\dfrac{xy}{5}$　　　②　$\dfrac{xy}{10}$　　　③　$\dfrac{xy}{35}$　　　④　$\dfrac{xy}{70}$

⑤　$\dfrac{xy}{5+y}$　　⑥　$\dfrac{xy}{35+y}$　　⑦　$\dfrac{xy}{2(5+y)}$　　⑧　$\dfrac{xy}{2(35+y)}$

第2問 次の文章を読み，後の問い（**問1～5**）に答えよ。（配点 20）

　ある生徒は，「血圧が高めの人は，塩分の取りすぎに注意しなくてはいけない」という話を聞き，しょうゆに含まれる塩化ナトリウム NaCl の量を分析したいと考え，文献を調べた。

文献の記述

> 　水溶液中の塩化物イオン Cl^- の濃度を求めるには，指示薬として少量のクロム酸カリウム K_2CrO_4 を加え，硝酸銀 $AgNO_3$ 水溶液を滴下する。水溶液中の Cl^- は，加えた銀イオン Ag^+ と反応し塩化銀 AgCl の白色沈殿を生じる。Ag^+ の物質量が Cl^- と過不足なく反応するのに必要な量を超えると，(a)<u>過剰な Ag^+ とクロム酸イオン CrO_4^{2-} が反応してクロム酸銀 Ag_2CrO_4 の暗赤色沈殿が生じる</u>。したがって，滴下した $AgNO_3$ 水溶液の量から，Cl^- の物質量を求めることができる。

　そこでこの生徒は，3種類の市販のしょうゆ A～C に含まれる Cl^- の濃度を分析するため，それぞれに次の**操作Ⅰ～Ⅴ**を行い，表1に示す実験結果を得た。ただし，しょうゆには Cl^- 以外に Ag^+ と反応する成分は含まれていないものとする。

操作Ⅰ　ホールピペットを用いて，250 mL のメスフラスコに 5.00 mL のしょうゆをはかり取り，標線まで水を加えて，しょうゆの希釈溶液を得た。

操作Ⅱ　ホールピペットを用いて，**操作Ⅰ**で得られた希釈溶液から一定量をコニカルビーカーにはかり取り，水を加えて全量を 50 mL にした。

操作Ⅲ　**操作Ⅱ**のコニカルビーカーに少量の K_2CrO_4 を加え，得られた水溶液を試料とした。

操作Ⅳ　**操作Ⅲ**の試料に 0.0200 mol/L の $AgNO_3$ 水溶液を滴下し，よく混ぜた。

操作Ⅴ　試料が暗赤色に着色して，よく混ぜてもその色が消えなくなるまでに要した滴下量を記録した。

表1　しょうゆ A~C の実験結果のまとめ

しょうゆ	操作Ⅱではかり取った希釈溶液の体積(mL)	操作Ⅴで記録した $AgNO_3$ 水溶液の滴下量(mL)
A	5.00	14.25
B	5.00	15.95
C	10.00	13.70

問 1 下線部(a)に示した CrO_4^{2-} に関する次の記述を読み，後の問い（**a・b**）に答えよ。

　この実験は水溶液が弱い酸性から中性の範囲で行う必要がある。強い酸性の水溶液中では，次の式(1)に従って，CrO_4^{2-} からニクロム酸イオン $Cr_2O_7^{2-}$ が生じる。

$$\boxed{\text{ア}}\ CrO_4^{2-} + \boxed{\text{イ}}\ H^+ \longrightarrow \boxed{\text{ウ}}\ Cr_2O_7^{2-} + H_2O \qquad (1)$$

　したがって，試料が強い酸性の水溶液である場合，CrO_4^{2-} は $Cr_2O_7^{2-}$ に変化してしまい指示薬としてはたらかない。式(1)の反応では，クロム原子の酸化数は反応の前後で $\boxed{\text{エ}}$。

a　式(1)の係数 $\boxed{\text{ア}}$ ~ $\boxed{\text{ウ}}$ に当てはまる数字を，後の①~⑨のうちから一つずつ選べ。ただし，係数が1の場合は①を選ぶこと。同じものを繰り返し選んでもよい。

ア $\boxed{10}$　　イ $\boxed{11}$　　ウ $\boxed{12}$

① 1　　　② 2　　　③ 3　　　④ 4　　　⑤ 5

⑥ 6　　　⑦ 7　　　⑧ 8　　　⑨ 9

— 24 —

b 空欄 エ に当てはまる記述として最も適当なものを，後の①〜④のうちから一つ選べ。

エ 13

① ＋3から＋6に増加する
② ＋6から＋3に減少する
③ 変化せず，どちらも＋3である
④ 変化せず，どちらも＋6である

問2 操作Ⅳで，$AgNO_3$水溶液を滴下する際に用いる実験器具の図として最も適当なものを，次の①〜④のうちから一つ選べ。 14

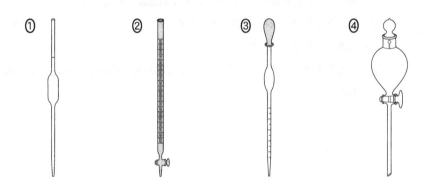

問 3 操作 I ～ V および表 1 の実験結果に関する記述として**誤りを含むもの**を，次の①～⑤のうちから二つ選べ。ただし，解答の順序は問わない。

15

16

① 操作 I で用いるメスフラスコは，純水での洗浄後にぬれているものを乾燥させずに用いてもよい。

② 操作Ⅲの K_2CrO_4 および操作Ⅳの $AgNO_3$ の代わりに，それぞれ Ag_2CrO_4 と硝酸カリウム KNO_3 を用いても，操作 I ～ V によって Cl^- のモル濃度を正しく求めることができる。

③ しょうゆの成分として塩化カリウム KCl が含まれているとき，しょうゆに含まれる $NaCl$ のモル濃度を，操作 I ～ V により求めた Cl^- のモル濃度と等しいとして計算すると，正しいモル濃度よりも高くなる。

④ しょうゆ C に含まれる Cl^- のモル濃度は，しょうゆ B に含まれる Cl^- のモル濃度の半分以下である。

⑤ しょうゆ A～C のうち，Cl^- のモル濃度が最も高いものは，しょうゆ A である。

問 4 操作Ⅳを続けたときの，AgNO₃ 水溶液の滴下量と，試料に溶けている Ag⁺ の物質量の関係は図 1 で表される。ここで，操作Ⅴで記録した AgNO₃ 水溶液の滴下量は a (mL) である。このとき，AgNO₃ 水溶液の滴下量と，沈殿した AgCl の質量の関係を示したグラフとして最も適当なものを，後の①〜⑥のうちから一つ選べ。ただし，CrO₄²⁻ と反応する Ag⁺ の量は無視できるものとする。 17

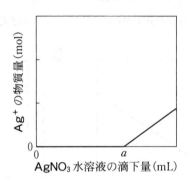

図 1　AgNO₃ 水溶液の滴下量と試料に溶けている Ag⁺ の物質量の関係

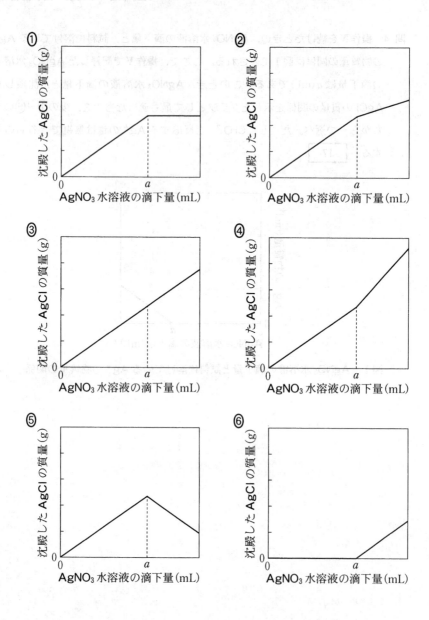

問 5 次の問い（**a・b**）に答えよ。

a しょうゆ A に含まれる Cl^- のモル濃度は何 mol/L か。最も適当な数値を，次の①〜⑥のうちから一つ選べ。　18　mol/L

①　0.0143　　　②　0.0285　　　③　0.0570
④　1.43　　　⑤　2.85　　　⑥　5.70

b 15 mL（大さじ一杯相当）のしょうゆ A に含まれる $NaCl$ の質量は何 g か。その数値を小数第 1 位まで次の形式で表すとき，　19　と　20　に当てはまる数字を，後の①〜⓪のうちから一つずつ選べ。同じものを繰り返し選んでもよい。ただし，しょうゆ A に含まれるすべての Cl^- は $NaCl$ から生じたものとし，$NaCl$ の式量を 58.5 とする。

$NaCl$ の質量　19　.　20　g

①　1　　　②　2　　　③　3　　　④　4　　　⑤　5
⑥　6　　　⑦　7　　　⑧　8　　　⑨　9　　　⓪　0

MEMO

化 学 基 礎

（2023年1月実施）

2科目選択 60分　50点

追試験
2023

化 学 基 礎

$$\left(\text{解答番号}\quad \boxed{1}\quad \sim\quad \boxed{16}\right)$$

必要があれば，原子量は次の値を使うこと。

| H | 1.0 | C | 12 | O | 16 | Cl | 35.5 | K | 39 |

Ca 40　　Mn 55

第 1 問 次の問い（問 1 ～ 8）に答えよ。（配点 30）

問 1 非共有電子対をもたない分子を，次の①～④のうちから一つ選べ。 　$\boxed{1}$

① 窒素 N_2

② 二酸化炭素 CO_2

③ 塩化水素 HCl

④ エタン C_2H_6

— 32 —

問 2 図1は，典型元素の原子ア～オの電子配置の模式図である。ア～オに関する記述として誤りを含むものはどれか。最も適当なものを，後の①～④のうちから一つ選べ。 2

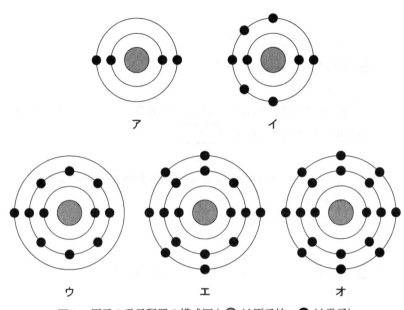

図1 原子の電子配置の模式図（ は原子核， は電子）

① アとイは第2周期の原子である。
② ウは1価の陽イオンになりやすい。
③ イとエは同族元素の原子である。
④ フッ化物イオン F⁻ の電子配置は，オの電子配置と同じである。

問 3 金属元素の単体の反応性に関する記述として**誤りを含むもの**はどれか。最も適当なものを，次の①〜④のうちから一つ選べ。　3

① ナトリウムは水と反応して溶ける。
② 金は王水と反応して溶ける。
③ 銀は希硝酸と反応して溶ける。
④ 銅は希硫酸と反応して溶ける。

問 4 次の記述**ア・イ**に共通して使われている操作として最も適当なものを，後の①〜④のうちから一つ選べ。　4

ア ヨウ素が溶けているヨウ化カリウム水溶液から，ヘキサンを使ってヨウ素を取り出す。
イ ティーバッグに湯を注いでお茶をいれる。

① 蒸　留　　　② 再結晶　　　③ 抽　出　　　④ 分　留

問5 結晶の結合と特徴に関する記述として下線部に**誤りを含むもの**はどれか。最も適当なものを，次の①〜④のうちから一つ選べ。 5

① 黒鉛の結晶は，各炭素原子が隣接する4個の炭素原子と共有結合して正四面体形が繰り返されてできており，やわらかく，はがれやすい。

② ヨウ素の結晶は，ヨウ素分子 I_2 どうしが分子間力によって引き合ってできており，やわらかく，くだけやすい。

③ 銅の結晶は，銅原子どうしが金属結合してできており，展性や延性に富む。

④ 塩化ナトリウムの結晶は，ナトリウムイオン Na^+ と塩化物イオン Cl^- がイオン結合してできており，強い力が加わると割れやすい。

問 6 0.010 mol/L の水酸化カルシウム Ca(OH)₂ 水溶液 10 mL に 0.010 mol/L の塩酸を滴下した。このときの水酸化物イオン OH⁻ のモル濃度の変化を表すグラフとして最も適当なものを，次の①〜⑥のうちから一つ選べ。　6

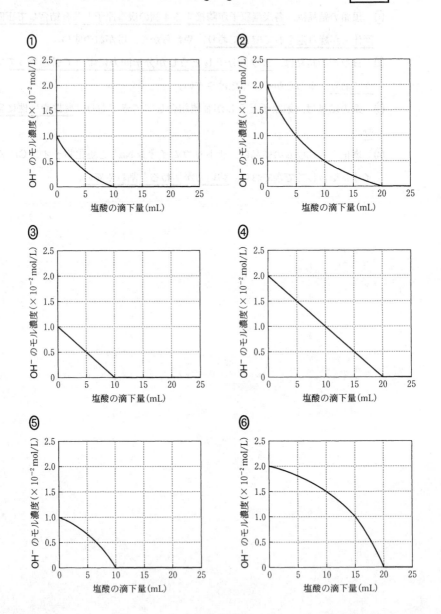

問 7 適切な温度で硫酸酸性のシュウ酸$(COOH)_2$水溶液に過マンガン酸カリウム $KMnO_4$ 水溶液を加えると，酸化還元反応が起こる。このとき，過マンガン酸イオン MnO_4^- と $(COOH)_2$ は，次の式(1)と(2)に従って変化する。

$$MnO_4^- + 8H^+ + 5e^- \longrightarrow Mn^{2+} + 4H_2O \qquad (1)$$

$$(COOH)_2 \longrightarrow 2CO_2 + 2H^+ + 2e^- \qquad (2)$$

この反応に関する記述として**誤りを含むもの**はどれか。最も適当なものを，次の①〜④のうちから一つ選べ。　7

① $KMnO_4$ は $(COOH)_2$ に対して酸化剤としてはたらく。

② $KMnO_4$ を $(COOH)_2$ に対して過剰に加えると，水溶液全体が着色してその色が消えなくなる。

③ 同じ物質量の $KMnO_4$ と $(COOH)_2$ を反応させると，$KMnO_4$ がすべて反応して，$(COOH)_2$ が残る。

④ 十分な量の $(COOH)_2$ を含む水溶液に $0.001\ mol$ の $KMnO_4$ を加えて完全に反応させると，$0.005\ mol$ の二酸化炭素 CO_2 が生成する。

問 8 二枚貝の貝殻は，炭酸カルシウム $CaCO_3$（式量 100）を主成分として含んでいる。$CaCO_3$ は塩酸と反応して二酸化炭素 CO_2 を発生する。このときの反応は次の式(3)で表される。

$$CaCO_3 + 2\,HCl \longrightarrow CaCl_2 + H_2O + CO_2 \tag{3}$$

貝殻に含まれる $CaCO_3$ の含有率（質量パーセント）を知る目的で，濃度 c (mol/L) の塩酸 50 mL に貝殻の粉末を 2.0 g ずつ加えて十分に反応させ，発生した CO_2 の物質量を調べた。図 2 は実験結果をまとめたものである。後の問い（**a** ・ **b**）に答えよ。ただし，貝殻に含まれる $CaCO_3$ 以外の成分は塩酸とは反応せず，発生した CO_2 の水溶液への溶解は無視できるものとする。

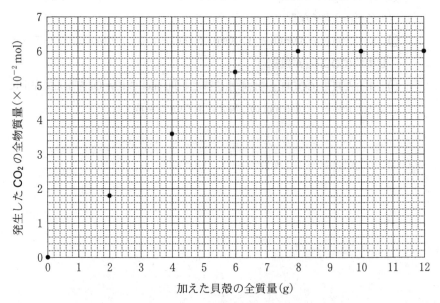

図 2　加えた貝殻の全質量と発生した CO_2 の全物質量との関係

a この実験で用いた塩酸の濃度 c は何 mol/L か。最も適当な数値を，次の ①～⑥のうちから一つ選べ。 | 8 | mol/L

① 0.060　　　② 0.12　　　③ 0.24

④ 0.60　　　⑤ 1.2　　　⑥ 2.4

b この実験で用いた貝殻に含まれる $CaCO_3$ の含有率(質量パーセント)は何%か。最も適当な数値を，次の①～⑤のうちから一つ選べ。 | 9 | ％

① 40　　　② 45　　　③ 80　　　④ 86　　　⑤ 90

第2問 プラスチック（合成樹脂）とその有効利用に関する次の文章を読み，後の問い（問1～4）に答えよ。（配点　20）

(a)石油（原油）を原料として，さまざまな性質のプラスチックが合成され，私たちの生活に役立っている。プラスチックの生産量は世界で年間数億トンに及んでいるが，使用後廃棄されるものも多く，使用済みプラスチックの有効利用が検討されている。プラスチックの利用に関する資料によると，日本では，使用済みプラスチックは主に次の三つの方法で有効利用されている。

(1) 使用済みプラスチックを加熱融解して，(b)新しい製品の原料として再利用するマテリアルリサイクル

(2) 使用済みプラスチックを分解して，プラスチックを再び合成するための原料（単量体）や，(c)水素 H_2 や一酸化炭素 CO などの工業用原料として利用するケミカルリサイクル

(3) 使用済みプラスチックを(d)燃焼させ，熱や電気エネルギー源として利用するサーマルリサイクル

問1 下線部(a)に関する記述として**誤りを含むもの**はどれか。最も適当なものを，次の①～④のうちから一つ選べ。　10

① 石油（原油）は，沸点の違いを利用してさまざまな成分に分離してから利用されている。

② ポリ塩化ビニルは，水に溶けやすい高分子である。

③ ポリスチレンは，食品容器や緩衝材^{かんしょうざい}として利用されている。

④ ナイロンは，繊維などに利用されている。

— 40 —

問 2　下線部(b)に関して，プラスチックだけでなく金属においても再利用は重要である。4種類の金属，鉄 Fe，銅 Cu，金 Au，鉛 Pb は再利用されている。これらのうち，次の記述ア～ウのすべてに当てはまる金属はどれか。最も適当なものを，後の①～④のうちから一つ選べ。　11

　　ア　ガスバーナーにより空気中で強く加熱すると酸化物が生成する。
　　イ　電気伝導性が大きく，電気器具の導線として利用されている。
　　ウ　純度を高めるために電解精錬されている。

　　① Fe　　　　　② Cu　　　　　③ Au　　　　　④ Pb

問 3　下線部(c)の H_2 と CO は，他の方法でもつくることができ，さまざまな用途に使われる。H_2 と CO に関する記述として誤りを含むものはどれか。最も適当なものを，次の①～④のうちから一つ選べ。　12

　　①　H_2 は，水酸化ナトリウム水溶液の電気分解により得られる。
　　②　H_2 は，自動車やロケットなどの燃料として利用されている。
　　③　CO は，有毒な気体である。
　　④　CO は，製鉄で鉄鉱石を酸化するために利用されている。

問 4 下線部(d)に関して，次の問い(**a 〜 c**)に答えよ。

a 使用済みのポリエチレン(PE)の燃焼を考える上で，まずエチレン
$CH_2＝CH_2$ の完全燃焼を考える。エチレンの完全燃焼は次の式(1)で表される。式(1)の係数 | 13 | ・ | 14 | に当てはまる数字を，後の①〜⑨のうちから一つずつ選べ。ただし，係数が1の場合は①を選ぶこと。同じものを繰り返し選んでもよい。

$$CH_2＝CH_2 + \boxed{13}\ O_2 \longrightarrow 2\,CO_2 + \boxed{14}\ H_2O \qquad (1)$$

① 1　　　② 2　　　③ 3　　　④ 4　　　⑤ 5
⑥ 6　　　⑦ 7　　　⑧ 8　　　⑨ 9

— 42 —

b PE は，多数のエチレン分子を重合してつくられる。PE の構造式は図1に示すように，かっこ[ ]内の構造 C_2H_4 と，その繰り返しの数 n を用いて表すことができる。また，n が十分大きい場合には，PE の分子量は，C_2H_4 の式量 28 と n の積 $28n$ とみなすことができる。$n = 10000$ のとき PE 1.0 kg の物質量は何 mol か。最も適当な数値を，後の①〜④のうちから一つ選べ。 | 15 | mol

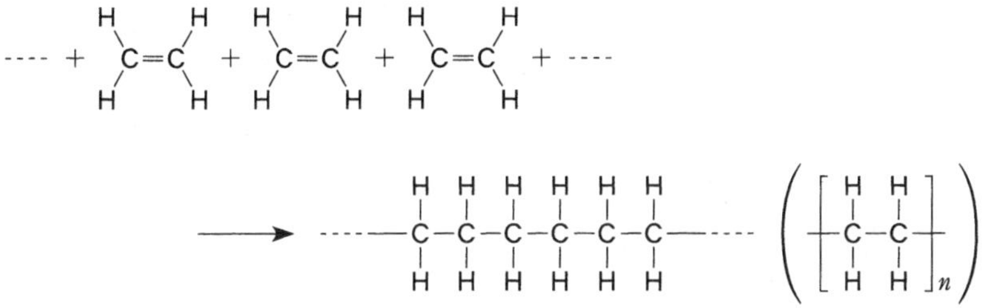

かっこ[ ]内の構造が n 個つながって
繰り返された構造であることを表す

図1 エチレンからの PE の合成と PE の構造式

① 0.0018　　② 0.0036　　③ 0.0071　　④ 0.014

c 環境に配慮すると，サーマルリサイクルでは，完全燃焼したときに得られる熱エネルギーの量(熱量)に対する二酸化炭素 CO_2(分子量 44)の生成量を考えることが大切である。ここで熱エネルギー源として，石炭に近い物質である黒鉛と PE を完全燃焼させたときの CO_2 の生成量を比較してみる。

黒鉛 1.0 kg を完全燃焼させると CO_2 3.7 kg が生成する。このとき発生する熱量と同じ熱量は，PE 0.70 kg を完全燃焼させることで得られる。PE 0.70 kg の完全燃焼により生成する CO_2 は何 kg か。最も適当な数値を，次の①〜⑤のうちから一つ選べ。なお，図1に示す PE の構造式において繰り返しの数が n であるとき，PE 1 mol の完全燃焼により，CO_2 は $2n$ mol 生成する。 | 16 | kg

① 1.1　　② 2.2　　③ 2.6　　④ 3.1　　⑤ 3.7

MEMO

化学基礎

（2022年1月実施）

2科目選択 60分 50点

2022 本試験

化 学 基 礎

$\left(\text{解答番号}\ \boxed{1}\ \sim\ \boxed{15}\right)$

必要があれば，原子量は次の値を使うこと。

H	1.0	C 12	N 14	O 16
Fe	56		

第1問 次の問い（**問1～10**）に答えよ。（配点 30）

問1 オキソニウムイオン H_3O^+ に関する記述として**誤りを含むもの**はどれか。最も適当なものを，次の①～④のうちから一つ選べ。 $\boxed{1}$

① イオン1個がもつ電子の数は11個である。

② 非共有電子対を1組もつ。

③ HとOの間の結合はいずれも共有結合である。

④ 三角錐形の構造をとる。

問2 ヘリウム He，ネオン Ne，アルゴン Ar に関する記述として**誤りを含むもの**はどれか。最も適当なものを，次の①～④のうちから一つ選べ。 $\boxed{2}$

① いずれも，常温・常圧で気体である。

② 原子半径は，He < Ne < Ar の順に大きい。

③ イオン化エネルギーは，He < Ne < Ar の順に大きい。

④ He は空気より密度が小さく，燃えないため，風船や飛行船に使われる。

— 46 —

問 3 臭素 Br には質量数が 79 と 81 の同位体がある。^{12}C の質量を 12 としたときの，それらの相対質量と存在比（%）を表 1 に示す。臭素の同位体に関する記述として**誤りを含むもの**はどれか。最も適当なものを，後の①〜④のうちから一つ選べ。 ⬛ 3 ⬛

表 1 　^{79}Br と ^{81}Br の相対質量と存在比

	相対質量	存在比（%）
^{79}Br	78.9	51
^{81}Br	80.9	49

① 臭素の原子量は，^{79}Br と ^{81}Br の相対質量と存在比から求めた平均値である。

② ^{79}Br と ^{81}Br の化学的性質は大きく異なる。

③ ^{79}Br と ^{81}Br の中性子の数は異なる。

④ ^{79}Br と ^{81}Br からなる臭素分子 Br_2 は，おおよそ
　　$^{79}Br^{79}Br : {}^{79}Br^{81}Br : {}^{81}Br^{81}Br = 1 : 2 : 1$
の比で存在する。

問 4 洗剤に関する次の文章中の下線部(a)〜(d)に**誤りを含むもの**はどれか。最も適当なものを，後の①〜④のうちから一つ選べ。 4

　　セッケンなどの洗剤の洗浄効果は，その主成分である界面活性剤の構造や性質と関係する。界面活性剤は，水になじみやすい部分と油になじみやすい(水になじみにくい)部分をもつ有機化合物である。そして，水に溶けない油汚れなどを，(a)油になじみやすい(水になじみにくい)部分が包み込み，繊維などから水中に除去する。この洗浄の作用は，界面活性剤の濃度がある一定以上のときに形成される，界面活性剤の分子が集合した粒子と関係する。そのため，(b)界面活性剤の濃度が低いと洗浄の作用は十分にはたらかない。一方，(c)適切な洗剤の使用量があり，それを超える量を使ってもその洗浄効果は高くならない。またセッケンの水溶液は(d)弱酸性を示す。加えて，カルシウムイオンを多く含む水では洗浄力が低下する。洗剤の構造や性質を理解して使用することは，環境への影響に配慮するうえで重要である。

① (a)　　　② (b)　　　③ (c)　　　④ (d)

— 48 —

問 5　次の反応**ア**〜**エ**のうち，下線を付した分子やイオンが酸としてはたらいているものはどれか。正しく選択しているものを，後の**①**〜**⑥**のうちから一つ選べ。 5

ア　$\underline{CO_3^{2-}}$ + H_2O $\rightleftarrows$ HCO_3^- + OH^-

イ　CH_3COO^- + $\underline{H_2O}$ $\rightleftarrows$ CH_3COOH + OH^-

ウ　$\underline{HSO_4^-}$ + H_2O $\rightleftarrows$ SO_4^{2-} + H_3O^+

エ　NH_4^+ + $\underline{H_2O}$ $\rightleftarrows$ NH_3 + H_3O^+

① ア，イ　　　　**②** ア，ウ　　　　**③** ア，エ
④ イ，ウ　　　　**⑤** イ，エ　　　　**⑥** ウ，エ

問 6　ともに質量パーセント濃度が 0.10 % で体積が 1.0 L の硝酸 HNO_3(分子量 63) の水溶液 **A** と酢酸 CH_3COOH(分子量 60) の水溶液 **B** がある。これらの水溶液中の HNO_3 の電離度を 1.0，CH_3COOH の電離度を 0.032 とし，溶液の密度をいずれも 1.0 g/cm³ とする。このとき，水溶液 **A** と水溶液 **B** について，電離している酸の物質量の大小関係，および過不足なく中和するために必要な 0.10 mol/L の水酸化ナトリウム NaOH 水溶液の体積の大小関係の組合せとして最も適当なものを，次の**①**〜**⑥**のうちから一つ選べ。 6

	電離している酸の物質量	中和に必要な NaOH 水溶液の体積
①	A ＞ B	A ＞ B
②	A ＞ B	A ＜ B
③	A ＞ B	A ＝ B
④	A ＜ B	A ＞ B
⑤	A ＜ B	A ＜ B
⑥	A ＜ B	A ＝ B

6

問 7 濃度のわからない水酸化ナトリウム水溶液 A がある。0.0500 mol/L の希硫酸 10.0 mL をコニカルビーカーにとり，A をビュレットに入れて滴定したところ，A を 8.00 mL 加えたところで中和点に達した。A のモル濃度は何 mol/L か。最も適当な数値を，次の①～④のうちから一つ選べ。 | 7 | mol/L

① 0.0125 ② 0.0625 ③ 0.125 ④ 0.250

問 8 次の記述のうち，下線を付した物質が酸化を防止する目的で用いられているものはどれか。最も適当なものを，次の①～④のうちから一つ選べ。 | 8 |

① 鉄板の表面を，<u>亜鉛 Zn</u> でめっきする。

② 飲料用の水を，<u>塩素 Cl_2</u> で処理する。

③ 煎餅の袋に，<u>生石灰 CaO</u> を入れた袋を入れる。

④ パンケーキの生地に，<u>重曹（炭酸水素ナトリウム）$NaHCO_3$</u> を加える。

問 9 鉄 Fe は，式(1)に従って，鉄鉱石に含まれる酸化鉄(Ⅲ) Fe_2O_3 の製錬によって工業的に得られている。

$$Fe_2O_3 + 3\,CO \longrightarrow 2\,Fe + 3\,CO_2 \tag{1}$$

Fe_2O_3 の含有率（質量パーセント）が 48.0 % の鉄鉱石がある。この鉄鉱石 1000 kg から，式(1)によって得られる Fe の質量は何 kg か。最も適当な数値を，次の①～⑥のうちから一つ選べ。ただし，鉄鉱石中の Fe はすべて Fe_2O_3 として存在し，鉄鉱石中の Fe_2O_3 はすべて Fe に変化するものとする。

| 9 | kg

① 16.8 ② 33.6 ③ 84.0 ④ 168 ⑤ 336 ⑥ 480

— 50 —

問10 金属Aの板を入れたAの硫酸塩水溶液と，金属Bの板を入れたBの硫酸塩水溶液を素焼き板で仕切って作製した電池を図1に示す。素焼き板は，両方の水溶液が混ざるのを防ぐが，水溶液中のイオンを通すことができる。この電池の全体の反応は，式(2)によって表される。

$$A + B^{2+} \longrightarrow A^{2+} + B \tag{2}$$

この電池に関する記述として**誤りを含むもの**はどれか。最も適当なものを，後の①〜④のうちから一つ選べ。 10

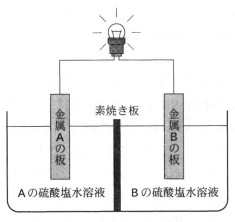

図1 電池の模式図

① 金属Aの板は負極としてはたらいている。
② 2 mol の金属Aが反応したときに，1 mol の電子が電球を流れる。
③ 反応によって，B^{2+} が還元される。
④ 反応の進行にともない，金属Aの板の質量は減少する。

8

第2問 エタノール C_2H_5OH は世界で年間およそ1億キロリットル生産されており，その多くはアルコール発酵を利用している。アルコール発酵で得られる溶液のエタノール濃度は低く，高濃度のエタノール水溶液を得るには蒸留が必要である。エタノールの性質と蒸留に関する，次の問い（**問1～3**）に答えよ。（配点　20）

問1 エタノールに関する記述として**誤りを含むもの**はどれか。最も適当なものを，次の①～④のうちから一つ選べ。　11

① 水溶液は塩基性を示す。

② 固体の密度は液体より大きい。

③ 完全燃焼すると，二酸化炭素と水が生じる。

④ 燃料や飲料，消毒薬に用いられている。

問2 文献によると，圧力 1.013×10^5 Pa で 20 ℃ のエタノール 100 g および水 100 g を，単位時間あたりに加える熱量を同じにして加熱すると，それぞれの液体の温度は図1の実線 **a** および **b** のように変化する。t_1，t_2 は残ったエタノールおよび水がそれぞれ 50 g になる時間である。一方，ある濃度のエタノール水溶液 100 g を同じ条件で加熱すると，純粋なエタノールや水と異なり，水溶液の温度は図1の破線 **c** のように沸騰が始まったあとも少しずつ上昇する。この理由は，加熱により水溶液のエタノール濃度が変化するためと考えられる。図1の実線 **a**，**b** および破線 **c** に関する記述として下線部に**誤りを含むもの**はどれか。最も適当なものを，後の①～④のうちから一つ選べ。
12

— 52 —

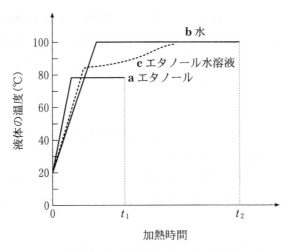

図1 エタノール(実線a)と水(実線b), ある濃度のエタノール水溶液(破線c)の加熱による温度変化

① エタノールおよび水の温度を20℃から40℃へ上昇させるために必要な熱量は, 水の方がエタノールよりも大きい。
② エタノール水溶液を加熱していったとき, 時間t_1においてエタノールは水溶液中に残存している。
③ 純物質の沸点は物質量に依存しないので, 水もエタノールも, 沸騰開始後に加熱を続けて液体を蒸発させても液体の温度は変わらない。
④ エタノール50gが水50gより短時間で蒸発することから, 1gの液体を蒸発させるのに必要な熱量は, エタノールの方が水より大きいことがわかる。

問 3 エタノール水溶液(原液)を蒸留すると，蒸発した気体を液体として回収した水溶液(蒸留液)と，蒸発せずに残った水溶液(残留液)が得られる。このとき，蒸留液のエタノール濃度が，原液のエタノール濃度によってどのように変化するかを調べるために，次の**操作Ⅰ～Ⅲ**を行った。

操作Ⅰ 試料として，質量パーセント濃度が10％から90％までの9種類のエタノール水溶液(原液A～I)をつくった。

操作Ⅱ 蒸留装置を用いて，原液A～Iをそれぞれ加熱し，蒸発した気体をすべて回収して，原液の質量の $\frac{1}{10}$ の蒸留液と $\frac{9}{10}$ の残留液を得た。

原液 —加熱→ 蒸留液 + 残留液

操作Ⅲ 得られた蒸留液のエタノール濃度を測定した。

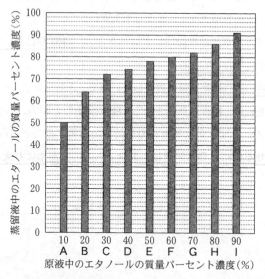

図2 原液A～I中のエタノールの質量パーセント濃度と蒸留液中のエタノールの質量パーセント濃度の関係

図2に，原液A〜Iを用いたときの蒸留液中のエタノールの質量パーセント濃度を示す。図2より，たとえば質量パーセント濃度10%のエタノール水溶液(原液A)に対して**操作Ⅱ・Ⅲ**を行うと，蒸留液中のエタノールの質量パーセント濃度は50%と高くなることがわかる。次の問い(**a〜c**)に答えよ。

a 操作Ⅰで，原液Aをつくる手順として最も適当なものを，次の①〜④のうちから一つ選べ。ただし，エタノールと水の密度はそれぞれ 0.79 g/cm³，1.00 g/cm³ とする。　13

① エタノール 100 g をビーカーに入れ，水 900 g を加える。
② エタノール 100 g をビーカーに入れ，水 1000 g を加える。
③ エタノール 100 mL をビーカーに入れ，水 900 mL を加える。
④ エタノール 100 mL をビーカーに入れ，水 1000 mL を加える。

b 原液Aに対して**操作Ⅱ・Ⅲ**を行ったとき，残留液中のエタノールの質量パーセント濃度は何%か。最も適当な数値を，次の①〜⑤のうちから一つ選べ。　14　%

① 4.4　　② 5.0　　③ 5.6　　④ 6.7　　⑤ 10

c 蒸留を繰り返すと，より高濃度のエタノール水溶液が得られる。そこで，**操作Ⅱ**で原液Aを蒸留して得られた蒸留液1を再び原液とし，**操作Ⅱ**と同様にして蒸留液2を得た。蒸留液2のエタノールの質量パーセント濃度は何%か。最も適当な数値を，後の①〜⑤のうちから一つ選べ。　15　%

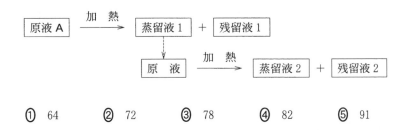

① 64　　② 72　　③ 78　　④ 82　　⑤ 91

MEMO

化 学 基 礎

（2022年 1 月実施）

2 科目選択 60分　50点

追試験
2022

化 学 基 礎

$$\left(\text{解答番号}\ \boxed{1}\ \sim\ \boxed{19}\right)$$

必要があれば，原子量は次の値を使うこと。

H	1.0	C	12	O	16	Ne	20
Na	23	Mg	24	Cl	35.5	Ca	40

第 1 問 次の問い（**問 1 ～ 9**）に答えよ。（配点 30）

問 1 物質の三態間の変化（状態変化）を示した記述として適当なものを，次の①～⑥のうちから二つ選べ。ただし，解答の順序は問わない。 $\boxed{1}$・$\boxed{2}$

① 冷え込んだ朝に，戸外に面したガラス窓の内側が水滴でくもった。

② 濁った水をろ過すると，透明な水が得られた。

③ 銅葺き屋根の表面が，長年たつと，青緑色になった。

④ 紅茶に薄切りのレモンを入れると，紅茶の色が薄くなった。

⑤ とがった鉛筆の芯が，鉛筆を使うにつれて，すり減って丸くなった。

⑥ タンスに防虫剤として入れたナフタレンやショウノウが，時間がたつと小さくなった。

問 2 セシウム Cs の放射性同位体の一つである ^{137}Cs は，半減期 30 年で壊変（崩壊）する。^{137}Cs の量が元の量の $\frac{1}{10}$ になる期間として最も適当なものを，次の ①〜⑥ のうちから一つ選べ。　 3

① 60 年未満

② 60 年以上 90 年未満

③ 90 年以上 120 年未満

④ 120 年以上 150 年未満

⑤ 150 年以上 180 年未満

⑥ 180 年以上

問 3 カルシウム，ケイ素，ヨウ素の単体に共通する記述として最も適当なものを，次の ①〜④ のうちから一つ選べ。　 4

① 電気をよく通す。

② 共有結合をもつ。

③ 常温の水とは容易に反応しない。

④ 常温・常圧で固体である。

問 4　周期表の第 2 周期と第 3 周期の黒く塗りつぶした元素に関する記述として**誤りを含むもの**を，次の①～④のうちから一つ選べ。　　5

① 同一周期内で原子の電子親和力が最も大きい（陰性が最も強い）。

周期 ＼ 族	1	2	3～12	13	14	15	16	17	18
2								■	
3								■	

② 同一周期内で原子のイオン化エネルギーが最も小さい。

周期 ＼ 族	1	2	3～12	13	14	15	16	17	18
2	■								
3	■								

③ 原子が価電子を 4 個もつ。

周期 ＼ 族	1	2	3～12	13	14	15	16	17	18
2					■				
3					■				

④ 非金属元素である。

周期 ＼ 族	1	2	3～12	13	14	15	16	17	18
2				■					
3				■					

問 5 酸や塩基の水溶液の濃度を決める方法として，中和反応によって生成する塩の質量を測定する方法がある。この方法で，1.0 mol/L の水酸化ナトリウム NaOH 水溶液 A のモル濃度を有効数字 3 桁で求めるために，水溶液 A に塩酸を加えて生じる塩化ナトリウム NaCl（式量 58.5）の質量を測定する次の**実験**を行った。この**実験**で，空気中の二酸化炭素 CO_2 と NaOH の反応による影響は無視できるものとして，後の問い（**a・b**）に答えよ。

実験 水溶液 A を 50.0 mL とってビーカーに入れ，塩酸を加えてよくかき混ぜた。この水溶液のすべてを蒸発皿に移し，ガスバーナーで十分に加熱して水分を蒸発させた。得られた固体の質量を測定した。

a 加える塩酸のモル濃度と体積の組合せのうち，水溶液 A のモル濃度を**正しく求められないもの**はどれか。最も適当なものを，次の①～④のうちから一つ選べ。 | 6 |

	塩酸のモル濃度(mol/L)	塩酸の体積(mL)
①	0.70	60
②	1.0	60
③	1.2	50
④	1.4	50

b 適切な実験で得られた NaCl の質量は，3.04 g であった。このとき，水溶液 A のモル濃度を有効数字 3 桁で求めると何 mol/L か。最も適当な数値を，次の①～⑤のうちから一つ選べ。 | 7 | mol/L

① 0.960 ② 0.980 ③ 1.00 ④ 1.02 ⑤ 1.04

18

問 6 弱酸の塩に強酸を加えたり，弱塩基の塩に強塩基を加えたりすると，次の式
(1)・(2)に示すような変化が起こる。

$$弱酸の塩　＋　強　酸 \longrightarrow 弱　酸　＋　強酸の塩 \qquad (1)$$

$$弱塩基の塩　＋　強塩基 \longrightarrow 弱塩基　＋　強塩基の塩 \qquad (2)$$

　ある塩 A の水溶液に塩酸を加えると，塩酸のにおいとは異なる刺激臭のあ
る物質が生じる。一方，水酸化ナトリウム水溶液を加えると，刺激臭のある
別の物質が生じる。A として最も適当なものを，次の①～⑤のうちから一つ
選べ。 8

① 硫酸アンモニウム

② 酢酸アンモニウム

③ 酢酸ナトリウム

④ 炭酸ナトリウム

⑤ 塩化カリウム

問 7 次の記述のうち，酸化還元反応が**関与していない**ものはどれか。最も適当な
ものを，次の①～④のうちから一つ選べ。 9

① ボーキサイトの製錬によってアルミニウムを製造した。

② お湯を沸かすために，都市ガスを燃焼させた。

③ 氷砂糖の塊を水に入れると，塊が小さくなった。

④ グレープフルーツにマグネシウムと銅を電極として差し込み，導線でつな
ぐと電流が流れた。

— 62 —

問 8 銅と亜鉛の性質に関する記述として正しいものはどれか。最も適当なもの
を，次の①〜④のうちから一つ選べ。 10

① 銅は希塩酸には溶けないが，希硝酸や希硫酸には溶ける。
② 亜鉛を希塩酸に溶かすと，塩素が発生する。
③ 硫酸亜鉛水溶液に銅板を浸すと，表面に亜鉛が析出する。
④ 熱した銅線を気体の塩素にさらすと，塩化銅(II)が生じる。

問 9 食品添加物などに用いられるビタミン C，$C_6H_8O_6$（分子量 176）は，空気中で少しずつ酸化されて別の物質に変化する。ビタミン C がどの程度酸化されるかを調べるために，純粋なビタミン C を 1.76 g はかり取り，空気中で一定期間放置した。この試料を水に溶かして 100 mL の水溶液とし，水溶液中のビタミン C のモル濃度を測定した。その結果，モル濃度は 9.0×10^{-2} mol/L であった。放置する前にあったビタミン C の何％が変化したか。最も適当な数値を，次の①～⑤のうちから一つ選べ。ただし，試料中のビタミン C はすべて水に溶けるものとする。 | 11 | ％

① 0.10 ② 0.90 ③ 1.0 ④ 9.0 ⑤ 10

第 2 問　18世紀の後半から，化学の基本法則が次々と発見され，物質に対する理解が深まった。化学の基本法則を利用して原子量を求める実験と，原子量を利用して物質の組成を求める実験に関する次の問い（**問 1 ～ 3**）に答えよ。（配点　20）

問 1　アボガドロは，気体の種類によらず，同温・同圧で同体積の気体には，同数の分子が含まれるという仮説を提唱した。この仮説は，今日ではアボガドロの法則として知られている。次の**実験 I** は，アボガドロの法則に基づいて，貴ガス（希ガス）元素の一つであるクリプトン Kr の原子量を求めることを目的としたものである。

実験 I　ネオン Ne 1.00 g が入った容器がある。大きさと質量が等しい別の容器に，同温・同圧で同じ体積の Kr を入れ，両方の容器を上皿天秤にのせた。両方の皿がつり合うには，図 1 に示すように，Ne が入った容器をのせた皿に 3.20 g の分銅が必要であった。

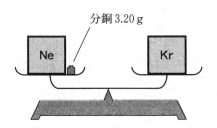

図 1　上皿天秤を用いた実験の模式図

Ne と Kr の原子は，いずれも最外殻電子の数が　ア　個である。これらの原子は，他の原子と反応したり結合をつくったりしにくい。このため，価電子の数は　イ　個とみなされる。Ne と Kr はいずれも単原子分子として存在するので，Ne の原子量が 20 であることを用いて，Kr の原子量を求めることができる。次の問い（**a ～ c**）に答えよ。

a 空欄 **ア** ・ **イ** に当てはまる数字として最も適当なものを，次の ①～⓪のうちから一つずつ選べ。ただし，同じものを繰り返し選んでもよい。

ア ☐12☐

イ ☐13☐

① 1　　② 2　　③ 3　　④ 4　　⑤ 5

⑥ 6　　⑦ 7　　⑧ 8　　⑨ 9　　⓪ 0

b 実験Ⅰで用いた Kr は，0 ℃，1.013×10^5 Pa で何 L か。最も適当な数値を，次の①～④のうちから一つ選べ。 ☐14☐ L

① 0.560　　② 1.12　　③ 1.68　　④ 2.24

c 実験Ⅰの結果から求められる Kr の原子量はいくらか。Kr の原子量を 2 桁の整数で表すとき， ☐15☐ と ☐16☐ に当てはまる数字を，次の①～⓪のうちから一つずつ選べ。ただし，同じものを繰り返し選んでもよい。また，Kr の原子量が 1 桁の場合には， ☐15☐ には⓪を選べ。

☐15☐ ☐16☐

① 1　　② 2　　③ 3　　④ 4　　⑤ 5

⑥ 6　　⑦ 7　　⑧ 8　　⑨ 9　　⓪ 0

問 2 プルーストは，一つの化合物を構成している成分元素の質量の比は，常に一定であるという定比例の法則を提唱した。次の**実験Ⅱ**は，炭酸ストロンチウム $SrCO_3$ を強熱すると，次の式(1)に示すように，固体の酸化ストロンチウム SrO と二酸化炭素 CO_2 に分解することを利用して，ストロンチウム Sr の原子量を求めることを目的としたものである。

$$SrCO_3 \longrightarrow SrO + CO_2 \qquad (1)$$

実験Ⅱ 細かくすりつぶした $SrCO_3$ をはかりとり，十分な時間強熱した。用いた $SrCO_3$ の質量と加熱後に残った固体の質量との関係は，表1のようになった。

表1 用いた $SrCO_3$ と加熱後に残った固体の質量

用いた $SrCO_3$ の質量(g)	0.570	1.140	1.710
加熱後に残った固体の質量(g)	0.400	0.800	1.200

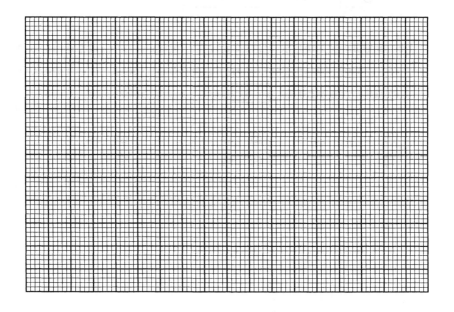

式(1)の反応では，分解する $SrCO_3$ と生じる SrO の質量の ウ は，発生する CO_2 の質量に等しい。また，生じる SrO と CO_2 の質量の エ は，分解する $SrCO_3$ の量にかかわらず一定となる。したがって，炭素 C と酸素 O の原子量を用いて，Sr の原子量を求めることができる。次の問い（**a・b**）に答えよ。必要であれば方眼紙を用いてよい。

a 空欄 ウ ・ エ に当てはまる語の組合せとして最も適当なものを，次の①～⑥のうちから一つ選べ。 17

	ウ	エ
①	和	和
②	和	差
③	和	比
④	差	和
⑤	差	差
⑥	差	比

b **実験Ⅱ**の結果から求められる Sr の原子量はいくらか。最も適当な数値を，次の①～⑥のうちから一つ選べ。ただし，加熱によりすべての $SrCO_3$ が反応したものとする。 18

① 76		② 80		③ 88	
④ 96		⑤ 104		⑥ 120	

— 68 —

問 3 ドロマイトは，炭酸マグネシウム $MgCO_3$（式量 84）と炭酸カルシウム $CaCO_3$（式量 100）を主成分とする岩石である。これらの炭酸塩を加熱すると，前問の式(1)と同様の反応が起こり，CO_2 を放出して，それぞれマグネシウム Mg とカルシウム Ca の酸化物に変化する。

　次の**実験Ⅲ**は，$MgCO_3$ と $CaCO_3$ のみからなる，ドロマイトを模した試料 A 中の Mg の物質量 n_{Mg} と Ca の物質量 n_{Ca} の比を求めることを目的としたものである。

実験Ⅲ　細かくすりつぶした試料 A 14.2 g をはかりとり，十分な時間強熱したところ，7.6 g の固体が得られた。

　Mg と Ca の物質量の比 $n_{Mg} : n_{Ca}$ を整数比で表したものとして最も適当なものを，次の①～⑦のうちから一つ選べ。ただし，加熱により炭酸塩のすべてが反応して，固体の酸化物に変化したものとする。　　19

① 1 : 1 　　② 1 : 2 　　③ 1 : 3 　　④ 2 : 1
⑤ 2 : 3 　　⑥ 3 : 1 　　⑦ 3 : 2

MEMO

化学基礎

（2021年1月実施）

2 科目選択 60分　50点

2021 第1日程

化 学 基 礎

$\left(\text{解答番号}\ \boxed{1}\ \sim\ \boxed{17}\right)$

必要があれば，原子量は次の値を使うこと。			
H 1.0	C 12	O 16	Cl 35.5
Ca 40			

第1問 次の問い(**問1~8**)に答えよ。(配点 30)

問1 空気，メタンおよびオゾンを，単体，化合物および混合物に分類した。この分類として最も適当なものを，次の①~⑥のうちから一つ選べ。　$\boxed{1}$

	単 体	化合物	混合物
①	空 気	メタン	オゾン
②	空 気	オゾン	メタン
③	メタン	オゾン	空 気
④	メタン	空 気	オゾン
⑤	オゾン	空 気	メタン
⑥	オゾン	メタン	空 気

— 72 —

問 2 次の記述で示された酸素のうち，含まれる酸素原子の物質量が最も小さいものはどれか。正しいものを，次の①~④のうちから一つ選べ。 ☐2☐

① 0 ℃，1.013×10^5 Pa の状態で体積が 22.4 L の酸素

② 水 18 g に含まれる酸素

③ 過酸化水素 1.0 mol に含まれる酸素

④ 黒鉛 12 g の完全燃焼で発生する二酸化炭素に含まれる酸素

問 3 図1は原子番号が1から19の各元素について，天然の同位体存在比が最も大きい同位体の原子番号と，その原子の陽子・中性子・価電子の数の関係を示す。次ページの問い（**a**・**b**）に答えよ。

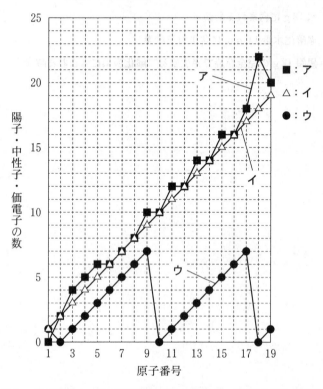

図1　原子番号と，その原子の陽子・中性子・価電子の数の関係

a 図1の**ア**〜**ウ**に対応する語の組合せとして正しいものを，次の①〜⑥のうちから一つ選べ。 | 3 |

	ア	イ	ウ
①	陽　子	中性子	価電子
②	陽　子	価電子	中性子
③	中性子	陽　子	価電子
④	中性子	価電子	陽　子
⑤	価電子	陽　子	中性子
⑥	価電子	中性子	陽　子

b 図1に示した原子の中で，質量数が最も大きい原子の質量数はいくつか。また，M殻に電子がなく原子番号が最も大きい原子の原子番号はいくつか。質量数および原子番号を2桁の数値で表すとき， | 4 | 〜 | 7 | に当てはまる数字を，下の①〜⓪のうちからそれぞれ一つずつ選べ。ただし，質量数や原子番号が1桁の場合には， | 4 | あるいは | 6 | に⓪を選べ。また，同じものを繰り返し選んでもよい。

質量数が最も大きい原子の質量数 | 4 | 5 |
M殻に電子がなく原子番号が最も大きい原子の原子番号 | 6 | 7 |

① 1　　　② 2　　　③ 3　　　④ 4　　　⑤ 5

⑥ 6　　　⑦ 7　　　⑧ 8　　　⑨ 9　　　⓪ 0

問 4 結晶の電気伝導性に関する次の文章中の ア ～ ウ に当てはまる語句の組合せとして最も適当なものを，下の①～⑥のうちから一つ選べ。 8

結晶の電気伝導性には，結晶内で自由に動くことのできる電子が重要な役割を果たす。たとえば， ア 結晶は自由電子をもち電気をよく通すが，ナフタレンの結晶のような イ 結晶は，一般に自由電子をもたず電気を通さない。また ウ 結晶は電気を通さないものが多いが， ウ 結晶の一つである黒鉛は，炭素原子がつくる網目状の平面構造の中を自由に動く電子があるために電気をよく通す。

	ア	イ	ウ
①	共有結合の	金 属	分 子
②	共有結合の	分 子	金 属
③	分 子	金 属	共有結合の
④	分 子	共有結合の	金 属
⑤	金 属	分 子	共有結合の
⑥	金 属	共有結合の	分 子

問 5 金属には常温の水とは反応しないが，熱水や高温の水蒸気と反応して水素を発生するものがある。そのため，これらの金属を扱っている場所で火災が発生した場合には，消火方法に注意が必要である。

アルミニウム Al，マグネシウム Mg，白金 Pt のうちで，高温の水蒸気と反応する金属はどれか。すべてを正しく選択しているものとして最も適当なものを，次の①～⑦のうちから一つ選べ。　9

① Al　　　　② Mg　　　　③ Pt　　　　④ Al, Mg

⑤ Al, Pt　　⑥ Mg, Pt　　⑦ Al, Mg, Pt

問 6 下線を付した物質が酸化剤としてはたらいている化学反応式を，次の①～④のうちから一つ選べ。　10

① $3\underline{CO} + Fe_2O_3 \longrightarrow 3CO_2 + 2Fe$

② $\underline{NH_4Cl} + NaOH \longrightarrow NH_3 + NaCl + H_2O$

③ $\underline{Na_2CO_3} + HCl \longrightarrow NaHCO_3 + NaCl$

④ $\underline{Br_2} + 2KI \longrightarrow 2KBr + I_2$

8

問 7 質量パーセント濃度 x (%)，密度 d (g/cm³) の溶液が 100 mL ある。この溶液に含まれる溶質のモル質量が M (g/mol) であるとき，溶質の物質量を表す式として最も適当なものを，次の①〜⑧のうちから一つ選べ。 $\boxed{11}$ mol

① $\dfrac{xd}{M}$ ② $\dfrac{xd}{100\,M}$ ③ $\dfrac{10\,xd}{M}$ ④ $\dfrac{100\,xd}{M}$

⑤ $\dfrac{M}{xd}$ ⑥ $\dfrac{100\,M}{xd}$ ⑦ $\dfrac{M}{10\,xd}$ ⑧ $\dfrac{M}{100\,xd}$

問 8 放電時の両極における酸化還元反応が，次の式で表される燃料電池がある。

正極　$O_2 + 4H^+ + 4e^- \longrightarrow 2H_2O$

負極　$H_2 \longrightarrow 2H^+ + 2e^-$

この燃料電池の放電で，2.0 mol の電子が流れたときに生成する水の質量と，消費される水素の質量はそれぞれ何 g か。質量の数値の組合せとして最も適当なものを，次の①～⑨のうちから一つ選べ。ただし，流れた電子はすべて水の生成に使われるものとする。　12

	生成する水の質量(g)	消費される水素の質量(g)
①	9.0	1.0
②	9.0	2.0
③	9.0	4.0
④	18	1.0
⑤	18	2.0
⑥	18	4.0
⑦	36	1.0
⑧	36	2.0
⑨	36	4.0

第2問 陽イオン交換樹脂を用いた実験に関する次の問い(**問1・問2**)に答えよ。
(配点 20)

問 1 電解質の水溶液中の陽イオンを水素イオン H^+ に交換するはたらきをもつ合成樹脂を,水素イオン型陽イオン交換樹脂という。

　塩化ナトリウム NaCl の水溶液を例にとって,この陽イオン交換樹脂の使い方を図1に示す。粒状の陽イオン交換樹脂を詰めたガラス管に NaCl 水溶液を通すと,陰イオン Cl^- は交換されず,陽イオン Na^+ は水素イオン H^+ に交換され,HCl 水溶液(塩酸)が出てくる。一般に,交換される陽イオンと水素イオンの物質量の関係は,次のように表される。

(陽イオンの価数)×(陽イオンの物質量)=(水素イオンの物質量)

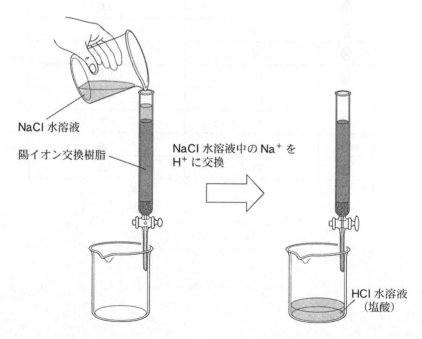

図1　陽イオン交換樹脂の使い方

次の問い（**a・b**）に答えよ。

a NaCl は正塩に分類される。正塩で**ないもの**を，次の①〜④のうちから一つ選べ。 $\boxed{13}$

① $CuSO_4$ ② Na_2SO_4

③ $NaHSO_4$ ④ NH_4Cl

b 同じモル濃度，同じ体積の水溶液**ア〜エ**をそれぞれ，陽イオン交換樹脂に通し，陽イオンがすべて水素イオンに交換された水溶液を得た。得られた水溶液中の水素イオンの物質量が最も大きいものは**ア〜エ**のどれか。最も適当なものを，次の①〜④のうちから一つ選べ。 $\boxed{14}$

ア KCl 水溶液   **イ** NaOH 水溶液

ウ $MgCl_2$ 水溶液   **エ** CH_3COONa 水溶液

① ア   ② イ   ③ ウ   ④ エ

問 2 塩化カルシウム $CaCl_2$ には吸湿性がある。実験室に放置された塩化カルシウムの試料 A 11.5 g に含まれる水 H_2O の質量を求めるため，陽イオン交換樹脂を用いて次の**実験Ⅰ〜Ⅲ**を行った。この**実験**に関する下の問い（**a 〜 c**）に答えよ。

実験Ⅰ 試料 A 11.5 g を 50.0 mL の水に溶かし，(a)$CaCl_2$水溶液とした。この水溶液を陽イオン交換樹脂を詰めたガラス管に通し，さらに約 100 mL の純水で十分に洗い流して Ca^{2+} がすべて H^+ に交換された塩酸を得た。

実験Ⅱ (b)**実験Ⅰ**で得られた塩酸を希釈して 500 mL にした。

実験Ⅲ **実験Ⅱ**の希釈溶液をホールピペットで 10.0 mL とり，コニカルビーカーに移して，指示薬を加えたのち，0.100 mol/L の水酸化ナトリウム $NaOH$ 水溶液で中和滴定した。中和点に達するまでに滴下した $NaOH$ 水溶液の体積は 40.0 mL であった。

a 下線部(a)の $CaCl_2$ 水溶液の pH と最も近い pH の値をもつ水溶液を，次の①〜④のうちから一つ選べ。ただし，混合する酸および塩基の水溶液はすべて，濃度が 0.100 mol/L，体積は 10.0 mL とする。 | 15 |

① 希硫酸と水酸化カリウム水溶液を混合した水溶液
② 塩酸と水酸化カリウム水溶液を混合した水溶液
③ 塩酸とアンモニア水を混合した水溶液
④ 塩酸と水酸化バリウム水溶液を混合した水溶液

b 下線部(b)に用いた器具と操作に関する記述として最も適当なものを，次の①~④のうちから一つ選べ。 **16**

① 得られた塩酸をビーカーで 50.0 mL はかりとり，そこに水を加えて 500 mL にする。

② 得られた塩酸をすべてメスフラスコに移し，水を加えて 500 mL にする。

③ 得られた塩酸をホールピペットで 50.0 mL とり，メスシリンダーに移し，水を加えて 500 mL にする。

④ 得られた塩酸をすべてメスシリンダーに移し，水を加えて 500 mL にする。

c **実験 I ~ III の結果より，試料 A 11.5 g に含まれる H_2O の質量は何 g か。** 最も適当な数値を，次の①~④のうちから一つ選べ。ただし，$CaCl_2$ の式量は 111 とする。 **17** g

① 0.4 　　　 ② 1.5 　　　 ③ 2.5 　　　 ④ 2.6

MEMO

化学基礎

（2021年1月実施）

2科目選択 60分　50点

2021 第2日程

化 学 基 礎

(解答番号 1 ~ 18)

必要があれば，原子量は次の値を使うこと。
N 14   O 16   F 19   Si 28
S 32   Cl 35.5   K 39   Ag 108

第1問 次の問い(問1～9)に答えよ。(配点 30)

問1 図1の**ア**～**オ**は，原子あるいはイオンの電子配置の模式図である。下の問い(**a**・**b**)に答えよ。

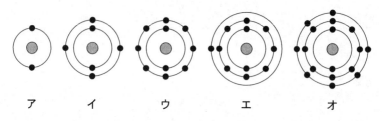

図1 原子あるいはイオンの電子配置の模式図(◉は原子核，●は電子)

a **ア**の電子配置をもつ1価の陽イオンと，**ウ**の電子配置をもつ1価の陰イオンからなる化合物として最も適当なものを，次の①～⑥のうちから一つ選べ。 1

① LiF   ② LiCl   ③ LiBr
④ NaF   ⑤ NaCl   ⑥ NaBr

— 86 —

b ア～オの電子配置をもつ原子の性質に関する記述として**誤りを含むもの**を，次の①～⑤のうちから一つ選べ。 2

① アの電子配置をもつ原子は，他の原子と結合をつくりにくい。

② イの電子配置をもつ原子は，他の原子と結合をつくる際，単結合だけでなく二重結合や三重結合もつくることができる。

③ ウの電子配置をもつ原子は，常温・常圧で気体として存在する。

④ エの電子配置をもつ原子は，オの電子配置をもつ原子と比べてイオン化エネルギーが大きい。

⑤ オの電子配置をもつ原子は，水素原子と共有結合をつくることができる。

問2 製油所では，石油(原油)から，その成分であるナフサ(粗製ガソリン)，灯油，軽油が分離される。この際に利用される，混合物から成分を分離する操作に関する記述として最も適当なものを，次の①～④のうちから一つ選べ。 3

① 混合物を加熱し，成分の沸点の差を利用して，成分ごとに分離する操作

② 混合物を加熱し，固体から直接気体になった成分を冷却して分離する操作

③ 溶媒に対する溶けやすさの差を利用して，混合物から特定の物質を溶媒に溶かし出して分離する操作

④ 温度によって物質の溶解度が異なることを利用して，混合物の溶液から純粋な物質を析出させて分離する操作

問 3 次の物質**ア**〜**オ**のうち，その結晶内に共有結合があるものはどれか。すべてを正しく選択しているものとして最も適当なものを，下の**①**〜**⑥**のうちから一つ選べ。 ⬚4⬚

ア 塩化ナトリウム **イ** ケイ素 **ウ** カリウム
エ ヨウ素 **オ** 酢酸ナトリウム

① ア，オ **②** イ，ウ **③** イ，エ
④ ア，エ，オ **⑤** イ，ウ，エ **⑥** イ，エ，オ

問 4 図2は，熱運動する一定数の気体分子Aについて，100，300，500 K におけるAの速さと，その速さをもつ分子の数の割合の関係を示したものである。図2から読み取れる内容および考察に関する記述として**誤りを含むもの**はどれか。最も適当なものを，下の①～⑤のうちから一つ選べ。 5

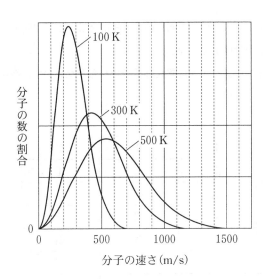

図2　各温度における気体分子Aの速さと，
　　　その速さをもつ分子の数の割合の関係

① 100 K では約 240 m/s の速さをもつ分子の数の割合が最も高い。

② 100 K から 300 K，500 K に温度が上昇すると，約 240 m/s の速さをもつ分子の数の割合が減少する。

③ 100 K から 300 K，500 K に温度が上昇すると，約 800 m/s の速さをもつ分子の数の割合が増加する。

④ 500 K から 1000 K に温度を上昇させると，分子の速さの分布が幅広くなると予想される。

⑤ 500 K から 1000 K に温度を上昇させると，約 540 m/s の速さをもつ分子の数の割合は増加すると予想される。

問 5 配位結合に関する次の記述（I～III）について，正誤の組合せとして最も適当なものを，下の①～⑧のうちから一つ選べ。　6

I　アンモニアと水素イオン H^+ が配位結合をつくると，アンモニウムイオンが形成される。

II　アンモニウムイオンの四つの N–H 結合は，すべて同等で，どれが配位結合であるかは区別できない。

III　アンモニウムイオンは非共有電子対をもたないので，金属イオンと配位結合をつくらない。

	I	II	III
①	正	正	正
②	正	正	誤
③	正	誤	正
④	正	誤	誤
⑤	誤	正	正
⑥	誤	正	誤
⑦	誤	誤	正
⑧	誤	誤	誤

問 6 濃度不明の希硫酸 10.0 mL に，0.50 mol/L の水酸化ナトリウム水溶液 20.0 mL を加えると，その溶液は塩基性となった。さらに，その混合溶液に 0.10 mol/L の塩酸を加えていくと，20.0 mL 加えたときに過不足なく中和した。もとの希硫酸の濃度は何 mol/L か。最も適当な数値を，次の①～⑤のうちから一つ選べ。　7　mol/L

① 0.30　　② 0.40　　③ 0.50　　④ 0.60　　⑤ 0.80

2021年度　第2日程　化学基礎　21

問 7　鉄の酸化に関する次の文章中の　**ア**　～　**ウ**　に当てはまる数値の組合せとして正しいものを，下の①～⑧のうちから一つ選べ。　**8**

鉄の酸化反応は，化学カイロや，食品の酸化を防ぐために使われる脱酸素剤に利用されている。次の化学反応式は，鉄の酸化の例を示したものである。

$$4\,Fe + 3\,O_2 \longrightarrow 2\,Fe_2O_3$$

この化学反応式において，鉄原子の酸化数は0から　**ア**　へ変化し，一方，酸素原子の酸化数は　**イ**　から　**ウ**　へ変化している。

	ア	イ	ウ
①	＋2	0	＋2
②	＋2	0	－2
③	＋2	－2	0
④	＋2	－2	－1
⑤	＋3	0	＋2
⑥	＋3	0	－2
⑦	＋3	－2	0
⑧	＋3	－2	－1

— 91 —

問 8 金属**ア**・**イ**は，銅 Cu，亜鉛 Zn，銀 Ag，鉛 Pb のいずれかである。次の記述（**I**・**II**）に当てはまる金属として最も適当なものを，下の**①**〜**④**のうちから一つずつ選べ。ただし，同じものを選んでもよい。

ア | 9 |

イ | 10 |

I **ア**は二次電池の電極や放射線の遮蔽材などとして用いられる。**ア**の化合物には，毒性を示すものが多い。

II **イ**の電気伝導性，熱伝導性はすべての金属元素の単体の中で最大である。**イ**のイオンは，抗菌剤に用いられている。

① Cu   **②** Zn   **③** Ag   **④** Pb

問 9 鉱物試料中の二酸化ケイ素 SiO_2 を，フッ化水素酸(フッ化水素 HF の水溶液)を用いてすべて除去することで，試料の質量の減少量からケイ素 Si の含有量を求めることができる。このときの反応は次式で表され，SiO_2 は気体の四フッ化ケイ素 SiF_4 と気体の水として除去される。

$$SiO_2 + 4\,HF \longrightarrow SiF_4 + 2\,H_2O$$

適切な前処理をして乾燥した，ある鉱物試料 2.00 g から，すべての SiO_2 を除去したところ，残りの乾燥した試料の質量は 0.80 g となった。この前処理をした鉱物試料中のケイ素の含有率(質量パーセント)は何%か。最も適当な数値を，次の ①～⑥ のうちから一つ選べ。ただし，前処理をした試料中のケイ素はすべて SiO_2 として存在し，さらに，SiO_2 以外の成分はフッ化水素酸と反応しないものとする。 | 11 | ％

① 2.8　　② 5.6　　③ 6.0　　④ 28　　⑤ 56　　⑥ 60

第2問 イオン結晶の性質に関する次の問い（**問1・問2**）に答えよ。（配点 20）

問1 次の文章を読み，下の問い（**a・b**）に答えよ。

(a)イオン結晶の性質は，イオン結晶を構成する陽イオンと陰イオンの組合せにより決まる。硝酸カリウム KNO_3 や硝酸カルシウム $Ca(NO_3)_2$ などのイオン結晶は水によく溶ける。

a 下線部(a)に関連して，イオン結晶中の金属イオンの大きさの違いを説明した次の文章中の ア ～ ウ に当てはまる語として最も適当なものを，下の①～⑦のうちから一つずつ選べ。

カリウムイオン K^+ とカルシウムイオン Ca^{2+} はアルゴンと同じ電子配置をもつが，イオンの大きさ（半径）は Ca^{2+} の方が K^+ よりも小さい。これは，Ca^{2+} では，原子核中に存在する粒子である陽子の数が K^+ より ア ，原子核の イ 電荷が大きいためである。その結果，Ca^{2+} では ウ が静電気的な引力によって強く原子核に引きつけられる。

ア 12

イ 13

ウ 14

① 少なく ② 多 く ③ 正 ④ 負
⑤ 電 子 ⑥ 陽 子 ⑦ 中性子

b　KNO₃(式量101)の溶解度は，図1に示すように，温度による変化が大きい。40℃のKNO₃の飽和水溶液164gを25℃まで冷却するとき，結晶として析出するKNO₃の物質量は何molか。最も適当な数値を，次の①〜⑥のうちから一つ選べ。　| 15 |　mol

① 0.26　② 0.38　③ 0.63　④ 1.0　⑤ 1.3　⑥ 1.6

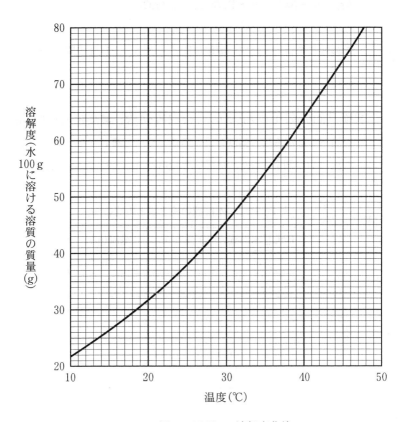

図1　KNO₃の溶解度曲線

問 2 水溶液中のイオンの濃度は，電気の通しやすさで測定することができる。硫酸銀 Ag_2SO_4 および塩化バリウム $BaCl_2$ は，水に溶解して電解質水溶液となり電気を通す。一方，Ag_2SO_4 水溶液と $BaCl_2$ 水溶液を混合すると，次の反応によって塩化銀 $AgCl$ と硫酸バリウム $BaSO_4$ の沈殿が生じ，水溶液中のイオンの濃度が減少するため電気を通しにくくなる。

$$Ag_2SO_4 + BaCl_2 \longrightarrow BaSO_4\downarrow + 2\,AgCl\downarrow$$

この性質を利用した次の**実験**に関する次ページ以降の問い（**a ～ c**）に答えよ。

実験 0.010 mol/L の Ag_2SO_4 水溶液 100 mL に，濃度不明の $BaCl_2$ 水溶液を滴下しながら混合溶液の電気の通しやすさを調べたところ，表 1 に示す電流（μA）が測定された。ただし，1 μA $= 1 \times 10^{-6}$ A である。

表 1　$BaCl_2$ 水溶液の滴下量と電流の関係

$BaCl_2$ 水溶液の滴下量（mL）	電流（μA）
2.0	70
3.0	44
4.0	18
5.0	13
6.0	41
7.0	67

a この**実験**において，Ag_2SO_4 を完全に反応させるのに必要な $BaCl_2$ 水溶液は何 mL か。最も適当な数値を，次の①～⑤のうちから一つ選べ。必要があれば，下の方眼紙を使うこと。　16　mL

① 3.6　　② 4.1　　③ 4.6　　④ 5.1　　⑤ 5.6

b 十分な量の $BaCl_2$ 水溶液を滴下したとき，生成する $AgCl$（式量 143.5）の沈殿は何 g か。最も適当な数値を，次の①～④のうちから一つ選べ。

17 g

① 0.11   ② 0.14   ③ 0.22   ④ 0.29

c 用いた $BaCl_2$ 水溶液の濃度は何 mol/L か。最も適当な数値を，次の①～⑥のうちから一つ選べ。 18 mol/L

① 0.20   ② 0.22   ③ 0.24   ④ 0.39   ⑤ 0.44   ⑥ 0.48

化学基礎

（2020年1月実施）

2科目選択 60分 50点

2020
本試験

化 学 基 礎

$$\left(\text{解答番号}\boxed{1}\sim\boxed{15}\right)$$

必要があれば，原子量は次の値を使うこと。

H 1.0 N 14 O 16 Na 23

第1問 次の問い（問1～7）に答えよ。（配点 25）

問1 原子およびイオンの電子配置に関する記述として**誤りを含むもの**を，次の①～④のうちから一つ選べ。 1

① 炭素原子Cの K 殻には，2個の電子が入っている。

② 硫黄原子Sは，6個の価電子をもつ。

③ ナトリウムイオンNa^+の電子配置は，フッ化物イオンF^-の電子配置と同じである。

④ 窒素原子Nの最外殻電子の数は，リン原子Pの最外殻電子の数と異なる。

－100－

問 2 周期表の 1〜18 族・第 1〜第 5 周期までの概略を図 1 に示した。図中の太枠で囲んだ領域 ア〜ク に関する記述として**誤りを含むもの**を，下の ①〜⑤ のうちから一つ選べ。 2

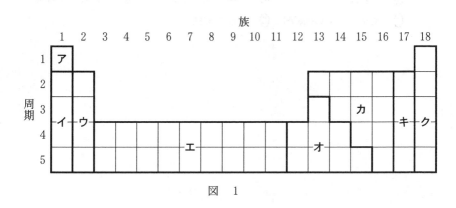

図 1

① アとイとウは，すべて典型元素である。
② エは，すべて遷移元素である。
③ オは，すべて遷移元素である。
④ カは，すべて典型元素である。
⑤ キとクは，すべて典型元素である。

問 3　分子全体として**極性がない**分子を，次の①〜⑤のうちから二つ選べ。ただし，解答の順序は問わない。　| 3 |　・　| 4 |

①　水 H_2O 　　　　　　　②　二酸化炭素 CO_2 　　　③　アンモニア NH_3

④　エタノール C_2H_5OH 　⑤　メタン CH_4

問 4 純物質の状態に関する記述として**誤りを含むもの**を，次の①～④のうちから一つ選べ。 5

① 液体では，沸点以下でも液面から蒸発がおこる。

② 気体から液体を経ることなく直接固体へ変化する物質は存在しない。

③ 気体では，一定温度であっても，空間を飛びまわる速さが速い分子や遅い分子がある。

④ 分子結晶では，分子の位置はほぼ固定されているが，分子は常温でも常に熱運動(振動)をしている。

問 5 水道水を蒸留するために，次の**手順Ⅰ・Ⅱ**により，図2のように装置を組み立てた。

手順Ⅰ 蒸留で得られる成分の沸点を正しく確認するために，穴をあけたゴム栓に通した温度計を枝付きフラスコに取り付け，温度計の下端部（球部）の位置を調節した。

手順Ⅱ 留出液（蒸留水）を得るために，受け器の三角フラスコを持ち上げてアダプターの先端を差し込んで，三角フラスコの下に台を置いた。

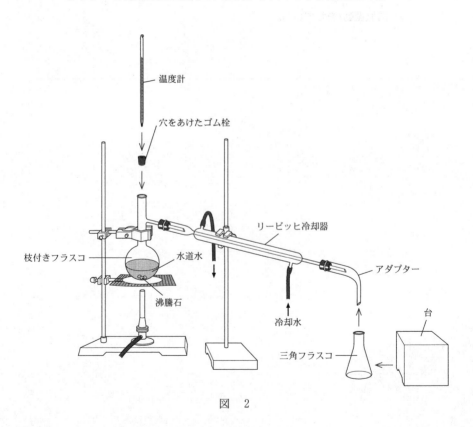

図 2

手順Ⅰに関する注意点（**ア～ウ**）および**手順Ⅱに関する注意点（エ・オ）**について，最も適当なものの組合せを，下の**①～⑥**のうちから一つ選べ。 6

【手順Ⅰに関する注意点】

ア 温度計の下端部を，水道水の中に差し込む。

イ 温度計の下端部を，水道水の液面にできるだけ近づける。

ウ 温度計の下端部を，枝付きフラスコの枝の付け根の高さに合わせる。

【手順Ⅱに関する注意点】

エ アダプターと三角フラスコの間を，アルミニウム箔で覆うが密閉はしない。

オ アダプターの先端を穴のあいたゴム栓に通し，三角フラスコに差し込んで密閉する。

	手順Ⅰに関する注意点	手順Ⅱに関する注意点
①	ア	エ
②	ア	オ
③	イ	エ
④	イ	オ
⑤	ウ	エ
⑥	ウ	オ

問 6 ある量の塩化カルシウム $CaCl_2$ と臭化カルシウム $CaBr_2$ を完全に溶かした水溶液に，十分な量の硫酸ナトリウム Na_2SO_4 水溶液を加えると 8.6 g の硫酸カルシウム二水和物 $CaSO_4 \cdot 2H_2O$（式量 172）の沈殿が得られた。水溶液中の臭化物イオンの物質量が 0.024 mol であったとすると，溶かした $CaCl_2$ の物質量は何 mol か。最も適当な数値を，次の①~⑤のうちから一つ選べ。ただし，水溶液中のカルシウムイオンはすべて $CaSO_4 \cdot 2H_2O$ として沈殿したものとする。 7 mol

① 0.002　② 0.019　③ 0.026　④ 0.038　⑤ 0.051

— 106 —

問 7 生活に関わる物質の記述として下線部に**誤りを含むもの**を，次の①~④のうちから一つ選べ。 8

① 二酸化ケイ素は，ボーキサイトの主成分であり，ガラスやシリカゲルの原料として使用される。

② 塩素は，殺菌作用があるので，浄水場で水の消毒に使用されている。

③ ポリエチレンは，炭素と水素だけからなる高分子化合物で，ポリ袋などに用いられる。

④ 白金は，空気中で化学的に変化しにくく，宝飾品に用いられる。

10

第2問 次の問い(問1〜6)に答えよ。(配点 25)

問1 塩素 Cl には質量数が 35 と 37 の同位体が存在する。分子を構成する原子の質量数の総和を M とすると,二つの塩素原子から生成する塩素分子 Cl_2 には,M が 70,72,および 74 のものが存在することになる。天然に存在するすべての Cl 原子のうち,質量数が 35 のものの存在比は 76 %,質量数が 37 のものの存在比は 24 % である。

これらの Cl 原子 2 個から生成する Cl_2 分子のうちで,M が 70 の Cl_2 分子の割合は何%か。最も適当な数値を,次の①〜⑥のうちから一つ選べ。
| 9 | %

① 5.8   ② 18   ③ 24
④ 36   ⑤ 58   ⑥ 76

問2 モル濃度が 0.25 mol/L の硝酸ナトリウム $NaNO_3$ 水溶液が 200 mL ある。この水溶液に $NaNO_3$ を加え,水で希釈することにより,0.12 mol/L の $NaNO_3$ 水溶液 500 mL を調製したい。加える $NaNO_3$ の質量は何 g か。最も適当な数値を,次の①〜⑤のうちから一つ選べ。| 10 | g

① 0.85   ② 5.1   ③ 6.0   ④ 9.4   ⑤ 15

— 108 —

問 3 水溶液 A 150 mL をビーカーに入れ，水溶液 B をビュレットから滴下しながら pH の変化を記録したところ，図 1 の曲線が得られた。水溶液 A および B として最も適当なものを，下の ①～⑨ のうちから一つずつ選べ。
A ☐11 ・ B ☐12

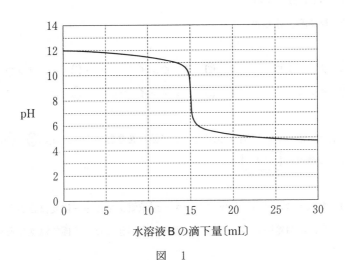

図　1

① 0.10 mol/L 塩酸
② 0.010 mol/L 塩酸
③ 0.0010 mol/L 塩酸
④ 0.10 mol/L 酢酸水溶液
⑤ 0.010 mol/L 酢酸水溶液
⑥ 0.0010 mol/L 酢酸水溶液
⑦ 0.10 mol/L 水酸化ナトリウム水溶液
⑧ 0.010 mol/L 水酸化ナトリウム水溶液
⑨ 0.0010 mol/L 水酸化ナトリウム水溶液

問 4 次に示す 0.1 mol/L 水溶液**ア〜ウ**を pH の大きい順に並べたものはどれか。最も適当なものを，下の①〜⑥のうちから一つ選べ。 13

ア NaCl 水溶液

イ NaHCO₃ 水溶液

ウ NaHSO₄ 水溶液

① ア > イ > ウ　　② ア > ウ > イ　　③ イ > ア > ウ

④ イ > ウ > ア　　⑤ ウ > ア > イ　　⑥ ウ > イ > ア

問 5 化学電池（電池）に関する記述として**誤りを含むもの**を，次の①〜④のうちから一つ選べ。 14

① 電池の放電では，化学エネルギーが電気エネルギーに変換される。

② 電池の放電時には，負極では還元反応が起こり，正極では酸化反応が起こる。

③ 電池の正極と負極との間に生じる電位差を，電池の起電力という。

④ 水素を燃料として用いる燃料電池では，発電時（放電時）に水が生成する。

2020年度　本試験　化学基礎　13

問 6　金属の溶解を伴う反応に関する記述として正しいものを，次の①〜④のうちから一つ選べ。　15

①　硝酸銀水溶液に鉄くぎを入れると，鉄が溶け，銀が析出する。

②　硫酸銅(Ⅱ)水溶液に亜鉛板を入れると，亜鉛が溶け，水素が発生する。

③　希硝酸に銅板を入れると，銅が溶け，水素が発生する。

④　濃硝酸にアルミニウム板を入れると，アルミニウム板が溶け続ける。

MEMO

化 学 基 礎

（2019年1月実施）

2 科目選択 60分 50点

化 学 基 礎

$$\left(\text{解答番号}\boxed{1}\sim\boxed{16}\right)$$

必要があれば，原子量は次の値を使うこと。

H 1.0　　　C 12　　　N 14　　　O 16

Ni 59

第1問 次の問い(問1〜7)に答えよ。(配点 25)

問1 次のように表される原子Aに関する記述として**誤りを含むもの**を，下の
①〜④のうちから一つ選べ。 $\boxed{1}$

$$^{19}_{9}\text{A}$$

① 最外殻には，7個の電子が存在する。

② 原子核には，9個の陽子が含まれる。

③ 原子核には，9個の中性子が含まれる。

④ 質量数は，19である。

—114—

問 2 次の分離操作**ア・イ**の名称として最も適当なものを，下の①～⑤のうちから一つずつ選べ。**ア** 2 **イ** 3

ア 固体が直接気体になる変化を利用して，混合物から目的の物質を分離する。

イ 溶媒に対する物質の溶けやすさの違いを利用して，混合物から目的の物質を溶媒に溶かし出して分離する。

① 吸 着　② 抽 出　③ 再結晶　④ 昇華法(昇華)　⑤ 蒸 留

問 3 ニッケル Ni を含む合金 6.0 g から，すべての Ni を酸化ニッケル(Ⅱ) NiO として得た。この NiO の質量が 1.5 g であるとき，元の合金中の Ni の含有率(質量パーセント)は何%か。最も適当な数値を，次の①～⑥のうちから一つ選べ。 4 ％

① 5.5　② 7.8　③ 10　④ 16　⑤ 20　⑥ 25

問 4 実験室で塩素 Cl_2 を発生させたところ，得られた気体には，不純物として塩化水素 HCl と水蒸気が含まれていた。図1に示すように，二つのガラス容器（洗気びん）に濃硫酸および水を別々に入れ，順次この気体を通じることで不純物を取り除き，Cl_2 のみを得た。これらのガラス容器に入れた液体 A と液体 B，および気体を通じたことによるガラス容器内の水の pH の変化の組合せとして最も適当なものを，下の①～④のうちから一つ選べ。ただし，濃硫酸は気体から水蒸気を除くために用いた。 5

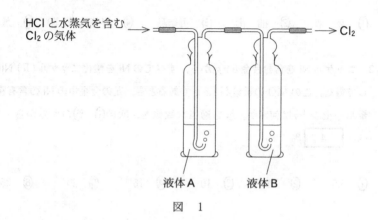

図 1

	液体 A	液体 B	ガラス容器内の水の pH
①	濃硫酸	水	大きくなる
②	濃硫酸	水	小さくなる
③	水	濃硫酸	大きくなる
④	水	濃硫酸	小さくなる

問 5 元素および原子の性質に関する記述として**誤りを含むもの**を，次の①〜④のうちから一つ選べ。 ☐6

① イオン化エネルギーが大きい原子ほど，陽イオンになりやすい。

② 周期表の第2周期の元素の電気陰性度は，希(貴)ガスを除き，右側のものほど大きい。

③ ハロゲンの原子は，1価の陰イオンになりやすい。

④ 遷移元素では，周期表で左右に隣り合う元素どうしの化学的性質が似ていることが多い。

問 6 分子およびイオンに含まれる電子対に関する記述として**誤りを含むもの**を，次の①〜④のうちから一つ選べ。 ☐7

① アンモニア分子は，3組の共有電子対と1組の非共有電子対をもつ。

② アンモニウムイオンは，4組の共有電子対をもつ。

③ オキソニウムイオンは，2組の共有電子対と2組の非共有電子対をもつ。

④ 二酸化炭素分子は，4組の共有電子対と4組の非共有電子対をもつ。

6

問 7 イオンからなる身のまわりの物質に関する次の記述（a～c）に当てはまるものを，下の①～⑤のうちから一つずつ選べ。

a 水に溶けると塩基性を示し，ベーキングパウダー（ふくらし粉）に主成分として含まれる。 8

b 水にも塩酸にもきわめて溶けにくく，胃のX線（レントゲン）撮影の造影剤に用いられる。 9

c 水に溶けると中性を示し，乾燥剤に用いられる。 10

① 塩化カルシウム
② 炭酸水素ナトリウム
③ 炭酸ナトリウム
④ 炭酸カルシウム
⑤ 硫酸バリウム

2019年度　本試験　化学基礎　7

第2問　次の問い（問1〜6）に答えよ。（配点　25）

問1　物質の量に関する記述として**誤りを含むもの**を，次の①〜④のうちから一つ選べ。　11

① CO と N_2 を混合した気体の質量は，混合比にかかわらず，同じ体積・圧力・温度の NO の気体の質量よりも小さい。

② モル濃度が $0.10\,mol/L$ である $CaCl_2$ 水溶液 $2.0\,L$ 中に含まれる Cl^- の物質量は，$0.40\,mol$ である。

③ H_2O $18\,g$ と CH_3OH $32\,g$ に含まれる水素原子の数は等しい。

④ 炭素（黒鉛）が完全燃焼すると，燃焼に使われた O_2 と同じ物質量の気体が生じる。

— 119 —

問 2 0.020 mol の亜鉛 Zn に濃度 2.0 mol/L の塩酸を加えて反応させた。このとき，加えた塩酸の体積と発生した水素の体積の関係は図 1 のようになった。ここで，発生した水素の体積は 0 ℃，1.013×10^5 Pa の状態における値である。図中の体積 V_1〔L〕と V_2〔L〕はそれぞれ何 L か。V_1 と V_2 の数値の組合せとして最も適当なものを，下の①～⑥のうちから一つ選べ。 12

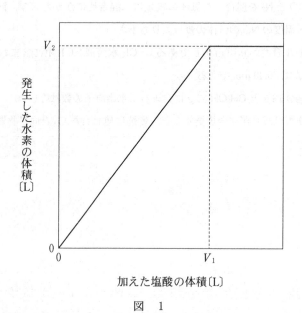

図 1

	V_1〔L〕	V_2〔L〕
①	0.020	0.90
②	0.020	0.45
③	0.020	0.22
④	0.010	0.90
⑤	0.010	0.45
⑥	0.010	0.22

問 3 酸 A と塩基 B を過不足なく中和して得られた正塩の水溶液は，塩基性を示した。酸 A と塩基 B の組合せとして正しいものを，次の①〜⑤のうちから一つ選べ。 13

	酸 A	塩基 B
①	HCl	NaOH
②	HCl	NH_3
③	HNO_3	NH_3
④	H_2SO_4	$Ca(OH)_2$
⑤	H_3PO_4	NaOH

問 4 0.10 mol/L の水酸化ナトリウム水溶液で，濃度不明の酢酸水溶液 20 mL を滴定した。この滴定に関する記述として**誤りを含むもの**を，次の①〜④のうちから一つ選べ。 14

① 滴定前の酢酸水溶液では，一部の酢酸が電離している。

② 滴定に用いた水酸化ナトリウム水溶液の pH は 13 である。

③ 滴定に用いた水酸化ナトリウム水溶液は，5.0 mol/L の水酸化ナトリウム水溶液を正確に 10 mL 取り，これを 500 mL に希釈して調製した。

④ 中和に要する水酸化ナトリウム水溶液の体積が 10 mL であったとき，もとの酢酸水溶液の濃度は 0.20 mol/L である。

10

問 5 実験の安全に関する記述として**適当でないもの**を，次の①〜⑤のうちから一つ選べ。 15

① 薬品のにおいをかぐときは，手で気体をあおぎよせる。

② 硝酸が手に付着したときは，直ちに大量の水で洗い流す。

③ 濃塩酸は，換気のよい場所で扱う。

④ 濃硫酸を希釈するときは，ビーカーに入れた濃硫酸に純水を注ぐ。

⑤ 液体の入った試験管を加熱するときは，試験管の口を人のいない方に向ける。

問 6 酸化と還元に関する記述として下線部に**誤りを含むもの**を，次の①〜④のうちから一つ選べ。 16

① 臭素と水素が反応して臭化水素が生成するとき，<u>臭素原子の酸化数は増加</u><u>する</u>。

② 希硫酸を電気分解すると，<u>水素イオンが還元されて</u>，気体の水素が発生する。

③ ナトリウムが水と反応すると，<u>ナトリウムが酸化されて</u>，水酸化ナトリウムが生成する。

④ 鉛蓄電池の放電では，<u>PbO_2 が還元され</u>，硫酸イオンと反応して $PbSO_4$ が生成する。

— 122 —

化　学

（2024年1月実施）

60分　100点

2024 本試験

化　　　学

$\left(\text{解答番号}\boxed{1}\sim\boxed{31}\right)$

必要があれば，原子量は次の値を使うこと。

H	1.0	Li	6.9	C	12	N	14
O	16	S	32	Cl	35.5	Mn	55
Ni	59	Cu	64	Zn	65	Ag	108

気体は，実在気体とことわりがない限り，理想気体として扱うものとする。

第1問 次の問い(問1〜4)に答えよ。(配点　20)

問1　次のイオンのうち，配位結合してできたイオンとして**適当でないもの**を，次の①〜④のうちから一つ選べ。 $\boxed{1}$

①　NH_4^+

②　H_3O^+

③　$[Ag(NH_3)_2]^+$

④　$HCOO^-$

— 124 —

問 2 温度 111 K，圧力 1.0×10^5 Pa で，液体のメタン CH_4（分子量 16）の密度は 0.42 g/cm^3 である。同圧でこの液体 16 g を 300 K まで加熱してすべて気体にしたとき，体積は何倍になるか。最も適当な数値を，次の ①〜④ のうちから一つ選べ。ただし，気体定数は $R = 8.3 \times 10^3$ Pa・L/(K・mol) とする。

　2　倍

① 6.5×10^2　　② 1.3×10^3　　③ 1.0×10^4　　④ 9.6×10^5

問 3 水に入れてよくかき混ぜたグルコース，砂，およびトリプシン（水中で分子コロイドになる）のうち，ろ紙を通過できるものと，セロハンの膜を通過できるものの組合せとして最も適当なものを，次の①～⑨のうちから一つ選べ。

3

	ろ紙を通過できるもの	セロハンの膜を通過できるもの
①	グルコース，砂	グルコース
②	グルコース，砂	砂
③	グルコース，砂	グルコース，砂
④	グルコース，トリプシン	グルコース
⑤	グルコース，トリプシン	トリプシン
⑥	グルコース，トリプシン	グルコース，トリプシン
⑦	砂，トリプシン	砂
⑧	砂，トリプシン	トリプシン
⑨	砂，トリプシン	砂，トリプシン

問 4 水 H₂O(分子量 18)に関する次の問い(a ～ c)に答えよ。

a 図1は水の状態図である。水の状態変化に関する記述として**誤りを含む**ものはどれか。最も適当なものを、後の①～④のうちから一つ選べ。 4

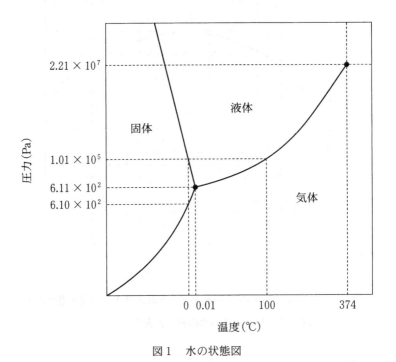

図1 水の状態図

① 2×10^2 Pa の圧力のもとでは、氷は 0 ℃ より低い温度で昇華する。
② 0 ℃のもとで、1.01×10^5 Pa の氷にさらに圧力を加えると、氷は融解する。
③ 0.01 ℃、6.11×10^2 Pa では、氷、水、水蒸気の三つの状態が共存できる。
④ 9×10^4 Pa の圧力のもとでは、水は 100 ℃ より高い温度で沸騰する。

b 図2は1.01×10⁵ Paの圧力のもとでの氷および水の密度の温度変化を表したものである。この図から読み取れる内容として正しいものはどれか。最も適当なものを，後の①～④のうちから一つ選べ。 5

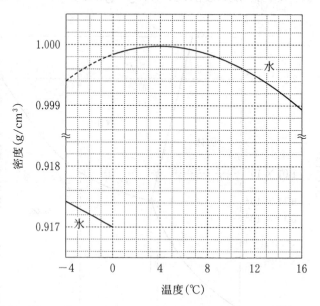

図2　1.01×10⁵ Paの圧力のもとでの氷および水の密度の温度変化
　　（破線は過冷却の状態の水の密度を表す）

① 0℃での氷1gの体積は同温での水1gの体積よりも小さい。
② 氷の密度は0℃で最大になる。
③ 12℃での水の密度は，－4℃での過冷却の状態の水の密度よりも大きい。
④ 断熱容器に入った4℃の水の液面をゆっくりと冷却すると，温度の低い水が下の方へ移動する。

2024年度　本試験　化学　7

c　1.01×10^5 Pa の圧力のもとにある 0 ℃ の氷 54 g がヒーターとともに断熱容器の中に入っている。ヒーターを用いて 6.0 kJ の熱を加えたところ，氷の一部が融解して水になった。残った氷の体積は何 cm³ か。最も適当な数値を，次の①～⑥のうちから一つ選べ。ただし，氷の融解熱は 6.0 kJ/mol とし，加えた熱はすべて氷の融解に使われたものとする。また，氷の密度は図 2 から読み取ること。　　6　　cm³

①　18　　　　　　　　②　19　　　　　　　　③　20

④　36　　　　　　　　⑤　39　　　　　　　　⑥　40

第2問 次の問い(問1〜4)に答えよ。(配点 20)

問1 市販の冷却剤には，硝酸アンモニウム NH_4NO_3(固)が水に溶解するときの吸熱反応を利用しているものがある。この反応のエネルギー図として最も適当なものを，次の①〜④のうちから一つ選べ。ただし，太矢印は反応の進行方向を示す。　7

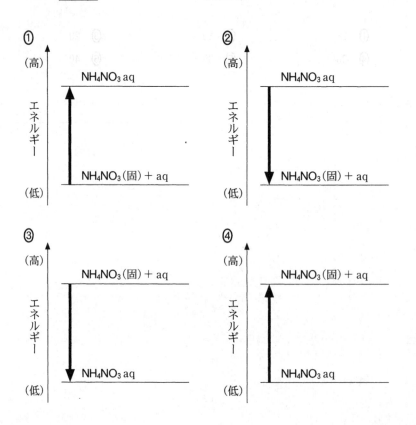

2024年度　本試験　化学　9

問 2　容積可変の密閉容器に二酸化炭素 CO_2 と水素 H_2 を入れて，800 ℃ に保ったところ，次の式(1)の反応が平衡に達した。

$$CO_2 + H_2 \rightleftarrows CO + H_2O \tag{1}$$

　平衡状態の CO の物質量を増やす操作として最も適当なものを，次の①～④のうちから一つ選べ。ただし，反応物，生成物はすべて気体として存在し，正反応は吸熱反応であるものとする。　　8

① 密閉容器内の圧力を一定に保ったまま，容器内の温度を下げる。

② 密閉容器内の温度を一定に保ったまま，容器内の圧力を上げる。

③ 密閉容器内の温度と圧力を一定に保ったまま，H_2 を加える。

④ 密閉容器内の温度と圧力を一定に保ったまま，アルゴンを加える。

—131—

問 3 アルカリマンガン乾電池，空気亜鉛電池（空気電池），リチウム電池の，放電における電池全体での反応はそれぞれ式(2)～(4)で表されるものとする。それぞれの電池の放電反応において，反応物の総量が 1 kg 消費されるときに流れる電気量 Q を比較する。これらの電池を，Q の大きい順に並べたものはどれか。最も適当なものを，後の①～⑥のうちから一つ選べ。ただし，反応に関与する物質の式量（原子量・分子量を含む）は表 1 に示す値とする。 $\boxed{9}$

アルカリマンガン乾電池

$$2\,MnO_2 + Zn + 2\,H_2O \longrightarrow 2\,MnO(OH) + Zn(OH)_2 \quad (2)$$

空気亜鉛電池　　　$O_2 + 2\,Zn \longrightarrow 2\,ZnO$ $\hspace{3cm}$ (3)

リチウム電池　　　$Li + MnO_2 \longrightarrow LiMnO_2$ $\hspace{3cm}$ (4)

表 1　電池の反応に関与する物質の式量

物　質	式　量	物　質	式　量
MnO_2	87	O_2	32
Zn	65	ZnO	81
H_2O	18	Li	6.9
$MnO(OH)$	88	$LiMnO_2$	94
$Zn(OH)_2$	99		

	反応物の総量が 1 kg 消費されるときに流れる電気量 Q の大きい順
①	アルカリマンガン乾電池　＞　空気亜鉛電池　＞　リチウム電池
②	アルカリマンガン乾電池　＞　リチウム電池　＞　空気亜鉛電池
③	空気亜鉛電池　＞　アルカリマンガン乾電池　＞　リチウム電池
④	空気亜鉛電池　＞　リチウム電池　＞　アルカリマンガン乾電池
⑤	リチウム電池　＞　アルカリマンガン乾電池　＞　空気亜鉛電池
⑥	リチウム電池　＞　空気亜鉛電池　＞　アルカリマンガン乾電池

問 4　1価の弱酸 HA の電離，および HA 水溶液へ水酸化ナトリウム NaOH 水溶液を滴下するときの水溶液中の分子やイオンの濃度変化に関する次の問い（a ～ c）に答えよ。ただし，水溶液の温度は変化しないものとする。

a　純水に弱酸 HA を溶解させた水溶液を考える。HA 水溶液のモル濃度 $c \, (\text{mol/L})$ と HA の電離度 α の関係を表したグラフとして最も適当なものを，次の①～⑤のうちから一つ選べ。ただし，HA 水溶液のモル濃度が $c_0 \, (\text{mol/L})$ のときの HA の電離度を α_0 とし，α は 1 よりも十分小さいものとする。　10

①
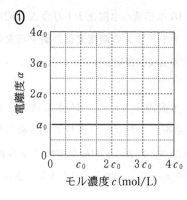

②
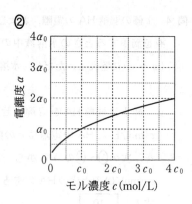

③
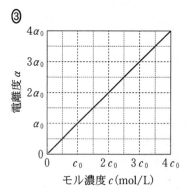

④
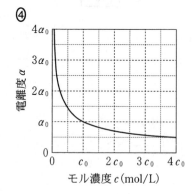

⑤
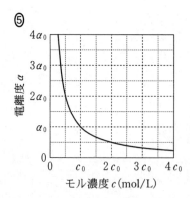

b モル濃度 0.10 mol/L の HA 水溶液 10.0 mL に，モル濃度 0.10 mol/L の NaOH 水溶液を滴下すると，水溶液中の HA，H$^+$，A$^-$，OH$^-$ のモル濃度 [HA]，[H$^+$]，[A$^-$]，[OH$^-$] は，図1のように変化する。NaOH 水溶液の滴下量が 2.5 mL のとき，H$^+$ のモル濃度は [H$^+$] = 8.1 × 10^{-5} mol/L である。弱酸 HA の電離定数 K_a は何 mol/L か。最も適当な数値を，後の ①〜⑥ のうちから一つ選べ。 11 mol/L

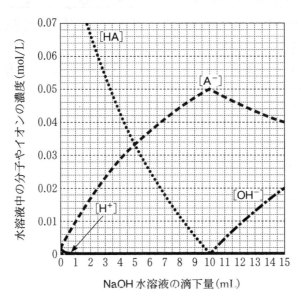

図1 NaOH 水溶液の滴下量と水溶液中の分子やイオンの濃度の関係

① 2.0 × 10^{-5} ② 2.7 × 10^{-5} ③ 1.1 × 10^{-4}
④ 2.4 × 10^{-4} ⑤ 3.2 × 10^{-4} ⑥ 6.7 × 10^{-3}

14

c **b**で設定した条件において，NaOH水溶液の滴下に伴う水溶液中の分子やイオンの濃度変化を説明する記述として，下線部に**誤りを含むもの**はどれか。最も適当なものを，次の①〜④のうちから一つ選べ。　12

① NaOH水溶液の滴下量によらず，陽イオンの総数と陰イオンの総数は等しい。

② NaOH水溶液の滴下量によらず，$[H^+]$と$[OH^-]$の積は一定である。

③ NaOH水溶液の滴下量が10 mL未満の範囲では，HAの電離平衡の移動により$[A^-]$が増加する。

④ NaOH水溶液の滴下量が10 mLより多い範囲では，中和反応により$[A^-]$が減少する。

2024年度　本試験　化学　15

第3問　次の問い(問1〜4)に答えよ。(配点　20)

問1　実験室で使用する化学物質の取扱いに関する記述として下線部に**誤りを含む**ものを，次の①〜⑤のうちから二つ選べ。ただし，解答の順序は問わない。

| 13 |
| 14 |

① ナトリウムは空気中の酸素や水と反応するため，<u>エタノール中に保存する</u>。

② 水酸化ナトリウム水溶液を誤って皮膚に付着させたときは，ただちに<u>多量の水で洗う</u>。

③ 濃硫酸から希硫酸をつくるときは，<u>濃硫酸に少しずつ水を加える</u>。

④ 濃硝酸は光で分解するため，<u>褐色びんに入れて保存する</u>。

⑤ 硫化水素は有毒な気体なので，<u>ドラフト内で取り扱う</u>。

問2　17族に属するフッ素 F，塩素 Cl，臭素 Br，ヨウ素 I，アスタチン At はハロゲンとよばれる。At には安定な同位体が存在しないが，F，Cl，Br，I から推定されるとおりの物理的・化学的性質を示すとされている。At の単体や化合物の性質に関する記述として**適当でないもの**を，次の①〜④のうちから一つ選べ。 15

① At の単体の融点と沸点は，ともにハロゲン単体の中で最も高い。

② At の単体は常温で水に溶けにくい。

③ 硝酸銀水溶液をアスタチン化ナトリウム NaAt 水溶液に加えると，難溶性のアスタチン化銀 AgAt を生じる。

④ 臭素水を NaAt 水溶液に加えても，酸化還元反応は起こらない。

— 137 —

問 3 表1にステンレス鋼とトタンの主な構成元素を示す。**ア**と**イ**に当てはまる元素として最も適当なものを，後の①～⑤のうちから一つずつ選べ。

ア 16

イ 17

表1 ステンレス鋼とトタンの主な構成元素

	主な構成元素		
ステンレス鋼	Fe	ア	Ni
トタン	Fe	イ	

① Al ② Ti ③ Cr ④ Zn ⑤ Sn

— 138 —

問 4 ニッケルの製錬には，鉱石から得た硫化ニッケル(II)NiS を塩化銅(II) $CuCl_2$ の水溶液と反応させて塩化ニッケル(II)$NiCl_2$ の水溶液とし，この水溶液の電気分解によって単体のニッケル Ni を得る方法がある。次の問い（**a**～**c**）に答えよ。

a 塩酸で酸性にした $CuCl_2$ 水溶液に固体の NiS を加えて反応させると，式(1)に示すように，NiS は $NiCl_2$ の水溶液として溶解させることができる。なお，硫黄 S は析出し分離することができる。

$$NiS + 2\,CuCl_2 \longrightarrow NiCl_2 + 2\,CuCl + S \tag{1}$$

式(1)の反応におけるニッケル原子と硫黄原子の化学変化に関する説明の組合せとして正しいものはどれか。最も適当なものを，次の①～⑥のうちから一つ選べ。 18

	ニッケル原子	硫黄原子
①	酸化される	酸化される
②	酸化される	還元される
③	酸化も還元もされない	酸化される
④	酸化も還元もされない	還元される
⑤	還元される	酸化される
⑥	還元される	還元される

b 式(1)で $NiCl_2$ と塩化銅(I)$CuCl$ が得られた水溶液に塩素 Cl_2 を吹き込むと，式(2)に示すように $CuCl$ から $CuCl_2$ が生じ，再び式(1)の反応に使うことができる。

$$2\,CuCl + Cl_2 \longrightarrow 2\,CuCl_2 \tag{2}$$

$CuCl_2$ を 40.5 kg 使い，NiS を 36.4 kg 加えて Cl_2 を吹き込んだ。式(1)と(2)の反応によって，すべてのニッケルが $NiCl_2$ として水溶液中に溶解し，銅はすべて $CuCl_2$ に戻されたとする。このとき式(1)と(2)の反応で消費された Cl_2 の物質量は何 mol か。最も適当な数値を，次の①～⑧のうちから一つ選べ。 19 mol

① 150　　　② 200　　　③ 300　　　④ 350

⑤ 400　　　⑥ 500　　　⑦ 550　　　⑧ 700

c 式⑴で $NiCl_2$ と $CuCl$ が得られた水溶液から $CuCl$ を除いた後，その水溶液を電気分解すると，単体の Ni が得られる。このとき陰極では，式⑶と⑷に示すように Ni の析出と気体の水素 H_2 の発生が同時に起こる。陽極では，式⑸に示すように気体の Cl_2 が発生する。

$$NiS + 2\,CuCl_2 \longrightarrow NiCl_2 + 2\,CuCl + S \qquad (1)\ (再掲)$$

$$陰極\quad Ni^{2+} + 2\,e^- \longrightarrow Ni \qquad\qquad\qquad (3)$$

$$2\,H^+ + 2\,e^- \longrightarrow H_2 \qquad\qquad\qquad (4)$$

$$陽極\quad 2\,Cl^- \longrightarrow Cl_2 + 2\,e^- \qquad\qquad\qquad (5)$$

電気分解により H_2 と Cl_2 が安定に発生しはじめてから，さらに時間 $t\,(s)$ だけ電気分解を続ける。この間に発生する H_2 と Cl_2 の体積が，温度 $T\,(K)$，圧力 $P\,(Pa)$ のもとでそれぞれ $V_{H_2}\,(L)$ と $V_{Cl_2}\,(L)$ のとき，陰極に析出する Ni の質量 $w\,(g)$ を表す式として最も適当なものを，後の①〜⑥のうちから一つ選べ。

ただし，Ni のモル質量は $M\,(g/mol)$，気体定数は $R\,(Pa\cdot L/(K\cdot mol))$ とする。また，流れた電流はすべて式⑶〜⑸の反応に使われるものとし，H_2 と Cl_2 の水溶液への溶解は無視できるものとする。

$$w = \boxed{\ 20\ }$$

① $\dfrac{MP(V_{Cl_2} + V_{H_2})}{RT}$　　　　② $\dfrac{MP(V_{Cl_2} - V_{H_2})}{RT}$

③ $\dfrac{MP(V_{H_2} - V_{Cl_2})}{RT}$　　　　④ $\dfrac{2\,MP(V_{Cl_2} + V_{H_2})}{RT}$

⑤ $\dfrac{2\,MP(V_{Cl_2} - V_{H_2})}{RT}$　　　　⑥ $\dfrac{2\,MP(V_{H_2} - V_{Cl_2})}{RT}$

第4問 次の問い(問1〜4)に答えよ。(配点 20)

問1 式(1)のようにエチレン(エテン)$CH_2=CH_2$ を，塩化パラジウム(II)$PdCl_2$ と塩化銅(II)$CuCl_2$ を触媒として適切な条件下で酸化すると，化合物 A が得られる。化合物 A の構造式として最も適当なものを，後の①〜④のうちから一つ選べ。 21

$$2 \underset{H}{\overset{H}{C}}=\underset{H}{\overset{H}{C}} \;+\; O_2 \quad \xrightarrow{\text{触媒}(PdCl_2,\;CuCl_2)} \quad 2\,A \tag{1}$$

①
$$\begin{array}{c} H \;\; H \\ H-\overset{|}{\underset{|}{C}}-\overset{|}{\underset{|}{C}}-OH \\ H \;\; H \end{array}$$

②
$$\begin{array}{c} H \;\;\;\;\; H \\ H-\overset{|}{\underset{|}{C}}-O-\overset{|}{\underset{|}{C}}-H \\ H \;\;\;\;\; H \end{array}$$

③
$$\begin{array}{c} H \;\;\; O \\ H-\overset{|}{\underset{|}{C}}-C \\ H \;\;\; H \end{array}$$

④
$$\begin{array}{c} H \;\;\; O \\ H-\overset{|}{\underset{|}{C}}-C \\ H \;\;\; OH \end{array}$$

問2 高分子化合物に関する記述として下線部に**誤りを含むもの**はどれか。最も適当なものを，次の①〜④のうちから一つ選べ。 22

① デンプンの成分の一つであるアミロペクチンは，<u>冷水に溶けやすい。</u>

② アクリル繊維は，<u>アクリロニトリル $CH_2=CH-CN$ が付加重合した</u>高分子を主成分とする合成繊維である。

③ 生ゴムに数％の硫黄粉末を加えて加熱すると，鎖状のゴム分子のところどころに硫黄原子による<u>架橋構造が生じ</u>，弾性，強度，耐久性が向上する。

④ レーヨンは，一般に<u>セルロース</u>を適切な溶媒に溶解させた後，繊維として再生させたものである。

—142—

問 3 図1に示すトリペプチドの水溶液に対して，後に示す検出反応**ア～ウ**をそれ
ぞれ行う。このとき，特有の変化を示す検出反応はどれか。すべてを正しく選
択しているものとして最も適当なものを，後の**①**～**⑦**のうちから一つ選べ。

23

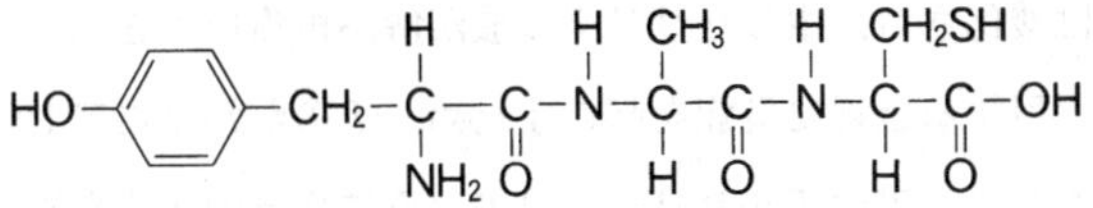

$$\text{HO}-\underset{}{\bigcirc}-\text{CH}_2-\underset{\underset{NH_2}{|}}{\overset{\overset{H}{|}}{C}}-\underset{\underset{O}{||}}{C}-\text{N}-\underset{\underset{H}{|}}{\overset{\overset{H}{|}}{C}}\overset{CH_3}{\underset{}{}}-\underset{\underset{O}{||}}{C}-\text{N}-\underset{\underset{H}{|}}{\overset{\overset{H}{|}}{C}}\overset{CH_2SH}{\underset{}{}}-\underset{\underset{O}{||}}{C}-\text{OH}$$

図1　トリペプチドの構造

検出反応に用いる主な試薬と操作

ア　ニンヒドリン反応：ニンヒドリン水溶液を加えて加熱する。

イ　キサントプロテイン反応：濃硝酸 HNO_3 を加えて加熱し，冷却後アンモニ
ア水を加えて塩基性にする。

ウ　ビウレット反応：水酸化ナトリウム NaOH 水溶液を加えて塩基性にした
後，薄い硫酸銅(Ⅱ) $CuSO_4$ 水溶液を少量加える。

① ア　　　　　**②** イ　　　　　**③** ウ　　　　　**④** ア，イ

⑤ ア，ウ　　　**⑥** イ，ウ　　　**⑦** ア，イ，ウ

問 4 医薬品に関する次の問い(**a ～ c**)に答えよ。

a ヤナギの樹皮に含まれるサリシンは，サリチルアルコールとグルコースが脱水縮合したかたちのグリコシド結合をもつ化合物である。サリシンは消化管を通る間に，図2に示すように加水分解される。生成したサリチルアルコールは酸化され，生じたサリチル酸が解熱鎮痛作用を示す。しかしサリチル酸を服用すると胃に炎症を起こすため，そのかわりにアセチルサリチル酸が開発された。アセチルサリチル酸のように病気の症状を緩和する医薬品を対症療法薬という。

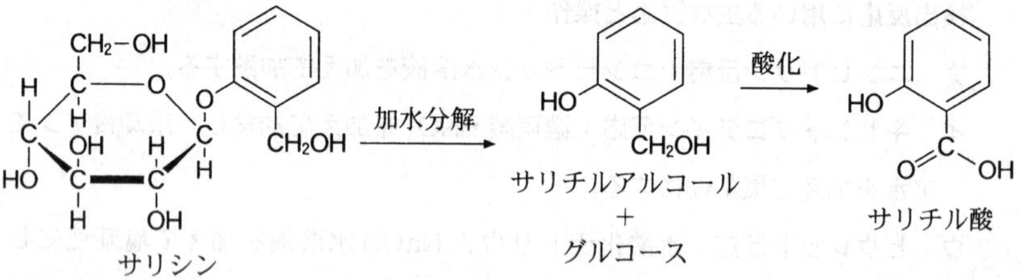

図2 サリシンの加水分解で得られるサリチルアルコールを経由したサリチル酸の生成

次の記述のうち下線部に**誤りを含むもの**はどれか。最も適当なものを，次の①～④のうちから一つ選べ。　24

① グリコシド結合は，希硫酸と加熱することにより加水分解される。

② サリシンを溶かした水溶液は，銀鏡反応を示す。

③ サリチル酸は，ナトリウムフェノキシドと二酸化炭素を高温・高圧で反応させた後，酸性にすることにより得られる。

④ サリチル酸とメタノールを反応させてできるエステルは，消炎鎮痛剤として用いられる。

b イギリスの細菌学者フレミングがアオカビから発見した抗生物質ペニシリンGは，病原菌の増殖を抑えて感染症を治す化学療法薬である。図3に示すペニシリンGは，破線で囲まれたβ-ラクタム環とよばれる環状のアミド構造をもつことで抗菌作用を示す。

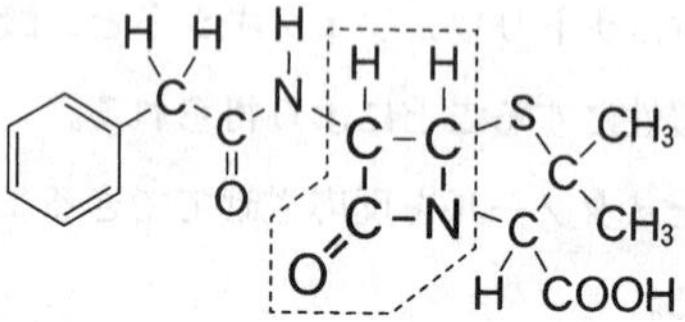

図3 ペニシリンGの構造
（破線で囲まれた部分がβ-ラクタム環）

ペニシリンGのβ-ラクタム環は反応性が高く，図4のように細菌の増殖に重要なはたらきをする酵素の活性部位にあるヒドロキシ基と反応する。その結果，この酵素のはたらきが阻害されるため，細菌の増殖が抑えられる。

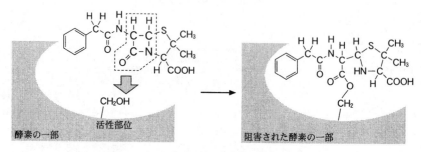

図4 ペニシリンGと細菌内の酵素との反応

分子内の脱水反応により β-ラクタム環ができる化合物はどれか。最も適当なものを，次の①～⑤のうちから一つ選べ。 $\boxed{25}$

① H₂N–C(H)(H)–C(=O)–OH の形:

$$\text{H}_2\text{N}-\overset{\text{H}}{\underset{\text{H}}{\text{C}}}-\overset{\text{O}}{\text{C}}-\text{OH}$$

②

$$\text{H}_2\text{N}-\overset{\text{H}}{\underset{\text{H}}{\text{C}}}-\overset{\text{H}}{\underset{\text{H}}{\text{C}}}-\overset{\text{O}}{\text{C}}-\text{OH}$$

③

$$\text{H}_2\text{N}-\overset{\text{H}}{\underset{\text{H}}{\text{C}}}-\overset{\text{H}}{\underset{\text{H}}{\text{C}}}-\overset{\text{H}}{\underset{\text{H}}{\text{C}}}-\overset{\text{O}}{\text{C}}-\text{OH}$$

④

$$\text{H}_2\text{N}-\overset{\text{H}}{\underset{\text{H}}{\text{C}}}-\overset{\text{H}}{\underset{\text{H}}{\text{C}}}-\overset{\text{H}}{\underset{\text{H}}{\text{C}}}-\overset{\text{H}}{\underset{\text{H}}{\text{C}}}-\overset{\text{O}}{\text{C}}-\text{OH}$$

⑤

$$\text{H}_2\text{N}-\overset{\text{H}}{\underset{\text{H}}{\text{C}}}-\overset{\text{H}}{\underset{\text{H}}{\text{C}}}-\overset{\text{H}}{\underset{\text{H}}{\text{C}}}-\overset{\text{H}}{\underset{\text{H}}{\text{C}}}-\overset{\text{H}}{\underset{\text{H}}{\text{C}}}-\overset{\text{O}}{\text{C}}-\text{OH}$$

c p-アミノ安息香酸エチルは局所麻酔薬として用いられる合成医薬品である。図 5 にトルエンから化合物 A，B，C を経由して合成する経路を示す。化合物 B として最も適当なものを，後の①〜⑥のうちから一つ選べ。

化合物 B ⬚26⬚

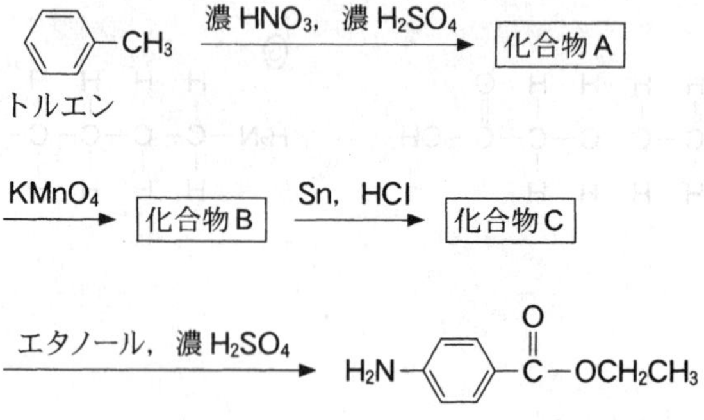

$$\text{トルエン}-CH_3 \xrightarrow{\text{濃 } HNO_3，\text{濃 } H_2SO_4} \boxed{\text{化合物 A}}$$

トルエン

$$\xrightarrow{KMnO_4} \boxed{\text{化合物 B}} \xrightarrow{Sn，HCl} \boxed{\text{化合物 C}}$$

$$\xrightarrow{\text{エタノール，濃 } H_2SO_4} H_2N-\text{〈〉}-\overset{\displaystyle O}{\underset{}{C}}-OCH_2CH_3$$

p-アミノ安息香酸エチル

図 5 p-アミノ安息香酸エチルを合成する経路

① H_2N-〈〉$-CH_3$

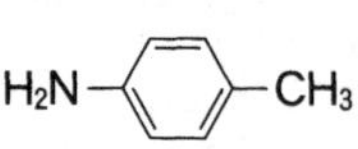

② H_2N-〈〉$-\overset{O}{C}-H$

③ H_2N-〈〉$-\overset{O}{C}-OH$

④ O_2N-〈〉$-CH_3$

⑤ O_2N-〈〉$-\overset{O}{C}-OH$

⑥ O_2N-〈〉$-\overset{O}{C}-OCH_2CH_3$

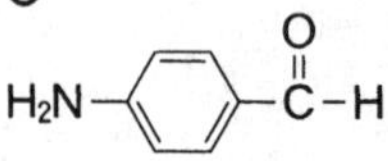

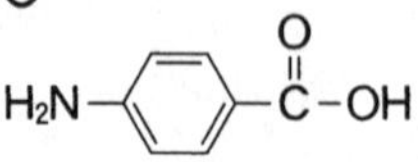

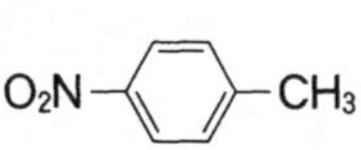

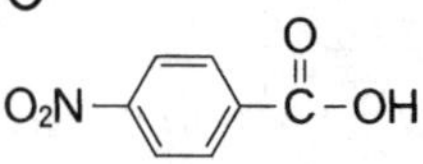

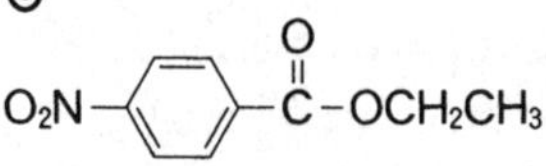

2024年度　本試験　化学　27

第5問　質量分析法に関する次の文章を読み，後の問い（**問1～3**）に答えよ。
（配点　20）

　質量分析法では，(a)きわめて微量な成分を分析することができる。この方法では，真空中で原子や分子をイオン化した後，電気や磁気の力を利用して(b)イオンを質量ごとに分離し，これを検出することで，イオン化した原子や分子の個数を知ることができる。

問1　下線部(a)に関連して，質量分析法はスポーツ競技における選手のドーピング検査などに利用されている。ドーピング検査では，検査対象となった選手から90 mL以上の尿を採取し，その一部を質量分析に用いて，対象物質の量が適正な範囲内であるかを調べる。

　テストステロンは，生体内に存在するホルモンであるが，筋肉増強効果があるためドーピング禁止物質に指定されている。

　図1に既知の質量のテストステロンを含む尿を質量分析法で分析した結果を示した。横軸は，尿 3.0 mL に含まれるテストステロンの質量で，縦軸は，テストステロンに由来する陽イオン A^+ の検出された個数（信号強度）である。ここで縦軸の数値は，尿 3.0 mL 中のテストステロンの質量が 5.0×10^{-8} g のときの A^+ の信号強度を 100 とした相対値で表している。

　ある選手の尿 3.0 mL から得られた A^+ の信号強度は 10 であった。この選手の尿 90 mL 中に含まれるテストステロンの質量は何 g か。最も適当な数値を，後の①～⑥のうちから一つ選べ。　| 27 |　g

— 149 —

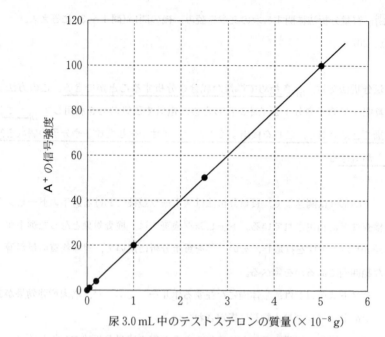

図1 尿中のテストステロンの質量と質量分析法で検出した
テストステロンに由来するイオン A^+ の信号強度との関係

① 1.5×10^{-8} ② 9.0×10^{-8} ③ 6.0×10^{-7}
④ 1.5×10^{-7} ⑤ 9.0×10^{-7} ⑥ 6.0×10^{-6}

問 2 下線部(b)に関連して，質量分析法により，ある元素の同位体の物質量の割合を測定することで，試料中に含まれるその元素の物質量を求めることができる。

ある金属試料 X 中に含まれる銀 Ag の物質量を求めるため，次の**実験Ⅰ・Ⅱ**を行った。金属試料 X 中に含まれていた Ag の物質量は何 mol か。最も適当な数値を，後の①〜④のうちから一つ選べ。 $\boxed{\ 28\ }$ mol

実験Ⅰ X をすべて硝酸に完全に溶解させ 200 mL とした。この溶液中の ^{107}Ag と ^{109}Ag の物質量の割合を質量分析法により求めたところ，^{107}Ag が 50.0 %，^{109}Ag が 50.0 % であった。

実験Ⅱ **実験Ⅰ**で調製した溶液から 100 mL を取り分け，それに ^{107}Ag の物質量の割合が 100 % である Ag 粉末を 5.00×10^{-3} mol 添加し，完全に溶解させた。この溶液中の ^{107}Ag と ^{109}Ag の物質量の割合を質量分析法により求めたところ，^{107}Ag が 75.0 %，^{109}Ag が 25.0 % であった。

① 1.00×10^{-3}　② 5.00×10^{-3}　③ 1.00×10^{-2}　④ 5.00×10^{-2}

問 3 イオンの質量(^{12}C 原子の質量を 12 とした「相対質量」)に対して，検出したそのイオンの個数(またはその最大値を 100 とした相対値で表した「相対強度」)をグラフにしたものを質量スペクトルという。質量スペクトルに関する次の文章を読み，後の問い(a ～ c)に答えよ。

図 2 は，メタン CH_4 を例としたイオン化の模式図である。外部から大きなエネルギーを与えると，CH_4 から電子が放出され，CH_4^+ が生成する。与えられるエネルギーがさらに大きいと，CH_4^+ の結合が切断された CH_3^+ や CH_2^+ などが生成することもある。

CH_4 をあるエネルギーでイオン化したときの質量スペクトルを図 3 に，相対質量 12～17 のイオンの相対強度を表 1 に示す。相対質量が 17 のイオンは，天然に 1 ％ 存在する $^{13}CH_4$ に由来する $^{13}CH_4^+$ である。CH_4^+ のような，電子を放出しただけのイオンを「分子イオン」，CH_3^+ や CH_2^+ のような結合が切断されたイオンを「断片イオン」とよぶ。

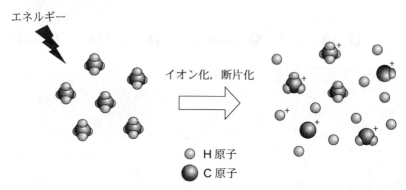

図 2　メタンのイオン化，断片化の模式図

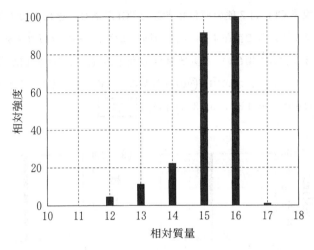

図3 メタンの質量スペクトル

表1 メタンの質量スペクトルにおけるイオンの強度分布

相対質量	相対強度	主なイオン
12	5	$^{12}C^+$
13	11	$^{12}CH^+$
14	22	$^{12}CH_2^+$
15	91	$^{12}CH_3^+$
16	100	$^{12}CH_4^+$
17	1	$^{13}CH_4^+$

a 塩素 Cl には 2 種の同位体 ^{35}Cl と ^{37}Cl があり，それらは天然におよそ 3：1 の割合で存在する。図 3 と同じエネルギーでクロロメタン CH$_3$Cl をイオン化した場合の，相対質量が 50 付近の質量スペクトルはどれか。最も適当なものを，次の①〜⑥のうちから一つ選べ。ただし，^{35}Cl と ^{37}Cl の相対質量は，それぞれ 35，37 とする。 29

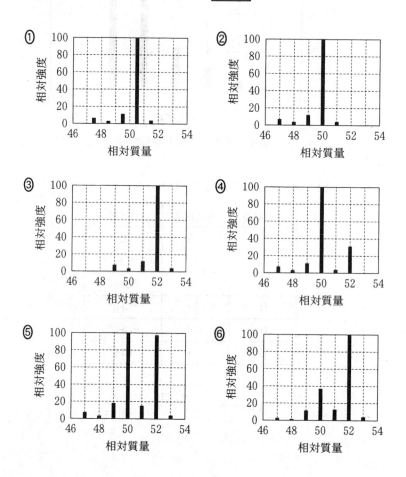

b ¹²C 以外の原子の相対質量は，その原子の質量数とはわずかに異なる。分子量がいずれもおよそ 28 である一酸化炭素 CO, エチレン（エテン）C₂H₄, 窒素 N₂ の混合気体 X の，相対質量 27.98～28.04 の範囲の質量スペクトルを図 4 に示す。図中のア～ウに対応する分子イオンの組合せとして正しいものはどれか。最も適当なものを，後の①～⑥のうちから一つ選べ。ただし，¹H, ¹²C, ¹⁴N, ¹⁶O の相対質量はそれぞれ，1.008, 12, 14.003, 15.995 とし，これら以外の同位体は無視できるものとする。| 30 |

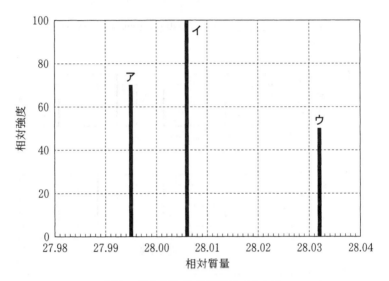

図 4　混合気体 X の質量スペクトル

	ア	イ	ウ
①	CO⁺	C₂H₄⁺	N₂⁺
②	CO⁺	N₂⁺	C₂H₄⁺
③	C₂H₄⁺	CO⁺	N₂⁺
④	C₂H₄⁺	N₂⁺	CO⁺
⑤	N₂⁺	CO⁺	C₂H₄⁺
⑥	N₂⁺	C₂H₄⁺	CO⁺

c あるエネルギーでメチルビニルケトン CH₃COCH＝CH₂（分子量 70）をイオン化すると，図5の破線で示した位置で結合が切断された断片イオンができやすいことがわかっている。メチルビニルケトンの質量スペクトルとして最も適当なものを，後の①～④のうちから一つ選べ。ただし，相対強度が10未満のイオンは省略した。 31

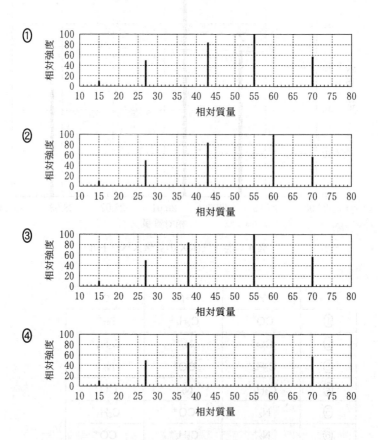

図5 メチルビニルケトンの構造と切断されやすい結合

化　学

（2023年1月実施）

60分　100点

2023
本試験

化 学

$$\left(\text{解答番号}\ \boxed{1}\ \sim\ \boxed{35}\ \right)$$

必要があれば，原子量は次の値を使うこと。

H 1.0	Li 6.9	Be 9.0	C 12
O 16	Na 23	Mg 24	S 32
K 39	Ca 40	I 127	

気体は，実在気体とことわりがない限り，理想気体として扱うものとする。
また，必要があれば，次の値を使うこと。

$\sqrt{2} = 1.41$

第1問 次の問い(問1～4)に答えよ。(配点 20)

問1 すべての化学結合が単結合からなる物質として最も適当なものを，次の①～
④のうちから一つ選べ。 $\boxed{1}$

① CH_3CHO　　　② C_2H_2　　　③ Br_2　　　④ $BaCl_2$

— 158 —

問 2 次の文章を読み，下線部(a)・(b)の状態を示す用語の組合せとして最も適当なものを，後の①〜⑧のうちから一つ選べ。　2

　海藻であるテングサを乾燥し，熱湯で溶出させると流動性のあるコロイド溶液が得られる。この溶液を冷却すると(a)流動性を失ったかたまりになる。さらに，このかたまりから水分を除去すると(b)乾燥した寒天ができる。

	(a)	(b)
①	ゾ ル	エーロゾル（エアロゾル）
②	ゾ ル	キセロゲル
③	エーロゾル（エアロゾル）	ゾ ル
④	エーロゾル（エアロゾル）	ゲ ル
⑤	ゲ ル	エーロゾル（エアロゾル）
⑥	ゲ ル	キセロゲル
⑦	キセロゲル	ゾ ル
⑧	キセロゲル	ゲ ル

問 3　水蒸気を含む空気を温度一定のまま圧縮すると，全圧の増加に比例して水蒸気の分圧は上昇する。水蒸気の分圧が水の飽和蒸気圧に達すると，水蒸気の一部が液体の水に凝縮し，それ以上圧縮しても水蒸気の分圧は水の飽和蒸気圧と等しいままである。

分圧 3.0×10^3 Pa の水蒸気を含む全圧 1.0×10^5 Pa，温度 300 K，体積 24.9 L の空気を，気体を圧縮する装置を用いて，温度一定のまま，体積 8.3 L にまで圧縮した。この過程で水蒸気の分圧が 300 K における水の飽和蒸気圧である 3.6×10^3 Pa に達すると，水蒸気の一部が液体の水に凝縮し始めた。図 1 は圧縮前と圧縮後の様子を模式的に示したものである。圧縮後に生じた液体の水の物質量は何 mol か。最も適当な数値を，後の ①〜⑥ のうちから一つ選べ。ただし，気体定数は $R = 8.3 \times 10^3$ Pa・L/(K・mol) とし，全圧の変化による水の飽和蒸気圧の変化は無視できるものとする。　3　mol

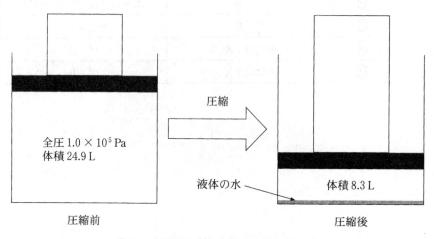

図 1　水蒸気を含む空気の圧縮の模式図

① 0.012　　　② 0.018　　　③ 0.030
④ 0.12　　　⑤ 0.18　　　⑥ 0.30

問 4 硫化カルシウム CaS（式量 72）の結晶構造に関する次の記述を読み，後の問い（a～c）に答えよ。

CaS の結晶中では，カルシウムイオン Ca^{2+} と硫化物イオン S^{2-} が図 2 に示すように規則正しく配列している。結晶中の Ca^{2+} と S^{2-} の配位数はいずれも　ア　で，単位格子は Ca^{2+} と S^{2-} がそれぞれ 4 個ずつ含まれる立方体である。隣り合う Ca^{2+} と S^{2-} は接しているが，(a)電荷が等しい Ca^{2+} どうし，および S^{2-} どうしは，結晶中で互いに接していない。Ca^{2+} のイオン半径を r_{Ca}，S^{2-} のイオン半径を R_S とすると $r_{Ca} < R_S$ であり，CaS の結晶の単位格子の体積 V は　イ　で表される。

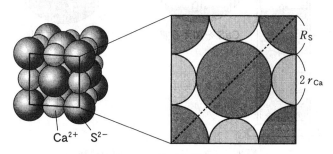

図 2　CaS の結晶構造と単位格子の断面

a　空欄　ア　・　イ　に当てはまる数字または式として最も適当なものを，それぞれの解答群の①～⑤のうちから一つずつ選べ。

アの解答群　　4

① 4　　② 6　　③ 8　　④ 10　　⑤ 12

イの解答群　　5

① $V = 8(R_S + r_{Ca})^3$　　　② $V = 32(R_S^3 + r_{Ca}^3)$

③ $V = (R_S + r_{Ca})^3$　　　　④ $V = \dfrac{16}{3}\pi(R_S^3 + r_{Ca}^3)$

⑤ $V = \dfrac{4}{3}\pi(R_S^3 + r_{Ca}^3)$

b エタノール 40 mL を入れたメスシリンダーを用意し，CaS の結晶 40 g をこのエタノール中に加えたところ，結晶はもとの形のまま溶けずに沈み，図3に示すように，40の目盛りの位置にあった液面が55の目盛りの位置に移動した。この結晶の単位格子の体積 V は何 cm^3 か。最も適当な数値を，後の①〜⑤のうちから一つ選べ。ただし，アボガドロ定数を 6.0×10^{23}/mol とする。 $\boxed{6}$ cm^3

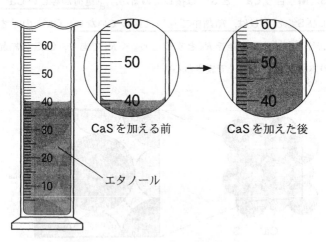

図3 メスシリンダーの液面の移動

① 4.5×10^{-23} ② 1.8×10^{-22} ③ 3.6×10^{-22}
④ 6.6×10^{-22} ⑤ 1.3×10^{-21}

c 図2に示すような配列の結晶構造をとる物質は CaS 以外にも存在する。そのような物質では，下線部(a)に示すのと同様に，結晶中で陽イオンどうし，および陰イオンどうしが互いに接していないものが多い。結晶を構成する2種類のイオンのうち，イオンの大きさが大きい方のイオン半径を R，小さい方のイオン半径を r として結晶の安定性を考える。このとき，R が $\left(\sqrt{\boxed{\text{ウ}}} + \boxed{\text{エ}}\right)r$ 以上になると，図2に示す単位格子の断面の対角線（破線）上で大きい方のイオンどうしが接するようになる。その結果，この結晶構造が不安定になり，異なる結晶構造をとりやすくなることが知られている。

　空欄 $\boxed{\text{ウ}}$・$\boxed{\text{エ}}$ に当てはまる数字として最も適当なものを，後の ①～⓪ のうちから一つずつ選べ。ただし，同じものを繰り返し選んでもよい。

ウ $\boxed{7}$

エ $\boxed{8}$

① 1　　② 2　　③ 3　　④ 4　　⑤ 5
⑥ 6　　⑦ 7　　⑧ 8　　⑨ 9　　⓪ 0

第2問 次の問い(問1〜4)に答えよ。(配点 20)

問1 二酸化炭素 CO_2 とアンモニア NH_3 を高温・高圧で反応させると，尿素 $(NH_2)_2CO$ が生成する。このときの熱化学方程式(1)の反応熱 Q は何 kJ か。最も適当な数値を，後の①〜⑧のうちから一つ選べ。ただし，CO_2(気)，NH_3(気)，$(NH_2)_2CO$(固)，水 H_2O(液)の生成熱は，それぞれ 394 kJ/mol，46 kJ/mol，333 kJ/mol，286 kJ/mol とする。 | 9 | kJ

$$CO_2(気) + 2NH_3(気) = (NH_2)_2CO(固) + H_2O(液) + Q \text{ kJ} \quad (1)$$

① −179 ② −153 ③ −133 ④ −107
⑤ 107   ⑥ 133   ⑦ 153   ⑧ 179

問2 硝酸銀 $AgNO_3$ 水溶液の入った電解槽 V に浸した2枚の白金電極(電極 A, B)と，塩化ナトリウム NaCl 水溶液の入った電解槽 W に浸した2本の炭素電極(電極 C, D)を，図1に示すように電源に接続した装置を組み立てた。この装置で電気分解を行った結果に関する記述として**誤りを含むもの**を，次の①〜⑤のうちから二つ選べ。ただし，解答の順序は問わない。
| 10 |
| 11 |

① 電解槽 V の水素イオン濃度が増加した。
② 電極 A に銀 Ag が析出した。
③ 電極 B で水素 H_2 が発生した。
④ 電極 C にナトリウム Na が析出した。
⑤ 電極 D で塩素 Cl_2 が発生した。

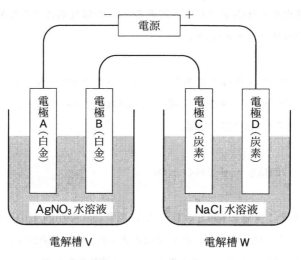

図 1　電気分解の装置

問 3　容積一定の密閉容器 X に水素 H_2 とヨウ素 I_2 を入れて，一定温度 T に保ったところ，次の式(2)の反応が平衡状態に達した。

$$H_2(気) + I_2(気) \rightleftharpoons 2HI(気) \tag{2}$$

平衡状態の H_2，I_2，ヨウ化水素 HI の物質量は，それぞれ 0.40 mol，0.40 mol，3.2 mol であった。

次に，X の半分の一定容積をもつ密閉容器 Y に 1.0 mol の HI のみを入れて，同じ一定温度 T に保つと，平衡状態に達した。このときの HI の物質量は何 mol か。最も適当な数値を，次の①〜⑥のうちから一つ選べ。ただし，H_2，I_2，HI はすべて気体として存在するものとする。　12　mol

① 0.060　② 0.11　③ 0.20　④ 0.80　⑤ 0.89　⑥ 0.94

10

問 4 過酸化水素 H_2O_2 の水 H_2O と酸素 O_2 への分解反応に関する次の文章を読み，後の問い(**a ～ c**)に答えよ。

　H_2O_2 の分解反応は次の式(3)で表され，水溶液中での分解反応速度は H_2O_2 の濃度に比例する。H_2O_2 の分解反応は非常に遅いが，酸化マンガン(IV) MnO_2 を加えると反応が促進される。

$$2\,H_2O_2 \longrightarrow 2\,H_2O + O_2 \tag{3}$$

　試験管に少量の MnO_2 の粉末とモル濃度 0.400 mol/L の過酸化水素水 10.0 mL を入れ，一定温度 20 ℃ で反応させた。反応開始から 1 分ごとに，それまでに発生した O_2 の体積を測定し，その物質量を計算した。10 分までの結果を表 1 と図 2 に示す。ただし，反応による水溶液の体積変化と，発生した O_2 の水溶液への溶解は無視できるものとする。

表 1　反応温度 20 ℃ で各時間までに発生した O_2 の物質量

反応開始からの時間(min)	発生した O_2 の物質量($\times 10^{-3}$ mol)
0	0
1.0	0.417
2.0	0.747
3.0	1.01
4.0	1.22
5.0	1.38
6.0	1.51
7.0	1.61
8.0	1.69
9.0	1.76
10.0	1.81

— 166 —

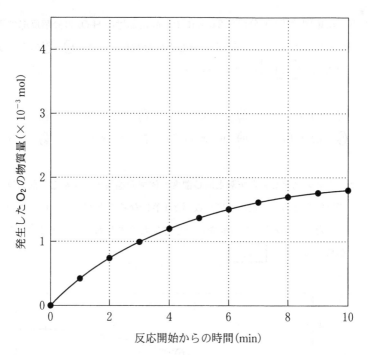

図2 反応温度 20 ℃ で各時間までに発生した O_2 の物質量

a H_2O_2 の水溶液中での分解反応に関する記述として**誤りを含むもの**はどれか。最も適当なものを、次の①〜④のうちから一つ選べ。 13

① 少量の塩化鉄(Ⅲ)$FeCl_3$ 水溶液を加えると、反応速度が大きくなる。
② 肝臓などに含まれるカタラーゼを適切な条件で加えると、反応速度が大きくなる。
③ MnO_2 の有無にかかわらず、温度を上げると反応速度が大きくなる。
④ MnO_2 を加えた場合、反応の前後でマンガン原子の酸化数が変化する。

b 反応開始後1.0分から2.0分までの間におけるH₂O₂の分解反応の平均反応速度は何mol/(L·min)か。最も適当な数値を，次の①〜⑧のうちから一つ選べ。 [14] mol/(L·min)

① 3.3×10^{-4} ② 6.6×10^{-4} ③ 8.3×10^{-4} ④ 1.5×10^{-3}
⑤ 3.3×10^{-2} ⑥ 6.6×10^{-2} ⑦ 8.3×10^{-2} ⑧ 0.15

c 図2の結果を得た実験と同じ濃度と体積の過酸化水素水を，別の反応条件で反応させると，反応速度定数が2.0倍になることがわかった。このとき発生したO₂の物質量の時間変化として最も適当なものを，次の①〜⑥のうちから一つ選べ。 [15]

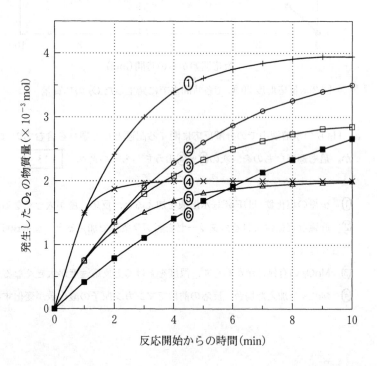

2023年度　本試験　化学　13

第3問　次の問い(問1 ～ 3)に答えよ。(配点　20)

問1　フッ化水素 HF に関する記述として**誤りを含むもの**はどれか。最も適当なものを，次の①～④のうちから一つ選べ。　16

① 水溶液は弱い酸性を示す。

② 水溶液に銀イオン Ag^+ が加わっても沈殿は生じない。

③ 他のハロゲン化水素よりも沸点が高い。

④ ヨウ素 I_2 と反応してフッ素 F_2 を生じる。

問2 金属イオン Ag^+, Al^{3+}, Cu^{2+}, Fe^{3+}, Zn^{2+} の硝酸塩のうち二つを含む水溶液 A がある。A に対して次の図1に示す**操作Ⅰ～Ⅳ**を行ったところ、それぞれ図1に示すような**結果**が得られた。A に含まれる二つの金属イオンとして最も適当なものを、後の①～⑤のうちから二つ選べ。ただし、解答の順序は問わない。

| 17 |
| 18 |

操作の内容		結果
操作Ⅰ	水溶液 A に希塩酸を加えた	得られた水溶液 B には沈殿が生じなかった
操作Ⅱ	水溶液 B に十分な量の硫化水素を吹き込んだ	水溶液 C と沈殿が得られた
操作Ⅲ	ろ過によって得た水溶液 C を煮沸し、硫化水素を追い出した後に硝酸を加えて熱し、冷却後に過剰な量のアンモニア水を加えて、弱塩基性とした	得られた水溶液 D には沈殿が生じなかった
操作Ⅳ	水溶液 D に十分な量の硫化水素を吹き込んだ	水溶液 E と沈殿が得られた

図1　操作の内容と結果

① Ag^+　　② Al^{3+}　　③ Cu^{2+}　　④ Fe^{3+}　　⑤ Zn^{2+}

— 170 —

問3 1族, 2族の金属元素に関する次の問い(a～c)に答えよ。

a 金属X, Yは, 1族元素のリチウムLi, ナトリウムNa, カリウムK, 2族元素のベリリウムBe, マグネシウムMg, カルシウムCaのいずれかの単体である。Xは希塩酸と反応して水素H_2を発生し, Yは室温の水と反応してH_2を発生する。そこで, さまざまな質量のX, Yを用意し, Xは希塩酸と, Yは室温の水とすべて反応させ, 発生したH_2の体積を測定した。反応させたX, Yの質量と, 発生したH_2の体積(0 ℃, 1.013×10^5 Paにおける体積に換算した値)との関係を図2に示す。

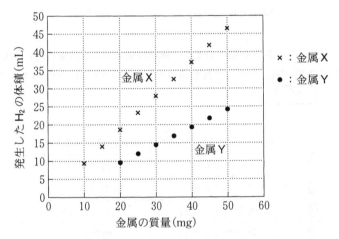

図2 反応させた金属X, Yの質量と発生したH_2の体積(0 ℃, 1.013×10^5 Paにおける体積に換算した値)の関係

このとき, X, Yとして最も適当なものを, 後の①～⑥のうちからそれぞれ一つずつ選べ。ただし, 気体定数は $R = 8.31 \times 10^3$ Pa·L/(K·mol)とする。

X 19
Y 20

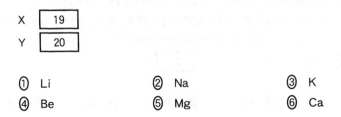

b マグネシウムの酸化物 MgO, 水酸化物 Mg(OH)$_2$, 炭酸塩 MgCO$_3$ の混合物 A を乾燥した酸素中で加熱すると, 水 H$_2$O と二酸化炭素 CO$_2$ が発生し, 後に MgO のみが残る。図3の装置を用いて混合物 A を反応管中で加熱し, 発生した気体をすべて吸収管 B と吸収管 C で捕集する実験を行った。

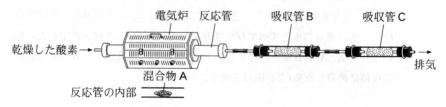

図3　混合物 A を加熱し発生する気体を捕集する装置

このとき, B と C にそれぞれ1種類の気体のみを捕集したい。B, C に入れる物質の組合せとして最も適当なものを, 次の①〜⑥のうちから一つ選べ。　21

	吸収管 B に入れる物質	吸収管 C に入れる物質
①	ソーダ石灰	酸化銅(Ⅱ)
②	ソーダ石灰	塩化カルシウム
③	塩化カルシウム	ソーダ石灰
④	塩化カルシウム	酸化銅(Ⅱ)
⑤	酸化銅(Ⅱ)	塩化カルシウム
⑥	酸化銅(Ⅱ)	ソーダ石灰

c　b の実験で, ある量の混合物 A を加熱すると MgO のみが 2.00 g 残った。また捕集された H$_2$O と CO$_2$ の質量はそれぞれ 0.18 g, 0.22 g であった。加熱前の混合物 A に含まれていたマグネシウムのうち, MgO として存在していたマグネシウムの物質量の割合は何 % か。最も適当な数値を, 次の①〜⑤のうちから一つ選べ。　22　%

① 30　　② 40　　③ 60　　④ 70　　⑤ 80

2023年度　本試験　化学　17

第4問　次の問い(問1〜4)に答えよ。(配点　20)

問 1　次の条件(**ア・イ**)をともに満たすアルコールとして最も適当なものを，後の①〜④のうちから一つ選べ。　| 23 |

　ア　ヨードホルム反応を示さない。

　イ　分子内脱水反応により生成したアルケンに臭素を付加させると，不斉炭素原子をもつ化合物が生成する。

①
$$CH_3-\underset{\underset{\displaystyle OH}{|}}{\overset{\overset{\displaystyle CH_3}{|}}{CH}}$$

②
$$CH_3-CH_2-CH_2-OH$$

③
$$CH_3-\underset{\underset{\displaystyle CH_3}{|}}{\overset{\overset{\displaystyle CH_3}{|}}{C}}-OH$$

④
$$CH_3-\underset{\underset{\displaystyle }{}}{\overset{\overset{\displaystyle CH_3}{|}}{CH}}-CH_2-OH$$

問 2　芳香族化合物に関する記述として**誤りを含むもの**はどれか。最も適当なものを，次の①〜④のうちから一つ選べ。　| 24 |

①　フタル酸を加熱すると，分子内で脱水し，酸無水物が生成する。

②　アニリンは，水酸化ナトリウム水溶液と塩酸のいずれにもよく溶ける。

③　ジクロロベンゼンには，ベンゼン環に結合する塩素原子の位置によって3種類の異性体が存在する。

④　アセチルサリチル酸に塩化鉄(Ⅲ)水溶液を加えても呈色しない。

— 173 —

問 3 高分子化合物の構造に関する記述として**誤りを含むもの**はどれか。最も適当なものを，次の①〜④のうちから一つ選べ。 25

① セルロースでは，分子内や分子間に水素結合が形成されている。

② DNA 分子の二重らせん構造中では，水素結合によって塩基対が形成されている。

③ タンパク質のポリペプチド鎖は，分子内で形成される水素結合により二次構造をつくる。

④ ポリプロピレンでは，分子間に水素結合が形成されている。

問 4 グリセリンの三つのヒドロキシ基がすべて脂肪酸によりエステル化された化合物をトリグリセリドと呼び，その構造は図1のように表される。

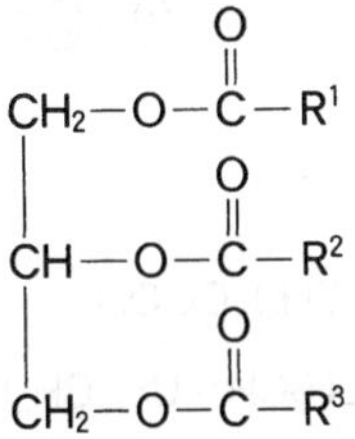

$$CH_2-O-\overset{\displaystyle O}{\overset{\|}{C}}-R^1$$
$$CH-O-\overset{\displaystyle O}{\overset{\|}{C}}-R^2$$
$$CH_2-O-\overset{\displaystyle O}{\overset{\|}{C}}-R^3$$

図1　トリグリセリドの構造（R^1, R^2, R^3 は鎖式炭化水素基）

あるトリグリセリド X（分子量 882）の構造を調べることにした。(a)X を触媒とともに水素と完全に反応させると，消費された水素の量から，1分子の X には4個の C＝C 結合があることがわかった。また，X を完全に加水分解したところ，グリセリンと，脂肪酸 A（炭素数 18）と脂肪酸 B（炭素数 18）のみが得られ，A と B の物質量比は 1：2 であった。トリグリセリド X に関する次の問い（**a ～ c**）に答えよ。

a 下線部(a)に関して，44.1 g の X を用いると，消費される水素は何 mol か。その数値を小数第2位まで次の形式で表すとき， 26 ～ 28 に当てはまる数字を，後の①～⓪のうちから一つずつ選べ。ただし，同じものを繰り返し選んでもよい。また，X の C＝C 結合のみが水素と反応するものとする。

26 . 27 28 mol

① 1	② 2	③ 3	④ 4	⑤ 5
⑥ 6	⑦ 7	⑧ 8	⑨ 9	⓪ 0

b トリグリセリド X を完全に加水分解して得られた脂肪酸 A と脂肪酸 B を，硫酸酸性の希薄な過マンガン酸カリウム水溶液にそれぞれ加えると，いずれも過マンガン酸イオンの赤紫色が消えた。脂肪酸 A（炭素数 18）の示性式として最も適当なものを，次の①～⑤のうちから一つ選べ。 29

① $CH_3(CH_2)_{16}COOH$

② $CH_3(CH_2)_7CH=CH(CH_2)_7COOH$

③ $CH_3(CH_2)_4CH=CHCH_2CH=CH(CH_2)_7COOH$

④ $CH_3CH_2CH=CHCH_2CH=CHCH_2CH=CH(CH_2)_7COOH$

⑤ $CH_3CH_2CH=CHCH_2CH=CHCH_2CH=CHCH_2CH=CH(CH_2)_4COOH$

2023年度　本試験　化学　21

c　トリグリセリド X をある酵素で部分的に加水分解すると，図 2 のように脂肪酸 A，脂肪酸 B，化合物 Y のみが物質量比 1：1：1 で生成した。また，X には鏡像異性体（光学異性体）が存在し，Y には鏡像異性体が存在しなかった。A を R^A-COOH，B を R^B-COOH と表すとき，図 2 に示す化合物 Y の構造式において，$\boxed{ア}$・$\boxed{イ}$ に当てはまる原子と原子団の組合せとして最も適当なものを，後の①～④のうちから一つ選べ。$\boxed{30}$

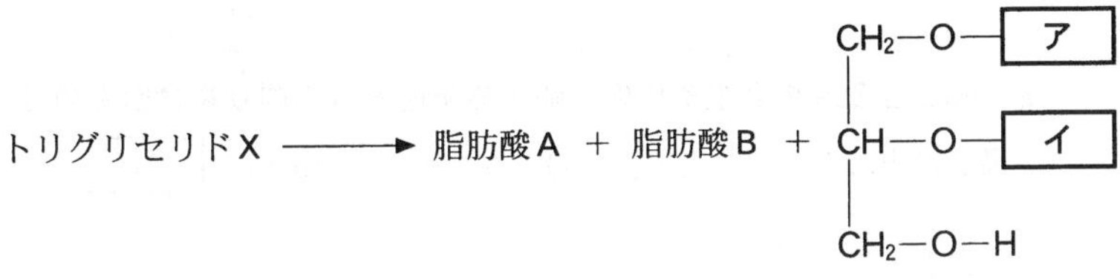

トリグリセリド X ──────→ 脂肪酸 A ＋ 脂肪酸 B ＋

$$
\begin{array}{l}
CH_2-O-\boxed{ア}\\
CH-O-\boxed{イ}\\
CH_2-O-H
\end{array}
$$

化合物 Y

図 2　ある酵素によるトリグリセリド X の加水分解

	ア	イ
①	$\overset{O}{\overset{\|\|}{C}}-R^A$	H
②	$\overset{O}{\overset{\|\|}{C}}-R^B$	H
③	H	$\overset{O}{\overset{\|\|}{C}}-R^A$
④	H	$\overset{O}{\overset{\|\|}{C}}-R^B$

— 177 —

第5問 硫黄 S の化合物である硫化水素 H_2S や二酸化硫黄 SO_2 を，さまざまな物質と反応させることにより，人間生活に有用な物質が得られる。一方，H_2S と SO_2 はともに火山ガスに含まれる有毒な気体であり，健康被害を及ぼす量のガスを吸い込むことがないように，大気中の濃度を求める必要がある。次の問い（問 1 ～ 3 ）に答えよ。（配点 20）

問 1 H_2S と SO_2 が関わる反応について，次の問い（**a・b**）に答えよ。

a H_2S と SO_2 の発生や反応に関する記述として**誤りを含むもの**はどれか。最も適当なものを，次の①～④のうちから一つ選べ。 　31

① 硫化鉄（Ⅱ）FeS に希硫酸を加えると，H_2S が発生する。

② 硫酸ナトリウム Na_2SO_4 に希硫酸を加えると，SO_2 が発生する。

③ H_2S の水溶液に SO_2 を通じて反応させると，単体の S が生じる。

④ 水酸化ナトリウム NaOH の水溶液に SO_2 を通じて反応させると，亜硫酸ナトリウム Na_2SO_3 が生じる。

b 酸化バナジウム（Ⅴ）V_2O_5 を触媒として SO_2 と O_2 の混合気体を反応させると，正反応が発熱反応である，次の式(1)の反応が起こる。SO_2 と O_2 の混合気体と触媒をピストン付きの密閉容器に入れて反応させるとき，式(1)の反応に関する記述として下線部に**誤りを含むもの**はどれか。最も適当なものを，後の①～④のうちから一つ選べ。 　32

$$2\,SO_2 + O_2 \xrightleftharpoons{} 2\,SO_3 \tag{1}$$

— 178 —

① 反応が平衡状態に達した後，温度一定で密閉容器内の圧力を減少させる
と，平衡は右に移動する。

② 反応が平衡状態に達した後，圧力一定で密閉容器内の温度を上昇させる
と，平衡は左に移動する。

③ SO_2 の濃度を 2 倍にしたとき，正反応の反応速度が何倍になるかは，反
応式中の係数から単純に導き出すことはできない。

④ 平衡状態では，正反応と逆反応の反応速度が等しくなっている。

問 2 窒素と H_2S からなる気体試料 A がある。気体試料 A に含まれる H_2S の量を
次の式(2)~(4)で表される反応を利用した酸化還元滴定によって求めたいと考
え，後の実験を行った。

$$H_2S \longrightarrow 2H^+ + S + 2e^- \qquad (2)$$

$$I_2 + 2e^- \longrightarrow 2I^- \qquad (3)$$

$$2S_2O_3{}^{2-} \longrightarrow S_4O_6{}^{2-} + 2e^- \qquad (4)$$

実験 ある体積の気体試料 A に含まれていた H_2S を水に完全に溶かした水溶
液に，0.127 g のヨウ素 I_2（分子量 254）を含むヨウ化カリウム KI 水溶液を
加えた。そこで生じた沈殿を取り除き，ろ液に 5.00×10^{-2} mol/L チオ硫
酸ナトリウム $Na_2S_2O_3$ 水溶液を 4.80 mL 滴下したところで少量のデンプ
ンの水溶液を加えた。そして，$Na_2S_2O_3$ 水溶液を全量で 5.00 mL 滴下した
ときに，水溶液の青色が消えて無色となった。

この実験で用いた気体試料 A に含まれていた H_2S は，0 ℃，1.013×10^5 Pa
において何 mL か。最も適当な数値を，次の①~⑤のうちから一つ選べ。ただ
し，気体定数は $R = 8.31 \times 10^3$ Pa・L/(K・mol) とする。 $\boxed{33}$ mL

① 2.80 　② 5.60 　③ 8.40 　④ 10.0 　⑤ 11.2

問 3 火口周辺での SO_2 の濃度は，SO_2 が光を吸収する性質を利用して測定できる。光の吸収を利用して物質の濃度を求める方法の原理を調べたところ，次の記述が見つかった。

多くの物質は紫外線を吸収する。紫外線が透過する方向の長さが L の透明な密閉容器に，モル濃度 c の気体試料が封入されている。ある波長の紫外線（光の量，I_0）を密閉容器に入射すると，その一部が気体試料に吸収され，透過した光の量は少なくなり I となる。このことを模式的に表したものが図 1 である。

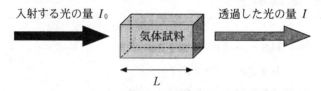

図 1　密閉容器内の気体試料に紫外線を入射したときの模式図

入射する光の量 I_0 に対する透過した光の量 I の比を表す透過率 $T = \dfrac{I}{I_0}$ を用いると，$\log_{10} T$ は c および L と比例関係となる。

次の問い（**a**・**b**）に答えよ。

a　圧力一定の条件で，窒素で満たされた長さ L の密閉容器内に物質量の異なる SO_2 を添加し，ある波長の紫外線に対する透過率 T をそれぞれ測定した。SO_2 のモル濃度 c と得られた $\log_{10} T$ を次ページの表 1 に示す。次に，窒素中に含まれる SO_2 のモル濃度が不明な気体試料 B に対して，同じ条件で透過率 T を測定したところ 0.80 であった。気体試料 B に含まれる SO_2 のモル濃度を次の形式で表すとき，| 34 | に当てはまる数値として最も適当なものを，後の①～⑤のうちから一つ選べ。必要があれば，次ページの方眼紙や $\log_{10} 2 = 0.30$ の値を使うこと。ただし，窒素および密閉容器による紫外線の吸収，反射，散乱は無視できるものとする。

気体試料 B に含まれる SO_2 のモル濃度 | 34 | $\times 10^{-8}$ mol/L

①　2.2　　　②　2.6　　　③　3.0　　　④　3.4　　　⑤　3.8

表1 密閉容器内の気体に含まれる SO_2 のモル濃度 c と $\log_{10} T$ の関係

SO_2 のモル濃度 c ($\times 10^{-8}$ mol/L)	$\log_{10} T$
0.0	0.000
2.0	-0.067
4.0	-0.133
6.0	-0.200
8.0	-0.267
10.0	-0.333

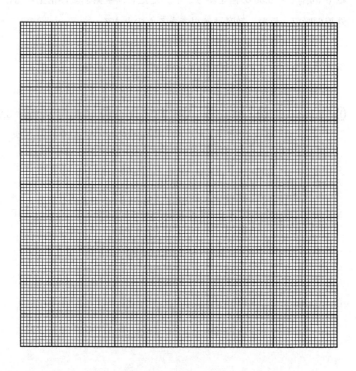

b 図2に示すように，**a**で用いたものと同じ密閉容器を二つ直列に並べて長さ $2L$ とした密閉容器を用意した。それぞれに**a**と同じ条件で気体試料Bを封入して，**a**で用いた波長の紫外線を入射させた。このときの透過率 T の値として最も適当な数値を，後の①～⑤のうちから一つ選べ。ただし，窒素および密閉容器による紫外線の吸収，反射，散乱は無視できるものとする。

35

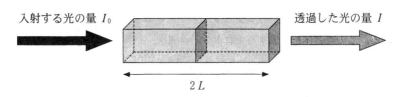

図2 密閉容器を直列に並べた場合の模式図

① 0.32　② 0.40　③ 0.60　④ 0.64　⑤ 0.80

MEMO

化　学

（2023年1月実施）

60分　100点

追試験
2023

化　　　　学

$\left(\text{解答番号}\boxed{1}\sim\boxed{31}\right)$

必要があれば，原子量は次の値を使うこと。

H	1.0	C	12	N	14	O	16
Mg	24	S	32	Cl	35.5	K	39
Cu	64	Ba	137						

気体は，実在気体とことわりがない限り，理想気体として扱うものとする。

第 1 問　次の問い(問 1 ～ 5)に答えよ。(配点　20)

問 1　次の**ア**～**オ**のうち，常温・常圧で電気を最もよく通すものはどれか。最も適当なものを，後の①～⑤のうちから一つ選べ。　$\boxed{1}$

ア アセトン		**イ** 1 mol/L のグルコース水溶液	
ウ 1 mol/L の酢酸水溶液		**エ** 1 mol/L の塩酸	
オ 塩化ナトリウム			

①　ア　　　　②　イ　　　　③　ウ　　　　④　エ　　　　⑤　オ

— 186 —

問2 超臨界流体に関する次の記述(**ア・イ**)について，正誤の組合せとして最も適当なものを，後の①〜④のうちから一つ選べ。 | 2 |

ア 物質が超臨界流体になると，固体，液体，気体が平衡状態で共存する。

イ 圧力と温度がともに臨界点より高い状態にある物質は，超臨界流体である。

	ア	イ
①	正	正
②	正	誤
③	誤	正
④	誤	誤

問3 電解質 AB_2（式量 200）は水中で陽イオン A^{2+} と陰イオン B^- に完全に電離する。この電解質 AB_2 と非電解質 C（分子量 150）との混合物 0.50 g が水 100 g に完全に溶けた溶液を考える。すべての溶質粒子 A^{2+}，B^-，C を合わせた質量モル濃度が 0.050 mol/kg であるとき，混合物中の電解質 AB_2 の含有率（質量パーセント）は何%か。最も適当な数値を，次の①〜⑤のうちから一つ選べ。ただし，水溶液中では A^{2+}，B^-，C はそれぞれ単独の溶質粒子として存在するとし，電離以外の化学反応は起こらないものとする。 | 3 | %

① 20　　　② 33　　　③ 40　　　④ 50　　　⑤ 67

問 4 実在気体に関する記述として**誤りを含むもの**はどれか。最も適当なものを，次の①〜④のうちから一つ選べ。 4

① 実在気体は，低温・高圧になるにつれて，理想気体のふるまいに近づく。

② 分子の極性は，実在気体のふるまいが理想気体のふるまいからずれる原因の一つになる。

③ 分子自身の体積は，実在気体のふるまいが理想気体のふるまいからずれる原因の一つになる。

④ 実在気体が理想気体とみなせるとき，1 mol の気体の圧力と体積の積と絶対温度の比の値は，物質の種類によらない。

問 5 図1に示す塩化カリウム KCl，硝酸カリウム KNO₃，および硫酸マグネシウム MgSO₄ の水に対する溶解度曲線を用いて，固体の溶解および析出に関する後の問い(**a・b**)に答えよ。

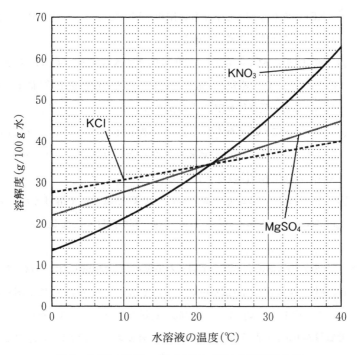

図1 KCl，KNO₃，および MgSO₄ の溶解度曲線

a KCl（式量 74.5）と KNO_3（式量 101）の水への溶解と水溶液からの析出に関する記述として**誤りを含むもの**はどれか。最も適当なものを，次の①～④のうちから一つ選べ。 | 5 |

① KCl の飽和水溶液と KNO_3 の飽和水溶液では，いずれも温度が低い方がカリウムイオンの濃度が小さい。

② 水 100 g に KCl を溶かした 30 ℃ の飽和水溶液と，水 100 g に KNO_3 を溶かした 30 ℃ の飽和水溶液を調製し，両方の温度を 10 ℃ に下げると，析出する塩の質量は KCl の方が大きい。

③ 水 100 g に KCl を溶かした 22 ℃ の飽和水溶液と，水 100 g に KNO_3 を溶かした 22 ℃ の飽和水溶液を比べると，カリウムイオンの物質量は KNO_3 の飽和水溶液の方が小さい。

④ 水 100 g に KCl 25 g を加えると，10 ℃ ではすべて溶けるが，水 100 g に KNO_3 25 g を加えると，10 ℃ では一部が溶けずに残る。

b $MgSO_4$ の水溶液を冷却して得られる結晶は，$MgSO_4$ の水和物である。水 100 g に，ある量の $MgSO_4$ が溶けている水溶液 A を 14 ℃ に冷却する。このとき，析出する $MgSO_4$ の水和物の質量が 12.3 g であり，その中の水和水の質量が 6.3 g である場合，冷却前の水溶液 A に溶けている $MgSO_4$ の質量は何 g か。最も適当な数値を，次の①～⑥のうちから一つ選べ。 | 6 | g

① 28　　② 30　　③ 32　　④ 34　　⑤ 36　　⑥ 42

第2問 次の問い(問1～4)に答えよ。(配点 20)

問1 図1は，化学反応 A + B ⇌ C + D におけるエネルギー変化を表したものである。この化学反応のしくみに関する記述として下線部に**誤り**を含むものはどれか。最も適当なものを，後の①～④のうちから一つ選べ。 7

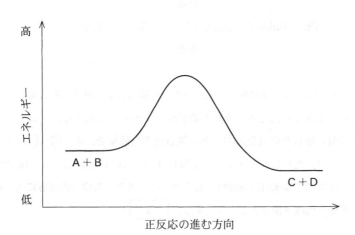

図1 化学反応 A + B ⇌ C + D におけるエネルギー変化

① 反応物の濃度が大きくなると，反応に関与する粒子どうしの単位時間当たりの衝突回数が増える。
② 反応に関与する粒子どうしが衝突しても，活性化エネルギーを超えるエネルギーをもたないと反応が起こらない。
③ 逆反応と正反応の活性化エネルギーの差が反応熱と等しくなるのは，同じ活性化状態(遷移状態)を経由して反応が進行するためである。
④ 温度を上げると反応速度が大きくなるのは，活性化エネルギーが小さくなるためである。

問 2　自動車等に用いられる鉛蓄電池は，負極活物質に鉛 Pb，正極活物質に酸化鉛(Ⅳ)PbO_2，電解液として希硫酸を用いる。鉛蓄電池の充電と放電における反応をまとめると次の式(1)で表され，電極の質量が変化するとともに硫酸 H_2SO_4 の濃度が変化する。

$$\text{Pb} + PbO_2 + 2\,H_2SO_4 \underset{\text{充電}}{\overset{\text{放電}}{\rightleftarrows}} 2\,PbSO_4 + 2\,H_2O \tag{1}$$

　濃度 3.00 mol/L の硫酸 100 mL を用いた鉛蓄電池を外部回路に接続し，しばらく放電させたところ，硫酸の濃度が 2.00 mol/L に低下した。このとき，外部回路に流れた電気量は何 C か。最も適当な数値を，次の①～⑥のうちから一つ選べ。ただし，ファラデー定数は 9.65×10^4 C/mol とし，電極で生じた電子はすべて外部回路を流れたものとする。また，電極での反応による電解液の体積変化は無視できるものとする。　　8　C

① 9.65×10^1　　　　② 1.93×10^2　　　　③ 2.90×10^2

④ 9.65×10^3　　　　⑤ 1.93×10^4　　　　⑥ 2.90×10^4

問3 ある2価の酸 H_2A は，水溶液中では次の式(2)と(3)で表されるように二段階で電離する。

$$H_2A \longrightarrow H^+ + HA^- \tag{2}$$

$$HA^- \rightleftharpoons H^+ + A^{2-} \tag{3}$$

式(2)に示した一段階目の反応では H_2A は H^+ と HA^- に完全に電離し，式(3)に示した二段階目の反応では電離平衡の状態になる。式(3)の反応の平衡定数 K は，次の式(4)で表される。

$$K = \frac{[H^+][A^{2-}]}{[HA^-]} \tag{4}$$

H_2A 水溶液のモル濃度を c，二段階目の反応における HA^- の電離度を α としたとき，K を表す式として最も適当なものを，次の①～④のうちから一つ選べ。$\boxed{9}$

① $\dfrac{c\alpha^2}{1-\alpha}$ ② $\dfrac{c\alpha(1+\alpha)}{1-\alpha}$ ③ $\dfrac{c\alpha^2}{1+\alpha}$ ④ $\dfrac{c\alpha(1+2\alpha)}{1+\alpha}$

問 4 白金触媒式カイロは，図2に示すように，液体のアルカンを燃料とし，蒸発したアルカンが白金触媒表面上で酸素により酸化される反応(酸化反応)の発熱を利用して暖をとる器具である。この反応の反応熱(燃焼熱)を Q (kJ/mol) とし，直鎖状のアルカンであるヘプタン C_7H_{16}(分子量 100)を例にとると，熱化学方程式は次の式(5)で表される。

$$C_7H_{16}(気) + 11\,O_2(気) = 7\,CO_2(気) + 8\,H_2O(気) + Q\,\text{kJ} \quad (5)$$

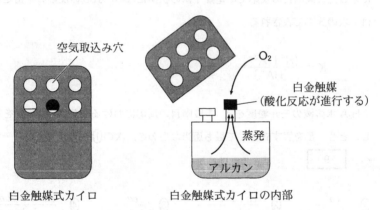

図2　白金触媒式カイロの模式図

アルカンの酸化反応に関する次の問い（**a・b**）に答えよ。

a 白金触媒式カイロを使用して暖をとるために利用できる熱量を，式(5)や状態変化で出入りする熱量から求めたい。実際のカイロでは白金触媒は約 $200\,℃$ になっているが，その温度での反応を考えなくてよい。

　気温 $5\,℃$ でカイロを使用し始め，生成物の温度が最終的に $25℃$ になるとすると，暖をとるために利用できる熱量は $5\,℃$ の C_7H_{16}（液）と O_2 を $25\,℃$ まで温めるための熱量，$25\,℃$ における C_7H_{16} の蒸発熱，$25\,℃$ における反応熱から計算できる。

　$5\,℃$ の C_7H_{16}（液）$10.0\,g$（$0.100\,mol$）と $5\,℃$ の O_2 から出発し，すべての C_7H_{16} が反応して $25\,℃$ の CO_2 と H_2O（気）が生成するとき，利用できる熱量は何 kJ か。最も適当な数値を，次の①～⑤のうちから一つ選べ。ただし，C_7H_{16}（液）と O_2 を $5\,℃$ から $25\,℃$ まで温めるために必要な熱量は，$1\,mol$ あたりそれぞれ $4.44\,kJ$，$0.600\,kJ$ とし，$25\,℃$ における C_7H_{16} の蒸発熱は $36.6\,kJ/mol$ とする。また，式(5)で表される C_7H_{16}（気）の反応熱 Q は，$25\,℃$ において $4.50 \times 10^3\,kJ/mol$ とする。　$\boxed{10}$　kJ

① 4.41×10^2　　　② 4.45×10^2　　　③ 4.50×10^2

④ 4.41×10^3　　　⑤ 4.45×10^3

b 炭素数 n が 4 以上の直鎖状のアルカンでは，図 3 に示すように，炭素数 n が 1 増えると CH_2 どうしによる C—C 単結合も一つ増える。そのため，気体のアルカンの生成熱や燃焼熱を炭素数 n に対してグラフにすると，n が大きくなると直線になることが知られている。いくつかの直鎖状のアルカンおよび CO_2(気)と H_2O(気)の 25 ℃ における生成熱を表 1 に示す。この温度における直鎖状のアルカン C_8H_{18}(気)の燃焼熱は何 kJ/mol か。最も適当な数値を，後の ①〜⑤ のうちから一つ選べ。ただし，生成する H_2O は気体である。必要があれば方眼紙を使うこと。　|　11　| kJ/mol

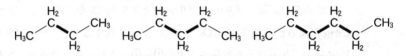

図 3　直鎖状のアルカンの構造式（太線は CH_2 どうしの C—C 単結合）

表 1　直鎖状のアルカン，CO_2，H_2O の生成熱(25 ℃)

化合物	生成熱(kJ/mol)
C_4H_{10}(気)	126
C_5H_{12}(気)	147
C_6H_{14}(気)	167
C_7H_{16}(気)	188
CO_2(気)	394
H_2O(気)	242

① 2.09×10^2　　② 4.69×10^3　　③ 5.12×10^3
④ 5.15×10^3　　⑤ 5.27×10^3

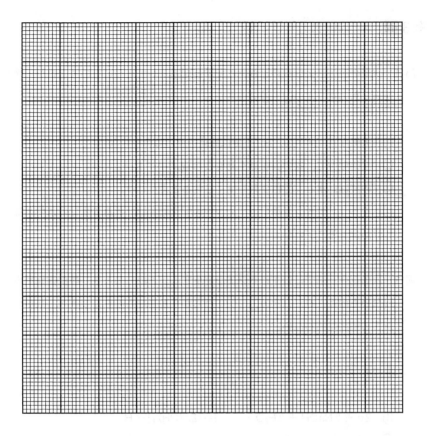

第3問 次の問い(問1〜4)に答えよ。(配点 20)

問1 窒素の単体および窒素化合物に関する記述として正しいものはどれか。最も適当なものを，次の①〜④のうちから一つ選べ。 12

① 大気圧(1.013×10^5 Pa)下では液体の窒素は存在しない。

② 濃硝酸中で，銀の表面は不動態となる。

③ 硝酸は，水と二酸化窒素を反応させると得られる。

④ テトラアンミン亜鉛(Ⅱ)イオン中の配位結合は，亜鉛イオンの非共有電子対がアンモニアに与えられて生じる。

問2 次の化学反応ではいずれも気体が発生する。これらのうち，**酸化還元反応ではないもの**はどれか。次の①〜⑤のうちから適当なものを二つ選べ。ただし，解答の順序は問わない。

13

14

① $Zn + 2NaOH + 2H_2O \longrightarrow Na_2[Zn(OH)_4] + H_2$

② $Ca(ClO)_2 \cdot 2H_2O + 4HCl \longrightarrow CaCl_2 + 4H_2O + 2Cl_2$

③ $NH_4Cl + NaOH \longrightarrow NaCl + H_2O + NH_3$

④ $Cu + 2H_2SO_4 \longrightarrow CuSO_4 + 2H_2O + SO_2$

⑤ $NaCl + H_2SO_4 \longrightarrow NaHSO_4 + HCl$

問 3 銅化合物に関する記述として下線部に**誤りを含むもの**はどれか。最も適当なものを，次の①〜④のうちから一つ選べ。 15

① 酸化銅(Ⅱ)は，希硫酸に溶ける。

② タンパク質水溶液は，水酸化ナトリウム水溶液を加えたのち硫酸銅(Ⅱ)水溶液を加えると，赤紫色に呈色する。

③ フェーリング液にアルデヒドを加えて加熱すると，酸化銅(Ⅱ)が生じる。

④ 濃アンモニア水に水酸化銅(Ⅱ)を溶かした水溶液は，銅アンモニアレーヨン(キュプラ)の製造に用いられる。

問 4 純粋な硫酸銅(Ⅱ)五水和物 $CuSO_4 \cdot 5H_2O$ を 102 ℃ で長時間加熱すると三水和物 $CuSO_4 \cdot 3H_2O$ が得られるが，水和水は加熱中に徐々に失われていく。そのため，試料全体で平均した組成を化学式 $CuSO_4 \cdot xH_2O$ で表すと，102 ℃ で加熱した試料では，x は $3 \leqq x \leqq 5$ を満たす実数となる。また，さらに高温(150 ℃ 以上)で加熱すると，x は 0 まで減少し，硫酸銅(Ⅱ)無水塩 $CuSO_4$(式量 160)が得られる。

　加熱により，一部の水和水を失った試料 A がある。試料 A の化学式 $CuSO_4 \cdot xH_2O$ における x の値を求めるための実験について，次の問い(**a・b**)に答えよ。ただし，試料 A 中には Cu^{2+}，SO_4^{2-} と水和水以外は含まれないものとする。

a 試料 A 中の SO_4^{2-} 含有量から x の値を求めるために，次の**実験Ⅰ**を行った。

　実験Ⅰ　1.178 g の試料 A を水に完全に溶かし，塩化バリウム $BaCl_2$ 水溶液を硫酸バリウム $BaSO_4$(式量 233)の白色沈殿が新たに生じなくなるまで徐々に加えた。白色沈殿をすべてろ過により取り出し，洗浄，乾燥して質量を求めたところ，1.165 g であった。

　1.178 g の試料 A 中の SO_4^{2-} がすべて白色沈殿に含まれたと仮定すると，x の値はいくらか。x を小数第 1 位までの数値として次の形式で表すとき，　16　と　17　に当てはまる数字を，後の①～⓪のうちから一つずつ選べ。ただし，同じものを繰り返し選んでもよい。

$$x = \boxed{16} . \boxed{17}$$

① 1	② 2	③ 3	④ 4	⑤ 5
⑥ 6	⑦ 7	⑧ 8	⑨ 9	⓪ 0

b 試料 A における x の値は，SO_4^{2-} の含有量の代わりに，Cu^{2+} の含有量を用いて求めることもできる。試料 A 中の Cu^{2+} 含有量を調べる 2 通りの手法として，次の**実験Ⅱ**および**実験Ⅲ**を考えた。

実験Ⅱ　Cu^{2+} を含む水溶液に，水酸化ナトリウム NaOH 水溶液を十分に加え，生じる沈殿をすべてろ過により取り出し，十分に加熱して純粋な酸化銅(Ⅱ) CuO (式量 80) としてから，その質量を求める。

実験Ⅲ　Cu^{2+} を含む水溶液を，陽イオン交換樹脂を詰めたカラムに通し，流出液に含まれる水素イオン H^+ の物質量を，中和滴定により求める。

　ある質量の試料 A を溶かした水溶液 B を用意し，その 10 mL を用いて**実験Ⅱ**を行ったところ，質量 w (mg) の CuO が得られた。また，別の 10 mL の水溶液 B を用いて**実験Ⅲ**を行ったところ，濃度 c (mol/L) の NaOH 水溶液が，中和滴定の終点までに V (mL) 必要であった。用いた水溶液 B 中の Cu^{2+} が，**実験Ⅱ**ではすべて CuO となり，**実験Ⅲ**ではすべて陽イオン交換樹脂により H^+ に交換されたものとすると，求められる Cu^{2+} の含有量の値は，**実験Ⅱ**と**実験Ⅲ**で同じ値となる。このとき，w，c，V の値の関係はどのような式で表されるか。最も適当なものを，次の**①**〜**⑥**のうちから一つ選べ。　18

① $V = \dfrac{25\,w}{c}$ 　　　**②** $V = \dfrac{25\,w}{2\,c}$ 　　　**③** $V = \dfrac{25\,w}{4\,c}$

④ $V = \dfrac{w}{40\,c}$ 　　　**⑤** $V = \dfrac{w}{80\,c}$ 　　　**⑥** $V = \dfrac{w}{160\,c}$

第4問 次の問い(問1〜4)に答えよ。(配点 20)

問1 アセチレンの反応に関する記述として**誤りを含むもの**はどれか。最も適当なものを，次の①〜④のうちから一つ選べ。 | 19 |

① アセチレンに1分子の臭素を反応させると，1,2-ジブロモエチレンが生成する。

② 適当な触媒を用いてアセチレンに酢酸を反応させると，酢酸ビニルが生成する。

③ 適当な触媒を用いてアセチレンに1分子の水を付加させると，酢酸が生成する。

④ 適当な触媒を用いてアセチレンに水素を反応させると，エチレン(エテン)を経てエタンが生成する。

問2 塩化ベンゼンジアゾニウムとナトリウムフェノキシドから，図1に示す p-ヒドロキシアゾベンゼンを合成するカップリング(ジアゾカップリング)に関する記述として正しいものはどれか。最も適当なものを，後の①〜④のうちから一つ選べ。 | 20 |

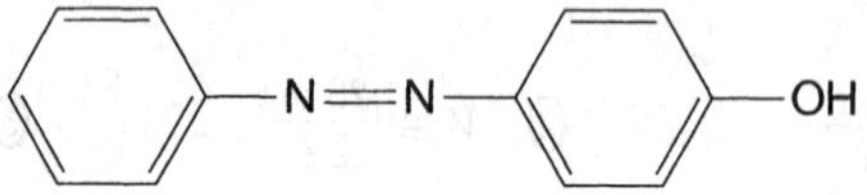

図1 p-ヒドロキシアゾベンゼンの構造式

① カップリングに用いる塩化ベンゼンジアゾニウムはアニリンと硝酸ナトリウムから得られる。

② カップリングでは塩化ナトリウムが生成する。

③ カップリングでは窒素が発生する。

④ カップリングで生成する p-ヒドロキシアゾベンゼンは無色である。

問 3 単量体 A ($CH_2=CHC_6H_5$) と単量体 B ($CH_2=CHCN$) を反応させることで，共重合体を合成した。この共重合体中のベンゼン環に結合した水素原子の数と，それ以外の水素原子の総数の比は，5：4であった。このとき反応した単量体 A と B の物質量の比として最も適当なものを，次の①～⑤のうちから一つ選べ。 21

① 1：3　　② 4：5　　③ 1：1　　④ 5：4　　⑤ 3：1

48

問 4 酸素を含む有機化合物に関する次の問い（**a ～ c**）に答えよ。

a エステルに関する記述として**誤りを含むもの**はどれか。最も適当なものを，次の①～④のうちから一つ選べ。 | 22 |

① サリチル酸に無水酢酸を反応させると，アセチルサリチル酸が生成する。

② 濃硫酸を触媒として，酢酸とエタノールから酢酸エチルを合成する反応は，可逆反応である。

③ ニトログリセリンはグリセリンと硝酸とのエステルである。

④ 水酸化ナトリウム水溶液を用いる酢酸エチルの加水分解反応は，可逆反応である。

b ある植物の葉には，炭素，水素，酸素のみからなるエステル A が含まれている。49.0 mg の A を完全に加水分解すると，カルボン酸 B と，分子式 $C_{10}H_{18}O$ の 1 価アルコール C 38.5 mg が得られた。B の示性式として最も適当なものを，次の①～④のうちから一つ選べ。 | 23 |

① CH_3COOH ② CH_3CH_2COOH

③ $HOOC-COOH$ ④ $HOOC-CH_2-COOH$

— 204 —

2023年度　追試験　化学　49

c　1価アルコール **C** は不斉炭素原子をもち，シス−トランス異性体は存在しない。**C** のすべての二重結合に，触媒を用いて水素を付加させた。得られたアルコールは，硫酸酸性の二クロム酸カリウム水溶液と加熱しても，酸化されなかった。**C** の構造式として最も適当なものを，次の①〜④のうちから一つ選べ。　24

①
```
                          OH
H₃C     CH₂-CH₂-C-CH=CH₂
   C=C                |
H₃C     H           CH₃
```

②
```
                      CH₃ OH
H₃C     CH₂-CH-CH-CH=CH₂
   C=C
H₃C     H
```

③
```
           H₃C   OH
H₃C         C         CH₃
   C=C          C=C
H₃C   H H         CH₃
```

④
```
                        H
                 OH  C-CH₃
        H     CH₂-C-C
   C=C           |   H
H₃C-H₂C   H    CH₃
```

第5問　次の文章を読み，後の問い(問1〜4)に答えよ。(配点　20)

　(a)モノマー間の共有結合だけで網目状の立体構造をつくっている高分子や，架橋構造(橋かけ構造)により網目状の立体構造をつくっている高分子は，機能性高分子などとして身のまわりで多く利用されている。(b)ポリアクリル酸ナトリウムに架橋構造をもたせ，網目状の立体構造となった高分子は，高吸水性樹脂(吸水性高分子)として利用されている。この高吸水性樹脂内部には電離する官能基—COONaが存在する。(c)高吸水性樹脂を水に浸すと，水分子が樹脂の中に吸収され，樹脂の内側と外側でイオン濃度が異なるため浸透圧が生じる。すると水分子がさらに吸収され，網目が広がって図1のように樹脂が膨らむが，分子鎖が共有結合で架橋されているため，樹脂内に一定量の水が保持された状態で吸水がとまる。

　浸透圧については，希薄溶液では一般にファントホッフの法則が成り立つ。(d)ファントホッフの法則を用いると，浸透圧や溶質の分子量を決定することができる。

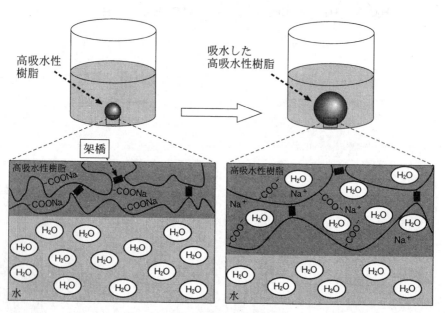

図1　高吸水性樹脂の吸水前後の様子

問 1 下線部(a)に関して，**網目状の立体構造をもたない高分子**はどれか。最も適当なものを，次の①～④のうちから一つ選べ。 25

① フェノール樹脂　　　　　② 尿素樹脂

③ アルキド樹脂　　　　　　④ スチロール樹脂（ポリスチレン）

問2 下線部(b)に関して，架橋構造をもつポリアクリル酸ナトリウムは，アクリル酸ナトリウム $CH_2=CHCOONa$ を付加重合させる際に，少量の他のモノマーと共重合させることにより得られる。このとき架橋構造をもたせるために共重合させるモノマーとして最も適当なものを，次の①～④のうちから一つ選べ。 26

① $CH_2=CH$
　　　$|$
　　　$COOCH_3$

② $CH_2=CH$　　　　　$CH=CH_2$
　　　$|$　　　　　　　　$|$
　　　$COOCH_2CH_2OOC$

③ $\begin{array}{cc} H & COONa \\ & \diagdown C \diagup \\ & \| \\ & C \\ \diagup & \diagdown \\ H & COONa \end{array}$

④ $\begin{array}{cc} H & COOCH_3 \\ & \diagdown C \diagup \\ & \| \\ & C \\ \diagup & \diagdown \\ H & COOCH_3 \end{array}$

問3 下線部(c)に関して，純水に浸した場合と塩化ナトリウム $NaCl$ 水溶液に浸した場合に起こる現象の記述として正しいものはどれか。最も適当なものを，次の①～④のうちから一つ選べ。 27

① 樹脂に吸収される水の量は，純水よりも $NaCl$ 水溶液に浸した場合の方が少ない。

② 樹脂に吸収される水の量は，純水よりも $NaCl$ 水溶液に浸した場合の方が多い。

③ 樹脂に吸収される水の量は，いずれの場合も同じである。

④ $NaCl$ 水溶液に浸した場合は，架橋が切れて樹脂が溶解する。

－208－

問 4 下線部(d)に関する次の問い（**a**・**b**）に答えよ。

a 浸透圧 Π に関するファントホッフの法則は，次の式(1)のように表すことができる。

$$\Pi = \frac{C_{\mathrm{w}}RT}{M} \tag{1}$$

ここで，C_{w} は質量濃度とよばれ，溶質の質量 w，溶液の体積 V を用いて $C_{\mathrm{w}} = \dfrac{w}{V}$ で定義される。また，R は気体定数，T は絶対温度，M は溶質のモル質量である。式(1)はスクロースなどの比較的低分子量の非電解質の M の決定に広く用いられている。

300 K，$C_{\mathrm{w}} = 0.342$ g/L のスクロース（分子量 342）水溶液の Π は何 Pa か。その数値を有効数字 2 桁の次の形式で表すとき，$\boxed{28}$ ～ $\boxed{30}$ に当てはまる数字を，後の $①$～$⓪$ のうちから一つずつ選べ。ただし，同じものを繰り返し選んでもよい。なお，気体定数は $R = 8.31 \times 10^3$ Pa·L/(K·mol) とする。

$$\boxed{28} \cdot \boxed{29} \times 10^{\boxed{30}}\ \mathrm{Pa}$$

$①$　1　　　$②$　2　　　$③$　3　　　$④$　4　　　$⑤$　5

$⑥$　6　　　$⑦$　7　　　$⑧$　8　　　$⑨$　9　　　$⓪$　0

b 高分子の溶液では，式(1)は質量濃度 C_w が小さいときにしか適用できないが，次の式(2)は C_w が大きくても適用できる。

$$\Pi = C_w RT\left(\frac{1}{M'} + AC_w\right) \tag{2}$$

ここで，M' は非電解質の高分子の平均分子量であり，A は高分子間および高分子と溶媒との間の相互作用の大きさに関係する定数である。

式(2)を変形すると次の式(3)になり，M' を求めることができる。

$$\frac{\Pi}{C_w RT} = \frac{1}{M'} + AC_w \tag{3}$$

C_w が 0 に近づくと Π も $C_w RT$ も 0 に近づくが，式(3)が示すように，その比 $\dfrac{\Pi}{C_w RT}$ は $\dfrac{1}{M'}$ に近づくことを利用する。具体的には，C_w が異なるいくつかの試料を調製し，それぞれに対して Π を測定する。得られた結果を用いて C_w を横軸に，$\dfrac{\Pi}{C_w RT}$ を縦軸にとってグラフに表すと，$C_w = 0$ での切片から M' を求めることができる。

300 K で，ある非電解質の高分子の質量濃度 C_w を変化させて Π を測定し，$\dfrac{\Pi}{C_w RT}$ を求めると表1のようになった。表1の値を方眼紙に記入すると，図2のようになる。この高分子の M' はいくらか。最も適当な数値を，後の①〜⑤のうちから一つ選べ。 $\boxed{31}$

表1 高分子の質量濃度 C_w と浸透圧 Π および $\dfrac{\Pi}{C_w RT}$

C_w(g/L)	Π (Pa)	$\dfrac{\Pi}{C_w RT}(\times 10^{-5}\,\mathrm{mol/g})$
1.65	60.0	1.46
2.97	114	1.54
4.80	196	1.64
7.66	345	1.81

① 5.5×10^4 ② 6.1×10^4 ③ 6.5×10^4

④ 6.8×10^4 ⑤ 7.3×10^4

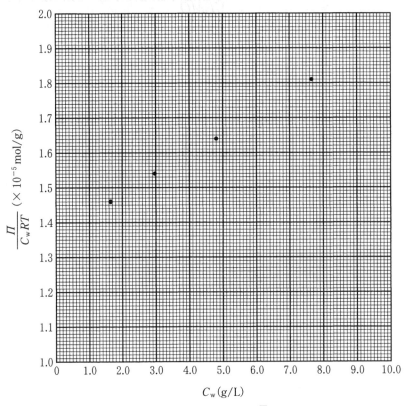

図2　高分子の質量濃度 C_w と $\dfrac{\Pi}{C_w RT}$ の関係

MEMO

化 学

（2022年 1 月実施）

60分　100点

化　　　　　学

$\left(\text{解答番号}\boxed{1}\sim\boxed{33}\right)$

必要があれば，原子量は次の値を使うこと。

H　1.0	C　12	N　14	O　16
Na　23	S　32	Cl　35.5	Ca　40

気体は，実在気体とことわりがない限り，理想気体として扱うものとする。
また，必要があれば，次の値を使うこと。

$\sqrt{2} = 1.41$　　　$\sqrt{3} = 1.73$　　　$\sqrt{5} = 2.24$

第1問　次の問い（問1～5）に答えよ。（配点　20）

問1　原子がL殻に電子を3個もつ元素を，次の①～⑤のうちから一つ選べ。
　　　$\boxed{1}$

　　①　Al　　　②　B　　　③　Li　　　④　Mg　　　⑤　N

—214—

問 2 表 1 に示した窒素化合物は肥料として用いられている。これらの化合物のうち，窒素の含有率(質量パーセント)が最も高いものを，後の①~④のうちから一つ選べ。 2

表 1　肥料として用いられる窒素化合物とそのモル質量

窒素化合物	モル質量(g/mol)
NH_4Cl	53.5
$(NH_2)_2CO$	60
NH_4NO_3	80
$(NH_4)_2SO_4$	132

① NH_4Cl　　② $(NH_2)_2CO$　　③ NH_4NO_3　　④ $(NH_4)_2SO_4$

問3 2種類の貴ガス(希ガス)AとBをさまざまな割合で混合し、温度一定のもとで体積を変化させて、全圧が一定値 p_0 になるようにする。元素Aの原子量が元素Bの原子量より小さいとき、貴ガスAの分圧と混合気体の密度の関係を表すグラフはどれか。最も適当なものを、次の①〜⑤のうちから一つ選べ。 3

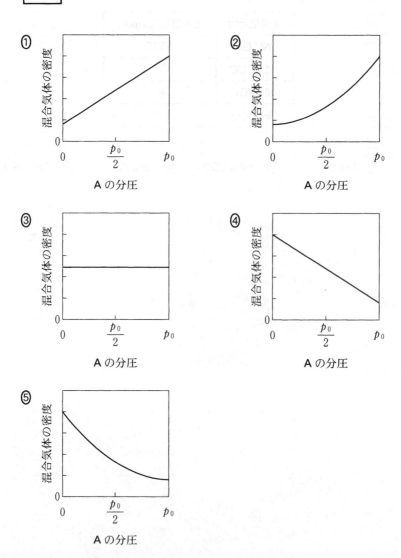

問 4　非晶質に関する記述として**誤りを含むもの**はどれか。最も適当なものを，次の①～④のうちから一つ選べ。　4

① ガラスは一定の融点を示さない。

② アモルファス金属やアモルファス合金は，高温で融解させた金属を急速に冷却してつくられる。

③ 非晶質の二酸化ケイ素は，光ファイバーに利用される。

④ ポリエチレンは，非晶質の部分（非結晶部分・無定形部分）の割合が増えるほどかたくなる。

問 5 空気の水への溶解は，水中生物の呼吸（酸素の溶解）やダイバーの減圧症（溶解した窒素の遊離）などを理解するうえで重要である。1.0×10^5 Pa の N_2 と O_2 の溶解度（水1Lに溶ける気体の物質量）の温度変化をそれぞれ図1に示す。N_2 と O_2 の水への溶解に関する後の問い（**a**・**b**）に答えよ。ただし，N_2 と O_2 の水への溶解は，ヘンリーの法則に従うものとする。

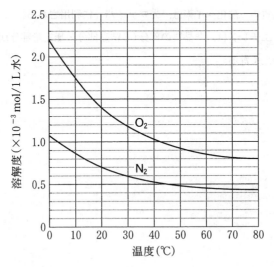

図1　1.0×10^5 Pa の N_2 と O_2 の溶解度の温度変化

a　1.0×10^5 Pa で O_2 が水 20 L に接している。同じ圧力で温度を 10 ℃ から 20 ℃ にすると，水に溶解している O_2 の物質量はどのように変化するか。最も適当な記述を，次の①〜⑤のうちから一つ選べ。　5

① 3.5×10^{-4} mol 減少する。　　② 7.0×10^{-3} mol 減少する。
③ 変化しない。　　④ 3.5×10^{-4} mol 増加する。
⑤ 7.0×10^{-3} mol 増加する。

b　図 2 に示すように，ピストンの付いた密閉容器に水と空気（物質量比 $N_2:O_2 = 4:1$）を入れ，ピストンに 5.0×10^5 Pa の圧力を加えると，20 ℃ で水および空気の体積はそれぞれ 1.0 L，5.0 L になった。次に，温度を一定に保ったままピストンを引き上げ，圧力を 1.0×10^5 Pa にすると，水に溶解していた気体の一部が遊離した。このとき，遊離した N_2 の体積は 0 ℃，1.013×10^5 Pa のもとで何 mL か。最も近い数値を，後の①〜⑤のうちから一つ選べ。ただし，気体定数は $R = 8.31 \times 10^3$ Pa・L/(K・mol) とする。また，密閉容器内の空気の N_2 と O_2 の物質量比の変化と水の蒸気圧は，いずれも無視できるものとする。　6　mL

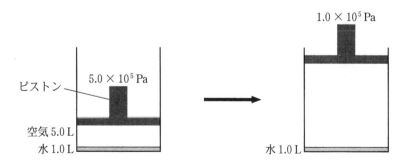

図 2　水と空気を入れた密閉容器内の圧力を変化させたときの模式図

①　13　　②　16　　③　50　　④　63　　⑤　78

第2問 次の問い(問1～4)に答えよ。(配点 20)

問1 化学反応や物質の状態の変化において，発熱の場合も吸熱の場合もあるものはどれか。最も適当なものを，次の①～④のうちから一つ選べ。 7

① 炭化水素が酸素の中で完全燃焼するとき。
② 強酸の希薄水溶液に強塩基の希薄水溶液を加えて中和するとき。
③ 電解質が多量の水に溶解するとき。
④ 常圧で純物質の液体が凝固して固体になるとき。

問2 0.060 mol/L の酢酸ナトリウム水溶液 50 mL と 0.060 mol/L の塩酸 50 mL を混合して 100 mL の水溶液を得た。この水溶液中の水素イオン濃度は何 mol/L か。最も適当な数値を，次の①～⑥のうちから一つ選べ。ただし，酢酸の電離定数は 2.7×10^{-5} mol/L とする。 8 mol/L

① 8.1×10^{-7} ② 2.8×10^{-4} ③ 9.0×10^{-4}

④ 1.3×10^{-3} ⑤ 2.8×10^{-3} ⑥ 8.1×10^{-3}

問 3 溶液中での，次の式(1)で表される可逆反応

$$A \rightleftharpoons B + C \tag{1}$$

において，正反応の反応速度 v_1 と逆反応の反応速度 v_2 は，$v_1 = k_1[A]$，$v_2 = k_2[B][C]$ であった。ここで，k_1，k_2 はそれぞれ正反応，逆反応の反応速度定数であり，$[A]$，$[B]$，$[C]$ はそれぞれ A，B，C のモル濃度である。反応開始時において，$[A] = 1\,\text{mol/L}$，$[B] = [C] = 0\,\text{mol/L}$ であり，反応中に温度が変わることはないとする。$k_1 = 1 \times 10^{-6}\,/\text{s}$，$k_2 = 6 \times 10^{-6}\,\text{L/(mol·s)}$ であるとき，平衡状態での $[B]$ は何 mol/L か。最も適当な数値を，次の ①〜④ のうちから一つ選べ。 $\boxed{9}$ mol/L

① $\dfrac{1}{3}$ ② $\dfrac{1}{\sqrt{6}}$ ③ $\dfrac{1}{2}$ ④ $\dfrac{2}{3}$

問 4 化石燃料に代わる新しいエネルギー源の一つとして水素 H_2 がある。H_2 の貯蔵と利用に関する次の問い(a ～ c)に答えよ。

a 水素吸蔵合金を利用すると，H_2 を安全に貯蔵することができる。ある水素吸蔵合金 X は，0 ℃，1.013×10^5 Pa で，X の体積の 1200 倍の H_2 を貯蔵することができる。この温度，圧力で 248 g の X に貯蔵できる H_2 は何 mol か。最も適当な数値を，次の①～⑤のうちから一つ選べ。ただし，X の密度は 6.2 g/cm³ であり，気体定数は $R = 8.3 \times 10^3$ Pa・L/(K・mol) とする。
☐10☐ mol

① 0.28　　② 0.47　　③ 1.1　　④ 2.1　　⑤ 11

b リン酸型燃料電池を用いると，H_2 を燃料として発電することができる。図 1 に外部回路に接続したリン酸型燃料電池の模式図を示す。この燃料電池を動作させるにあたり，供給する物質(ア，イ)と排出される物質(ウ，エ)の組合せとして最も適当なものを，後の①～⑥のうちから一つ選べ。ただし，排出される物質には未反応の物質も含まれるものとする。☐11☐

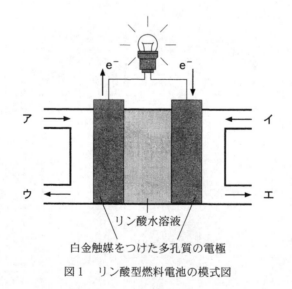

図 1　リン酸型燃料電池の模式図

	ア	イ	ウ	エ
①	O_2	H_2	O_2	H_2, H_2O
②	O_2	H_2	O_2, H_2O	H_2
③	O_2	H_2	O_2, H_2O	H_2, H_2O
④	H_2	O_2	H_2	O_2, H_2O
⑤	H_2	O_2	H_2, H_2O	O_2
⑥	H_2	O_2	H_2, H_2O	O_2, H_2O

c　図1の燃料電池で H_2 2.00 mol，O_2 1.00 mol が反応したとき，外部回路に流れた電気量は何 C か。最も適当な数値を，次の①～⑤のうちから一つ選べ。ただし，ファラデー定数は 9.65×10^4 C/mol とし，電極で生じた電子はすべて外部回路を流れたものとする。　| 12 |　C

① 1.93×10^4 　　② 9.65×10^4 　　③ 1.93×10^5

④ 3.86×10^5 　　⑤ 7.72×10^5

第3問 次の問い(問1〜3)に答えよ。(配点 20)

問1 $AlK(SO_4)_2 \cdot 12 H_2O$ と $NaCl$ はどちらも無色の試薬である。それぞれの水溶液に対して次の**操作ア〜エ**を行うとき，この二つの試薬を**区別する**ことが**できない操作**はどれか。最も適当なものを，後の①〜④のうちから一つ選べ。

　13

操作

　ア　アンモニア水を加える。

　イ　臭化カルシウム水溶液を加える。

　ウ　フェノールフタレイン溶液を加える。

　エ　陽極と陰極に白金板を用いて電気分解を行う。

　① ア　　　　② イ　　　　③ ウ　　　　④ エ

問 2 ある金属元素 M が，その酸化物中でとる酸化数は一つである。この金属元素の単体 M と酸素 O_2 から生成する金属酸化物 M_xO_y の組成式を求めるために，次の**実験**を考えた。

実験 M の物質量と O_2 の物質量の和を 3.00×10^{-2} mol に保ちながら，M の物質量を 0 から 3.00×10^{-2} mol まで変化させ，それぞれにおいて M と O_2 を十分に反応させたのち，生成した M_xO_y の質量を測定する。

実験で生成する M_xO_y の質量は，用いる M の物質量によって変化する。図 1 は，生成する M_xO_y の質量について，その最大の測定値を 1 と表し，他の測定値を最大値に対する割合(相対値)として示している。図 1 の結果が得られる M_xO_y の組成式として最も適当なものを，後の ①〜⑤ のうちから一つ選べ。 14

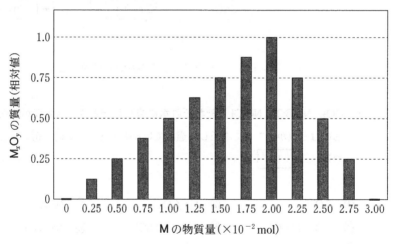

図 1 M の物質量と M_xO_y の質量(相対値)の関係

① MO   ② MO_2 ③ M_2O ④ M_2O_3 ⑤ M_2O_5

問3 次の文章を読み、後の問い(a〜c)に答えよ。

アンモニアソーダ法は、Na_2CO_3 の代表的な製造法である。その製造過程を図2に示す。この方法には、$NaHCO_3$ の熱分解で生じる CO_2、および NH_4Cl と $Ca(OH)_2$ の反応で生じる NH_3 をいずれも回収して、無駄なく再利用するという特徴がある。

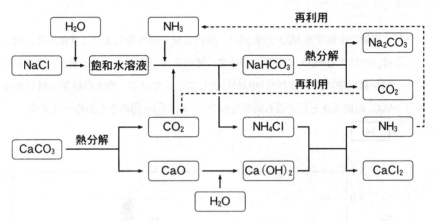

図2 アンモニアソーダ法による Na_2CO_3 の製造過程

a CO_2, Na_2CO_3, NH_4Cl をそれぞれ水に溶かしたとき、水溶液が酸性を示すものはどれか。すべてを正しく選んでいるものを、次の①〜⑦のうちから一つ選べ。 15

① CO_2 ② Na_2CO_3 ③ NH_4Cl
④ CO_2, Na_2CO_3 ⑤ CO_2, NH_4Cl ⑥ Na_2CO_3, NH_4Cl
⑦ CO_2, Na_2CO_3, NH_4Cl

b アンモニアソーダ法に関する記述として**誤りを含むもの**はどれか。最も適当なものを，次の①～④のうちから一つ選べ。 16

① $NaHCO_3$ の水への溶解度は，NH_4Cl より大きい。

② $NaCl$ 飽和水溶液に NH_3 を吸収させたあとに CO_2 を通じるのは，CO_2 を溶かしやすくするためである。

③ 図2のそれぞれの反応は，触媒を必要としない。

④ $NaHCO_3$ の熱分解により Na_2CO_3 が生成する過程では，CO_2 のほかに水も生成する。

c $NaCl$ 58.5 kg がすべて反応して Na_2CO_3 と $CaCl_2$ を生成するときに，最小限必要とされる $CaCO_3$ は何 kg か。最も適当な数値を，次の①～④のうちから一つ選べ。ただし，この製造過程で生じる NH_3 および CO_2 は，すべて再利用されるものとする。 17 kg

① 25.0   ② 50.0   ③ 100   ④ 200

第4問　次の問い（問1〜4）に答えよ。（配点　20）

問1　ハロゲン原子を含む有機化合物に関する記述として**誤りを含むもの**を，次の①〜④のうちから一つ選べ。　| 18 |

① メタンに十分な量の塩素を混ぜて光（紫外線）をあてると，クロロメタン，ジクロロメタン，トリクロロメタン（クロロホルム），テトラクロロメタン（四塩化炭素）が順次生成する。

② ブロモベンゼンの沸点は，ベンゼンの沸点より高い。

③ クロロプレン $CH_2=CCl-CH=CH_2$ の重合体は，合成ゴムになる。

④ プロピン1分子に臭素2分子を付加して得られる生成物は，$1,1,3,3$-テトラブロモプロパン $CHBr_2CH_2CHBr_2$ である。

問2　フェノールを混酸（濃硝酸と濃硫酸の混合物）と反応させたところ，段階的にニトロ化が起こり，ニトロフェノールとジニトロフェノールを経由して $2,4,6$-トリニトロフェノールのみが得られた。この途中で経由したと考えられるニトロフェノールの異性体とジニトロフェノールの異性体はそれぞれ何種類か。最も適当な数を，次の①〜⑥のうちから一つずつ選べ。ただし，同じものを繰り返し選んでもよい。

ニトロフェノールの異性体　| 19 |　種類

ジニトロフェノールの異性体　| 20 |　種類

① 1　　② 2　　③ 3　　④ 4　　⑤ 5　　⑥ 6

2022年度　本試験　化学　17

問 3 天然高分子化合物および合成高分子化合物に関する記述として下線部に**誤り**を含むもの**を**，次の①〜⑤のうちから一つ選べ。　21

① タンパク質は α-アミノ酸 $R-CH(NH_2)-COOH$ から構成され，その置換基 R どうしが相互にジスルフィド結合やイオン結合などを形成することで，各タンパク質に特有の三次構造に折りたたまれる。

② タンパク質が強酸や加熱によって変性するのは，高次構造が変化するためである。

③ アセテート繊維は，トリアセチルセルロースを部分的に加水分解した後，紡糸して得られる。

④ 天然ゴムを空気中に放置しておくと，分子中の二重結合が酸化されて弾性を失う。

⑤ ポリエチレンテレフタラートとポリ乳酸は，それぞれ完全に加水分解されると，いずれも1種類の化合物になる。

問 4 カルボン酸を適当な試薬を用いて還元すると，第一級アルコールが生成することが知られている。カルボキシ基を2個もつジカルボン酸(2価カルボン酸)の還元反応に関する次の問い(**a** ～ **c**)に答えよ。

a 示性式 $HOOC(CH_2)_4COOH$ のジカルボン酸を，ある試薬Xで還元した。反応を途中で止めると，生成物として図1に示すヒドロキシ酸と2価アルコールが得られた。ジカルボン酸，ヒドロキシ酸，2価アルコールの物質量の割合の時間変化を図2に示す。グラフ中のA～Cは，それぞれどの化合物に対応するか。組合せとして最も適当なものを，後の①～⑥のうちから一つ選べ。 **22**

ヒドロキシ酸　　　　2価アルコール

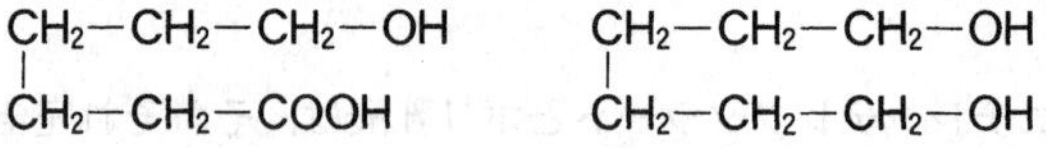

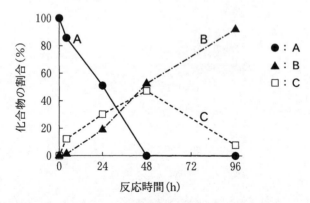

図1　ヒドロキシ酸と2価アルコールの構造式

図2　$HOOC(CH_2)_4COOH$ の還元反応における反応時間と化合物の割合

	ジカルボン酸	ヒドロキシ酸	2価アルコール
①	A	B	C
②	A	C	B
③	B	A	C
④	B	C	A
⑤	C	A	B
⑥	C	B	A

b 示性式 $HOOC(CH_2)_2COOH$ のジカルボン酸を試薬 X で還元すると，炭素原子を 4 個もつ化合物 Y が反応の途中に生成した。Y は銀鏡反応を示さず，$NaHCO_3$ 水溶液を加えても CO_2 を生じなかった。また，86 mg の Y を完全燃焼させると，CO_2 176 mg と H_2O 54 mg が生成した。Y の構造式として最も適当なものを，次の①～⑥のうちから一つ選べ。 23

① $OHC-(CH_2)_2-CHO$ ② $HO-(CH_2)_3-COOH$

③ $CH_2=CH-CH_2-COOH$ ④

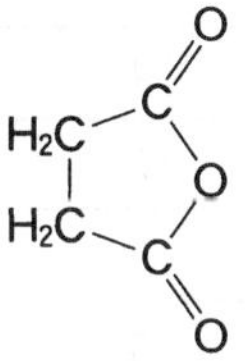

⑤ 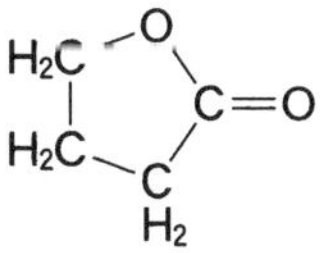   ⑥

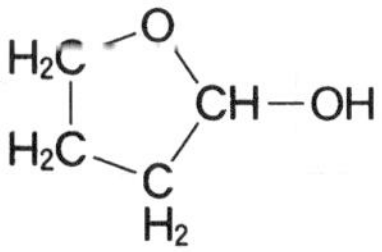

c 分子式 $C_5H_8O_4$ をもつジカルボン酸は，図3に示すように，立体異性体を区別しないで数えると4種類存在する。これら4種類のジカルボン酸を還元して生成するヒドロキシ酸 $C_5H_{10}O_3$ は，立体異性体を区別しないで数えると ┃ ア ┃ 種類あり，そのうち不斉炭素原子をもつものは ┃ イ ┃ 種類存在する。空欄 ┃ ア ┃ ・ ┃ イ ┃ に当てはまる数の組合せとして最も適当なものを，後の①〜⑧のうちから一つ選べ。┃ 24 ┃

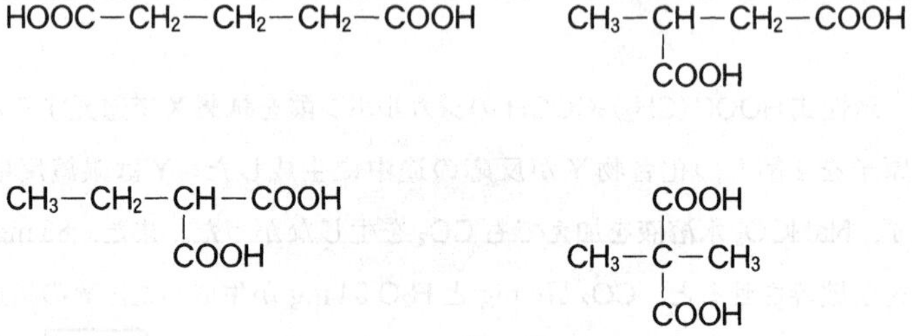

$$HOOC-CH_2-CH_2-CH_2-COOH \qquad CH_3-\underset{\underset{COOH}{|}}{CH}-CH_2-COOH$$

$$CH_3-CH_2-\underset{\underset{COOH}{|}}{CH}-COOH \qquad CH_3-\underset{\underset{COOH}{|}}{\overset{\overset{COOH}{|}}{C}}-CH_3$$

図3　4種類のジカルボン酸 $C_5H_8O_4$ の構造式

	ア	イ
①	4	0
②	4	1
③	5	2
④	5	3
⑤	6	4
⑥	6	5
⑦	8	6
⑧	8	7

2022年度　本試験　化学　21

第5問　大気中には，自動車の排ガスや植物などから放出されるアルケンが含まれている。大気中のアルケンは，地表近くのオゾンによる酸化反応で分解されて，健康に影響を及ぼすアルデヒドを生じる。アルケンを含む脂肪族不飽和炭化水素の構造と性質，およびオゾンとの反応に関する次の問い（**問1・2**）に答えよ。
（配点　20）

問 1　脂肪族不飽和炭化水素とそれに関連する化合物の構造に関する記述として**誤りを含むもの**を，次の①～④のうちから一つ選べ。　25

①　エチレン（エテン）の炭素—炭素原子間の結合において，一方の炭素原子を固定したとき，他方の炭素原子は自由に回転できない。

②　シクロアルケンの一般式は，炭素数を n とすると C_nH_{2n-2} で表される。

③　1-ブチン $CH \equiv C - CH_2 - CH_3$ の四つの炭素原子は，同一直線上にある。

④　ポリアセチレンは，分子中に二重結合をもつ。

— 233 —

問 2 次の構造をもつアルケン A(分子式 C_6H_{12})のオゾン O_3 による酸化反応について調べた。

$$R^1 \backslash \quad R^2 \atop C=C$$
$$H \diagup \quad \diagdown R^3$$

アルケン A

$R^1 = H$, CH_3, CH_3CH_2 のいずれか
$R^2 = CH_3$, CH_3CH_2 のいずれか
$R^3 = CH_3$, CH_3CH_2 のいずれか

気体のアルケン A と O_3 を二酸化硫黄 SO_2 の存在下で反応させると,式(1)に示すように,最初に化合物 X(分子式 $C_6H_{12}O_3$)が生成し,続いてアルデヒド B とケトン C が生成した。式(1)の反応に関する後の問い(**a 〜 d**)に答えよ。

$$\frac{R^1}{H}C=C\frac{R^2}{R^3} \xrightarrow{O_3} C_6H_{12}O_3 \xrightarrow{SO_2} \frac{R^1}{H}C=O \ + \ O=C\frac{R^2}{R^3} \ + \ SO_3 \qquad (1)$$

アルケン A
(C_6H_{12}) 　化合物 X 　　アルデヒド B 　ケトン C

a 式(1)の反応で生成したアルデヒド B はヨードホルム反応を示さず,ケトン C はヨードホルム反応を示した。R^1, R^2, R^3 の組合せとして正しいものを,次の①〜④のうちから一つ選べ。 26

	R^1	R^2	R^3
①	H	CH_3CH_2	CH_3CH_2
②	CH_3	CH_3	CH_3CH_2
③	CH_3	CH_3CH_2	CH_3
④	CH_3CH_2	CH_3	CH_3

b 式(1)の反応における反応熱を求めたい。式(1)の反応，SO_2 から SO_3 への酸化反応，および O_2 から O_3 が生成する反応の熱化学方程式は，それぞれ式(2)，(3)，(4)で表される。

$$\underset{H}{\overset{R^1}{>}}C=C\underset{R^3}{\overset{R^2}{<}}(\text{気})+O_3(\text{気})+SO_2(\text{気})=$$

$$\underset{H}{\overset{R^1}{>}}C=O\,(\text{気})+O=C\underset{R^3}{\overset{R^2}{<}}(\text{気})+SO_3(\text{気})+Q\,\text{kJ} \qquad (2)$$

$$SO_2(\text{気})+\frac{1}{2}O_2(\text{気})=SO_3(\text{気})+99\,\text{kJ} \qquad (3)$$

$$\frac{3}{2}O_2(\text{気})=O_3(\text{気})-143\,\text{kJ} \qquad (4)$$

各化合物の気体の生成熱が表1の値であるとき，式(2)の反応熱 Q は何 kJ か。最も適当な数値を，後の①～⑥のうちから一つ選べ。 | 27 | kJ

表1　各化合物の気体の生成熱

化合物	生成熱(kJ/mol)
$\underset{H}{\overset{R^1}{>}}C=C\underset{R^3}{\overset{R^2}{<}}$	67
$\underset{H}{\overset{R^1}{>}}C=O$	186
$O=C\underset{R^3}{\overset{R^2}{<}}$	217

① 221 　　② 229 　　③ 578

④ 799 　　⑤ 1020 　　⑥ 1306

c 式(1)のアルケン A と O₃ から化合物 X が生成する反応の反応速度を考える。図1は，体積一定の容器に入っている 5.0×10^{-7} mol/L の気体のアルケン A と 5.0×10^{-7} mol/L の O₃ を，温度一定で反応させたときのアルケン A のモル濃度の時間変化である。反応開始後 1.0 秒から 6.0 秒の間に，アルケン A が減少する平均の反応速度は何 mol/(L·s) か。その数値を有効数字 2 桁の次の形式で表すとき，28 ～ 30 に当てはまる数字を，後の①～⓪のうちから一つずつ選べ。ただし，同じものを繰り返し選んでもよい。

アルケン A が減少する平均の反応速度

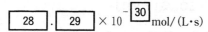

$\boxed{28}.\boxed{29} \times 10^{-\boxed{30}}$ mol/(L·s)

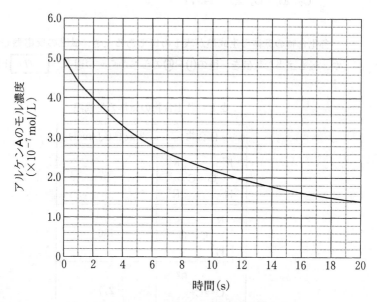

図1 アルケン A のモル濃度の時間変化

① 1   ② 2   ③ 3   ④ 4   ⑤ 5
⑥ 6   ⑦ 7   ⑧ 8   ⑨ 9   ⓪ 0

d　アルケン A と O_3 から化合物 X が生成する式(1)の反応を，同じ温度でアルケン A のモル濃度[A]と O_3 のモル濃度[O_3]を変えて行った。反応開始直後の反応速度 v を測定した結果を表2に示す。

表2　アルケン A と O_3 のモル濃度と反応速度の関係

実　験	[A] (mol/L)	[O_3] (mol/L)	反応速度 v (mol/(L·s))
1	1.0×10^{-7}	2.0×10^{-7}	5.0×10^{-9}
2	4.0×10^{-7}	1.0×10^{-7}	1.0×10^{-8}
3	1.0×10^{-7}	6.0×10^{-7}	1.5×10^{-8}

この反応の反応速度式を $v = k[\text{A}]^a[\text{O}_3]^b$ (a, b は定数)の形で表すとき，反応速度定数 k は何 L/(mol·s)か。その数値を有効数字2桁の次の形式で表すとき， 31 ～ 33 に当てはまる数字を，後の ①～⓪ のうちから一つずつ選べ。ただし，同じものを繰り返し選んでもよい。

アルケン A と O_3 の反応の反応速度定数

$k =$ 31 . 32 $\times 10^{\boxed{33}}$ L/(mol·s)

① 1　　② 2　　③ 3　　④ 4　　⑤ 5

⑥ 6　　⑦ 7　　⑧ 8　　⑨ 9　　⓪ 0

MEMO

化　学

（2022年1月実施）

60分　100点

追試験
2022

化　　　　　　学

$\left(\text{解答番号}\boxed{1}\sim\boxed{34}\right)$

必要があれば，原子量は次の値を使うこと。

H　1.0	C　12	N　14	O　16
Mg　24	Cl　35.5	Cu　64	Zn　65
Ag　108			

気体は，実在気体とことわりがない限り，理想気体として扱うものとする。

第1問　次の問い（問1～4）に答えよ。（配点　20）

問1　三重結合をもつ分子として最も適当なものを，次の①～④のうちから一つ選べ。 $\boxed{1}$

① シアン化水素　　　　　　② フッ素
③ アンモニア　　　　　　　④ シクロヘキセン

—240—

問2 実在気体は，理想気体の状態方程式に完全には従わない。実在気体の理想気体からのずれを表す指標として，次の式(1)で表されるZが用いられる。

$$Z = \frac{PV}{nRT} \tag{1}$$

ここで，P, V, n, Tは，それぞれ気体の圧力，体積，物質量，絶対温度であり，Rは気体定数である。300 K におけるメタン CH₄ の P と Z の関係を図1に示す。1 mol の CH₄ を 300 K で 1.0×10^7 Pa から 5.0×10^7 Pa に加圧すると，V は何倍になるか。最も適当な数値を，後の①〜⑤のうちから一つ選べ。 2 倍

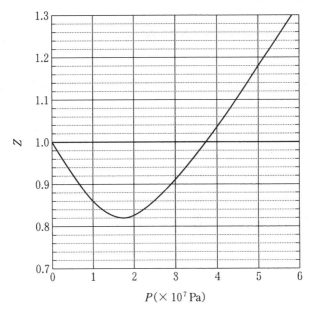

図1　300 K における CH₄ の P と Z の関係

① 0.15　　② 0.20　　③ 0.27　　④ 0.73　　⑤ 1.4

問 3 次の**実験**で観察された下線部(a)〜(c)の現象に関する記述**ア**〜**ウ**のうち，正しいものはどれか。すべてを選択しているものとして最も適当なものを，後の①〜⑧のうちから一つ選べ。 | 3 |

実験 ガラス容器にシクロヘキサンの液体を入れ，ゴム栓をして室温で放置したところ，シクロヘキサンの一部が気体となり，(a)容器内の圧力は一定になった。ゴム栓を外し，大気圧のもとでガラス容器を加熱すると，シクロヘキサンは(b)81 ℃で沸騰した。しばらく沸騰させてガラス容器内の空気を追い出した後，加熱をやめてすぐにガラス容器にゴム栓をした。ガラス容器の全体を室温の水で冷却すると，シクロヘキサンが(c)81 ℃よりも低い温度で再び沸騰した。

ア (a)の状態に達したとき，単位時間に液面から蒸発するシクロヘキサン分子の数と凝縮するシクロヘキサン分子の数が等しい。

イ (b)では，液体の表面だけでなく内部からもシクロヘキサンが蒸発している。

ウ (c)では，容器内の圧力は，大気圧よりも低くなっている。

① ア   ② イ   ③ ウ

④ ア，イ   ⑤ ア，ウ   ⑥ イ，ウ

⑦ ア，イ，ウ   ⑧ 正しいものはない。

問 4 ある溶媒 A に溶解した安息香酸(分子式 C₇H₆O₂, 分子量 122)は, その一部が水素結合により会合して二量体を形成し, 式(2)の化学平衡が成り立つ。

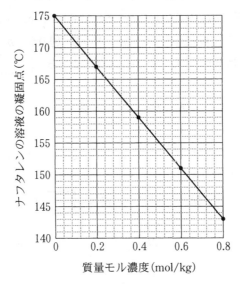

一方, 溶媒 A に溶解したナフタレン(分子式 C₁₀H₈, 分子量 128)は, カルボキシ基をもたないので, このような二量体を形成しない。

安息香酸による凝固点降下では, 二量体は 1 個の溶質粒子としてふるまう。そのため, ナフタレンによる凝固点降下と比較することで, 二量体を形成する安息香酸の割合を知ることができる。次の問い(**a ~ c**)に答えよ。

a 図 2 は, 溶媒 A にナフタレンを溶解した溶液(ナフタレンの溶液)の質量モル濃度と凝固点との関係を表したグラフである。

図 2 ナフタレンの溶液の質量モル濃度と凝固点との関係

図2から求められる溶媒 A のモル凝固点降下の値を2桁の整数で表すとき，　4　と　5　に当てはまる数字を，次の①～⓪のうちから一つずつ選べ。ただし，同じものを繰り返し選んでもよい。また，値が1桁の場合には，　4　には⓪を選べ。　4　5　K・kg/mol

① 1　　　② 2　　　③ 3　　　④ 4　　　⑤ 5
⑥ 6　　　⑦ 7　　　⑧ 8　　　⑨ 9　　　⓪ 0

b 溶液中でどのくらいの安息香酸が二量体を形成しているかを示す値として，式(3)で定義される会合度 β を求めたい。

$$\beta = \frac{\text{二量体を形成している安息香酸の物質量}}{\text{溶液に含まれる安息香酸の全物質量}} \tag{3}$$

ある質量モル濃度になるように溶媒 A に安息香酸を溶解し，この溶液（安息香酸の溶液）の凝固点を測定した。同じ質量モル濃度のナフタレンの溶液における凝固点降下度（凝固点降下の大きさ）ΔT_f と安息香酸の溶液における凝固点降下度 $\Delta T_f'$ を比較したところ，$\Delta T_f' = \frac{3}{4}\Delta T_f$ であった。このときの β の値として最も適当な数値を，次の①～④のうちから一つ選べ。ただし，β の値は温度によらず変わらないものとする。　6

① 0.13　　　② 0.25　　　③ 0.50　　　④ 0.75

c 式(2)の平衡状態において，二量体を形成していない安息香酸分子の数 m に対する二量体の数 n の比 $\frac{n}{m}$ を，式(3)の β を用いて表すとき，最も適当なものを，次の①～⑤のうちから一つ選べ。　7

① $\dfrac{2\beta}{1-\beta}$　　　② $\dfrac{\beta}{1-\beta}$　　　③ $\dfrac{\beta}{2(1-\beta)}$

④ $\dfrac{1-\beta}{\beta}$　　　⑤ $\dfrac{\beta}{2}$

第2問 次の問い(**問1～4**)に答えよ。(配点 20)

問1 反応速度に関する記述として下線部に**誤りを含むもの**はどれか。最も適当なものを，次の①～④のうちから一つ選べ。 8

① 亜鉛が希塩酸に溶けて水素を発生する反応では，希塩酸の濃度が高い方が，反応速度が大きくなる。

② 水素とヨウ素からヨウ化水素が生成する反応では，温度が高い方が，反応速度が大きくなる。

③ 石灰石に希塩酸を加えて二酸化炭素を発生させる反応では，石灰石の粒を砕いて小さくし，表面積を大きくすると反応速度が大きくなる。

④ 過酸化水素の分解反応では，過酸化水素水に触媒として酸化マンガン(Ⅳ)を少量加えると，活性化エネルギーが大きくなるので反応速度が大きくなる。

問2 白金電極を用いて $CuSO_4$ 水溶液 200 mL を 0.100 A の電流で電気分解した。このとき，陽極では O_2 が発生し，陰極では表面に Cu が析出したが気体は発生しなかった。一方，水溶液中の水素イオン濃度 $[H^+]$ は 1.00×10^{-5} mol/L から 1.00×10^{-3} mol/L に変化した。電流を流した時間は何秒か。最も適当な数値を，次の①～④のうちから一つ選べ。ただし，ファラデー定数は 9.65×10^4 C/mol とし，$[H^+]$ の変化はすべて電極での反応によるものとする。 9 秒

① 48   ② 1.9×10^2 ③ 3.8×10^2 ④ 7.6×10^2

— 245 —

問 3 ある温度の AgCl 飽和水溶液において，Ag^+ および Cl^- のモル濃度は，$[Ag^+] = 1.4 \times 10^{-5}$ mol/L，$[Cl^-] = 1.4 \times 10^{-5}$ mol/L であった。この温度において，1.0×10^{-5} mol/L の $AgNO_3$ 水溶液 25 mL に，ある濃度の NaCl 水溶液を加えていくと，10 mL を超えた時点で AgCl の白色沈殿が生じ始めた。NaCl 水溶液のモル濃度は何 mol/L か。最も適当な数値を，次の①～④のうちから一つ選べ。 **10** mol/L

① 8.1×10^{-5}　　② 9.6×10^{-5}　　③ 2.0×10^{-4}　　④ 5.1×10^{-4}

問 4 次の化学平衡が，温度によってどのように変化するかを考える。

$$2\,NO_2 \rightleftarrows N_2O_4 \tag{1}$$

　ピストンの付いた密閉容器に 2.0×10^{-2} mol の NO_2 を入れ，圧力 1.0×10^5 Pa のもとで温度を変えて平衡に達したときの体積を測定した。30 ℃，60 ℃，90 ℃ での測定結果を表1に示す。表1から，温度が上昇すると平衡が　ア　に移動したことがわかる。また，NO_2 から N_2O_4 が生成する反応(式(1)の正反応)は，　イ　反応であることがわかる。後の問い(**a ～ c**)に答えよ。ただし，気体定数は $R = 8.3 \times 10^3$ Pa・L/(K・mol) とする。

表 1　温度と体積の関係(圧力 1.0×10^5 Pa)

温度(℃)	体積(mL)
30	350
60	450
90	560

a　空欄　ア　・　イ　に当てはまる語の組合せとして最も適当なものを，次の①～④のうちから一つ選べ。　11

	ア	イ
①	左向き	発 熱
②	左向き	吸 熱
③	右向き	発 熱
④	右向き	吸 熱

b 温度60℃では，初期のNO_2の物質量2.0×10^{-2} mol の何%がN_2O_4に変化しているか。最も適当な数値を，次の①~⑥のうちから一つ選べ。

$\boxed{12}$ %

① 1.9   ② 3.7   ③ 8.1

④ 19   ⑤ 37   ⑥ 81

⊖ c 式(1)の正反応の反応熱を計算により求めるために必要な量をすべて含むものを，次の①~⑤のうちから二つ選べ。ただし，解答の順序は問わない。

$\boxed{13}$ ・ $\boxed{14}$

① NO_2 の生成熱および式(1)の正反応の活性化エネルギー

② N_2O_4 の生成熱および式(1)の逆反応の活性化エネルギー

③ 式(1)の正反応および逆反応の活性化エネルギー

④ NO_2 と NO の生成熱および反応 $2\,NO + O_2 \longrightarrow 2\,NO_2$ の反応熱

⑤ N_2O_4 と NO の生成熱および反応 $2\,NO + O_2 \longrightarrow 2\,NO_2$ の反応熱

2022年度　追試験　化学　37

第3問 次の問い（**問1～3**）に答えよ。（配点　20）

問1 リンに関する記述として**誤りを含むもの**を，次の①～⑤のうちから一つ選べ。 15

① リン酸のリン原子の酸化数は，＋3である。

② 十酸化四リンは，塩化水素など酸性の気体の乾燥に適している。

③ 過リン酸石灰は，肥料として用いられる。

④ 黄リンは，空気中で自然発火する。

⑤ リンは生命活動に必須の元素で，DNA に含まれている。

問 2 元素ア～エは Hg, Ni, Pb, W (タングステン) のいずれかであり，次の記述 I ～Ⅲに示す特徴をもつ。ア，ウとして最も適当な元素を，それぞれ後の①～④のうちから一つずつ選べ。

ア 16

ウ 17

I アやイの単体や化合物がもつ毒性に配慮して，アやイを身のまわりの製品に利用することが制限されている。

Ⅱ イやウの化合物には，市販の二次電池の正極活物質として用いられているものがある。

Ⅲ 金属元素の単体の中で，アは最も融点が低く，エは最も融点が高い。

① Hg   ② Ni   ③ Pb   ④ W

問 3 次の文章を読み，後の問い（**a ～ c**）に答えよ。

　マグネシウム Mg は陽イオンになりやすく，その単体は強い還元剤としてはたらく。たとえば，単体の Mg の固体と塩化銀 AgCl の固体を適切な条件下で反応させると，AgCl が還元され，単体の銀 Ag と塩化マグネシウム $MgCl_2$ が生じる。また，単体の Mg と AgCl を用いて，電池をつくることができる。単体の Mg による AgCl の還元反応に関して，次の**実験Ⅰ・Ⅱ**を行った。

実験Ⅰ　0.12 g の単体の Mg 粉末と過剰量の AgCl 粉末を，急激に反応しないよう注意しながら十分に反応させたところ，単体の Ag，$MgCl_2$，未反応の AgCl のみからなる混合物が得られた。$MgCl_2$ が水溶性であること，および AgCl がある液体に溶ける性質を利用して，この混合物から単体の Ag を取り出した。

a　**実験Ⅰ**で，得られた混合物から単体の Ag を取り出す方法として最も適当なものを，次の①～④のうちから一つ選べ。　| 18 |

①　温水で洗う。
②　水酸化ナトリウム水溶液で洗った後に水洗する。
③　水洗した後に水酸化ナトリウム水溶液で洗う。
④　水洗した後にアンモニア水で洗う。

b　**実験Ⅰ**で，取り出された単体の Ag の質量は何 g か。最も適当な数値を，次の①～④のうちから一つ選べ。ただし，使用した単体の Mg はすべて AgCl の還元反応に使われたものとする。　| 19 | g

①　0.27　　　　②　0.54　　　　③　1.1　　　　④　1.4

— 251 —

実験Ⅱ 単体の Mg による AgCl の還元反応を利用した，食塩水を電解液とする電池の反応は，次の式(1)，(2)によって表される。

$$\text{正極} \quad AgCl + e^- \longrightarrow Ag + Cl^- \tag{1}$$
$$\text{負極} \quad Mg \longrightarrow Mg^{2+} + 2\,e^- \tag{2}$$

この電池の負極を，単体の Cu，Zn，Sn にかえた電池を組み立てて，これらの起電力を測定すると，表1の結果が得られた。

表1 負極の種類と起電力

負　極	起電力(V)
Cu	0.26
Zn	1.07
Sn	0.51

c 単体の Mg を負極として用いた電池の起電力を x(V) とする。表1と金属のイオン化傾向から考えられる，x を含む範囲として最も適当なものを，次の①〜④のうちから一つ選べ。 20

① $x < 0.26$　　　　　② $0.26 < x < 0.51$
③ $0.51 < x < 1.07$　　　④ $1.07 < x$

第4問 次の問い(問1〜4)に答えよ。(配点 20)

問1 濃硫酸を用いて、エタノールを脱水してエチレン(エテン)を得るために、図1のような装置を組み立てた。この装置を用いたエチレンの合成に関する説明として**誤りを含むもの**はどれか。最も適当なものを、後の①〜④のうちから一つ選べ。 21

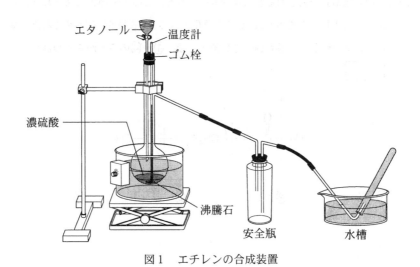

図1 エチレンの合成装置

① エチレンを水上置換により捕集するのは、エチレンが水に溶けにくいためである。
② 安全瓶は、水槽の水が逆流するのを防ぐために用いられる。
③ エチレンの生成に適した反応温度にするために、フラスコを水浴で加熱する。
④ 反応溶液の温度が下がらないように、エタノールを少しずつ加える。

問 2 分子式が $C_8H_{10}O$ で，ベンゼン環を一つもつ化合物には，いくつかの異性体がある。それらのうちナトリウムと反応しない化合物は，何種類あるか。最も適当な数を，次の①～⑥のうちから一つ選べ。 $\boxed{22}$ 種類

① 4　　② 5　　③ 6　　④ 7　　⑤ 8　　⑥ 9

問 3 次の構造式で表される重合体 966 g がある。この両末端のエステル部分を完全にけん化したところ，112 g の水酸化カリウム（式量 56）が消費された。構造式中の x の値として最も適当な数値を，後の①～④のうちから一つ選べ。

$\boxed{23}$

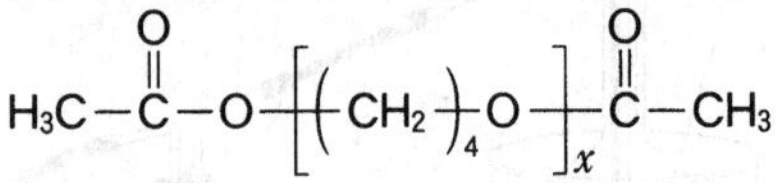

$$H_3C-\overset{\displaystyle O}{\overset{\|}{C}}-O-\left[(CH_2)_4-O\right]_x\overset{\displaystyle O}{\overset{\|}{C}}-CH_3$$

① 5　　　　② 7　　　　③ 12　　　　④ 13

問 4 次の文章を読み，後の問い（**a ~ c**）に答えよ。

　ポリ塩化ビニルの合成原料である塩化ビニル $CH_2=CHCl$ は，図 2 に示すように複数の反応を組み合わせることで工業的に生産されている。一つ目の反応はエチレン（エテン）$CH_2=CH_2$ への塩素 Cl_2 の付加反応であり，1,2-ジクロロエタン CH_2Cl-CH_2Cl が得られる。二つ目の反応では，得られた CH_2Cl-CH_2Cl を熱分解することで $CH_2=CHCl$ と塩化水素 HCl が得られる。三つ目の反応では，この HCl と，酸素 O_2 および $CH_2=CH_2$ を反応させることで CH_2Cl-CH_2Cl と水 H_2O を得ている。これらの反応を適切に組み合わせることで，反応中に生成する HCl をすべて用いることができ，副生成物は H_2O だけとなる。

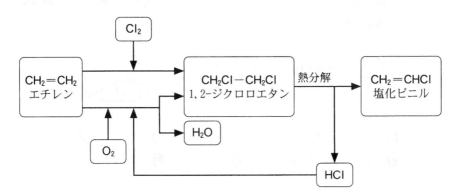

図 2　エチレンを原料とする塩化ビニルの合成法

a ポリ塩化ビニルと塩化ビニルに関する記述として**誤りを含むもの**を，次の①~④のうちから一つ選べ。 24

① ポリ塩化ビニルは，塩化ビニルの付加重合で合成される。
② ポリ塩化ビニルは，熱可塑性樹脂の一種である。
③ 塩化ビニルには，構造異性体が存在する。
④ 塩化ビニルは，アセチレンに1分子のHClを付加させると合成できる。

b 図2の中で，$CH_2=CH_2$ に HCl と O_2 を作用させ，CH_2Cl-CH_2Cl と H_2O を得る反応は，次の化学反応式で表される。 25 ~ 27 に当てはまる数字を，後の①~⑨のうちから一つずつ選べ。ただし，同じものを繰り返し選んでもよい。

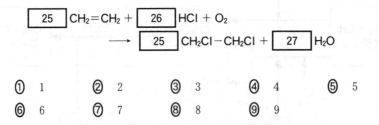

① 1   ② 2   ③ 3   ④ 4   ⑤ 5
⑥ 6   ⑦ 7   ⑧ 8   ⑨ 9

c 図2に示すように複数の反応を組み合わせることで，副生成物を H_2O だけにして $CH_2=CHCl$ が生産されている。4 mol の $CH_2=CH_2$ をすべて反応させて $CH_2=CHCl$ を生産する際に消費される O_2 の物質量は何 mol か。最も適当な数値を，次の①~⑤のうちから一つ選べ。 28 mol

① 0.5   ② 1   ③ 2   ④ 3   ⑤ 4

2022年度　追試験　化学　45

第5問　次の文章を読み，後の問い（**問1～3**）に答えよ。（配点　20）

　水溶液中に少量含まれる金属イオンの物質量を求めたいとき，分子量の大きい有機化合物を金属イオンに結合させて生成する沈殿の質量をはかる方法がある。この有機化合物の例として，化合物 A（分子式 $C_{13}H_9NO_2$，分子量 211）がある。pH を適切に調整すると，式(1)のように化合物 A の窒素原子と酸素原子が2価の金属イオン M^{2+} に配位結合し，M^{2+} が化合物 B としてほぼ完全に沈殿する。

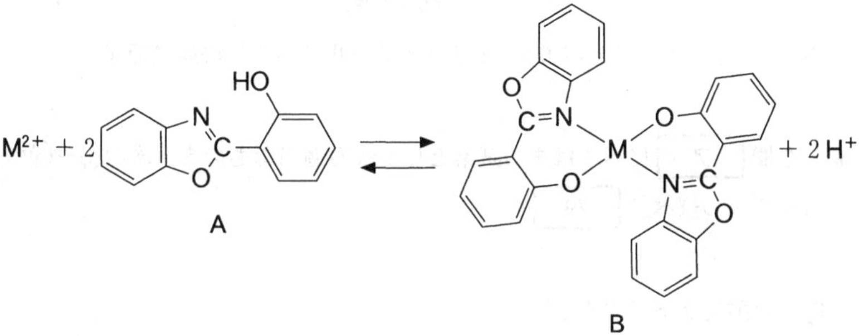

— 257 —

問1 図1に従って化合物Aを合成した。後の問い(a・b)に答えよ。

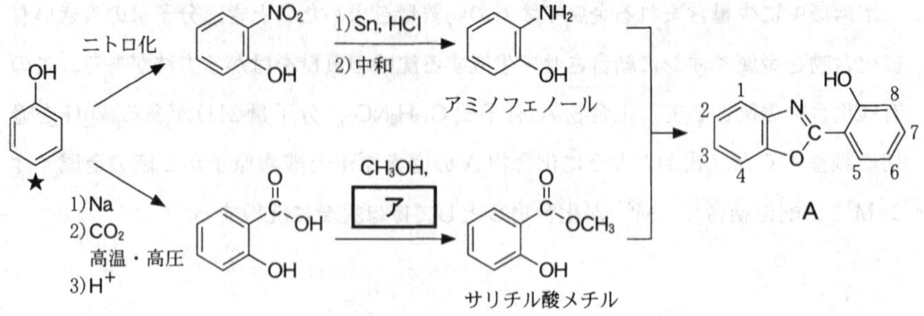

図1 化合物Aの合成方法(★はフェノールのパラ位の炭素原子)

a 空欄 ア に当てはまる試薬として最も適当なものを，次の①～⑤のうちから一つ選べ。 29

① 水酸化ナトリウム水溶液
② 無水酢酸
③ 希塩酸
④ 濃硫酸
⑤ 二酸化炭素

b 図1に示すフェノールの★をつけた炭素原子は，合成された化合物Aの1～8の番号を付した炭素原子のどれに相当するか。適当な番号を，次の①～⑧のうちから二つ選べ。ただし，解答の順序は問わない。
30
31

① 1   ② 2   ③ 3   ④ 4
⑤ 5   ⑥ 6   ⑦ 7   ⑧ 8

問 2 式(1)の M^{2+} として Cu^{2+} を用いて次の実験を行った。0 mol から 0.005 mol までの Cu^{2+} を含む水溶液を用意し，それぞれの水溶液に 0.0040 mol の化合物 A を加え，pH を調整して Cu^{2+} と十分に反応させ，化合物 B を沈殿させた。用意した水溶液中の Cu^{2+} の物質量と，生じた化合物 B の沈殿の質量の関係を表したグラフとして最も適当なものを，次の①～④のうちから一つ選べ。 32

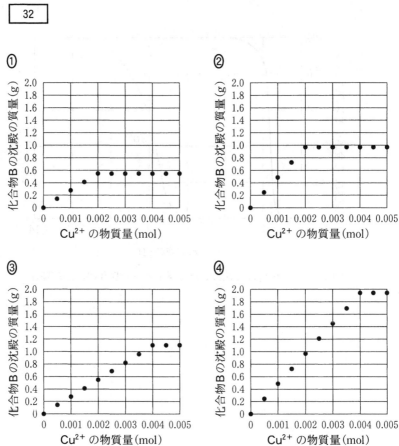

問 3 Cu と Zn からなる合金 C に含まれる Cu の含有率（質量パーセント）を求めたい。式(1)の反応は Cu^{2+} と Zn^{2+} の両方のイオンで起こるが，沈殿が生じる pH は異なる。図 2 は，Cu^{2+} または Zn^{2+} のみを含む水溶液に化合物 A を加えて反応させたとき，化合物 B として沈殿した金属イオンの割合(%)を pH に対して示したものである。後の問い(**a**・**b**)に答えよ。

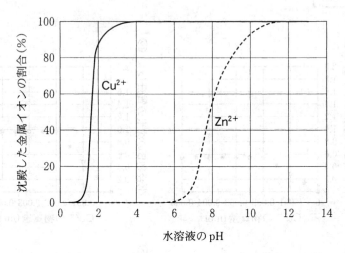

図 2　水溶液の pH と沈殿した金属イオンの割合(%)との関係

a　図2より，Cu^{2+} と Zn^{2+} を含む水溶液から Cu^{2+} のみが化合物 B として
ほぼ完全に沈殿する pH の範囲が読み取れる。次に示す水溶液 **ア～エ** のう
ち，pH がこの範囲内にあるものはどれか。最も適当なものを，後の **①～④**
のうちから一つ選べ。　$\boxed{33}$

ア　0.1 mol/L の水酸化ナトリウム水溶液

イ　0.1 mol/L のアンモニア水と 0.1 mol/L の塩化アンモニウム水溶液を
　　1：1 の体積比で混合した水溶液

ウ　0.1 mol/L の酢酸水溶液と 0.1 mol/L の酢酸ナトリウム水溶液を 1：1
　　の体積比で混合した水溶液

エ　0.1 mol/L の塩酸

① ア　　　　　　**②** イ　　　　　　**③** ウ　　　　　　**④** エ

b　合金 C 2.00 g をすべて硝酸に溶かし，化合物 A を加え，pH を調整して
Cu^{2+} のみを化合物 B として沈殿させた。このとき，得られた化合物 B の質
量は 6.05 g であった。合金 C 中の Cu の含有率（質量パーセント）は何％
か。最も適当な数値を，次の **①～④** のうちから一つ選べ。ただし，すべての
Cu^{2+} は化合物 B として沈殿したものとする。　$\boxed{34}$　％

①　40　　　　　　**②**　60　　　　　　**③**　71　　　　　　**④**　80

MEMO

化　学

（2021年1月実施）

60分　100点

2021
第1日程

化　　　　　学

$\left(\text{解答番号}\boxed{1}\sim\boxed{29}\right)$

必要があれば，原子量は次の値を使うこと。

H　1.0	C　12	N　14	O　16
Ca　40	Fe　56	Zn　65	

気体は，実在気体とことわりがない限り，理想気体として扱うものとする。

第 1 問　次の問い(問 1 ～ 4)に答えよ。(配点　20)

問 1　次の記述(**ア・イ**)の両方に当てはまる金属元素として最も適当なものを，下の①～④のうちから一つ選べ。　$\boxed{1}$

ア　2 価の陽イオンになりやすいもの

イ　硫酸塩が水に溶けやすいもの

① Mg　　　　② Al　　　　③ K　　　　④ Ba

— 264 —

2021年度　第1日程　化学　3

問 2　単位格子の一辺の長さ L(cm)の体心立方格子の構造をもつモル質量 M(g/mol)の原子からなる結晶がある。この結晶の密度が d(g/cm^3)であるとき，アボガドロ定数 N_A(/mol)を表す式として最も適当なものを，次の①～⑥のうちから一つ選べ。 2 /mol

①　$\dfrac{L^3 d}{M}$　　　　　②　$\dfrac{L^3 d}{2M}$　　　　　③　$\dfrac{2L^3 d}{M}$

④　$\dfrac{M}{L^3 d}$　　　　　⑤　$\dfrac{2M}{L^3 d}$　　　　　⑥　$\dfrac{M}{2L^3 d}$

問 3　物質の溶媒への溶解や分子間力に関する次の記述（I～III）について，正誤の組合せとして最も適当なものを，下の①～⑧のうちから一つ選べ。 3

I　ヘキサンが水にほとんど溶けないのは，ヘキサン分子の極性が小さいためである。

II　ナフタレンが溶解したヘキサン溶液では，ナフタレン分子とヘキサン分子の間に分子間力がはたらいている。

III　液体では，液体の分子間にはたらく分子間力が小さいほど，その沸点は高くなる。

	I	II	III
①	正	正	正
②	正	正	誤
③	正	誤	正
④	正	誤	誤
⑤	誤	正	正
⑥	誤	正	誤
⑦	誤	誤	正
⑧	誤	誤	誤

問 4 蒸気圧(飽和蒸気圧)に関する次の問い(**a・b**)に答えよ。ただし，気体定数は $R = 8.3 \times 10^3\,\mathrm{Pa \cdot L/(K \cdot mol)}$ とする。

a エタノール C_2H_5OH の蒸気圧曲線を次ページの図1に示す。ピストン付きの容器に 90 ℃ で $1.0 \times 10^5\,\mathrm{Pa}$ の C_2H_5OH の気体が入っている。この気体の体積を 90 ℃ のままで 5 倍にした。その状態から圧力を一定に保ったまま温度を下げたときに凝縮が始まる温度を 2 桁の数値で表すとき， 4 と 5 に当てはまる数字を，次の①〜⓪のうちから一つずつ選べ。ただし，温度が 1 桁の場合には， 4 には⓪を選べ。また，同じものを繰り返し選んでもよい。 4 5 ℃

- ① 1
- ② 2
- ③ 3
- ④ 4
- ⑤ 5
- ⑥ 6
- ⑦ 7
- ⑧ 8
- ⑨ 9
- ⓪ 0

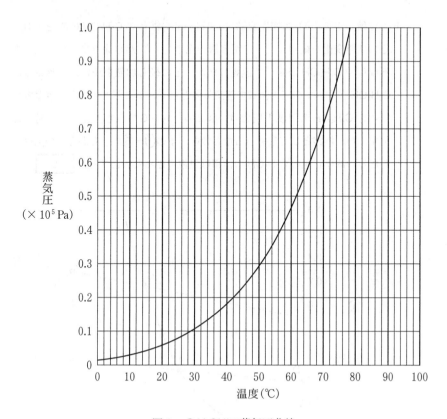

図1　C₂H₅OH の蒸気圧曲線

b 容積一定の 1.0 L の密閉容器に 0.024 mol の液体の C₂H₅OH のみを入れ，その状態変化を観測した。密閉容器の温度を 0 ℃ から徐々に上げると，ある温度で C₂H₅OH がすべて蒸発したが，その後も加熱を続けた。蒸発した C₂H₅OH がすべての圧力領域で理想気体としてふるまうとすると，容器内の気体の C₂H₅OH の温度と圧力は，図 2 の点 A～G のうち，どの点を通り変化するか。経路として最も適当なものを，下の①～⑤のうちから一つ選べ。ただし，液体状態の C₂H₅OH の体積は無視できるものとする。　6

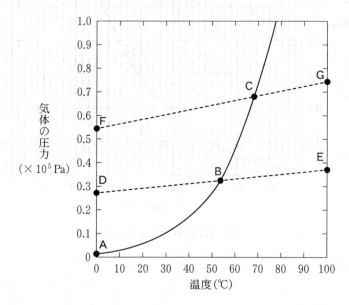

図 2　気体の圧力と温度の関係（実線 ── は C₂H₅OH の蒸気圧曲線）

① A → B → C → G
② A → B → E
③ D → B → C → G
④ D → B → E
⑤ F → C → G

第2問 次の問い(問1～3)に答えよ。(配点 20)

問1 光が関わる化学反応や現象に関する記述として下線部に**誤りを含む**ものはどれか。最も適当なものを，次の①～④のうちから一つ選べ。 　7

① 塩素と水素の混合気体に強い光(紫外線)を照射すると，爆発的に反応して塩化水素が生成する。

② オゾン層は，太陽光線中の紫外線を吸収して，地上の生物を保護している。

③ 植物は光合成で糖類を生成する。二酸化炭素と水からグルコースと酸素が生成する反応は，発熱反応である。

④ 酸化チタン(Ⅳ)は，光(紫外線)を照射すると，有機物などを分解する触媒として作用する。

問 2 補聴器に用いられる空気亜鉛電池では，次の式のように正極で空気中の酸素が取り込まれ，負極の亜鉛が酸化される。

正極 $O_2 + 2H_2O + 4e^- \longrightarrow 4OH^-$

負極 $Zn + 2OH^- \longrightarrow ZnO + H_2O + 2e^-$

この電池を一定電流で 7720 秒間放電したところ，上の反応により電池の質量は 16.0 mg 増加した。このとき流れた電流は何 mA か。最も適当な数値を，次の①~④のうちから一つ選べ。ただし，ファラデー定数は 9.65×10^4 C/mol とする。 | 8 | mA

① 6.25 ② 12.5 ③ 25.0 ④ 50.0

問 3 氷の昇華と水分子間の水素結合について，次の問い（**a**～**c**）に答えよ。

a 水の三重点よりも低温かつ低圧の状態に保たれている氷を，水蒸気に昇華させる方法として適当なものは，次の**ア**～**エ**のうちどれか。すべてを正しく選択しているものを，下の**①**～**④**のうちから一つ選べ。 9

ア 温度を保ったまま，減圧する。
イ 温度を保ったまま，加圧する。
ウ 圧力を保ったまま，加熱する。
エ 圧力を保ったまま，冷却する。

① ア，ウ   **②** ア，エ   **③** イ，ウ   **④** イ，エ

b 図1に示すように,氷の結晶中では,1個の水分子が正四面体の頂点に位置する4個の水分子と水素結合をしており,水素結合1本あたり2個の水分子が関与している。0℃における氷の昇華熱を Q (kJ/mol) としたとき,0℃において水分子間の水素結合1 mol を切るために必要なエネルギー(kJ/mol)を表す式として最も適当なものを,下の①~⑤のうちから一つ選べ。ただし,氷の昇華熱は,水分子1 mol の結晶中のすべての水素結合を切るためのエネルギーと等しいとする。 | 10 | kJ/mol

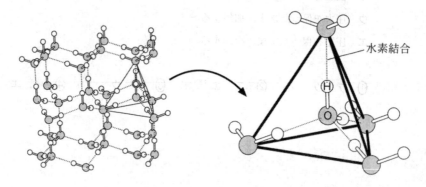

図1 氷の結晶構造と水素結合の模式図

① $\dfrac{1}{4}Q$ ② $\dfrac{1}{2}Q$ ③ Q ④ $2Q$ ⑤ $4Q$

c 図2に0℃および25℃における水の状態とエネルギーの関係を示す。この関係を用いて、0℃における氷の昇華熱 Q(kJ/mol) の値を求めると何 kJ/mol になるか。最も適当な数値を、下の①〜⑤のうちから一つ選べ。ただし、1 mol の H₂O(液)および H₂O(気)の温度を 1 K 上昇させるのに必要なエネルギーはそれぞれ 0.080 kJ, 0.040 kJ とする。また、すべての状態変化は 1.013×10^5 Pa のもとで起こるものとする。　11　kJ/mol

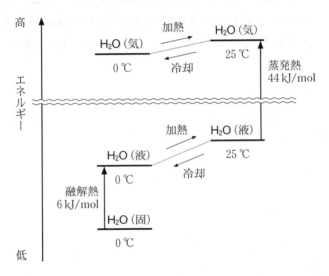

図2　0℃および25℃における水の状態とエネルギーの関係

① 45　　② 49　　③ 50　　④ 51　　⑤ 52

第3問 次の問い(問1～3)に答えよ。(配点 20)

問1 塩化ナトリウムの溶融塩電解(融解塩電解)に関連する記述として**誤りを含む**ものはどれか。最も適当なものを，次の①～④のうちから一つ選べ。 | 12 |

① 陰極に鉄，陽極に黒鉛を用いることができる。

② ナトリウムの単体が陰極で生成し，気体の塩素が陽極で発生する。

③ ナトリウムの単体が1 mol生成するとき，気体の塩素が1 mol発生する。

④ 塩化ナトリウム水溶液を電気分解しても，ナトリウムの単体は得られない。

問 2 元素**ア**〜**エ**はそれぞれ Ag, Pb, Sn, Zn のいずれかであり, 次の記述
(Ⅰ〜Ⅲ)に述べる特徴をもつ。**ア**, **イ**として最も適当なものを, それぞれ下の
①〜④のうちから一つずつ選べ。

ア 13

イ 14

Ⅰ **ア**と**イ**の単体は希硫酸に溶けるが, **ウ**と**エ**の単体は希硫酸に溶けにくい。

Ⅱ **ウ**の 2 価の塩化物は, 冷水にはほとんど溶けないが熱水には溶ける。

Ⅲ **ア**と**ウ**のみが同族元素である。

① Ag   ② Pb   ③ Sn   ④ Zn

問 3 次の化学反応式(1)に示すように，シュウ酸イオン $C_2O_4{}^{2-}$ を配位子として 3 個もつ鉄(III)の錯イオン $[Fe(C_2O_4)_3]^{3-}$ の水溶液では，光をあてている間，反応が進行し，配位子を 2 個もつ鉄(II)の錯イオン $[Fe(C_2O_4)_2]^{2-}$ が生成する。

$$2\,[Fe(C_2O_4)_3]^{3-} \xrightarrow{\text{光}} 2\,[Fe(C_2O_4)_2]^{2-} + C_2O_4{}^{2-} + 2\,CO_2 \qquad (1)$$

この反応で光を一定時間あてたとき，何 % の $[Fe(C_2O_4)_3]^{3-}$ が $[Fe(C_2O_4)_2]^{2-}$ に変化するかを調べたいと考えた。そこで，式(1)にしたがって CO_2 に変化した $C_2O_4{}^{2-}$ の量から，変化した $[Fe(C_2O_4)_3]^{3-}$ の量を求める**実験 I〜III** を行った。この**実験**に関する次ページの問い(**a 〜 c**)に答えよ。ただし，反応溶液の pH は**実験 I〜III** において適切に調整されているものとする。

実験 I 0.0109 mol の $[Fe(C_2O_4)_3]^{3-}$ を含む水溶液を透明なガラス容器に入れ，光を一定時間あてた。

実験 II 実験 I で光をあてた溶液に，鉄の錯イオン $[Fe(C_2O_4)_3]^{3-}$ と $[Fe(C_2O_4)_2]^{2-}$ から $C_2O_4{}^{2-}$ を遊離(解離)させる試薬を加え，錯イオン中の $C_2O_4{}^{2-}$ を完全に遊離させた。さらに，Ca^{2+} を含む水溶液を加えて，溶液中に含まれるすべての $C_2O_4{}^{2-}$ をシュウ酸カルシウム CaC_2O_4 の水和物として完全に沈殿させた。この後，ろ過によりろ液と沈殿に分離し，さらに，沈殿を乾燥して 4.38 g の $CaC_2O_4 \cdot H_2O$ (式量 146)を得た。

実験III 実験 II で得られたろ液に，(a)Fe²⁺ が含まれていることを確かめる操作を行った。

— 276 —

a 実験Ⅲの下線部(a)の操作として最も適当なものを，次の①～④のうちから一つ選べ。 15

① H_2S 水溶液を加える。

② サリチル酸水溶液を加える。

③ $K_3[Fe(CN)_6]$ 水溶液を加える。

④ KSCN 水溶液を加える。

b 1.0 mol の $[Fe(C_2O_4)_3]^{3-}$ が，式(1)にしたがって完全に反応するとき，酸化されて CO_2 になる $C_2O_4^{2-}$ の物質量は何 mol か。最も適当な数値を，次の①～④のうちから一つ選べ。 16 mol

① 0.5   ② 1.0   ③ 1.5   ④ 2.0

c 実験Ⅰにおいて，光をあてることにより，溶液中の $[Fe(C_2O_4)_3]^{3-}$ の何%が $[Fe(C_2O_4)_2]^{2-}$ に変化したか。最も適当な数値を，次の①～④のうちから一つ選べ。 17 ％

① 12   ② 16   ③ 25   ④ 50

16

第4問 次の問い(問1～5)に答えよ。(配点 20)

問1 芳香族炭化水素の反応に関する記述として下線部に**誤りを含むもの**を，次の ①～④のうちから一つ選べ。　18

① ナフタレンに，高温で酸化バナジウム(V)を触媒として酸素を反応させると，*o*-キシレンが生成する。

② ベンゼンに，鉄粉または塩化鉄(Ⅲ)を触媒として塩素を反応させると，クロロベンゼンが生成する。

③ ベンゼンに，高温で濃硫酸を反応させると，ベンゼンスルホン酸が生成する。

④ ベンゼンに，高温・高圧でニッケルを触媒として水素を反応させると，シクロヘキサンが生成する。

問 2 油脂に関する記述として下線部に**誤りを含むもの**を，次の①〜④のうちから一つ選べ。 19

① けん化価は，油脂 1 g を完全にけん化するのに必要な水酸化カリウムの質量を mg 単位で表した数値で，この値が大きいほど油脂の平均分子量は<u>小さい</u>。

② ヨウ素価は，油脂 100 g に付加するヨウ素の質量を g 単位で表した数値で，油脂の中でも空気中で放置すると固化しやすい乾性油はヨウ素価が<u>大きい</u>。

③ マーガリンの主成分である硬化油は，液体の油脂を<u>酸化</u>してつくられる。

④ 油脂は，高級脂肪酸と<u>グリセリン(1,2,3-プロパントリオール)</u>のエステルである。

問3 次のアルコールア～エを用いた反応の生成物について，下の問い(a・b)に答えよ。

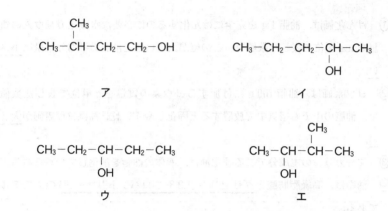

a ア～エに適切な酸化剤を作用させると，それぞれからアルデヒドまたはケトンのどちらか一方が生成する。ア～エのうち，ケトンが生成するものはいくつあるか。正しい数を，次の①～⑤のうちから一つ選べ。　20

　① 1　　　② 2　　　③ 3　　　④ 4　　　⑤ 0

b ア～エにそれぞれ適切な酸触媒を加えて加熱すると，OH 基の結合した炭素原子とその隣の炭素原子から，OH 基と H 原子がとれたアルケンが生成する。ア～エのうち，このように生成するアルケンの異性体の数が最も多いアルコールはどれか。最も適当なものを，次の①～④のうちから一つ選べ。ただし，シス-トランス異性体(幾何異性体)も区別して数えるものとする。
　21

　① ア　　　② イ　　　③ ウ　　　④ エ

問 4 高分子化合物に関する記述として**誤りを含むもの**はどれか。最も適当なものを，次の①～⑤のうちから一つ選べ。 22

① ナイロン 6 は，繰り返し単位の中にアミド結合を二つもつ。

② ポリ酢酸ビニルを加水分解すると，ポリビニルアルコールが生じる。

③ 尿素樹脂は，熱硬化性樹脂である。

④ 生ゴムに数％の硫黄を加えて加熱すると，弾性が向上する。

⑤ ポリエチレンテレフタラートは，合成繊維としても合成樹脂としても用いられる。

問 5 分子量 2.56×10^4 のポリペプチド鎖 A は，アミノ酸 B (分子量 89) のみを脱水縮合して合成されたものである。図 1 のように，A がらせん構造をとると仮定すると，A のらせんの全長 L は何 nm か。最も適当な数値を，下の ①〜⑥ のうちから一つ選べ。ただし，らせんのひと巻きはアミノ酸の単位 3.6 個分であり，ひと巻きとひと巻きの間隔を 0.54 nm ($1\,\text{nm} = 1 \times 10^{-9}\,\text{m}$) とする。

[23] nm

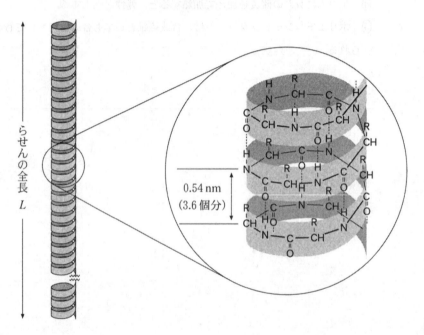

図 1　ポリペプチド鎖 A のらせん構造の模式図

① 43　　　② 54　　　③ 72
④ 1.6×10^2　　⑤ 1.9×10^2　　⑥ 2.6×10^2

第5問 グルコース $C_6H_{12}O_6$ に関する次の問い(**問 1 ～ 3**)に答えよ。(配点　20)

問 1 グルコースは,水溶液中で主に環状構造の α-グルコースと β-グルコースとして存在し,これらは鎖状構造の分子を経由して相互に変換している。グルコースの水溶液について,平衡に達するまでの α-グルコースと β-グルコースの物質量の時間変化を調べた次ページの**実験 I** に関する問い(**a・b**)と**実験 II** に関する問い(**c**)に答えよ。ただし,鎖状構造の分子の割合は少なく無視できるものとする。また,必要があれば次の方眼紙を使うこと。

実験I α-グルコース 0.100 mol を 20 ℃ の水 1.0 L に加えて溶かし，20 ℃ に保ったまま α-グルコースの物質量の時間変化を調べた。表1に示すように α-グルコースの物質量は減少し，10時間後には平衡に達していた。こうして得られた溶液を**溶液A**とする。

表1　水溶液中での α-グルコースの物質量の時間変化

時間（h）	0	0.5	1.5	3.0	5.0	7.0	10.0
α-グルコースの物質量（mol）	0.100	0.079	0.055	0.040	0.034	0.032	0.032

a　平衡に達したときの β-グルコースの物質量は何 mol か。最も適当な数値を，次の①〜⑤のうちから一つ選べ。 24 mol

① 0.016　② 0.032　③ 0.048　④ 0.068　⑤ 0.084

b　水溶液中の β-グルコースの物質量が，平衡に達したときの物質量の50 % であったのは，α-グルコースを加えた何時間後か。最も適当な数値を，次の①〜⑥のうちから一つ選べ。 25 時間後

① 0.5　　　　　② 1.0　　　　　③ 1.5
④ 2.0　　　　　⑤ 2.5　　　　　⑥ 3.0

実験II　**溶液A**に，さらに β-グルコースを 0.100 mol 加えて溶かし，20 ℃ で10時間放置したところ新たな平衡に達した。

c　新たな平衡に達したときの β-グルコースの物質量は何 mol か。最も適当な数値を，次の①〜⑤のうちから一つ選べ。 26 mol

① 0.032　② 0.068　③ 0.100　④ 0.136　⑤ 0.168

問 2 グルコースにメタノールと塩酸を作用させると，グルコースとメタノールが1分子ずつ反応して1分子の水がとれた化合物 X が，図1に示す α 型（α 形）と β 型（β 形）の異性体の混合物として得られた。X の水溶液は，還元性を示さなかった。この混合物から分離した α 型の X 0.1 mol を，水に溶かして 20 ℃に保ち，α 型の X の物質量の時間変化を調べた。α 型の X の物質量の時間変化を示した図として最も適当なものを，下の①～④のうちから一つ選べ。 27

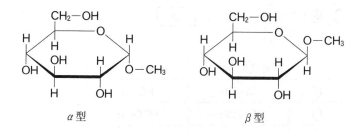

図1 α 型と β 型の化合物 X の構造

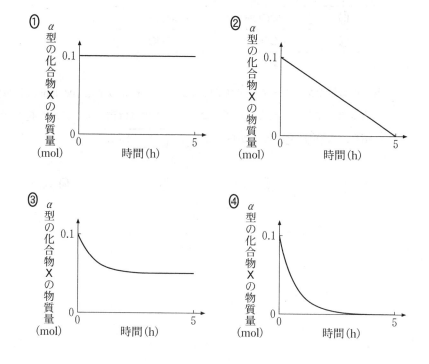

問 3 グルコースに，ある酸化剤を作用させるとグルコースが分解され，水素原子
と酸素原子を含み，炭素原子数が1の有機化合物 Y・Z が生成する。この反応
でグルコースからは，Y・Z 以外の化合物は生成しない。この反応と Y・Z に
関する次の問い（**a**・**b**）に答えよ。

a Y はアンモニア性硝酸銀水溶液を還元し，銀を析出させる。Y は還元剤と
してはたらくと，Z となる。Y・Z の組合せとして最も適当なものを，次の
①～⑥のうちから一つ選べ。 28

	有機化合物 Y	有機化合物 Z
①	CH_3OH	$HCHO$
②	CH_3OH	$HCOOH$
③	$HCHO$	CH_3OH
④	$HCHO$	$HCOOH$
⑤	$HCOOH$	CH_3OH
⑥	$HCOOH$	$HCHO$

b ある量のグルコースがすべて反応して，2.0 mol の Y と 10.0 mol の Z が生
成したとすると，反応したグルコースの物質量は何 mol か。最も適当な数
値を，次の①～④のうちから一つ選べ。 29 mol

① 2.0　　　　② 6.0　　　　③ 10.0　　　　④ 12.0

化 学

（2021年1月実施）

60分　100点

2021
第2日程

化　　　　学

$\left(\text{解答番号}\ \boxed{1}\ \sim\ \boxed{32}\ \right)$

必要があれば，原子量は次の値を使うこと。

H	1.0	C	12	N	14	O	16
Na	23	Al	27	Si	28	Fe	56

気体は，実在気体とことわりがない限り，理想気体として扱うものとする。

第1問　次の問い（問1～4）に答えよ。（配点　20）

問1　次の記述（**ア・イ**）の両方に当てはまるものを，下の①～⑤のうちから一つ選べ。　$\boxed{1}$

ア　二重結合をもつ分子
イ　非共有電子対を4組もつ分子

① 酢　酸　　　　② ジエチルエーテル　　　③ エテン（エチレン）
④ 塩化ビニル　　⑤ 1,2-エタンジオール（エチレングリコール）

— 288 —

問 2 容積 x(L) の容器 A と容積 y(L) の容器 B がコックでつながれている。容器 A には 1.0×10^5 Pa の窒素が，容器 B には 3.0×10^5 Pa の酸素が入っている。コックを開いて二つの気体を混合したとき，全圧が 2.0×10^5 Pa になった。x と y の比 $x:y$ として最も適当なものを，次の①~⑤のうちから一つ選べ。ただし，コック部の容積は無視する。また，容器 A，B に入っている気体の温度は同じであり，混合の前後で変わらないものとする。　　$\boxed{2}$

　　① 3 : 1　　② 2 : 1　　③ 1 : 1　　④ 1 : 2　　⑤ 1 : 3

問 3 水中のコロイド粒子に関する次の文章中の ア ～ ウ に当てはまる語句の組合せとして最も適当なものを，下の①～⑧のうちから一つ選べ。

3

界面活性剤 A（$C_{12}H_{25}-OSO_3^{-}Na^{+}$）は合成洗剤として使われており，濃度が 8.2×10^{-3} mol/L 以上になると多数の A が集合したミセルとよばれるコロイド粒子になる。これは ア である。濃度が 1.0×10^{-1} mol/L の A の溶液はチンダル現象を イ 。また，この溶液に電極を入れて電気泳動を行うと，A のミセルは ウ 側に移動する。

	ア	イ	ウ
①	分子コロイド	示 す	陽 極
②	分子コロイド	示 す	陰 極
③	分子コロイド	示さない	陽 極
④	分子コロイド	示さない	陰 極
⑤	会合コロイド	示 す	陽 極
⑥	会合コロイド	示 す	陰 極
⑦	会合コロイド	示さない	陽 極
⑧	会合コロイド	示さない	陰 極

問4 クロマトグラフィーに関する次の文章を読み，下の問い（**a・b**）に答えよ。

シリカゲルを塗布したガラス板（薄層板）を用いる薄層クロマトグラフィーは，物質の分離に広く利用されている。この手法ではまず，分離したい物質の混合物の溶液を上記の薄層板につけて乾燥させる。その後，図1のように薄層板の一端を有機溶媒に浸すと，有機溶媒が薄層板を上昇する。この際，適切な有機溶媒を選択すると，主にシリカゲルへの吸着のしやすさの違いにより，混合物を分離できる。

図1には，3種類の化合物 A~C を同じ物質量ずつ含む混合物の溶液をつけ，溶媒を蒸発させて取り除いた薄層板を2枚用意し，有機溶媒として薄層板1にはヘキサンを，また薄層板2にはヘキサンと酢酸エチルを体積比9：1で混合した溶媒（酢酸エチルを含むヘキサン）を用いて分離実験を行った結果を示している。

a 図1の実験結果とその考察に関する次の記述（**I・II**）について，正誤の組合せとして最も適当なものを，下の①~④のうちから一つ選べ。　　4

I Aの方がBよりもシリカゲルに吸着しやすい。

II BとCを分離するための有機溶媒としては，酢酸エチルを含むヘキサンが，ヘキサンよりも適している。

	I	II
①	正	正
②	正	誤
③	誤	正
④	誤	誤

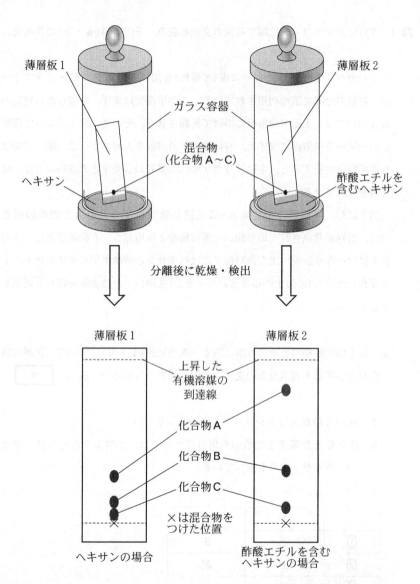

図1　薄層クロマトグラフィーによる混合物の分離実験

b 溶液中で化合物 D を反応させ，化合物 E の合成を行った。この反応溶液を X とする。反応の進行を確認するために，図 2 のように純粋な D の溶液，E の溶液および X の一部を薄層板に並列につけ，溶媒を蒸発させて取り除いた後，適切な有機溶媒を用いて分離実験を行った。反応開始直後，反応途中および反応終了後の結果は，図 2 (a)～(c)のようになった。ただし，分離実験中には反応が進行しないものとする。

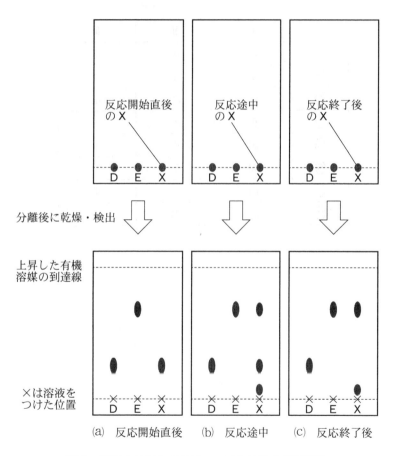

図 2　薄層クロマトグラフィーによる X の分離実験

図2の実験結果とその考察に関する次の記述（I～Ⅲ）について，正誤の組合せとして最も適当なものを，下の①～⑧のうちから一つ選べ。　5

I　反応開始直後：Eの生成が確認できる。

Ⅱ　反応途中　　：Eの生成とDの残存が確認できる。

Ⅲ　反応終了後　：Eとは別の物質も生成したと考えられる。

	I	Ⅱ	Ⅲ
①	正	正	正
②	正	正	誤
③	正	誤	正
④	正	誤	誤
⑤	誤	正	正
⑥	誤	正	誤
⑦	誤	誤	正
⑧	誤	誤	誤

第 2 問 次の問い(問 1 ~ 3)に答えよ。(配点 20)

問 1 鉄の腐食は，鉄のイオン化によって引き起こされる。このため，橋脚などの鉄柱には鉄のイオン化を防ぐため，金属のイオン化傾向や電池の原理が応用されている。

図 1 に示した，Zn や Sn を用いた実験の装置 **ア~エ** のうち，Fe がイオン化されにくい装置が二つある。その組合せとして最も適当なものを，下の ① ~ ⑥ のうちから一つ選べ。ただし，**ウ**，**エ** では食塩水中を流れる電流は微小であり，電気分解はほとんど起こらないものとする。 6

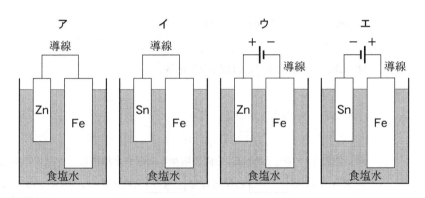

図 1 鉄のイオン化を防ぐ実験の装置

① ア，イ   ② ア，ウ   ③ ア，エ
④ イ，ウ   ⑤ イ，エ   ⑥ ウ，エ

問 2 水溶液の緩衝作用に関する次の文章中の ア ～ ウ に当てはまる物質またはイオンとして最も適当なものを，下の①～⑨のうちから一つずつ選べ。

ア 7

イ 8

ウ 9

NH_3 は弱塩基で，水溶液中ではその一部が反応して，次のような電離平衡となる。

$$NH_3 + H_2O \rightleftarrows NH_4^+ + OH^- \qquad (1)$$

NH_4Cl は，水溶液中ではほぼ完全に電離している。

$$NH_4Cl \longrightarrow NH_4^+ + Cl^- \qquad (2)$$

同じ物質量の NH_3 と NH_4Cl を両方溶かした混合水溶液に，少量の塩酸を加えた場合，H^+ が ア と反応して イ となるので，pH はあまり変化しない。また，少量の NaOH 水溶液を加えた場合には，OH^- が イ と反応して ア と ウ を生成するので，この場合も pH はあまり変化しない。

① HCl　　② NaOH　　③ H^+　　④ Cl^-　　⑤ Na^+

⑥ OH^-　　⑦ NH_3　　⑧ H_2O　　⑨ NH_4^+

問 3 N₂ と H₂ から NH₃ が生成する反応

$$N_2(気) + 3H_2(気) \rightleftarrows 2NH_3(気) \quad (1)$$

について，次の問い(**a** 〜 **c**)に答えよ。

a 式(1)の反応における反応熱，および結合エネルギーの関係を図 2 に示す。NH₃ 分子の N–H 結合 1 mol あたりの結合エネルギーは何 kJ か。最も適当な数値を，下の①〜⑤のうちから一つ選べ。 10 kJ

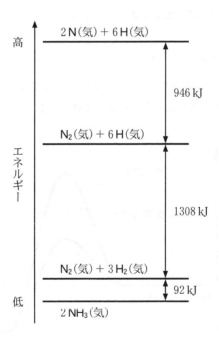

図 2 NH₃ の生成における反応熱，および結合エネルギーの関係

① 46   ② 391   ③ 782   ④ 1173   ⑤ 2346

— 297 —

b 式(1)の反応について文献を調べたところ，次の記述(ア〜エ)および図3に示すエネルギー変化が掲載されていた。これらと図2をもとに，この反応のしくみや触媒のはたらきに関する次ページの記述(Ⅰ〜Ⅲ)について，正誤の組合せとして最も適当なものを，次ページの①〜⑧のうちから一つ選べ。
| 11 |

文献調査のまとめ

触媒がないとき
ア 式(1)の反応は，いくつかの反応段階を経て進行する。
イ 正反応の活性化エネルギーは，234 kJ である。

触媒があるとき
ウ 式(1)の反応は，いくつかの反応段階を経て進行する。
エ 正反応の活性化エネルギーは，96 kJ である。

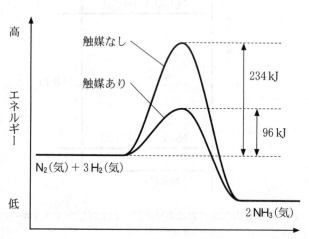

図3　NH_3 の生成反応におけるエネルギー変化

I 図2と図3より，N_2，H_2分子の結合エネルギーと活性化エネルギーを比較すると，式(1)の反応は気体状態で次の反応段階を経ていないことがわかる。

$$N_2(気) \longrightarrow 2N(気) \qquad (2)$$
$$H_2(気) \longrightarrow 2H(気) \qquad (3)$$

II 図3より，触媒のあるときもないときも，逆反応の活性化エネルギーは正反応よりも大きいことがわかる。

III 図3より，反応熱の大きさは，触媒の有無にかかわらず，変わらないことがわかる。

	I	II	III
①	正	正	正
②	正	正	誤
③	正	誤	正
④	正	誤	誤
⑤	誤	正	正
⑥	誤	正	誤
⑦	誤	誤	正
⑧	誤	誤	誤

c N₂とその3倍の物質量のH₂を混合して，500℃で平衡状態にしたときの全圧とNH₃の体積百分率（生成率）の関係を図4に示す。触媒を入れた容積一定の反応容器にN₂ 0.70 mol，H₂ 2.10 molを入れて500℃に保ったところ平衡に達し，全圧が5.8×10^7 Paになった。このとき，生成したNH₃の物質量は何molか。最も適当な数値を，下の①〜⑤のうちから一つ選べ。

| 12 | mol

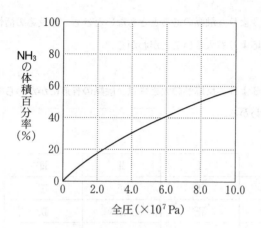

図4　500℃における平衡状態での全圧と
　　　NH₃の体積百分率の関係

① 0.40　　　② 0.80　　　③ 1.10
④ 1.40　　　⑤ 2.80

2021年度　第2日程　化学　39

第3問　次の問い(**問1～4**)に答えよ。(配点　20)

問 1　金属元素とその用途に関する記述として**誤りを含むもの**はどれか。最も適当なものを，次の①～④のうちから一つ選べ。　13

① 第4周期の遷移金属元素の原子がもつ最外殻電子数は，1または2である。

② 銅は，金や白金と同様，天然に単体として発見されることがある。

③ リチウムイオン電池とリチウム電池は，ともに一次電池である。

④ 銀鏡反応を応用すると，ガラスなどの金属以外のものにもめっきすることができる。

問 2　Al と Fe の混合物 2.04 g に，十分な量の NaOH 水溶液を加えたところ，3.00×10^{-2} mol の H_2 が生じた。混合物に含まれていた Fe の質量は何 g か。最も適当な数値を，次の①～⑤のうちから一つ選べ。　14　g

① 1.23　　　　　　② 1.50　　　　　　③ 1.64

④ 1.77　　　　　　⑤ 1.91

問 3 Ag$^+$，Ba^{2+}，Mn^{2+} を含む酸性水溶液に，KI 水溶液，K$_2$SO$_4$ 水溶液，NaOH 水溶液を適切な順序で加えて，それぞれの陽イオンを別々の沈殿として分離したい。表1に，関連する化合物の水への溶解性を，また図1に実験操作の手順を示す。図1の**操作1〜3**で加える水溶液の順序を表2の**ア〜エ**とするとき，Ag$^+$，Ba^{2+}，Mn^{2+} を別々の沈殿として**分離できない**ものはどれか。最も適当なものを，次ページの**①〜④**のうちから一つ選べ。| 15 |

表1 化合物の水への溶解性　　○：溶ける，×：溶けにくい

AgI	×	Ag$_2$SO$_4$	○	Ag$_2$O	×
BaI$_2$	○	BaSO$_4$	×	Ba(OH)$_2$	○
MnI$_2$	○	MnSO$_4$	○	Mn(OH)$_2$	×

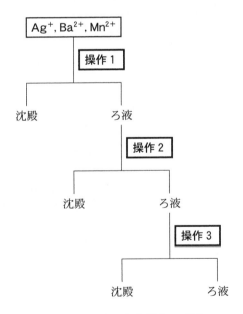

図1　陽イオンを分離する手順

表2　**操作1〜3で加える水溶液の順序**

	操作1	⟶	操作2	⟶	操作3
ア	KI 水溶液	⟶	K₂SO₄ 水溶液	⟶	NaOH 水溶液
イ	KI 水溶液	⟶	NaOH 水溶液	⟶	K₂SO₄ 水溶液
ウ	K₂SO₄ 水溶液	⟶	KI 水溶液	⟶	NaOH 水溶液
エ	K₂SO₄ 水溶液	⟶	NaOH 水溶液	⟶	KI 水溶液

① ア　　　② イ　　　③ ウ　　　④ エ

2021年度　第2日程　化学　43

問 4　二酸化硫黄 SO_2 を溶かした水溶液の性質を調べた次の**実験**に関連して，下の問い（**a・b**）に答えよ。

　　実験　SO_2 を水に通じて得た水溶液Aに試薬Bを加えると，無色透明の溶液が得られた。このことから，水溶液Aが還元作用をもつことがわかった。

　　a　**実験**で用いた試薬Bとして最も適当なものを，次の①～④のうちから一つ選べ。　16

　　　①　ヨウ素溶液（ヨウ素ヨウ化カリウム水溶液）
　　　②　アルカリ性のフェノールフタレイン水溶液
　　　③　硫酸鉄（Ⅱ）水溶液
　　　④　硫化水素水（硫化水素水溶液）

— 305 —

b SO$_2$ を溶かした水溶液の電離平衡を考える。次の式(1)と(2)に示すように，SO$_2$ は 2 段階で電離する。

$$SO_2 + H_2O \rightleftarrows H^+ + HSO_3^- \qquad (1)$$
$$HSO_3^- \rightleftarrows H^+ + SO_3^{2-} \qquad (2)$$

これらの電離に対する平衡定数（電離定数）を K_1 と K_2 とすると，式(3)と(4)のようになる。

$$K_1 = \frac{[H^+][HSO_3^-]}{[SO_2]} = 1.2 \times 10^{-2}\,\text{mol/L} \qquad (3)$$

$$K_2 = \frac{[H^+][SO_3^{2-}]}{[HSO_3^-]} = 6.6 \times 10^{-8}\,\text{mol/L} \qquad (4)$$

SO$_2$ の電離が平衡に達したときの $[SO_2]$ を $8.3 \times 10^{-3}\,\text{mol/L}$，$[H^+]$ を $0.010\,\text{mol/L}$ とすると，$[SO_3^{2-}]$ は何 mol/L か。最も適当な数値を，次の ①～⑤のうちから一つ選べ。　17　mol/L

① 5.5×10^{-6}　　　② 5.5×10^{-8}　　　③ 6.6×10^{-8}

④ 6.6×10^{-10}　　　⑤ 9.5×10^{-12}

第4問 次の問い（問1〜5）に答えよ。（配点 20）

問1 アルデヒドやケトンに関する記述として**誤りを含むもの**はどれか。最も適当なものを，次の①〜④のうちから一つ選べ。 18

① アセトンは，フェーリング液を還元する。

② アセトンにヨウ素と水酸化ナトリウム水溶液を加えて反応させると，ヨードホルムが生じる。

③ アセトアルデヒドは，工業的には，触媒を用いたエテン（エチレン）の酸化によりつくられている。

④ ホルムアルデヒドは，常温・常圧で気体であり，水によく溶ける。

問 2 分子式 $C_4H_{10}O$ で表される化合物には，鏡像異性体（光学異性体）も含めて 8 個の異性体が存在する。このうち，ナトリウムと反応する異性体はいくつあるか。正しい数を，次の①～⑨のうちから一つ選べ。 　19

① 1　　　② 2　　　③ 3　　　④ 4　　　⑤ 5

⑥ 6　　　⑦ 7　　　⑧ 8　　　⑨ 0

問 3 フェノール，サリチル酸および関連する化合物に関する次の問い(a・b)に答えよ。

a 図1にベンゼンからサリチル酸を合成する経路を示す。化合物 A〜C に当てはまる化合物として最も適当なものを，それぞれ次ページの①〜⑥のうちから一つずつ選べ。

化合物A [20]
化合物B [21]
化合物C [22]

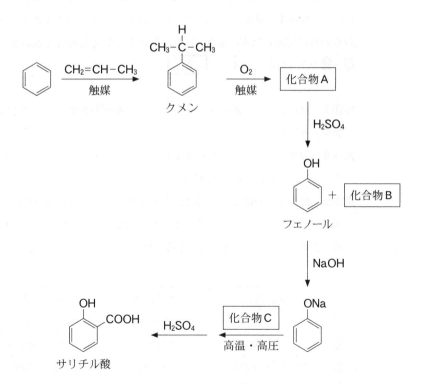

図1　ベンゼンからサリチル酸を合成する経路

①

OH
|
CH$_3$-C-CH$_3$
|
(benzene ring)

②

OOH
|
CH$_3$-C-CH$_3$
|
(benzene ring)

③

OH
|
CH$_3$-CH-CH$_3$

④

O
‖
CH$_3$-C-CH$_3$

⑤ CO$_2$

⑥ CO

b フェノール，サリチル酸，クメンを含むジエチルエーテル溶液（試料溶液）に，次の**操作Ⅰ～Ⅲ**を行うと，フェノールのみを取り出すことができた。これらの操作で用いた水溶液 **X～Z** の組合せとして最も適当なものを，下の①～⑥のうちから一つ選べ。 23

操作Ⅰ 試料溶液に，水溶液 **X** を加えてよく混ぜたのち，エーテル層と水層を分離した。

操作Ⅱ **操作Ⅰ**で分離したエーテル層に，水溶液 **Y** を加えてよく混ぜたのち，エーテル層と水層を分離した。

操作Ⅲ **操作Ⅱ**で分離した水層に，水溶液 **Z** とジエチルエーテルを加えてよく混ぜたのち，エーテル層と水層を分離した。分離したエーテル層から，ジエチルエーテルを蒸発させるとフェノールが残った。

	水溶液 X	水溶液 Y	水溶液 Z
①	塩 酸	NaHCO$_3$ 水溶液	NaOH 水溶液
②	塩 酸	NaOH 水溶液	NaHCO$_3$ 水溶液
③	NaHCO$_3$ 水溶液	塩 酸	NaOH 水溶液
④	NaHCO$_3$ 水溶液	NaOH 水溶液	塩 酸
⑤	NaOH 水溶液	NaHCO$_3$ 水溶液	塩 酸
⑥	NaOH 水溶液	塩 酸	NaHCO$_3$ 水溶液

― 310 ―

問4 図2に示すビニル基をもつ化合物Aを，単量体(モノマー)として付加重合させた。0.130 mol のAがすべて反応し，平均分子量 2.73×10^4 の高分子化合物Bが 5.46 g 得られた。Bの平均重合度(重合度の平均値)として最も適当なものを，下の①〜④のうちから一つ選べ。ただし，Aの構造式中のXは，重合反応に関係しない原子団である。　24

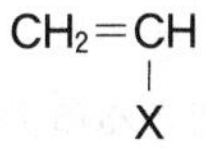

図2　化合物Aの構造式

① 42　　　　② 65　　　　③ 420　　　　④ 650

問 5 タンパク質およびタンパク質を構成するアミノ酸に関する記述として下線部に**誤りを含むもの**を，次の①～④のうちから一つ選べ。　25

① 分子中の同じ炭素原子にアミノ基とカルボキシ基が結合しているアミノ酸を，α-アミノ酸という。

② アミノ酸の結晶は，分子量が同程度のカルボン酸やアミンと比べて，融点の高いものが多い。

③ グリシンとアラニンからできる鎖状のジペプチドは1種類である。

④ 水溶性のタンパク質が溶解したコロイド溶液に多量の電解質を加えると，水和している水分子が奪われ，コロイド粒子どうしが凝集して沈殿する。

第5問 水に溶かすと泡の出る入浴剤に関する下の問い(**問1・問2**)に答えよ。

(配点 20)

　図1の成分を含む入浴剤を水に溶かすと二酸化炭素が発生する。この入浴剤を**試料X**として，**試料X**に含まれている物質の量を求めたい。

炭酸水素ナトリウム $NaHCO_3$	式量	84
炭酸ナトリウム Na_2CO_3	式量	106
コハク酸 $HOOC(CH_2)_2COOH$	分子量	118
コハク酸以外の有機化合物		

図1　入浴剤(**試料X**)の成分

問1 **試料X** 10.00 g に含まれる $NaHCO_3$ の物質量 x(mol)と Na_2CO_3 の物質量 y(mol)を求めるために，**実験Ⅰ・Ⅱ**を行った。これらの**実験**に関する次ページの問い(**a・b**)に答えよ。ただし，この試料に含まれているコハク酸以外の有機化合物は，中和反応に関係せず，Na を含まないものとする。

実験Ⅰ　10.00 g の**試料X**に塩酸を十分に加えると，次の中和反応が起きて 3.30 g の CO_2 が発生した。

$$NaHCO_3 + HCl \longrightarrow NaCl + H_2O + CO_2 \qquad (1)$$
$$Na_2CO_3 + 2HCl \longrightarrow 2NaCl + H_2O + CO_2 \qquad (2)$$

— 313 —

実験Ⅱ 10.00 g の**試料 X** を二酸化ケイ素 SiO_2 とともに加熱したところ，次の反応が起きて，Na_2O（式量 62）を 3.10 g 含むガラスが得られた。

$$2\,NaHCO_3 \longrightarrow Na_2O + H_2O + 2\,CO_2 \qquad (3)$$

$$Na_2CO_3 \longrightarrow Na_2O + CO_2 \qquad (4)$$

実験Ⅰ より，$NaHCO_3$ と Na_2CO_3 それぞれの物質量 x と y の関係式は，$x + y = 0.0750$ となる。また，**実験Ⅱ** より x と y の関係式をもう一つ導くことができる。

a **実験Ⅱ** の結果より得られる関係式として最も適当なものを，次の①〜④のうちから一つ選べ。 26

① $x + 2y = 0.0500$ ② $x + 2y = 0.100$

③ $2x + y = 0.0500$ ④ $2x + y = 0.100$

b **実験Ⅰ・Ⅱ** の結果より，10.00 g の**試料 X** に含まれていた $NaHCO_3$ の質量は何 g か。その数値を，小数第 1 位まで次の形式で表すとき，それぞれに当てはまる数字を，次の①〜⓪のうちから一つずつ選べ。ただし，同じものを繰り返し選んでもよい。 27 . 28 g

① 1   ② 2   ③ 3   ④ 4   ⑤ 5

⑥ 6   ⑦ 7   ⑧ 8   ⑨ 9   ⓪ 0

問 2 入浴剤中のコハク酸に関する次の文章を読み，次ページの問い(**a ～ c**)に答えよ。

　図 2 に水酸化ナトリウム NaOH 水溶液によるコハク酸水溶液の滴定曲線の例を示す。コハク酸は 2 価のカルボン酸であるが，1 段階目と 2 段階目の電離定数が同程度であるため，滴定曲線は 2 段階とならず，見かけ上，1 段階となる。

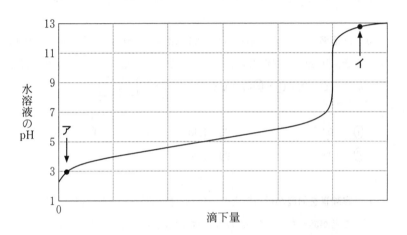

図 2　コハク酸水溶液の NaOH 水溶液による中和滴定曲線

　このことを踏まえて，**試料 X** に含まれるコハク酸の量を求めるために，次の**実験Ⅲ**を行った。ただし，この試料に含まれているコハク酸以外の有機化合物は，中和反応に関係しないものとする。

実験Ⅲ　10.00 g の**試料 X** に(a)塩酸を十分に加えて，**問 1** の式(1)・(2)の反応を完了させて水溶液を得た。コハク酸が分解しない温度でこの水溶液を加熱し，乾燥したのち，(b)水を加えてさらに加熱・乾燥することを繰り返して塩化水素を除去し，NaCl とコハク酸を含む固体を得た。この固体に(c)水を加えて溶かし，**水溶液 Y** を得た。
　次に，(d)1.00 mol/L の NaOH 水溶液を調製し，これによりフェノールフタレインを指示薬として**水溶液 Y** の中和滴定を行った。

a 図2の点**ア・イ**において，コハク酸は主にどのような形で存在しているか。コハク酸イオン（$^-OOC(CH_2)_2COO^-$）を A^{2-} と表したとき，それぞれの形として最も適当なものを，次の①～④のうちから一つずつ選べ。

ア $\boxed{29}$

イ $\boxed{30}$

① H_3A^+ 　　② H_2A 　　③ HA^- 　　④ A^{2-}

b **水溶液 Y** と 1.00 mol/L の **NaOH** 水溶液 50.00 mL が過不足なく中和したとき，10.00 g の**試料 X** に含まれていたコハク酸の質量は何 g か。最も適当な数値を，次の①～⑤のうちから一つ選べ。　$\boxed{31}$　g

① 1.00　　　　　② 1.48　　　　　③ 2.95

④ 4.43　　　　　⑤ 5.90

c **実験Ⅲ**を何度か行ったとき，コハク酸の質量が正しい値よりも小さく求まることがあった。そのようになった原因として考えられることを，次の①～④のうちから一つ選べ。　$\boxed{32}$

① 下線部(a)で，加えた塩酸の量が十分でなく，$NaHCO_3$ や Na_2CO_3 が残っていた。

② 下線部(b)で，繰り返しの回数が少なく，塩化水素が残っていた。

③ 下線部(c)で，加えた水の量が，正しく求まったときよりも多かった。

④ 下線部(d)で，実際に用いた **NaOH** 水溶液の濃度が 1.00 mol/L よりも低いことに気づかずに滴定した。

化　学

（2020年1月実施）

60分　100点

2020
本試験

化　学

問　題	選　択　方　法
第1問	必　　答
第2問	必　　答
第3問	必　　答
第4問	必　　答
第5問	必　　答
第6問	いずれか1問を選択し，解答しなさい。
第7問	

2020年度　本試験　化学　3

(注) この科目には，選択問題があります。(2 ページ参照。)

必要があれば，原子量は次の値を使うこと。

H　1.0　　　　C　12　　　　N　14　　　　O　16

Fe　56　　　　Cu　64

気体は，実在気体とことわりがない限り，理想気体として扱うものとする。

第 1 問　(必答問題)

次の問い(問 1 ～ 6)に答えよ。

〔解答番号　1　～　6　〕(配点　24)

問 1　F, Cl, Br, I に関する記述として**誤りを含むもの**を，次の①～⑤のうちから一つ選べ。　1

①　原子は，7 個の価電子をもつ。

②　原子が陰イオンになると，半径が大きくなる。

③　単体の融点や沸点は，原子番号が大きいほど高い。

④　単体の酸化作用は，原子番号が大きいほど強い。

⑤　水に対する単体の反応性は，原子番号が大きいほど低い。

問2 図1は，ある純物質がさまざまな温度 T と圧力 P のもとで，どのような状態をとるかを示した状態図である。ただし，Aは三重点であり，Bは臨界点で，T_B と P_B はそれぞれ臨界点の温度と圧力である。図1の状態図に関する記述として**誤りを含むもの**を，下の①～⑤のうちから一つ選べ。 2

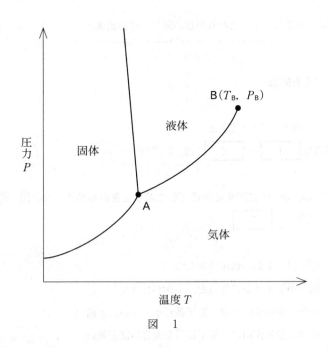

図　1

① 三重点 A では，固体，液体，気体が共存する。
② T_B よりも温度が高く，かつ P_B よりも圧力が高くなると，液体とも気体とも区別がつかなくなる。
③ 液体の沸点は，圧力が高くなると高くなる。
④ 固体が昇華する温度は，圧力が高くなると高くなる。
⑤ 固体の融点は，圧力が高くなると高くなる。

問 3　同じ物質量の H_2 と N_2 のみを密閉容器に入れ，温度 t〔℃〕に保ったところ，混合気体の全圧が P〔Pa〕になった。気体定数を R〔Pa・L/(K・mol)〕としたとき，混合気体の密度 d〔g/L〕を表す式はどれか。正しいものを，次の①～⑥のうちから一つ選べ。ただし，H_2 と N_2 は反応しないものとする。　　3 　g/L

①　$\dfrac{7.5\,P}{R(t+273)}$　　　②　$\dfrac{15\,P}{R(t+273)}$　　　③　$\dfrac{30\,P}{R(t+273)}$

④　$\dfrac{R(t+273)}{7.5\,P}$　　　⑤　$\dfrac{R(t+273)}{15\,P}$　　　⑥　$\dfrac{R(t+273)}{30\,P}$

問 4 液体の飽和蒸気圧は，図 2 に示すような装置を用いて測定できる。大気圧 1.013×10^5 Pa，温度 25 ℃で次の**実験 I・II**を行った。このとき，化合物 X の液体の飽和蒸気圧は何 Pa になるか。最も適当な数値を，下の①〜⑤のうちから一つ選べ。ただし，ガラス管内にある化合物 X の液体の体積と質量は無視できるものとする。　　4　　Pa

実験 I 一端を閉じたガラス管を水銀で満たして倒立させると，管の上部は真空になった。このとき，水銀柱の高さは 760 mm になった（図 2，**ア**）。

実験 II 実験 I ののち，ガラス管の下端から上部の空間に少量の化合物 X の液体を注入した。気液平衡に達したとき，水銀柱の高さは 532 mm になった（図 2，**イ**）。

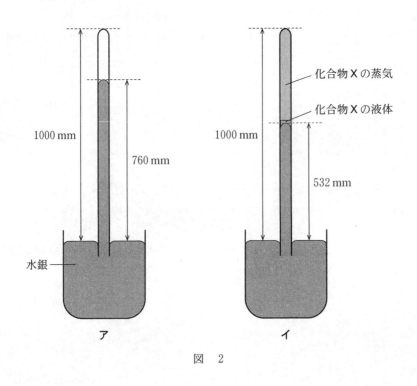

図　2

① 2.3×10^4 　　② 3.0×10^4 　　③ 5.4×10^4
④ 6.2×10^4 　　⑤ 7.1×10^4

問 5 浸透圧から非電解質 Y のモル質量を決定するために，図 3 のように実験を行った。装置内の半透膜は水分子のみを通し，断面積が一定の U 字管の中央に固定されている。次の**実験 I ～ Ⅲ**の結果から得られる Y のモル質量は何 g/mol か。最も適当な数値を，下の ①～⑤ のうちから一つ選べ。ただし，気体定数は $R = 8.3 \times 10^3$ Pa・L/(K・mol) である。　| 5 |　g/mol

実験 I　U 字管の左側には純水を 10 mL 入れ，右側には非電解質 Y が 0.020 g 溶解した 10 mL の水溶液を入れた(図 3，**ア**)。

実験 Ⅱ　大気圧 1.0133×10^5 Pa，温度 27 ℃ で静置したところ，水溶液の液面は純水の液面よりも高くなった(図 3，**イ**)。

実験 Ⅲ　ピストンを用いて U 字管の右側から空気を入れて，非電解質 Y の水溶液側に圧力をかけ，左右の液面を同じ高さにした。このとき，U 字管の右側の圧力は，1.0153×10^5 Pa になった(図 3，**ウ**)。

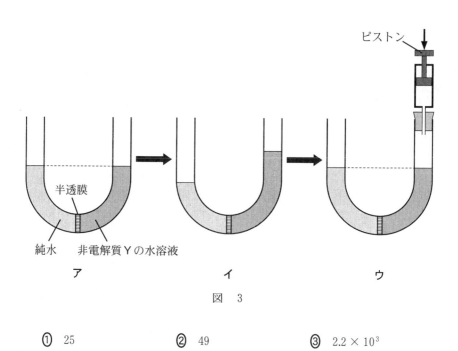

図 3

① 25　　　② 49　　　③ 2.2×10^3
④ 1.2×10^4　　　⑤ 2.5×10^4

問 6 コロイドに関する記述として下線部に**誤りを含むもの**を，次の①〜⑤のうちから一つ選べ。 6

① コロイド粒子のブラウン運動は，熱運動している分散媒分子が，コロイド粒子に不規則に衝突するために起こる。

② コロイド溶液で観察できるチンダル現象は，分散質であるコロイド粒子による光の散乱が原因である。

③ デンプンは，分子量が大きく，1分子でコロイド粒子になる。

④ 乾燥した寒天の粉末は，温水に溶かすとゲルになり，これを冷却するとゾルになる。

⑤ 墨汁に加えている膠は，疎水コロイドを凝析しにくくするはたらきをもつ保護コロイドである。

第2問 (必答問題)

次の問い(問1～5)に答えよ。
〔解答番号　1　～　7　〕(配点　24)

問1　スチールウール(細い鉄線)1.68 g および酸素と窒素の混合気体を反応容器に入れて密閉した。これを水の入った水槽に入れて，反応容器内でスチールウールを燃焼させ，水槽の水の温度上昇を測定して燃焼に伴う熱量を求めた。反応容器に入れる酸素の物質量を変化させて燃焼させたところ，酸素の物質量と水槽の水の温度上昇の関係は，図1のようになった。このとき，反応容器中のスチールウールと酸素のいずれかがなくなるまでこの燃焼反応が進行し，1種類の物質 A だけが生じたものとする。この実験に関する次ページの問い(a・b)に答えよ。

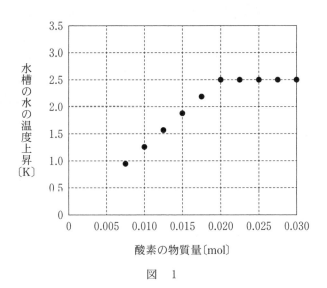

図　1

a A として最も適当なものを，次の①〜④のうちから一つ選べ。☐1

① Fe   ② FeO   ③ Fe_3O_4 ④ Fe_2O_3

b A の生成熱は何 kJ/mol か。最も適当な数値を，次の①〜⑦のうちから一つ選べ。ただし，水槽と外部との熱の出入りはなく，燃焼により発生した熱はすべて水槽の水の温度上昇に使われたものとする。また，水槽の水の温度を 1 K 上昇させるには 4.48 kJ の熱量が必要であるものとする。

☐2 kJ/mol

① 0   ② 280   ③ 373

④ 560   ⑤ 747   ⑥ 840

⑦ 1120

問 2 酸化銅（Ⅱ）CuO の粉末とアルミニウム Al の粉末の混合物に点火すると激しい反応が起こり，銅 Cu と酸化アルミニウム Al_2O_3 が生成する。この反応の熱化学方程式は，次式のように表される。

$$3\,CuO(固) + 2\,Al(固) = 3\,Cu(固) + Al_2O_3(固) + Q\,[kJ]$$

この熱化学方程式の $Q\,[kJ]$ を表す式として最も適当なものを，次の①～⑥のうちから一つ選べ。なお，CuO(固) の生成熱を $Q_1\,[kJ/mol]$，Al_2O_3(固) の生成熱を $Q_2\,[kJ/mol]$ とする。 $\boxed{3}$ kJ

① $-Q_1 + Q_2$ ② $Q_1 - Q_2$ ③ $-Q_1 + 3\,Q_2$

④ $Q_1 - 3\,Q_2$ ⑤ $-3\,Q_1 + Q_2$ ⑥ $3\,Q_1 - Q_2$

12

問 3 ある一定温度において物質Aと物質Bから物質Cが生成する反応を考える。

この反応の反応速度vは，Aのモル濃度を$[A]$，Bのモル濃度を$[B]$，反応速度定数をkとすると，

$v = k[A]^a[B]^b$　（a，bは一定の指数）

と表される。

次ページの図2は，$[B]$が$0.1\,mol/L$で一定のときの，Cの生成速度と$[A]$の関係を示す。また，図3は，$[A]$が$1\,mol/L$で一定のときの，Cの生成速度と$[B]$の関係を示す。$[A]$と$[B]$がそれぞれある値のときのCの生成速度をv_0とする。$[A]$と$[B]$をいずれも2倍にすると，Cの生成速度はv_0の何倍になるか。最も適当な数値を，次の①～④のうちから一つ選べ。ただし，Cの生成速度は，いずれの場合も反応開始直後の生成速度である。　　4　倍

① 2　　　　　② 4　　　　　③ 8　　　　　④ 16

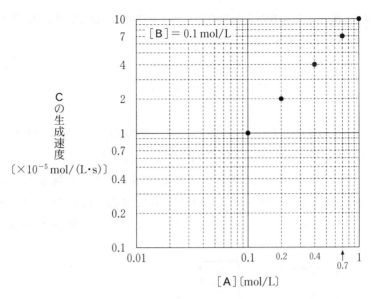

図 2

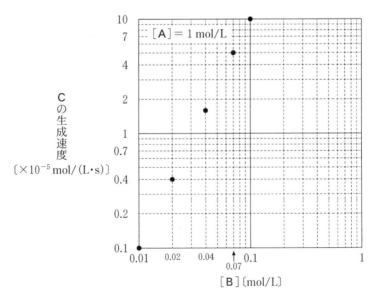

図 3

問 4 気体Aと気体Bから気体Cが生成する反応は可逆反応であり，その熱化学方程式は次式のように表される。

$$A(気) + B(気) = C(気) + Q [kJ], \quad Q > 0$$

一定の温度と圧力において，AとBを物質量比1：1で混合したとき，Cの生成量の時間変化は，図4の破線のようであった。

この実験の反応条件を**条件Ⅰ・Ⅱ**のように変えて同様の実験を行い，Cの生成量の時間変化を測定した。その結果を図4に重ねて実線で示したものとして最も適当なものを，次ページの①〜⑥のうちから，それぞれ一つずつ選べ。

条件Ⅰ 温度を下げる。 5

条件Ⅱ 触媒を加える。 6

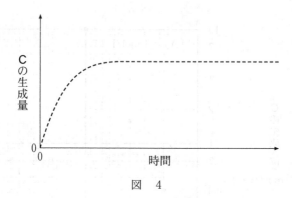

図 4

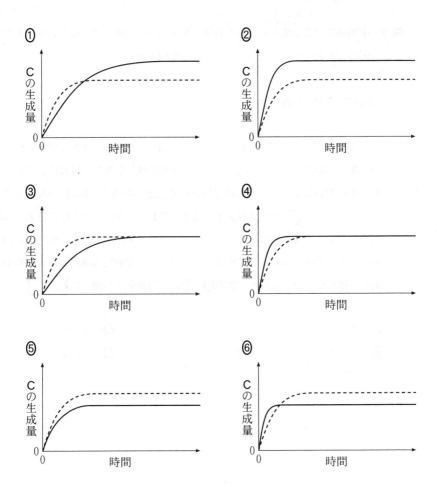

問5 中和滴定の指示薬として色素分子 HA を用いることを考える。この色素分子は弱酸であり，水中で次のように一部が電離する。

$$HA \rightleftarrows H^+ + A^-$$

この反応の電離定数 K は，1.0×10^{-6} mol/L である。水溶液中で HA は赤色，A^- は黄色を呈するため，この反応の平衡が左辺あるいは右辺のどちらにかたよっているかを，溶液の色で見分けることができる。なお，HA と A^- のモル濃度の比 $\dfrac{[HA]}{[A^-]}$ が 10 以上または 0.1 以下のときに，確実に赤色あるいは黄色であることを見分けられるとする。次ページの図5の滴定曲線**ア〜エ**のうち，この色素を指示薬として使うことができる中和滴定の滴定曲線はどれか。正しく選択しているものを，次の①〜⑥のうちから一つ選べ。 | 7 |

① ア，イ   ② ア，ウ   ③ ア，エ

④ イ，ウ   ⑤ イ，エ   ⑥ ウ，エ

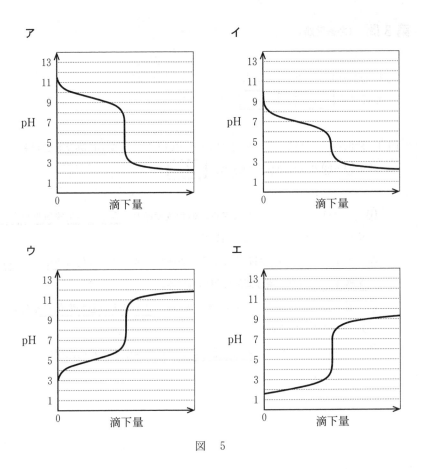

図　5

第3問 （必答問題）

次の問い（**問1～5**）に答えよ。
〔解答番号　1　～　8　〕（配点　23）

問1　無機物質の性質とその利用に関する記述として下線部に**誤りを含むもの**を，次の①～④のうちから一つ選べ。　1

① ニクロムは，ニッケルとクロムの合金であり，銅と比べて電気抵抗が小さく，ヘアドライヤーなどに用いられる。

② アルミニウムは，熱をよく伝え，表面に形成された酸化被膜により内部が保護されるので，調理器具に用いられる。

③ 塩化コバルト（Ⅱ）の無水物（無水塩）は，吸湿により色が変化するため，水分の検出に用いられる。

④ ストロンチウムは，炎色反応を示し，その炭酸塩は花火に用いられる。

— 334 —

問 2 酸化物に関する記述として**誤りを含むもの**を，次の①～④のうちから一つ選べ。 $\boxed{2}$

① Ag_2O は，$AgNO_3$ 水溶液に NaOH 水溶液を加えると得られる。

② CuO は，$CuSO_4$ 水溶液に NaOH 水溶液を加えて加熱すると，沈殿として得られる。

③ MnO_2 は，過酸化水素水に加えると還元剤としてはたらき，酸素が発生する。

④ SiO_2 は，塩酸には溶けないが，フッ化水素酸には溶ける。

問 3 Ag^+，Al^{3+}，Pb^{2+}，Zn^{2+} の4種類の金属イオンを含む水溶液**ア**から，図1に示す**操作Ⅰ・Ⅱ**により各イオンをそれぞれ分離することができた。この実験に関する次ページの問い(**a・b**)に答えよ。

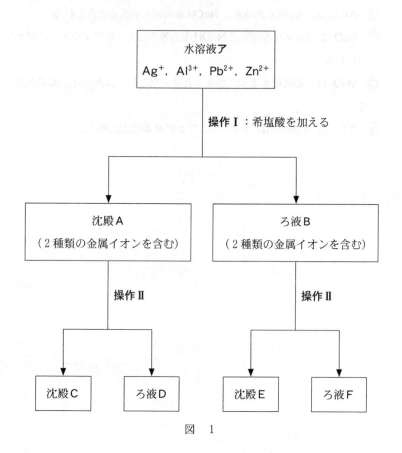

図 1

a　沈殿 A に含まれる 2 種類の金属イオンの組合せとして最も適当なもの
を，次の①〜⑥のうちから一つ選べ。　3

①　Ag^+，Al^{3+}　　　　②　Ag^+，Pb^{2+}　　　　③　Ag^+，Zn^{2+}

④　Al^{3+}，Pb^{2+}　　　　⑤　Al^{3+}，Zn^{2+}　　　　⑥　Pb^{2+}，Zn^{2+}

b　操作 II として最も適当なものはどれか。次の①〜④のうちから一つ選べ。
さらに，沈殿 E およびろ液 F として分離される金属イオンはどれか。それ
ぞれについて，その下の①〜④のうちから一つずつ選べ。

操作 II　4

①　過剰のアンモニア水を加える。

②　過剰の水酸化ナトリウム水溶液を加える。

③　希硫酸を加える。

④　希硝酸を加える。

沈殿 E　5　　　ろ液 F　6

①　Ag^+　　　　②　Al^{3+}　　　　③　Pb^{2+}　　　　④　Zn^{2+}

問 4 図 2 は，単体のカルシウム，およびカルシウム化合物 A～D の相互関係を示したものである。図中の化合物 A～D に関する記述として**誤りを含むもの**を，下の①～④のうちから一つ選べ。 7

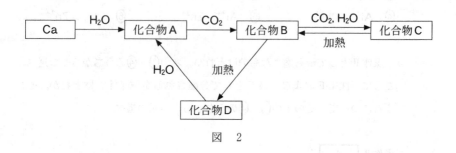

図 2

① 化合物 A は，水に少し溶けて，その水溶液は弱い塩基性を示す。
② 化合物 B は，石灰石や大理石の主成分として，天然に広く存在する。
③ 鍾乳洞の中では，化合物 C の水溶液から化合物 B が析出して，鍾乳石が成長する。
④ 化合物 D は生石灰と呼ばれ，水と反応して発熱するため，発熱剤として使用される。

問 5 ニッケル水素電池は二次電池として自動車などに利用される。この電池は放電時にニッケルの酸化数が＋3から＋2に変化し、その全反応は、

$$\text{NiO(OH)} + \text{MH} \longrightarrow \text{Ni(OH)}_2 + \text{M}$$

と表される。ここで、M は水素吸蔵合金である。

二次電池に蓄えられる電気量は、A·h(アンペア時)を用いて表される。ここで 1 A·h とは、1 A の電流が 1 時間流れたときの電気量である。完全に放電した状態で 6.7 kg の Ni(OH)$_2$ を用いたニッケル水素電池が、1 回の充電で蓄えることのできる最大の電気量は何 A·h か。最も適当な数値を、次の ①～⑥ のうちから一つ選べ。なお、Ni(OH)$_2$ の式量は 93、ファラデー定数は 9.65×10^4 C/mol とする。　|　8　| A·h

① 2.4×10^2　　　　② 4.8×10^2　　　　③ 9.7×10^2

④ 1.9×10^3　　　　⑤ 3.9×10^3　　　　⑥ 7.7×10^3

第4問 （必答問題）

次の問い（問1～5）に答えよ。
〔解答番号 1 ～ 6 〕（配点 19）

問1 炭化水素に関する記述として**誤りを含むもの**を，次の①～④のうちから一つ選べ。 1

① メタンの四つの共有結合の長さは，すべて等しい。

② 炭素原子間の結合距離は，エタンの方がエテン（エチレン）より長い。

③ プロパンの三つの炭素原子は，折れ線状に結合している。

④ 炭素数が n であるシクロアルカンの一般式は，C_nH_{2n+2} である。

問2 分子式が $C_9H_nO_2$ で表される化合物 30 mg を完全燃焼させたところ，水 18 mg が生成した。分子式中の n の値として最も適当な数値を，次の①～⑤のうちから一つ選べ。 2

① 8 ② 10 ③ 12 ④ 14 ⑤ 16

— 340 —

問 3 次の化合物ア～ウを，それぞれ同じモル濃度の水溶液にしたとき，酸性の強い順に並べたものを，下の①～⑥のうちから一つ選べ。 3

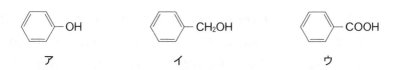

① ア＞イ＞ウ　　② ア＞ウ＞イ　　③ イ＞ア＞ウ
④ イ＞ウ＞ア　　⑤ ウ＞ア＞イ　　⑥ ウ＞イ＞ア

問 4 鏡像異性体(光学異性体)が存在する化合物の分子式として最も適当なものを，次の①～④のうちから一つ選べ。 4

① C_2H_3Cl　　② $C_2H_4Cl_2$　　③ C_2H_4BrCl　　④ C_3H_8O

問 5　酢酸エチルの合成に関する次の**実験Ⅰ・Ⅱ**について，次ページの問い(**a・b**)に答えよ。

実験Ⅰ　丸底フラスコに酢酸 10 mL とエタノール 20 mL を取って混ぜ合わせ，濃硫酸を 1.0 mL 加えた。次に，このフラスコに沸騰石を入れ，図 1 のように冷却管を取り付け，80 ℃の湯浴で 10 分間加熱した。反応溶液を冷却したのち，過剰の炭酸水素ナトリウム水溶液を加えてよく混ぜた。このとき気体が発生した。フラスコ内の液体を分液ろうとに移し，ふり混ぜて静置すると，図 2 のように二層に分離した。

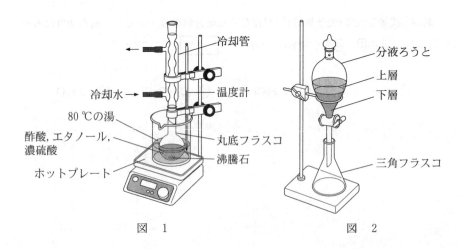

図　1　　　　　　　　図　2

実験Ⅱ　エステル化の反応のしくみを調べるため，**実験Ⅰ**のエタノールの代わりに，酸素原子が同位体 ^{18}O に置き換わったエタノールのみを用いて酢酸エチルを合成した。生成した酢酸エチルの分子量は，**実験Ⅰ**よりも 2 大きくなった。

2020年度　本試験　化学　27

a　**実験 I** に関する記述として**適当でないもの**を，次の①～④のうちから一つ
選べ。　5

① 濃硫酸は，エステル化の触媒としてはたらいた。

② 炭酸水素ナトリウム水溶液を加えたとき，二酸化炭素の気体が発生し
た。

③ 酢酸エチルは，図2の下層として得られた。

④ 得られた酢酸エチルは，果実のような芳香のある液体だった。

b　**実験 II** に関する次の文章中の　ア　・　イ　に当てはまる語と数値の
組合せとして最も適当なものを，下の①～④のうちから一つ選べ。　6

得られた結果から，エステル化の反応では下の構造式の　ア　があらた
に形成されることが分かった。また，生成した水の分子量は　イ　と推定
される。

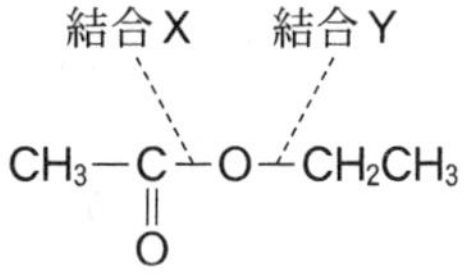

結合X　　　結合Y

$CH_3-C-O-CH_2CH_3$
　　　‖
　　　O

	ア	イ
①	結合X	18
②	結合X	20
③	結合Y	18
④	結合Y	20

— 343 —

第5問 （必答問題）

次の問い（**問1・問2**）に答えよ。

〔解答番号 | 1 | ～ | 3 | 〕（配点　6）

問1　次の高分子化合物（**a・b**）の合成には，下に示した原料（単量体）**ア～カ**のうち，どの二つが用いられるか。その組合せとして最も適当なものを，下の①～⑧のうちから一つずつ選べ。

a　ナイロン66　| 1 |

b　合成ゴム（SBR）　| 2 |

$$HO-\overset{O}{\underset{}{C}}-(CH_2)_4-\overset{O}{\underset{}{C}}-OH \qquad CH_2=CH-CH=CH_2 \qquad H_2N-(CH_2)_6-NH_2$$

ア　　　　　　　　　　　　　　　イ　　　　　　　　　　　　ウ

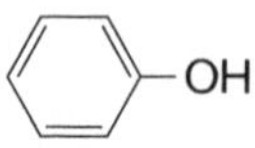

エ 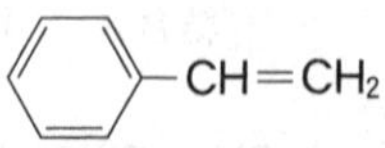　　　　　　　　　　　　オ 　　　　　　　　　　　　カ

① アとウ　　　② アとエ　　　③ アとカ　　　④ イとエ

⑤ イとオ　　　⑥ ウとエ　　　⑦ エとオ　　　⑧ オとカ

問 2　次のアミノ酸 A，B に関する下の記述の空欄 ア ・ イ に入る語句の組合せとして最も適当なものを，下の①〜⑨のうちから一つ選べ。 3

$$H_2N-\overset{\overset{\displaystyle H}{|}}{\underset{\underset{\displaystyle H}{|}}{C}}-COOH \qquad H_2N-\overset{\overset{\displaystyle NH_2}{|}\overset{\displaystyle |}{(CH_2)_4}}{\underset{\underset{\displaystyle H}{|}}{C}}-COOH$$

A（等電点　6.0）　　　　B（等電点　9.7）

アミノ酸 A は，pH 6.0 において主に ア イオンとして存在する。

アミノ酸 B は，pH 7.0 で電気泳動を行った場合， イ 。

	ア	イ
①	陽	陽極側に移動する
②	陽	移動しない
③	陽	陰極側に移動する
④	双性(両性)	陽極側に移動する
⑤	双性(両性)	移動しない
⑥	双性(両性)	陰極側に移動する
⑦	陰	陽極側に移動する
⑧	陰	移動しない
⑨	陰	陰極側に移動する

第6問・第7問は，いずれか1問を選択し，解答しなさい。

第6問 （選択問題）

次の問い（**問1・問2**）に答えよ。
〔解答番号 | 1 | ・ | 2 | 〕（配点　4）

問1 高分子化合物に関する記述として下線部に**誤りを含むもの**を，次の①～⑤の
うちから一つ選べ。| 1 |

① 高密度ポリエチレンは，低密度ポリエチレンに比べて枝分かれが少なく，
透明度が低い。

② フェノール樹脂は，ベンゼン環の間をメチレン基 $-CH_2-$ で架橋した構造
をもつ。

③ イオン交換樹脂がイオンを交換する反応は，可逆反応である。

④ 二重結合の部分がシス形の構造をもつポリイソプレンは，トランス形の構
造をもつものに比べて室温で硬く弾性に乏しい。

⑤ ポリ乳酸は，微生物によって分解される。

— 346 —

問 2　次に示す繰り返し単位をもつ合成高分子化合物（平均分子量 1.78×10^4）について元素分析を行ったところ，炭素原子と塩素原子の物質量の比は 3.5：1 であった。m の値として最も適当な数値を，下の ①〜⑥ のうちから一つ選べ。

2

繰り返し単位　　繰り返し単位
の式量 53.0　　　の式量 62.5

① 50　　　② 100　　　③ 130
④ 170　　　⑤ 200　　　⑥ 250

第6問・第7問は，いずれか1問を選択し，解答しなさい。

第7問 （選択問題）

次の問い（問1・問2）に答えよ。

〔解答番号 1 ・ 2 〕（配点 4）

問1 天然高分子化合物の構造に関する記述として下線部に**誤りを含むもの**を，次の①～④のうちから一つ選べ。 1

① タンパク質の三次構造の形成に関与している結合には，ジスルフィド結合 $-S-S-$ がある。

② タンパク質のポリペプチド鎖は，右巻きのらせん構造をとることがあり，この構造を β-シートという。

③ 核酸は，ヌクレオチドの糖部分の $-OH$ とリン酸部分の $-OH$ の間で脱水縮合してできた直鎖状の高分子化合物である。

④ RNA の糖部分はリボースであり，DNA の糖部分とは構造が異なる。

問 2 平均分子量が 8.1×10^3 であるデキストリン($C_6H_{10}O_5$)$_n$(繰り返し単位の式量 162)1.0×10^{-3} mol を,アミラーゼ(β-アミラーゼ)で完全に加水分解したところ,マルトースのみが得られた。十分な量のフェーリング液に,得られたマルトースをすべて加えて加熱したとき,生じる酸化銅(Ⅰ)Cu_2O は何 g か。最も適当な数値を,次の①～⑤のうちから一つ選べ。ただし,還元性のある糖 1 mol あたり Cu_2O 1 mol が生じるものとし,反応は完全に進行したものとする。 | 2 | g

① 1.8   ② 2.0   ③ 3.6   ④ 4.0   ⑤ 7.2

MEMO

化　学

（2019年1月実施）

60分　100点

化　学

問　題	選　択　方　法
第 1 問	必　　答
第 2 問	必　　答
第 3 問	必　　答
第 4 問	必　　答
第 5 問	必　　答
第 6 問	いずれか 1 問を選択し，解答しなさい。
第 7 問	

2019年度　本試験　化学　3

(注) この科目には，選択問題があります。(2 ページ参照。)

必要があれば，原子量は次の値を使うこと。

H	1.0	C	12	N	14	O	16
S	32	Cr	52	Cu	64	Ag	108

気体は，実在気体とことわりがない限り，理想気体として扱うものとする。

第 1 問　(必答問題)

次の問い(**問 1 ~ 6**)に答えよ。

〔解答番号　 1 　~　 7 　〕(配点　24)

問 1　次の記述(**a・b**)に当てはまるものを，下の①~⑤のうちから一つずつ選べ。ただし，同じものを選んでもよい。

a　共有結合をもたない物質　 1

b　固体状態で電気をよく通す物質　 2

①　塩化カリウム　　　②　黒　鉛　　　③　硝酸カリウム
④　ポリエチレン　　　⑤　ヨウ素

— 353 —

問 2 図1の立方体はダイヤモンドの単位格子を示しており，炭素原子は立方体の各頂点8か所，各面心6か所，および内部4か所にある。単位格子の1辺の長さを a [cm]，炭素のモル質量を M [g/mol]，アボガドロ定数を N_A [/mol] としたとき，ダイヤモンドの密度 d [g/cm³] を表す式として正しいものを，下の①〜⑥のうちから一つ選べ。 ３ g/cm³

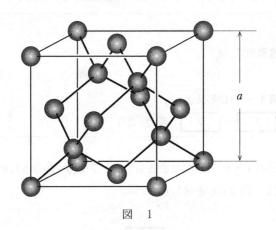

図　1

① $\dfrac{6MN_A}{a^3}$ ② $\dfrac{6M}{a^3N_A}$ ③ $\dfrac{8MN_A}{a^3}$

④ $\dfrac{8M}{a^3N_A}$ ⑤ $\dfrac{18MN_A}{a^3}$ ⑥ $\dfrac{18M}{a^3N_A}$

問 3 分子間にはたらく力に関する記述として下線部に**誤りを含むもの**を，次の ①～④のうちから一つ選べ。 | 4 |

① Ne の沸点は Ar よりも低い。これは，Ne と Ne の間のファンデルワールス力が，Ar と Ar の間より強いためである。

② H_2S の沸点は同程度の分子量をもつ F_2 よりも高い。これは，H_2S は極性分子であり，H_2S 分子間に静電気的な引力がはたらくためである。

③ 氷の密度は液体の水よりも小さい。これは，水素結合により H_2O 分子が規則的に配列することで，氷の結晶がすき間の多い構造になるためである。

④ HF の沸点は HBr よりも高い。これは，HF 分子間に水素結合が形成されるためである。

問 4 揮発性の純物質Aの分子量を求めるための実験を行った。内容積が 500 mL の容器にAの液体を約 2 g 入れ，小さな穴をあけたアルミニウム箔で口をふさいだ。これを，図 2 のように 87 ℃ の温水に浸し，Aを完全に蒸発させて容器内を 87 ℃ のAの蒸気のみで満たした。その後，この容器を冷却したところ，容器内のAの蒸気はすべて液体になり，その液体の質量は 1.4 g であった。Aの分子量はいくらか。最も適当な数値を，下の①～⑤のうちから一つ選べ。ただし，大気圧は 1.0×10^5 Pa であり，気体定数は $R = 8.3 \times 10^3$ Pa・L/(K・mol) とする。 5

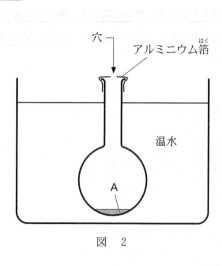

図 2

① 20 ② 63 ③ 84 ④ 110 ⑤ 120

問 5　溶解に関する記述として**誤りを含むもの**を，次の①〜⑤のうちから一つ選べ。　6

① 固体の臭化ナトリウムを水に入れると，ナトリウムイオンと臭化物イオンはそれぞれ水分子に囲まれた水和イオンとなって溶解する。

② 多くの水溶性の固体の水に対する溶解度は，水温が高くなるほど大きくなる。

③ 塩化水素を水に溶かすと，H−Cl 間の結合が切れて電離する。

④ エタノールは，極性溶媒である水に溶ける。

⑤ 四塩化炭素は，無極性溶媒であるヘキサンに溶けない。

問 6 酸素は，圧力 1.0×10^5 Pa のもとで，40 ℃ の水 1.0 L に 1.0×10^{-3} mol 溶解し，平衡に達する。2.0×10^5 Pa の酸素が，40 ℃ の水 10 L に接して溶解平衡にあるとき，この水に溶けている酸素の質量は何 g か。最も適当な数値を，次の①～⑥のうちから一つ選べ。 | 7 | g

① 0.016   ② 0.032   ③ 0.064

④ 0.16   ⑤ 0.32   ⑥ 0.64

第2問 （必答問題）

次の問い（問1～5）に答えよ。
〔解答番号 １ ～ ６ 〕（配点　24）

問1　図1は，構造式H－O－O－Hで示される過酸化水素 H_2O_2 1 mol が水素 H_2 と酸素 O_2 から生成する反応に関するエネルギーの関係を示している。ここで，図中の**ア**，**イ**はこの反応における反応物あるいは生成物である。**ア**，**イ**に当てはまる物質，および H_2O_2（気）中のO－H結合1 mol あたりの結合エネルギーの数値の組合せとして最も適当なものを，次ページの①～⑥のうちから一つ選べ。ただし，H_2O_2（気）の生成熱を 136 kJ/mol とし，結合エネルギーは下の表1に示す値を使うこと。　１

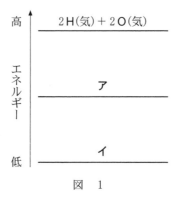

図　1

表　1

H_2（気）の結合エネルギー	436 kJ/mol
O_2（気）の結合エネルギー	498 kJ/mol
H_2O_2（気）中の O－O の結合エネルギー	144 kJ/mol

	ア	イ	H_2O_2(気)中の O-H の結合エネルギー〔kJ/mol〕
①	H_2O_2(気)	H_2(気) + O_2(気)	327
②	H_2O_2(気)	H_2(気) + O_2(気)	463
③	H_2O_2(気)	H_2(気) + O_2(気)	926
④	H_2(気) + O_2(気)	H_2O_2(気)	327
⑤	H_2(気) + O_2(気)	H_2O_2(気)	463
⑥	H_2(気) + O_2(気)	H_2O_2(気)	926

問 2 水溶液中で化合物 A が化合物 B に変化する反応は可逆反応 A $\rightleftarrows$ B であり，十分な時間が経過すると平衡状態になる。この反応では，正反応 A $\longrightarrow$ B の反応速度 v_1 は，反応速度定数(速度定数)を k_1，A のモル濃度を [A]とすると，

$$v_1 = k_1[A]$$

と表される。また，逆反応 B $\longrightarrow$ A の反応速度 v_2 は，反応速度定数を k_2，B のモル濃度を[B]とすると，

$$v_2 = k_2[B]$$

と表される。

ある温度において 1.2 mol の A を水に溶かして 1.0 L の溶液とし，A $\rightleftarrows$ B の可逆反応が平衡状態になったとき，A のモル濃度は何 mol/L になるか。最も適当な数値を，次の①～⑤のうちから一つ選べ。ただし，この反応では，水溶液の体積と温度は変化しないものとし，$k_1 = 5.0$ /s，$k_2 = 1.0$ /s とする。

　2　mol/L

① 0.20 　　② 0.40 　　③ 0.60 　　④ 0.80 　　⑤ 1.0

問 3 水溶液中での塩化銀の溶解度積(25 ℃)を K_{sp} とするとき，[Ag⁺]と $\dfrac{K_{sp}}{[Ag^+]}$ との関係は図2の曲線で表される。硝酸銀水溶液と塩化ナトリウム水溶液を，表2に示す**ア〜オ**のモル濃度の組合せで同体積ずつ混合した。25 ℃で十分な時間をおいたとき，塩化銀の沈殿が生成するのはどれか。すべてを正しく選択しているものを，次ページの①〜⑤のうちから一つ選べ。 3

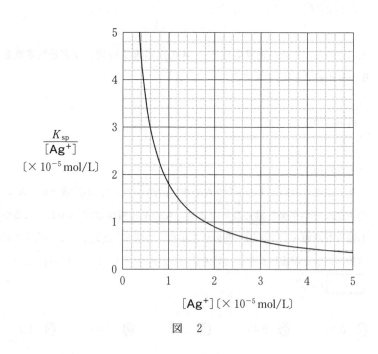

図 2

2019年度　本試験　化学　13

表　2

	硝酸銀水溶液のモル濃度 〔$\times 10^{-5}$ mol/L〕	塩化ナトリウム水溶液の モル濃度〔$\times 10^{-5}$ mol/L〕
ア	1.0	1.0
イ	2.0	2.0
ウ	3.0	3.0
エ	4.0	2.0
オ	5.0	1.0

① ア　　　　　　　　　　② ウ，エ

③ ア，イ，オ　　　　　　④ イ，ウ，エ，オ

⑤ ア，イ，ウ，エ，オ

— 363 —

問 4 図3に示すように，粗銅板を陽極，純銅板を陰極として，電解液に硫酸銅(Ⅱ) $CuSO_4$ の硫酸酸性水溶液を用いた装置で電気分解を行ったところ，陽極の下に陽極泥が生じた。この実験に関する下の問い(**a**・**b**)に答えよ。ただし，この電気分解の間，電極での気体の発生はないものとする。

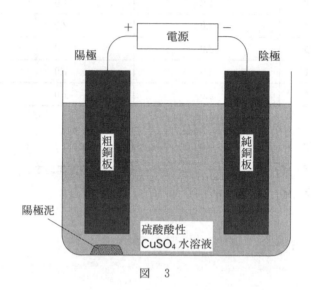

図 3

a 粗銅板中の不純物が，亜鉛 Zn，金 Au，銀 Ag，鉄 Fe，ニッケル Ni であるとき，これらの金属のうち，電気分解後にイオンとして水溶液中に存在するものはどれか。すべてを正しく選択しているものを，次の①〜⑤のうちから一つ選べ。　4

① Zn　　　　　　② Fe, Ni　　　　　③ Zn, Fe, Ni
④ Ag, Fe, Ni　　⑤ Zn, Au, Ag

b この電気分解により，陰極に 0.384 g の銅を析出させるには，0.965 A の電流を何秒間流せばよいか。最も適当な数値を，次の①〜⑤のうちから一つ選べ。ただし，ファラデー定数は 9.65×10^4 C/mol とする。　5　秒間

① 6.0×10^2　　　② 1.2×10^3　　　③ 1.0×10^4
④ 3.8×10^4　　　⑤ 7.7×10^4

2019年度　本試験　化学　15

⊖ 問 5　硝酸アンモニウム NH_4NO_3 の水への溶解の熱化学方程式は，次式のように表される。

$$NH_4NO_3(固) + aq = NH_4NO_3\,aq - 26\;kJ$$

　　熱の出入りのない容器(断熱容器)に 25 ℃ の水 V〔mL〕を入れ，同温度の NH_4NO_3 を m〔g〕溶解して均一な水溶液とした。このときの水溶液の温度〔℃〕を表す式として正しいものを，次の①～⑥のうちから一つ選べ。ただし，水の密度を d〔g/cm³〕，この水溶液の比熱を c〔J/(g·K)〕，NH_4NO_3 のモル質量を M〔g/mol〕とする。また，溶解熱はすべて水溶液の温度変化に使われたものとする。　⬚ 6 ⬚ ℃

① $\quad 25 + \dfrac{2.6 \times 10^4\,m}{c\,(Vd + m)\,M}$　　　　② $\quad 25 - \dfrac{2.6 \times 10^4\,m}{c\,(Vd + m)\,M}$

③ $\quad 25 + \dfrac{2.6 \times 10^4\,m}{cVdM}$　　　　　　④ $\quad 25 - \dfrac{2.6 \times 10^4\,m}{cVdM}$

⑤ $\quad 25 + \dfrac{2.6 \times 10^4\,M}{c\,(Vd + m)\,m}$　　　　⑥ $\quad 25 - \dfrac{2.6 \times 10^4\,M}{c\,(Vd + m)\,m}$

第3問 （必答問題）

次の問い（**問1～5**）に答えよ。

〔解答番号　1　～　6　〕（配点　23）

問1　身のまわりの無機物質に関する記述として下線部に**誤りを含むもの**を，次の①～⑤のうちから一つ選べ。　1

① アルゴンは，反応性に乏しく，電球や放電管に封入されている。

② 斜方硫黄，単斜硫黄，ゴム状硫黄は，互いに同素体の関係にある。

③ リンを乾燥空気中で燃やすと，十酸化四リンが生じる。

④ ケイ砂や粘土などを高温で焼き固めてつくられた固体材料は，セラミックス（窯業製品）と呼ばれる。

⑤ 銑鉄は，鋳物に使われ，鋼に比べて含まれる炭素の割合が低い。

問 2 アルカリ金属 Li, Na とアルカリ土類金属 Ca, Ba の四つの元素に共通する 記述として**誤りを含むもの**を, 次の①〜④のうちから一つ選べ。 2

① 陽イオンになりやすい元素である。

② 単体は, 常温の水と反応する。

③ 炎色反応を示す。

④ 炭酸塩は, 水によく溶ける。

問 3 錯イオンに関する記述として下線部に**誤りを含むもの**を，次の①～⑤のうちから一つ選べ。 3

① 水酸化銅(Ⅱ)$Cu(OH)_2$ に過剰のアンモニア水を加えると，$[Cu(NH_3)_4]^{2+}$ が生成して深青色の水溶液になる。

② 酸化銀 Ag_2O に過剰のアンモニア水を加えると，$[Ag(NH_3)_2]^+$ が生成して無色の水溶液になる。

③ $[Fe(CN)_6]^{4-}$ を含む水溶液に Fe^{3+} を含む水溶液を加えると，濃青色の沈殿が生じる。

④ $[Zn(NH_3)_4]^{2+}$ の四つの配位子は，正方形の配置をとる。

⑤ $[Fe(CN)_6]^{3-}$ の六つの配位子は，正八面体形の配置をとる。

問 4 図1に示すアンモニアから硝酸を製造する方法(オストワルト法)について，下の問い(a・b)に答えよ。

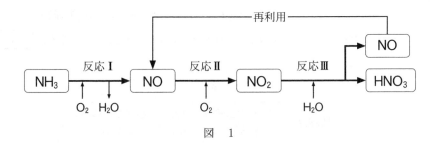

図　1

a　図1の反応と物質に関する記述として正しいものを，次の①〜⑤のうちから一つ選べ。　4

① 反応Ⅰ〜Ⅲの中で触媒を利用するのは，反応Ⅱのみである。
② 反応Ⅲでは，二酸化窒素の酸化と還元が起こる。
③ 一酸化窒素は，水に溶けやすい気体である。
④ 二酸化窒素は，無色の気体である。
⑤ 硝酸は，光や熱による分解が起こりにくい。

b　オストワルト法の全反応と一酸化窒素の再利用が完全に進み，それ以外の反応が起こらないとすると，6 mol のアンモニアから生成する硝酸の物質量は何 mol か。最も適当な数値を，次の①〜⑤のうちから一つ選べ。
　5　mol

① 2　　　② 3　　　③ 4　　　④ 6　　　⑤ 12

問 5 クロム酸カリウムと硝酸銀との沈殿反応を調べるため，11 本の試験管を使い，0.10 mol/L のクロム酸カリウム水溶液と 0.10 mol/L の硝酸銀水溶液を，それぞれ表1に示した体積で混ぜ合わせた。各試験管内に生じた沈殿の質量〔g〕を表すグラフとして最も適当なものを，次ページの**①~⑥**のうちから一つ選べ。ただし，沈殿した物質の溶解度は十分小さいものとする。　6

表　1

試験管番号	クロム酸カリウム水溶液の体積〔mL〕	硝酸銀水溶液の体積〔mL〕
1	1.0	11.0
2	2.0	10.0
3	3.0	9.0
4	4.0	8.0
5	5.0	7.0
6	6.0	6.0
7	7.0	5.0
8	8.0	4.0
9	9.0	3.0
10	10.0	2.0
11	11.0	1.0

— 370 —

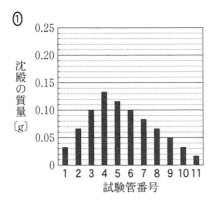

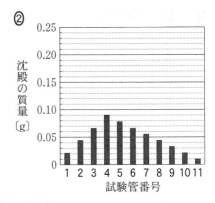

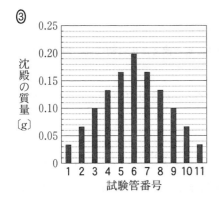

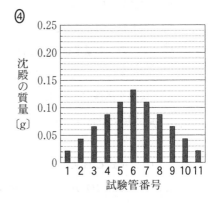

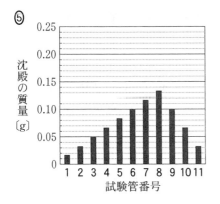

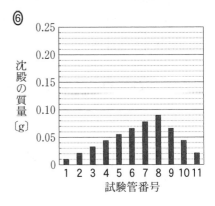

第 4 問 （必答問題）

次の問い（問 1 ～ 5）に答えよ。

〔解答番号 | 1 | ～ | 6 |〕（配点 19）

問 1　ベンゼンに関する記述として**誤りを含むもの**を，次の①～⑤のうちから一つ選べ。| 1 |

① 常温・常圧で無色の液体である。

② 水に溶けにくい。

③ 炭素原子間の結合距離は，すべて等しい。

④ 二つの水素原子をそれぞれメチル基に置き換えた化合物には，構造異性体が存在する。

⑤ 鉄粉を触媒にして塩素を反応させると，ヘキサクロロシクロヘキサン $C_6H_6Cl_6$ がおもに生成する。

問 2　同じ分子式 $C_4H_{10}O$（分子量 74）をもつ 1-ブタノールとメチルプロピルエーテルからなる混合物がある。この混合物 3.7 g に十分な量のナトリウムを加えたところ，0.015 mol の水素が発生した。混合物中の 1-ブタノールの含有率（質量パーセント）は何 %か。最も適当な数値を，下の①～⑥のうちから一つ選べ。| 2 | %

$$CH_3-CH_2-CH_2-CH_2-OH \qquad CH_3-O-CH_2-CH_2-CH_3$$

　　　　　　1-ブタノール　　　　　　　　　　メチルプロピルエーテル

① 15　　　　　　　② 30　　　　　　　③ 40

④ 60　　　　　　　⑤ 70　　　　　　　⑥ 85

— 372 —

問 3 下の五つの芳香族化合物の中には，次式のような還元反応の反応物と生成物の関係にあるものが二組ある。それぞれの還元反応の生成物として適当なものを，下の①〜⑤のうちから二つ選べ。ただし，解答の順序は問わない。

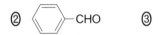

問 4 次の化合物 A の構造異性体のうち，カルボニル基をもつものはいくつある
か。正しい数を，下の①〜⑤のうちから一つ選べ。 | 5 |

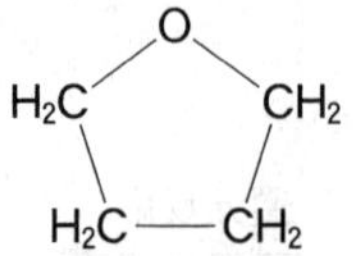

化合物 A

①　1　　　　②　2　　　　③　3　　　　④　4　　　　⑤　5

— 374 —

問5 図1に示す装置A～Cのいずれかを用いて，酢酸ナトリウムの無水物（無水塩）と水酸化ナトリウムの混合物を試験管中で加熱し，生成した化合物を捕集したい。この化合物と装置の組合せとして最も適当なものを，下の①～⑥のうちから一つ選べ。 6

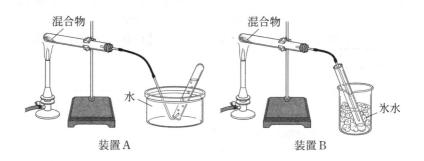

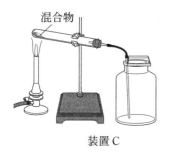

図 1

	化合物	装　置
①	アセトン	A
②	アセトン	B
③	アセトン	C
④	メタン	A
⑤	メタン	B
⑥	メタン	C

第5問 （必答問題）

次の問い（**問1・問2**）に答えよ。
〔解答番号 ⎡ 1 ⎤ ・ ⎡ 2 ⎤ 〕（配点 5）

問1 平均分子量が M_A と M_B である合成高分子化合物 A と B がある。図1は，A と B の分子量分布であり，どちらも分子量 M の分子の数が最も多い。M_A，M_B，M の関係として最も適当なものを，下の①〜⑦のうちから一つ選べ。
⎡ 1 ⎤

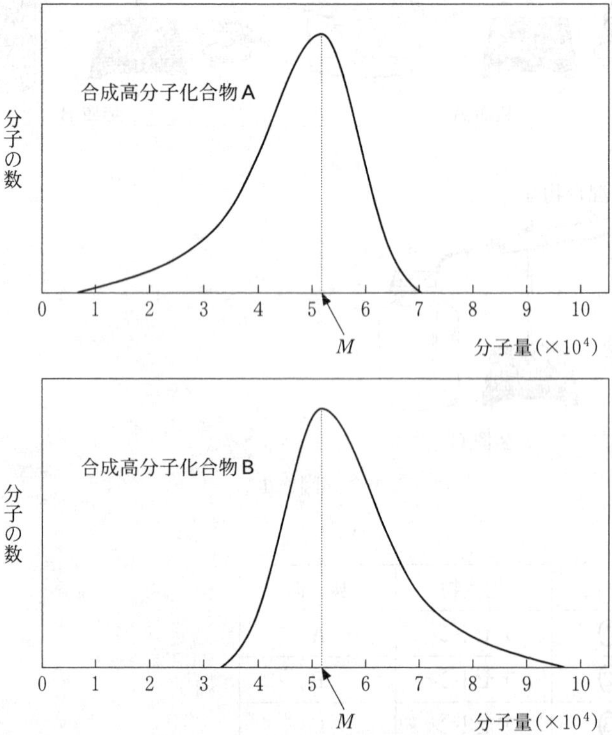

図 1

① $M = M_A = M_B$ 　② $M < M_A = M_B$ 　③ $M_A = M_B < M$
④ $M < M_A < M_B$ 　⑤ $M_A < M_B < M$ 　⑥ $M_A < M < M_B$
⑦ $M_B < M < M_A$

問 2 高分子化合物に関する記述として下線部に**誤りを含むもの**を，次の①～④の
うちから一つ選べ。 2

① アセテート繊維は，トリアセチルセルロースの一部の<u>エステル結合を加水
分解して</u>つくられる。

② セロハンは，セルロースに化学反応させてつくったビスコースから，薄膜
状に<u>セルロースを再生させて</u>つくられる。

③ 木綿(綿)の糸は，<u>タンパク質からなる</u>繊維をより合わせてつくられる。

④ 天然ゴム(生ゴム)は，ゴムノキ(ゴムの木)の樹皮を傷つけて得られた<u>ラ
テックスに酸を加え</u>，凝固させたものである。

28

第6問・第7問は，いずれか1問を選択し，解答しなさい。

第6問 （選択問題）

次の問い（問1・問2）に答えよ。

〔解答番号 1 ・ 2 〕（配点 5）

問1 ホルムアルデヒドを原料として**用いない**合成高分子はどれか。最も適当なも
のを，次の①〜⑤のうちから一つ選べ。 1

① アクリル繊維   ② 尿素樹脂   ③ ビニロン

④ フェノール樹脂   ⑤ メラミン樹脂

問 2　次の高分子化合物 A は両端にカルボキシ基をもち，テレフタル酸とエチレングリコールを適切な物質量の比で縮合重合させることによって得られた。$1.00\,$g の A には 1.2×10^{19} 個のカルボキシ基が含まれていた。A の平均分子量はいくらか。最も適当な数値を，下の①～⑥のうちから一つ選べ。ただし，アボガドロ数を 6.0×10^{23} とする。　　2

$$\text{HO}-\left[\!\!\begin{array}{c}\text{C}\\ \|\\ \text{O}\end{array}\!\!-\!\!\bigcirc\!\!-\!\!\begin{array}{c}\text{C}\\ \|\\ \text{O}\end{array}\!\!-\text{O}-(\text{CH}_2)_2-\text{O}-\begin{array}{c}\text{C}\\ \|\\ \text{O}\end{array}\!\!-\!\!\bigcirc\!\!-\!\!\begin{array}{c}\text{C}\\ \|\\ \text{O}\end{array}\right]_n\!\!-\text{OH}$$

高分子化合物 A

① 2.5×10^4　　　　② 5.0×10^4　　　　③ 1.0×10^5

④ 2.5×10^5　　　　⑤ 5.0×10^5　　　　⑥ 1.0×10^6

第6問・第7問は，いずれか1問を選択し，解答しなさい。

第7問 （選択問題）

次の問い（**問1**・**問2**）に答えよ。

〔解答番号 | 1 | ・ | 2 | 〕（配点 5）

問1 二糖類に関する記述として下線部に**誤りを含む**ものを，次の①～⑤のうちから一つ選べ。 1

① 二糖は，単糖2分子が脱水縮合したもので，この反応でできた C－O－C の構造を<u>グリコシド結合</u>という。

② スクロースとマルトースは，<u>互いに異性体</u>である。

③ スクロースを加水分解して得られる，2種類の単糖の等量混合物を，<u>転化糖</u>という。

④ マルトースの水溶液は，<u>還元性</u>を示す。

⑤ 1分子のラクトースを加水分解すると，<u>2分子のグルコース</u>になる。

問 2 ジペプチド A は，図 1 に示すアスパラギン酸，システイン，チロシンの 3 種類のアミノ酸のうち，同種あるいは異種のアミノ酸が脱水縮合した化合物である。ジペプチド A を構成しているアミノ酸の種類を決めるために，アスパラギン酸，システイン，チロシン，ジペプチド A の成分元素の含有率を質量パーセント〔%〕で比較したところ，図 2 のようになった。ジペプチド A を構成しているアミノ酸の組合せとして最も適当なものを，次ページの①〜⑥のうちから一つ選べ。 2

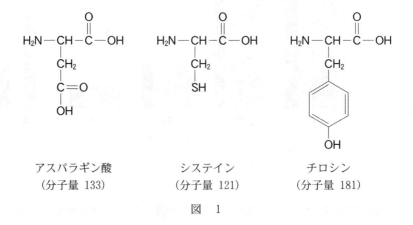

図　1

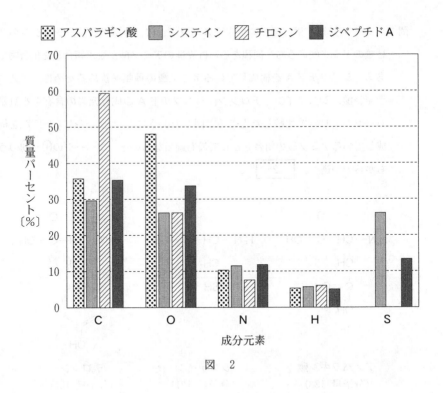

図 2

① アスパラギン酸とアスパラギン酸　② アスパラギン酸とシステイン
③ アスパラギン酸とチロシン　　　　④ システインとシステイン
⑤ システインとチロシン　　　　　　⑥ チロシンとチロシン

化　学

（2018年 1 月実施）

60分　100点

化 学

問　題	選　択　方　法
第 1 問	必　　答
第 2 問	必　　答
第 3 問	必　　答
第 4 問	必　　答
第 5 問	必　　答
第 6 問	いずれか 1 問を選択し，解答しなさい。
第 7 問	

2018年度　本試験　化学　3

（注）この科目には，選択問題があります。（2ページ参照。）

必要があれば，原子量は次の値を使うこと。

H	1.0	C	12	N	14	O	16
Mg	24	S	32	Mn	55	Ni	59

実在気体とことわりがない限り，気体は理想気体として扱うものとする。

第1問　（必答問題）

次の問い（問1 ~ 6）に答えよ。

〔解答番号　$\boxed{1}$ ~ $\boxed{6}$〕（配点　24）

問1　表1に示す陽子数，中性子数，電子数をもつ原子または単原子イオン**ア~カ**の中で，陰イオンのうち質量数が最も大きいものを，下の**①~⑥**のうちから一つ選べ。$\boxed{1}$

表　1

	陽子数	中性子数	電子数
ア	16	18	18
イ	17	18	18
ウ	17	20	17
エ	19	20	18
オ	19	22	19
カ	20	20	18

① ア　　② イ　　③ ウ　　④ エ　　⑤ オ　　⑥ カ

問 2 天然に存在する典型元素と遷移元素に関する記述として**誤りを含むもの**を，次の①～⑤のうちから一つ選べ。 | 2 |

① アルカリ土類金属は，すべて遷移元素である。

② 典型元素には，両性元素が含まれる。

③ 遷移元素は，すべて金属元素である。

④ 典型元素では，周期表の左下に位置する元素ほど陽性が強い。

⑤ 遷移元素には，複数の酸化数をとるものがある。

問 3 ある金属単体は図1のように，層Aと層Bの2層の繰り返しによって形成される六方最密構造(六方最密充填)の結晶格子をとる。図1の単位格子(灰色部分)に含まれる金属原子の数はいくつか。正しい数を，下の①〜⑥のうちから一つ選べ。 3 個

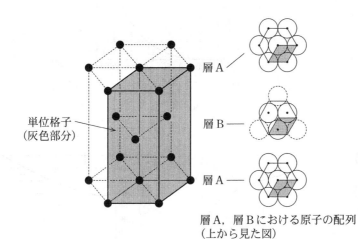

図　1

① 1　　　　② 2　　　　③ 3
④ 4　　　　⑤ 5　　　　⑥ 6

問4 図2は，水の温度と蒸気圧との関係を示したグラフである。外圧（液体に接する気体の圧力）が変化したときの，水の沸点を表すグラフとして最も適当なものを，下の①～⑥のうちから一つ選べ。 4

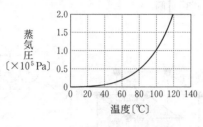

図 2

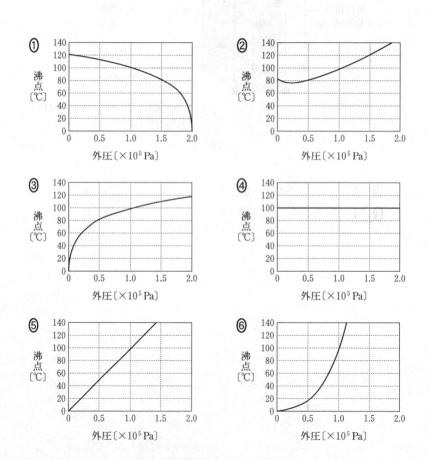

問 5 溶媒 1 kg に溶けている溶質の量を物質量〔mol〕で表した濃度は，質量モル濃度〔mol/kg〕とよばれる。ある溶液のモル濃度が C〔mol/L〕，密度が d〔g/cm³〕，溶質のモル質量が M〔g/mol〕であるとき，この溶液の質量モル濃度を求める式はどれか。正しいものを，次の①～⑤のうちから一つ選べ。

$\boxed{5}$ mol/kg

① $\dfrac{C}{1000\,d}$　　② $\dfrac{1000\,CM}{d}$　　③ $\dfrac{CM}{10\,d}$

④ $\dfrac{C}{1000\,d - CM}$　　⑤ $\dfrac{1000\,C}{1000\,d - CM}$

問 6 物質の状態に関する記述として**誤りを含むもの**を，次の①〜⑤のうちから一つ選べ。ただし，気体は実在気体として考えるものとする。　6

① 密閉容器に入れてある物質が気液平衡の状態にあるとき，単位時間当たりに液体から蒸発する分子の数と，気体から凝縮する分子の数は等しい。

② 無極性分子の気体が凝縮して液体になる現象には，分子間にはたらくファンデルワールス力が関わっている。

③ 純溶媒の沸点は，その純溶媒に不揮発性の溶質が溶けた溶液の沸点よりも低い。

④ 純物質は，三重点で気体・液体・固体が共存する平衡状態をとる。

⑤ 純物質は，液体の状態で凝固点より低い温度になることはない。

第2問 （必答問題）

次の問い（**問1～5**）に答えよ。
〔解答番号 $\boxed{1}$ ～ $\boxed{6}$ 〕（配点 24）

問1 C（黒鉛）がC（気）に変化するときの熱化学方程式を次に示す。

$$C（黒鉛）= C（気）+ Q〔kJ〕$$

次の三つの熱化学方程式を用いて Q を求めると，何kJになるか。最も適当な数値を，下の①～⑥のうちから一つ選べ。 $\boxed{1}$ kJ

$$C（黒鉛）+ O_2（気）= CO_2（気）+ 394\ kJ$$
$$O_2（気）= 2\ O（気）- 498\ kJ$$
$$CO_2（気）= C（気）+ 2\ O（気）- 1608\ kJ$$

① -1712 ② -716 ③ -218
④ 218 ⑤ 716 ⑥ 1712

問2 物質AとBは次式のように反応して物質Cを生成する。

A + B ⟶ C

この反応の反応速度 v は，反応速度定数を k，AとBのモル濃度をそれぞれ [A]，[B] とすると，$v = k[A][B]$ で表される。

濃度がともに 0.040 mol/L のAとBの水溶液を同体積ずつ混合して，温度一定のもとで反応時間とCの濃度の関係を調べたところ図1のようになり，最終的にCの濃度は 0.020 mol/L になった。

同様の実験をAの水溶液の濃度のみを2倍に変えて行ったとき，反応開始直後の反応速度と最終的なCの濃度の組合せとして最も適当なものを，下の①〜⑥のうちから一つ選べ。 2

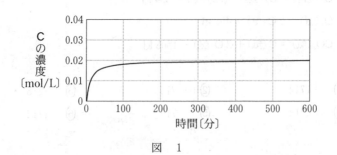

図 1

	反応開始直後の反応速度	最終的なCの濃度〔mol/L〕
①	増加した	0.040
②	変化しなかった	0.040
③	増加した	0.020
④	変化しなかった	0.020
⑤	増加した	0.010
⑥	変化しなかった	0.010

問 3 濃度不明の水酸化バリウム水溶液のモル濃度を求めるために，その 50 mL をビーカーにとり，水溶液の電気の通しやすさを表す電気伝導度を測定しながら，0.10 mol/L の希硫酸で滴定した。イオンの濃度により電気伝導度が変化することを利用して中和点を求めたところ，中和に要した希硫酸の体積は 25 mL であった。この実験結果に関する次の問い（**a・b**）に答えよ。ただし，滴定中に起こる電気分解は無視できるものとする。

a 希硫酸の滴下量に対する電気伝導度の変化の組合せとして最も適当なものを，次の①～⑥のうちから一つ選べ。 3

	希硫酸の滴下量が 0 mL から 25 mL までの電気伝導度	希硫酸の滴下量が 25 mL 以上のときの電気伝導度
①	変化しなかった	減少した
②	変化しなかった	増加した
③	減少した	変化しなかった
④	減少した	増加した
⑤	増加した	変化しなかった
⑥	増加した	減少した

b 水酸化バリウム水溶液のモル濃度は何 mol/L か。最も適当な数値を，次の①～⑥のうちから一つ選べ。 4 mol/L

① 0.025   ② 0.050   ③ 0.10

④ 0.25   ⑤ 0.50   ⑥ 1.0

問 4 図2はメタノールを用いた燃料電池の模式図である。この燃料電池の両極で起こる化学反応は下の式で示される。

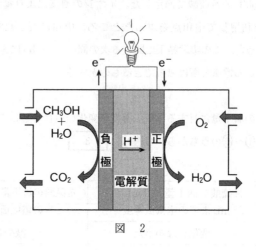

図　2

負　極：$CH_3OH + H_2O \longrightarrow CO_2 + 6H^+ + 6e^-$
正　極：$O_2 + 4H^+ + 4e^- \longrightarrow 2H_2O$

　この燃料電池を作動させたところ，0.30 A の電流が 19300 秒間流れた。このとき燃料として消費されたメタノールの物質量は何 mol か。最も適当な数値を，次の①〜⑥のうちから一つ選べ。ただし，メタノールが電解質を透過することはなく，消費されたメタノールはすべて二酸化炭素に酸化されたものとする。また，ファラデー定数は 9.65×10^4 C/mol とする。　| 5 |　mol

① 0.0060　　② 0.010　　③ 0.015
④ 0.060　　⑤ 0.10　　　⑥ 0.15

問 5 水溶液中では，アンモニア NH_3 は塩基としてはたらき，その一部が式(1)の
ように電離して平衡状態になる。一方，アンモニウムイオン NH_4^+ は酸として
はたらき，式(2)のように反応してオキソニウムイオン H_3O^+ を生じる。

$$NH_3 + H_2O \rightleftarrows NH_4^+ + OH^- \qquad (1)$$
$$NH_4^+ + H_2O \rightleftarrows H_3O^+ + NH_3 \qquad (2)$$

式(2)の平衡定数 K は，

$$K = \frac{[H_3O^+][NH_3]}{[NH_4^+][H_2O]}$$

で表され，$K[H_2O]$ を K_a〔mol/L〕とし，H_3O^+ を H^+ と略記すると，

$$K_a = \frac{[H^+][NH_3]}{[NH_4^+]}$$

となる。NH_3 の電離定数 K_b〔mol/L〕を求める式として正しいものを，次の
①～⑥のうちから一つ選べ。ただし，水のイオン積を K_w〔(mol/L)^2〕とする。
$\boxed{6}$ mol/L

① $\sqrt{K_a K_w}$

② $\sqrt{\dfrac{K_w}{K_a}}$

③ $\sqrt{\dfrac{K_a}{K_w}}$

④ $K_a K_w$

⑤ $\dfrac{K_w}{K_a}$

⑥ $\dfrac{K_a}{K_w}$

第3問 （必答問題）

次の問い（**問1～5**）に答えよ。

〔**解答番号** 1 ～ 6 〕（配点 23）

問 1 身近な無機物質に関する記述として下線部に**誤りを含むもの**を，次の①～⑤のうちから一つ選べ。 1

① 宝石のルビーやサファイアは，微量の不純物を含んだ酸化マグネシウムの結晶である。

② 塩化カルシウムは，水に溶解すると溶液の凝固点が下がるので，道路の凍結防止に用いられる。

③ 酸化チタン（Ⅳ）は，建物の外壁や窓ガラスの表面に塗布されていると，光触媒としてはたらき，有機物の汚れが分解される。

④ 高純度の二酸化ケイ素からなるガラスは，繊維状にして光ファイバーに利用されている。

⑤ 酸化亜鉛の粉末は白色であり，絵の具や塗料に用いられる。

問 2 ハロゲンの単体および化合物に関する記述として**誤りを含むもの**を，次の ①～⑤のうちから一つ選べ。　　2

① フッ素は，ハロゲンの単体の中で，水素との反応性が最も高い。

② フッ化水素酸は，ガラスを腐食する。

③ 塩化銀は，アンモニア水に溶ける。

④ 次亜塩素酸は，塩素がとりうる最大の酸化数をもつオキソ酸である。

⑤ ヨウ化カリウム水溶液にヨウ素を溶かすと，その溶液は褐色を呈する。

問 3 塩化ナトリウムと濃硫酸が反応したときに発生する気体を A とし，硫化鉄 (Ⅱ)と希硫酸が反応したときに発生する気体を B とする。AとBに**共通する性質**として最も適当なものを，次の①～④のうちから一つ選べ。　　3

① 無色・無臭の気体である。

② 気体を Pb^{2+} を含む水溶液に通じると，沈殿反応を起こす。

③ 気体が水に溶けると，濃度によらず，ほぼ完全に電離する。

④ 気体を溶かした水溶液は，鉄を不動態にする。

問 4 次の（**a・b**）に述べた元素**ア**と**イ**は，Ca, Cl, Mg, N, Na, O のいずれか
である。**ア**と**イ**に当てはまる元素として最も適当なものを，下の①～⑥のうち
から一つずつ選べ。**ア** ☐ 4 ☐ ・**イ** ☐ 5 ☐

a 標準状態では，**ア**の単体は気体である。一方，周期表で**ア**の一つ下に位置
する同族元素の単体は，同素体をもつ固体であり，その中には空気中で自然
発火するものがある。

b **イ**の硫酸塩は水によく溶けるが，**イ**の水酸化物は溶けにくい。一方，周期
表で**イ**の一つ下に位置する同族元素の硫酸塩は水に溶けにくいが，その水酸
化物は**イ**の水酸化物と比べて水に溶けやすい。

① Ca　　② Cl　　③ Mg　　④ N　　⑤ Na　　⑥ O

問 5　金属 M の硫酸塩 MSO₄·n H₂O について，水和水の数 n と金属 M を推定したい。MSO₄·n H₂O を 4.82 g とり，温度を 20 ℃ から 400 ℃ まで上昇させながら質量の変化を記録したところ，段階的に水和水が失われたことを示す図 1 の結果を得た。加熱前の化学式 MSO₄·n H₂O として最も適当なものを，下の①～⑥のうちから一つ選べ。ただし，図 1 中の n と m は 7 以下の整数であり，300 ℃ 以上で硫酸塩は完全に無水物（無水塩）MSO₄ に変化したものとする。

<u>　6　</u>

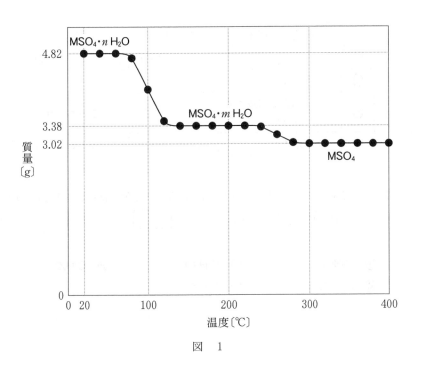

図　1

① MgSO₄·5 H₂O　　　② MgSO₄·7 H₂O
③ MnSO₄·4 H₂O　　　④ MnSO₄·5 H₂O
⑤ NiSO₄·4 H₂O　　　⑥ NiSO₄·7 H₂O

第4問 （必答問題）

次の問い（問 1 ～ 5）に答えよ。
〔解答番号 　1　 ～ 　6　 〕(配点 19)

問 1　化合物 A と B を構成する原子について，指定する原子の数が同じである化
　　　合物の組合せとして正しいものを，次の①～④のうちから一つ選べ。　1

	指定する原子	化合物 A	化合物 B
①	炭素原子	1-プロパノール	2-メチル-2-プロパノール
②	不斉炭素原子	1-ブタノール	2-ブタノール
③	不飽和結合を形成する炭素原子	1,3-ブタジエン	シクロヘキセン
④	水素原子	1-ペンテン	シクロペンタン

問 2　幾何異性体(シス-トランス異性体)が存在する化合物として正しいものを，
　　　次の分子式①～⑤のうちから一つ選べ。　2

① C_2HCl_3　　　　　　② $C_2H_2Cl_2$　　　　　③ $C_2H_2Cl_4$

④ C_2H_3Cl　　　　　　⑤ $C_2H_3Cl_3$

問 3 アセトンに関する記述として**誤りを含むもの**を，次の①～⑤のうちから一つ選べ。 3

① 常温・常圧で液体である。

② 水と任意の割合で混じりあう。

③ 2-プロパノールの酸化により得られる。

④ フェーリング液を加えて加熱すると，赤色沈殿を生じる。

⑤ ヨウ素と水酸化ナトリウム水溶液を加えて加熱すると，黄色沈殿を生じる。

問 4 分子式が $C_{10}H_nO$ で表される不飽和結合をもつ直鎖状のアルコール A を一定質量取り，十分な量のナトリウムと反応させたところ，0.125 mol の水素が発生した。また，同じ質量の A に，触媒を用いて水素を完全に付加させたところ，0.500 mol の水素が消費された。このとき，A の分子式中の n の値として最も適当な数値を，次の①～⑤のうちから一つ選べ。 4

① 14　　　　② 16　　　　③ 18

④ 20　　　　⑤ 22

問 5 サリチル酸からアセチルサリチル酸を合成する実験を行った。乾いた試験管にサリチル酸 1.0 g，化合物 A 2.0 g，濃硫酸数滴を入れ，この試験管を振り混ぜながら温めた。その後，試験管の内容物を冷水に加え，沈殿をろ過し，アセチルサリチル酸の白色固体を得た。この実験に関する下の問い（a・b）に答えよ。

サリチル酸　　　　　　　　　　　　　　　　アセチルサリチル酸

a　化合物 A として最も適当なものを，次の①～⑥のうちから一つ選べ。　5

① メタノール　　　　　② エタノール　　　　　③ ホルムアルデヒド
④ アセトアルデヒド　　⑤ 無水酢酸　　　　　　⑥ 無水フタル酸

b　得られたアセチルサリチル酸の白色固体に未反応のサリチル酸が混ざっていないことを確認したい。未反応のサリチル酸の検出に用いる溶液として最も適当なものを，次の①～⑤のうちから一つ選べ。　6

① 塩化鉄（Ⅲ）水溶液　　　　　　② フェノールフタレイン溶液
③ 炭酸水素ナトリウム水溶液　　　④ 水酸化ナトリウム水溶液
⑤ 酢酸水溶液

第5問 （必答問題）

次の問い（**問1**・**問2**）に答えよ。

〔解答番号　1　・　2　〕（配点　5）

問1　合成高分子化合物の構造と合成法に関する記述として**誤りを含むもの**を，次の①〜④のうちから一つ選べ。　1

① ビニロンは，ポリビニルアルコールのアセタール化によって合成される。

② ポリ酢酸ビニルは，カルボキシ基をもつ。

③ ポリ塩化ビニルは，付加重合によって合成される。

④ ポリエチレンテレフタラートは，エステル結合をもつ。

問2 高分子化合物の性質に関する記述として**誤りを含むもの**を，次の①〜④のうちから一つ選べ。 ☐2

① ポリエチレンのうち結晶性が低いものは，結晶性が高いものと比べて透明で軟らかい性質を有している。

② タンパク質には，水に溶けやすいものと水に溶けにくいものがある。

③ アミロース水溶液は，ヨウ素デンプン反応を示さない。

④ 高分子化合物の多くは電気を通さないが，ヨウ素などのハロゲンを添加することで金属に近い電気伝導性を示すものがある。

2018年度　本試験　化学　23

第6問・第7問は，いずれか1問を選択し，解答しなさい。

第6問　（選択問題）

次の問い（**問1・問2**）に答えよ。

〔解答番号 | 1 | ・ | 2 | 〕（配点　5）

問1　熱硬化性樹脂であるものを，次の①〜⑤のうちから一つ選べ。| 1 |

① 尿素樹脂　　　② ポリ塩化ビニル　　　③ ポリエチレン

④ ポリスチレン　　　⑤ メタクリル樹脂（ポリメタクリル酸メチル）

— 405 —

問 2 　飽和脂肪族ジカルボン酸 $HOOC-(CH_2)_x-COOH$ とヘキサメチレンジアミン $H_2N-(CH_2)_6-NH_2$ を縮合重合させて，図 1 に示す直鎖状の高分子を得た。この高分子の平均重合度 n は 100，平均分子量は 2.82×10^4 であった。1 分子のジカルボン酸に含まれるメチレン基 $-CH_2-$ の数 x はいくつか。最も適当な数値を，下の①～⑤のうちから一つ選べ。　$\boxed{2}$

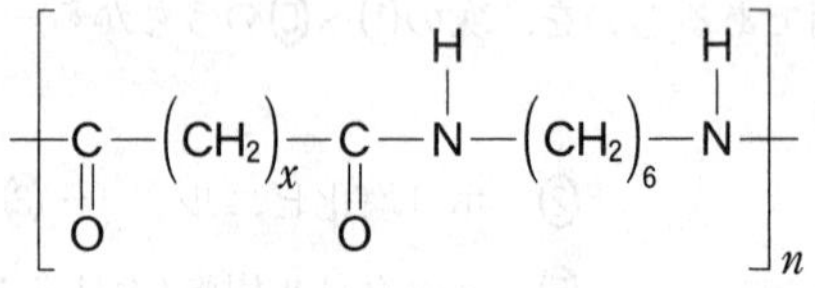

図　1

① 　4　　　　② 　6　　　　③ 　8　　　　④ 　10　　　　⑤ 　12

2018年度　本試験　化学　25

第6問・第7問は，いずれか1問を選択し，解答しなさい。

第7問　（選択問題）

次の問い（**問1・問2**）に答えよ。

〔解答番号　| 1 |・| 2 |〕（配点　5）

問1　タンパク質に関する記述として**誤りを含むもの**を，次の①～⑤のうちから一つ選べ。| 1 |

①　ポリペプチド鎖がつくるらせん構造（α-ヘリックス構造）では，
$\diagdown$C=O‥‥H−N$\diagup$ の水素結合が形成されている。

②　ポリペプチド鎖にある二つのシステインは，ジスルフィド結合（S−S結合）をつくることができる。

③　加水分解したとき，アミノ酸のほかに糖類やリン酸などの物質も同時に得られるタンパク質を，複合タンパク質という。

④　繊維状タンパク質では，複数のポリペプチドの鎖が束（束状）になっている。

⑤　一般に，加熱によって変性したタンパク質は，冷却すると元の構造に戻る。

— 407 —

問 2 スクロース水溶液にインベルターゼ(酵素)を加えたところ，図 1 に示す反応により**一部のスクロース**が単糖に加水分解された。この水溶液には，還元性を示す糖類が 3.6 mol，還元性を示さない糖類が 4.0 mol 含まれていた。もとのスクロース水溶液に含まれていたスクロースの物質量は何 mol か。最も適当な数値を，下の①～⑤のうちから一つ選べ。 2 mol

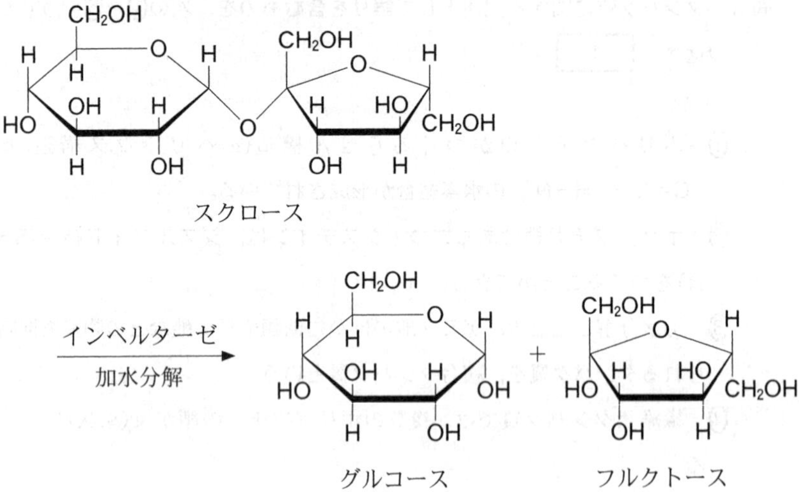

CH₂OH
H
O
H
H
CH₂OH
O
H
OH
H
H
HO
HO
O
CH₂OH
H
OH
OH
H
スクロース
インベルターゼ
加水分解
CH₂OH
H
O
H
H
OH
H
HO
OH
H
OH
+
CH₂OH
O
H
H
HO
HO
CH₂OH
OH
H
グルコース
フルクトース

図 1

① 3.6　② 4.0　③ 5.6

④ 5.8　⑤ 7.6

化　学

（2017年1月実施）

60分　100点

2017
本試験

化　学

問　題	選 択 方 法
第1問	必　　答
第2問	必　　答
第3問	必　　答
第4問	必　　答
第5問	必　　答
第6問	いずれか1問を選択し，解答しなさい。
第7問	

2017年度　本試験　化学　3

（**注**）この科目には，選択問題があります。（2ページ参照。）

必要があれば，原子量は次の値を使うこと。

| H | 1.0 | C | 12 | N | 14 | O | 16 |

S　32　　　Cl　35.5　　　Mn　55　　　Cu　64

Zn　65

実在気体とことわりがない限り，気体は理想気体として扱うものとする。

第1問　（**必答問題**）

次の問い（**問1～6**）に答えよ。
〔**解答番号**　1 ～ 8 〕（配点　24）

問1　次の（**a・b**）に当てはまるものを，それぞれの解答群の①～⑤のうちから一
　　つずつ選べ。

　　a　固体が分子結晶のもの　　1

　　① 黒　鉛　　　　　　② ケイ素　　　　　　③ ミョウバン
　　④ ヨウ素　　　　　　⑤ 白　金

　　b　分子が非共有電子対を4組もつもの　　2

　　① 塩化水素　　　　　② アンモニア　　　　③ 二酸化炭素
　　④ 窒　素　　　　　　⑤ メタン

— 411 —

問 2 図1のような面心立方格子の結晶構造をもつ金属の原子半径を r [cm] とする。この金属結晶の単位格子一辺の長さ a [cm] を表す式として最も適当なものを，下の①〜⑥のうちから一つ選べ。　3　cm

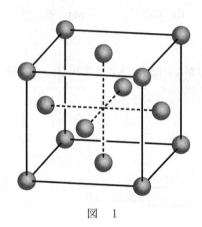

図　1

① $\dfrac{4\sqrt{3}}{3} r$　　　② $2\sqrt{2}\, r$　　　③ $4r$

④ $\dfrac{2\sqrt{3}}{3} r$　　　⑤ $\sqrt{2}\, r$　　　⑥ $2r$

問 3 気体に関する次の文章中の ア ～ ウ に当てはまる記号および語の組合せとして正しいものを,下の①～⑧のうちから一つ選べ。 4

気体分子は熱運動によって空間を飛び回っている。図2は温度 T_1(実線)と温度 T_2(破線)における,気体分子の速さとその速さをもつ分子の数の割合との関係を示したグラフである。ここで T_1 と T_2 の関係は T_1 ア T_2 である。変形しない密閉容器中では,単位時間に気体分子が容器の器壁に衝突する回数は,分子の速さが大きいほど イ なる。これは,温度を T_1 から T_2 へと変化させたときに,容器内の圧力が ウ なる現象と関連している。

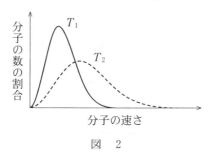

図 2

	ア	イ	ウ
①	>	多く	低く
②	>	多く	高く
③	>	少なく	低く
④	>	少なく	高く
⑤	<	多く	低く
⑥	<	多く	高く
⑦	<	少なく	低く
⑧	<	少なく	高く

問 4　図3は温度と圧力に応じて，二酸化炭素がとりうる状態を示す図である。ここで，A，B，Cは固体，液体，気体のいずれかの状態を表す。臨界点以下の温度と圧力において，下の（**a**・**b**）それぞれの条件のもとで，気体の二酸化炭素を液体に変える操作として最も適当なものを，それぞれの解答群の①〜④のうちから一つずつ選べ。ただし，T_TとP_Tはそれぞれ三重点の温度と圧力である。

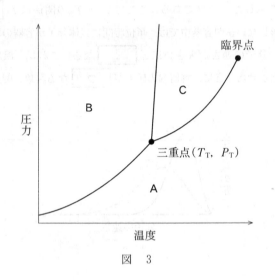

図　3

a　温度一定の条件　　5

① T_Tより低い温度で，圧力を低くする。
② T_Tより低い温度で，圧力を高くする。
③ T_Tより高い温度で，圧力を低くする。
④ T_Tより高い温度で，圧力を高くする。

b　圧力一定の条件　　6

① P_Tより低い圧力で，温度を低くする。
② P_Tより低い圧力で，温度を高くする。
③ P_Tより高い圧力で，温度を低くする。
④ P_Tより高い圧力で，温度を高くする。

2017年度　本試験　化学　7

問 5　ピストン付きの密閉容器に窒素と少量の水を入れ，27 ℃ で十分な時間静置
したところ，圧力が 4.50×10^4 Pa で一定になった。密閉容器の容積が半分に
なるまで圧縮して 27 ℃ で十分な時間静置すると，容器内の圧力は何 Pa に
なるか。最も適当な数値を，次の①～⑦のうちから一つ選べ。ただし，密閉
容器内に液体の水は常に存在し，その体積は無視できるものとする。また，窒
素は水に溶解しないものとし，27 ℃ の水の蒸気圧は 3.60×10^3 Pa とする。

　　7　　Pa

① 2.25×10^4　　② 2.43×10^4　　③ 4.14×10^4　　④ 5.40×10^4

⑤ 8.28×10^4　　⑥ 8.64×10^4　　⑦ 9.00×10^4

8

問 6 モル質量 M〔g/mol〕の非電解質の化合物 x〔g〕を溶媒 10 mL に溶かした希薄溶液の凝固点は，純溶媒の凝固点より Δt〔K〕低下した。この溶媒のモル凝固点降下が K_f〔K·kg/mol〕のとき，溶媒の密度 d〔g/cm³〕を表す式として最も適当なものを，次の①～⑥のうちから一つ選べ。　　8　　g/cm³

① $\dfrac{M \Delta t}{100\, x K_\mathrm{f}}$ 　　　　② $\dfrac{100\, x K_\mathrm{f}}{M \Delta t}$ 　　　　③ $\dfrac{100\, K_\mathrm{f} M}{x \Delta t}$

④ $\dfrac{x \Delta t}{100\, K_\mathrm{f} M}$ 　　　　⑤ $\dfrac{10000\, x K_\mathrm{f}}{M \Delta t}$ 　　　　⑥ $\dfrac{M \Delta t}{10000\, x K_\mathrm{f}}$

— 416 —

2017年度　本試験　化学　9

第2問 （必答問題）

次の問い（**問1 ～ 6**）に答えよ。
〔解答番号 | 1 | ～ | 7 |〕（配点　24）

問1　NH_3（気）1 mol 中の N−H 結合をすべて切断するのに必要なエネルギーは何 kJ か。最も適当な数値を，下の**①～⑥**のうちから一つ選べ。ただし，H−H および N≡N の結合エネルギーはそれぞれ 436 kJ/mol，945 kJ/mol であり，NH_3（気）の生成熱は次の熱化学方程式で表されるものとする。| 1 | kJ

$$\frac{3}{2}\,H_2（気）+ \frac{1}{2}\,N_2（気）= NH_3（気）+ 46\ kJ$$

① 360 　　　　② 391 　　　　③ 1080
④ 1170 　　　　⑤ 2160 　　　　⑥ 2350

問 2 次の熱化学方程式で表される可逆反応 $2NO_2 \rightleftarrows N_2O_4$ が，ピストン付きの密閉容器中で平衡状態にある。

$$2NO_2(気) = N_2O_4(気) + 57 \text{ kJ}$$

この反応に関する記述として**誤りを含むもの**を，次の①〜⑤のうちから一つ選べ。 2

① 正反応は発熱反応である。

② 圧力一定で加熱すると， NO_2 の分子数が増加する。

③ 温度一定で体積を半分に圧縮すると， NO_2 の分子数が増加する。

④ 温度，体積一定で NO_2 を加えて NO_2 の濃度を増加させると， N_2O_4 の濃度も増加する。

⑤ 平衡状態では，正反応と逆反応の反応速度は等しい。

問 3 ある濃度の過酸化水素水 100 mL に，触媒としてある濃度の塩化鉄(Ⅲ)水溶液を加え 200 mL とした。発生した酸素の物質量を，時間を追って測定したところ，反応初期と反応全体では，それぞれ，図 1 と図 2 のようになり，過酸化水素は完全に分解した。この結果に関する次ページの問い(**a**・**b**)に答えよ。ただし，混合水溶液の温度と体積は一定に保たれており，発生した酸素は水に溶けないものとする。

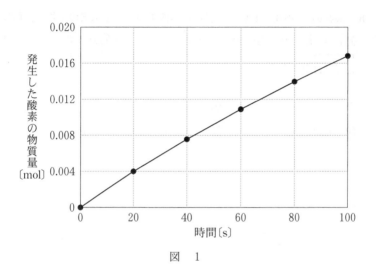

図　1

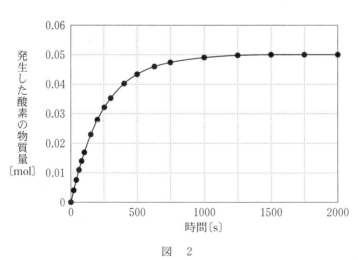

図　2

a 混合する前の過酸化水素水の濃度は何 mol/L か。最も適当な数値を，次の①〜⑥のうちから一つ選べ。 | 3 | mol/L

① 0.050　　　　② 0.10　　　　③ 0.20

④ 0.50　　　　⑤ 1.0　　　　⑥ 2.0

b 最初の 20 秒間において，混合水溶液中の過酸化水素の平均の分解速度は何 mol/(L·s) か。最も適当な数値を，次の①〜⑥のうちから一つ選べ。

| 4 | mol/(L·s)

① 4.0×10^{-4}　　　② 1.0×10^{-3}　　　③ 2.0×10^{-3}

④ 4.0×10^{-3}　　　⑤ 1.0×10^{-2}　　　⑥ 2.0×10^{-2}

2017年度　本試験　化学　13

問 4　0.1 mol/L の酢酸水溶液 100 mL と，0.1 mol/L の酢酸ナトリウム水溶液 100 mL を混合した。この混合水溶液に関する次の記述(**a ~ c**)について，正誤の組合せとして正しいものを，下の①~⑧のうちから一つ選べ。　5

a　混合水溶液中では，酢酸ナトリウムはほぼ全て電離している。

b　混合水溶液中では，酢酸分子と酢酸イオンの物質量はほぼ等しい。

c　混合水溶液に少量の希塩酸を加えても，水素イオンと酢酸イオンが反応して酢酸分子となるので，pH はほとんど変化しない。

	a	b	c
①	正	正	正
②	正	正	誤
③	正	誤	正
④	正	誤	誤
⑤	誤	正	正
⑥	誤	正	誤
⑦	誤	誤	正
⑧	誤	誤	誤

問 5 図3のように，陽イオン交換膜で仕切られた電気分解実験装置に塩化ナトリウム水溶液を入れ，電気分解を行った。陽極と陰極で発生する気体と，陽イオン交換膜を通過するイオンの組合せとして正しいものを，下の①～⑥のうちから一つ選べ。 6

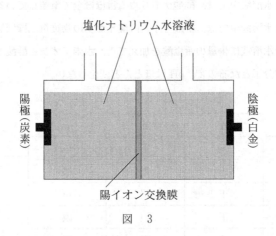

図 3

	陽極で発生する気体	陰極で発生する気体	陽イオン交換膜を通過するイオン
①	水 素	塩 素	ナトリウムイオン
②	水 素	塩 素	塩化物イオン
③	水 素	塩 素	水酸化物イオン
④	塩 素	水 素	ナトリウムイオン
⑤	塩 素	水 素	塩化物イオン
⑥	塩 素	水 素	水酸化物イオン

問 6 酸化還元反応に関する次の文章中の，ア・イ に当てはまる語と
数値の組合せとして最も適当なものを，下の①～⑥のうちから一つ選べ。
7

二酸化硫黄は，硫化水素と反応するときは ア としてはたらく。0 ℃，
1.013×10^5 Pa で 14 mL の二酸化硫黄を 0.010 mol/L の硫化水素水溶液
200 mL に少しずつ通じて，二酸化硫黄を完全に反応させると，硫黄と水のみ
が生成した。このとき残った硫化水素の物質量は イ mol である。

	ア	イ
①	酸化剤	6.3×10^{-4}
②	酸化剤	7.5×10^{-4}
③	酸化剤	1.4×10^{-3}
④	還元剤	6.3×10^{-4}
⑤	還元剤	7.5×10^{-4}
⑥	還元剤	1.4×10^{-3}

16

第3問 (必答問題)

次の問い(**問1～6**)に答えよ。

〔解答番号 [1] ～ [7] 〕(配点 24)

問1 身近な無機物質に関する記述として**誤りを含むもの**を，次の①～⑦のうちから二つ選べ。ただし，解答の順序は問わない。[1]・[2]

① 電池などに利用されている鉛がとりうる最大の酸化数は，+2である。

② 粘土は，陶磁器やセメントの原料の一つとして利用されている。

③ ソーダ石灰ガラスは，原子の配列に規則性がないアモルファスであり，窓ガラスなどに利用されている。

④ 酸化アルミニウムなどの高純度の原料を，精密に制御した条件で焼き固めたものは，ニューセラミックス(ファインセラミックス)と呼ばれる。

⑤ 銅は，湿った空気中では，緑青（ろくしょう）と呼ばれるさびを生じる。

⑥ 次亜塩素酸塩は，強い還元作用をもつため，殺菌剤や漂白剤として利用されている。

⑦ 硫酸バリウムは，水に溶けにくく，胃や腸のX線撮影の造影剤として利用されている。

— 424 —

2017年度　本試験　化学　17

問 2　遷移元素の単体や化合物を用いた触媒反応に関する記述として，下線部に**誤りを含むもの**を，次の①～⑤のうちから一つ選べ。　| 3 |

① 鉄粉を触媒としてベンゼンに塩素を作用させると，芳香族化合物の原料として有用な<u>クロロベンゼンが得られる</u>。

② 化学工業の基本物質の一つであるアンモニアは，四酸化三鉄を主成分とする触媒を用いて，窒素と水素とを<u>常圧で直接反応させる</u>ハーバー・ボッシュ法で工業的に得られる。

③ 酸化バナジウム(V)を主成分とする触媒を用いて二酸化硫黄を酸化し，<u>生じた三酸化硫黄を濃硫酸に吸収させて発煙硫酸とし，これを希硫酸で薄めると濃硫酸が得られる</u>。

④ 硝酸は，触媒に白金を用い，<u>アンモニアを酸化して窒素酸化物とする反応過程を経る</u>オストワルト法で工業的に得られる。

⑤ 自動車の排ガス中の主な有害成分は，ロジウム，パラジウム，白金を含む触媒により，<u>二酸化炭素，窒素，水に変化する</u>。

― 425 ―

問 3 気体 A に，わずかな量の気体 B が不純物として含まれている。液体 C にこの混合気体を通じて気体 B を取りのぞき，気体 A を得たい。気体 A，B および液体 C の組合せとして**適当でないもの**を，次の①～⑤のうちから一つ選べ。　4

	気体 A	気体 B	液体 C
①	一酸化炭素	塩化水素	水
②	酸　素	二酸化炭素	石灰水
③	窒　素	二酸化硫黄	水酸化ナトリウム水溶液
④	塩　素	水蒸気	濃硫酸
⑤	二酸化窒素	一酸化窒素	水

問 4　銅と亜鉛の合金である黄銅 20.0 g を酸化力のある酸で完全に溶かし，水溶液にした。この溶液が十分な酸性であることを確認した後，過剰の硫化水素を通じたところ，純粋な化合物の沈殿 19.2 g が得られた。この黄銅中の銅の含有率（質量パーセント）は何％か。最も適当な数値を，次の①〜⑧のうちから一つ選べ。　5　％

① 4.0　　　② 7.7　　　③ 13　　　④ 36
⑤ 38　　　⑥ 61　　　⑦ 64　　　⑧ 96

問 5　酸化マンガン(IV) 1.74 g がすべて濃塩酸と反応したときに生じる無極性分子の気体の体積は，0 ℃，1.013×10^5 Pa で何 L か。最も適当な数値を，次の①〜⑧のうちから一つ選べ。　6　L

① 0.22　　　② 0.45　　　③ 0.67　　　④ 0.90
⑤ 1.1　　　⑥ 1.3　　　⑦ 2.2　　　⑧ 4.5

問 6 図1に示すように，シャーレに食塩水で湿らせたろ紙を敷き，この上に表面を磨いた金属板 A～C を並べた。次に，検流計（電流計）の黒端子と白端子をそれぞれ異なる金属板に接触させ，検流計を流れた電流の向きを記録すると，表1のようになった。金属板 A～C の組合せとして最も適当なものを，次ページの ①～⑥ のうちから一つ選べ。| 7 |

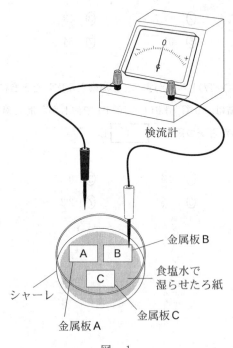

図 1

表 1

黒端子側の 金属板	白端子側の 金属板	検流計を流れた 電流の向き
A	B	B から A
B	C	B から C
A	C	A から C

2017年度　本試験　化学　21

	金属板 A	金属板 B	金属板 C
①	銅	亜 鉛	マグネシウム
②	銅	マグネシウム	亜 鉛
③	マグネシウム	亜 鉛	銅
④	マグネシウム	銅	亜 鉛
⑤	亜 鉛	マグネシウム	銅
⑥	亜 鉛	銅	マグネシウム

第4問 （必答問題）

次の問い（**問 1 ～ 5**）に答えよ。
〔解答番号 | 1 | ～ | 9 | 〕(配点 19)

問 1 エチレン（エテン）とアセチレンに共通する記述として**誤っているもの**を，次の①～⑤のうちから一つ選べ。| 1 |

① 水が付加するとエタノールが生成する。

② 重合して高分子化合物を生成する。

③ 触媒とともに十分な量の水素と反応させるとエタンが生成する。

④ すべての原子が同じ平面上にある。

⑤ 水上置換で捕集できる。

問 2 分子式が $C_5H_{10}O_2$ のエステル A を加水分解すると，還元作用を示すカルボン酸 B とともにアルコール C が得られた。C の構造異性体であるアルコールは，C 自身を含めていくつ存在するか。正しい数を，次の①～⑥のうちから一つ選べ。| 2 |

① 1　　② 2　　③ 3　　④ 4　　⑤ 5　　⑥ 6

問 3 図 1 は，ベンゼンから *p*-ヒドロキシアゾベンゼンを合成する反応経路を示したものである。化合物 A～D として最も適当なものを，下の①～⑧のうちから一つずつ選べ。ただし，同じものを選んでもよい。 3 ～ 6

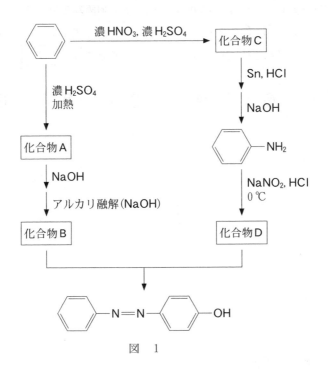

図 1

化合物 A 3   化合物 B 4   化合物 C 5   化合物 D 6

① ナトリウムフェノキシド C_6H_5ONa
② フェノール C_6H_5OH
③ ベンゼンスルホン酸 $C_6H_5SO_3H$
④ ベンゼンスルホン酸ナトリウム $C_6H_5SO_3Na$
⑤ アニリン塩酸塩 $C_6H_5NH_3Cl$
⑥ アニリン $C_6H_5NH_2$
⑦ ニトロベンゼン $C_6H_5NO_2$
⑧ 塩化ベンゼンジアゾニウム $C_6H_5N_2Cl$

問 4 化合物 A は，ブタンと塩素の混合気体に光をあてて得られた生成物の一つであり，ブタン分子の水素原子 1 個以上が同数の塩素原子で置換された構造をもつ。ある量の化合物 A を完全燃焼させたところ，二酸化炭素が 352 mg，水が 126 mg 生成した。化合物 A は 1 分子あたり何個の塩素原子をもつか。正しい数を，次の①〜⑥のうちから一つ選べ。ただし，化合物 A のすべての炭素と水素は，それぞれ二酸化炭素と水になるものとする。 ☐7☐ 個

① 1　　　② 2　　　③ 3　　　④ 4　　　⑤ 5　　　⑥ 6

2017年度　本試験　化学　25

問 5 界面活性剤に関する次の**実験Ⅰ・Ⅱ**について，下の問い(**a・b**)に答えよ。

実験Ⅰ ビーカーにヤシ油(油脂)をとり，水酸化ナトリウム水溶液とエタノールを加えた後，均一な溶液になるまで温水中で加熱した。この溶液を飽和食塩水に注ぎよく混ぜると，固体が生じた。この固体をろ過により分離し，乾燥した。

実験Ⅱ **実験Ⅰ**で得られた固体の 0.5 ％ 水溶液 5 mL を，試験管**ア**に入れた。これとは別に，硫酸ドデシルナトリウム(ドデシル硫酸ナトリウム)の 0.5 ％ 水溶液を 5 mL つくり，試験管**イ**に入れた。試験管**ア・イ**のそれぞれに 1 mol/L の塩化カルシウム水溶液を 1 mL ずつ加え，試験管内の様子を観察した。

a **実験Ⅰ**で飽和食塩水に溶液を注いだときに固体が生じたのは，どのような反応あるいは現象か。最も適当なものを，次の①～⑥のうちから一つ選べ。
8

① 中　和　　　　② 水　和　　　　③ けん化
④ 乳　化　　　　⑤ 浸　透　　　　⑥ 塩　析

b **実験Ⅱ**で観察された試験管**ア・イ**内の様子の組合せとして最も適当なものを，次の①～⑥のうちから一つ選べ。 9

	試験管**ア**内の様子	試験管**イ**内の様子
①	均一な溶液であった	油状物質が浮いた
②	均一な溶液であった	白濁した
③	油状物質が浮いた	均一な溶液であった
④	油状物質が浮いた	白濁した
⑤	白濁した	均一な溶液であった
⑥	白濁した	油状物質が浮いた

— 433 —

第5問 （必答問題）

次の問い（**問1・問2**）に答えよ。

〔解答番号　1　・　2　〕（配点　4）

問1　単量体と，その**単量体が脱水縮合した構造**をもつ高分子化合物の組合せとして**誤っているもの**を，次の①～④のうちから一つ選べ。　1

	単量体	高分子化合物
①	カプロラクタム（ε-カプロラクタム）	ナイロン6
②	尿素とホルムアルデヒド	尿素樹脂
③	グルコース	デンプン
④	エチレングリコールとテレフタル酸	ポリエチレンテレフタラート

問2　高分子化合物に関する記述として**誤りを含むもの**を，次の①～④のうちから一つ選べ。　2

① 共重合体は，2種類以上の単量体が重合することで得られる。

② 合成高分子の平均分子量は，分子数の最も多い高分子の分子量で表される。

③ 水中に分散したデンプンは，分子1個でコロイド粒子となる。

④ DNAとRNAに共通する塩基は，3種類ある。

— 434 —

2017年度　本試験　化学　27

第6問・第7問は，いずれか1問を選択し，解答しなさい。

第6問 （選択問題）

次の問い（問1・問2）に答えよ。

〔解答番号 $\boxed{1}$ ・ $\boxed{2}$ 〕（配点　5）

問1　重合体と，それを合成するために用いる単量体の組合せとして**誤っているも**
の を，次の①～④のうちから一つ選べ。　$\boxed{1}$

	重合体	単量体
①	$\left[\begin{array}{c} \text{F} \ \ \text{F} \\ -\text{C}-\text{C}- \\ \text{F} \ \ \text{F} \end{array}\right]_n$	$F_2C{=}CF_2$
②	$\left[\begin{array}{c} -\text{CH}_2-\text{CH}- \\ \ \ \ \ \ \ \ \ \ \text{CH}_3 \end{array}\right]_n$	$H_2C{=}CHCH_3$
③	$\left[\begin{array}{c} -\text{CH}_2-\text{C}{=}\text{CH}-\text{CH}_2- \\ \ \ \ \ \ \ \ \text{CH}_3 \end{array}\right]_n$	$CH_3-C{=}CH-CH_3$ の CH_3 置換
④	$\cdots\text{CH}-\text{CH}_2-\text{CH}-\text{CH}_2\cdots$ / $\cdots\text{CH}-\text{CH}_2\cdots$	$HC{=}CH_2$ ・ $HC{=}CH_2$ ・ $HC{=}CH_2$

— 435 —

28

問 2 図1に示すポリ乳酸は，生分解性高分子の一種であり，自然界では微生物によって最終的に水と二酸化炭素に分解される。ポリ乳酸 6.0 g が完全に分解されたとき，発生する二酸化炭素の 0 ℃，1.013×10^5 Pa における体積は何 L か。最も適当な数値を，下の①〜⑤のうちから一つ選べ。ただし，ポリ乳酸は，図1に示す繰り返し単位(式量 72)のみからなるものとする。 | 2 | L

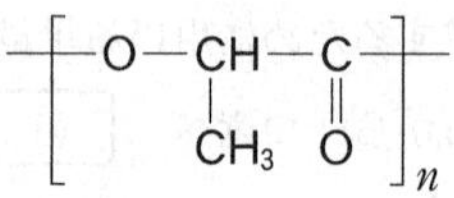

$$\left[\text{O} - \underset{\underset{\text{CH}_3}{|}}{\text{CH}} - \underset{\underset{\text{O}}{\|}}{\text{C}} \right]_n$$

図 1

① 1.9   ② 3.7   ③ 5.6   ④ 7.5   ⑤ 9.3

第7問　(選択問題)

次の問い(**問1・問2**)に答えよ。
〔解答番号　1　・　2　〕(配点　5)

問 1 次の3種類のジペプチドA～Cの水溶液を、図1のようにpH 6.0の緩衝液で湿らせたろ紙に別々につけ、直流電圧をかけて電気泳動を行った。泳動後にニンヒドリン溶液をろ紙に吹き付けて加熱し、ジペプチドA～Cを発色させたところ、陰極側へ移動したもの、ほとんど移動しなかったもの、陽極側へ移動したものがあった。その組合せとして最も適当なものを、次ページの①～⑥のうちから一つ選べ。　1

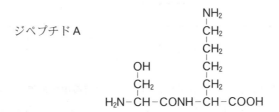

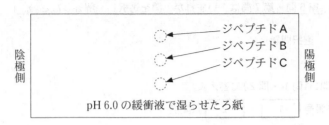

図 1

	陰極側へ移動した ジペプチド	ほとんど移動しなかった ジペプチド	陽極側へ移動した ジペプチド
①	A	B	C
②	A	C	B
③	B	A	C
④	B	C	A
⑤	C	A	B
⑥	C	B	A

問 2　ある量のマルトース(分子量342)を酸性水溶液中で加熱し，すべてを単糖 A に分解した。冷却後，炭酸ナトリウムを加えて中和した溶液に，十分な量のフェーリング液を加えて加熱したところ Cu_2O の赤色沈殿 14.4 g が得られた。もとのマルトースの質量として最も適当な数値を，次の①～⑤のうちから一つ選べ。ただし，単糖 A とフェーリング液との反応では，単糖 A 1 mol あたり Cu_2O 1 mol の赤色沈殿が生じるものとする。　2　g

① 4.28　　② 8.55　　③ 17.1　　④ 34.2　　⑤ 51.3

化 学

（2016年1月実施）

60分　100点

化　学

問　題	選　択　方　法
第1問	必　　答
第2問	必　　答
第3問	必　　答
第4問	必　　答
第5問	必　　答
第6問	いずれか1問を選択し，解答しなさい。
第7問	

2016年度　本試験　化学　3

（注）この科目には，選択問題があります。（2ページ参照。）

必要があれば，原子量は次の値を使うこと。

| H | 1.0 | C | 12 | N | 14 | O | 16 |

| Na | 23 | Cl | 35.5 |

実在気体とことわりがない限り，気体はすべて理想気体として扱うものとする。

第1問　（必答問題）

次の問い（問1〜6）に答えよ。

〔解答番号　1　〜　6　〕（配点　23）

問1　アルゴン原子と電子配置が同じイオンはどれか。正しいものを，次の①〜⑧のうちから一つ選べ。　1

①　Al^{3+}　　　　　　②　Br^-　　　　　　③　F^-

④　K^+　　　　　　　⑤　Mg^{2+}　　　　　⑥　Na^+

⑦　O^{2-}　　　　　　⑧　Zn^{2+}

— 441 —

問 2 図1は面心立方格子の金属結晶の単位格子を示している。この単位格子の頂点a, b, c, dを含む面に存在する原子の配置を表す図として正しいものを，下の①〜⑥のうちから一つ選べ。ただし，◉は原子の位置を表している。

2

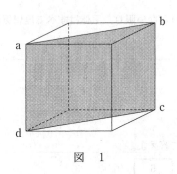

図 1

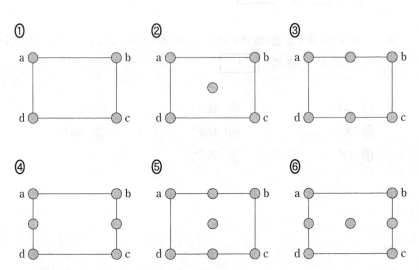

問 3 過酸化水素の分解によって発生した酸素を，水上置換でメスシリンダー内に捕集する。メスシリンダー内の気体の体積が 27 ℃，1.013×10^5 Pa で 150 mL であるとき，酸素の物質量は何 mol か。最も適当な数値を，次の ①～⑥ のうちから一つ選べ。ただし，27 ℃ における水の飽和蒸気圧は 3.6×10^3 Pa，気体定数は $R = 8.3 \times 10^3$ Pa・L/(K・mol) とする。 $\boxed{3}$ mol

① 4.0×10^{-3} 　　② 5.9×10^{-3} 　　③ 6.1×10^{-3}

④ 6.3×10^{-3} 　　⑤ 6.7×10^{-3} 　　⑥ 8.3×10^{-3}

問 4 図2は，ある純溶媒を冷却したときの冷却時間と温度の関係を表したものである。図2に関する記述として**誤りを含むもの**を，下の①〜⑤のうちから一つ選べ。 4

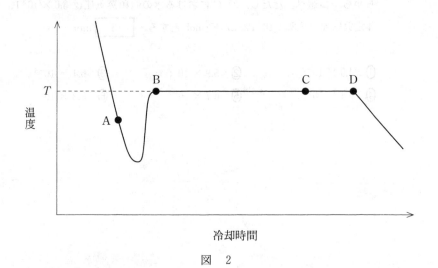

図 2

① 温度 T は凝固点である。
② 点 A では過冷却の状態にある。
③ 点 B から凝固が始まった。
④ 点 C では，液体と固体が共存していた。
⑤ この溶媒に少量の物質を溶かして冷却時間と温度の関係を調べたところ，点 D に相当する状態の温度は純溶媒に比べて低下した。

2016年度　本試験　化学　7

問 5　ある金属Mの単体の密度は $7.2\,\mathrm{g/cm^3}$ であり，その $1.0\,\mathrm{cm^3}$ には 8.3×10^{22} 個のM原子が含まれている。このとき，Mの原子量として最も適当な数値を，次の①～⑦のうちから一つ選べ。ただし，アボガドロ定数は $6.0 \times 10^{23}/\mathrm{mol}$ とする。　　**5**

①　7.2　　　　②　23　　　　③　27　　　　④　39

⑤　52　　　　⑥　55　　　　⑦　72

問 6　浸透圧に関する記述として**誤りを含むもの**を，次の①～⑤のうちから一つ選べ。　　**6**

①　純水とスクロース水溶液を半透膜で仕切り，液面の高さをそろえて放置すると，スクロース水溶液の体積が減少し，純水の体積が増加する。

②　浸透圧は，高分子化合物の分子量の測定に利用される。

③　グルコースの希薄水溶液の浸透圧は，モル濃度に比例する。

④　同じモル濃度のスクロースと塩化ナトリウムの希薄水溶液の浸透圧を比較すると，塩化ナトリウムの希薄水溶液の方が高い。

⑤　希薄溶液の浸透圧は，絶対温度に比例する。

— 445 —

第2問 (必答問題)

次の問い(**問1～6**)に答えよ。

〔解答番号 　1　 ～ 　6　 〕(配点　23)

⊖ 問1 アセチレンからベンゼンができる次の熱化学方程式の反応熱 Q は何 kJ か。最も適当な数値を，下の**①～⑥**のうちから一つ選べ。ただし，アセチレン(気)の燃焼熱は 1300 kJ/mol，ベンゼン(液)の燃焼熱は 3268 kJ/mol である。

　1　 kJ

$$3\,C_2H_2(気) = C_6H_6(液) + Q\,〔kJ〕$$

①　−1968　　　　　②　−668　　　　　③　−632

④　632　　　　　⑤　668　　　　　⑥　1968

問 2　物質の変化とエネルギーに関する記述として**誤りを含むもの**を，次の①〜⑤のうちから一つ選べ。　2

① 光合成では，光エネルギーを利用して二酸化炭素と水からグルコースが合成される。

② 化学電池は，化学エネルギーを電気エネルギーに変えるものである。

③ 発熱反応では，正反応の活性化エネルギーより，逆反応の活性化エネルギーが小さい。

④ 吸熱反応では，反応物の生成熱の総和が生成物の生成熱の総和より大きい。

⑤ 化学反応によって発生するエネルギーの一部が，光として放出されることがある。

問 3 次に示す4種類の気体**ア~エ**をそれぞれ完全燃焼させ，同じ熱量を発生させた。このとき，発生した二酸化炭素の物質量が多い順に気体を並べたものはどれか。最も適当なものを，下の①~⑧のうちから一つ選べ。ただし，メタン，エタン，エチレン(エテン)，プロパンの燃焼熱は，それぞれ 890 kJ/mol，1560 kJ/mol，1410 kJ/mol，2220 kJ/mol である。　　3

ア　メタン
イ　エタン
ウ　エチレン(エテン)
エ　プロパン

① ア＞イ＞ウ＞エ　　② ア＞イ＞エ＞ウ　　③ ア＞ウ＞イ＞エ
④ ア＞エ＞イ＞ウ　　⑤ ウ＞イ＞エ＞ア　　⑥ ウ＞エ＞イ＞ア
⑦ エ＞イ＞ウ＞ア　　⑧ エ＞ウ＞イ＞ア

問 4 0.016 mol/L の酢酸水溶液 50 mL と 0.020 mol/L の塩酸 50 mL を混合した溶液中の，酢酸イオンのモル濃度は何 mol/L か。最も適当な数値を，次の①〜⑥のうちから一つ選べ。ただし，酢酸の電離度は 1 より十分小さく，電離定数は 2.5×10^{-5} mol/L とする。 $\boxed{4}$ mol/L

① 1.0×10^{-5} ② 2.0×10^{-5} ③ 5.0×10^{-5}

④ 1.0×10^{-4} ⑤ 2.0×10^{-4} ⑥ 5.0×10^{-4}

問 5 気体 X, Y, Z の平衡反応は次の熱化学方程式で表される。

$a\text{X} = b\text{Y} + b\text{Z} + Q$ 〔kJ〕

密閉容器に X のみを 1.0 mol 入れて温度を一定に保ったときの物質量の変化を調べた。気体の温度を T_1 と T_2 に保った場合の X と Y (または Z) の物質量の変化を, 図1の**結果Ⅰ**と**結果Ⅱ**にそれぞれ示す。ここで $T_1 < T_2$ である。熱化学方程式中の係数 a と b の比 $(a:b)$ および Q の正負の組合せとして最も適当なものを, 下の①〜⑧のうちから一つ選べ。 5

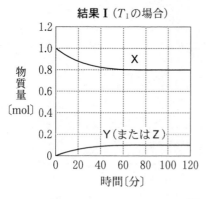 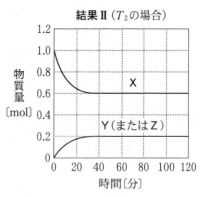

図 1

	$a:b$	Q の正負
①	1 : 1	正
②	1 : 1	負
③	2 : 1	正
④	2 : 1	負
⑤	1 : 2	正
⑥	1 : 2	負
⑦	3 : 1	正
⑧	3 : 1	負

問 6 物質 A を溶かした水溶液がある。この水溶液を 2 等分し，それぞれの水溶液中の A を，硫酸酸性条件下で異なる酸化剤を用いて完全に酸化した。0.020 mol/L の過マンガン酸カリウム水溶液を用いると x〔mL〕が必要であり，0.010 mol/L の二クロム酸カリウム水溶液を用いると y〔mL〕が必要であった。x と y の量的関係を表す $\dfrac{x}{y}$ として最も適当な数値を，下の①～⑧のうちから一つ選べ。ただし，2 種類の酸化剤のはたらき方は，次式で表され，いずれの場合も A を酸化して得られる生成物は同じである。　　6

$$MnO_4^- + 8\,H^+ + 5\,e^- \longrightarrow Mn^{2+} + 4\,H_2O$$

$$Cr_2O_7^{2-} + 14\,H^+ + 6\,e^- \longrightarrow 2\,Cr^{3+} + 7\,H_2O$$

① 0.50　　　　② 0.60　　　　③ 0.88

④ 1.1　　　　⑤ 1.2　　　　⑥ 1.7

⑦ 2.0　　　　⑧ 2.4

14

第3問 (必答問題)

次の問い(**問1~6**)に答えよ。

〔解答番号 | 1 | ~ | 8 | 〕(配点 23)

問1 水素に関する記述として**誤りを含むもの**を,次の①~⑥のうちから一つ選べ。 | 1 |

① 水に溶けにくい。

② 高温で多くの金属の酸化物を還元することができる。

③ アンモニアの工業的合成の原料に用いられる。

④ 酸素との混合気体に点火すると爆発的に反応して水ができる。

⑤ 酸化亜鉛に塩酸を加えると発生する。

⑥ 燃料電池の燃料として用いられる。

問2 金属単体や合金に関する記述として下線部に**誤りを含むもの**を,次の①~⑤のうちから一つ選べ。 | 2 |

① カリウムは,密度が小さく,やわらかい金属である。

② 銀と銅は,塩酸とは反応しないが,酸化力のある酸とは反応する。

③ 鉄は,水素よりイオン化傾向が大きいが,不動態をつくり濃硝酸には溶けない。

④ 水素吸蔵合金は,安全に水素を貯蔵できるので,ニッケル-水素電池に用いられる。

⑤ 亜鉛は,鉄よりイオン化傾向が小さいので,トタンに用いられる。

— 452 —

問 3 図 1 に示す NaCl から Na_2CO_3 を合成する方法について，下の問い（**a**・**b**）に答えよ。

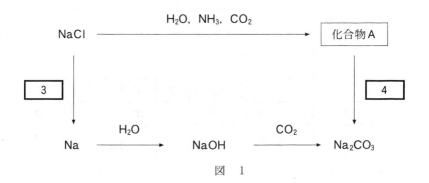

図　1

a 図 1 の ③ ・ ④ に当てはまる操作として最も適当なものを，次の①〜⑤のうちから一つずつ選べ。ただし，同じものを選んでもよい。

① 水溶液にして電気分解する。
② 高温で融解して電気分解する。
③ 加熱する。
④ 水を加える。
⑤ 二酸化炭素を通じる。

b 10 kg の化合物 A から最大何 kg の Na_2CO_3 が得られるか。最も適当な数値を，次の①〜⑤のうちから一つ選べ。 ⑤ kg

① 3.2　　② 6.3　　③ 9.1　　④ 13　　⑤ 25

問 4 図2に示した周期表の元素**ア〜サ**に関する記述として**誤りを含むもの**を，下の①〜⑤のうちから一つ選べ。 　6

族周期	1	2	3 〜 12	13	14	15	16	17	18
1									
2				ア	イ				
3		ウ		エ	オ	カ	キ	ク	
4		ケ							コ
5									サ

図 2

① **ア**は非金属元素であり，**エ**は金属元素である。

② **イ**の単体は，**オ**の単体と同じような原子配列をした共有結合の結晶となりうる。

③ **ウ**および**ケ**の硫酸塩は，どちらも水に難溶性である。

④ **カ**および**キ**の酸化物を水に加えると，いずれの場合も酸性水溶液が得られる。

⑤ **ク**，**コ**，**サ**のそれぞれと銀のみからなる 1：1 の組成の化合物は，いずれも水に難溶性である。

問 5 Al^{3+}, Ba^{2+}, Fe^{3+}, Zn^{2+} を含む水溶液から，図 3 の実験により各イオンをそれぞれ分離することができた。この実験に関する記述として**誤りを含むもの**を，下の①～⑥のうちから一つ選べ。 7

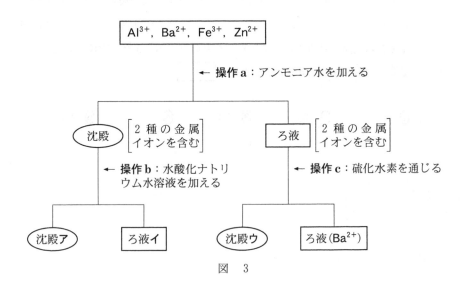

図 3

① 操作 a では，アンモニア水を過剰に加える必要があった。
② 操作 b では，水酸化ナトリウム水溶液を過剰に加える必要があった。
③ 操作 c では，硫化水素を通じる前にろ液を酸性にする必要があった。
④ 沈殿アを塩酸に溶かして $K_4[Fe(CN)_6]$ 水溶液を加えると，濃青色沈殿が生じる。
⑤ ろ液イに塩酸を少しずつ加えていくと生じる沈殿は，両性水酸化物である。
⑥ 沈殿ウは，白色である。

18

問 6 不純物を含む鉄ミョウバン($FeK(SO_4)_2 \cdot 12H_2O$)の固体 5.40 g をすべて水に溶かし，水溶液を調製した。その水溶液に十分な量の塩化バリウム水溶液を加えて，完全に反応させると，硫酸バリウムの白色沈殿が 4.66 g 生成した。鉄ミョウバンの純度（質量パーセント）として最も適当な数値を，次の①〜⑤のうちから一つ選べ。ただし，不純物は沈殿を生成しないものとし，すべての硫酸イオンは硫酸バリウムとして沈殿したものとする。また，$FeK(SO_4)_2$ の式量は 287，$BaSO_4$ の式量は 233 とする。　　8　　%

① 47　　　② 53　　　③ 73　　　④ 86　　　⑤ 93

— 456 —

第4問 （必答問題）

次の問い（**問1～5**）に答えよ。

「**解答番号** ［ 1 ］ ～ ［ 5 ］」（配点　19）

問1 有機化合物の構造に関する記述として下線部に**誤りを含むもの**を，次の①～
⑤のうちから一つ選べ。［ 1 ］

① 炭素原子間の距離は，エタン，エチレン（エテン），アセチレンの順に<u>短く
なる</u>。

② エタンの炭素原子間の結合は，その結合を軸として<u>回転できる</u>。

③ エチレン（エテン）の炭素原子間の結合は，その結合を軸として<u>回転するこ
とはできない</u>。

④ アセチレンでは，すべての原子が<u>同一直線上にある</u>。

⑤ シクロヘキサンでは，すべての炭素原子が<u>同一平面上にある</u>。

問 2 フェノールまたはナトリウムフェノキシドの反応に関して，実験操作と，その反応で新しくつくられる炭素との結合の組合せとして**適当でないもの**を，次の①～⑤のうちから一つ選べ。 $\boxed{2}$

	実験操作	新しくつくられる炭素との結合
①	フェノールに臭素水を加える。	C－Br
②	フェノールに濃硝酸と濃硫酸の混合物を加えて加熱する。	C－S
③	フェノールに無水酢酸を加える。	C－O
④	ナトリウムフェノキシドと二酸化炭素を高温・高圧のもとで混合する。	C－C
⑤	ナトリウムフェノキシド水溶液を冷却した塩化ベンゼンジアゾニウム水溶液に加える。	C－N

問 3　1種類の不飽和脂肪酸($RCOOH$, R は鎖状の炭化水素基)からなる油脂 A 5.00×10^{-2} mol に水素を反応させ，飽和脂肪酸のみからなる油脂を得た。このとき消費された水素は 0 ℃，1.013×10^5 Pa で 6.72 L であった。この油脂 A 中の R の化学式として最も適当なものを，下の①〜⑤のうちから一つ選べ。

　　3

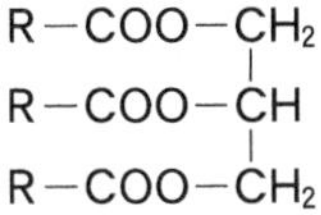

$$R-COO-CH_2$$
$$R-COO-CH$$
$$R-COO-CH_2$$

油脂 A

①　$C_{15}H_{31}$　　　　　②　$C_{15}H_{29}$　　　　　③　$C_{17}H_{33}$

④　$C_{17}H_{31}$　　　　　⑤　$C_{17}H_{29}$

問 4　次の化合物は植物精油の成分の一つである。この構造式で示される化合物には幾何異性体はいくつあるか。下の①〜⑧のうちから一つ選べ。　　4

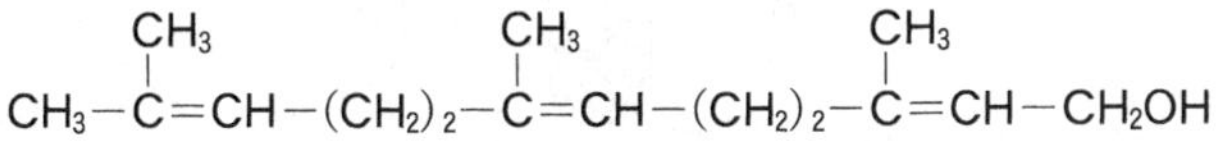

$$CH_3-\overset{\overset{\textstyle CH_3}{|}}{C}=CH-(CH_2)_2-\overset{\overset{\textstyle CH_3}{|}}{C}=CH-(CH_2)_2-\overset{\overset{\textstyle CH_3}{|}}{C}=CH-CH_2OH$$

①　幾何異性体は存在しない　　　　②　2　　　　　　③　3

④　4　　　　　　　　　　　　　　⑤　5　　　　　　⑥　6

⑦　7　　　　　　　　　　　　　　⑧　8

問5 図1は，ある気体の発生を観察するための実験装置である。ふたまた試験管には水 0.20 mol と炭化カルシウム 0.010 mol を，試験管 A には 0.010 mol/L の臭素水 10 mL を入れた。ふたまた試験管を傾けて，すべての水を炭化カルシウムに加えて完全に反応させた。このとき試験管 A で起きた変化および試験管 B での気体捕集の様子に関する記述の組合せとして最も適当なものを，下の①〜⑥のうちから一つ選べ。| 5 |

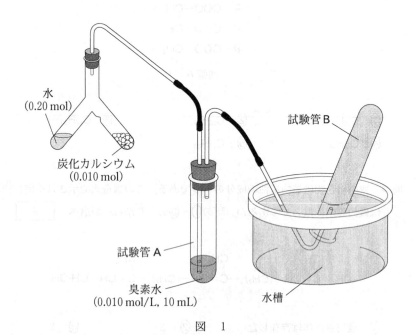

図 1

	試験管 A で起きた変化	試験管 B での気体捕集の様子
①	臭素水の色が消えた。	アセチレンが捕集された。
②	臭素水の色が消えた。	エチレン(エテン)が捕集された。
③	臭素水の色が消えた。	気体は捕集されなかった。
④	臭素水の色は変化しなかった。	アセチレンが捕集された。
⑤	臭素水の色は変化しなかった。	エチレン(エテン)が捕集された。
⑥	臭素水の色は変化しなかった。	気体は捕集されなかった。

第5問 （必答問題）

次の問い（**問1**・**問2**）に答えよ。

〔解答番号　1 ・ 2 〕（配点　6）

問1　高分子の性質や用途に関する記述として**誤りを含むもの**を，次の①〜⑤のうちから一つ選べ。　1

① 合成高分子には，酵素や微生物によって分解されるものがある。

② 陰イオン交換樹脂は，強塩基の水溶液で処理することにより再生できる。

③ 生ゴムに硫黄を数パーセント加えて加熱すると，弾性が小さくなる。

④ ポリエチレンテレフタラート（PET）は，合成繊維として衣服などに用いられる。

⑤ カルボン酸のナトリウム塩を分子内に含む網目構造の高分子は，高い吸水性をもち，紙おむつなどに用いられる。

問2　糖に関する記述として下線部に**誤りを含むもの**を，次の①〜⑤のうちから一つ選べ。　2

① 単糖であるグルコースの分子式は $C_6H_{12}O_6$ なので，グルコース単位からなる二糖のマルトースの分子式は $\underline{C_{12}H_{24}O_{12}}$ となる。

② スクロースから得られる転化糖は，還元性を示す。

③ α-グルコースと β-グルコースは，互いに立体異性体である。

④ 単糖であるグルコースとフルクトースは，互いに構造異性体である。

⑤ グルコースの鎖状構造と環状構造では，不斉炭素原子の数が異なる。

| 第6問・第7問は，いずれか1問を選択し，解答しなさい。|

第6問 （選択問題）

次の問い（問1・問2）に答えよ。

〔解答番号 $\boxed{1}$ ～ $\boxed{3}$ 〕（配点 6）

問1 アクリロニトリル（C_3H_3N）とブタジエン（C_4H_6）を共重合させてアクリロニトリル–ブタジエンゴムをつくった。このゴム中の炭素原子と窒素原子の物質量の比を調べたところ，19：1であった。共重合したアクリロニトリルとブタジエンの物質量の比（アクリロニトリルの物質量：ブタジエンの物質量）として最も適当なものを，次の①～⑦のうちから一つ選べ。 $\boxed{1}$

① 4：1 ② 3：1 ③ 2：1 ④ 1：1
⑤ 1：2 ⑥ 1：3 ⑦ 1：4

2016年度　本試験　化学　25

問2 次の高分子化合物（A・B）の原料（単量体）として最も適当なものを，下の①～⑥のうちから一つずつ選べ。

A　ポリメタクリル酸メチル　$\boxed{2}$

B　ナイロン6　$\boxed{3}$

① $\begin{array}{l} CH_2-CH_2-C{\diagup}^{\displaystyle O} \\ CH_2-CH_2-NH \end{array}$

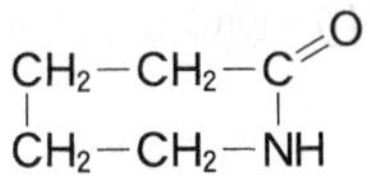

② $H_2C{\Big\langle}\begin{array}{l} CH_2-CH_2-C{\diagup}^{\displaystyle O} \\ CH_2-CH_2-NH \end{array}$

③ $\begin{array}{c} CH_3 \\ | \\ CH_2{=}C-COOH \end{array}$

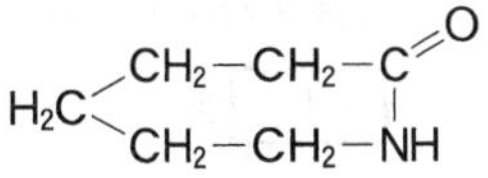

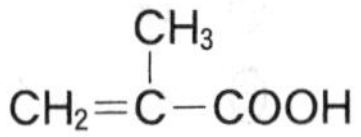

④ $\begin{array}{c} CH_3 \\ | \\ CH_2{=}C-COOCH_3 \end{array}$

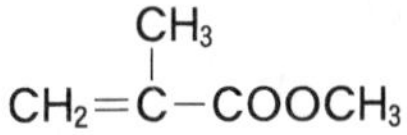

⑤ $CH_2{=}CH-COOCH_3$

⑥ $CH_2{=}CH-OCOCH_3$

— 463 —

26 | 第6問・第7問は，いずれか1問を選択し，解答しなさい。 |

第7問 （選択問題）

次の問い（**問1・問2**）に答えよ。

〔解答番号 | 1 | ・ | 2 | 〕（配点　6）

問1　グリシン（$C_2H_5NO_2$）3分子からなる鎖状のトリペプチド中に含まれる窒素の質量パーセントとして最も適当な数値を，次の①～⑥のうちから一つ選べ。
| 1 | ％

① 17　　　　　　② 18　　　　　　③ 19

④ 20　　　　　　⑤ 22　　　　　　⑥ 25

— 464 —

問 2　DNA 中の 4 種類の塩基は，分子間で水素結合を形成して対となり，二重らせん構造を安定に保っている。図 1 は DNA の二重らせんの一部である。右側の塩基(灰色部分)と水素結合を形成する左側の部分 X として最も適当なものを，下の①～④のうちから一つ選べ。　2

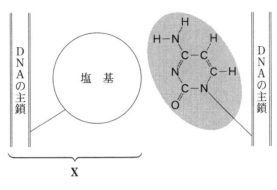

図　1

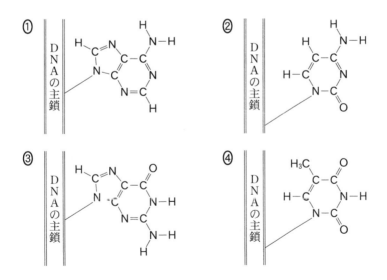

MEMO

化　学

（2015年1月実施）

60分　100点

化　学

問　題	選　択　方　法
第 1 問	必　　　答
第 2 問	必　　　答
第 3 問	必　　　答
第 4 問	必　　　答
第 5 問	いずれか 1 問を選択し，解答しなさい。
第 6 問	

2015年度　本試験　化学　3

(注) この科目には，選択問題があります。(2 ページ参照。)

必要があれば，原子量は次の値を使うこと。

H　1.0　　　　C　12　　　　N　14　　　　O　16

Al　27　　　Cl　35.5　　Cu　64

気体は理想気体として扱うものとする。

第 1 問　(必答問題)

次の問い(問 1 ～ 6)に答えよ。

〔解答番号　 1 　～　 6 　〕(配点　23)

問 1　水素以外の原子に関する記述として**誤りを含むもの**を，次の①～⑤のうちから一つ選べ。　 1

①　原子は，原子核と電子から構成される。

②　原子核は，陽子と中性子から構成される。

③　原子核の大きさは，原子の大きさに比べて極めて小さい。

④　原子番号と質量数は等しい。

⑤　原子番号が同じで中性子の数が異なる原子どうしは，互いに同位体である。

— 469 —

問 2 質量パーセント濃度 10 %,密度 d〔g/cm³〕の溶液が V〔L〕ある。溶質のモル質量が M〔g/mol〕であるとき,この溶液のモル濃度は何 mol/L か。モル濃度を求める式として正しいものを,次の①〜⑥のうちから一つ選べ。

$\boxed{2}$ mol/L

① $\dfrac{100\,dV}{M}$　　　　② $\dfrac{100\,d}{M}$　　　　③ $\dfrac{1000\,d}{M}$

④ $\dfrac{1000\,dV}{M}$　　　⑤ $\dfrac{d}{10\,M}$　　　　⑥ $\dfrac{dV}{10\,M}$

問 3 金属結晶では，金属原子が規則正しく配列している。金属アルミニウムは面心立方格子をとり，図1の立方体はその単位格子を表している。この単位格子中に含まれるアルミニウム原子の数として最も適当なものを，下の①～⑥のうちから一つ選べ。 3 個

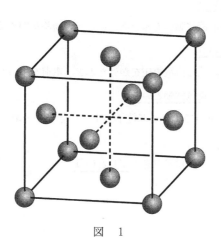

図 1

① 2   ② 4   ③ 5
④ 7   ⑤ 8   ⑥ 14

6

問 4 コロイドに関連する記述として下線部に**誤りを含むもの**を，次の①〜⑤のうちから一つ選べ。 ☐ 4 ☐

① 少量の電解質を加えると，疎水コロイドの粒子が集合して沈殿する現象を，凝析という。

② コロイド溶液に強い光線をあてると光の通路が明るく見える現象を，チンダル現象という。

③ コロイド溶液に直流電圧をかけたとき，電荷をもったコロイド粒子が移動する現象を，電気泳動という。

④ 半透膜を用いてコロイド粒子と小さい分子を分離する操作を，透析という。

⑤ 流動性のないコロイドを，ゾルという。

問 5 図 2 のように，容積 4.0 L の容器 A には 1.0×10^5 Pa のヘリウムが，容積 1.0 L の容器 B には 5.0×10^5 Pa のアルゴンが入っている。コックを開いて二つの気体を混合したときの混合気体の全圧は何 Pa か。最も適当な数値を，下の①～⑥のうちから一つ選べ。ただし，コック部の容積は無視する。また，容器 A，B に入っている気体の温度は同じであり，混合の前後で変わらないものとする。　5 　Pa

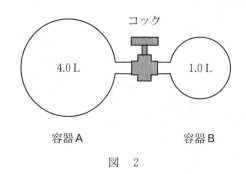

図　2

① 1.0×10^5　　② 1.2×10^5　　③ 1.8×10^5
④ 3.0×10^5　　⑤ 4.2×10^5　　⑥ 6.0×10^5

問 6 図3に示す14族，16族，17族元素の水素化合物の沸点に関する記述として下線部に誤りを含むものを，下の①〜④のうちから一つ選べ。 6

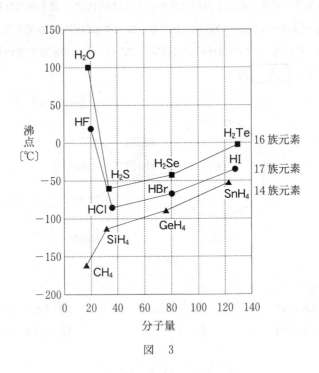

図 3

① 16族元素の水素化合物のうち，水の沸点が高いのは，水の一部が電離してH⁺とOH⁻を生じるためである。
② 第3〜5周期の同じ族の水素化合物で，分子量が大きくなると沸点が高くなるのは，分子間にファンデルワールス力がより強くはたらくためである。
③ 同一周期の中で14族元素の水素化合物の沸点が低いのは，正四面体構造の無極性分子であるためである。
④ フッ化水素の沸点が塩化水素に比べて高いのは，分子間に水素結合がより強くはたらくためである。

2015年度　本試験　化学　9

第2問 （必答問題）

次の問い（**問1～5**）に答えよ。
〔解答番号 1 ～ 6 〕（配点　23）

● **問1** HCl の生成熱は 92.5 kJ/mol である。H-H の結合エネルギーが 436 kJ/mol，Cl-Cl の結合エネルギーが 243 kJ/mol であるとき，H-Cl の結合エネルギーとして最も適当な数値を，次の①～⑤のうちから一つ選べ。
1 kJ/mol

① 247　　　　　　② 386　　　　　　③ 432

④ 772　　　　　　⑤ 864

— 475 —

問 2　触媒を入れた密閉容器内で次の気体反応の平衡が成立している。

$$N_2 + 3H_2 \rightleftarrows 2NH_3$$

この状態から，温度一定のまま他の条件を変化させたときの平衡の移動に関する記述として**誤りを含むもの**を，次の①〜④のうちから一つ選べ。ただし，触媒の体積は無視できるものとする。　2

① 体積を小さくして容器内の圧力を高くすると，平衡は NH_3 が減少する方向へ移動する。

② 体積一定で，H_2 を加えると，平衡は NH_3 が増加する方向へ移動する。

③ 体積一定で，NH_3 のみを除去すると，平衡は N_2 が減少する方向へ移動する。

④ 体積一定で，触媒をさらに加えても，平衡は移動しない。

問 3 表1に示す濃度の硝酸銀水溶液 100 mL と塩化ナトリウム水溶液 100 mL を混合する**実験Ⅰ～Ⅲ**を行った。**実験Ⅰ～Ⅲ**での沈殿生成の有無の組合せとして最も適当なものを，下の①～⑧のうちから一つ選べ。ただし，塩化銀の溶解度積を，$1.8 \times 10^{-10}\ (mol/L)^2$ とする。　3

表　1

	硝酸銀水溶液の濃度〔mol/L〕	塩化ナトリウム水溶液の濃度〔mol/L〕
実験Ⅰ	2.0×10^{-3}	2.0×10^{-3}
実験Ⅱ	2.0×10^{-5}	2.0×10^{-5}
実験Ⅲ	2.0×10^{-5}	1.0×10^{-5}

	実験Ⅰでの沈殿生成の有無	**実験Ⅱ**での沈殿生成の有無	**実験Ⅲ**での沈殿生成の有無
①	有	有	有
②	有	有	無
③	有	無	有
④	有	無	無
⑤	無	有	有
⑥	無	有	無
⑦	無	無	有
⑧	無	無	無

問 4 電解槽Ⅰに硫酸銅(Ⅱ)水溶液，電解槽Ⅱに希硫酸を入れた。さらに，銅電極，白金電極を用いて，図1のような装置を組み立てた。一定の電流を1930秒間流して電気分解を行ったところ，電解槽Ⅰの陰極で0.32gの銅が析出した。下の問い(**a**・**b**)に答えよ。ただし，ファラデー定数は 9.65×10^4 C/mol とする。

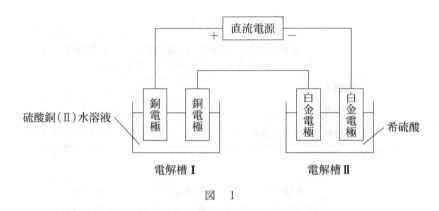

図 1

a 流した電流は何Aであったか。最も適当な数値を，次の①～⑤のうちから一つ選べ。| 4 |A

① 0.25　　　　　　② 0.50　　　　　　③ 1.0
④ 2.5　　　　　　⑤ 5.0

b 電解槽Ⅰの陽極と電解槽Ⅱの陽極で起きた現象の組合せとして最も適当なものを，次の①～⑥のうちから一つ選べ。| 5 |

	電解槽Ⅰの陽極で起きた現象	電解槽Ⅱの陽極で起きた現象
①	酸素が発生した	二酸化硫黄が発生した
②	酸素が発生した	水素が発生した
③	酸素が発生した	酸素が発生した
④	銅が溶解した	二酸化硫黄が発生した
⑤	銅が溶解した	水素が発生した
⑥	銅が溶解した	酸素が発生した

問 5　濃度不明の過酸化水素水 10.0 mL を希硫酸で酸性にし，これに 0.0500 mol/L の過マンガン酸カリウム水溶液を滴下した。滴下量が 20.0 mL のときに赤紫色が消えずにわずかに残った。過酸化水素水の濃度として最も適当な数値を，下の①～⑥のうちから一つ選べ。ただし，過酸化水素および過マンガン酸イオンの反応は，電子を含む次のイオン反応式で表される。　　6　　mol/L

$$H_2O_2 \longrightarrow O_2 + 2H^+ + 2e^-$$
$$MnO_4^- + 8H^+ + 5e^- \longrightarrow Mn^{2+} + 4H_2O$$

① 0.0250　　　　② 0.0400　　　　③ 0.0500
④ 0.250　　　　⑤ 0.400　　　　⑥ 0.500

14

第3問 （必答問題）

次の問い（問1～6）に答えよ。

〔解答番号 1 ～ 7 〕（配点 23）

問1 身のまわりにある14族元素の単体および化合物に関する記述として下線部に誤りを含むものを，次の①～⑤のうちから一つ選べ。 1

① 黒鉛は電気をよく通し，アルミニウムの電解精錬に用いられる。

② ガラスを切るときに使われるダイヤモンドは，共有結合の結晶である。

③ 灯油などが不完全燃焼したときに発生する一酸化炭素は，水によく溶ける。

④ ケイ素の単体は半導体の性質を示し，集積回路に用いられる。

⑤ シリカゲルは，水と親和性のある微細な孔（あな）をたくさんもつので，乾燥剤に用いられる。

問2 硫黄の化合物に関する記述として誤りを含むものを，次の①～⑤のうちから一つ選べ。 2

① 二酸化硫黄は，硫黄を空気中で燃焼させることにより得られる。

② 二酸化硫黄と硫化水素の反応では，二酸化硫黄が還元剤としてはたらく。

③ 三酸化硫黄は，触媒を用いて二酸化硫黄を酸素と反応させることにより得られる。

④ 硫化水素の水溶液は，弱酸性を示す。

⑤ 硫酸鉛（Ⅱ）は，鉛蓄電池の放電時に両極の表面に生成する。

— 480 —

問 3 銅に関する記述として下線部に**誤りを含むもの**を，次の①～⑤のうちから一つ選べ。 3

① 銅は，熱濃硫酸と反応して溶ける。

② 銅は，湿った空気中では緑色のさびを生じる。

③ 青銅は，銅と銀の合金であり，美術工芸品などに用いられる。

④ 黄銅は，銅と亜鉛の合金であり，5円硬貨などに用いられる。

⑤ 水酸化銅(Ⅱ)を加熱すると，酸化銅(Ⅱ)に変化する。

問 4 二つの元素に共通する性質として**誤りを含むもの**を，次の①～⑤のうちから一つ選べ。 4

	二つの元素	共通する性質
①	K, Sr	炎色反応を示す
②	Sn, Ba	＋2の酸化数をとりうる
③	Fe, Ag	硫化物は黒色である
④	Na, Ca	炭酸塩は水によく溶ける
⑤	Al, Zn	酸化物の粉末は白色である

問 5 銅とアルミニウムのみを含む混合物 A がある。銅とアルミニウムの物質量の比を求めるために，A の質量を変えて，次の**実験 I** および**実験 II** を同温・同圧のもとで行った。

実験 I 希塩酸を A に加えると，次の反応によりアルミニウムのみがすべて溶けた。この反応で発生した水素の体積を求めた。

$$2\,Al + 6\,HCl \longrightarrow 2\,AlCl_3 + 3\,H_2$$

実験 II 実験 I で反応せずに残った銅をろ過により取り出し，濃硝酸を加えると，次の反応により銅がすべて溶けた。この反応で発生した二酸化窒素の体積を求めた。

$$Cu + 4\,HNO_3 \longrightarrow Cu(NO_3)_2 + 2\,NO_2 + 2\,H_2O$$

これらの実験に用いた A の質量と，発生した気体の体積の関係は，図 1 のようになった。A に含まれる銅とアルミニウムの物質量〔mol〕の比（銅：アルミニウム）として最も適当なものを，下の**①~⑥**のうちから一つ選べ。

5

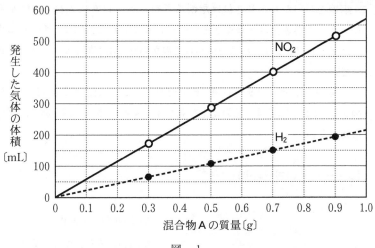

図　1

① 1：1　　② 1：2　　③ 1：3
④ 2：1　　⑤ 2：3　　⑥ 3：1

問 6　銅線をしっかりと巻き付けた鉄くぎをシャーレ A に入れ，細い亜鉛板をしっかりと巻き付けた鉄くぎをシャーレ B に入れた。次に，$K_3[Fe(CN)_6]$ とフェノールフタレイン溶液を溶かした温かい寒天水溶液をシャーレ A, B に注いだ。

　数時間たつと，シャーレ A, B でそれぞれ色の変化が観察された（図2，図3）。なお，寒天は，色の変化を見やすくするために入れてあり，反応には影響しない。

【シャーレ A の観察結果】

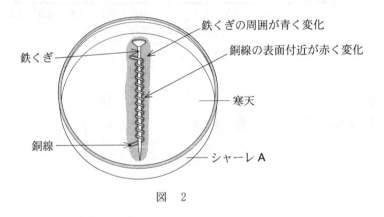

図　2

【シャーレ B の観察結果】

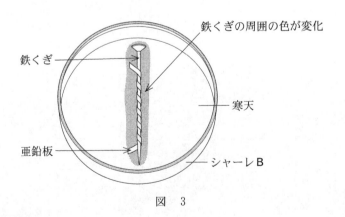

図　3

これらの結果に関する次の問い（**a・b**）に答えよ。

a シャーレ A で色が青と赤に変化したのは，それぞれ何が生じたことによるものか。その組合せとして最も適当なものを，次の①～④のうちから一つ選べ。 6

	青	赤
①	Fe^{2+}	Cu^{2+}
②	Fe^{2+}	OH^-
③	Fe^{3+}	Cu^{2+}
④	Fe^{3+}	OH^-

b シャーレ B で色が変化した部分は何色になったか。最も適当なものを，次の①～⑤のうちから一つ選べ。 7

① 赤   ② 青   ③ 黄   ④ 黒   ⑤ 緑

第 4 問 （必答問題）

次の問い（**問 1 ～ 6**）に答えよ。

〔解答番号　1　～　7　〕（配点　22）

問 1　異性体に関する記述として正しいものを，次の①～⑤のうちから二つ選べ。
ただし，解答の順序は問わない。　1　・　2

① 2-ブタノールには，鏡像異性体（光学異性体）が存在する。

② 2-プロパノール 1 分子から水 1 分子がとれると，互いに構造異性体である
2 種類のアルケンが生成する。

③ スチレンには，幾何異性体（シス-トランス異性体）が存在する。

④ 互いに異性体の関係にある化合物には，分子量の異なるものがある。

⑤ 分子式 C_3H_8O で表される化合物には，カルボニル基を含む構造異性体は
存在しない。

問 2 次の記述（**a**・**b**）の両方に当てはまる化合物として最も適当なものを，下の①～⑥のうちから一つ選べ。 3

a 熱した銅線に触れさせて，その銅線を炎の中に入れると，青緑色の炎色反応が見られた。

b 塩化鉄(Ⅲ)水溶液を加えると，紫色の呈色反応が見られた。

① $H-\overset{\overset{\displaystyle O}{\|}}{C}-$〈benzene〉$-CH=CH_2$　② $HO-$〈benzene〉$-\overset{\overset{\displaystyle O}{\|}}{C}-H$

③ $HO-$〈benzene〉$-CH=CH_2$　④ $Cl-$〈benzene〉$-\overset{\overset{\displaystyle O}{\|}}{C}-H$

⑤ $Cl-$〈benzene〉$-CH=CH_2$　⑥ $Cl-$〈benzene〉$-OH$

問 3 アルデヒドに関する記述として下線部に**誤りを含むもの**を，次の①～⑤のうちから一つ選べ。 4

① アルデヒドを還元すると，第一級アルコールが生じる。

② アルデヒドをアンモニア性硝酸銀水溶液と反応させると，銀が析出する。

③ アセトアルデヒドを酸化すると，酢酸が生じる。

④ メタノールを，白金や銅を触媒として酸素と反応させると，アセトアルデヒドが生じる。

⑤ エチレン(エテン)を，塩化パラジウム(Ⅱ)と塩化銅(Ⅱ)を触媒として水中で酸素と反応させると，アセトアルデヒドが生じる。

問 4 酢酸カルシウムからアセトンを合成する実験を行う。この実験の方法として最も適当なものを，次の①～④のうちから一つ選べ。 5

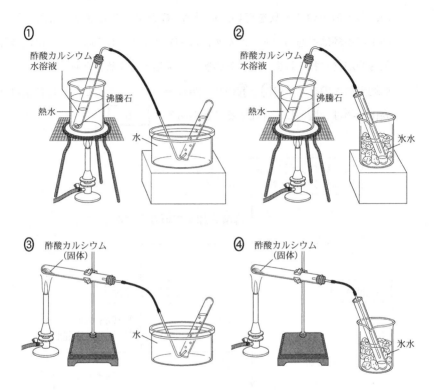

問 5 ニトロベンゼン，フェノール，安息香酸，アニリンを含むジエチルエーテル（エーテル）溶液がある。これら4種類の芳香族化合物をそれぞれ分離するため，図1の手順で実験を行い，水層A～Cとエーテル層Dを得た。しかし，図1の手順は不適切であったため，A～Dのうち，ある層には2種類の芳香族化合物が含まれてしまった。その層と2種類の芳香族化合物の組合せとして最も適当なものを，下の①～⑧のうちから一つ選べ。ただし，層に含まれる芳香族化合物は，塩として存在することもある。　6

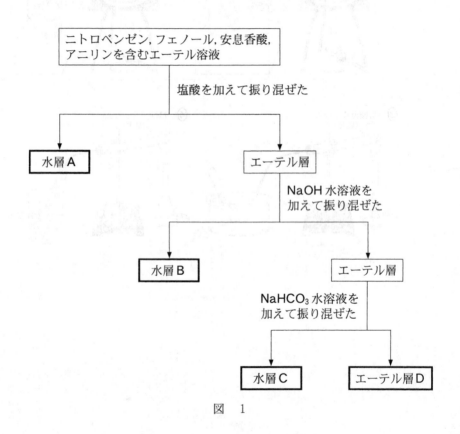

図　1

	層	2種類の芳香族化合物	
①	水層 A	フェノール	安息香酸
②	水層 A	ニトロベンゼン	アニリン
③	水層 B	フェノール	安息香酸
④	水層 B	ニトロベンゼン	アニリン
⑤	水層 C	フェノール	安息香酸
⑥	水層 C	ニトロベンゼン	アニリン
⑦	エーテル層 D	フェノール	安息香酸
⑧	エーテル層 D	ニトロベンゼン	アニリン

問 6 示性式 $C_mH_{2m+1}COOC_nH_{2n+1}$ で表されるエステル 1.0 mol を完全に加水分解したところ，2種類の有機化合物がそれぞれ 74 g 生成した。このとき m および n の数の組合せとして最も適当なものを，次の①～⑥のうちから一つ選べ。 7

	m	n
①	2	2
②	2	4
③	3	2
④	3	4
⑤	4	2
⑥	4	4

| 第5問・第6問は，いずれか1問を選択し，解答しなさい。 |

第5問 （選択問題）

次の問い（**問1～3**）に答えよ。

〔解答番号 $\boxed{1}$ ～ $\boxed{3}$ 〕（配点　9）

問1　高分子化合物に関する記述として**誤りを含むもの**を，次の**①～⑤**のうちから一つ選べ。 $\boxed{1}$

① ポリエチレンは，付加重合によってつくられる。

② ポリスチレンは，ベンゼン環を含む高分子化合物である。

③ フェノール樹脂は，熱可塑性樹脂である。

④ ポリアクリロニトリルは，アクリル繊維の主成分である。

⑤ メラミン樹脂は，アミノ樹脂の一種である。

問 2 ナイロン 66 (6,6-ナイロン) の構造式として正しいものを，次の①~⑥のうちから一つ選べ。 2

① $\left[\begin{array}{c} N-(CH_2)_6-\overset{\displaystyle O}{\overset{\|}{C}}-N-(CH_2)_6-\overset{\displaystyle O}{\overset{\|}{C}} \\ | \\ H \qquad\qquad H \end{array} \right]_n$

② $\left[\begin{array}{c} N-(CH_2)_5-\overset{\displaystyle O}{\overset{\|}{C}}-N-(CH_2)_5-\overset{\displaystyle O}{\overset{\|}{C}} \\ | \\ H \qquad\qquad H \end{array} \right]_n$

③ $\left[\begin{array}{c} N-(CH_2)_6-N-\overset{\displaystyle O}{\overset{\|}{C}}-(CH_2)_6-\overset{\displaystyle O}{\overset{\|}{C}} \\ | \qquad\qquad | \\ H \qquad\qquad H \end{array} \right]_n$

④ $\left[\begin{array}{c} N-(CH_2)_6-N-\overset{\displaystyle O}{\overset{\|}{C}}-(CH_2)_4-\overset{\displaystyle O}{\overset{\|}{C}} \\ | \qquad\qquad | \\ H \qquad\qquad H \end{array} \right]_n$

⑤ $\left[\begin{array}{c} N-\overset{\displaystyle O}{\overset{\|}{C}}-(CH_2)_6-N-(CH_2)_6-\overset{\displaystyle O}{\overset{\|}{C}} \\ | \qquad\qquad\quad | \\ H \qquad\qquad\quad H \end{array} \right]_n$

⑥ $\left[\begin{array}{c} N-\overset{\displaystyle O}{\overset{\|}{C}}-(CH_2)_5-N-(CH_2)_5-\overset{\displaystyle O}{\overset{\|}{C}} \\ | \qquad\qquad\quad | \\ H \qquad\qquad\quad H \end{array} \right]_n$

問 3 図1に示すように,ポリビニルアルコール(繰り返し単位 $-[CHOH-CH_2]-$ の式量44)をホルムアルデヒドの水溶液で処理すると,ヒドロキシ基の一部がアセタール化されて,ビニロンが得られる。ヒドロキシ基の50 %がアセタール化される場合,ポリビニルアルコール88 gから得られるビニロンは何gか。最も適当な数値を,下の①~⑥のうちから一つ選べ。　3　g

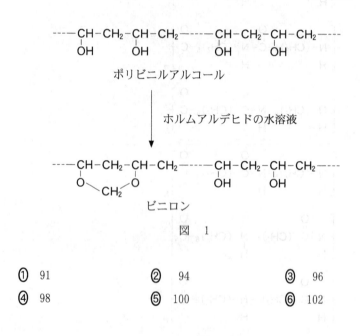

図　1

① 91　　　② 94　　　③ 96
④ 98　　　⑤ 100　　　⑥ 102

2015年度　本試験　化学　29

第５問・第６問は，いずれか１問を選択し，解答しなさい。

第６問　（選択問題）

次の問い（**問１〜３**）に答えよ。

〔解答番号　$\boxed{1}$　〜　$\boxed{3}$　〕（配点　9）

問１　天然に存在する有機化合物の構造に関連する記述として**誤りを含むもの**を，次の①〜⑤のうちから一つ選べ。　$\boxed{1}$

①　グリコーゲンは，多数のグルコースが縮合した構造をもつ。

②　グルコースは，水溶液中で環状構造と鎖状構造の平衡状態にある。

③　アミロースは，アミロペクチンより枝分かれが多い構造をもつ。

④　DNA の糖部分は，RNA の糖部分とは異なる構造をもつ。

⑤　核酸は，窒素を含む環状構造の塩基をもつ。

問２　不斉炭素原子をもち，塩基性アミノ酸と酸性アミノ酸のいずれにも分類されないアミノ酸（中性アミノ酸）を，次の①〜⑤のうちから一つ選べ。　$\boxed{2}$

①　H_2N-CH_2-COOH

②　$H_2N-CH_2-CH_2-COOH$

③　$HO-CH_2-\underset{\underset{NH_2}{|}}{CH}-COOH$

④　$HOOC-CH_2-\underset{\underset{NH_2}{|}}{CH}-COOH$

⑤　$H_2N-(CH_2)_4-\underset{\underset{NH_2}{|}}{CH}-COOH$

— 495 —

問 3 複数のグルコース分子がグリコシド結合を形成して環状構造になったものをシクロデキストリンという。図1に示すシクロデキストリン 0.10 mol を完全に加水分解するとグルコースのみが得られた。このとき反応した水は何gか。最も適当な数値を，下の①～⑥のうちから一つ選べ。 | 3 | g

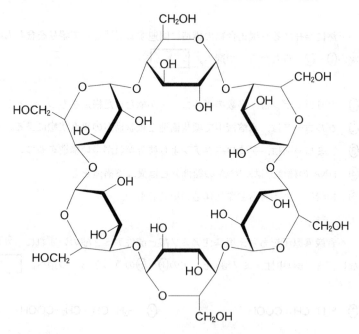

（六員環の炭素原子Cとこれに結合する水素原子Hは省略してある）

図　1

① 1.8　　　　② 3.6　　　　③ 5.4
④ 7.2　　　　⑤ 9.0　　　　⑥ 10.8

MEMO

MEMO

MEMO

MEMO

MEMO

MEMO

MEMO

MEMO

MEMO

MEMO

MEMO

MEMO

MEMO

MEMO

MEMO

2025大学入学共通テスト過去問レビュー
—— どこよりも詳しく丁寧な解説 ——

書名			掲載年度											数学Ⅰ・Ⅱ, 地歴A				掲載回数
			24	23	22	21①	21②	20	19	18	17	16	15	24	23	22	21①	
英語		本試	●	●	●	●	●	●	●	●	●	●	●	リスニング	リスニング	リスニング	リスニング	10年19回
		追試		●	●										リスニング	リスニング		
数学 ⅠA ⅡBC	ⅠA	本試	●	●	●	●	●	●	●	●	●	●	●	●	●	●		10年32回
		追試		●	●													
	ⅡBC	本試	●	●	●	●	●	●	●	●	●	●	●	●	●	●	●	
		追試		●	●													
国語		本試	●	●	●	●	●	●	●	●	●	●	●					10年13回
		追試		●	●													
物理基礎・物理	物理基礎	本試	●	●	●	●	●	●	●	●	●	●	●					10年22回
		追試		●	●													
	物理	本試	●	●	●	●	●	●	●	●	●	●	●					
		追試		●	●													
化学基礎・化学	化学基礎	本試	●	●	●	●	●	●	●									10年22回
		追試		●	●													
	化学	本試	●	●	●	●	●	●	●		●	●						
		追試		●	●													
生物基礎・生物	生物基礎	本試	●	●	●	●	●	●	●									10年22回
		追試		●	●													
	生物	本試	●	●	●	●	●	●	●	●	●	●						
		追試		●	●													
地学基礎・地学	地学基礎	本試	●	●	●	●	●	●										9年20回
		追試		●	●													
	地学	本試	●	●	●	●		●										
		追試		●	●													
地理総合, 地理探究		本試	●	●	●	●	●	●	●	●	●	●	●	●	●	●	●	10年15回
		追試	●	●	●	●	●	●	●	●	●	●	●					
歴史総合, 日本史探究		本試	●	●	●	●	●	●	●	●	●	●	●	●	●	●	●	10年15回
		追試		●	●													
歴史総合, 世界史探究		本試	●	●	●	●	●	●	●	●	●	●	●	●	●	●	●	10年15回
		追試		●	●													
公共, 倫理	現代社会	本試	●	●	●	●	●	●										6年14回
		追試	●	●	●	●	●	●										
	倫理	本試	●	●	●	●	●	●										
		追試	●	●	●	●	●	●										
公共, 政治・経済	現代社会	本試	●	●	●	●	●	●										6年14回
		追試																
	政治・経済	本試	●	●	●	●	●	●										
		追試																

・[英語（リスニング）] の音声は、ダウンロードおよび配信でご利用いただけます。